KB093050

토질역학의 원리

제3판

토질역학의 원리

이인모 저

토질역학은 흙을 기본재료로 하여 그 역학적 원리를 다루는 학문이다. 최근에는 지반공학이란 용어를 더 자주 사용하는데, 이는 흙이든 암반이든 지표면 가까이에서 일어나는 모든 공학적 문제들을 다루는 학문을 말한다.

씨아이알

본 저서는 저자의 첫 번째 저서로서 『토질역학의 원리』이다. 본 저서는 이름이 말해주듯이 토질역학의 기본 이론을 체계적으로 정리하여 독자로 하여금 토질역학의 원리를 이해하는 데 도움을 주고자 함을 목적으로 저술하게 되었다. 저자가 그동안 몸담아 온 고려대학에서 30여 년의 기간 동안 학부생 2,3학년을 중심으로 강의하여 오던 내용을 뼈대로 하여, 좀더 체계적인 교과서로 강의를 할 목적으로 이 책을 내게 된 것이다. 따라서 본 서는 토질역학의 원리를 이해하는 데에는 독자에게 도움을 줄 것으로 생각하나, 실제 현업에서 설계에 필요한 일종의 핸드북과는 거리가 먼 것임을 밝혀둔다.

토질역학은 각 장을 따로따로 이해해서는 전체적인 토질역학의 체계를 이해하기 어렵다. 각 장들이 서로 어떻게 연관되어 있는지를 이해하는 것이 중요하다는 이야기이다. 따라서 본 저서에서는 각각의 서두마다 다른 장과의 연결이 어떻게 이루어지는지를 서술해놓았다. 독자들은 서두 부분을 먼저 유의 깊게 살펴보고 점차로 상세한 사항들을 공부하면 도움이 될 것이다.

모두에서 밝힌 대로 본 저서는 학부 수준에 맞추어 집필된 것이다. 다만 실무에 종사하는 지반공학자로서 좀 더 심도 있는 원리를 이해하려는 바람에 맞추어, 또는 대학원에서의 입문서로서 저자는 『토질역학 특론』을 저술하였다. 보다 심도 있는 연구가 필요한 경우로서 위의 저서를 참조하도록 이 책에서 안내하였다. 독자들의 이해를 바란다.

비록 미완성의 부끄러운 책이지만, 대자연의 모체인 토질역학을 연구하는 학문의 길로 인도해주시고, 또한 본 서를 완성할 수 있도록 해주신 하나님께 감사드린다. 저자가 부임하여 동고동락했던 고려대학교 지하공간연구실의 모든 제자들과 이제껏 저자를 이끌어 주시고 도와준 모든 분들에게 큰 고마움을 전한다. 공부밖에 할 줄 모르는 남편을 한결같이 내조해준 아내, 아들 요한과 자부 이슬 그리고 너무나 예쁜 손녀 시온에게도 가슴 깊이 고마움을 느낀다.

끝으로 도서출판 새론과 씨아이알의 합병으로 인하여, 제2판부터는 도서출판 씨아이알에서 출간이 이루어지게 되었다. 그간 수고 많으셨던 새론의 한민석 사장님과, 새로이 제2판의 출간을 헌신적으로 도와주신 김성배 사장님을 비롯한 씨아이알 출판사 직원들께도 감사드린다.

금번의 제3판은 단위를 SI단위로 통일한 것이 특징이다. 국내에서는 메터단위로 사용하기도 하나, 국제통용단위인 SI단위를 사용하는 것이 바람직한 연유로 단위 통일을 기하였다. 또한 연습문제를 추가로 첨가하여 독자들이 보다 많은 문제에 접할 수 있도록 하였다. 제3판은 저자가 32년간 몸담았던 고려대학교를 퇴직하고 명예교수로 위촉된 후에 마무리를 하게 되었다. 퇴직을 하고도 연구할 수 있도록 기꺼이 사무실을 내준 제자, 동명의 신희정 사장께도 고마움을 전한다.

제기동에서

저자 씀

목차

제5장 지중응력 분포

제6장 투수(흙 속의 물의 흐름)

제9장 흙의 변형과 압밀이론

제10장 전단강도

제11장 토압론

제12장 극한지지력 이론

제1장

토질역학의 기본

제1장

토질역학의 기본

1.1 서 론

토목공학에서 다루는 각종 구조물들에는 콘크리트나 강(steel)이 기본재료로 쓰이게 된다. 이런 경우에 예전에는 없던 구조물이 새로 생겼으므로, 이를 무게에 의한 힘으로 생각하여 각종 해석과 설계가 이루어지게 된다. 하지만 지반인 경우는 다르다. 흙을 건설재료로서 사용하는 경우는 역시 새로 하중을 가하는 것이 되므로 단순히 하중으로 가정할 수 있으나, 하나님께서 지구를 만드신 이후에 원천적으로 존재하던 지반 위나 밑에 구조물을 건설함으로써 생성되는 문제들은 무에서 유가 창조된 것이 아니고 원래부터 존재하던 지반에서 일어나는 문제를 다루는 소위 'in-situ mechanics'라는 점이 여타의 학문과는 다른, 지반공학에서만의 특이한 점이라 할 수 있다. 따라서 토질역학을 제대로 이해하기 위해서는 이 점을 늘 염두에 두고 공부하여야 함을 우선 밝혀둔다.

같은 흙이라 하더라도 지상에 있는 흙과 채취하여서 이미 떠온 흙 또는 지하 깊숙이 있는 흙은 근본적으로 다른 것임을 주지하여야 할 것이다. 다음의 그림 1.1을 보자. 'A' 입자는 지하 깊이 z에 존재하는 흙이고, 'B' 입자는 지상에 있는 흙이라 할 때, 같은 종류의 흙이라 하더라도, 공학적인 견지에서 보면 완전히 다르다는 것이며, 본 책에서는, 두 경우 중 어느 쪽을 설명하고 있는지, 필요할 때마다 그 경우를 서술할 것이다.

토질역학(soil mechanics)은 흙을 기본재료로 하여 그 역학적 원리를 다루는 학문이다. 최근에는 지반공학(geotechnical engineering)이란 용어를 더 자주 사용하는데, 이는 흙이든 암반이든 지표면 가까이에서 일어나는 모든 공학적 문제들을 다루는 학문을 말한다.

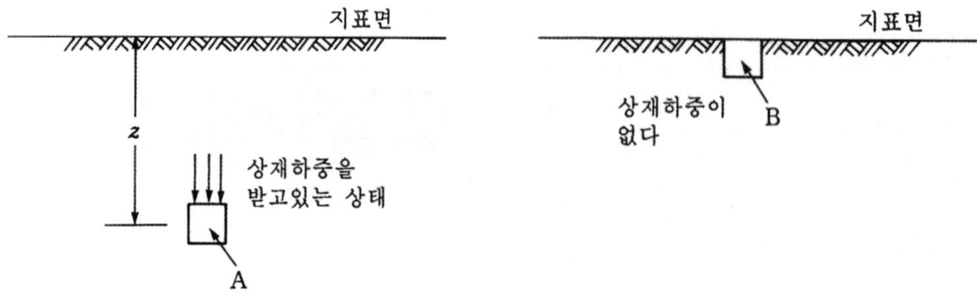

그림 1.1 흙 입자의 깊이에 따른 응력상태

1.2 미세역학과 연속체역학

강 재료(steel material)는 완전히 붙어 있기 때문에 물체를 연속적이라고 가정하는 연속체역학(continuum mechanics)으로 접근할 수 있다. 토목공학의 입문으로 배우는 응용역학, 재료역학 등의 과목은 모두 연속체역학에 기본을 둔 것이라고 말할 수 있다. 콘크리트 재료는 비록 시멘트, 모래, 자갈, 물이 혼합 응고된 것이라 하더라도, 역시 완전히 붙어 있는 구조물이므로 거시적인 관점에서 연속체로 보고 해석하여도 큰 문제가 없을 것이다. 하지만 토질(土質)인 경우는 좀 다르다. 토질은 입자 알갱이들이 모여서 이루어지나, 알갱이 하나하나가 다 떨어지고 흩어지기 때문에 연속체가 아니다. 또한 토질이란 흙 입자 알갱이만을 지칭하는 것이 아니라 입자 사이에 존재하는 공기와 물을 합하여 발생되는 제반문제들을 다루는 학문이므로 더더욱 연속체라고 보기가 어렵다. 다만 토질을 가까이에서 보는 것이 아니라 멀리서 관조할 때 역시 연속체로 보일 수 있으므로, 한마디로 표현하여 양면성을 띠고 있다고 볼 수 있다. 따라서 토질역학은 여타의 역학처럼 연속체라는 근거하에서만 풀 수는 없으며, 때에 따라서는 미시적인 관점에서 흙의 기본적인 성질을 파헤치는 미세역학(punctual mechanics)과 거시적인 관점에서 토질을 연속체로 가정하는 연속체역학의 두 가지를 다 적용해야 하는 복합적인 학문임을 주지하여야 할 것이다. 이 책에서는 미시적인 접근인지, 거시적인 접근인지를 밝히어 전체적인 관점에서 이해가 되도록 노력할 것이다.

1.3 삼상재료로서의 토질의 특징

전 절에서 서술한 대로 토질은 연속체가 아니며, 더욱이 단일재료가 아니다. 흙 입자 알갱이

(solid soil particle)와 그 사이에 존재하는 물(water) 그리고 공기(air)의 세 부분으로 구성되는 지하에 존재하는 상태를 토질이라고 볼 수 있다. 따라서 토질역학이란 흙 입자에 대한 거동만을 따로 생각할 수 없으며, 삼상재료가 함께 존재할 때의 거동이 중요함을 재삼 밝혀둔다.

1.3.1 흙 입자

흙 입자(solid phase)는 그 입자가 가지고 있는 광물(mineralogy)의 종류에 따라 그 크기와 모양 그리고 물리화학적 성질이 각각 다르다. 입자가 큰 모래나 자갈 등은 입자 사이에서의 결합강도(bond strength)가 등방이므로 입자가 둥그나, 실트나 점토 등 입자가 작은 경우는 결합강도가 비등방성으로 취약한 면(weak plane)이 존재한다. 또한 입자가 큰 흙은 입자의 크기만으로도 흙의 성질을 어느 정도 파악할 수 있으나, 입자의 크기가 작은 경우는 반드시 그 입자를 구성하고 있는 광물의 종류와 그 특징을 알아야 흙의 성질을 파악할 수 있는 경우도 있다. 다음 절에서 입자의 크기와 광물성분에 의한 분류를 다루기로 하고 본 절에서는 역학적인 견지에서 그 거동의 특징을 살펴보기로 한다.

그림 1.2에서 보여주는 대로 흙 입자 알갱이(soil particle)는 비압축성 재료이다. 즉, 흙 입자에 $\Delta\bar{\sigma}$의 등방압력이 작용해도 입자는 비압축성이기 때문에 수축되지 않는다. 또한 이번에는 $\Delta\tau$의 전단응력이 가해져도 전단에 견딜 수 있는 힘이 워낙 강하기 때문에 역시 전단변형이 거의 일어나지 않는다.

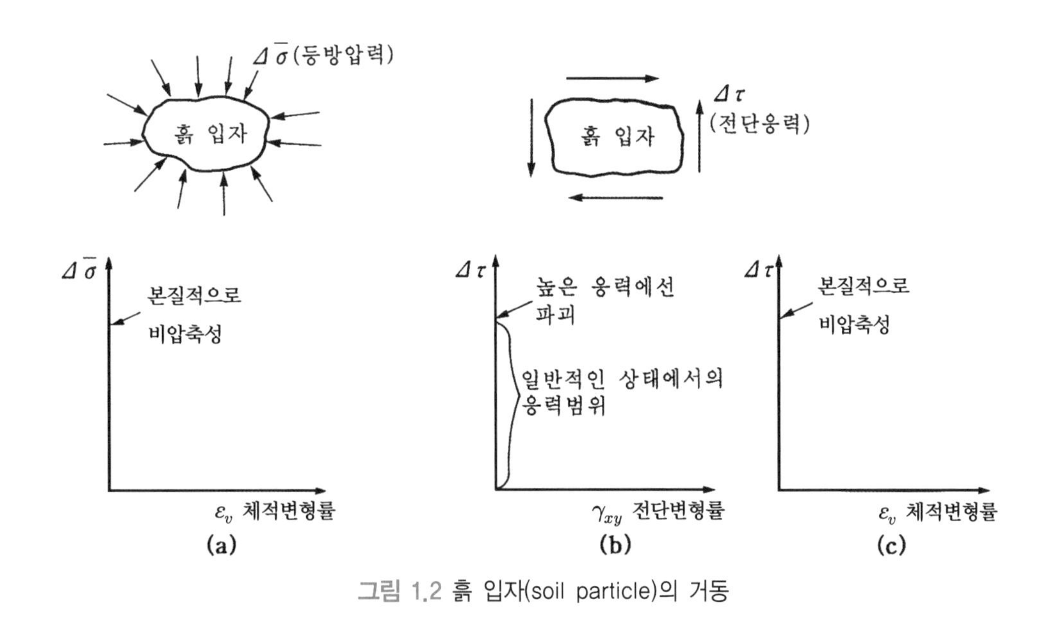

그림 1.2 흙 입자(soil particle)의 거동

1.3.2 간극수

여기서 간극수(liquid phase)란 지하에서 흙 입자와 흙 입자 사이에 존재하는 물을 말한다. 역학적 견지에서 물도 역시 비압축성이다. 그림 1.3에서와 같이 액체는 등방압력 u에 대하여 비압축성이다. 다만 액체의 특성상 전단응력에는 아무런 저항도 하지 못하고, 무한정의 전단 변형이 일어난다. 이 성질은 토질역학적 관점에서 매우 중요한 사실을 제시하여주고 있다.

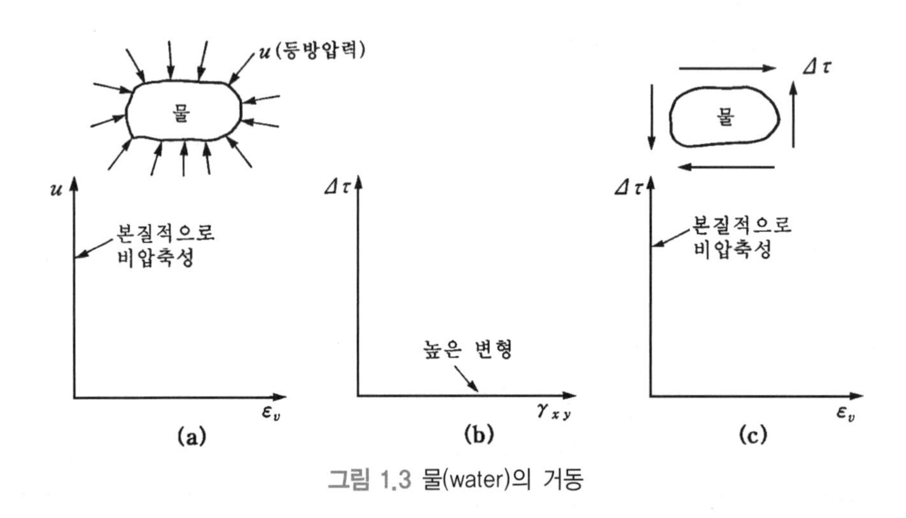

그림 1.3 물(water)의 거동

1.3.3 공 기

지하의 흙 입자 사이에는 공기(air phase)도 공존한다. 공기는 그림 1.4에서 보여주는 대로 역학적 견지에서 압축과 전단에 대하여 공히 저항력이 없다.

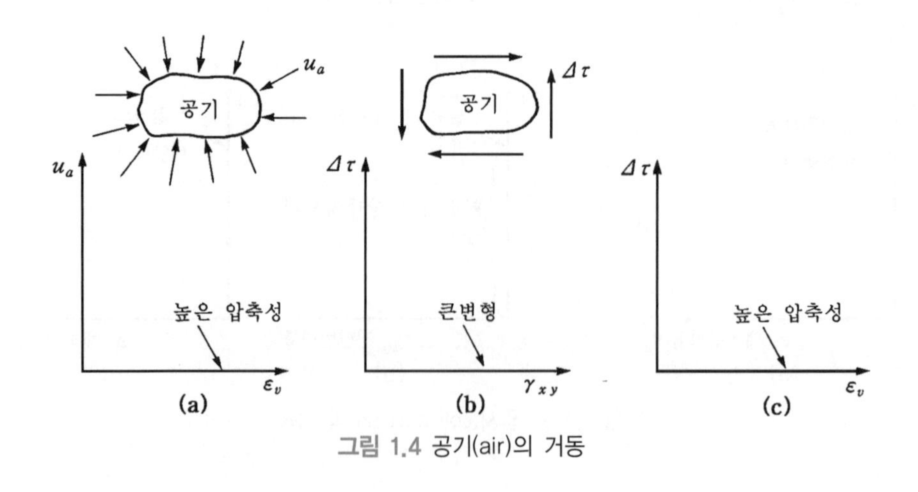

그림 1.4 공기(air)의 거동

1.3.4 삼상재료로서의 거동

이제까지는 각 재료 각각에 대하여 거동상의 특징을 살펴보았으나, 이 절에서는 세 성분이 공존하고 있을 때의 거동에 대하여 알아보고자 한다. 사실상 이 경우가 토질역학에서 말하는 토질이라 할 수 있다.

1) 공기로 채워진 토질의 거동

비록 각 흙 입자 자체(흙; soil matrix)는 비압축성과 전단에 대한 큰 저항력을 보인다 할지라도 흙 입자가 군(群)을 이루고 그 사이에 공기가 존재하는 경우는 그 거동이 완전히 다르다. 그림 1.5(a)는 우선 등방압력에 대하여 압축성을 보인다. 이 거동의 특징은 흙 입자 사이의 공기가 빠져나가는 만큼 수축현상을 보이기 때문에 초기압력에 대하여는 매우 큰 압축성을 보이다가, 나중에는 더 이상 입자와 입자 사이가 가까워질 공간이 없으므로 점점 비압축성의 성격을 띠며, 특히 하중을 점점 제거하는 제하 시에는 변형되었던 것이 제자리로 돌아오지 못하고 영구변형이 생기게 된다. 이 사실로부터 알 수 있는 중요한 사실은 등방하중에 가까운 응력이 토질에 가해질 때, 주로 발생되는 문제는 변형의 문제라는 것이며 이 경우에는 지반이 완전히 파괴에 이를 수는 없다.

한편 그림 1.5(b)에서 보는 바와 같이 토질에 전단응력이 가해지는 경우는 처음에는 전단응력에 대하여 큰 전단변형 없이 버티다가 점점 전단응력을 증가시켜 어느 한계점에 이르면 더 이상 전단에 견디지 못하고 전단파괴가 발생한다. 전단파괴가 발생될 때의 전단응력이 주어진 토질이 최대로 버틸 수 있는 응력으로 이를 전단강도라고 한다. 그림 1.5(c)에서 보는 바와 같

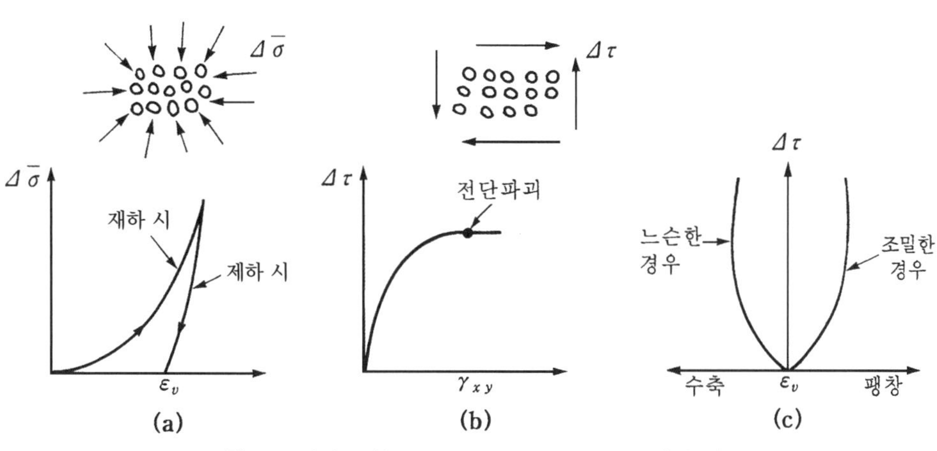

그림 1.5 삼상토질(aggregation of soil particle)의 거동

이 전단응력이 가해질 때도 토질은 압축 또는 팽창의 체적(volume)변형이 일어난다.

이제까지의 설명을 종합해보면, 토질역학의 근간은 등방하중에 가까운 하중작용 시에 발생될 수 있는 변형의 문제와 전단응력의 작용 시에 발생될 수 있는 파괴의 문제로 압축될 수 있다.

2) 물로 간극이 채워진 경우의 토질거동

흙 입자와 흙 입자 사이가 물(간극수)로 채워진 경우의 토질(흙)의 거동은 앞 절과 다르다. 외부하중에 의하여 등방압력이나 이와 흡사한 하중이 작용하게 되면 물의 이동에 따라 변형의 양상이 달라진다. 만일 모래지반과 같이 물이 간극 사이로 쉽게 빠져나가는 경우는 앞 절과 같이 변형이 발생하게 된다. 한편 점토와 같이 물이 흙 입자 간극 사이로 쉽게 빠져나가지 못하고 오랜 시간에 걸쳐 빠져나가는 경우는 하중이 가해짐과 동시에 변형이 일어나는 것이 아니고 물이 빠져나가는 양상에 따라 긴 시간에 걸쳐 변형이 일어나게 되며 이를 압밀현상이라고 한다.

1.4 흙 입자의 크기와 입도분석

1.4.1 흙 입자의 크기

전 절에서 서술한 대로 토질의 성질을 규명하는 첫 걸음이 흙 입자의 크기를 조사하는 일이다. 입자의 크기가 클수록 자갈에 가깝고 작을수록 점토에 가까워짐은 자명한 일이다. 모래나 자갈과 같이 입자가 큰 토질은 입자의 크기와 분포 정도가 토질의 성질을 결정해준다고 해도 과언이 아니나, 실트나 점토와 같이 입자의 크기가 작은 경우는 입자의 크기 여부에 따라 성질이 바뀌기보다는 그 입자를 구성하고 있는 광물의 종류와 입자에 물이 가해졌을 때의 성질 등의 요소에 따라 성질이 결정된다.

사용하는 기관에 따라서 조금씩 다르기는 하나 가장 대표적인 흙 입자의 크기에 따른 개략적인 토질의 구분은 표 1.1과 같다. 표 1.1을 정리해보면 다음과 같이 요약할 수 있다.

(1) 자갈과 모래를 구별하는 흙 입자의 크기는 대부분 2mm이나 통일분류법(Unified Soil Classification System)에서만은 4.75mm로 매우 큰 편이다.
(2) 대부분의 분류법에서 0.002mm를 점토입자의 크기로 정의했으나, 통일분류법에서는 0.075mm 이하의 흙 입자를 실트와 점토를 합한 세립토로 보았으며, 이를 다시 실트와 점토로 구별 짓는 것은 입자의 크기가 아니고 입자에 물을 가했을 때의 성질을 나타내는

연경도(consistency)로 규정하였다.

표 1.1 흙 입자의 크기

분류법	입자 크기(mm)			
	자갈	모래	실트	점토
MIT(MIT 공대)	>2	2~0.06	0.06~0.002	<0.002
USDA(미국 농업국)	>2	2~0.05	0.05~0.002	<0.002
AASHTO(미국 도로 교통국)	76.2~2	2~0.075	0.075~0.002	<0.002
통일분류법	76.2~4.75	4.75~0.075	세립토(실트, 점토)<0.075	

1.4.2 입도분석

흙의 크기는 일정할 수가 없으며, 흙 안에 크고 작은 입자가 섞여 있기 마련이다. 이 흙 입자 크기의 분포를 파악하기 위한 것이 입도분석이다. 흙 입자의 크기가 0.075mm 이상 되는 입자는 체분석(sieve analysis)을 하여서 입자의 분포를 보며, 그 이하의 입자는 비중병시험(hydrometer analysis)을 실시한다.

1) 체분석

이는 일련의 체를 크기가 큰 것부터 작은 것까지 순서로 걸어 놓고 오븐(oven)에 말린 시료를 체에 올려놓아 흔들어서 각 체를 통과하는 백분율을 구하는 시험이다. 미국에서 사용하는 표준체는 표 1.2와 같다.

표 1.2 체의 종류와 크기(mm)

체번호	구멍 한 개의 크기	체번호	구멍 한 개의 크기
# 4	4.750*	50	0.300
6	3.350	60	0.250
8	2.360	80	0.180
10	2.000	100	0.150
16	1.180	140	0.106
20	0.850	170	0.088
30	0.600	200	0.075*
40	0.425	270	0.053

*KSF에서는 4.76mm, 0.074mm로 되어 있음.

또한 체분석에서 필요한 계산의 실례는 표 1.3과 같다.

표 1.3 체분석 결과(흙 시료의 건조중량=450g)

체번호 (1)	직경(mm) (2)	각 체에 남아 있는 흙무게(g) (3)	각 체에 남아 있는 흙무게비(%) (4)	통과율(%) (5)
10	2.000	0	0	100.00
16	1.180	9.90	2.20	97.80
30	0.600	24.66	5.48	92.32
40	0.425	17.60	3.91	88.41
60	0.250	23.90	5.31	83.10
100	0.150	35.10	7.80	75.30
200	0.075	59.85	13.30	62.00
Pan	–	278.99	62.00	0
(4)=(3) / 총 중량×100 %				

2) 비중병시험

이는 입자의 침강속도를 나타내는 Stokes의 법칙을 이용한 시험이다. Stokes의 법칙이란 '입자의 침강속도는 입자의 크기의 제곱에 비례한다.'는 것이다. 이를 식으로 표시하면 다음과 같다.

$$v = \frac{\gamma_s - \gamma_w}{18\eta} D^2 \tag{1.1}$$

즉, $v \propto D^2$

여기서, v =흙 입자의 침강속도

γ_s =흙 입자의 단위중량

γ_w =물의 단위중량

η =물의 점성계수

D =흙 입자의 직경

따라서 입자의 침강속도를 측정함으로써 입자의 크기를 결정하는 방법이며 이의 실험방법은 토질실험법에 관한 서적을 참고하길 바란다.

3) 입도분포곡선

체분석이나 비중병시험으로부터 구한 입도분석 결과를 그림으로 표시한 것이 입도분포곡선이다. 입도분포곡선의 예가 그림 1.6에 나타나 있다. 이는 각 직경의 체를 통과하는 통과백분율을 나타낸다.

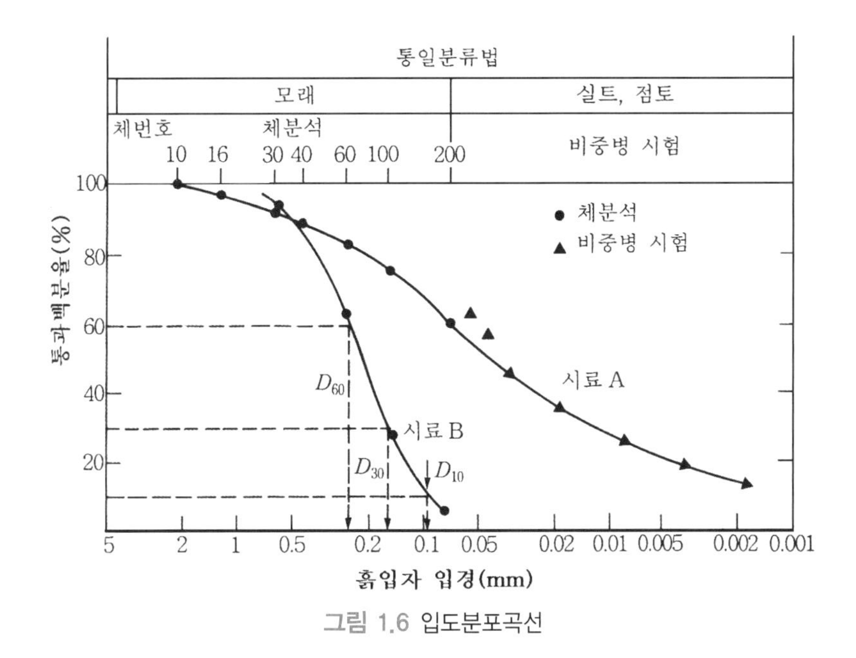

그림 1.6 입도분포곡선

입도분포곡선으로부터 구할 수 있는 기본적인 토질정수들은 다음과 같다.

(1) 첫째는 유효입경(effective size)으로서 이는 D_{10}을 말한다. 즉, 통과량 10%에 해당하는 흙 입자의 직경을 말한다. 이의 물리적인 의미는 유효입경이 크면 클수록 주어진 흙 입자의 크기가 대체적으로 큼을 의미한다.

(2) 균등계수(uniformity coefficient), C_u는 다음 식과 같다.

$$C_u = \frac{D_{60}}{D_{10}} \tag{1.2}$$

여기서, D_{60}은 통과량 60%에 해당하는 흙 입자의 크기를 말하며, 균등계수가 클수록 큰 입자와 작은 입자가 골고루 섞여 있는 입도분포가 좋은 흙을 말하며, 작을수록 입도분포가 나쁜, 균등한 흙을 말한다.

(3) 곡률계수(coefficient of gradation), C_c는 다음 식과 같다.

$$C_c = \frac{(D_{30})^2}{(D_{60})(D_{10})} \tag{1.3}$$

곡률계수는 입도분포곡선의 모양을 나타내는 것으로, C_c값이 너무 크거나 작게 되면 곡선의 모양이 일양(smooth)하지 않고 몇 개 크기의 흙 입자만 모여 있는 양상이 된다.

1.5 점토광물

전 절에서 여러 번 기술한 대로 흙 입자의 크기가 0.075mm보다 작은 세립자는 더 이상 입자의 크기를 가지고 토질의 종류를 가름하는 것은 불가능하고 그 입자들이 가지고 있는 기본성질을 규명해야 하는바, 점토가 가지고 있는 광물의 종류를 조사하는 것이 이런 접근방법의 하나이며 차후에 설명할 연경도(consistency)와 함께 점토의 성질을 규명하는 중요한 요소이다.

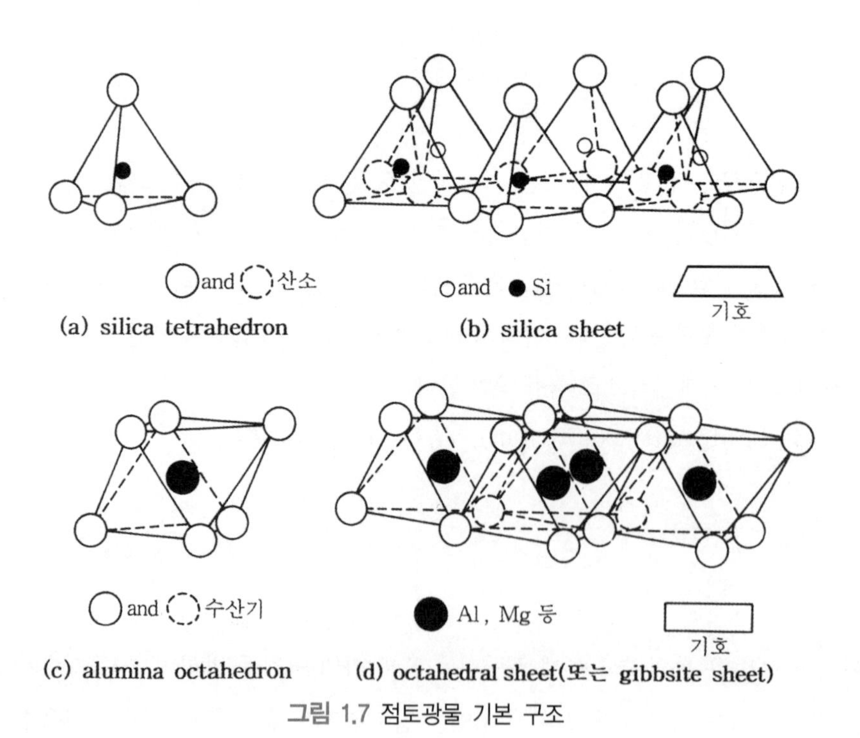

그림 1.7 점토광물 기본 구조

1.5.1 점토광물

1) 점토광물의 기본단위

점토광물의 기본단위는 다음 두 가지 종류가 있다.

(1) 그 첫째가 silica tetrahedron으로 그림 1.7(a)에 표시되어 있으며 이것을 옆으로 계속 하여 붙여놓은 것이 silica sheet이다(그림 1.7(b)).

(2) 둘째는 alumina octahedron으로 그림 1.7(c)에 있으며 이를 옆으로 붙여놓은 것을 octahedral sheet(또는 gibbsite sheet)라고 한다(그림 1.7(d)).

이 두 개의 구조를 위 아래로 어떤 비율로 조합하느냐에 따라 1:1 구조(silica sheet 하나에 gibbsite sheet 하나), 2:1 구조(silica sheet 두 개에 gibbsite sheet 하나) 두 가지로 나뉜다.

2) 대표적인 점토광물

(1) Kaolinite

1:1 기본구조의 대표적인 점토광물이 Kaolinite이다(그림 1.8). 기본구조와 기본구조 사이가 수소결합으로 이루어진 이 광물은 단위질량당의 표면적(specific surface)이 아주 작은 ($15m^2/g$) 안정된 구조이다.

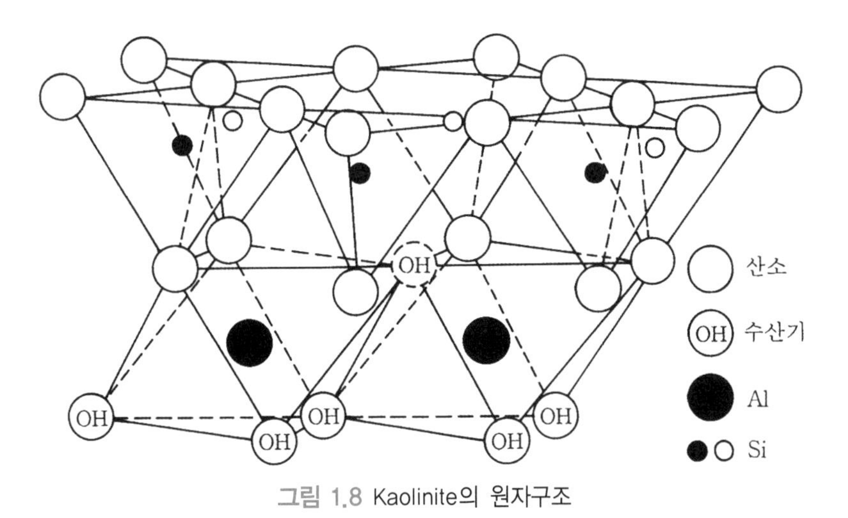

그림 1.8 Kaolinite의 원자구조

(2) Illite

Illite는 두 개의 silica sheet 사이에 gibbsite sheet 한 개가 끼어 있는 2:1의 기본구조를 이루며 기본구조와 기본구조 사이에는 K^+ 이온에 의하여 결합되어 있다. K^+ 이온에 의하여 +를 띠는 구조는 tetrahedral sheets에 있는 Si^{+4}가 Al^{+3}으로 동형치환(isomorphous substitution) 되어 생긴 음이온에 의하여 균형을 유지하게 된다.

여기서 동형치환이란 한 원자가 비슷한 다른 원자와 치환되나 그 결정구조는 바뀌지 않는 것을 말한다. 이 구조의 단위질량당의 표면적은 $80m^2/g$으로서 Kaolinite보다는 불안정하나 다음의 Montmorillonite보다는 안정된 구조를 하고 있다.

(3) Montmorillonite

Montmorillonite 역시 Illite와 같이 2:1 구조이며(그림 1.9 참조) octahedral sheets에 있는 Al이 Mg으로 동형치환이 다반사로 일어나게 되어 이 결정은 음의 전하를 가짐이 보통이다. 이 기본구조와 기본구조 사이에는 K^+는 존재하지 않으며 구조 사이에 물을 다량 흡수하게 된다. 따라서 Montmorillonite는 단위질량당의 표면적이 $800m^2/g$ 정도로서 음의 성격을 심히 띠며, 물을 흡수함으로 인하여 팽창하는 성질이 있다.

(4) 점토광물의 결합패턴

이제까지 설명한 점토광물들을 기호로 표시하기도 하며, 그림 1.10에 세 가지의 점토광물들을 표시하였다. 또한 이제까지 설명한 점토광물의 결합패턴을 일목요연하게 표현한 것이 그림 1.11이다. 그림에서와 같이 점토광물은 전술한 세 종류가 가장 기본이며, 그 구성요소에 따라 종류가 다양하다.

점토지반의 근본적인 성질을 규명하기 위해서는 점토의 광물성분을 X-ray회절 분석시험 등을 통하여 조사함이 첫째 요소이며 이러한 사항들은 학부수준을 넘는 것으로, 종합하여 흙의 거동론으로서 대학원 수준에서 심도 있게 공부하게 된다.

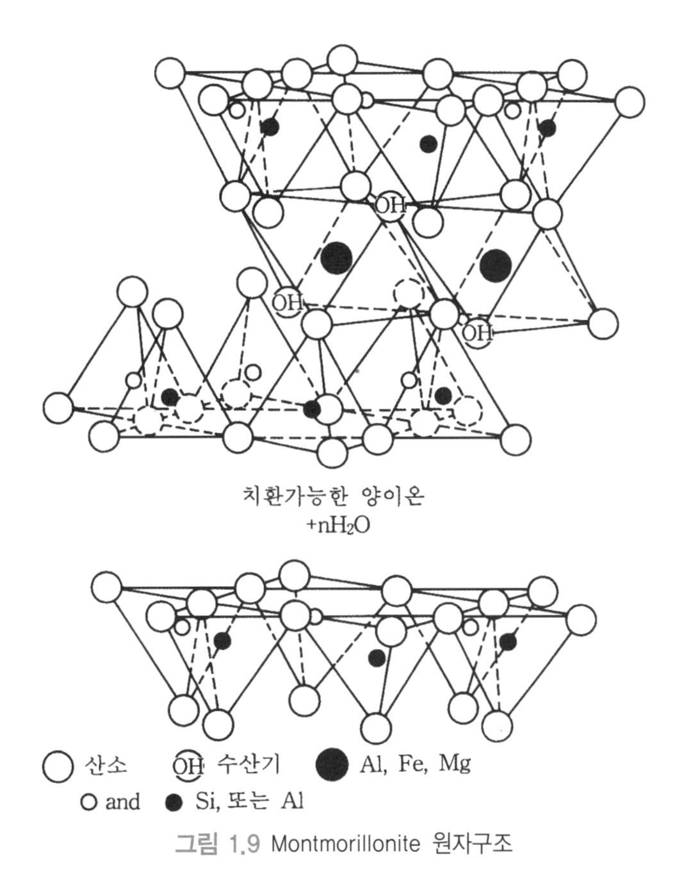

그림 1.9 Montmorillonite 원자구조

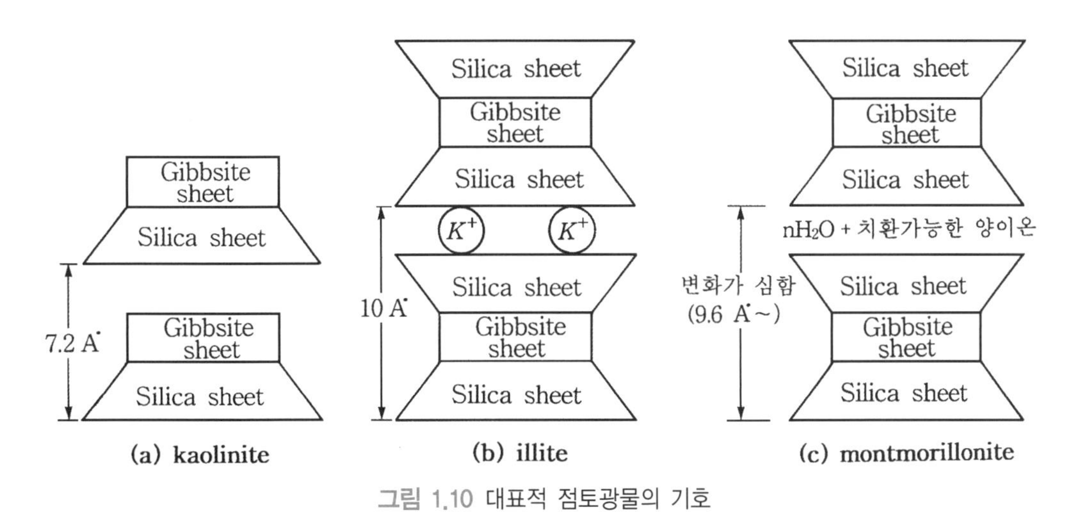

그림 1.10 대표적 점토광물의 기호

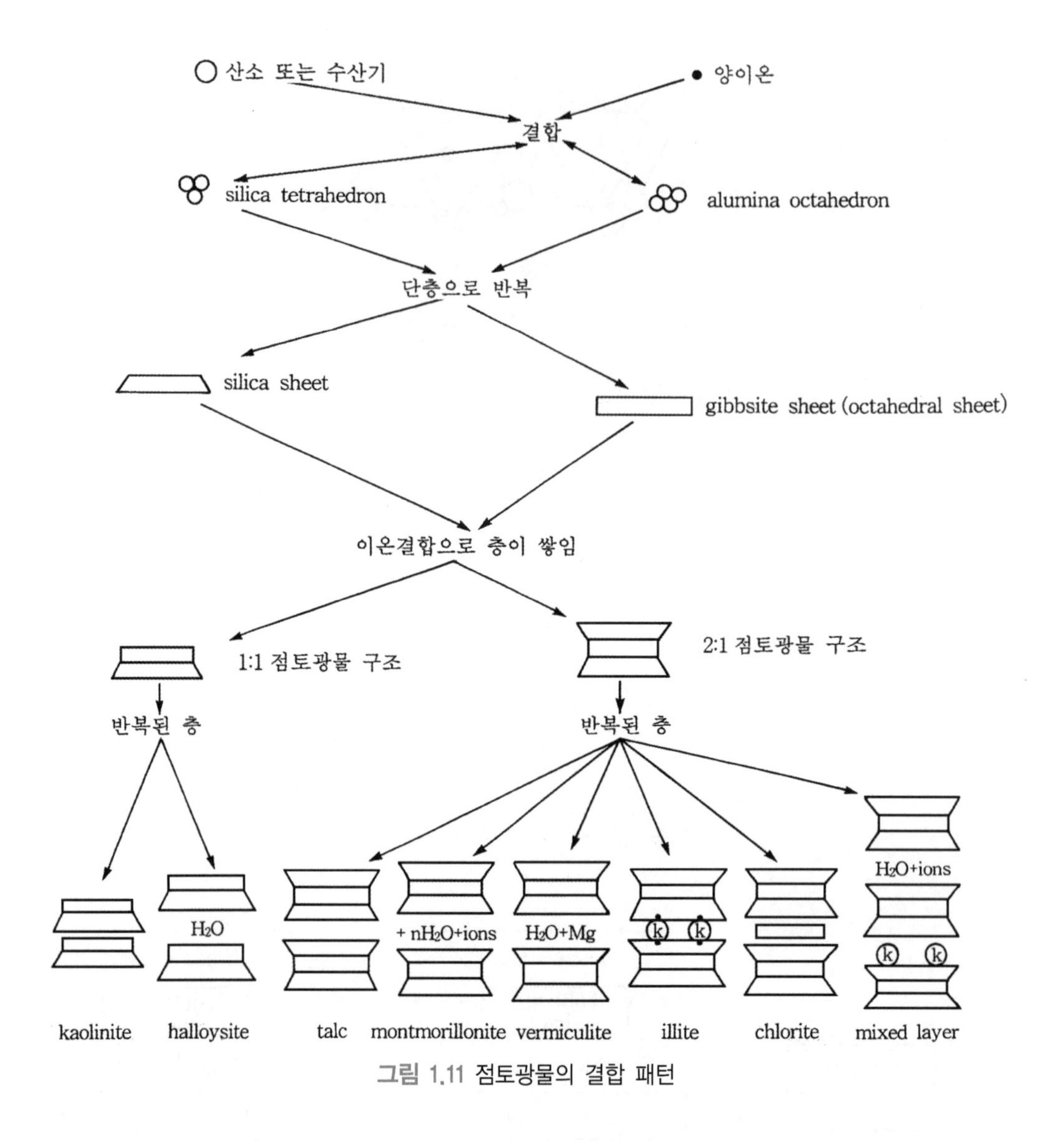

그림 1.11 점토광물의 결합 패턴

1.5.2 점토광물과 물의 상호작용

주로 동형치환 작용에 의하여 점토표면은 음(−)이온을 띠고 있다. 이 점토가 물에 잠길 경우, 점토 주위에 편재해 있는 Ca^{+2}, Mg^{+2}, Na^{+}, K^{+} 등의 양이온이 점토표면에 부착하며, 물이 양극과 음극의 dipole 형태로 있으므로(그림 1.12) 물의 음이온이 위의 양이온에 붙게 된다. 또는 dipole의 양이온이 점토표면의 음이온에 직접 부착하게 된다. 또는 물분자의 수소원자와 점토표면에 있는 산소가 수소결합(hydrogen bonding)으로 붙게 될 수도 있다(그림 1.13 참조). 따라서 점토표면의 근처에 존재하는 물은 자유로이 움직일 수 없게 되며, 이로 인하여 점토 주위에 부착되어 있는 물을 이중층수(double-layer water)라고 하며 점토 가까이에 완전히 점토와 붙어 있는 물을 흡착수(absorbed water)라고 한다. 따라서 점토표면 근처에는 양이온이 절대적으로 많게 되며, 점토로부터의 거리가 멀어질수록 적어지게 된다(그림 1.14 참조).

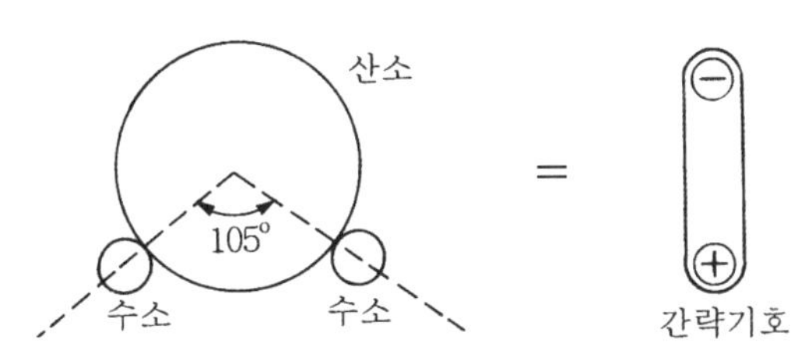

그림 1.12 물의 Dipole 현상

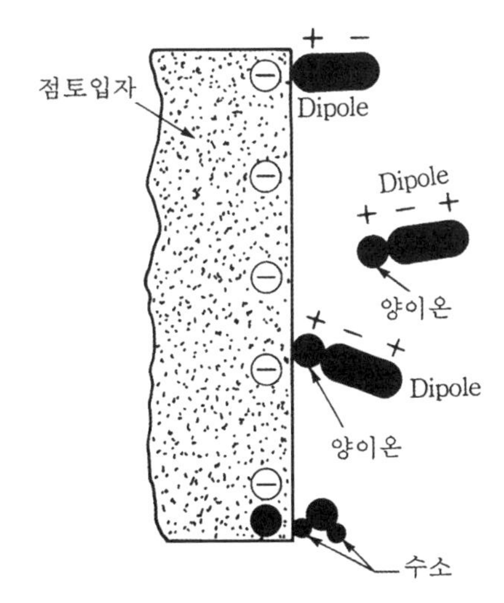

그림 1.13 이중층에서 물의 흡착

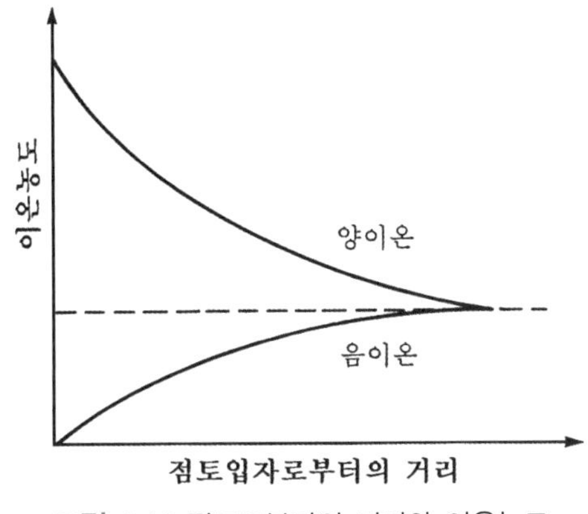

그림 1.14 점토로부터의 거리와 이온농도

연 습 문 제

1. 체분석 결과가 다음과 같을 때, 다음 물음에 답하라.

체번호(#)	각 체에 남은 무게(g)
4	0
10	40
20	60
40	89
60	140
80	122
100	210
200	56
Pan	12

1) 각 체에서의 통과백분율을 구하고, 입도분포곡선을 그려라.

2) D_{10}, D_{30}, D_{60}을 구하라.

3) C_u를 구하라.

4) C_c를 구하라.

참 고 문 헌

각 장의 공통 참고문헌

- Das, B.M.(2010), Principles of Geotechnical Engineering, 7th Ed., SI Edition, Cengage Learning, Stamford.
- Das, B.M.(2014), Advanced Soil Mechanics, 4th Ed., CRC Press Boca Raton.
- Craig, R.F.(1997), Soil Mechanics, 6th Ed., Chapman & Hall, London.
- Lambe, T.W. and Whitman, R.V.(1979), Soil Mechanics, SI Version, John Wiley & Sons, New York.
- Wu, T.H.(1981), Soil Mechanics, Allyn and Bacon, Ohio.
- 이상덕(2023), 토질시험_원리와 방법, 제3판, 씨아이알.
- 이인모(2013), 암반역학의 원리, 제2판, 씨아이알.
- 이인모(2021), 기초공학의 원리, 초판 4쇄, 씨아이알.
- 이인모(2022), 토질역학의 원리_연습문제 풀이와 해설, 씨아이알.
- 이인모(2023), 토질역학 특론, 초판 2쇄, 씨아이알.

제1장에 대한 참고문헌

- Mitchell, J.K. and Soga K.(2005), Fundamentals of Soil Behavior, 3rd Ed., Wiley, New York.
- Yong, R.N. and Warkentin(1966), Introduction of Soil Behavior, Macmillan, New York.

제2장

흙의 기본적 성질

제2장

흙의 기본적 성질

1장 초두에 토질역학은 'in-situ mechanics'라고 소개하였다. 강 재료나 콘크리트 구조처럼 새로 흙을 제조하는 것이 아니라, 원래부터 존재하는 흙을 공부하는 학문인 것이다.

흙의 문제를 역학적으로 푸는 시도 이전에 해야 하는 것이 흙의 기본적 성질을 파악하는 것이다. 1장에서는 우선 흙이 3상 구조임을(흙 입자+물+공기) 설명하였으며, 기본적 성질의 한 단면으로서 흙 입자 알갱이 자체의 크기(주로 조립토에 대하여)의 분석방법과 점토광물(세립토에 대하여)의 기본에 대하여 설명하였다. 이번 장에서 이루어지는 흙의 성질은 흙 입자 알갱이만을 따로 취급하는 것이 아니라 (흙 입자+물+공기)를 총칭하는 토질(soil matrix)의 성질을 정리하고자 하는 것이다.

흙의 성질을 규명하는 첫 단계는 소위 흙의 기원(origin)을 알아내는 것이다. 현장에 존재하는 지반의 형성이 어떻게 되었으며, 어떤 과정을 거치어 현재의 장소에 그 흙이 존재하는지를 아는 것이다. 따라서 본 장에서는 우선 지질학적인 관점에서 흙의 생성을 간략히 서술하였다.

흙의 생성과정이 어느 정도 파악되었으면, 그 다음 단계로 소요깊이에 있는 흙을 채취하여(시료채취라고 함), 그 흙의 구성성분 및 성질을 파악하는 것이 중요하다. 흙의 생성 다음에는 주로 이런 성질들을 순서적으로 설명할 것이다.

2.1 흙의 생성

2.1.1 풍화작용

흙은 암반이 풍화되어 생성된다. 풍화작용에는 물리적 풍화작용(mechanical weathering)과 화학적 풍화작용(chemical weathering)이 있다. 물리적 풍화작용은 온도변화에 의하여 암반이 반복적으로 팽창·수축을 반복하여 쪼개져서 흙으로 변해가는 과정을 말하며, 반면에 화학적 풍화작용은 화학반응에 의하여 암반의 광물이 완전히 다른 광물로 바뀌면서 흙으로 풍화되는 것을 말한다.

2.1.2 잔적토

암반이 풍화되어 그 자리에서 흙이 된 것을 잔적토(residual soil)라고 한다. 잔적토는 비록 풍화되어 흙이 되었지만 모암의 성분을 그대로 갖고 있는 것이 일반적이며, 어느 경우에는 모암이 갖고 있던 전단대(shear zone)나 절리(joints) 부근에서만 풍화가 되고 나머지 부분은 암괴로 남아 있는 경우도 많다.

우리나라는 전국적으로 화강암(granite)과 편마암(gneiss) 특히 화강편마암(granitic gneiss)이 편재해 있으며, 이 암이 풍화된 것이 화강풍화토이다. 이 흙은 모래(sand)와 점토(clay)의 중간자적 성격을 띠며, 그 거동이 아직도 완전히 규명되지 않은 상태이다.

2.1.3 퇴적토

퇴적토(transported soil)란 흙이 외부의 힘에 의하여 운반되어 다시 퇴적된 흙을 총칭하며 운반수단에 따라 다음과 같은 흙의 종류가 있다.

- 충적토(alluvial soils): 강물에 의하여 운반되어 하상에 퇴적된 흙(예: 한강 이남 지역)
- 풍적토(aeolian soils): 바람에 의하여 운반된 흙
- 빙적토, 빙하토(glacial soils): 빙하로 인하여 운반된 흙
  - 빙쇄석(moraine): 빙하의 이동으로 직접 퇴적된 흙
  - 호상점토(varved clay): 빙하의 녹은 물에 의하여 멀리 운반되어 퇴적된 흙으로서, 여름에는 비교적 입자가 큰 흙이 퇴적되고, 겨울에는 작은 것이 퇴적되어, 몇 년을 두고 계속

적인 교번퇴적으로 인하여 호상으로 층을 이루고 퇴적된 흙(미국의 5대호 연안에 많다).

- 붕적토(colluvial soils): 흙 자체가 중력으로 움직여서 생성된 흙(예; 산사태로 흙이 떠내려간 경우)

2.2 흙의 삼상관계

전 절에서 흙의 생성과정을 간략히 파악하였다. 아래 그림에서와 같이 깊이 'z' 밑에 있는 흙을 채취하였다고 하자. 채취된 흙은(흙 입자+물+공기)로 이루어져 있을 것이다. 흙의 성질을 파악하기 위하여, 흙(soil matrix) 속에 세 성분이 각각 얼마씩이나 존재하는가를 가늠하기 위한 것이 삼상관계이다. 흙은 그림 2.1(a)와 같은 상태로 존재할 것이다. 그러나 편의상 그림 2.1(b)와 같이 삼상을 세 부분으로 분리하여 해석함이 일반적이다.

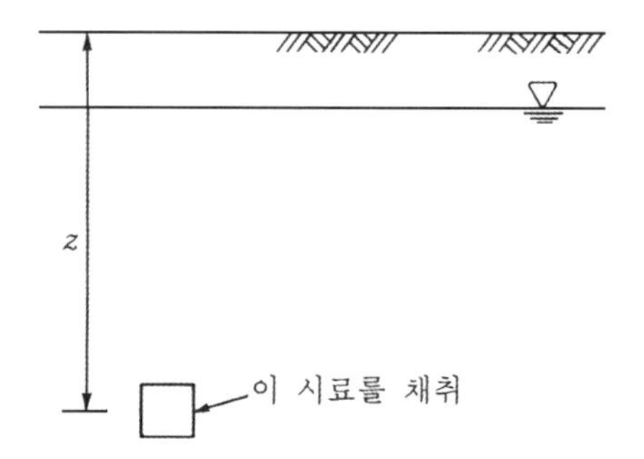

전체적 V는 다음과 같다.

$$V = V_s + V_v = V_s + V_w + V_a \tag{2.1}$$

여기서, V_s =흙 입자만의 부피

V_w =물만의 부피

V_a =공기만의 부피

V_v =간극의 부피로서 흙 입자를 제외한 부분의 체적

한편, 전중량 W는 다음과 같다. 공기의 무게는 없으므로

$$W = W_s + W_w \tag{2.2}$$

여기서, W_s =흙 입자만의 무게

W_w =물만의 무게

토질역학에서 삼상의 각 부분 차지하는 크기를 알기 위하여 부피 및 무게를 직접 다루기보다는 다음 절에서와 같은 용어들을 사용하여 삼상관계를 나타냄이 보통이다.

> **Note**
> 그림 2.1(b)와 같은 삼상관계 그림에서 오른쪽은 부피, 좌측은 무게를 관례적으로 표시한다.

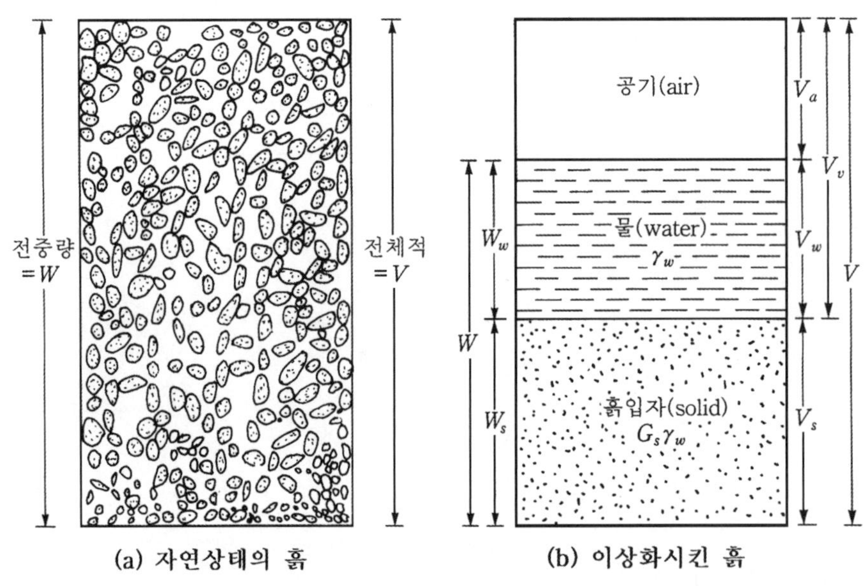

그림 2.1 흙의 삼상관계

2.2.1 부피에 관계되는 관계식

부피에 관계되는 관계식 및 용어는 다음의 세 가지가 있다.

1) 간극비(void ratio); e

간극비는 간극의 부피와 흙 입자의 부피의 비이다.

$$e = \frac{V_v}{V_s} \tag{2.3}$$

2) 간극률(porosity); n

간극률은 간극의 부피와 흙의 전체적의 비이다.

$$n = \frac{V_v}{V} \ (\times 100\%) \tag{2.4}$$

e와 n 사이에는 다음 식과 같은 관계가 있다.

$$e = \frac{V_v}{V_s} = \frac{V_v}{V - V_v} = \frac{\left(\frac{V_v}{V}\right)}{1 - \left(\frac{V_v}{V}\right)} = \frac{n}{1-n} \tag{2.5}$$

또는,

$$n = \frac{e}{1+e} \tag{2.6}$$

3) 포화도(degree of saturation); S

흙의 간극 중 물이 차지하고 있는 부분을 나타내며 다음 식과 같다.

$$S = \frac{V_w}{V_v} \ (\times 100\%) \tag{2.7}$$

여기서, 포화도=0%란 물기 하나 없이 간극이 공기로만 채워진 경우이고, 반면에 포화도=1.0 또는 100%란 지하수 하부에 존재하는 흙과 같이 간극이 완전히 물로 포화된 상태를 말한다.

2.2.2 무게에 관계되는 관계식

무게에 관계되는 식은 다음과 같다.

1) 함수비(water content); w

흙 입자 무게에 대한 물 무게의 비로서,

$$w = \frac{W_w}{W_s} \ (\times 100\%) \tag{2.8}$$

2) 단위중량(unit weight); γ

습윤단위중량(moist unit weight)이라고도 하며 단위체적당 흙(soil matrix)의 무게를 가리킨다.

$$\gamma = \frac{W}{V} \tag{2.9}$$

만일 흙이 완전히 포화된 경우는 포화단위중량(saturated unit weight)이라고 하며 γ_{sat}로 표기한다. 습윤단위중량과 함수비와의 관계식은,

$$\gamma = \frac{W}{V} = \frac{W_s + W_w}{V} = \frac{W_s\left[1 + \left(\frac{W_w}{W_s}\right)\right]}{V} = \frac{W_s(1+w)}{V} \tag{2.10}$$

와 같이 표시할 수도 있다.

한편, 건조단위중량(dry unit weight)은 단위체적당 흙 입자(solid)만의 무게를 나타내며, 다음 식과 같다.

$$\gamma_d = \frac{W_s}{V} \tag{2.11}$$

또는 습윤단위중량과의 관계식은 다음과 같다.

$$\gamma_d = \frac{\gamma}{1+w} \tag{2.12}$$

혼동하기 쉬운 사항

토질역학을 처음 대하는 소위 초보자들은, 다음 사항에 대하여 많이 혼동하고 있다. 다음 사항을 외우다시피 숙지하기 바란다.

• 단위중량과 비중

– 한마디로 말하여, 단위중량은 흙(soil matrix; 흙 입자+물+공기)의 단위체적당 무게이며, 반하여 비중은 흙 입자(soil solid)의 부피에 대한 물 무게와 흙 입자의 무게의 비이다. 상식적으로 흙은 공간이 많으므로 단위중량이 비중보다 작아야 한다.

– 다음과 같이 수식적으로 표현이 가능하다.
흙 입자의 단위중량은

$$\gamma_s = \frac{W_s}{V_s} \tag{2.13}$$

$$\text{비중은 } G_s = \frac{\gamma_s}{\gamma_w} \text{(무차원의 값)} \tag{2.14}$$

여기서, γ_s =흙 입자의 단위중량
γ_w =물의 단위중량

– 흙 입자의 비중은 2.7 정도가 보통이며, 흙의 단위중량은 $2t/m^3(20kN/m^3)$ 이하이다. 한편, 암석인 경우는 암반 사이에 공간이 거의 없으므로 암반의 단위중량과 비중은 거의 같다. 즉,
γ(암반) ≒ $2.7t/m^3$ ≒ $27kN/m^3$
G_s(암반) ≒ 2.7

Note **SI 단위와 메터 단위와의 관계**
우리나라에서는 메터(meter) 단위를 사용하여왔다. 그러나 현재 전 세계적으로는 SI 단위가 통용되므로 가능한 대로 SI 단위를 사용하는 것이 좋다. 가장 중요한 것은 무게로서 한국에서

1ton은 1ton × 중력가속도=9.81kN이 된다(일본에서는 1tonf를 사용하며, f는 중력가속도를 의미한다). 다음에 유의하자.

1) 무게

1ton 또는 1t=9.81kN, 1kg=9.81N, 1g=9.81×10^{-3}N

2) 물의 단위중량

$\gamma_w = 1.0 t/m^3 = 9.81 kN/m^3 = 9.81 \times 10^{-3} N/cm^3$

단, 영국 단위로는 $\gamma_w = 62.4 lb/ft^3$이다.

3) 압력

$1 kg/cm^2 = 98.1 kN/m^2$(kPa*)

* kPa과 kN/m^2은 동일

2.2.3 $V_s = 1$ 관계식

이제까지는 부피에 관한 관계식, 무게에 관한 관계식을 따로 알아보았다. 이제는 그 상호관계를 알아보고자 한다. 이를 위하여 접근할 수 있는 첫 단계는 흙 입자의 부피인 V_s의 값을 V_s = 1로 가정하고 삼상관계 다이아그램(diagram)을 다시 그리는 것이다. 그림 2.2에서 $V_s = 1$이라 놓고 나머지 값들을 그림에 표시한 번호 순서대로 풀어가면 된다.

① $V_s = 1$

② $V_v = e V_s = e$

③ $V = V_s + V_v = 1 + e$

Note

토질역학의 수식에서 '$1+e$'항이 있으면 전체적(全体積)으로 생각하면 된다.

④ $W_s = \gamma_s V_s = G_s \gamma_w$ (식 (2.14) 참조)

⑤ $W_w = w W_s = w G_s \gamma_w$

⑥ $V_w = \dfrac{W_w}{\gamma_w} = \dfrac{w G_s \gamma_w}{\gamma_w} = w G_s$

일단 3상 다이아그램이 완성되었으면, 상호 관계식을 구하는 것은 각종 공식에 그림 2.2에서 구하여 놓은 값들을 대입하기만 하면 될 것이다.

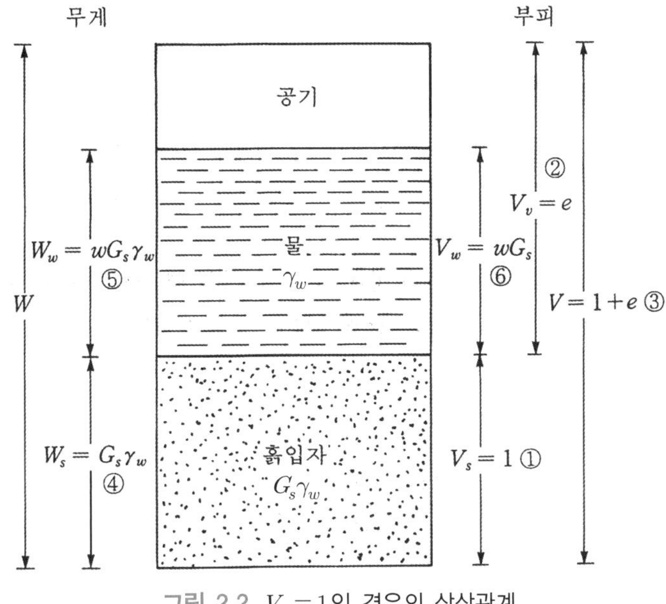

그림 2.2 $V_s = 1$인 경우의 삼상관계

• 단위중량

$$\gamma = \frac{W}{V} = \frac{W_s + W_w}{V} \text{ (그림 2.2의 식 대입)}$$

$$= \frac{G_s\gamma_w + wG_s\gamma_w}{1+e} = \frac{(1+w)G_s\gamma_w}{1+e} \tag{2.15}$$

• 건조단위중량

$$\gamma_d = \frac{W_s}{V} \text{ (그림 2.2의 식 대입)}$$

$$= \frac{G_s\gamma_w}{1+e} \tag{2.16}$$

$$\text{또는 } e = \frac{G_s\gamma_w}{\gamma_d} - 1 \tag{2.17}$$

• **포화도**

$$S = \frac{V_w}{V_v} = \frac{wG_s}{e}$$

$$\text{또는 } Se = wG_s \tag{2.18}$$

식 (2.18)은 부피를 무게로 바꿀 때(또는 무게를 부피로 바꿀 때) 유용하게 사용되는 식이므로 외워두길 바란다. 식 (2.18)을 이용하면 단위중량을 다음과 같이 나타낼 수도 있다.

$$\gamma = \frac{(1+w)G_s\gamma_w}{1+e}$$

$$= \frac{(G_s + wG_s)}{1+e}\gamma_w = \frac{(G_s + Se)}{1+e}\gamma_w \tag{2.19}$$

포화단위중량은 $S=1$인 경우이므로 식 (2.19)로부터

$$\gamma_{sat} = \frac{(G_s + e)}{1+e}\gamma_w \tag{2.20}$$

삼상관계의 문제를 풀기 위한 기본전략

1) 삼상 다이아그램을 그려서 풀도록 노력한다.
2) 무게와 부피 사이에는 항상 다음의 관계식이 존재한다.

$$W_{(\ )} = \gamma_{(\ )}\ V_{(\ )}$$

3) 만일 데이터로 주어진 것이 비(ratio; 예를 들어, w, e, n, S, G_s 등)들뿐이라면 $V_s = 1$ 다이아그램으로 공략하라.
4) 다음의 관계식을 외우라.

$$\gamma_s = G_s\gamma_w$$

$$Se = wG_s$$

[예제 2.1] 어느 흙 시료의 무게가 1.9N, 완전히 건조시켰을 때의 무게가 1.52N이었고, 건조시키기 전의 부피가 0.1L=100cm³이었다. 흙 입자의 비중 $G_s=2.65$라고 할 때, 간극비, 간극률, 포화도, 건조단위중량을 구하라.

[풀 이] 이 문제에서는 시료의 무게, 부피가 주어졌으므로 그림 2.1과 같은 삼상 다이아그램을 다음과 같이 그린다.

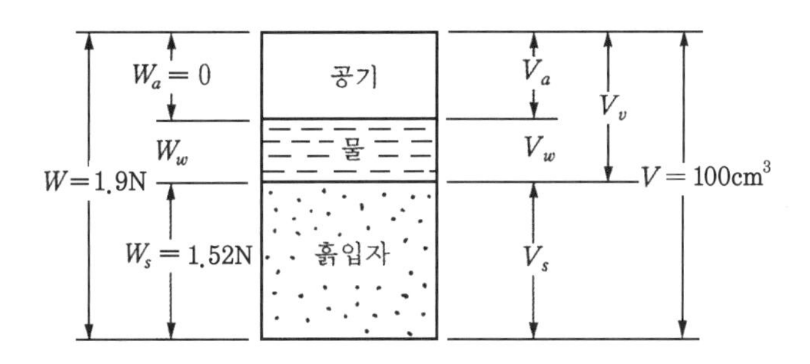

위 그림에서, 주어지지 않은 부피 및 무게를 구한다.

$$W_w = W - W_s = 1.9 - 1.52 = 0.38\text{N}$$

$$V_s = \frac{W_s}{\gamma_s} = \frac{W_s}{G_s\gamma_w} = \frac{1.52}{2.65\times 9.81\times 10^{-3}} = 58.47\text{cm}^3$$

$$V_w = \frac{W_w}{\gamma_w} = \frac{0.38}{9.81\times 10^{-3}} = 38.74\text{cm}^3$$

$$V_v = V - V_s = 100 - 58.47 = 41.53\text{cm}^3$$

$$V_a = V_v - V_w = 41.53 - 38.74 = 2.79\text{cm}^3$$

이제 모든 무게와 부피가 구해졌으므로 각종 계수들은 정의로부터 구할 수 있다.

$$e = \frac{V_v}{V_s} = \frac{41.53}{58.47} = 0.71$$

$$n = \frac{V_v}{V} = \frac{41.53}{100} = 0.42$$

$$S = \frac{V_w}{V_v} \times 100 = \frac{38.74}{41.53} \times 100 = 93\%$$

$$\gamma_d = \frac{W_s}{V} = \frac{1.52}{100} = 1.52 \times 10^{-2}\text{N/cm}^3 = 15.2\text{kN/m}^3$$

[예제 2.2] 어느 흙 시료의 함수비가 30%, 단위중량=17.6kN/m^3, 비중이 2.70이다. 간극비와 포화도를 구하라.

[풀 이] 이 문제는 주어진 것이 모두 비(ratio)에 관한 것이므로 $V_s=1$의 삼상관계 다이아그램을 이용하면 좋다.

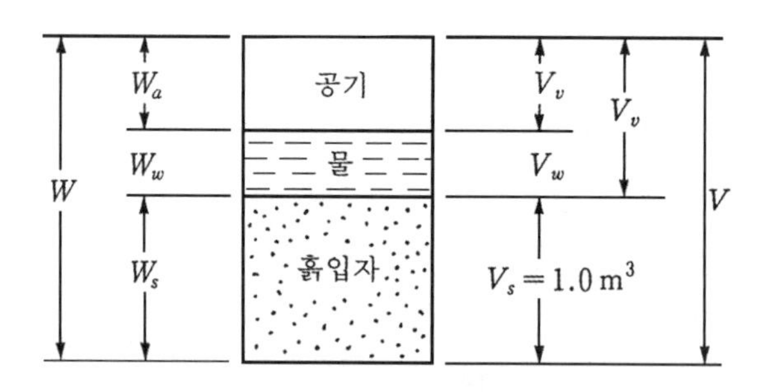

$$W_s = G_s \gamma_w V_s = G_s \gamma_w = 2.70 \times 9.81 = 26.49\text{kN}$$

$$W_w = w W_s = 0.3 \times 26.49 = 7.95\text{kN}$$

$$W = W_s + W_w = 26.49 + 7.95 = 34.44\text{kN}$$

$$V = \frac{W}{\gamma} = \frac{34.44}{17.6} = 1.96\text{m}^3$$

$$V_w = \frac{W_w}{\gamma_w} = \frac{7.95}{9.81} = 0.81\text{m}^3$$

$$V_v = V - V_s = 1.96 - 1.0 = 0.96\text{m}^3$$

$$V_a = V_v - V_w = 0.96 - 0.81 = 0.15\text{m}^3$$

그러면,

$$e = \frac{V_v}{V_s} = \frac{0.96}{1} = 0.96$$

$$S=\frac{V_w}{V_v}=\frac{0.81}{0.96}\times 100=84\%$$

[예제 2.3] 포화된 점토의 함수비 $w=40\%$, 비중 $G_s=2.71$이다. 포화단위중량(γ_{sat}) 및 건조 단위중량(γ_d)을 구하라.

[풀 이]

(1) 공식 이용: 포화되었으므로 $S=100\%$ ∴ $e=wG_s$

$$e=wG_s=0.4\times 2.71=1.084$$

$$\gamma_{\rm sat}=\frac{(G_s+e)}{1+e}\gamma_w=\frac{2.71+1.084}{1+1.084}\times 9.81=17.86{\rm kN/m^3}$$

$$\gamma_{\rm d}=\frac{G_s}{1+e}\gamma_w=\frac{2.71}{1+1.084}\times 9.81=12.76{\rm kN/m^3}$$

(2) 다이아그램 이용: 주어진 데이터가 비(ratio)이므로 $V_s=1$ 이용

$$W_s=G_sV_s\gamma_w=G_s\gamma_w=2.71\times 1\times 9.81=26.59{\rm kN}$$

$$W_w=wW_s=0.4\times 26.59=10.64{\rm kN}$$

$$V_w=\frac{W_w}{\gamma_w}=\frac{10.64}{9.81}=1.085{\rm m^3}=V_v$$

$$V=V_s+V_v=1+1.085=2.085{\rm m^3}$$

$$W=W_s+W_w=26.59+10.64=37.23{\rm kN}$$

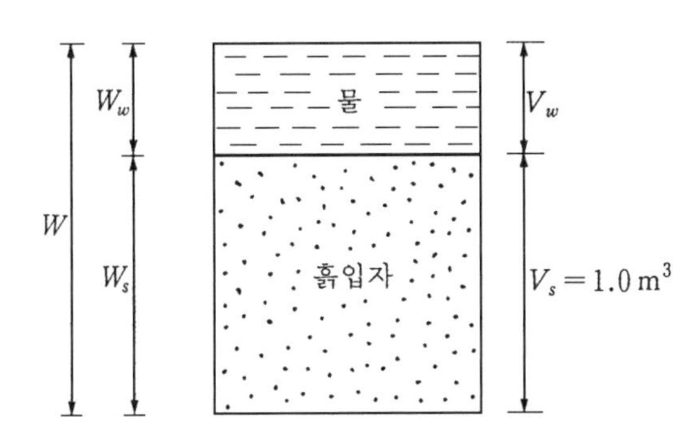

① $\gamma_{sat} = \dfrac{W}{V} = \dfrac{37.23}{2.085} = 17.86\text{kN/m}^3$

② $\gamma_d = \dfrac{W_s}{V} = \dfrac{26.59}{2.085} = 12.75\text{kN/m}^3$

[예제 2.4] 어떤 흙 시료가 $\gamma = 16.5\text{kN/m}^3$, $w = 15\%$, $G_s = 2.7$이라면 ① γ_d, ② n, ③ S를 각각 구하고, ④ $S = 100\%$를 만들기 위해 첨가되어야 할 W_w를 각각 구하라.

[풀 이] 주어진 자료가 모두 비(ratio)이므로 $V_s = 1$의 관계 다이아그램을 이용하여 풀면 될 것이다.

$V_s = 1\text{m}^3$이라고 하면

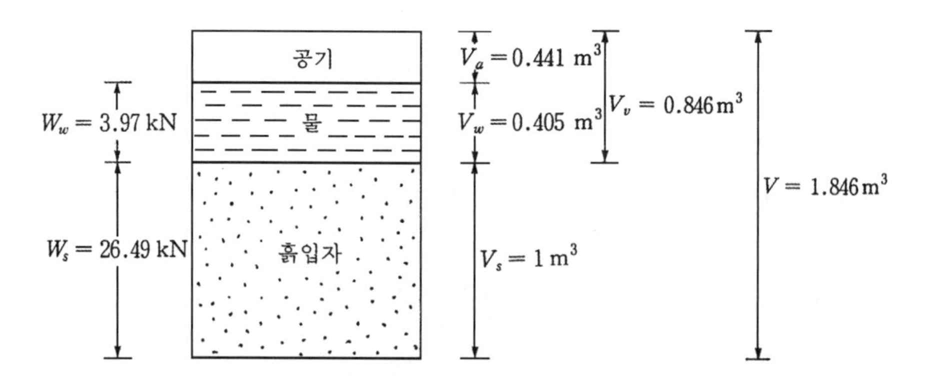

$W_s = G_s \gamma_w V_s = 2.7 \times 9.81 \times 1 = 26.49\text{kN}$

$W_w = w W_s = 0.15 \times 26.49 = 3.97\text{kN}$

$W = W_s + W_w = 26.49 + 3.97 = 30.46\text{kN}$

$V_w = \dfrac{W_w}{\gamma_w} = \dfrac{3.97}{9.81} = 0.405\text{m}^3$

$\gamma = \dfrac{W}{V} = \dfrac{30.46}{V} = 16.5\text{kN/m}^3$

$V = \dfrac{30.46}{16.5} = 1.846\text{m}^3$

$V_a = V - V_s - V_w = 1.846 - 1 - 0.405 = 0.441\text{m}^3$

$V_v = V_a + V_w = 0.441 + 0.405 = 0.846\text{m}^3$

부피 및 무게가 다 구해졌으므로 다음과 같이 해를 구할 수 있다.

① $\gamma_d = \dfrac{\gamma}{1+w} = \dfrac{16.5}{1+0.15} = 14.3\text{kN/m}^3$

② $n = \dfrac{V_v}{V} = \dfrac{0.846}{1.846} = 0.46$

또는 다음과 같이 공식을 이용하여 구할 수도 있다.
식 (2.17)로부터

$$e = \frac{G_s \gamma_w}{\gamma_d} - 1 = \frac{2.7 \times 9.81}{14.3} - 1 = 0.85$$

$$n = \frac{e}{1+e} = \frac{0.85}{1+0.85} = 0.46$$

③ $S = \dfrac{V_w}{V_v} = \dfrac{0.405}{0.846} = 0.48 = 48\%$

또는 다음과 같이 공식을 이용하여 구할 수도 있다.

$$Se = wG_s \text{에서 } S = \frac{wG_s}{e} = \frac{0.15 \times 2.7}{0.85} = 0.48 = 48\%$$

④ V_a가 모두 물로 채워진다면 100% 포화가 되므로 이에 해당하는(더 넣어 주어야 할) 물의 양은 흙 1.846m^3당 $0.441\text{m}^3 = 4.33\text{kN}$이다.

2.3 흙의 성질을 나타내는 요소

전 절에서는 흙의 삼상관계를 알아보았다. 삼상관계란 '흙 입자+물+공기'가 어떤 비율로 구성되어 있는지를 규명하는 기본적인 것이다.

이 절에서는 흙(soil matrix)의 성질을 나타낼 수 있는 요소를 설명하고자 한다. 1장에서 우선적으로 사질토는 흙 입자의 크기, 즉 입도분포가, 점성토는 광물조직이 중요하다고 설명한 바 있다. 여기에서는 흙(soil matrix)의 성질을 파악하는 추가요소로 사질토는 상대밀도, 점성토는 연경도가 있으며 이를 설명하고자 한다.

2.3.1 상대밀도

상대밀도(relative density)는 사질토의 밀한(dense) 상태나 느슨한(loose) 상태를 상대적으로 나타내는 요소로 다음 식과 같다.

$$D_r = \frac{e_{\max} - e}{e_{\max} - e_{\min}} \tag{2.21}$$

여기서, D_r =상대밀도(×100%)

e =주어진 흙의 간극비

$e_{\max}$ =주어진 흙이 가장 느슨한 상태일 때의 간극비

$e_{\min}$ =주어진 흙이 가장 조밀한 상태일 때의 간극비

상대밀도는 0%부터 100% 사이의 값을 가지며, 0%가 가장 느슨한 상태이고 100%가 가장 조밀한 상태를 나타낸다. 한편, 식 (2.17)을 식 (2.21)에 대입하면 상대밀도는 건조단위중량의 함수로 나타낼 수 있다.

$$D_r = \left[\frac{\gamma_d - \gamma_{d(\min)}}{\gamma_{d(\max)} - \gamma_{d(\min)}}\right]\left[\frac{\gamma_{d(\max)}}{\gamma_d}\right] \tag{2.22}$$

여기서, γ_d =주어진 흙의 건조단위중량

$\gamma_{d(\max)}$ =주어진 흙의 가장 밀한 상태에서의 건조단위중량

$\gamma_{d(\min)}$ =주어진 흙의 가장 느슨한 상태에서의 건조단위중량

상대밀도의 값에 따른 개략적인 사질토의 조밀한 정도가 표 2.1에 표시되어 있다.

$e_{\max}(\gamma_{d(\min)})$나 $e_{\min}(\gamma_{d(\max)})$을 구하는 방법이 국내에서는 표준화되어 있는 것 같지 않다. ASTM D-2049에서 제시한 방법을 보면 다음과 같다.

- $\gamma_{d(\min)}$: 다짐몰드(부피 $28.3\times10^{-3}m^3=0.1ft^3$)에 사질토를 1"(2.54cm) 높이에서 살살 떨어뜨렸을 때의 건조밀도
- $\gamma_{d(\max)}$: 다짐몰드에 사질토를 넣고 진동을 주어 아주 밀한 상태를 인위적으로 만들었을 때의 건조밀도

(실험사양): 몰드뚜껑압력 = $13.8kN/m^2(2lb/in^2)$

진동시간 = 8분

진동폭 = 0.635mm(0.025")

진동주파수 = 3600RPM

표 2.1 사질토의 상대밀도와 조밀도

상대밀도(%)	흙의 상태
0~15	매우 느슨함
15~50	느슨함
50~70	중간
70~85	밀함
85~100	매우 밀함

[토 론] 최대건조밀도를 얻기 위하여 가장 손쉬운 방법은 시료를 몰드에 넣고 사정없이 다지면 될 것인데 왜 다지기를 하지 않고 진동으로 하는가?

- 그냥 다지면(예: 봉다짐) 건조밀도는 커지나 흙 입자가 파쇄되기 때문에 흙 자체가 달라지기 때문이다. 즉, 더 이상 '주어진 흙'이 아니기 때문이다.

2.3.2 연경도

점토광물이 존재하는 점성토는 점토광물 주변에서의 흡착수로 인하여 점성토의 모습과 성질이 함수비가 증가함에 따라 완전히 바뀌게 된다. 만일 함수비가 극소량으로 아주 건조상태라면 이 흙은 완전 고체일 것이다. 여기에 물을 아주 많이 가하면 흙이 물 같이 되어 차라리 액체로 분류하는 것이 나은 상태도 있다. 흙에 가해지는 함수비의 증가에 따라 그림 2.3과 같이 흙이 네 가지 상태로 계속적으로 변해가게 된다(이를 연경도(consistency)라 함).

즉, 고체상태(solid) → 반고체상태(semisolid) → 소성상태(plastic) → 액체상태(liquid)

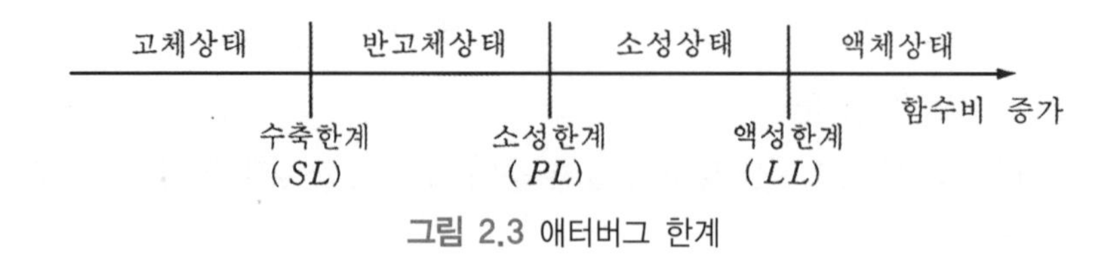

그림 2.3 애터버그 한계

애터버그 한계(Atterberg limit)

다음의 세 가지 한계를 총칭하여 애터버그 한계라고 한다.

- 수축한계(shrinkage limit): 고체상태에서 반고체상태로 넘어갈 때의 함수비
- 소성한계(plastic limit): 반고체상태에서 소성상태로 넘어갈 때의 함수비
- 액성한계(liquid limit): 소성상태에서 액체상태로 넘어갈 때의 함수비

다음에 앞의 한계 함수비를 실험으로 구하는 법을 서술하고자 한다. 다음의 각 한계함수비에 대한 정의는 개략적인 편의상 그렇게 정한 약속으로 보면 된다.

1) 액성한계(LL; liquid limit)

액성한계는 그림 2.4와 같은 표준액성한계 시험기구에서 접시에 그림과 같이(그림 2.4(a)) 잘 반죽된 흙을 넣고 삽으로 홈을 그림 2.4(c)와 같이 판 다음 1cm 높이에서 접시를 계속하여 낙하시켜서 25회 낙하 시 12.7mm(0.5")가 붙게 되면, 그때의 함수비를 액성한계라 정의한다.

실제 실험에서는 몇 개의 함수비로 각각 위의 실험을 계속하여 12.7mm가 붙게 될 때의 낙하횟수를 기록하여 이 결과로 그림 2.5와 같은 유동곡선을 그린다. 일반적으로 $\log N$과 함수비 사이에는 그림처럼 직선관계가 있는 것으로 알려져 있다. 이 곡선으로부터 $N=25$회에 해당되는 함수비를 구한 것이 액성한계이다. 그림 2.5에서 직선의 기울기를 유동지수(flow index)로 정의한다.

$$I_F = \frac{w_1 - w_2}{\log\left(\frac{N_2}{N_1}\right)} \tag{2.23}$$

여기서, $I_F =$ 유동지수(flow index)

w_1 = 낙하횟수 N_1인 경우의 함수비

w_2 = 낙하횟수 N_2인 경우의 함수비

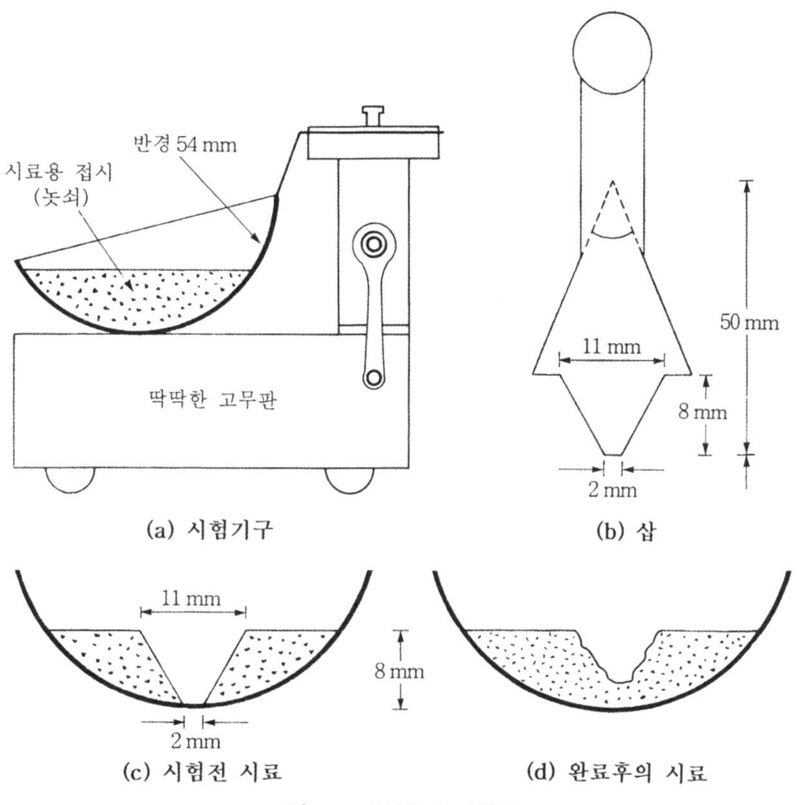

그림 2.4 액성한계 시험기구

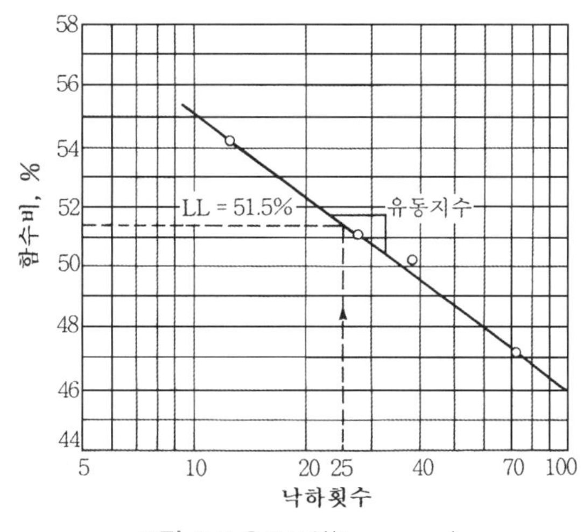

그림 2.5 유동곡선(flow curve)

2) 소성한계(PL; plastic limit)

소성한계는 잘 반죽된 흙을 가지고 국수가닥과 같은 모양을 만들기 위하여 흙을 유리 바닥 위에서 계속해서 손바닥으로 비벼서 약 3.2mm($\frac{1}{8}$")의 직경이 되었을 때 부슬부슬 부서지기 시작하면 그때의 함수비를 소성한계로 정의한다. 소성한계는 물론 소성상태의 최저함수비이다.

소성지수(PI; plasticity index)

소성지수는 다음과 같이 정의한다.

$$PI = LL - PL \tag{2.24}$$

다시 말하여 흙이 소성상태로 있을 수 있는 함수비의 범위를 말한다. 소성지수가 크다고 하는 것은, 그 점성토가 소성상태로 있는 범위가 크기 때문에, 웬만한 조건에서는 소성상태로 존재하는 흙을 말한다.

소성상태란 무엇을 말하는가? 흙이 고체도 아니고 그렇다고 액체상태라고도 말할 수 없는 중간상태를 말한다. 초등학교 시절 찰흙을 가지고 이것저것을 만들어 보았을 것이다. 이때의 찰흙상태가 소성상태이다. 이 찰흙으로 무언가를 빚은 후 며칠 지나면 이것이 완전히 굳어 더 이상 가지고 장난을 할 수 없다. 이때의 상태를 고체상태로 볼 수 있다. 단, PI값이 0인 상태를 NP(non plastic)라고 흔히 명명한다.

액성지수(LI; liquidity index)

액성지수는 다음과 같이 정의한다.

$$LI = \frac{w - PL}{LL - PL} = \frac{w - PL}{PI} \tag{2.25}$$

여기서, w = 현장 흙의 함수비

액성지수가 의미하는 바는 다음과 같다.

$LI > 1$: 현장 흙이 액체와 같은 상태,
$0 \leq LI < 1$: 현장 흙이 소성상태,
$LI < 0$: 현장 흙이 고체상태를 띠고 있음을 뜻한다

3) 수축한계(SL; shrinkage limit)

함수비가 소성한계 이하가 되면 흙의 상태는 더 이상 소성상태가 아니라 반고체상태가 된다. 이때에도 함수비를 더욱 낮추면 흙의 체적은 조금씩 줄어들게 된다. 그러나 어느 함수비 이하에서는 아무리 함수비를 낮추어도 더 이상 흙의 체적이 줄어들지 않게 된다. 이때의 함수비를 수축한계라고 하며, 수축한계 이하의 함수비를 가진 흙은 고체상태라고 할 수 있다.

수축한계는 자기로 된 용기(porcelain dish)를 이용하여 실험으로 구하게 되는데, 그림 2.7과 같이 용기에 흙을 가득 채우고 무게를 잰 다음, 오븐에 완전히 말린 후의 무게와 흙이 수축한 부피를 구한다. 수축부피는 수은을 이용하여 재는 것이 보통이다. 그러면 수축한계는 다음 식으로 구할 수 있다.

$$SL = w_i - \Delta w \tag{2.26}$$

여기서, w_i = 어느 흙의 초기함수비
Δw = 초기함수비와 수축한계의 차이값(그림 2.6)

초기함수비 w_i는 함수비의 정의로부터 다음 식으로 구할 수 있다.

$$w_i = \frac{W_i - W_s}{W_s} \times 100 \tag{2.27}$$

여기서, W_i = 용기 안에 있는 흙의 초기무게
W_s = 용기 안에 있는 흙의 건조중량

한편, Δw는

$$\Delta w = \frac{(V_i - V_f)\gamma_w}{W_s} \times 100 \tag{2.28}$$

여기서, V_i = 흙의 초기체적

V_f = 오븐에서 건조시킨 후의 흙의 체적

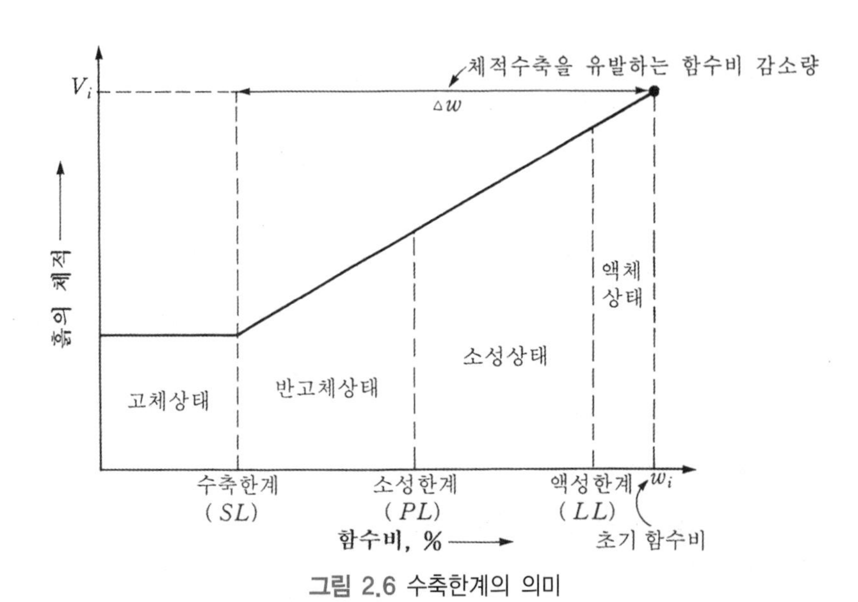

그림 2.6 수축한계의 의미

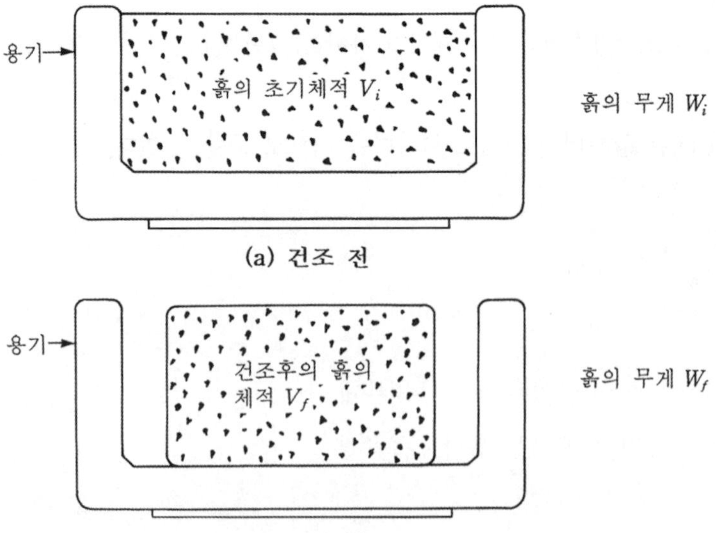

용기

흙의 초기체적 V_i

흙의 무게 W_i

(a) 건조 전

용기

건조후의 흙의 체적 V_f

흙의 무게 W_f

(b) 건조 후

그림 2.7 수축한계 시험

2.3.3 활성도

흙이 소성상태를 띠는 것은 점토입자에 붙어 있는 흡착수 때문이다. 따라서 만일 어느 점토의 광물성분이 일정하다면 소성지수는 점토의 함량에 따라 비례적으로 증감할 것이다. 소성지수와 점토함량의 기울기를 활성도(activity)라고 한다. 즉,

$$A = \frac{PI}{2\mu(0.002\mathrm{mm})\ \text{이하 입자의 중량백분율}} \tag{2.29}$$

여기서, A =활성도(Activity)

활성도는 점토의 팽창성(swelling potential)을 나타내는 지표로 쓰인다. 활성도가 클수록 팽창성이 크다고 할 수 있다. *PI*와 점토함량 관계의 대표적 그림이 그림 2.8에 있다. 물론 각 직선의 기울기가 A값이다. 그림에서와 같이 대표적인 점토광물 세 가지의 활성도는,

montmorillonite > illite > kaolinite

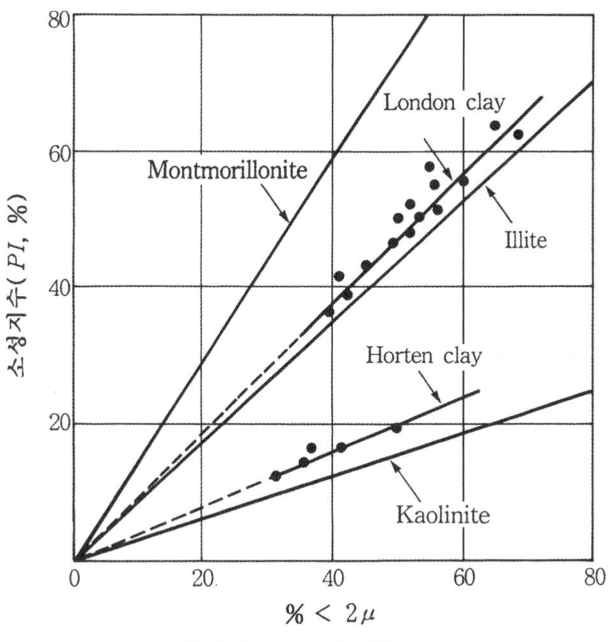

그림 2.8 *PI*와 점토함량 관계

임을 알 수 있다. Montmorillonite가 가장 불안정한 구조로 물이 가해졌을 때 팽창할 가능성이 가장 높다는 사실을 짐작할 수 있다. 만일 팽창토가 팽창할 수 있는 충분한 공간이 없이 흙이 구속되어 있다면, 팽창압이 작용되게 된다.

2.3.4 소성도표

Casagrande(1936)는 여러 가지 흙에 대하여 소성지수와 액성한계를 각각 종·횡축으로 하여 그림으로 그려보았다(그림 2.9). 같은 액성한계라면 점토가 실트보다 소성지수가 클 것이다. 따라서 점토는 그림 2.9의 A-line 위에, 실트(또한 유기질 점토)는 아래에 위치함을 알 수 있다. 또한 만일 소성지수가 일정하다면 액성한계가 클수록 압축성이 큰 점성토일 것이다. 이러한 사실에 근거하여, 소성도표(plasticity chart)를 만들었다(그림 2.10). 소성도표의 근간은 다음과 같다.

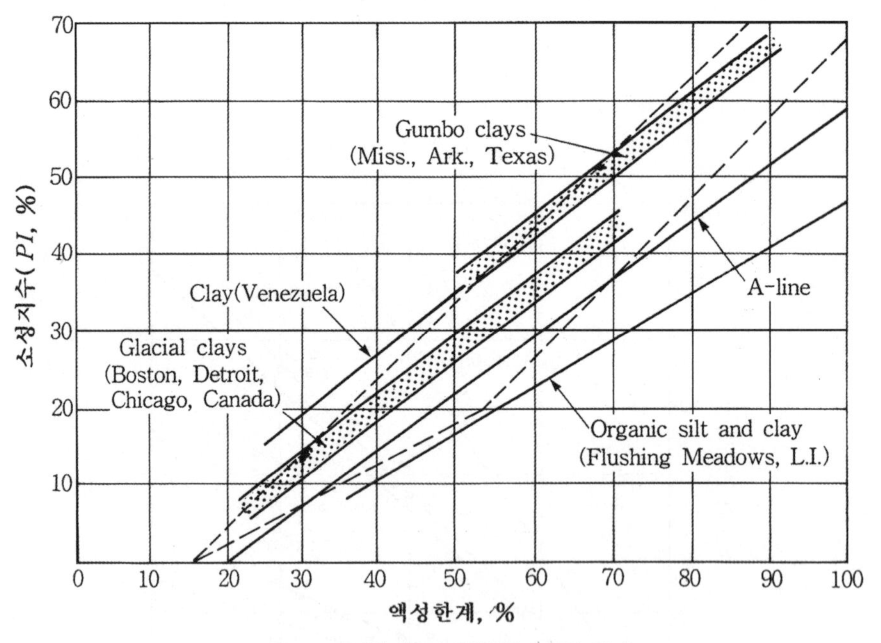

그림 2.9 소성지수와 액성한계와의 관계

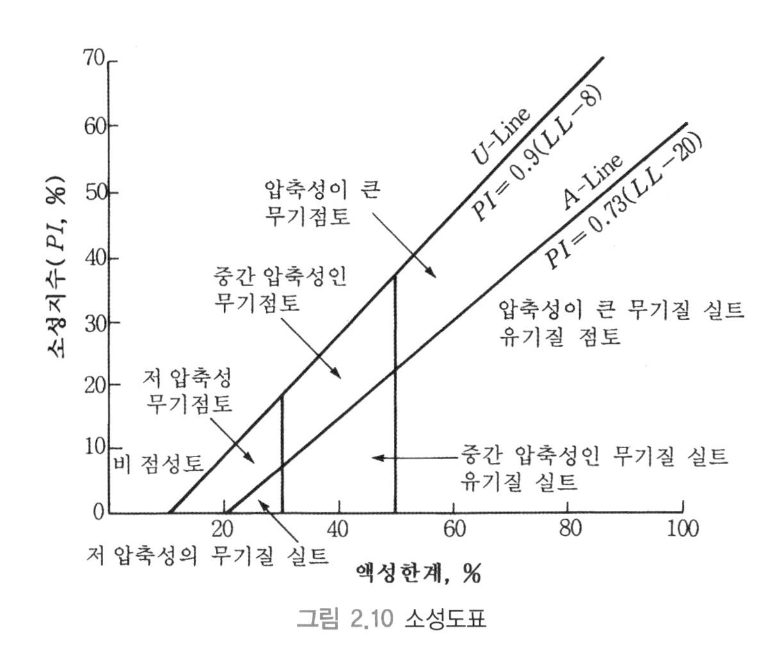

그림 2.10 소성도표

① A−line: 점토와 실트(또는 유기질 점토)의 경계선

② U−line: upper bound로서 이 이상의 소성지수를 가진 점토는 지구상에 없다.

③ 액성한계

$LL > 50$: 큰 압축성 흙

$30 < LL \leq 50$: 중간 압축성 흙

$LL \leq 30$: 작은 압축성 흙

2.4 흙의 구조

흙의 구조란 흙 입자가 배열된 상태를 말하며 사질토인 경우는 흙 입자의 크기와 모양이 구조를 지배하나, 점성토는 이와 함께 구성광물, 흙을 둘러싸고 있는 물의 성질에 따라 흙의 구조가 달라진다.

2.4.1 사질토의 입자구조

사질토는 흙 입자 하나하나가 모여서 된 구조로 단일입자구조(single grained structure)

가 주종이다. 이 입자가 촘촘히 모여 있으면 '밀하다(dense)'라고 하고, 성글게 모여 있으면 '느슨하다(loose)'라고 한다(그림 2.11). 가끔은 사질토라도 물을 약간 머금었을 때, 입자 사이의 수막에 작용하는 표면장력으로 체적이 증가하고 느슨한 상태 꼭 벌집 같은 상태가 될 수도 있다(그림 2.12). 이를 벌집구조(honeycombed structure)라고 하며, 단일구조에 비하여 느슨하며, 따라서 간극도 크다.

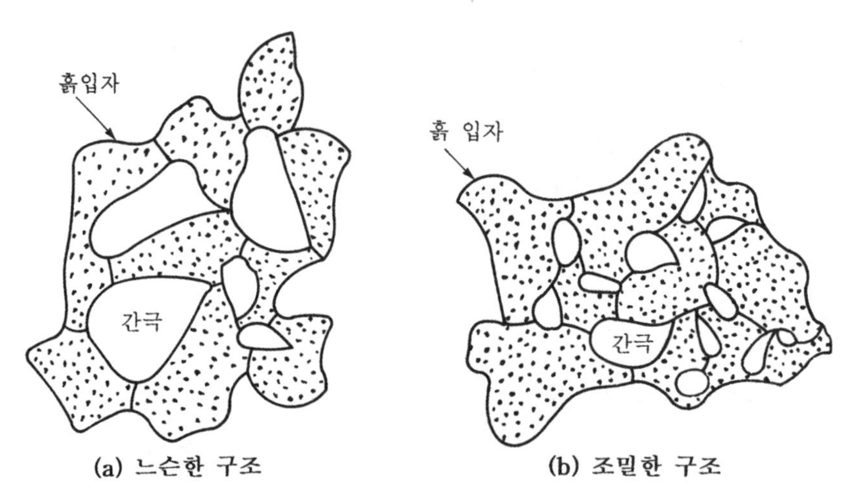

그림 2.11 단일입자구조

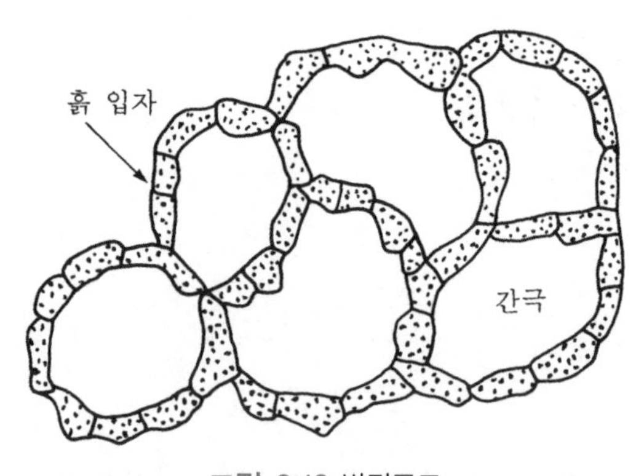

그림 2.12 벌집구조

2.4.2 점성토의 입자구조

점성토의 입자구조는 흙 입자의 크기나 모양보다는 점토광물 특성과 점토 주위의 이중층수(double layer water)의 특성에 따라서 좌우된다.

점토입자에 작용하는 힘들은 다음과 같다.

- 반발력(repulsive force): 점토표면은 음이온을 띠고, 이중층수의 양이온으로 평형을 이룬다는 것은 이미 설명하였다. 만일 두 점토입자가 근접해 있다면 양이온인 이중층수로 인하여 반발력이 작용할 것이며, 이중층의 두께가 크면 클수록 반발력은 커질 것이다.
- 인력(attractive force):
  - 두 입자 사이에는 Van der Waals힘이 작용되며, 이는 인력으로 작용될 것이다.
  - 흙 입자의 모서리(edge)에는 양이온이 있을 수 있고, 이 양이온은 강한 전기력을 띠며, 만일 이 모서리 부분이 다른 입자의 면(face)과 아주 가까이 있다면, 아주 강하게 인력이 작용된다.

  위에 설명한 힘에 근거하여 점토는 다음의 두 구조를 가질 수 있다(그림 2.13).
- 이산구조(dispersive structure): 점토의 이중층수의 반발력이 우세하여 모든 입자가 떨어져 있는 구조
- 면모구조(flocculant structure): 점토의 모서리와 면 사이의 강한 인력(주된 원인) 및 Van der Waals 인력에 의하여 입자들이 붙어서 생성된 구조
- 염분의 영향

  해성점토에는 염분이 존재하며, 이 염분은 이중층수의 두께를 감소시키는 역할을 한다. 따라서 염분의 영향을 받는 점토는 면모구조를 띠게 되며, 일반 면모구조보다도 더 면모화를 이룬다. 왜냐하면, 반발력 감소로 입자의 면과 모서리 접합뿐만 아니라, 면과 면의 인력도 강하게 작용하기 때문이다.

점토입자들이 모여서 생긴 작은 군을 클러스터(cluster)라고 한다. 점토의 거동은 점토 입자 자체가 중요할 때도 있고, 클러스터가 중요할 때도 있다. 점토에서의 간극에도 세 가지 종류가 있는데, 이는 다음과 같다(그림 2.14 참조).

① micropore: 입자 사이의 간극

② minipore: cluster와 cluster 사이의 간극

③ macropore: 점토에 존재하는 실크랙(fissure) 등에 의해 생긴 간극이며 간극이 비교적 크다.

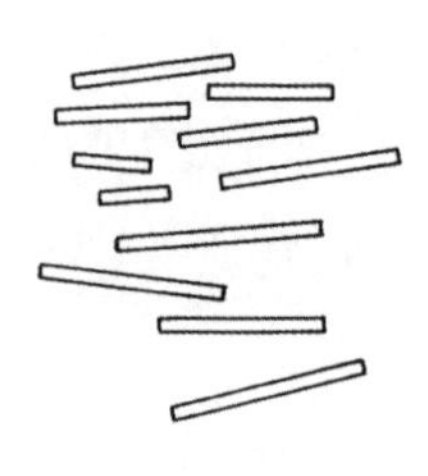

(a) 이산구조

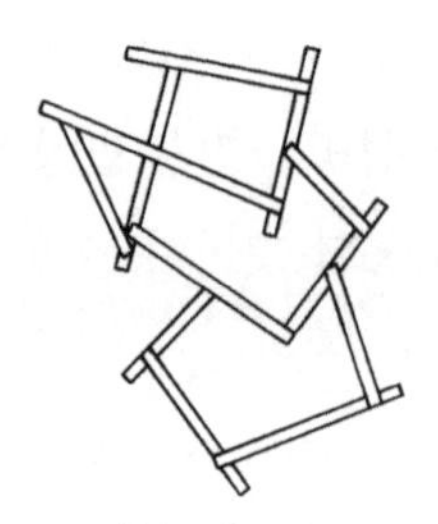

(b) 면모구조

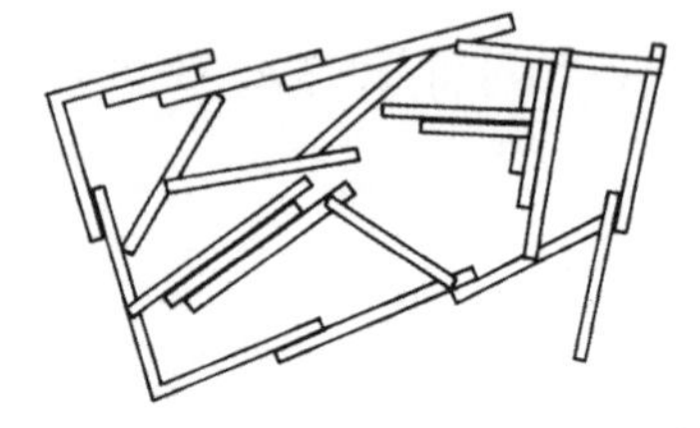

(c) 염분을 가진 면모구조

그림 2.13 점토의 구조

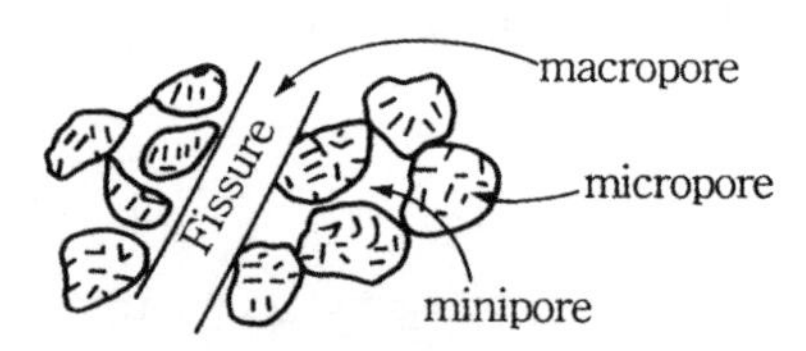

그림 2.14 점토의 입자구조

연 습 문 제

1. 습윤상태에 있는 흙의 부피는 5,400cm^3, 무게는 102.5N이었다. 이 흙의 함수비가 11%, 비중이 2.7이라 할 때 다음을 구하라.

   1) γ 2) γ_d 3) e 4) n 5) S

2. 다음 관계식을 증명하라.

   1) $\gamma_d = \dfrac{eS\gamma_w}{(1+e)\omega}$

   2) $\gamma_{sat} = \gamma_d + n\gamma_w$

   3) $\gamma_{sat} = [(1-n)G_s + n]\gamma_w$

   4) $w = \dfrac{n}{(1-n)G_s}$ (단, 포화된 경우)

3. 포화된 흙의 무게는 0.627N이었으며, 이 흙을 오븐에 건조시켰을 때 0.498N이었다. 이 흙의 비중 $G_s = 2.80$이라 할 때 다음을 구하라.

   1) e 2) ω

4. 습윤상태에 있는 흙의 $G_s = 2.67$, $\gamma = 17.66$kN/m^3, $\omega = 11$%이었을 때 다음에 답하라.

   1) ① γ_d ② e ③ S를 구하라.

   2) 이 흙의 포화단위중량 γ_{sat}를 구한다.

   3) 체적함수비 $\theta = \dfrac{V_w}{V}$로 정의된다. 체적함수비를 구하라.

   4) 이 흙을 완전히 포화시키기 위하여 주어진 흙 1m^{3}당 가해야 할 물의 양을 구하라.

5. 흙을 다지기 위해 시료를 채취하여 함수비를 측정한 결과 $\omega = 11.2$%이었다. 이 흙은 함수비가 19.8%가 되어야 최대건조단위중량으로 다질 수 있다. 이 흙의 함수비를 11.2%에서 19.8%로 증가시키기 위하여 흙 1kN당 수량을 얼마를 가해야 하나?

6. $G_s = 2.65$인 흙을 현장에서 $\omega = 12\%$, $\gamma = 21.10\text{kN/m}^3$으로 다졌다.

1) ① γ_d ② e ③ S를 구하라.

2) 이 흙을 $\omega = 13.5\%$에서 $\gamma = 19.62\text{kN/m}^3$으로 다지는 것이 가능한지 판단하라.

7. 1) 다음 그림과 같이 $V=1$ 다이아그램으로 삼상관계를 풀고자 한다. ( ) 속을 n, G_s, γ_w, w 등의 수식으로 나타내라.

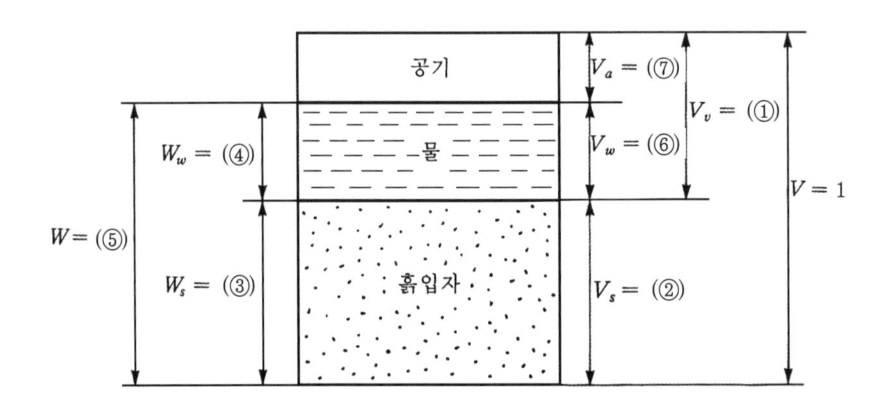

2) 다음 그림과 같이 $W_s = 1$ 다이아그램으로 삼상관계를 풀고자 한다. ( ) 속을 e, G_s, γ_w, w의 수식으로 나타내라.

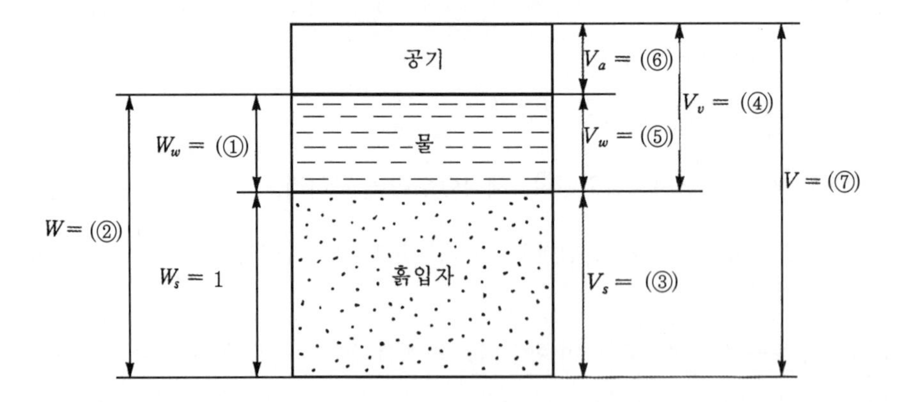

8. 사해(dead sea)에서는 염분으로 인하여 바닷물의 단위중량 $\gamma_{w(sea)} = 11.47\text{kN/m}^3$이다. 사해 바닥에 있는 흙의 비중=2.65, 간극비=0.60이라고 할 때, 바다 속(바닥부)에 있는 흙의 포화단위중량(γ_{sat})을 구하라.

9. 초기간극률 $n_o = 40\%$인 모래가 등방압축되어 간극비 $e_f = 0.3$, 부피 $V_f = 75\text{cm}^3$이 되었다. 이 모래의 처음 부피 V_o를 구하라.

10. 어느 점토에 대하여 액성한계실험을 실시한 결과가 다음과 같을 때, 유동곡선을 그리고 액성한계를 구하라.

낙하 횟수(N)	함수비(ω)
15	42
20	40.8
28	39.1

11. 포화된 점토에 대하여 수축한계를 구하기 위해 실험을 실시한 결과 다음의 결과를 얻었을 때, 수축한계를 구하라.

흙의 초기 부피=19.65cm^3, 초기 무게=0.35N

건조 후의 부피=13.5cm^3, 건조 후의 무게=0.25N

참 고 문 헌

- American Society for Testing and Materials (1991), ASTM Book of Standards, Sec.4, Vol.04.08, Philadelphia, Pa.
- Mitchell, J.K. and Soga, K. (2005), Fundamentals of Soil Behavior, 3rd Ed., Wiley, New York.

제3장

흙의 분류

제3장

흙의 분류

앞의 두 장에 걸쳐 흙의 기본적 성질을 살펴보았다. 흙(soil matrix)의 성질을 나타내는 각 요소들은 흙 입자의 크기와 입도분포, 점토의 연경도 등을 대표적으로 꼽을 수 있다. 이제 이러한 기본적 성질들을 근거로 현장에 존재하는 흙의 분류를 종합적으로 하고자 한다.

흙의 분류법에는 여러 가지가 있지만, 토질 및 기초분야를 비롯한 각 분야에서 공통적으로 가장 많이 사용되는 통일분류법과 주로 도로공학 분야에서 사용되는 AASHTO 분류법에 대하여 간략히 서술하고자 한다.

3.1 통일분류법

통일분류법(unified soil classification system)은 Casagrande가 이차대전 중 군비행장 설계용으로 흙을 분류했던 것을 기초로 몇 번 수정되어 완성된 방법으로 토질 및 기초공학분야에서 가장 널리 이용된다. 이 방법은 ASTM D-2487에 표준방법으로 표준화되었으며 우리나라에서도 이 방법을 많이 채택한다.

3.1.1 통일분류법의 근간

이 방법의 근간은 다음과 같다.

(1) 이 분류법은 영문 대문자 두 개로 이루어져 있다. 앞 글자는 흙의 주된 입자크기를 나타내며, 뒷글자는 흙의 성질을 나타내는 요소로 생각하면 된다.

(2) 조·세립토의 구분(앞 글자)
#200체 통과량 50%를 한계로 조·세립토를 구분 짓는다.

- **조립토**(coarse-grained soil): #200체 통과량 50% 미만

  G : 자갈(gravel) ┐
  S : 모래(sand) ┘ #4체 통과량으로 구분

- **세립토**(fine-grained soil): #200체 통과량 50% 이상

  M: 실트(silt)
  C: 점토(clay)
  O: 유기질토(organic silt, organic clay)
  P_t: 이탄(peat, muck 등)

세립토의 구분은 소성도표를 사용하며 통일분류법에서 사용하는 소성도표는 그림 3.1과 같고, 이는 그림 2.10에서 보여주었던 소성도표의 개량형으로 볼 수 있다.

(3) 흙의 성질을 나타내는 요소(뒷글자)
뒷글자는 앞 글자와는 달리 #200체 통과량의 구분에 따라 정해지며 앞 글자 다음에 붙인다.

- **조립토**

-#200통과량 5% 미만

  W: 입도분포 양호(well graded) ┐
  P: 입도분포 불량(poorly graded) ┘ C_u, C_c로 구분

-#200통과량 12~50%

  M: 실트성 조립토(silty)
  C: 점토성 조립토(clayey)

- #200통과량 5~12%
  이중기호

- **세립토**
- #200 통과량 50% 이상

  L: 소성성이 낮은 세립토(low plasticity)
  H: 소성성이 높은 세립토(high plasticity)
  ─ LL로 구분

이상의 개괄적인 설명을 근거로 하여 흙의 분류를 체계적으로 표시한 도표가 그림 3.2에 나타나 있다. 또한 자갈, 모래, 세립토의 분류 및 상세분류 기준이 각각 표 3.1, 3.2, 3.3에 표시되어 있으니 참고 바란다.

3.1.2 흙의 분류를 위한 단계

흙의 분류를 위하여 다음의 단계를 밟으면 쉽게 흙의 종류를 알 수 있다.

(1) 1단계
200체 통과량(F)을 구함

- $F < 50\%$ 인 경우: 조립토 → 2단계로 간다.
- $F \geq 50\%$ 인 경우: 세립토 → 3단계로 간다.

(2) 2단계: 조립토에서 자갈과 모래의 구분
$(100-F)$가 조립분에 해당함. 조립분에 대하여 # 4체 통과량(F_1)을 구함.

- $F_1 < \dfrac{(100-F)}{2}$ 인 경우: 자갈(Gravel; G)
  → 표 3.1 + 그림 3.1을 이용하여 분류기호(group symbol)를 구한다.
- $F_1 \geq \dfrac{(100-F)}{2}$ 인 경우: 모래(Sand; S)
  → 표 3.2 + 그림 3.1을 이용하여 분류기호(group symbol)를 구한다.

(3) 3단계: 세립토에서 분류기호(group symbol)를 구하기 위함

→ 표 3.3+그림 3.1을 이용하여 분류기호(group symbol)를 구한다.

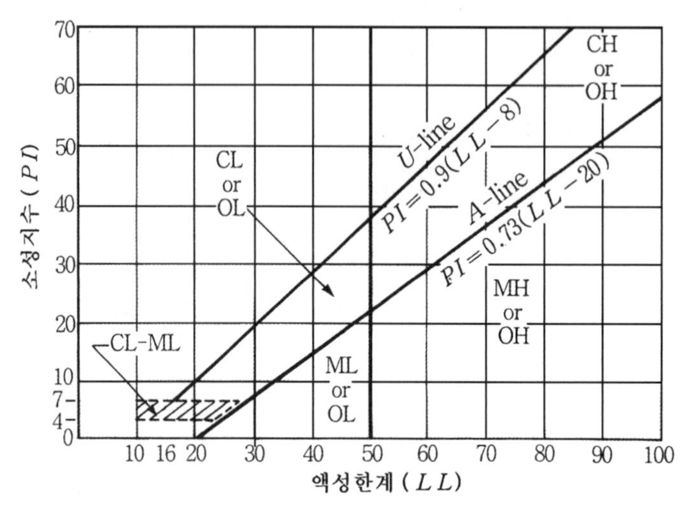

그림 3.1 소성도표(통일분류법에서 사용)

표 3.1 통일분류법에 의한 자갈의 분류

기호	기준
GW	200번체 통과량 5% 미만. $C_u \geq 4$ and $1 < C_c < 3$
GP	200번체 통과량 5% 미만. GW의 기준과는 일치하지 않을 때
GM	200번체 통과량 12% 초과. 애터버그 한계값이 그림 3.1의 A-Line 아래에 있거나 또는 소성지수가 4보다 작은 경우
GC	200번체 통과량 12% 초과. 애터버그 한계값이 그림 3.1의 A-Line 위에 있고 소성지수가 7보다 큰 경우
GC-GM	200번체 통과량 12% 초과. 애터버그 한계값이 그림 3.1의 CL-ML이 표시된 빗금 쳐진 부분에 있는 경우
GW-GM	200번체 통과량 5%에서 12% 사이. GW와 GM의 기준과 일치
GW-GC	200번체 통과량 5%에서 12% 사이. GW와 GC의 기준과 일치
GP-GM	200번체 통과량 5%에서 12% 사이. GP와 GM의 기준과 일치
GP-GC	200번체 통과량 5%에서 12% 사이. GP와 GC의 기준과 일치

표 3.2 통일분류법에 의한 모래의 분류

기호	기준
SW	200번체 통과량 5% 미만. $C_u \geq 6$ and $1 < C_c < 3$
SP	200번체 통과량 5% 미만 SW의 기준과는 일치하지 않을 때
SM	200번체 통과량 12% 초과. 애터버그 한계값이 그림 3.1의 A-Line 아래에 있거나 또는 소성지수가 4보다 작은 경우
SC	200번체 통과량 12% 초과. 애터버그 한계값이 그림 3.1의 A-Line 위에 있고 소성지수가 7보다 큰 경우
SC-SM	200번체 통과량 12% 초과, 애터버그 한계값이 그림 3.1의 CL-ML이 표시된 빗금 친 부분에 있는 경우
SW-SM	200번체 통과량 5%에서 12% 사이. SW와 SM의 기준과 일치
SW-SC	200번체 통과량 5%에서 12% 사이. SW와 SC의 기준과 일치
SP-SM	200번체 통과량 5%에서 12% 사이. SP와 SM의 기준과 일치
SP-SC	200번체 통과량 5%에서 12% 사이. SP와 SC의 기준과 일치

표 3.3 통일분류법에 의한 세립토의 분류

기호	기준
CL	무기질, LL<50, PI>7 그리고 A-Line 선상이나 그 위에 있음(그림 3.1의 CL 영역을 볼 것)
ML	무기질, LL<50, PI<4, 또는 A-Line 아래에 있음(그림 3.1의 ML 영역을 볼 것)
OL	유기질, (LL-노건조)/(LL-비건조)<0.75, LL<50(그림 3.1의 OL 영역을 볼 것)
CH	무기질, LL≥50, PI는 A-Line 선상이나 그 위에 있음(그림 3.1의 CH 영역을 볼 것)
MH	무기질, LL≥50, PI는 A-Line 아래에 있음(그림 3.1의 MH 영역을 볼 것)
OH	유기질, (LL-노건조)/(LL-비건조)<0.75, LL≥50(그림 3.1의 OH 영역을 볼 것)
CL-ML	무기질, 그림 3.1의 빗금 친 영역에 있음
P_t	이탄(peat), 거름(muck) 그리고 그 외의 유기질이 많이 있는 흙

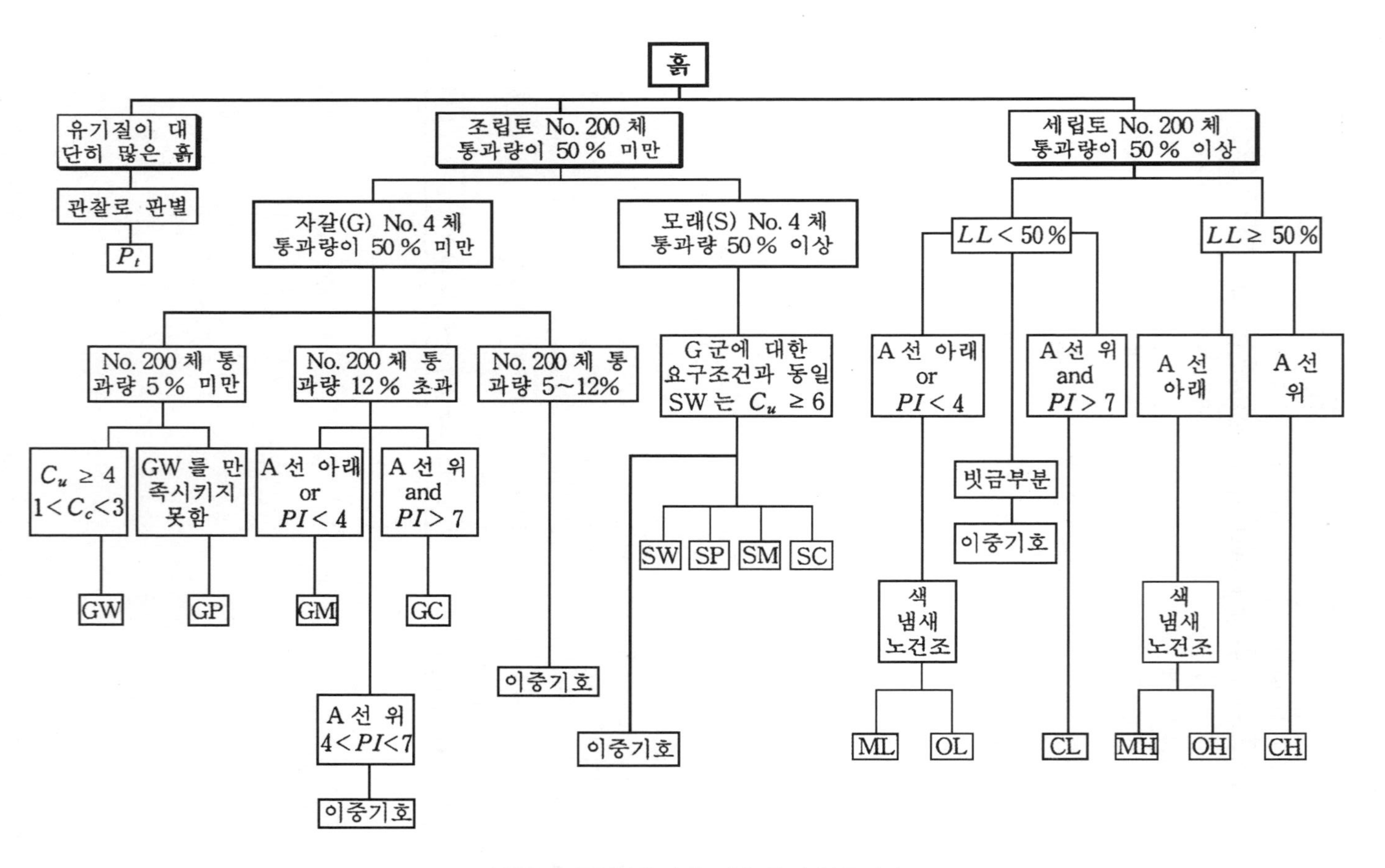

그림 3.2 통일분류법에 의한 흙의 분류방법

3.2 AASHTO 분류법

이 분류법은 원래 1929년 미 공로국(U.S. Public Road Administration)에서 개발한 것이 시초로, 여러 번의 수정을 거쳐 ASTM D-3282, AASHTO M145로 규정된 시험법이며 주로 도로공사 프로젝트 설계용으로 많이 쓰인다.

이 분류법은 흙의 입도분포, 애터버그 한계, 군지수(Group index)를 주요 인자로 하여 흙을 분류하며 표 3.4와 같이 $A_1 \sim A_7$까지 7등급으로 우선 대분류한다. 이 분류법의 특징은 다음과 같다.

3.2.1 조·세립토의 구분

#200체 통과백분율 35%를 기준으로 하며, 이는 50%를 기준으로 하는 통일분류법과 다른 큰 줄기의 하나이다.

- 조립토: #200체 통과량 35% 이하
  $A_1 \sim A_3$
- 세립토: #200체 통과량 35% 초과
  $A_4 \sim A_7$

3.2.2 군지수(Group Index)

흙의 분류를 나타내는 하나의 인자이며, 다음 식과 같다.

$$GI = 0.2a + 0.05ac + 0.01bd$$

여기서, a =#200체 통과량−35; 0~40 사이의 정수
b =#200체 통과량−15; 0~40 사이의 정수
$c = LL-40$; 1~20 사이의 정수
$d = PI-10$; 1~20 사이의 정수

군지수는 그 값이 작을수록 양질의 토사로 보면 된다. (단, $GI \geq 0$)

3.2.3 소분류용 도표

$A_1 \sim A_7$의 대분류 안에 소분류가 있으며 소분류는 그림 3.3의 소성도표를 이용하면 좋다.

표 3.4 AASHTO 분류법

일반적 분류	조립토(No. 200체 통과율 35% 이하)							세립토(No. 200체 통과율 35% 초과)			
분류기호	A-1		A-3	A-2				A-4	A-5	A-6	A-7
	A-1-a	A-1-b		A-2-4	A-2-5	A-2-6	A-2-7				A-7-5 A-7-6
체분석, 통과백분율											
No. 10체	50 이하										
No. 40체	30 이하	50 이하	51 이상								
No. 200체	15 이하	25 이하	10 이하	35 이하	35 이하	35 이하	35 이하	36 이상	36 이상	36 이상	36 이상
No. 40체 통과분의 성질											
액성한계				40 이하	41 이상	40 이하	41 이상	40 이하	41 이상	40 이하	41 이상
소성지수	6 이하		N. P	10 이하	10 이하	11 이상	11 이상	10 이하	10 이하	11 이상	11 이상
군지수	0		0	0		4 이하		8 이하	12 이하	16 이하	20 이하
주요구성재료	석편, 자갈, 모래		세사	실트질 또는 점토질 자갈 모래				실트질 흙		점토질 흙	
노상토로서의 일반적 등급	아주 우수 또는 우수							중간 또는 나쁨			

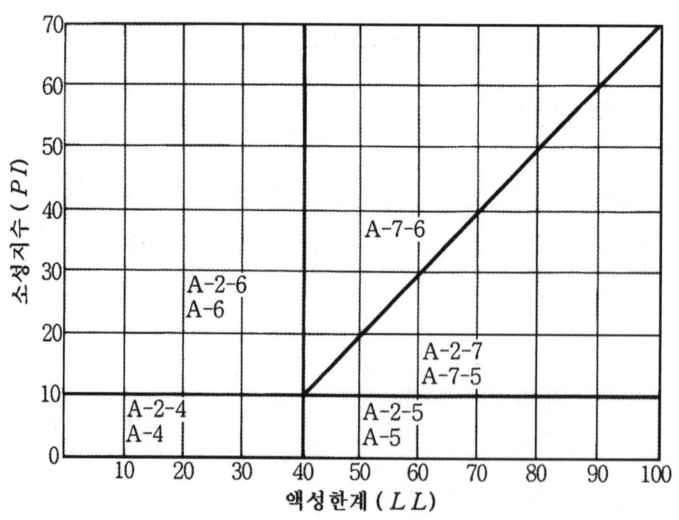

그림 3.3 AASHTO 분류법의 소분류를 위한 소성도표

[예제 3.1] 다음의 세 가지 시료에 대하여 반대수지상에 입도분포곡선을 그리고, 다음에 답하라.

(1) D_{10}, C_u, C_c를 각각 구하라.

(2) 통일분류법으로 분류하라.

시료	통과 백분율(%)								LL	PI
	No.10	No.40	No.60	No.100	No.200	0.05mm	0.01mm	0.002mm		
A	89	72	60	45	35	33	21	10	19	0
B	98	85	72	56	42	41	20	8	44	0
C	99	94	89	82	76	74	38	9	40	12

[풀 이] (1) A, B, C의 입도분포곡선을 그리면 다음과 같다.

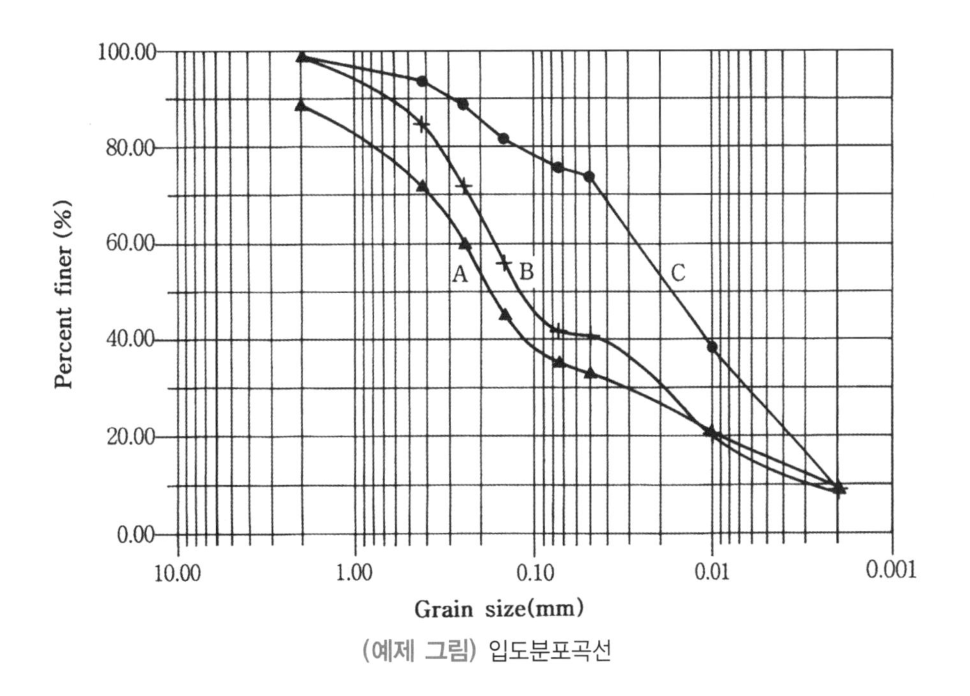

(예제 그림) 입도분포곡선

입도분포곡선에서 각각의 D_{60}, D_{30}, D_{10}을 구하면,

	A	B	C
D_{10}	0.002mm	0.0026mm	0.00207mm
D_{30}	0.034mm	0.022mm	0.0068mm
D_{60}	0.239mm	0.157mm	0.019mm

$C_u = \frac{D_{60}}{D_{10}}$, $C_c = \frac{D_{30}^2}{D_{60} \times D_{10}}$ 에 각각을 대입하여 답을 구해보면,

	A	B	C
D_{10}	0.002mm	0.0026mm	0.00207mm
C_u	$\frac{0.239}{0.002} = 119.50$	$\frac{0.157}{0.0026} = 60.38$	$\frac{0.019}{0.00207} = 9.18$
C_c	$\frac{0.034^2}{0.239 \times 0.002} = 2.418$	$\frac{0.022^2}{0.157 \times 0.0026} = 1.186$	$\frac{0.0068^2}{0.019 \times 0.00207} = 1.176$

(2) 통일분류법

1단계. #200 통과량 $= F(\%)$이 50%보다 큰가, 작은가?

A	$F = 35 < 50\%$	조립토	2단계로 간다.
B	$F = 42 < 50\%$	조립토	2단계로 간다.
C	$F = 76 > 50\%$	세립토	3단계로 간다.

2단계. #4 통과량 $= F1(\%)$이 $\frac{100 - F}{2}$ 보다 큰가, 작은가?

A	$^* F1 > \frac{100-35}{2} = 32.5$	모래(S)	표 3.2, 그림 3.1로 가서 분류기호를 구한다.
B	$^* F1 > \frac{100-42}{2} = 29$		

*#10 통과량이 89%, 98%이므로 #4 통과량은 이보다 크다.

3단계. 세립토 표 3.3, 그림 3.1로 가서 분류기호를 구한다.

종류	특징	분류 기호
A	#200>12%, PI<4	SM
B	#200>12%, PI<4	SM
C	LL<50, A-Line 아래	ML

연습문제

1. 다음 흙들에 대하여 반대수지상에 입도분포곡선을 그리고, 통일분류법으로 분류하라.

시료	통과 백분율 (%)							LL	PL
	No.4	No.10	No.20	No.40	No.60	No.100	No.200		
I	94	63	21	10	7	5	3		NP*
II	98	80	65	55	40	35	30	28	18
III	98	86	50	28	18	14	2.0		NP
IV	100	49	40	38	26	18	10		NP
V	80	60	48	31	25	18	8		NP
VI	100	100	98	93	88	83	77	63	48

*NP: non plastic(소성상태가 없음)

참고문헌

- American Association of State Highway and Transportation Officials (1982), AASHTO Materials, Part I, Specifications, Washington D.C.
- American Society for Testing and Materials (1991), ASTM Book of Standards, Sec. 4, Vol. 04. 08, Philadelphia, Pa.

제4장
흙의 다짐

제4장

흙의 다짐

흙은 원래부터 자연적으로 존재하는 'in-situ soil'인 경우가 대다수이기는 하나, 콘크리트 등과 마찬가지로 건설재료로 쓰이기도 한다. 예를 들어, 토취장에서 흙을 채취하여 도로 성토재로 사용하는 경우가 그것이며, 또한 사력댐의 재료로 쓰이는 경우도 있다. 이때의 흙은 옮겨온 흙을 새로 다지어서 건설하게 되는바, 지금까지 이 책에서 일관되게 설명하던 'in-situ mechanics'와는 거리가 있으나, 일단 성토를 하고 난 다음에는 상재하중을 받으므로 in-situ 상태로 된다.

본 장의 주제는 흙을 성토재로 쓰기 위해서는 필연적으로 흙을 잘 다지며 시공을 해야 하는바, 토질역학적인 관점에서 다짐에 영향을 주는 요소를 밝히며, 다지는 방법, 다짐의 정도를 파악하는 방법 등을 기술하고자 한다.

흙의 기본성질 뒤에 바로 다짐을 이 책에서 서술하는 이유는 다짐의 기본원리가 1~3장에서 설명한 흙의 기본성질에 관계되기 때문이다.

4.1 다짐의 기본원리

다짐이란 원리적으로 흙(soil matrix)에 존재하는 공기를 최대한 제거하여 흙을 촘촘한 상태로 만드는 것을 말하며 이를 위하여 에너지가 소요된다. 이때 잘 다져질수록 단위체적당의 흙 입자 알갱이의 무게가 증가하게 된다. 즉, 흙의 건조단위중량이 증가하게 된다.

흙은 완전히 건조한 상태에서는 잘 다져지지 않는다. 약간의 물을 살수하며 다져야 잘 다져지게 된다. 다짐 시 물의 역할을 흙이 자리를 잘 잡도록 하는 '윤활유'의 작용으로 보면 무리가 없을 것이다. 그렇다고 해서 물을 너무 많이 살수하게 되면 또한 잘 다져지지 않는다. 물의 양이 너무 많으면 흙 입자가 차지하여야 할 공간을 물이 차지하게 되기 때문이다. 즉, 물은 그 공간을 너무 차지해서는 안 되고 그저 윤활유 정도로 살수해주어야 잘 다져진다는 것이다.

가장 잘 다져질 때의 함수비를 최적함수비(optimum moisture content, OMC)라고 하며, 그때에 건조밀도가 최대가 되며, 이를 최대건조단위중량(maximum dry unit weight)이라고 한다.

4.2 실내다짐시험

실제 현장에서 다지는 방법을 구체적으로 제시하기 위하여, 우선은 성토재로 사용될 흙을 채취하여 실내에서 다짐시험을 실시한다. 실내다짐시험의 목적은, 주어진 시료에 대하여 함수비와 최대건조밀도의 상관관계를 구하여 현장시공 시 필요시방(specification)을 제시하여 줌에 목적이 있다. 물론 현장에서는 주로 롤러(roller)에 의하여 다짐작업을 하게 되나, 실내시험으로는 롤러다짐이 불가능하므로, 작은 몰드에 흙을 3층 혹은 5층으로 나누어 넣으면서 각 층마다 해머(hammer)를 낙하시켜 다져주는 실험을 실시하게 된다. 이때 가장 중요한 것은 현장다짐 시의 다짐에너지와 실내시험 시의 다짐에너지의 양이 될수록 근접하게 하여주는 일이라 할 수 있겠다. 따라서 다져주는 에너지양에 따라 실내다짐시험을 크게 두 가지로 나눌 수 있는데, 첫째가 표준다짐시험(standard proctor test)이며, 둘째가 수정다짐시험(modified proctor test)이다. 두 시험의 단적인 차이는 다짐에너지의 차이로서 후자가 다짐에너지가 더 큰 시험이다.

4.2.1 표준다짐시험

이 시험은 그림 4.1(a)에 표시된 것과 같이 부피가 $\frac{1}{30}\text{ft}^3$(943.9cm^3; 직경 4" = 101.6mm)인 몰드에 물을 섞어 비빈 흙을 3층으로 나누어 넣고 각 층마다 그림 4.1(b)의 해머를 낙하시켜 다지는 시험을 말하며, 구체적인 사항은 다음과 같다.

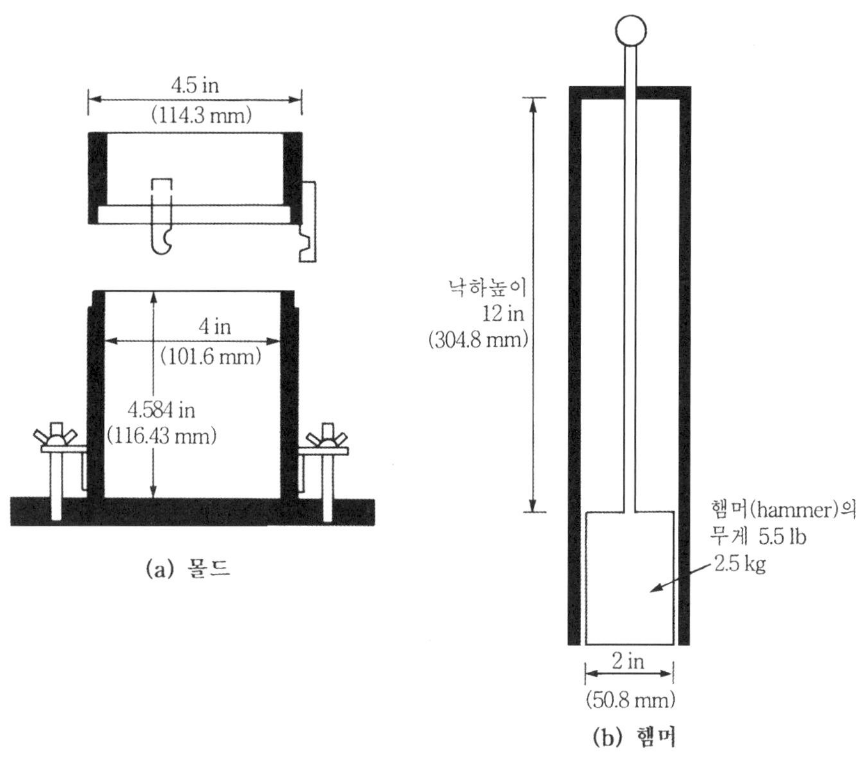

그림 4.1 표준다짐시험

ASTM D-698; A방법

- 몰드 부피: $\frac{1}{30}\text{ft}^3(943.3\text{cm}^3)$

  몰드 직경: 4"(101.6mm)
- 다짐 층수 및 각 층당 다짐 횟수: 3층/각 층 25회
- 해머 무게: 5.5 lb(2.5kg)

  해머의 낙하높이: 12"(304.8mm)

이것은 가장 기본적인 사양으로 이의 변형형도 있으며 ASTM기준이 표 4.1에 표시되어 있다. 표에서 ASTMD-698로 나타낸 것이 표준다짐시험으로, 이것에도 A, B, C, D의 네 가지의 타입이 있다.

한편, 한국공업규격(KS F 2312-1991)에 의한 시험사양은 ASTM과 약간 다르며 표 4.2에 표시하였다. 표 4.2에서 A 및 B 방법이 표준다짐시험방법이다.

표 4.1 다짐시험 몰드의 ASTM, AASHO 규정

Description \ 방법		ASTM D-698: AASHTO T-99				ASTM D-1557: AASHTO T-180			
		방법 A	방법 B	방법 C	방법 D	방법 A	방법 B	방법 C	방법 D
몰드: 체적	ft^3	1/30	1/13.33	1/30	1/13.33	1/30	1/13.33	1/30	1/13.33
	cm^3	943.9	2124.3	943.9	2124.3	943.9	2124.3	943.9	2124.3
높이	in.	4.58	4.58	4.58	4.58	4.58	4.58	4.58	4.58
	mm	116.33	116.33	116.33	116.33	116.33	116.33	116.33	116.33
직경	in.	4	6	4	6	4	6	4	6
	mm	101.6	152.4	101.6	152.4	101.6	152.4	101.6	152.4
해머의 무게	lb	5.5	5.5	5.5	5.5	10	10	10	10
	kg	2.5	2.5	2.5	2.5	4.54	4.54	4.54	4.54
해머의 낙하고	in.	12	12	12	12	18	18	18	18
	mm	304.8	304.8	304.8	304.8	457.2	457.2	457.2	457.2
다짐층수		3	3	3	3	5	5	5	5
각 층당 다짐횟수		25	56	25	56	25	56	25	56
최대입경(체의 종류)		No.4	No.4	3/4in.	3/4in.	No.4	No.4	3/4in.	3/4in.

4.2.2 수정다짐시험

수정다짐시험은 다짐에너지가 큰 현장시험장비를 모사(simulation)하기 위한 실내시험으로 다짐 층수 및 해머의 무게, 낙하 높이가 표준다짐시험보다 큰 시험이다. 사양은 다음과 같다.

ASTM D-1557, A방법

- 몰드 부피: $\frac{1}{30}ft^3(943.9cm^3)$

  몰드 직경: 4"(101.6mm)
- 다짐 층수 및 각 층당 다짐 횟수: 5층/각 층 25회
- 해머 무게: 10 lb(4.54kg)

  해머의 낙하높이: 18"(457.2mm)

표 4.1에서 ASTMD-1557이 수정다짐시험방법이며, 역시 A, B, C, D의 네 방법이 있다. 한국공업규격으로는 표 4.2의 C, D, E 방법이 수정다짐시험법이다.

표 4.2 한국공업규격에 의한 실내다짐시험

방법	래머 무게(kg)	낙하높이(cm)	각 층당 타격횟수	층수	몰드 치수	허용최대 입경(mm)
A	2.5	30	25	3	100	19
B	2.5	30	25	3	150	37.5
C	4.5	45	25	5	100	19.0
D	4.5	45	55	5	150	19.0
E	4.5	45	92	3	150	37.5

4.2.3 실내다짐시험 결과

흙의 함수비를 계속 증가시켜가면서, 반복하여 다짐시험을 실시하면, 이 결과로부터 함수비－건조단위중량곡선을 그릴 수 있다. 함수비가 w일 때 건조단위중량은 다음과 같이 구할 수 있다.

습윤단위중량은 정의로부터 다음 식으로 표시된다.

$$\gamma = \frac{W}{V} \tag{4.1}$$

여기서, V＝몰드의 부피

W＝몰드 안에 다져진 흙의 무게이다.

그렇다면 건조단위중량은

$$\gamma_d = \frac{\gamma}{1+w} \tag{4.2}$$

의 식으로 구할 수 있다.

다짐시험 결과인 함수비－건조단위중량 결과 예가 그림 4.2에 표시되어 있다.

한편, 순전히 이론상으로 보면 최대건조단위중량은 흙 중에 공기가 전혀 존재하지 않는 경우일 것이다. 물론 자연상태에서는 공기가 존재할 수밖에 없으므로 이는 가상적인 경우이다. 만일, 공기가 전혀 없다면 이는 완전포화상태를 의미하므로 식 (2.18)에서 S＝100%가 되므로 $e = wG_s$의 관계가 성립된다.

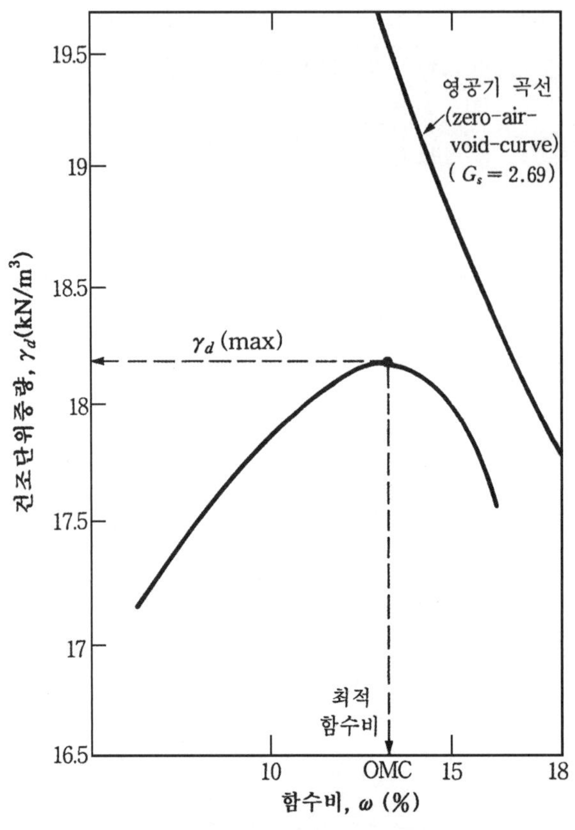

그림 4.2 표준다짐시험 결과(실트질 점토)

식 (2.16)으로부터 다음의 식을 유도할 수 있다.

$$\gamma_d = \frac{G_s}{1+e}\gamma_w = \frac{G_s\gamma_w}{1+wG_s} = \frac{\gamma_w}{w+\frac{1}{G_s}} = \gamma_{zav} \tag{4.3}$$

여기서, γ_{zav} = 영공기 단위중량(zero-air-void unit weight)으로 이론상 공기가 없는 경우의 단위중량이다. 함수비에 따른 영공기 단위중량을 그린 선을 영공기곡선(zero-air-void curve)이라고 하며 그림 4.3에 표시되어 있다. 한 가지 주지할 사실은 영공기곡선은 이론상의 최대건조단위중량으로 자연상태에서는 그렇게 큰 최대건조단위중량을 가질 수 없으므로 다짐곡선은 반드시 영공기곡선 왼쪽(아래쪽)에 위치하여야 한다.

4.3 다짐에 영향을 주는 주요 요소

해머로 오래 다진다고 해서, 모든 흙이 잘 다져지는 것은 아니다. 여기서는 다짐에 영향을 주는 주요 요소 두 가지를 서술하고자 한다. 그 첫째가, 흙의 종류이고 둘째가 다짐에너지이다.

4.3.1 흙의 종류에 의한 영향

다짐이 잘 되느냐 되지 않느냐 하는 것에 가장 큰 영향을 미치는 요소는 무엇보다도 흙의 종류 자체이다. 흙의 종류에 따른 다짐곡선의 예가 그림 4.3에 표시되어 있다. 입도분포가 좋은 모래 섞인 실트(sandy silt)가 큰 건조단위중량으로 가장 잘 다져지고, 입도분포가 나쁜 모래는 그림에서와 같이 잘 다져지지 않는다. 해수욕장의 왕모래를 여러 가지 방법으로 다져 보라! 잘 다져지지 않을 것이다. 이는 입도분포가 나쁜(균등한) 왕모래이기 때문이다. 그림에서 방금 서술한 입도분포가 나쁜 모래의 다짐곡선을 보면 다른 흙과 다름을 알 수 있다. 균등한 모래에 약간의 물을 가하면 흙 입자 표면에 발생되는 표면장력에 의한 저항력 때문에 건조할 때보다 오히려 건조단위중량이 줄어들게 된다. 물론 물을 더 가하면 포화에 가까워져 표면장력이

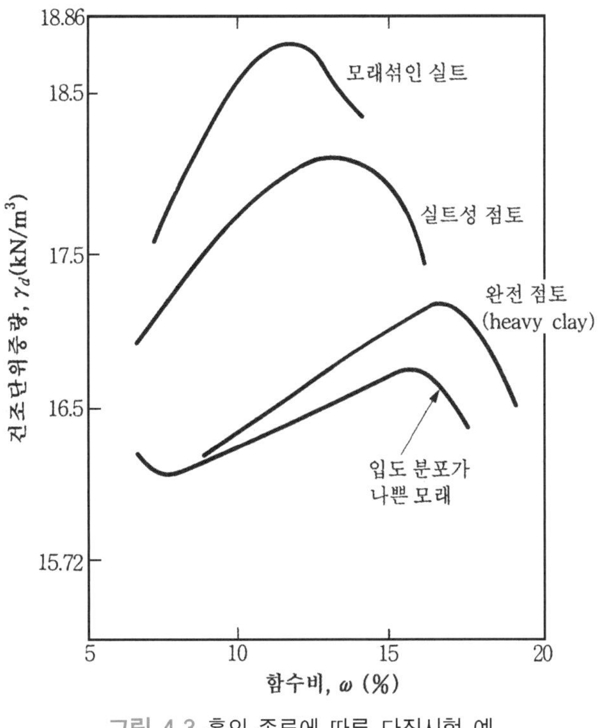

그림 4.3 흙의 종류에 따른 다짐시험 예

없어지므로 건조단위중량이 약간 증가한다. 아무리 증가한다 해도 그 증가량은 매우 작아서 거의 다져지지 않는다.

4.3.2 다짐에너지의 영향

다짐시험의 단위체적당 다짐에너지는 다음 식으로 표시할 수 있다.

$$E = \frac{W \cdot H \cdot n_b \cdot n_l}{V} \tag{4.4}$$

여기서, E = 다짐에너지

W = 해머의 중량

H = 해머의 낙하높이

n_b = 각 층당 다짐횟수

n_l = 다짐층수

V = 몰드의 부피

예를 들어, 표준다짐시험의 다짐에너지를 구해보면 다음과 같다.

(ASTM D-698 A 방법인 경우)

$$E = \frac{5.5 \times 1 \times 25 \times 3}{\left(\frac{1}{30}\right)} = 12{,}375\text{ft} - \text{lb/ft}^3$$

$$\fallingdotseq 593\text{kJ/m}^3$$

(한국공업규격 A 방법인 경우)

$$E = \frac{2.5 \times 30 \times 3 \times 25}{\frac{\pi}{4} \times (10.06)^2 \times 11.64} = 6.1\text{kg} - \text{cm/cm}^3$$

다짐에너지가 달라짐에 따라 같은 흙이라 하더라도 다짐곡선이 많이 달라진다. 한 예가 그림 4.4에 표시되어 있다.

그림 4.4로부터 다짐에너지의 영향을 요약하면 다음과 같다.

(1) 다짐에너지가 클수록, 최대건조단위중량이 증가한다.

(2) 다짐에너지가 클수록, 최대건조단위중량을 나타내는 최적함수비는 감소한다. 즉, 다짐에너지가 클수록 살수(撒水)작업을 적게 하게 된다.

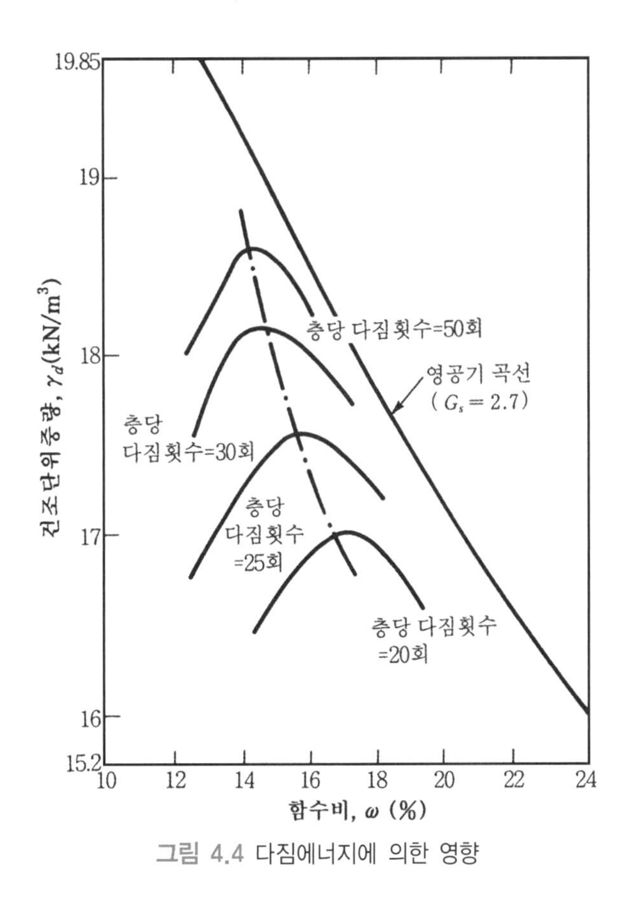

그림 4.4 다짐에너지에 의한 영향

4.4 점성토의 다짐구조와 성질

사질토는 단순히 공기를 배출함으로 인하여 다짐작업이 이루어지게 되나 점성토는 함수비에 따라 흙의 기본구조가 바뀌게 된다. 이 절에서는 이 다짐구조가 어떻게 변하는지 살펴보고자 한다. 이 분석을 위해서는 전 장에서 배운 이중층수 이론 및 점토의 구조(면모구조 혹은 이산구조)를 이용하여 다짐이론을 전개할 수 있다.

4.4.1 다짐점토의 구조

다짐 시에 살수되는 함수비에 따라 점토의 기본구조(structure)가 바뀐다. 함수비에 의한 다짐특성이 그림 4.5에 표시되어 있다. 우선 다짐함수비가 'A'점과 같이 작은 경우는 절대수(水)량이 부족하므로 이중층수가 잘 생기지 않게 되고 따라서 반발력보다는 인력이 우세하여 다짐점토는 면모구조를 띠게 된다(flocculant structure).

만일, 계속적으로 흙에 물을 가하여 'B'점에 이르면 이중층수가 생기게 되어 반발력이 우세해지며, 따라서 점토구조는 이산구조(dispersive structure)로 바뀌기 시작한다. 이때에 가장 잘 다져지어 건조단위중량이 최대로 될 것이다. 만일, 'B'점에 이른 후에도 계속하여 물을 가하면('C'점) 더욱 이산구조가 발달된다. 다만 이 경우에는 수(水)량이 과다하여 건조단위중량은 오히려 감소한다.

한편, 좀 더 큰 다짐에너지로 다지게 되면 이 현상이 더 뚜렷하여 이산구조에서 입자가 평행으로 일정하게 자리 잡는다. 이상의 여러 현상을 종합해보면, 최적함수비에서의 다짐이란 점성토의 구조관점에서 보면 면모구조에서 이산구조로 넘어가는 순간의 다짐이라고 말할 수 있다.

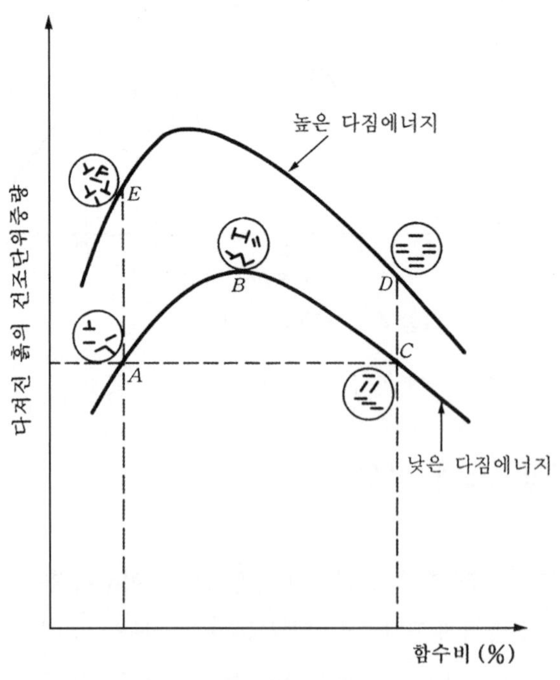

그림 4.5 다짐 시 함수비에 따른 점토의 기본구조 양상

4.4.2 다짐조건에 따른 점성토의 성질 변화

다짐을 어떤 조건에 따라 하느냐에 따라 점성토의 구조가 바뀐다고 위에서 설명하였다. 점성토의 구조가 바뀜에 따라 흙의 기본적인 물성치(soil properties)도 달라질 것이다. 다음에 대표적인 물성치에 미치는 영향을 알아보고자 한다.

1) 다짐점토의 투수성

점토의 두 구조, 즉 면모구조와 이산구조 중에서 어느 것이 물을 간극 사이로 더 잘 통과시킬까?

이는 면모구조이다. 비록 입자의 면과 모서리가 붙어 있는 구조이긴 하나, 입자배열이 무작위(random)하기 때문에 입자 사이에 구멍이 많기 때문이다. 이에 반하여 이산구조는 비록 입자가 서로 적당히 떨어져 있지만 차곡차곡 배열되어 있기 때문에 오히려 투수성이 적다. 따라서 다짐점토의 경우 최적함수비보다 약간 더 함수비가 많게 다질 때(slightly wet compacted)

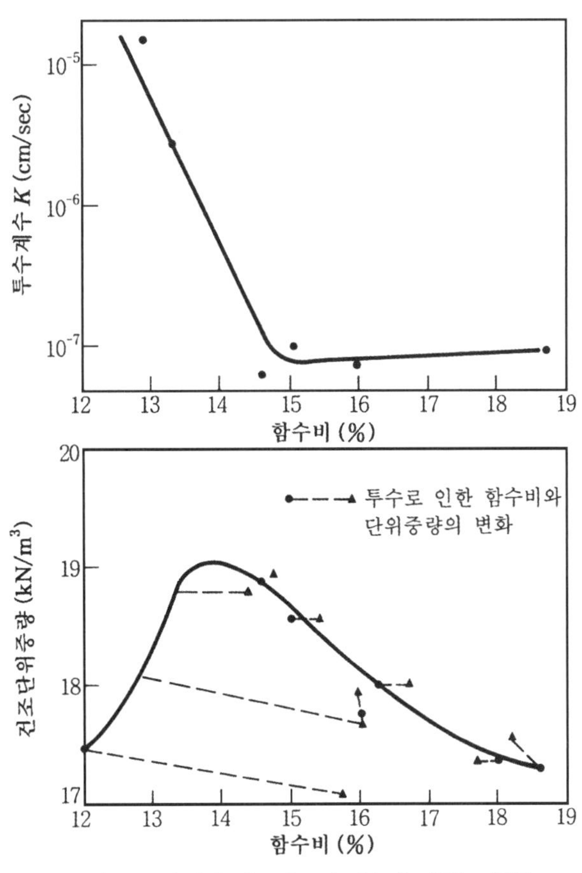

그림 4.6 다짐이 점토의 투수계수에 미치는 영향

투수성이 가장 작게 된다(그림 4.6 참조).

2) 다짐점토의 압축특성

점토를 다지어 시료를 성형한 뒤, 시료에 하중을 가하면 시료는 압축되게 된다. 이 압축성도 다짐에 영향을 받게 된다. 압축정도는 압축응력이 크냐, 작으냐에 따라 다르다. 압축응력이 작은 경우, 작은 압축응력으로는 면모구조의 결합력을 부수기가 어렵기 때문에 면모구조를 한 점토가 이산구조를 한 점토보다 압축성이 작다(그림 4.7(a)).

다시 말하여 최적함수비(OMC)보다 건조 측으로 다진(dry compacted) 점토가 습윤 측으로 다진(wet compacted) 흙보다 압축성이 작다.

반면에 큰 압축응력이 작용하는 경우는 정반대이다. 압축응력이 면모구조의 결합력을 파괴

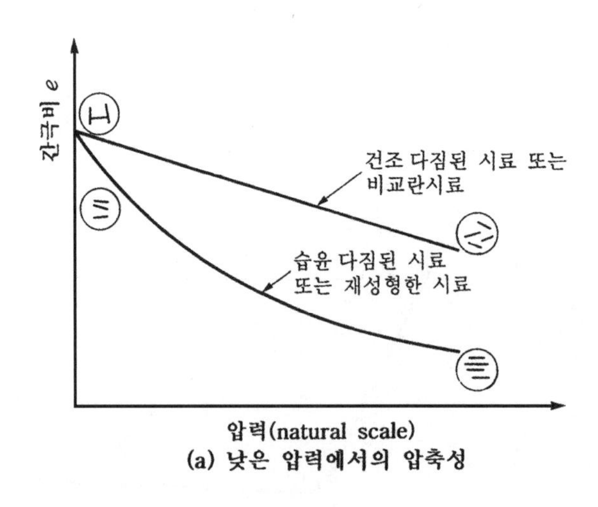

(a) 낮은 압력에서의 압축성

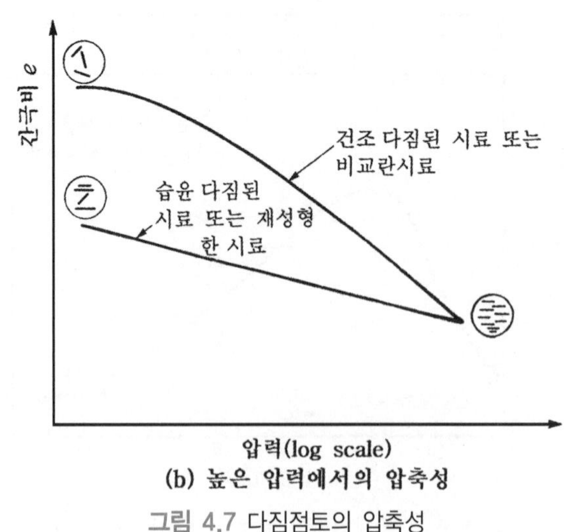

(b) 높은 압력에서의 압축성

그림 4.7 다짐점토의 압축성

시킨다면, 면모구조는 성글게 이루어져 있기 때문에 비교적 차곡차곡 입자가 분포하는 이산구조에 비해 오히려 압축성이 크게 된다. 즉, 최적함수비(OMC)보다 건조 측으로 다진 점토가 습윤 측으로 다진 경우보다 압축성이 크다(그림 4.7(b)).

3) 다짐점토의 강도특성

토질의 전단강도는 아직 이 책에서 서술되어 있지 않고 제10장에서 집중적으로 다룰 것이다. 우선적으로 쉽게 설명하면 전단강도란 흙이 외력에 대하여 최대로 버틸 수 있는 저항력을 말한다. 그림 4.8에서와 같이 최적함수비보다 건조 측으로 다진 흙이 면모구조로서 습윤 측으로 다져서 이산구조로 이루어진 흙에 비하여 결합력이 훨씬 크기 때문이다.

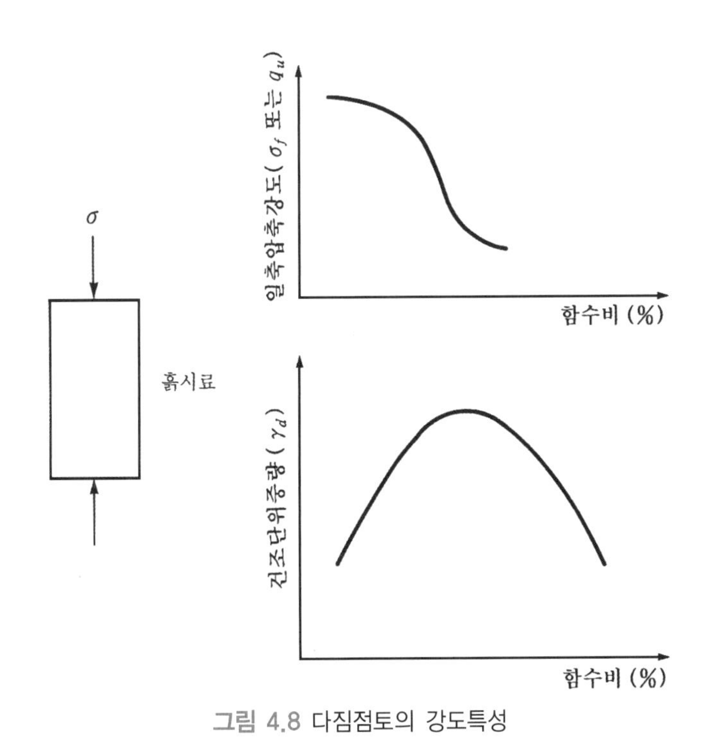

그림 4.8 다짐점토의 강도특성

4.5 현장다짐

4.5.1 기본사항

실내실험으로부터 성토재료로 쓰일 흙의 최적함수비(OMC)와 그때의 최대건조단위중량이 구해지면, 이를 기본자료로 하여 현장다짐을 계획하게 된다. 이때 가장 주의 깊게 생각하여야 하는 것이 실내다짐과 현장다짐의 다짐에너지를 비교하는 일이다. 현장다짐의 주요 시공방법 등은 본 필자의 생각으로는 시공학에서 다루어야 한다. 따라서 이 책에서는 시공학적인 관점은 제외하고 토질역학적 관점에 필요한 사항만을 서술하고자 한다. 현장다짐에서 핵심요소는 다음과 같다.

(1) 다짐장비

현장다짐장비는 주로 롤러(roller)가 이용되며, 공간이 좁아서 롤러로 다질 수 없는 경우는 진동 콤팩터, 램머 등이 이용된다.

실내다짐시험과 현장다짐의 중요한 차이가 여기에 있다. 실내다짐은 다짐해머를 이용한 진동다짐이나, 현장롤러다짐은 짓이김다짐(kneading compaction)으로 다지는 기본구조가 다르다.

(2) 현장다짐 횟수와 다짐효과

롤러를 이용하여 현장다짐을 하는 경우 롤러의 다짐횟수를 마냥 늘려 준다고 최대건조중량이 계속 늘어나는 것은 아니다. 일예가 그림 4.9에 표시되어 있다. 그림에서와 같이 다짐횟수가 10~15회에 이를 때까지는 최대건조단위중량이 계속 증가하나 이 이상의 다짐횟수에서는 큰 효과가 없음을 알 수 있다.

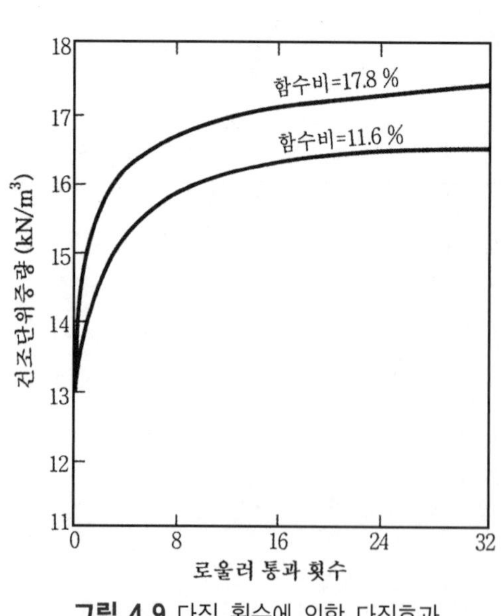

그림 4.9 다짐 횟수에 의한 다짐효과

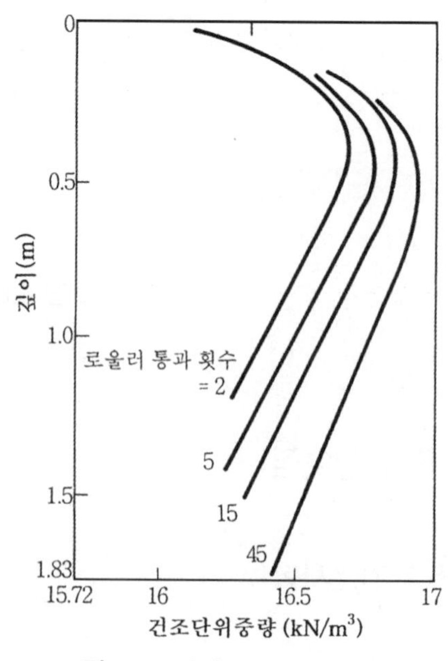

그림 4.10 다짐두께에 의한 영향

(3) 다짐두께

아무리 롤러로 다짐을 실시한다고 해도, 한꺼번에 큰 높이로 흙을 포설하고 다지면 저부까지 골고루 다져진다는 보장이 없다(그림 4.10 참조). 그림을 보면 0.5m(약 1.5ft)까지는 다짐 효과가 증가하나 그 이상의 두께에서는 점점 감소한다.

참고로 미 해군 설계매뉴얼(Design Manual)인 NAFAC DM-7에 제시되어 있는 최대포설 두께를 표 4.3에 수록하였다.

표 4.3 구조물의 종류에 따른 현장다짐시방

사용목적	요구되는 다짐도 (수정다짐의 %)	최적함수비에 대해 허용되는 오차, %	최대허용다짐두께 cm
구조물의 지지	95	-2에서 +2	30.5
운하(수로)나 작은 저수지의 라이닝	90	-2에서 +2	15.2
높이 15.24m 이상의 흙댐	95	-1에서 +2	30.5(+)
높이 15.24m 미만의 흙댐	92	-1에서 +3	30.5(+)
포장도로지지 -고속도로 -비행장(활주로)	 NAVFAC DM-5 참조 NAVFAC DM-21 참조	 - 에서 +2 -2에서 +2	 20.3(+) 20.3(+)
구조물 주위의 뒤채움	90	-2에서 +2	20.3(+)
트랜치나 파이프에 있어서 뒤채움	90	-2에서 +2	20.3(+)
배수재(blanket)나 필터재	90	습윤 측 다짐	20.3
구조물 시공을 위해 굴착되는 지반	95	-2에서 +2	
록필(rock fill)		습윤 측 다짐	61에서 91.4

4.5.2 다짐시방

실내다짐시험의 종류(표준 또는 수정)가 결정되면 실험으로부터 최대건조단위중량과 ($\gamma_{d(\max - \mathrm{lab})}$) 최적함수비가 구해질 것이다. 이를 근거로 현장다짐시방에서는 90% 다짐, 95% 다짐이라는 용어가 쓰인다. 여기서 90, 95%라고 하는 수치는 상대다짐도로서 이는 다음 식과 같이 정의된다.

$$R(\%) = \frac{\gamma_{d(\mathrm{field})}}{\gamma_{d(\max-\mathrm{lab})}} \times 100\% \tag{4.5}$$

여기서, R = 상대다짐도(relative compaction)

$\gamma_{d(\mathrm{field})}$ = 현장 흙에서의 건조단위중량

$\gamma_{d(\max-\mathrm{lab})}$ = 실내다짐시험 결과로부터의 최대건조단위중량

예를 들어, 고속도로의 기층을 다져야 하기 때문에 다짐에너지가 큰 수정다짐을 요구한다고 하자. 수정다짐결과가 그림 4.11의 Ⓐ 곡선이라고 하자(곡선 Ⓑ 및 Ⓒ는 다짐에너지를 적게 하였을 때의 다짐곡선). 현장시방은 고속도로와 같이 중요한 구조물인 경우 보통 95% 다짐을 요구한다. 95% 다짐에 해당되는 건조단위중량으로부터 수평선을 그어 Ⓐ곡선과 마주치는 점을 구해보면, 다질 때의 함수비가 w_1 이상 w_2 이하여야 함을 알 수 있다. 물론 다짐장비를 가볍게 하여 Ⓒ다짐장비를 사용하고자 하면 함수비가 w_3이어야 할 것이다. 즉, Ⓒ곡선은 최대건조단위중량이 되어야 다짐시방을 만족하므로 현실여건상 이 장비를 채택할 수는 없다. 따라서 다짐장비는 Ⓑ를 쓰고 함수비는 $w_4 \sim w_3$가 되도록 하는 것이 가장 경제적일 것이다.

이제까지의 다짐시방은 순전히 소요건조중량을 달성하기 위한 시방사항이다. 건설재료로

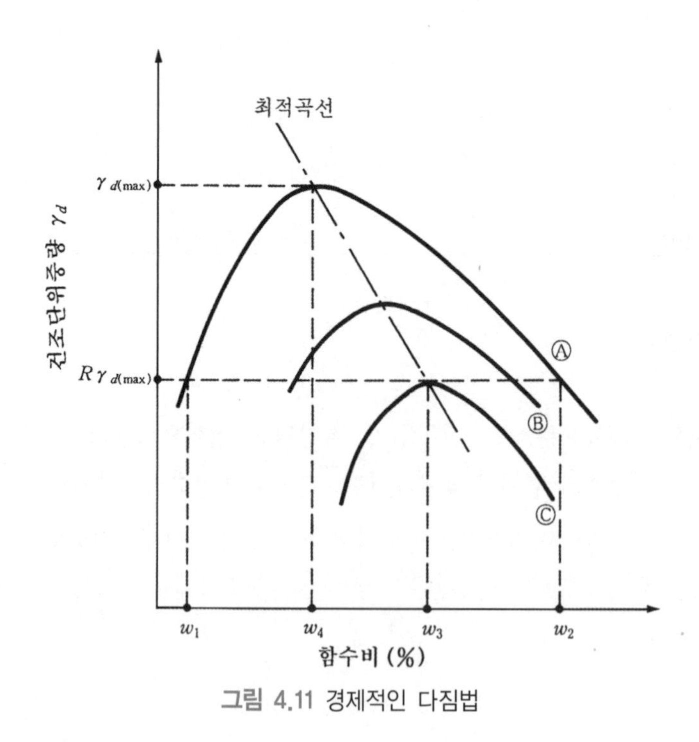

그림 4.11 경제적인 다짐법

서의 흙은 그 소요되는 목적에 따라 추가적인 시방이 필요하다. 예를 들어, 만일 성토재가 댐의 심벽(core)재료, 또는 매립지의 라이너(liner)로 사용될 것이라면, 투수계수가 작아야 하므로 최적함수비보다 약간 습윤 측에서 다져야 하며, 강도증진이 가장 중요한 곳이라면, 최적함수비보다 건조한 함수비로 다져야 할 것이다.

4.5.3 현장 건조단위중량시험

현장의 다짐정도를 알아보기 위하여 현장 건조단위중량을 구해야 한다. 이를 위하여 이용되는 방법이 샌드콘 방법(sand cone method)과 고무막법(rubber balloon method)이다. 그림 4.12는 샌드콘 방법을 보여 준다. 현장에 먼저 구멍이 있는 금속판을 놓고 흙을 파낸다. 파낸 흙의 무게와 건조무게, 함수비는 쉽게 구할 수 있을 것이다. 문제가 되는 것은 파낸 부분의 부피를 구하는 것이다. 샌드콘 방법에서는 건조단위중량을 익히 알고 있는 표준사(외국에서는 인조모래로서 Ottawa sand, 국내에서는 주문진 사)를 파낸 부분에 채우고, 채워진 표준사의 무게를 잰 후 이를 건조단위중량으로 나누면 파낸 부분의 부피가 될 것이다.

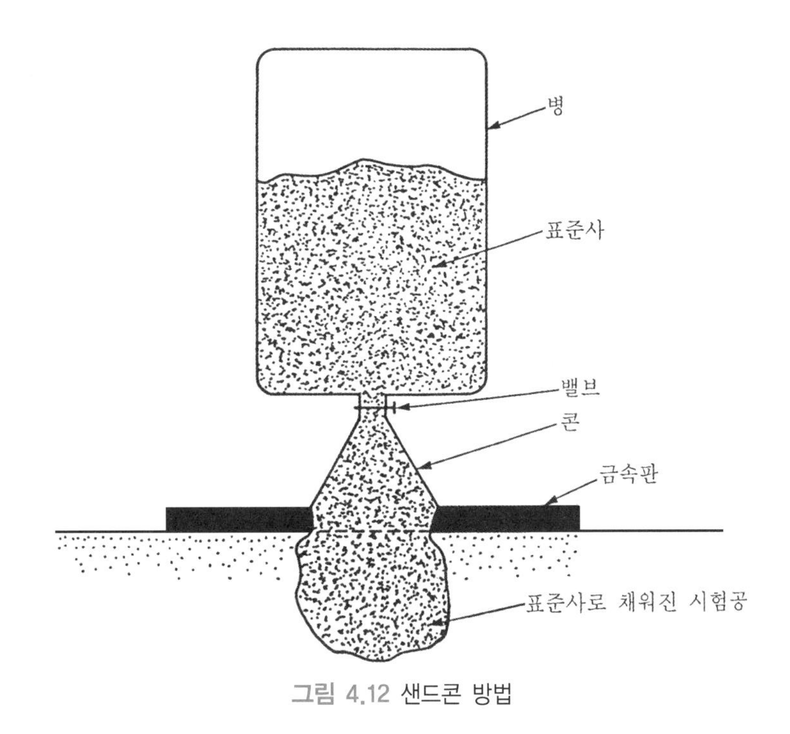

그림 4.12 샌드콘 방법

이를 수식으로 표시하면 다음과 같다.

구할 것: 현장 건조단위중량 = $\gamma_{d(\text{field})}$

$$\gamma_{d(\text{field})} = \frac{\text{파낸 흙의 건조중량}}{\text{파낸 흙의 부피}} \tag{4.6}$$

$$\text{파낸 흙의 건조중량} = \frac{\text{파낸 흙의 습윤중량}}{1+w}$$

$$\text{파낸 흙의 부피} = \frac{\text{파낸 부분을 채운 표준사의 건조중량}}{\text{표준사의 건조단위중량}}$$

고무막법은 같은 원리로서 단지 파낸 부분을 고무막을 사용하여 물로 채워 부피를 잰다는 사실만이 다르다(그림 4.13).

최근에는 방사선(nuclear method)을 이용하여 현장 건조단위중량을 구하는 방법도 사용되고 있다.

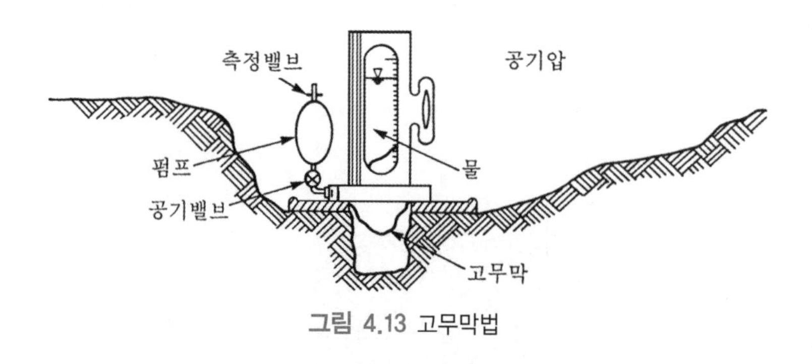

그림 4.13 고무막법

[예 제] 현장에서 샌드콘을 이용하여 실험을 실시한 결과 다음과 같은 결과를 얻었다. 현장에서의 건조단위중량을 구하라.

- 표준사의 건조단위중량 = 16.28kN/m^3
- 콘을 채우기 위한 표준사의 중량 = 1.18N
- 시험공을 채우기 전의(용기 + 콘 + 모래)의 중량 = 58.86N
- 시험공을 채운 후의(용기 + 콘 + 모래)의 중량 = 27.57N
- 파낸 흙의 중량 = 32.47N
- 파낸 흙의 함수비 = 11.6%

[풀 이]

파낸 부분과 콘을 채우기 위한 표준사의 중량$=58.86-27.57=31.29\text{N}$

파낸 부분만을 채우기 위한 표준사의 중량$=31.29-1.18=30.11\text{N}$

$$\text{파낸 부분의 부피}=\frac{30.11\times10^{-3}}{16.28}=0.00185\text{m}^3$$

$$\text{파낸 부분 흙의 건조중량}=\frac{32.47}{1+\dfrac{11.6}{100}}=29.09\text{N}$$

$$\text{현장 건조단위중량}=\frac{29.09\times10^{-3}}{0.00185}=15.72\text{kN/m}^3$$

연 습 문 제

1. 표준다짐시험의 결과가 다음과 같다(몰드의 체적 = 944cm^3).

함수비(%)	습윤중량(N)
8.41	14.51
12	18.46
14	20.78
16	17.88
18	14.59

1) 다짐곡선을 그리고 최대건조단위중량, 최적함수비를 구하라.

2) 95% 다짐시방에 맞는 함수비의 범위를 구하라.

2. 주어진 흙의 포화도가 S인 경우의 건조단위중량 γ_d를 다음의 함수인 식으로 표시하라. 즉, γ_w, G_s, S, ω

3. 어느 사질토의 $G_s = 2.7$이다. 포화도 80%, 90%, 100%일 때의 γ_d(건조단위중량)$-w$(함수비) 관계 곡선을 각각 그려라. (단, 함수비는 8%부터 20% 사이인 경우에 대한 곡선을 그려라.)

4. 비중이 2.65인 흙시료에 대하여 다짐에너지를 달리하여 다짐시험을 실시한 결과는 다음과 같다.

A(낮은 에너지로 다짐)		B(표준 다짐)		C(수정 다짐)	
ω(%)	γ_d(kN/m^3)	ω(%)	γ_d(kN/m^3)	ω(%)	γ_d(kN/m^3)
10.9	15.96	9.3	16.30	9.3	17.75
12.3	16.25	11.8	16.82	12.8	18.74
16.3	17.07	14.3	17.22	15.5	17.69
20.1	16.80	17.6	17.20	18.7	16.15
24.0	15.70	20.8	16.45	21.1	15.50
25.4	15.25	23.0	15.90		

① 다짐곡선을 그려라.

② 각 다짐시험에 대하여 최대건조단위중량과 최적함수비를 구하라.

③ 최적함수비에서의 포화도를 각각 구하라.

④ 영공기곡선을 그려라.

⑤ S가 각각 70%, 80%, 90%일 때의 포화곡선을 그려라.

5. 공기함유량의 정의는 다음과 같다.

$$A = \frac{V_a}{V}$$

① $A = \dfrac{e - \omega G_s}{1+e}$ 임을 증명하라.

② $A = n(1-S)$임을 증명하라.

③ 어느 흙을 함수비 ω로 다졌을 때, 공기함유량이 A 이었다.

이 다진 흙의 건조단위중량 γ_d는 $\gamma_d = \dfrac{G_s(1-A)}{1+w \cdot G_s} \cdot \gamma_w$ 임을 증명하라.

참 고 문 헌

• NAVFAC DM-7(1982), Design Manual.

제5장

지중응력 분포

제5장

지중응력 분포

이제까지 흙(soil matrix)의 기본성질에 대하여 총 4장에 걸쳐 서술하였다. 이제까지 서술한 모든 사항들은 토질역학을 역학적으로 풀기 위한 기본사항들이고 역학은 이번 장부터라고 해도 과언이 아니다.

본 장의 제목이 말해주듯이 지중에 있는 흙이 받고 있는 응력을 알고자 하는 것이 지중응력의 분포이다.

지중응력은 두 가지 요소로 이루어져 있다.

첫째, 제1장 초두에서 서술한 대로 흙은 이미(창세 전부터) 현장 그곳에 있기 때문에 흙 자체의 무게로 인하여 생기는 응력이 있으며 이는 흙 위에 있는 흙의 하중으로 인하여 생기는 응력이라 하여 상재압력(overburden pressure 또는 geostatic stress)이라고도 하고, 초기부터 있었다는 사실을 중시하여 초기응력(initial stress)이라고 불리기도 한다.

둘째, 만일 지반 위에 새로운 구조물(예를 들어, 건물, 물탱크 등)을 건설한다면 이 구조물의 하중으로 인하여 지반에 상재압력에 추가하여 새로이 응력이 작용할 것이다. 즉, 외부하중으로 인한 응력의 증가분이다.

본 장에서는 먼저 상재압력에 대하여 서술하고, 응력의 증가분을 구하는 법을 따로 설명하고자 한다.

5.1 상재압력

5.1.1 연직응력

그림 5.1과 같은 지반이 존재하는 경우 'A' 입자에 작용하는 연직응력(geostatic vertical stress)은 요소 'A'의 위에 있는 흙의 무게를 'A' 입자의 수평방향 면적으로 나눈 값이다. 즉,

$$\sigma_v = \gamma \cdot z \cdot \Delta x \cdot \Delta y / (\Delta x \cdot \Delta y) = \gamma \cdot z \tag{5.1}$$

여기서, σ_v = 상재압력(overburden pressure) 혹은

연직방향응력(geostatic vertical stress)

γ = 흙의 단위중량

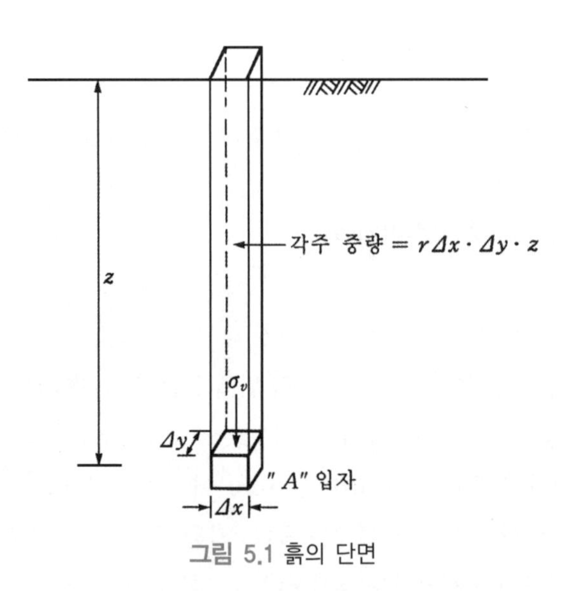

그림 5.1 흙의 단면

만일 그림 5.2(a)와 같이 흙 위까지 물에 의해 포화되어 있는 경우(이 장에서는 물은 흐르지 않고 정지해 있는 경우만 다루며 물이 흐르는 경우는 6장과 7장에서 다룰 것이다), 'A' 입자에 작용되는 전 연직응력은 물의 중량이든지, 흙(포화된)의 중량이든지, 'A' 입자 위에 존재하는 물체의 단위면적당 중량이므로 다음과 같이 표시할 수 있다.

σ_v = 물의 단위면적당 중량 + 포화된 흙의 단위면적당 중량

(h_w 부분) (z 부분)

$$= \gamma_w h_w + \gamma_{sat} z \tag{5.2}$$

여기서, σ_v = 전 상재압력 또는 연직응력

5.1.2 유효응력의 기본 개념

앞 절에서 설명한 대로 물과 함께 존재하는 지반의 전 상재압력은 식 (5.2)로 표시될 수 있다. 즉, 그림 5.2(a)의 'A' 입자에 연직방향으로 작용되는 응력 σ_v가 그것이다. 'A' 입자 자체의 관점에서 보면 위에서 작용되는 σ_v의 응력을 'A' 입자 안에 있는 흙 입자가 받든지, 아니면 물이 받든지 해야 한다. 그렇다면 둘 중 어느 요소가 σ_v의 응력을 반작용으로 받아줄까? 간단히 말하자면, 흙 입자와 물이 이 응력을 분담한다고 볼 수 있다.

그림 5.2(b)에서와 같이 단면적이 $\overline{A}$인 흙 기둥을 생각해보자. 그 위로 지하수가 차 있다고 생각하면, 지표면으로부터 깊이 z인 곳에서의 전 연직응력은 식 (5.2)와 같다. 이 경우 전 연직응력은 흙 입자가 받는 부분과 물이 받는 부분으로 나뉘는데 이를 각각 구해보고자 한다.

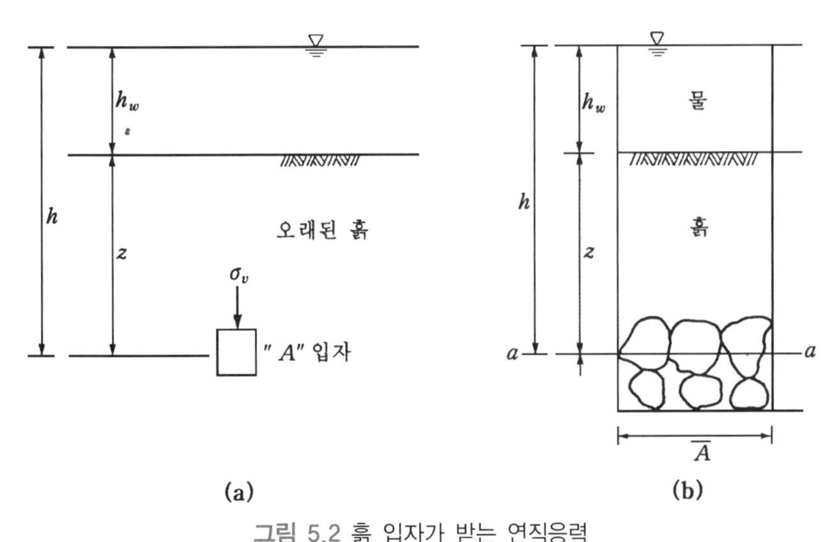

그림 5.2 흙 입자가 받는 연직응력

그림 5.2(b)의 $a-a$ 부분을 자세히 나타내면 그림 5.3의 (a) 또는 (b)와 같다. 이 부분에 대한 다이아그램(free diagram)을 구하려면 다음의 두 부분을 고려해야 한다.

(1) $a-a$ 단면을 가로지르는 직선(solid line)으로 흙 입자를 가로질러 자르는 단면이며 이 곳에 작용되는 응력이 우리가 구하고자 하는 것이다.

(2) 그림 5.3(b)에 점선으로 표시된 부분으로, 흙 입자 하부의 표면을 따라가는 곡선이다.

위의 두 선으로 이루어진 다이아그램이 그림 5.3(c)에 그려져 있으며 이 다이아그램에서 점선, 즉 흙 입자 하부의 표면에 작용되는 하중은 다음과 같다.

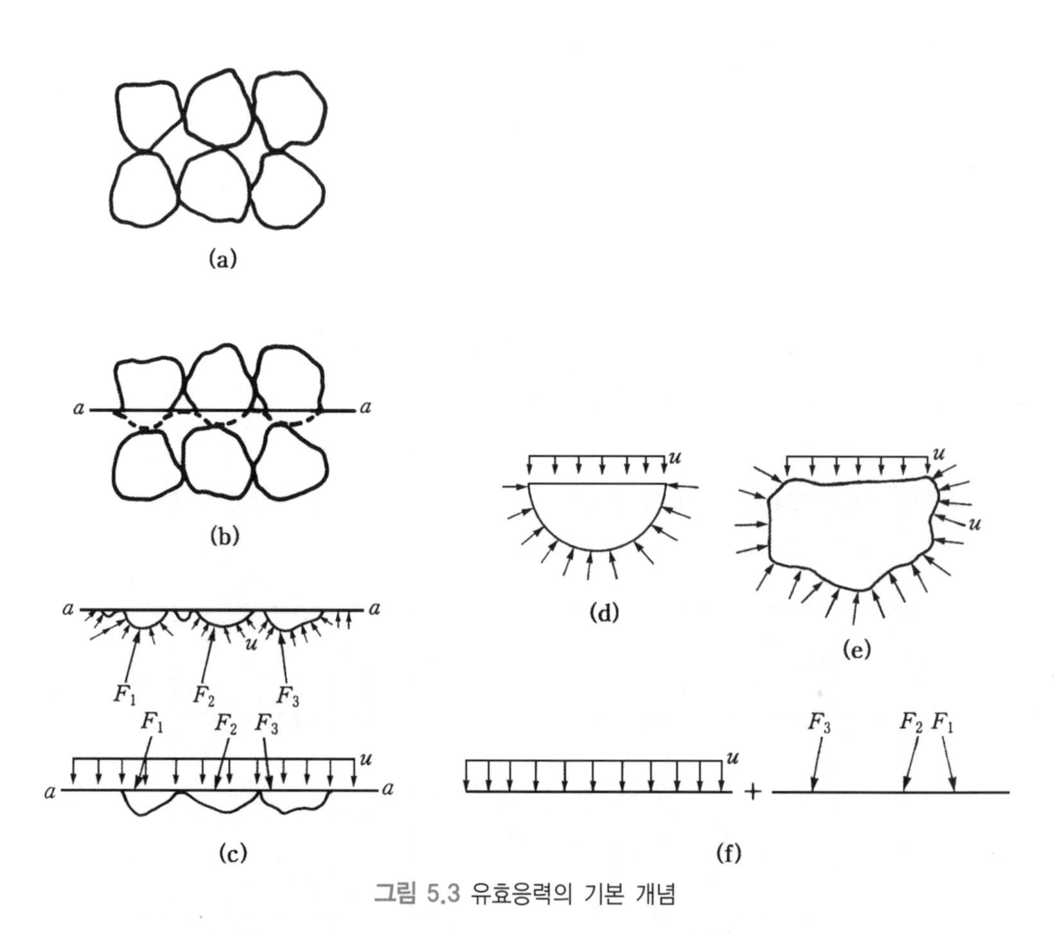

그림 5.3 유효응력의 기본 개념

첫째, 수압으로 인한 힘으로서 점선에(입자면에) 수직으로 작용하고 단위면적당 u의 수압이 작용한다.

둘째, 흙 입자와 흙 입자와의 접촉점에서 작용하는 힘으로서 그 방향은 접촉면에 따라 달라진다(그림 5.3(c)에서 F_1, F_2, F_3 등).

물론, 접촉점에서는 흙 입자의 힘만 작용되고 수압은 없을 것이나, 접촉점으로 인한 수압작용면의 감소분은 극소하다.

그림 5.3(c)에서 힘의 평형조건으로부터, 실선($a-a$)에 작용되는 힘은 그 하부접선에 작용되는 힘과 같을 것이다. 한편 그림 5.3(d), (e)에서와 같이 반구의 하부표면에 작용되는 수압이 u라면 상부의 직선부에 똑같이 u의 수압이 작용할 것이다. 이 원리를 이용하면 $a-a$의 실선부에 작용되는 하중은 수압 u에 의한 하중 $u\overline{A}$와 입자의 접촉력에 의한 하중 $\sum F_i$로 이루어진다(그림 5.3(f)).

실선부에 작용되는 전 상재압력은 σ_v이므로 다음 식이 성립한다.

$$\sigma_v \cdot \overline{A} = u \cdot \overline{A} + \sum F_{i(v)} \tag{5.3}$$

여기서, $F_{i(v)}$는 F_i 힘의 연직방향성분이다.

양변을 $\overline{A}$로 나누면

$$\sigma_v = u + \frac{\sum F_{i(v)}}{\overline{A}} \tag{5.4}$$

식 (5.4)의 우측항을 $\sigma_v{}'$으로 표시하면,

$$\sigma_v = u + \sigma_v{}' \tag{5.5}$$

이 된다.

즉, σ_v의 전 상재압력을 1차적으로 수압 u가 받으며, 나머지 부분을 $\sigma_v{}'$만큼 흙 입자가 받게 된다. 여기에서 $\sigma_v{}'$은 실제로 흙 입자에 작용되는 응력이 아니라, 작용되는 압력에 대하여 흙 입자가 분담하는 부분을 의미하며 이를 '유효응력(effective stress)'이라고 한다. 실제응력은 (F_i/접촉면적)이다.

간극수압 u는 비록 흙 입자 사이에만 존재하는 물이지만 물만 있을 때와 똑같이 '물의 깊이×물의 단위중량'만큼 작용된다. 그림 5.2(a)의 경우에 대하여 유효응력을 구해보면,

$$\begin{aligned}\text{유효응력}(\sigma_v{}') &= \text{전 상재압력} - \text{수압} \\ &= \gamma_w h_w + \gamma_{\text{sat}} z - \gamma_w (h_w + z) = (\gamma_{\text{sat}} - \gamma_w) z = \gamma' z \end{aligned} \tag{5.6}$$

이 된다. 여기서, $\gamma' = (\gamma_{sat} - \gamma_w)$을 수중단위중량(submerged unit weight)이라고 한다. 즉, 흙이 분담하는 부분인 유효응력은 '흙의 깊이×수중단위중량'으로 표시할 수 있다.

전 상재압력에 대하여 가장 단순한 예로, 아래 그림 5.4와 같이 지하수위가 지표면과 일치하는 경우에 대하여 수압과 유효응력으로 인한 분담률을 구해보자.

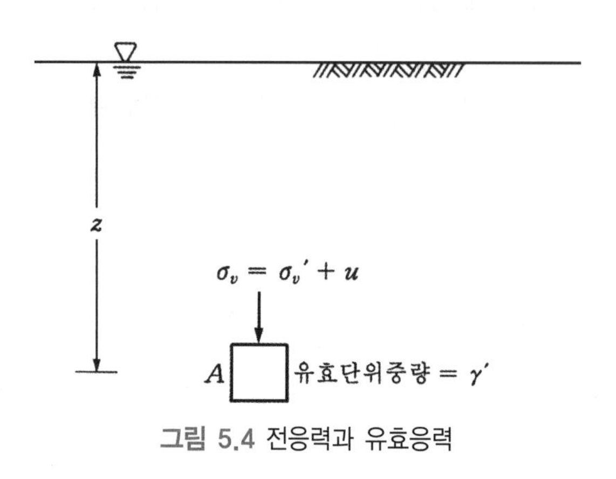

그림 5.4 전응력과 유효응력

전 상재압력(전 연직응력)은 $\sigma_v = \gamma_{sat} z$

유효응력은 $\sigma_v' = \gamma' z = (\gamma_{sat} - \gamma_w) z$

수압은 $u = \gamma_w z$이 된다.

만일 편의상 포화단위중량 $\gamma_{sat} = 2\text{t/m}^3$로 가정하면 $\gamma' = \gamma_{sat} - \gamma_w = 1\text{t/m}^3$이 되므로 전 상재압력에 대하여 흙 입자와 물이 같은 비율, 즉 50%씩 분담하여 견디게 됨을 나타낸다.

흙이 분담하는 부분을 나타내는 유효응력 개념은 토질역학의 중요한 핵심개념으로 독자들이 그 개념을 확실히 파악하길 바란다.

여기에서 한 가지 짚고 넘어갈 사항이 있다. 이제까지 유도한 유효응력 및 수압은 기본적으로 지하수위가 일정하여 정수상태에서만 적용됨을 주지하여야 한다. 만일 지하수가 흐르는 경우, 즉 투수(seepage)가 일어나는 경우는 수압도 단순히 $\gamma_w z$가 되지 않으며, 유효응력 또한 변하게 된다. 이에 대한 상세한 사항은 투수편(6장 및 7장)에서 설명하고자 한다.

5.1.3 수평응력

물은 그 성질상 깊이만 같다면 어느 방향이든지 수압이 같다. 그러나 지반 내에 존재하는 흙 입자 자체는 연직방향응력과 수평방향응력이 다르다. 수평방향응력(horizontal stress)은 다음과 같이 연직방향응력의 비로 표시될 수 있다.

$$\sigma_h = K\sigma_v \tag{5.7}$$

여기에서, σ_h는 수평방향응력을 나타내며, K는 연직방향응력과 수평방향응력의 비를 표시하는 비례상수로서 토압계수(coeffeient of lateral earth pressure)라고 한다. 이 토압계수 또한 일정한 것이 아니라 흙이 어떻게 움직이느냐, 즉 흙의 거동양상에 따라 변화하는 계수이다. 이를 집중적으로 연구하는 것이 뒤에 나오는 토압론(11장)이다. 상세한 것은 거기서 설명하기로 한다. 다만, 다음에 유의하기를 바란다.

이 책의 초두에 토질역학은 초기부터 지구에 존재해온 'in-situ mechanics'라고 하였다. 이때 깊이 z에 존재하는 흙의 연직응력은 $\sigma_v = \gamma z$이다. 초기부터 그 자리에 흙이 존재하여 흙이 전혀 움직이지 않았다면 수평방향응력은 식 (5.8)로 표시할 수 있다.

$$\sigma_h = K_o\sigma_v \tag{5.8}$$

여기서, K_o는 흙이 전혀 움직이지 않았다는 뜻으로서 정지토압계수(coefficient of lateral earth pressure at rest)라고 한다. 또는 초기부터 그 상태로 있었다는 뜻으로서 초기지압계수(coefficient of initial stress)라고 부르기도 한다. 지반조건이 흙인 경우는 K_o값은 1보다 작은 경우가 대부분이지만, 지반조건이 암인 경우는 1보다 훨씬 큰 경우도 많다. 또는 지반이 과거에 무거운 하중을 받았다가 하중이 제거된 경우에도 K_o값은 1보다 클 수 있는데 이는 연직하중을 제거한다 하더라도 수평하중은 완전히 제거되지 않기 때문이다.

만일, 지하수위가 존재하는 경우에 수평응력은 어떻게 될까? 전술한 대로 물 자체는 등방이므로 수압은 4방향 모두 같다. 즉, 굳이 표현하자면 물의 토압계수 K_o는 항상 1이 된다. 따라서 수평응력을 구할 때 흙 입자와 물을 항상 따로 취급하여야 한다. 예를 들어, 다음의 그림을 보자.

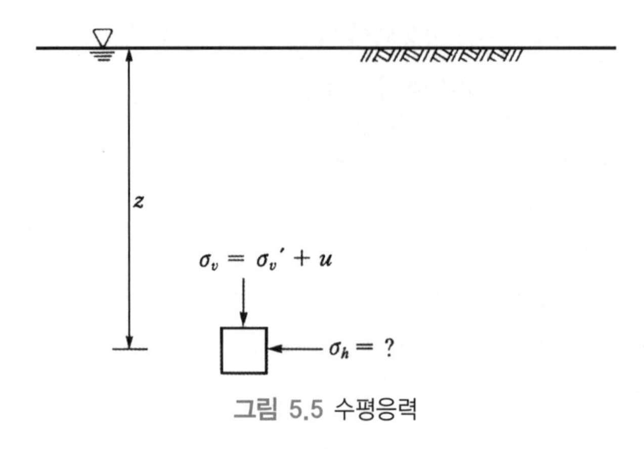

그림 5.5 수평응력

그림에서 연직응력은 $\sigma_v = \sigma_v{}' + u = \gamma' z + \gamma_w z$가 될 것이다. 반면에 수평응력은 다음과 같이 구해야 한다.

$$\sigma_h = \sigma_h{}' + u = K_o \sigma_v{}' + u = K_o \gamma' z + \gamma_w z \qquad (5.9)$$

[예제 5.1] 다음 예제 그림 5.1에서 전 연직응력, 유효연직응력, 수압, 전 수평응력, 유효수평응력을 깊이에 따라 구하고 그림으로 그려라.

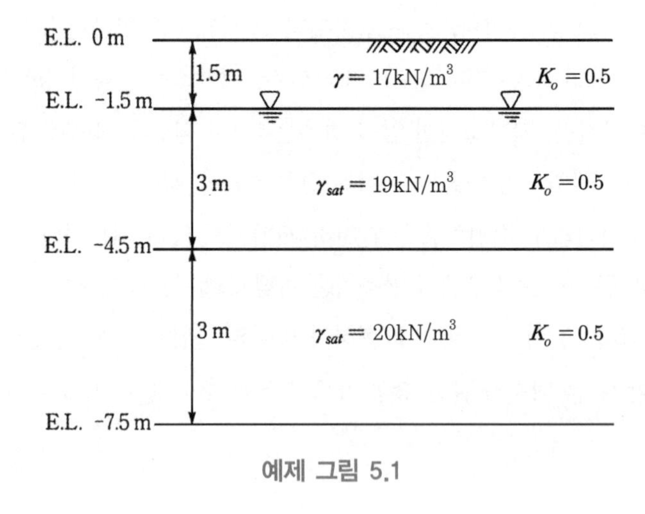

예제 그림 5.1

[풀 이]

$E.L. -1.5\text{m}$

$\sigma_v = \gamma z = 17 \times 1.5 = 25.5\text{kN/m}^2$

$u = 0$

$\sigma_v' = \sigma_v - u = 25.5\text{kN/m}^2$

$\sigma_h' = K_o \sigma_v' = K_o \sigma_v = 0.5 \times 25.5 = 12.75\text{kN/m}^2$

$\sigma_h = \sigma_h' = 12.75\text{kN/m}^2$

$E.L. -4.5\text{m}$

$\sigma_v = 25.5 + \gamma_{\text{sat}} \cdot 3 = 25.5 + 19 \times 3 = 82.5\text{kN/m}^2$

$u = \gamma_w \cdot 3 = 9.81 \times 3 = 29.43\text{kN/m}^2$

$\sigma_v' = 25.5 + \gamma' \cdot 3 = 25.5 + (19 - 9.81) \cdot 3 = 53.07\text{kN/m}^2$

또는 $\sigma_v' = \sigma_v - u = 82.5 - 9.81 \times 3 = 53.07\text{kN/m}^2$

$\sigma_h' = K_o \sigma_v' = 0.5 \times 53.07 = 26.54\text{kN/m}^2$

$\sigma_h = \sigma_h' + u = 26.54 + 9.81 \times 3 = 55.97\text{kN/m}^2$

$E.L. -7.5\text{m}$

$\sigma_v = 82.5 + \gamma_{\text{sat}} \cdot 3 = 82.5 + 20 \times 3 = 142.5\text{kN/m}^2$

$u = \gamma_w \cdot 6 = 9.81 \times 6 = 58.86\text{kN/m}^2$

$\sigma_v' = 53.07 + \gamma' \cdot 3 = 53.07 + (20 - 9.81) \times 3 = 83.64\text{kN/m}^2$

또는 $\sigma_v' = \sigma_v - u = 142.5 - 9.81 \times 6 = 83.64\text{kN/m}^2$

$\sigma_h' = K_o \sigma_v' = 0.5 \times 83.64 = 41.82\text{kN/m}^2$

$\sigma_h = \sigma_h' + u = 41.82 + 9.81 \times 6 = 100.68\text{kN/m}^2$

주) kN/m^2를 kPa로 표기하기도 한다.

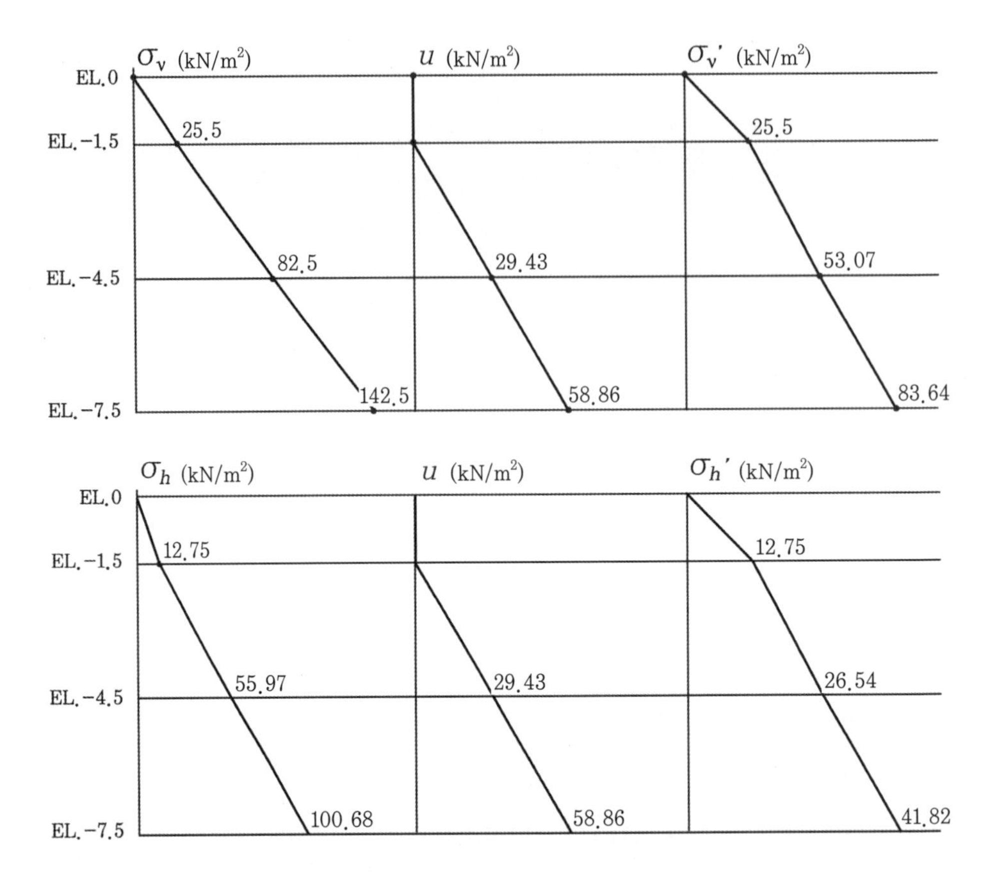

5.2 외부하중으로 인한 지중응력의 증가

이제까지 서술한 것은 흙 자체의 중량으로 인한 지중응력, 즉 상재압력이었다. 이 지중응력은 본질적으로 in-situ mechanics이기 때문에 생성된 응력이다. 만일 지반 위에 다음 그림과 같이 구조물(예를 들어, 물탱크)이 세워진다고 하자. 이 구조물의 하중에 의하여 지중에 있는 흙은 추가응력을 받게 된다. 이 추가응력, 즉 지중응력의 증가분이 얼마나 되는가를 계산할 수 있는 틀을 제시하는 것이 본 절에서의 주제이다.

흙에 변형 등의 제반문제를 야기하는 것은, 초기부터 있던 상재하중이 아니라 외부하중으로 인한 응력의 증가량이다.

삼상관계에서 설명하였던 그림 1.2~1.5의 모든 응력들은 모두 응력의 증가량이라 할 수 있다. 이 책에서는 응력의 증가량을 공히 Δ(델타)를 붙여 표기할 것이다. 응력의 증가량은 근본적으로 탄성론에 근거하여 구하는 것이 일반적이나 탄성론 자체는 학부수준을 넘는 내용이므

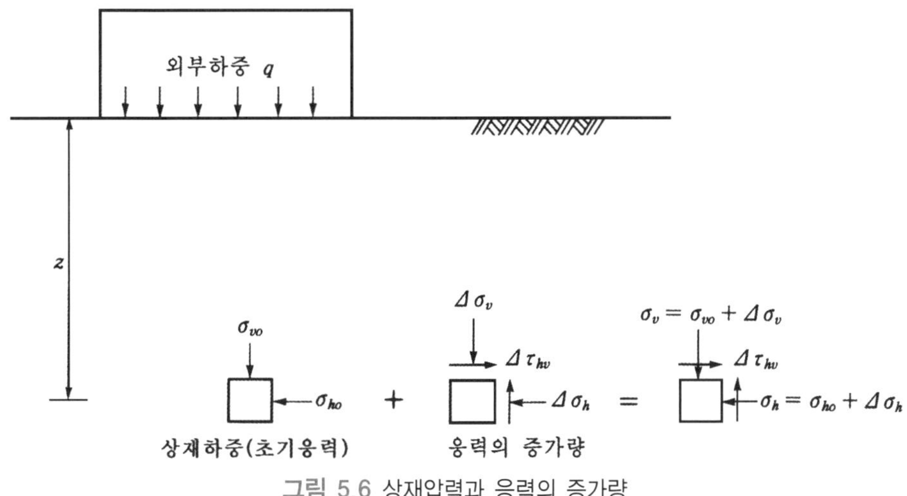

그림 5.6 상재압력과 응력의 증가량

로 그 과정을 생략하고 결과만을 서술하고자 한다. 자세한 사항은 Das(1997)의 책을 참조하길 바란다.

지중응력 증가량의 해를 구하기 위해서는 기본적으로 다음의 두 가지 하중에 의한 응력의 증가량을 구하고, 나머지 경우들은 이 두 경우의 해를 적절히 적분하여 구하게 된다.

첫째는 집중하중(point load)에 의한 응력의 증가량이며,
둘째는 선하중(line load)에 의한 응력의 증가량이다.

기호에 대한 약속

5장에서 이제까지는 연직 및 수평응력을 각각 σ_v 및 σ_h로 표시해왔다. 그러나 다음 절에서는 탄성론에 근거한 응력의 증가량을 Cartesian 좌표 및 원통형 좌표(cylindrical coordinate)를 사용해서 표시하므로 단순히 연직을 'v' 수평을 'h'로 표시해선 안 된다. 다음은 Cartesian 좌표 및 원통형 좌표(cylindrical coordinate)에 대한 설명이다.

Cartesian 좌표

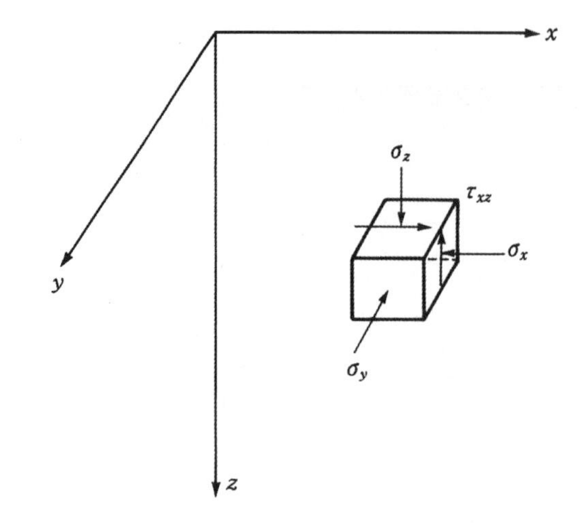

연직응력 $\sigma_v = \sigma_z$

수평응력1 $\sigma_h = \sigma_x$

수평응력2 $\sigma_h = \sigma_y$

(책에 직각방향)

전단응력 $\tau_{hv} = \tau_{xz}$

원통형 좌표

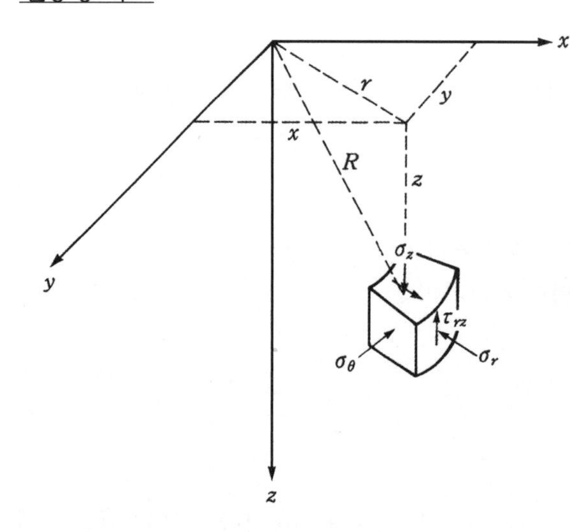

연직응력 $\sigma_v = \sigma_z$

수평응력 1 $\sigma_h = \sigma_r$

(방사(radial)방향)

수평응력 2 $\sigma_h = \sigma_\theta$

(접선(tangential)방향)

전단응력 $\tau_{hv} = \tau_{rz}$

위의 기호 중에서 2차원 해석을 하는 경우 수평응력은 수평응력 1을 주로 사용한다.

즉, 연직응력 $\sigma_v = \sigma_z$

수평응력 $\sigma_h = \sigma_x$ 혹은 $\sigma_h = \sigma_r$

전단응력 $\tau_{hv} = \tau_{xz}$ 혹은 $\tau_{hv} = \tau_{rz}$

단, 응력의 증가량은 위의 모든 기호 앞에 Δ를 붙인다($\Delta\sigma_v$, $\Delta\sigma_h$, $\Delta\tau_{hv}$ 등).

부호규약

토질역학에서 사용하는 부호규약은 구조역학의 경우와 정반대임을 주의하자.

수직응력(normal stress)

압축이 + →⊕←

인장은 − ←⊖→

전단응력(shear stress)

입자를 왼쪽으로 돌리면 + ↓⊕↑

입자를 오른쪽으로 돌리면 − ↑⊖↓

5.2.1 집중하중에 의한 지중응력 증가량

집중하중(point load)에 의한 지중응력의 증가는 1883년도에 Boussinesq에 의하여 구해졌다. 물론 이 해는 탄성론을 근거로 풀어낸 것이다. 이 해는 그림 5.7에서와 같이 Cartesian 좌표상에도 풀 수 있지만, 변수가 많아 그림 5.8에서와 같이 원통형 좌표(cylindrical coordinate)에서 구하는 것이 실무 목적상 더 유용하다. 이 좌표는 접선방향(θ방향) 쪽으로는 응력조건이 변하지 않을 때 사용된다.

Boussinesq가 구한 각 방향의 응력의 증가량 값은 다음과 같다(각 응력 및 기호는 그림 5.8 참조).

$$\Delta\sigma_z = \frac{3Pz^3}{2\pi R^5} \tag{5.10}$$

$$\Delta\sigma_r = \frac{P}{2\pi}\left[\frac{3zr^2}{R^5} - \frac{1-2\nu}{R(R+z)}\right] \tag{5.11}$$

$$\Delta\sigma_\theta = \frac{P}{2\pi}(1-2\nu)\left[\frac{1}{R(R+z)} - \frac{z}{R^3}\right] \tag{5.12}$$

$$\Delta\tau_{rz} = \frac{3\mathrm{P}rz^2}{2\pi R^5} \tag{5.13}$$

여기서, P = 집중하중(point load)

$r = \sqrt{x^2 + y^2}$

$R = \sqrt{z^2 + r^2}$

ν = 포아송 비

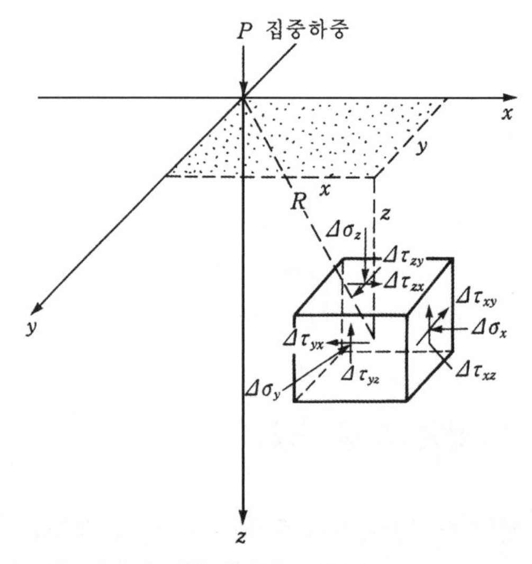

그림 5.7 집중하중에 의한 응력의 증가량(Cartesian coordinates)

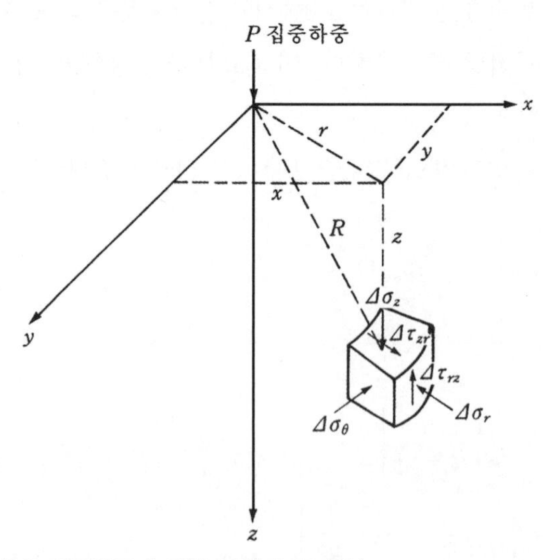

그림 5.8 집중하중에 의한 응력의 증가량(Cylindrical coordinates)

지표면에 원형 및 직사각형으로 등분포하중이 작용될 때, 응력의 증가량은 집중하중에 의한 응력의 증가량 공식인 식 (5.10)~(5.13)을 적분하여 구할 수 있다. 다음에서 이 원리를 간략히 설명하고자 한다.

1) 원형하중에 의한 응력의 증가량

그림 5.9와 같이 지표면에 반경 r인 원형면적 위로 q라는 응력(pressure; 단위 예 kg/cm^2 등)이 작용될 때 이 응력으로 인하여 원형의 중심부에서 z만큼 깊은 곳에 생긴 응력의 증가량을 구해보자.

그림 5.9의 'K' 입자의 상세에서 보듯이 q응력에 의하여 K입자에 작용하는 집중하중 dP는 다음 식과 같다.

$$dP = q \cdot dA = q \cdot (dr \cdot r \cdot d\theta) \tag{5.14}$$

식 (5.10)으로부터 집중하중 dP로 인하여 A입자에 발생하는 연직응력의 증가량 $d\sigma_z$는 다음과 같다.

$$d\sigma_z = \frac{3dP \cdot z^3}{2\pi R^5} = \frac{3 \cdot (qdr \cdot rd\theta)z^3}{2\pi(r^2+z^2)^{5/2}} \tag{5.15}$$

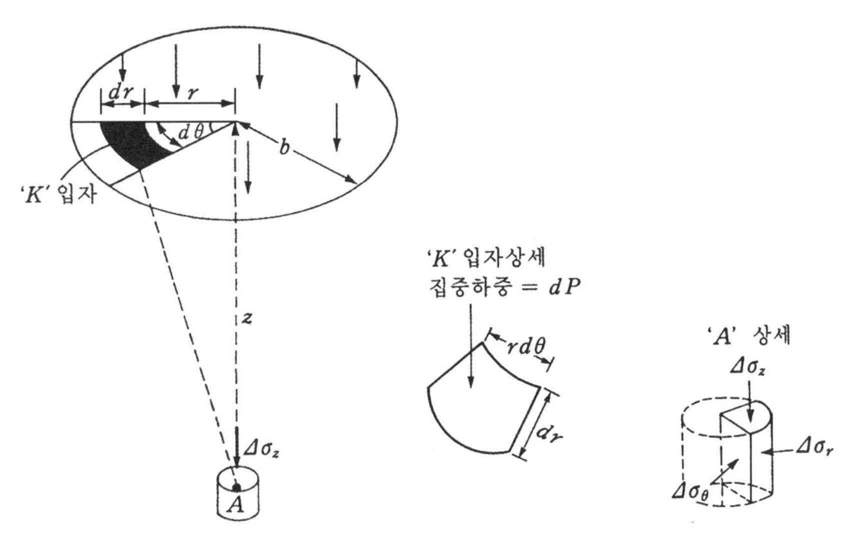

그림 5.9 원형 등분포하중에 의한 응력의 증가량

그러면 연직응력의 증가량 $\Delta\sigma_z$는 식 (5.15)를 다음과 같이 적분하여 구할 수 있을 것이다.

$$\begin{aligned}\Delta\sigma_z &= \int d\sigma_z \\ &= \int_{\theta=0}^{\theta=2\pi}\int_{r=0}^{r=b}\frac{3qz^3 rdr\cdot d\theta}{2\pi(r^2+z^2)^{5/2}} \\ &= q\left[1-\frac{z^3}{(b^2+z^2)^{3/2}}\right]\end{aligned} \tag{5.16}$$

같은 방법으로 방사(radial)방향 및 접선(tangential)방향의 응력의 증가량은 다음 식과 같이 구해진다.

$$\begin{aligned}\Delta\sigma_r &= \Delta\sigma_\theta \\ &= \frac{q}{2}\left[1+2\nu-\frac{2(1+\nu)z}{(b^2+z^2)^{1/2}}+\frac{z^3}{(b^2+z^2)^{3/2}}\right]\end{aligned} \tag{5.17}$$

원형의 중심선은 대칭구역이므로 전단응력의 증가량은 없다.

2) 직사각형 하중에 의한 응력의 증가량

그림 5.10과 같이 지표면에서, $(B\times L)$의 직사각형 면적에 q의 응력이 작용될 때, 이 응력으로 인하여 직사각형 모서리 밑의 z만큼 깊은 곳에서의 응력의 증가량을 구해보자.

원형하중의 경우와 같은 원리로 그림 5.10의 'K'입자에 작용하는 집중하중은

$$dP = qdA = q\cdot dx\cdot dy \tag{5.18}$$

가 될 것이다. 집중하중 dP로 인하여 A입자에 발생하는 연직응력의 증가량 $d\sigma_z$는

$$d(\Delta\sigma_z) = \frac{3\cdot dP\cdot z^3}{2\pi R^5} = \frac{3\cdot(q\cdot dx\cdot dy)z^3}{2\pi(x^2+y^2+z^2)^{5/2}} \tag{5.19}$$

이 된다. 연직응력의 증가량 $\Delta\sigma_z$는 식 (5.19)를 다음과 같이 적분하여 구할 수 있을 것이다.

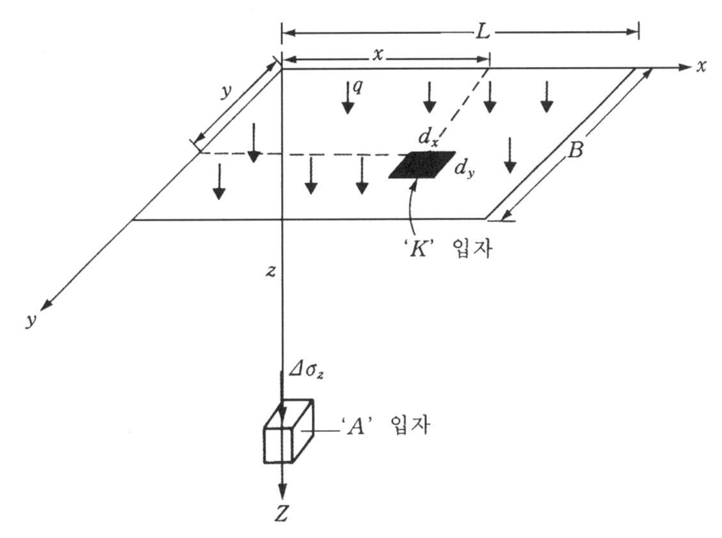

그림 5.10 직사각형에 작용하는 등분포하중으로 인한 응력의 증가

$$\Delta\sigma_z = \int d(\Delta\sigma_z) = \int_{y=0}^{y=B}\int_{x=0}^{x=L} \frac{3qz^3(dx \cdot dy)}{2\pi(x^2+y^2+z^2)^{5/2}} = qI_3 \tag{5.20}$$

여기서, I_3는 영향계수(influence factor)로서 다음의 함수이다.

$$I_3 = f(m,\ n) \tag{5.21}$$

$$m = \frac{L}{z},\ n = \frac{B}{z}$$

I_3값이 그림 5.11에 표시되어 있다.

Note 한 가지 주의할 점이 있다. 식 (5.16)으로 이루어진 원형하중에 의한 응력의 증가는 중심선 아래에서 구한 것이며, 이에 반하여 식 (5.20)으로 이루어진 직사각형에 의한 응력의 증가는 모서리 아래에서 구한 것임을 혼동하지 말자.

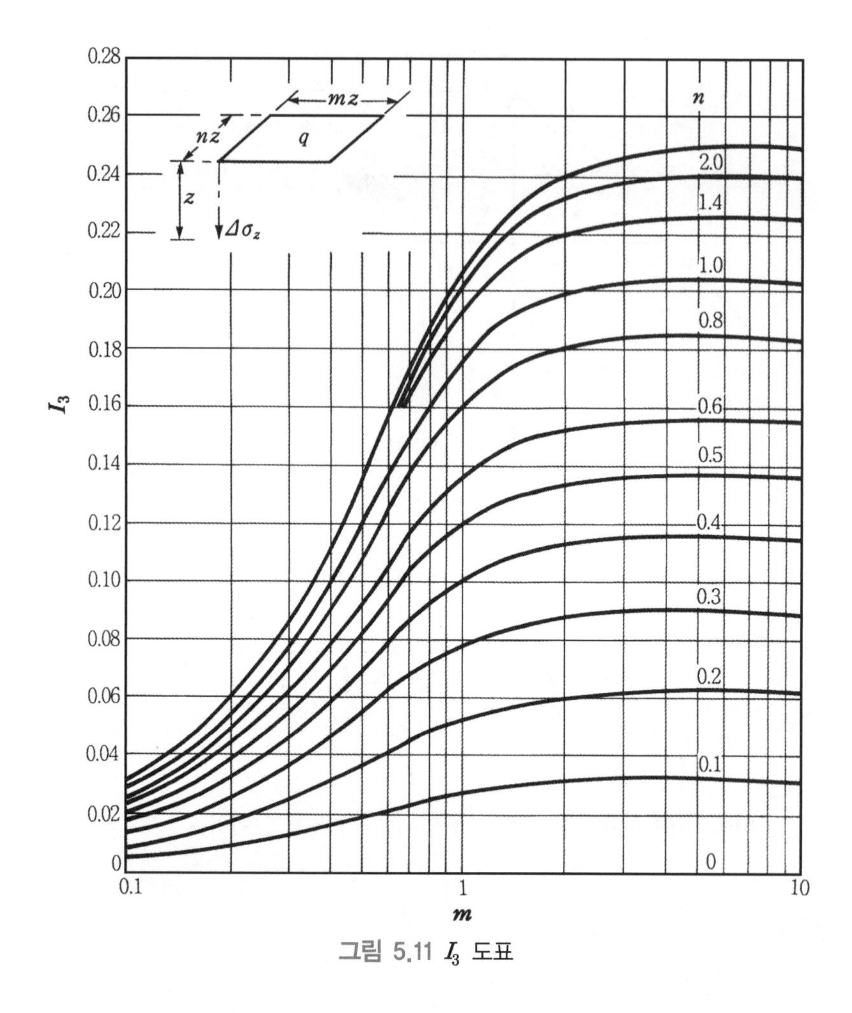

그림 5.11 I_3 도표

5.2.2 선하중에 의한 지중응력의 증가량

선하중(line load)에 의한 지중응력 증가도 역시 탄성론에 근거하여 해를 구하였다(그림 5.12). 선하중은 단위길이당의 하중으로 그 단위는(p/단위길이)이다(예를 들어, t/m, kN/m 등).

선하중(p/단위길이)이 작용할 때 응력의 증가량은 다음 식들과 같다.

$$\Delta\sigma_z = \frac{2pz^3}{\pi(x^2+z^2)^2} \tag{5.22}$$

$$\Delta\sigma_x = \frac{2px^2z}{\pi(x^2+z^2)^2} \tag{5.23}$$

$$\Delta\tau_{xz} = \frac{2pxz^2}{\pi(x^2+z^2)^2} \tag{5.24}$$

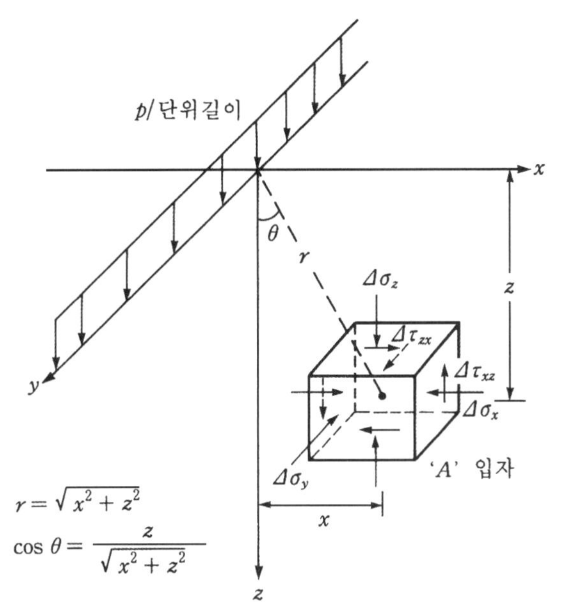

그림 5.12 선하중으로 인한 응력의 증가

2차원(plane strain)조건에서,

$$\Delta\sigma_y = \nu(\Delta\sigma_x + \Delta\sigma_z) \tag{5.25}$$

여기서 2차원(plane strain)조건이란 댐이나 옹벽의 길이방향(책의 직각방향)과 같이, 그 길이가 길어서 길이방향으로 변형이 전혀 일어나지 않는 경우를 말한다(즉, $\varepsilon_y = 0$).

1) 대상 등분포하중으로 인한 응력의 증가량

대상 등분포하중(strip load)이란 그림 5.13에서와 같이 줄기초에 (q/단위면적)의 응력이 작용하는 경우를 말한다.

그림 5.13의 'K'입자에 작용하는 선하중(dr은 아주 작은 값이므로)은 다음과 같다.

$$dp = q \cdot dr \tag{5.26}$$

식 (5.26)의 선하중으로 인하여 'A'입자에 발생하는 연직응력의 증가량 $d\sigma_z$는 식 (5.22)로부터 다음과 같이 된다.

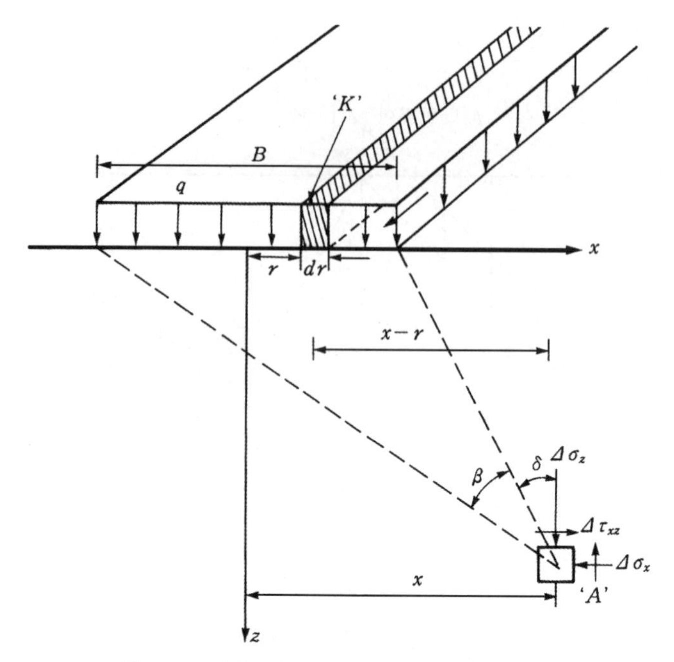

그림 5.13 대상 등분포하중으로 인한 응력의 증가

$$d(\Delta\sigma_z) = \frac{2(dp)z^3}{\pi[(x-r)^2+z^2]^2} = \frac{2(q \cdot dr)z^3}{\pi[(x-r)^2+z^2]^2} \tag{5.27}$$

대상하중에 의한 연직응력의 증가량 $\Delta\sigma_z$는 식 (5.27)을 적분하여 구할 수 있다. 즉,

$$\Delta\sigma_z = \int d(\Delta\sigma_z) = \int_{-\frac{B}{2}}^{\frac{B}{2}} \frac{2q}{\pi}\left\{\frac{z^3}{[(x-r)^2+z^2]^2}\right\}dr$$

$$= \frac{q}{\pi}[\beta + \sin\beta \cdot \cos(\beta+2\delta)] \tag{5.28}$$

같은 원리로,

$$\Delta\sigma_x = \frac{q}{\pi}[\beta - \sin\beta \cdot \cos(\beta+2\delta)] \tag{5.29}$$

$$\Delta\tau_{xz} = \frac{q}{\pi}[\sin\beta \cdot \sin(\beta+2\delta)] \tag{5.30}$$

5.2.3 응력 증가 응용편

이 책에서는 기본 개념을 서술하는 데만 초점을 맞추었으므로 집중하중, 선하중으로 인한 응력의 증가와 이를 응용할 수 있는 가장 기본적인 하중들만 다루었다. 그 밖에도 점증하중, 성토부에서 적용되는 제방하중, 수평하중, 불규칙하중 등 다양한 하중이 있다. 이들 하중에 대한 응력의 증가량은 여타의 문헌을 참조하면 될 것이다(Das, 1997).

이제까지 서술한 응력의 증가량에 대한 추가적인 개념 및 응용을 다음에 정리하고자 한다.

1) 지중응력 증가 양상

이제까지는 탄성론에 근거하여 지중응력의 증가량을 구하는 데만 중점을 두었으므로, 응력의 증가량의 일반적인 경향을 파악하기가 힘들 것이다. 경향파악에 도움을 주고자 대상하중이 작용하는 경우를 예로 들어 설명하고자 한다.

그림 5.13의 하중조건에서 깊이 및 수평거리에 따른 연직응력 증가량비, 즉 $\Delta\sigma_z/q$를 구해 보면 표 5.1과 같다. 이를 토대로 다음 예제문제를 설명할 것이다.

표 5.1 깊이 및 수평거리에 따른 응력증가량 양상(대상하중)

$2x/B$	$2z/B$	$\Delta\sigma_z/q$	$2x/B$	$2z/B$	$\Delta\sigma_z/q$
0	0	1.0000	1.5	0.25	0.0177
	0.5	0.9594		0.5	0.0892
	1.0	0.8183		1.0	0.2488
	1.5	0.6678		1.5	0.2704
	2.0	0.5508		2.0	0.2876
	2.5	0.4617		2.5	0.2851
	3.0	0.3954	2.0	0.25	0.0027
	3.5	0.3457		0.5	0.0194
	4.0	0.3050		1.0	0.0776
0.5	0	1.0000		1.5	0.1458
	0.25	0.9787		2.0	0.1847
	0.5	0.9028		2.5	0.2045
	1.0	0.7352	2.5	0.5	0.0068
	1.5	0.6078		1.0	0.0357
	2.0	0.5107		1.5	0.0771
	2.5	0.4372		2.0	0.1139
1.0	0.25	0.4996		2.5	0.1409
	0.5	0.4969	3.0	0.5	0.0026
	1.0	0.4797		1.0	0.0171
	1.5	0.4480		1.5	0.0427
	2.0	0.4095		2.0	0.0705
	2.5	0.3701		2.5	0.0952
				3.0	0.1139

[예제 5.2] 그림 5.13의 대상하중 $q=200\text{kN/m}^2$(또는 kPa)이 폭 $B=6\text{m}$에 작용하고 있다.

1) 중심선($x=0$) 아래 깊이 $z=0$, 1.5, 3.0, 4.5, 6.0, 7.5, 9.0, 10.5, 12m에서의 연직응력 증가량을 구하고 그 양상을 그려라.

2) 깊이 3m 아래($z=3\text{m}$)에서의 수평거리 $x=\pm0$, ±1.5, ±3, ±4.5, ±6, ±7.5, ±9m에서의 연직응력의 증가량을 구하고 그 양상을 그려라.

[풀 이] 표 5.1로부터 다음과 같이 구할 수 있을 것이다.

1) $x=0\text{m}\left(\dfrac{2x}{B}=0\right)$에서 깊이에 따른 $\Delta\sigma_z$ 양상

z(m)	$2z/B$	$\Delta\sigma_z/q$	$\Delta\sigma_z$(kN/m²)
0	0	1.00	200.0
1.5	0.5	0.9594	191.9
3.0	1.0	0.8183	163.7
4.5	1.5	0.6678	133.6
6.0	2.0	0.5508	110.2
7.5	2.5	0.4617	92.3
9.0	3.0	0.3954	79.1
10.5	3.5	0.3457	69.1
12	4.0	0.3050	61.0

이것을 그림으로 그리면 다음과 같다.

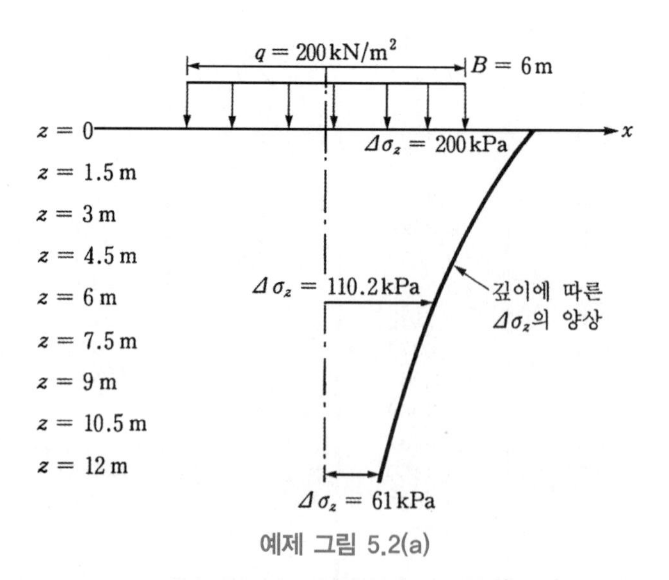

예제 그림 5.2(a)

하중이 작용되는 지표면에서의 응력의 증가량은 $q = 200\text{kN/m}^2$과 같고 깊이가 깊어짐에 따라 응력의 증가량은 점점 감소하게 된다.

2) $z = 3\text{m}\left(\dfrac{2z}{B} = 1\right)$에서의 수평방향으로의 $\Delta\sigma_z$ 양상

x(m)	$2x/B$	$\Delta\sigma_z/q$	$\Delta\sigma_z$(kN/m²)
±0	0	0.8183	163.7
±1.5	±0.5	0.7352	147.0
±3.0	±1	0.4797	95.9
±4.5	±1.5	0.2488	49.8
±6.0	±2.0	0.0776	15.5
±7.5	±2.5	0.0357	7.1
±9.0	±3.0	0.0171	3.4

이것을 그림으로 그리면 다음과 같다.

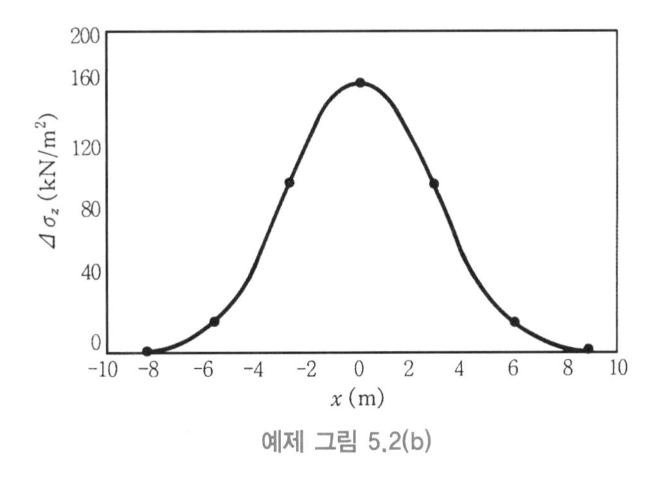

예제 그림 5.2(b)

즉, 같은 깊이에서는 중심선에서 멀어질수록 연직응력의 증가량은 감소하며 수평거리가 9m 정도 떨어지면 연직응력 증가량은 4kN/m^2 이하로서 극소함을 알 수 있다. 만일, 위 그림의 연직응력 증가량을 $x = -\infty$ 부터 $x = +\infty$ 까지 적분하면 그 크기는 얼마나 될까? 이 값을 다 더하면, 지표면의 하중, 즉 $q \times B = 200 \times 6 = 1200\text{kN/m}$가 될 것이다. 즉, 지표면에 6m 폭에 집중적으로 작용된 대상하중이 지반에서는 넓게 퍼져서 연직응력으로 분담한다고 할 수 있다.

2) 등압선

표 5.1을 이용하면 지반의 각 점에서 연직응력의 증가량을 구할 수 있을 것이다. 만일, 연직응력의 증가량이 같은 점들을 연결하면 그림 5.14와 같을 것이다. 이와 같이 응력의 증가량이 같은 선들을 총칭하여 등압선(isobar)이라고 한다. 한 예로 $\dfrac{\Delta\sigma_z}{q}=0.1$을 나타내는 선이 의미하는 바는, 이 선에 위치한 모든 점들은 연직응력의 증가량이 대상하중 q의 10% 정도에 불과하다는 것이다.

그림 5.15는 같은 폭을 가지는 대상하중과 정사각형 하중 q에 대한 등압선을 비교한 것이다. 당연히 대상하중의 경우가 정사각형 하중에 비하여 등압선이 깊게 퍼져 있는 것을 알 수 있다. 비록 폭 B는 같지만 직각방향의 하중은 정사각형인 경우 역시 $L=B$의 제한된 영역에만 하중이 작용하나, 대상하중은 무한대($L=\infty$)로 하중이 작용하기 때문이다.

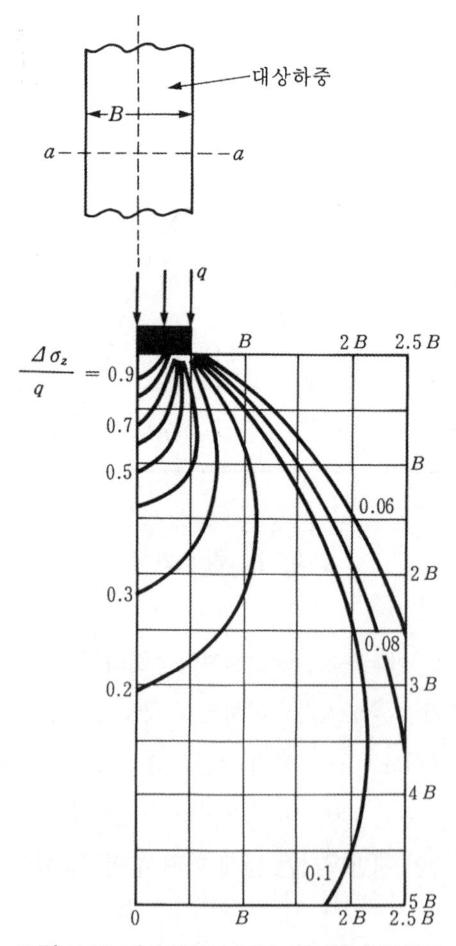

그림 5.14 대상하중에 대한 연직응력 등압선

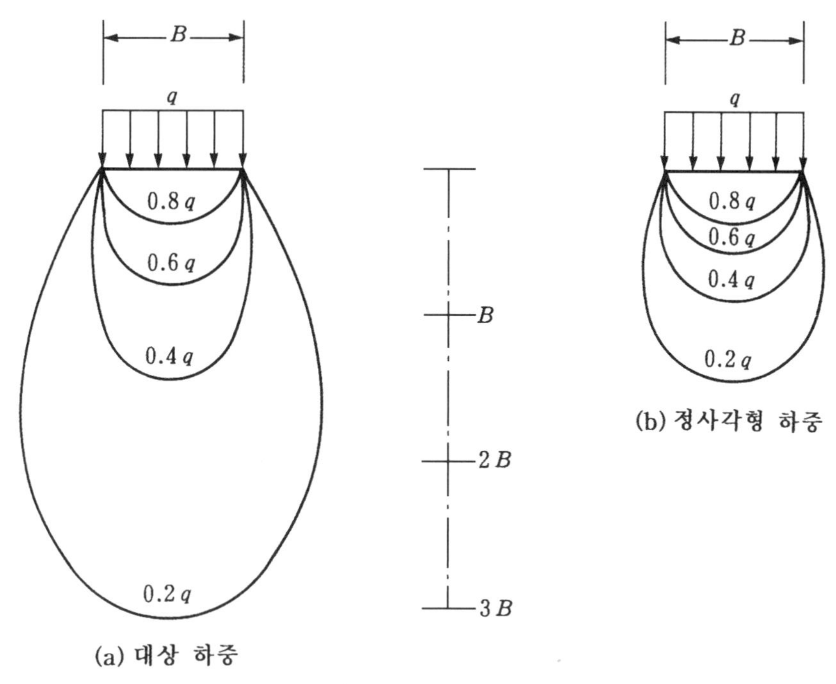

그림 5.15 등압선의 비교

3) 중첩원리

탄성론에서 중첩원리(superposition principle)란, 수 개의 하중으로 인하여 지중응력에 미치는 총 영향은 각 하중에 의한 영향을 단순히 산술적으로 더한 것과 같다는 것이다. 다음의 예를 이용하여 이를 설명할 것이다.

[예제 5.3] 다음 그림과 같이 지표면에 $q_1 = 15\text{kN/m}$, $q_2 = 10\text{kN/m}$의 두 개의 선 하중이 작용하고 있다. 이 선하중으로 인하여 지반 내 A점에서 발생하는 연직응력의 증가량을 구하라.

[풀 이] 중첩원리에 의하여 총 연직응력의 증가량은 각 연직응력 증가량의 합과 같다(예제 그림 5.3 참조).

$$\text{즉, } \Delta\sigma_z = \Delta\sigma_{z1} + \Delta\sigma_{z2}$$

$$= \frac{2p_1 z^3}{\pi(x_1^2 + z^2)^2} + \frac{2p_2 z^3}{\pi(x_2^2 + z^2)^2}$$

$$= \frac{(2)(15)(1.5)^3}{\pi[(2)^2+(1.5)^2]^2} + \frac{(2)(10)(1.5)^3}{\pi[(4)^2+(1.5)^2]^2}$$

$$= 0.825 + 0.065 = 0.89\text{kN/m}$$

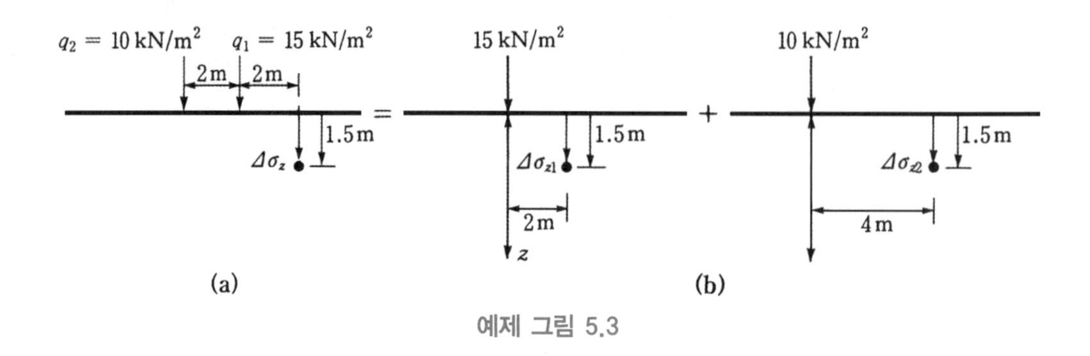

예제 그림 5.3

[예제 5.4] 다음 그림과 같은 모양의 구조물에 등분포하중 $q=200\text{kN/m}^2$이 작용하고 있다. A 점 아래 4m 깊이에서 연직응력의 증가량을 구하라.

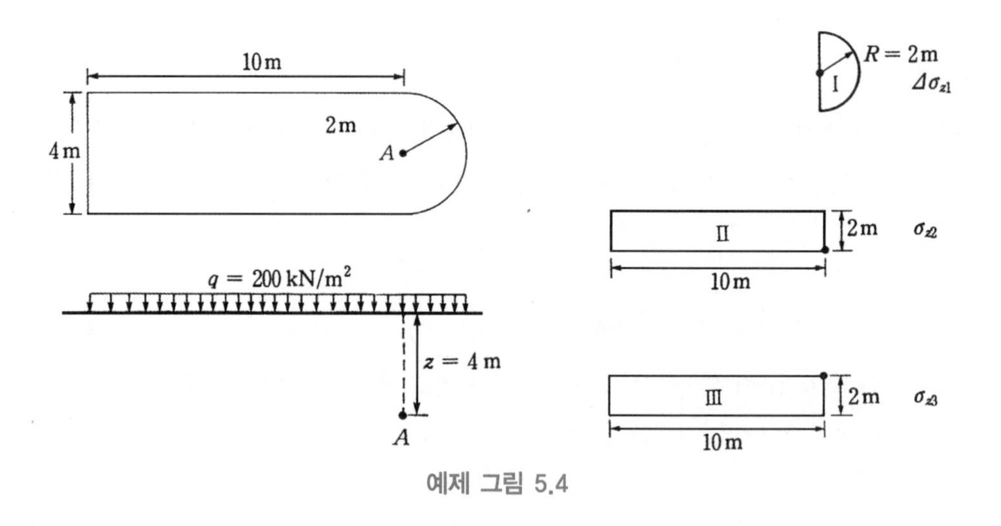

예제 그림 5.4

[풀 이] 이 문제도 중첩원리를 이용하여 풀어야 한다. 하중을 그림에서와 같이 I, II, III의 면적으로 쪼개어 각 면적에 작용하는 등분포하중으로 인한 응력의 증가량을 각각 구하여 중첩하면 될 것이다.

즉, $\Delta\sigma_z = \Delta\sigma_{z1} + \Delta\sigma_{z2} + \Delta\sigma_{z3}$

(Area I) 반원 중심 아래 4m에서의 응력 증가

$$\Delta\sigma_{z1} = \frac{1}{2}q\left\{1 - \frac{1}{\left[\left(\frac{R}{z}\right)^2 + 1\right]^{3/2}}\right\}$$

$$= \frac{1}{2} \cdot 200\left\{1 - \frac{1}{\left[\left(\frac{2}{4}\right)^2 + 1\right]^{3/2}}\right\} = 28.45\text{kN/m}^2$$

(Area II, III) 직사각형 모서리 아래 4m에서의 응력 증가

$$m = \frac{B}{z} = \frac{2}{4} = 0.5, \; n = \frac{L}{z} = \frac{10}{4} = 2.5$$

그림 5.11로부터 $I_3 = 0.14$

$$\Delta\sigma_{z2} = \Delta\sigma_{z3} = qI_3 = 200 \times 0.14 = 28\text{kN/m}^2$$

$$\therefore \; \Delta\sigma_z = \Delta\sigma_{z1} + \Delta\sigma_{z2} + \Delta\sigma_{z3}$$

$$= 28.45 + 2 \times 28.0 = 84.45\text{kN/m}^2$$

4) 무한대 등분포하중으로 인한 응력 증가

만일 등분포하중 q가 그림 5.16에서와 같이 무한대로 넓게 펴져 있는 경우의 z 깊이에서의 응력의 증가량은 얼마나 될까?

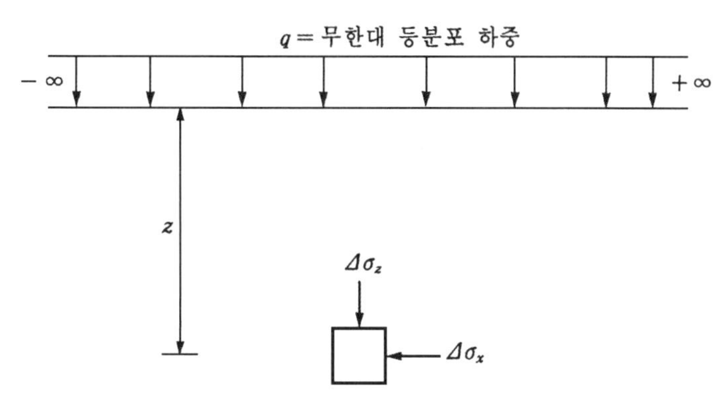

그림 5.16 무한대 등분포하중으로 인한 응력 증가

이 경우 하중이 무한대에 걸쳐 퍼져 있기 때문에 하중이 지반 내에서도 감소될 수가 없고 그대로 응력 증가로 될 수밖에 없다. 따라서 어느 깊이에 있는 흙이든지 입자에 작용하는 연직응력의 증가량 $\Delta\sigma_z$는

$$\Delta\sigma_z = q \tag{5.31}$$

가 된다. 또한 흙 입자는 수평방향으로는 구속되기 때문에 전혀 움직일 수가 없다. 따라서 수평응력의 증가량 $\Delta\sigma_x$는

$$\Delta\sigma_x = K_o\Delta\sigma_z = K_oq \tag{5.32}$$

가 된다(K_o는 앞에서 설명한 대로 정지토압계수임).

Note 이 단원에서 서술한 지중응력의 증가량은 공식유도는 없이 그 결과만이 서술된 것이다. 공식유도를 위해서는 탄성론(theory of elasticity)의 이해가 필수적이다. 탄성론에 근거한 지중응력 공식의 유도에 대한 사항은 저자의 저서인 『토질역학 특론』 2.2절을 참조하길 바란다.

5.3 입자 내의 한 평면에 작용하는 수직응력과 전단응력

5.2절에서는 외부에서 하중이 작용될 때 그 하중으로 인하여 발생된 응력의 증가량을 구하는 법을 집중적으로 서술하였다(그림 5.6 참조). 5.1절에서 설명한 상재압력은 이제껏 지반이 계속하여 받아왔던 하중이므로 이 하중으로 인하여 입자에 문제를 야기하지 않는다. 그러나 응력의 증가량은 이제껏 받아왔던 하중이 아니라 추가로 받는 응력이므로 이 응력의 증가는 지반에 변형을 가져올 것이다. 따라서 이 추가응력으로 인하여 지반에는 다양한 문제가 생기게 마련이다.

Note 토질역학의 문제에 따라 응력의 증가량으로만 분석을 해야 할 경우가 있고, 또 상재압력에 응력의 증가량을 더한 총 응력으로 분석을 해야 할 때도 있다. 예를 들어,

① 흙의 변형을 유발하는 것은 응력의 증가분이다.

② 10장의 전단강도에서와 같이 응력의 비교를 위한 문제에서는 총 응력이 사용된다.

외부하중으로 인하여 지반 내 흙 입자 A에 연직, 수평 및 전단응력의 증가가 발생된다. 초기의 상재압력에 응력의 증가량을 더한 최종응력이 그림 5.17과 같다고 하자.

본 절에서는 편의상 2차원 문제만 다루기로 한다. 따라서 수평응력의 증가분은 둘 중 택일해야 한다. 보통 Cartesian좌표에서는 x방향, 원통형 좌표에서는 방사방향 응력 증가를 수평응력 증가로 본다. 즉,

연직응력 증가 $\Delta\sigma_v = \Delta\sigma_z$

수평응력 증가 $\Delta\sigma_h = \Delta\sigma_x$ 혹은 $\Delta\sigma_h = \Delta\sigma_r$

전단응력 증가 $\Delta\sigma_{hv} = \Delta\sigma_{xz}$ 혹은 $\Delta\sigma_{hv} = \Delta\sigma_{rz}$

그림 5.17에서, AB면과 BC면에 작용하는 지중응력을 구했다고 하자. 그런데, 우리의 주된 관심사는 AB 또는 BC면에서의 응력이 아니고, AF면에서의 응력이라고 하자. 예를 들어, 입자가 전단으로 인하여 파괴될 가능성이 AF면에서 일어날 가능성이 있다고 하자. AF면에 작용되는 응력의 증가량은 응용역학에서 이미 배웠을 것이다. 즉,

$$\sigma_n = \frac{\sigma_v + \sigma_h}{2} + \frac{\sigma_v - \sigma_h}{2}\cos 2\theta + \tau_{hv}\sin 2\theta \tag{5.33}$$

$$\tau_n = \frac{\sigma_v - \sigma_h}{2}\sin 2\theta - \tau_{hv}\cos 2\theta \tag{5.34}$$

이때 전단응력이 존재하지 않는 면을 주응력면이라 하고 그때의 응력이 최대주응력, 최소주응력이 되며 다음 식과 같이 구해진다.

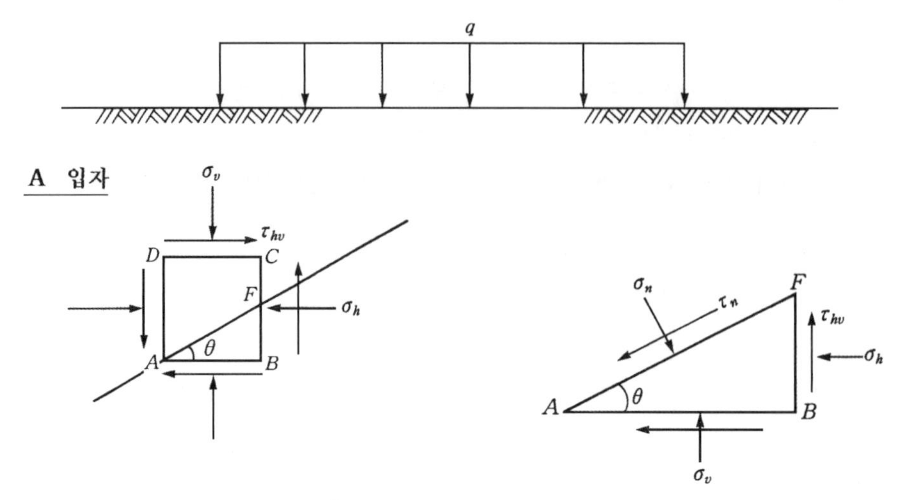

그림 5.17 입자에 작용하는 응력

주응력면

$$\tan 2\theta_p = \frac{2\tau_{hv}}{\sigma_v - \sigma_h} \tag{5.35}$$

최대주응력

$$\sigma_1 = \frac{\sigma_v + \sigma_h}{2} + \sqrt{\left[\left(\frac{\sigma_v - \sigma_h}{2}\right)^2 + \tau_{hv}^2\right]} \tag{5.36}$$

최소주응력

$$\sigma_3 = \frac{\sigma_v + \sigma_h}{2} - \sqrt{\left[\left(\frac{\sigma_v - \sigma_h}{2}\right)^2 + \tau_{hv}^2\right]} \tag{5.37}$$

5.3.1 Mohr 원 이용

위의 식 (5.36), (5.37)을 이용하여 어느 면에 작용하는 응력의 증가량을 구할 수도 있으나, 토질역학에서는 Mohr 원을 종종 이용하게 된다. Mohr 원은 입자의 한 면에 작용하는 수직응력을 횡축에, 전단응력을 종축에 표시한 원이다. 쉽게 말하여 면에 작용하는 응력을 점으로 표시하고자 하는 것이 Mohr 원이며, 입자에서의 사잇각이 θ라면 Mohr 원에의 사잇각은 2θ가 된다.

그림 5.17의 A 입자에 작용하는 응력에 대한 Mohr 원을 그림 5.18에 그려 놓았다.

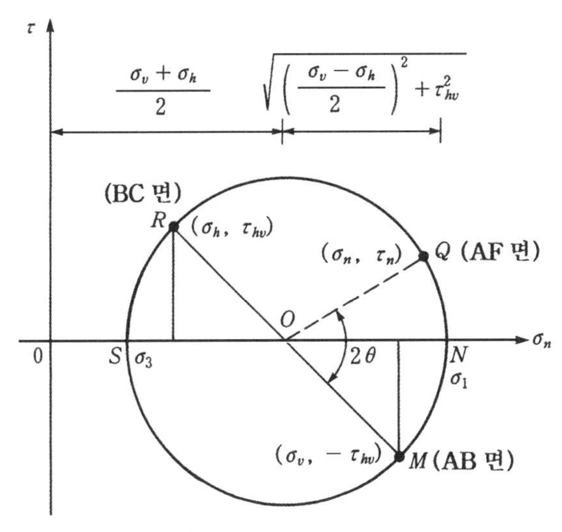

그림 5.18 Mohr의 기본원리

그림에서

R점은 BC면(또는 AD면)에 작용하는 응력

M점은 AB면(또는 CD면)에 작용하는 응력

Q점은 AF면에 작용하는 응력, 즉 구하고자 하는 응력이다.

주응력은 각각 N점과 S점이 된다.

5.3.2 연직 및 수평응력이 주응력인 경우

원형하중의 중심 하, 대상하중의 중심하에서는 좌우대칭이기 때문에 전단응력의 증가는 없고, 연직 및 수평응력의 증가만 있게 된다(즉, $\Delta\tau_{hv} = 0$). 이 경우의 입자에 작용하는 응력 및 Mohr 원은 그림 5.19와 같다.

그림에서

N점(최대주응력) $= AB$(또는 CD)면에 작용하는 응력

S점(최소주응력) $= BC$(또는 AD)면에 작용하는 응력

Q점 $= EF$면에 작용하는 응력

EF면에 작용하는 응력은 다음과 같다.

$$\sigma_n = \frac{\sigma_1 + \sigma_3}{2} + \frac{\sigma_1 - \sigma_3}{2}\cos 2\theta \qquad (5.38)$$

$$\tau_n = \frac{\sigma_1 - \sigma_3}{2}\sin 2\theta \qquad (5.39)$$

그림 5.19와 같은 조건의 주응력 형태는 좌우대칭인 현장조건에서 생기게 되는데, 실내실험을 할 때에 주로 이런 조건으로 하게 된다. 이는 차후에 설명하겠다.

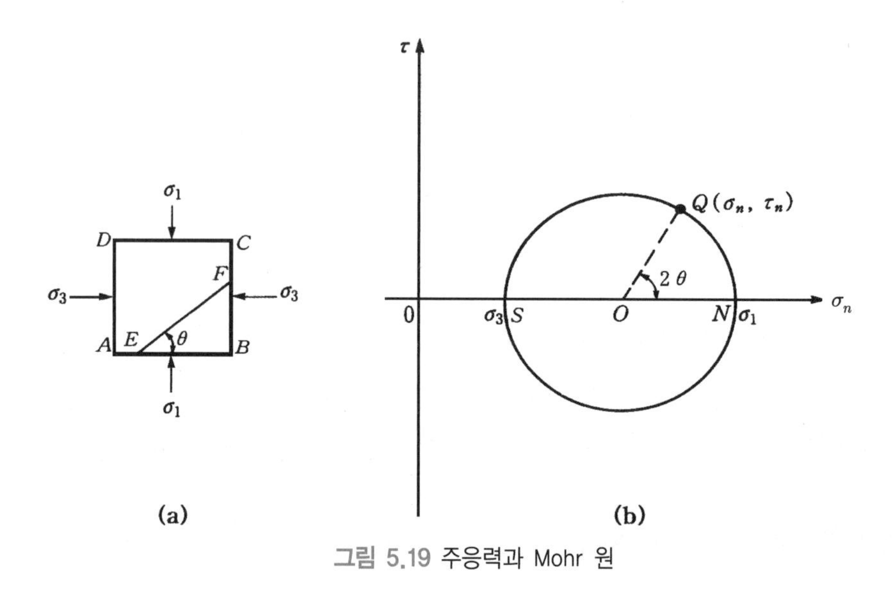

그림 5.19 주응력과 Mohr 원

5.3.3 Pole 방법

흙 입자의 어떤 면에 작용하는 응력을 구할 때 'Pole 방법'이 종종 이용된다. Pole이란 Mohr 원 상에 단 한 개 존재하는 점으로, 일단 Mohr 원 상에서 Pole이 구해지면 입자의 한 면에 작용하는 응력은 Pole에서 그 면과 평행한 직선을 그어 쉽게 구할 수 있다. Pole을 구하려면 흙 입자의 임의 면에 작용하는 응력을 Mohr 원 상에 표시하고, 그 점에서 그 면에 평행선을 긋는다. 이때 Mohr 원과 만나는 점이 Pole이다. 예를 들어, 그림 5.20(a)의 AB면의 응력은 그림 5.20(b)의 Mohr 원 상에서 점 M으로 나타내어진다. 점 M에서 AB면에 평행하게, 즉 수평선을 그으면 Mohr 원과 점 P에서 만나는데 이때 점 P가 Pole이 된다. 또한 BC면에 작용하는 응력은 Mohr 원에서 점 R로 나타나는데 점 R에서 BC면에 평행한 선, 즉 수직선을 그으면 역시 점 P에서 만난다.

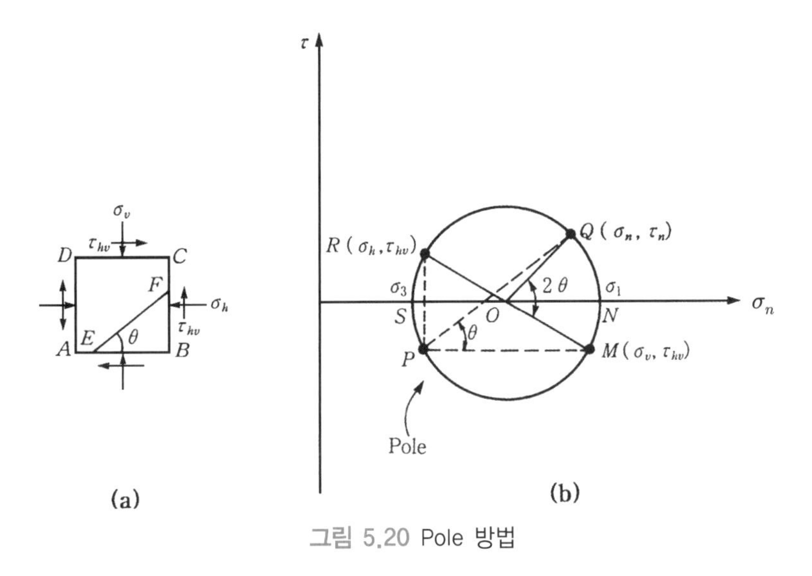

그림 5.20 Pole 방법

이렇게 구한 Pole을 이용하여 EF면에 작용하는 응력을 구해보면 점 P에서 EF와 평행한 선, 즉 수평선에서 θ만큼 기울어진 선을 그으면 점 Q와 만나는데 점 Q가 면 EF에 작용하는 응력이 된다.

[예제 5.5] 지중의 입자에 작용하는 응력의 증가량은 다음 그림과 같다. Mohr 원을 이용하여 최대주응력, 최소주응력, AE면에 작용하는 응력을 구하라.

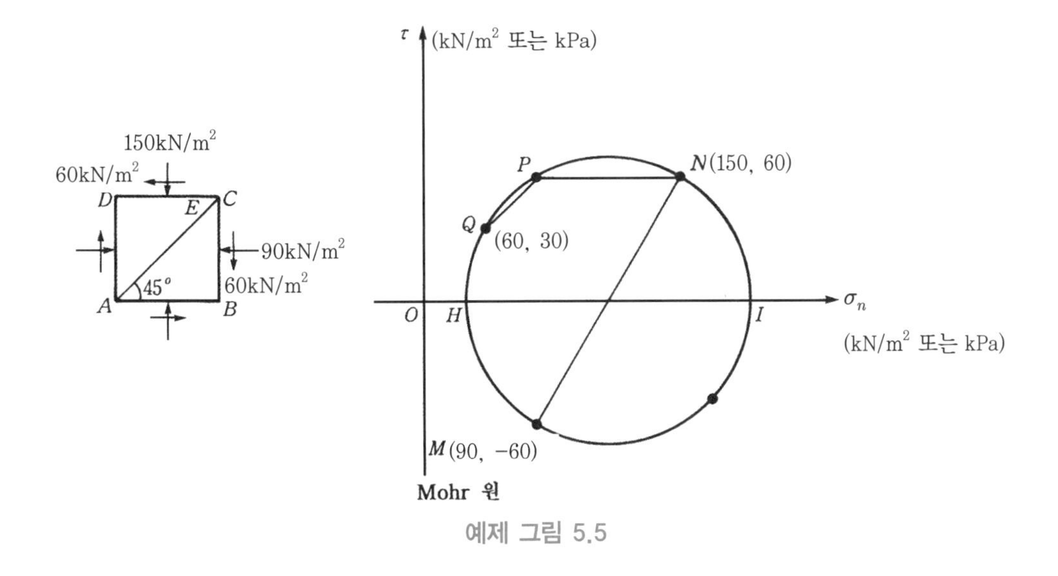

예제 그림 5.5

[풀 이] Mohr 원은 위와 같다. 최대주응력은 점 I이고, 최소주응력은 점 H가 된다.

여기서, 각 점이 나타내는 바를 정리하면 다음과 같다.

$N = AB$면 응력, $M = BC$면 응력

$P =$ Pole, $Q = AE$면 응력

점 N에서 AB면에 평행한 선을 그어 Mohr 원과 만나는 점을 점 P라 하자. 이때 점 P는 Pole이 된다. 다시, 점 P에서 AE면에 평행한 선을 그어 Mohr 원과 만나는 점 Q를 찾으면, 점 Q는 AE면의 응력상태를 나타내는 점이 된다.

[예제 5.6] 다음 그림과 같이 대상기초에 $q = 294.3\text{tkN/m}^2$의 대상등분포하중이 작용하다. K점과 M점에서의 응력의 증가량을 구하라. 또한 두 점의 응력의 증가량에 대하여, 최대·최소주응력을 각각 구하라.

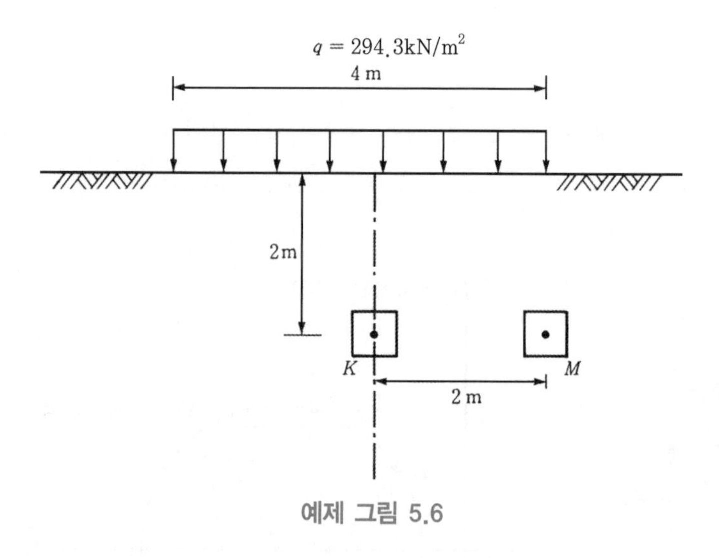

예제 그림 5.6

[풀 이] ① 입자 K, $\beta = 90°$, $\delta = -45°$

식 (5.27)~(5.29)로부터

$$\Delta\sigma_v = \Delta\sigma_z = \frac{294.3}{\pi}\left[\frac{\pi}{180}\cdot 90 + \sin 90° \cdot \cos(90° - 2\times 45°)\right] = 240.83\text{kN/m}^2$$

$$\Delta\sigma_h = \Delta\sigma_x = \frac{294.3}{\pi}\left[\frac{\pi}{180}\cdot 90 - \sin 90° \cdot \cos(90° - 2\times 45°)\right] = 53.47\text{kN/m}^2$$

$$\Delta\tau_{hv} = \Delta\tau_{xz} = \frac{294.3}{\pi}[\sin 90° \cdot \sin(90° - 2 \times 45°)] = 0$$

K입자는 좌우 대칭 중심부 하이므로 전단응력이 없다. 따라서

$$\Delta\sigma_1 = \Delta\sigma_v = 240.83\text{kN/m}^2$$

$$\Delta\sigma_3 = \Delta\sigma_h = 53.47\text{kN/m}^2$$

② 입자 M, $\beta = 63.43°$, $\delta = 0$

$$\Delta\sigma_v = \Delta\sigma_z = \frac{294.3}{\pi}\left[\frac{\pi}{180} \cdot 63.43° + \sin 63.43° \cdot \cos(63.43° - 2 \times 0°)\right] = 141.16\text{kN/m}^2$$

$$\Delta\sigma_h = \Delta\sigma_x = \frac{294.3}{\pi}\left[\frac{\pi}{180} \cdot 63.43° - \sin 63.43° \cdot \cos(63.43° - 2 \times 0°)\right] = 66.22\text{kN/m}^2$$

$$\Delta\tau_{hv} = \Delta\tau_{xz} = \frac{294.3}{\pi}[\sin 63.43° \cdot \sin(63.43° + 2 \times 0°)] = 74.95\text{kN/m}^2$$

Mohr 원을 그리면

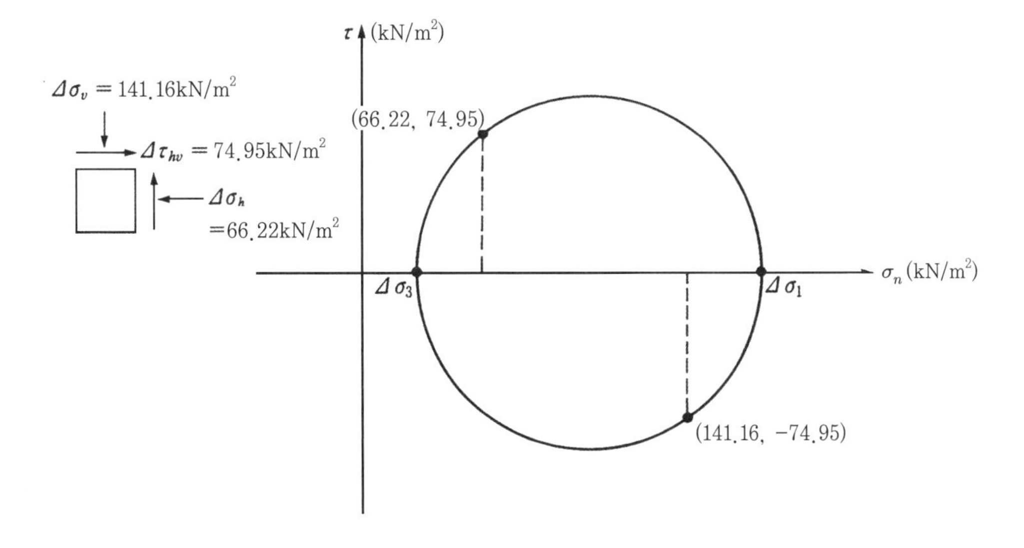

최대주응력(식 (5.36))

$$\Delta\sigma_1 = \frac{141.16 + 66.22}{2} + \sqrt{\left[\frac{141.16 - 66.22}{2}\right]^2 + 74.95^2} = 187.47\text{kN/m}^2$$

최소주응력(식 (5.37))

$$\Delta\sigma_3 = \frac{141.16+66.22}{2} - \sqrt{\left[\frac{141.16-66.22}{2}\right]^2 + 74.95^2} = 19.91\text{kN/m}^2$$

5.4 응력경로

5.4.1 응력경로의 기본 개념

다음 그림과 같이 원형 물탱크 중심 아래 A 입자에서의 상재압력과 응력의 증가량을 다시 한번 생각해보자. 중심부이므로 전단응력의 증가는 없고 연직·수평응력의 증가만 있을 것이다.

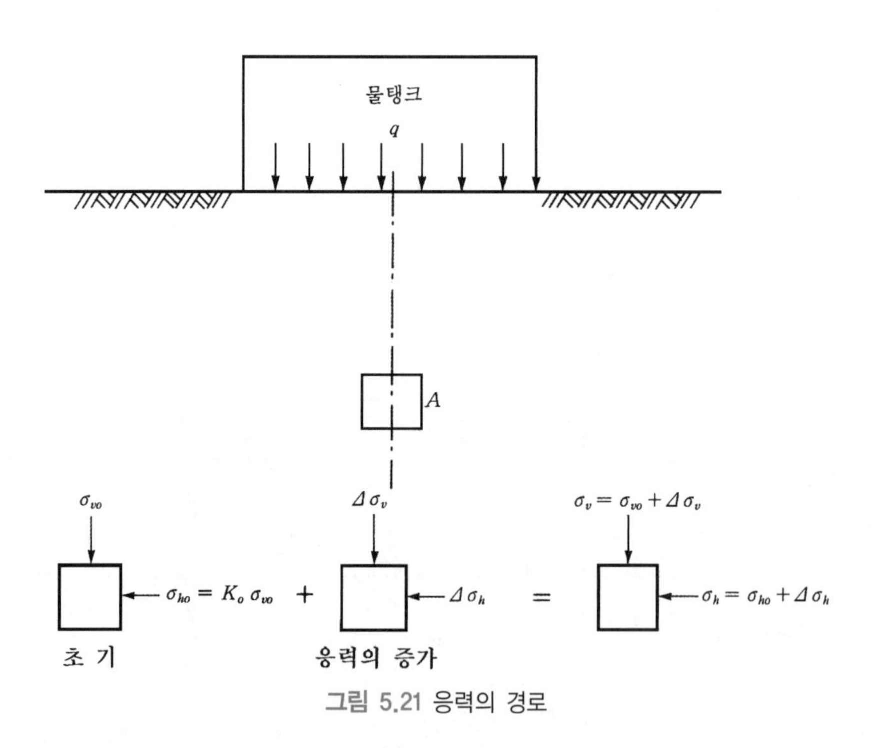

그림 5.21 응력의 경로

A 입자를 보면 초기에는 연직응력 $= \sigma_{vo}$, 수평응력$= \sigma_{ho} = K_o\sigma_{vo}$의 응력을 받고 있었는데, 차후에는 $\sigma_v = \sigma_{vo} + \Delta\sigma_v$, $\sigma_h = \sigma_{ho} + \Delta\sigma_h$의 응력으로 변했음을 알 수 있다. 이와 같이 흙 입자의 응력이 변해가는 과정을 응력경로(stress path)라고 한다. 이를 Mohr 원으로 그려보면 그림 5.22와 같다.

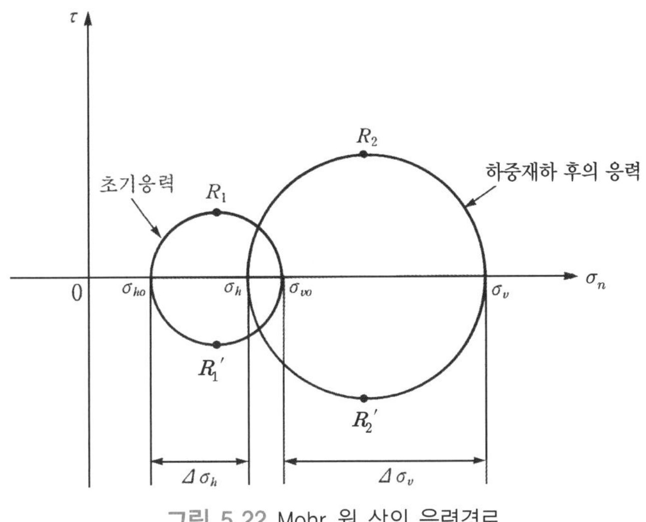

그림 5.22 Mohr 원 상의 응력경로

5.4.2 $p-q$ 다이아그램

그림 5.22에서 보는 바와 같이 응력경로를 Mohr 원으로 표시하려면 응력이 바뀔 때마다 계속하여 원을 그려가야 하는 단점이 있다. 그래서 Mohr 원 중에서 대푯값 하나로 Mohr 원을 대표할 수 있는 점을 취하여 응력의 경로를 표시하고자 하는 방법이 $p-q$ 다이아그램이다. Mohr 원 중에서 꼭짓점(R_1, R_2 등)을 대푯값으로 취하고 꼭짓점의 횡좌표 및 종좌표 각각을 p와 q로 정의한다. 즉,

$$p=\frac{\sigma_v+\sigma_h}{2} \tag{5.40}$$

$$q=\frac{\sigma_v-\sigma_h}{2} \tag{5.41}$$

가 된다.

간단히 말하여 $p-q$ 다이아그램이란 'Mohr 원을 점으로 표시한 것'이라 할 수 있겠다. 앞의 문제를 $p-q$ 다이아그램으로 표시해보자.

<u>하중재하 전의 상재압력</u>

$$p=\frac{\sigma_v+\sigma_h}{2}=\frac{(1+K_o)\sigma_{vo}}{2} \tag{5.42}$$

$$q = \frac{\sigma_v - \sigma_h}{2} = \frac{(1-K_o)\sigma_{vo}}{2} \tag{5.43}$$

<u>하중재하 후의 응력</u>

$$p = \frac{(\sigma_{vo} + \Delta\sigma_v) + (\sigma_{ho} + \Delta\sigma_h)}{2} = \frac{\sigma_{vo}(1+K_o)}{2} + \frac{(\Delta\sigma_v + \Delta\sigma_h)}{2} \tag{5.44}$$

$$q = \frac{(\sigma_{vo} + \Delta\sigma_v) - (\sigma_{ho} + \Delta\sigma_h)}{2} = \frac{\sigma_{vo}(1-K_o)}{2} + \frac{(\Delta\sigma_v - \Delta\sigma_h)}{2} \tag{5.45}$$

이를 그림으로 그리면 다음 그림과 같다.

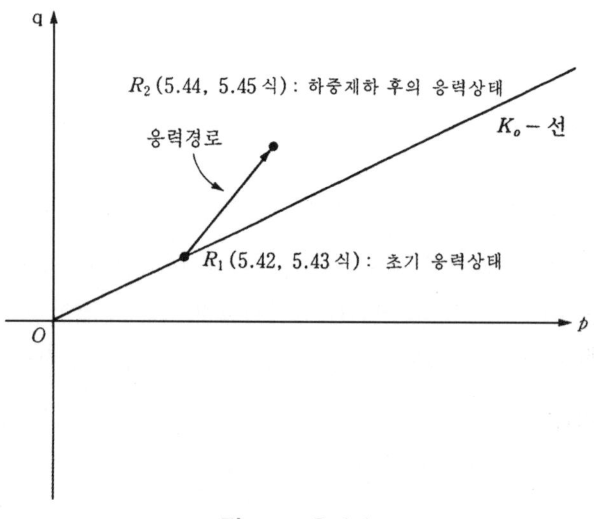

그림 5.23 응력경로

그림 5.23에서 K_o− 선이란, 초기응력비 K_o에 의해 형성되는 q/p의 기울기를 말하며 K_o− 선의 기울기는

$$\beta = \frac{q}{p} = \frac{1-K_o}{1+K_o} \tag{5.46}$$

로서, 초기상재압력의 p, q값은 항상 K_o선상에 있게 된다.

[예제 5.7] 하중과 지반조건이 다음 그림과 같을 때, 원형 물탱크하 $A \sim H$점에서의 응력경로를 그려라. 단, 지반의 K_o는 0.4이다.

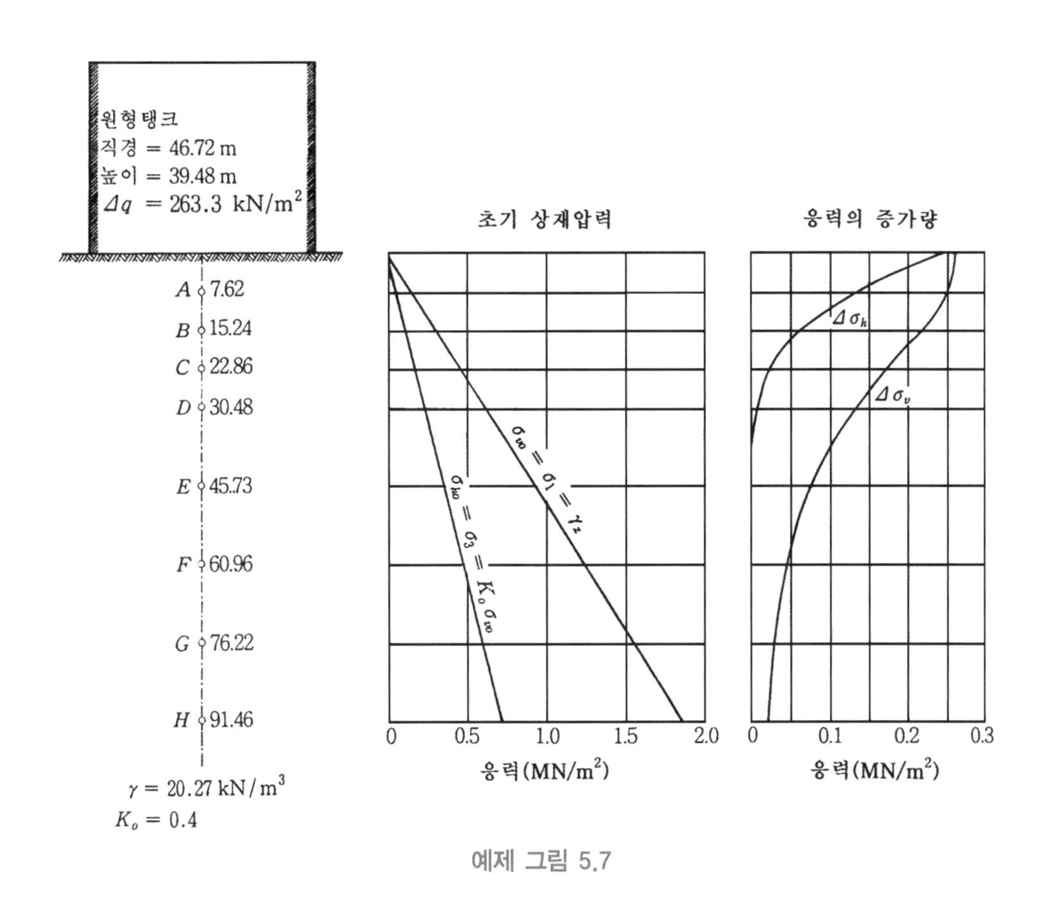

예제 그림 5.7

[풀 이] 응력경로는 다음 표 및 그림과 같다.

점	초기응력(MN/m²)				응력의 증가량(MN/m²)		하중재하 후의 응력(MN/m²)			
	σ_{vo}	σ_{ho}	p	q	$\Delta\sigma_v$	$\Delta\sigma_h$	σ_v	σ_h	p	q
A	0.154	0.062	0.108	0.046	0.256	0.136	0.410	0.198	0.304	0.106
B	0.309	0.124	0.217	0.093	0.220	0.063	0.529	0.187	0.358	0.171
C	0.463	0.185	0.324	0.139	0.173	0.028	0.636	0.213	0.425	0.212
D	0.618	0.247	0.433	0.186	0.132	0.013	0.750	0.260	0.505	0.245
E	0.927	0.371	0.649	0.278	0.078	0.003	1.005	0.374	0.690	0.316
F	1.236	0.494	0.865	0.371	0.049	0.001	1.285	0.494	0.890	0.396
G	1.545	0.618	1.082	0.464	0.033	0	1.578	0.618	1.098	0.480
H	1.854	0.742	1.298	0.556	0.024	0	1.878	0.742	1.310	0.568

K_o-선의 기울기

$$\beta = \frac{1-K_o}{1+K_o} = \frac{1-0.4}{1+0.4} = 0.429$$

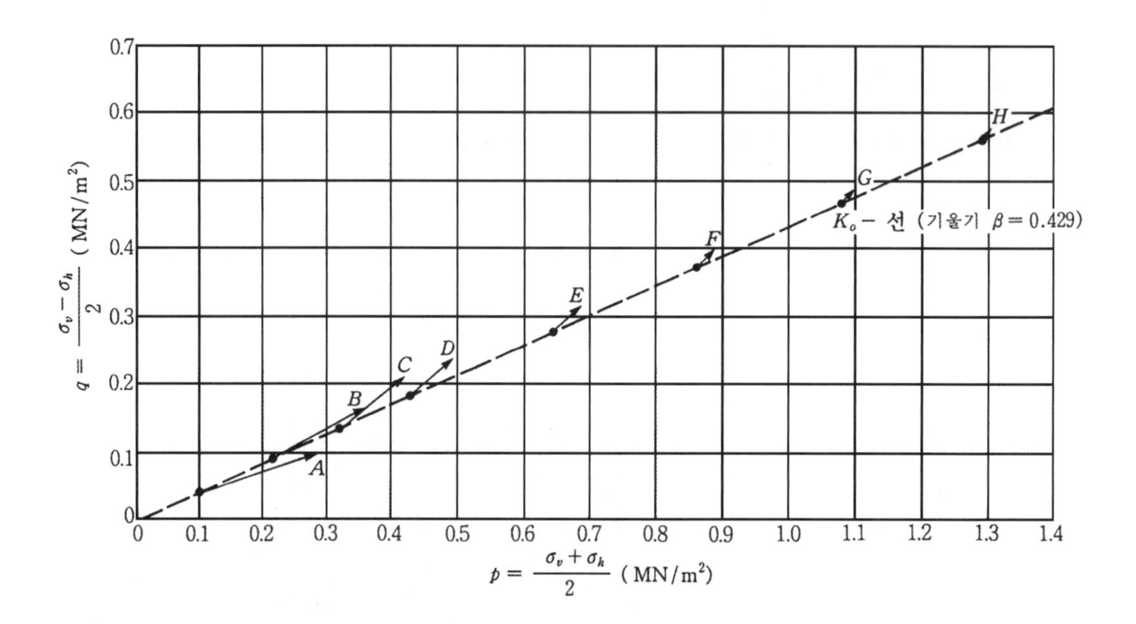

p, q의 정확한 정의

p와 q는 각각 Mohr 원의 꼭짓점의 횡좌표 및 종좌표를 나타낸다고 하였다. 그림 5.22를 보면 Mohr 원 하나에 꼭짓점이 두 개씩 존재한다. 즉, 위 꼭짓점(R_1, R_2 등)과 아래 꼭짓점(R_1', R_2')이 그것이다.

식 (5.40) 및 (5.41)의 정의에 의하여 p, q값을 구할 수 있는 경우는, 연직방향과 수평방향이 주응력이 되는 경우이다. 식 (5.41)을 보면, $\sigma_v < \sigma_h$인 경우, 즉 수평방향응력이 최대주응력, 연직방향응력이 최소주응력이 되는 경우는 q값이 ⊖로 되어, 아래 꼭짓점이 (p, q)응력을 나타내는 점이 된다. 종합하여 정리해보면 다음과 같다.

① $\sigma_1 = \sigma_v$, $\sigma_3 = \sigma_h$인 경우: 위 꼭짓점

② $\sigma_1 = \sigma_h$, $\sigma_3 = \sigma_v$인 경우: 아래 꼭짓점

한편, 일반적인 경우에, 주응력의 방향이 연직/수평방향이 아닌 경우가 훨씬 많을 것이다(다음 그림 참조).

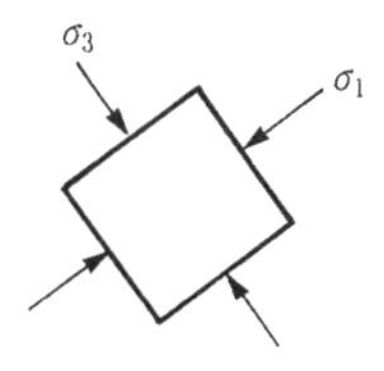

이러한 경우, p, q는 다음과 같이 정의된다.

$$p = \frac{\sigma_1 + \sigma_3}{2} \tag{5.47}$$

$$q = \pm \frac{\sigma_1 - \sigma_3}{2} \tag{5.48}$$

⊕인 경우: σ_1이 연직방향이거나, 연직방향으로부터 ±45° 이내인 경우

⊖인 경우: σ_1이 수평방향이거나, 수평방향으로부터 ±45° 이내인 경우

[예제 5.8] 예제 5.6에서 원지반의 단위중량 $\gamma = 18\text{kN/m}^3$, 정지토압계수 $K_o = 0.45$이다. K입자와 M입자 각각에서 대상하중재하 전후의 응력경로를 그려라.

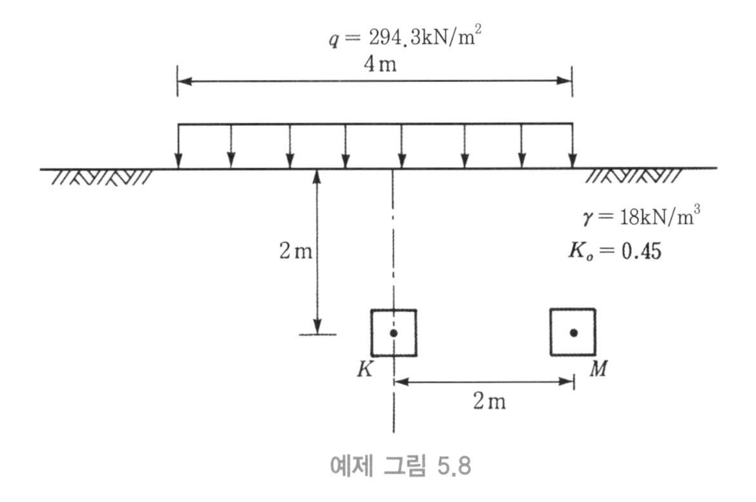

예제 그림 5.8

[풀 이]

① 하중재하 전의 응력상태

i) 입자 K

$$\sigma_1 = \sigma_{vo} = \gamma z = 18 \times 2 = 36\mathrm{kN/m^2}$$

$$\sigma_3 = \sigma_{ho} = K_o \sigma_{vo} = 0.45 \times 36 = 16.2\mathrm{kN/m^2}$$

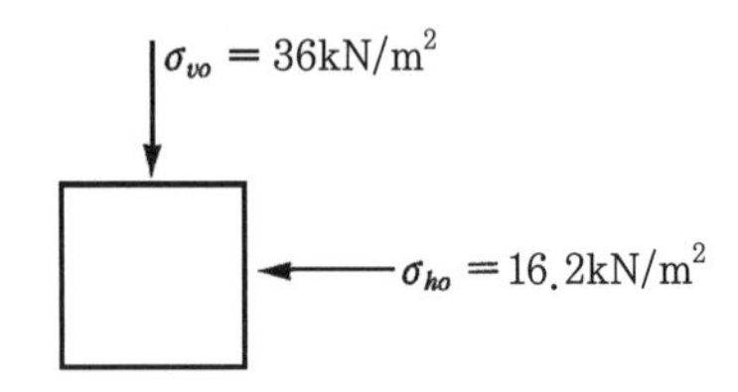

ii) 입자 M

하중재하 전의 입자 M의 응력상태는 입자 K와 같으므로,

$$\sigma_1 = \sigma_{vo} = 36\mathrm{kN/m^2},\ \sigma_3 = \sigma_{ho} = 16.2\mathrm{kN/m^2}$$

② 하중재하 후의 응력상태

i) 입자 K

(예제 5.6)으로부터, $\Delta\sigma_v = 240.83\mathrm{kN/m^2}$, $\Delta\sigma_h = 53.47\mathrm{kN/m^2}$

$$\sigma_1 = \sigma_v = \sigma_{vo} + \Delta\sigma_v = 36 + 240.83 = 276.83\mathrm{kN/m^2}$$

$$\sigma_3 = \sigma_h = \sigma_{ho} + \Delta\sigma_h = 16.2 + 53.47 = 69.67\mathrm{kN/m^2}$$

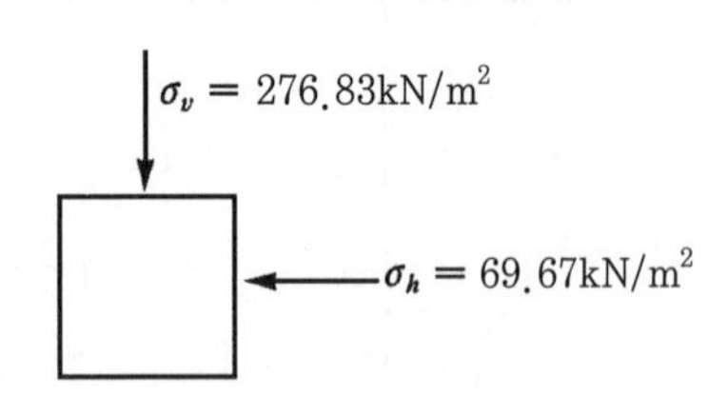

ii) 입자 M

(예제 5.6)으로부터, $\Delta\sigma_v = 141.16\mathrm{kN/m^2}$, $\Delta\sigma_h = 66.22\mathrm{kN/m^2}$, $\Delta\tau_{hv} = 74.95\mathrm{kN/m^2}$

$$\sigma_v = \sigma_{vo} + \Delta\sigma_v = 36 + 141.16 = 177.16\text{kN/m}^2$$

$$\sigma_h = \sigma_{ho} + \Delta\sigma_h = 16.2 + 66.22 = 82.42\text{kN/m}^2$$

$$\tau_{hv} = \tau_{hvo} + \Delta\tau_{hv} = 0 + 74.95 = 74.95\text{kN/m}^2$$

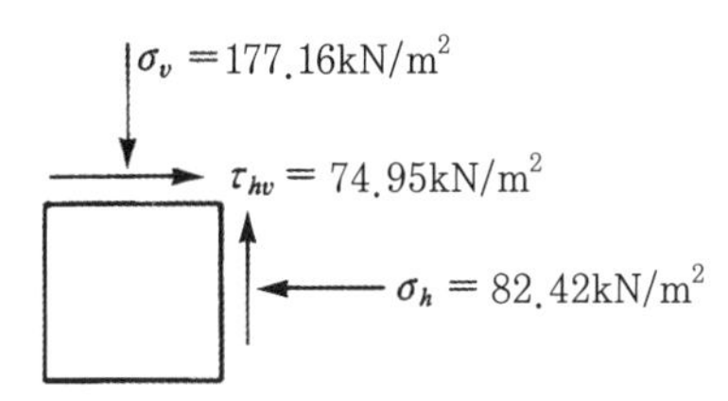

Mohr 원으로부터 주응력 σ_1과 σ_3를 구하면,

$$\sigma_1 = \frac{\sigma_v + \sigma_h}{2} + \sqrt{\left[\frac{\sigma_v - \sigma_h}{2}\right]^2 + \tau_{hv}^2}$$

$$= \frac{177.16 + 82.42}{2} + \sqrt{\left[\frac{177.16 - 82.42}{2}\right]^2 + 74.95^2} = 218.45\text{kN/m}^2$$

$$\sigma_3 = \frac{\sigma_v + \sigma_h}{2} - \sqrt{\left[\frac{\sigma_v - \sigma_h}{2}\right]^2 + \tau_{hv}^2}$$

$$= \frac{177.16 - 82.42}{2} - \sqrt{\left[\frac{177.16 - 82.42}{2}\right]^2 + 74.95^2} = 41.13\text{kN/m}^2$$

$$2\theta_p = \tan^{-1}\left(\frac{2\tau_{hv}}{\sigma_v - \sigma_h}\right) = \tan^{-1}\left(\frac{2 \times 74.95}{177.16 - 82.42}\right) = 57.7°$$

$$\therefore\ \theta_p = 28.9°$$

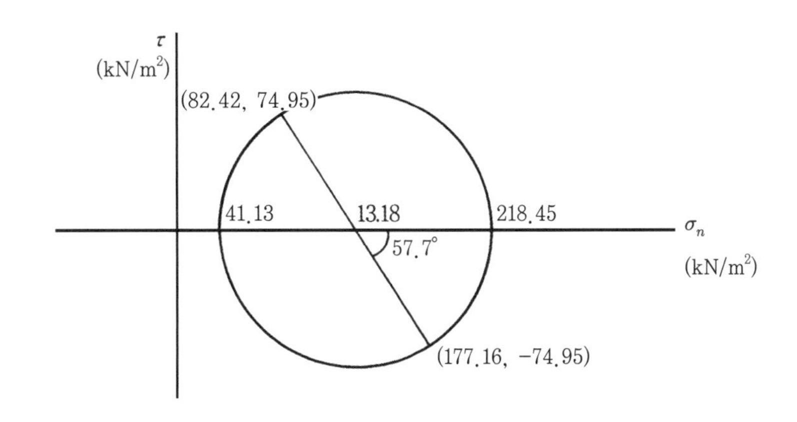

③ 응력경로의 작도

i) 입자 K

최대·최소주응력과 수직·수평응력이 일치하므로,

$$p=\frac{\sigma_v+\sigma_h}{2}=\frac{\sigma_1+\sigma_3}{2},\ q=\frac{\sigma_v-\sigma_h}{2}=\frac{\sigma_1-\sigma_3}{2}$$

하중재하 전의 응력상태

$$p=\frac{36+16.2}{2}=26.1\text{kN/m}^2$$

$$q=\frac{36-16.2}{2}=9.9\text{kN/m}^2$$

하중재하 후의 응력상태

$$p=\frac{276.83+69.67}{2}=173.25\text{kN/m}^2$$

$$q=\frac{276.83-69.67}{2}=103.58\text{kN/m}^2$$

	σ_1(kN/m^2)	σ_3(kN/m^2)	p(kN/m^2)	q(kN/m^2)
하중재하 전	36	16.2	26.1	9.9
하중재하 후	276.83	69.67	173.25	103.58

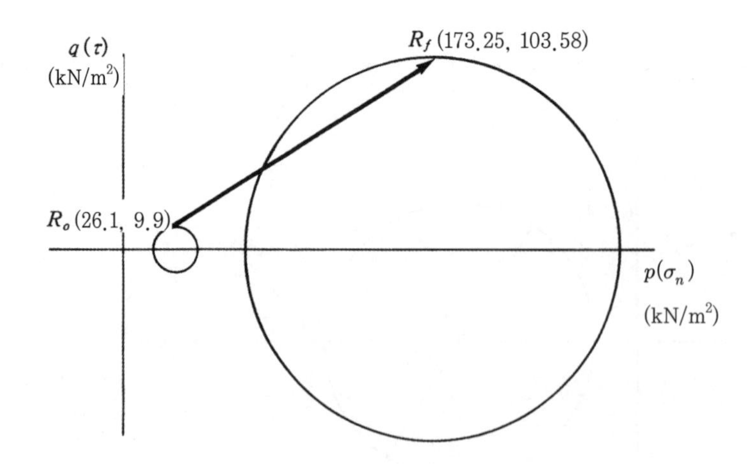

ii) 입자 M

하중재하 전의 응력상태는 앞서 계산된 입자 K의 상태와 동일하다.

하중재하 후의 응력상태는 전단응력의 증가가 있어 최대·최소주응력과 수직·수평응력이 일치하지 않으므로, 아래의 식을 사용한다.

$$p = \frac{\sigma_1 + \sigma_3}{2}, \ q = \pm \frac{\sigma_1 - \sigma_3}{2}$$

(이때 q는, ⊕인 경우: σ_1이 연직방향이거나, 연직방향으로부터 ±45° 이내인 경우

⊖인 경우: σ_1이 수평방향이거나, 수평방향으로부터 ±45° 이내인 경우)

하중재하 후의 응력상태

$$p = \frac{218.45 + 41.13}{2} = 129.79\text{kN/m}^2$$

$\theta = 28.9°$로서 최대주응력 σ_1은 연직방향으로부터 ±45° 이내에 있으므로, q는 ⊕의 부호를 가진다. 따라서 q값은 다음과 같이 계산된다.

$$q = + \frac{218.45 - 41.13}{2} = 88.66\text{kN/m}^2$$

	σ_1(kN/m^2)	σ_3(kN/m^2)	p(kN/m^2)	q(kN/m^2)
하중재하 전	36	16.2	26.1	9.9
하중재하 후	218.45	41.13	129.79	88.66

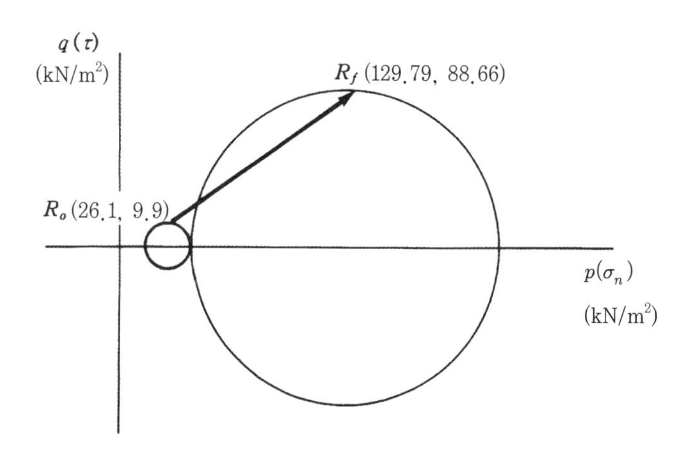

[예제 5.9] 다음 그림과 같이 초기응력을 가지는 응력으로부터 외부하중으로 인하여 응력의 증가가 있었다. 응력경로를 $p-q$ 다이아그램 상에 그려라.

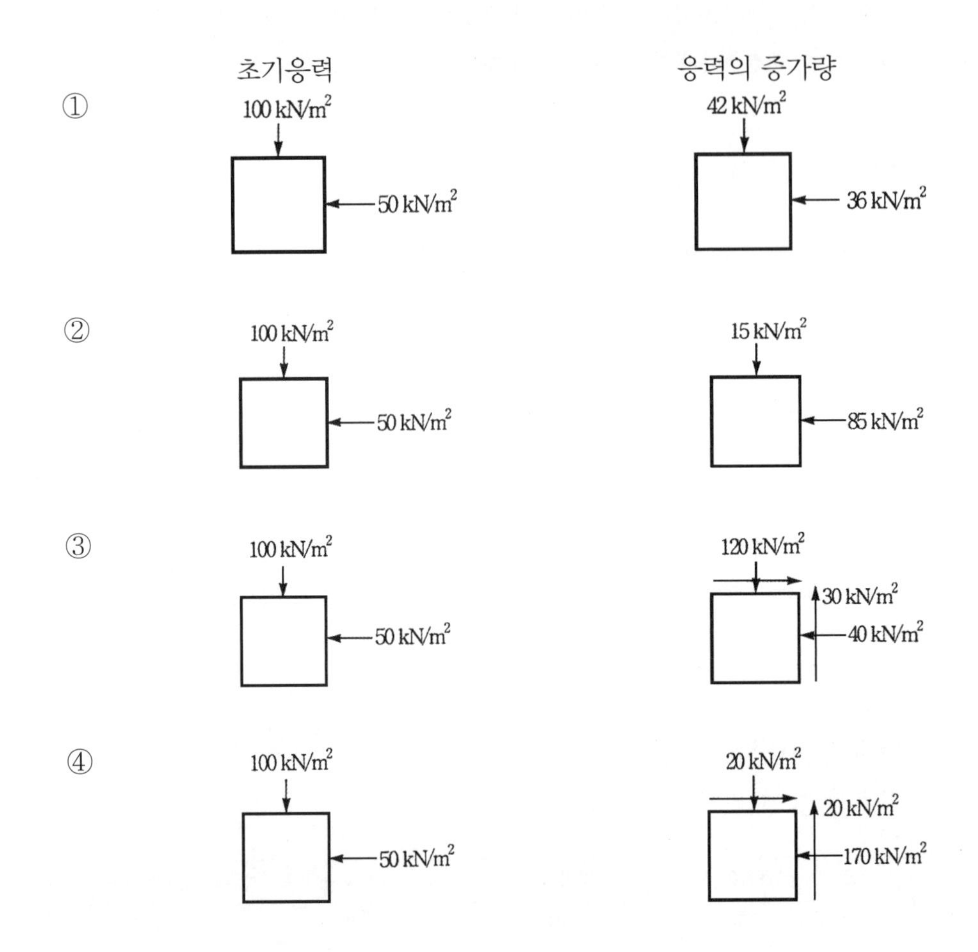

[풀 이] 초기응력의 응력상태를 $R_i(p_o,\ q_o)$, 응력 증가 후 응력상태를 $R_f(p,\ q)$라 하자. ①과 ②는 전단응력의 증가량이 없으므로 σ_v나 σ_h가 주응력이 되는 경우이다. 따라서 p와 q는 식 (5.40) 및 (5.41)에 의하여 구한다.

$$p=\frac{\sigma_v+\sigma_h}{2},\ q=\frac{\sigma_v-\sigma_h}{2}$$

①

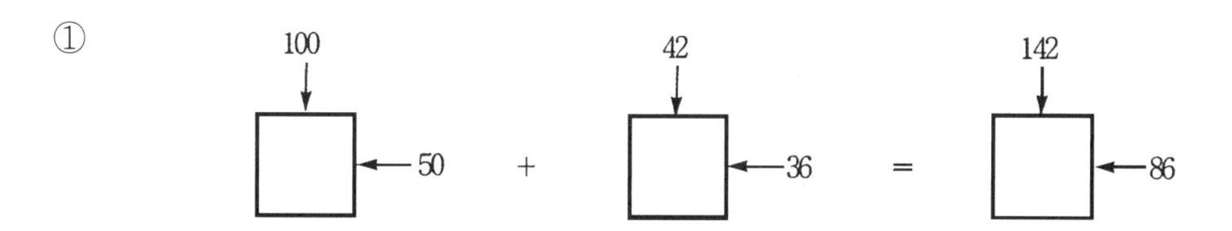

$p_o = \dfrac{100+50}{2} = 75$ $p = \dfrac{142+86}{2} = 114$

$q_o = \dfrac{100-50}{2} = 25$ $q = \dfrac{142-86}{2} = 28$

$R_o(75,\ 25)$ $R_f(114,\ 28)$

이를 $p-q$ 다이아그램에 나타내보면,

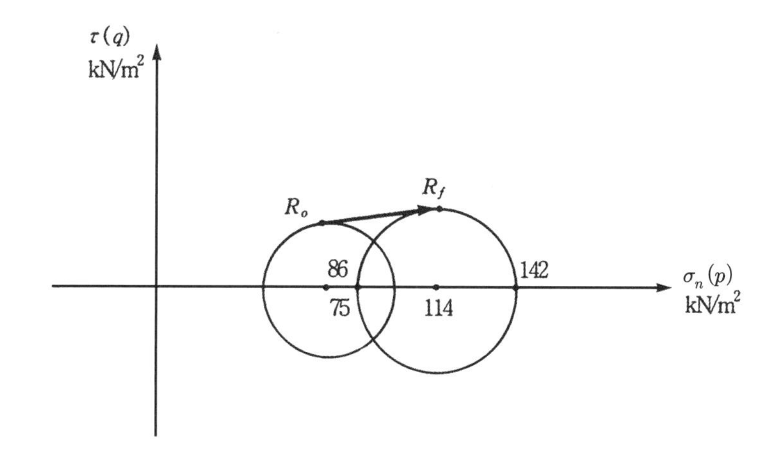

②

100
50
+
15
85
=
115
135

$p_o = 75$ $p = \dfrac{115+135}{2} = 125$

$q_o = 25$ $q = \dfrac{115-135}{2} = -10$

$R_o(75,\ 25)$ $R_f(125,\ -10)$

이를 $p-q$ 다이아그램으로 나타내면,

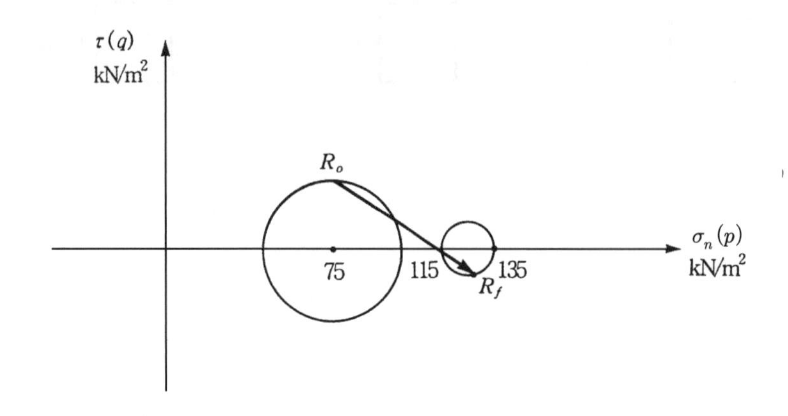

③과 ④는 전단응력의 증가가 있으므로 σ_v와 σ_h가 주응력이 아닌 경우다. 그래서 p, q는 ①과 ②와는 다르게 식 (5.47), (5.48)을 이용하여 구한다.

$$p=\frac{\sigma_1+\sigma_3}{2},\quad q=\pm\frac{\sigma_1-\sigma_3}{2}$$

③

$p_o=75$	$p=\dfrac{226.6+83.4}{2}=155$
$q_o=25$	$q=+\dfrac{226.6-83.4}{2}=71.6$
$R_o(75,\ 25)$	$R_f(155,\ 71.6)$

응력 증가 후 최대·최소주응력은 다음과 같이 구한다.

$$\sigma_1=\frac{\sigma_v+\sigma_h}{2}+\sqrt{\left(\frac{\sigma_v-\sigma_h}{2}\right)^2+\tau_{hv}^2}$$

$$= \frac{220+90}{2} + \sqrt{\left(\frac{220-90}{2}\right)^2 + 30^2} = 226.6$$

$$\sigma_3 = \frac{\sigma_v + \sigma_h}{2} - \sqrt{\left(\frac{\sigma_v - \sigma_h}{2}\right)^2 + \tau_{hv}^2}$$

$$= \frac{220+90}{2} - \sqrt{\left(\frac{220-90}{2}\right)^2 + 30^2} = 83.4$$

주응력과 축과의 각도는 $\tan(2\theta_p) = \dfrac{2\tau_{hv}}{\sigma_v - \sigma_h}$ 에서 $\theta_p = 12.39°$

q는 σ_1이 연직방향으로부터 12.39°, 즉 ±45° 이내에 있으므로 $q = +\dfrac{\sigma_1 - \sigma_3}{2}$ 를 사용함에 주의하라. 이것을 $p-q$ 다이아그램으로 나타내면,

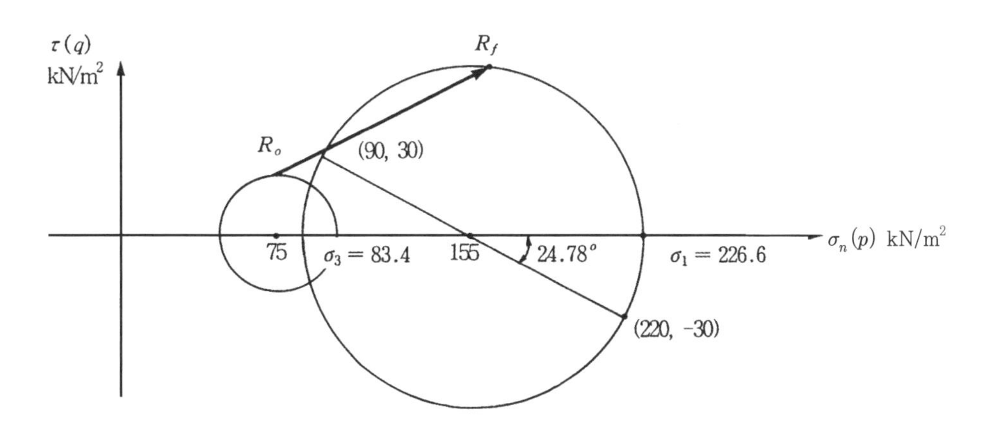

④

100 → 50 + 20, 20, 170 = 120, 20, 220

$p_o = 75$

$q_o = 25$

$R_o(75, 25)$

$$p = \frac{223.85 + 116.15}{2} = 170$$

$$q = -\frac{(223.85 - 116.15)}{2} = -53.85$$

$R_f(170, 53.85)$

최대·최소주응력을 구하면

$$\sigma_1 = \frac{120+220}{2} + \sqrt{\left(\frac{120-220}{2}\right)^2 + 20^2} = 223.85$$

$$\sigma_3 = \frac{120+220}{2} - \sqrt{\left(\frac{120-220}{2}\right)^2 + 20^2} = 116.15$$

주응력과 축과의 각도는 $\theta_p = \tan^{-1}\left(\frac{2 \times 20}{120-220}\right) \div 2 = -10.9°$

σ_1이 수평방향에서부터 −10.9°(시계방향으로 10.9°를 의미함), 즉 ±45° 안에 있으므로 $q = -\frac{(\sigma_1 - \sigma_3)}{2}$ 임에 유의하라.

이것을 $p-q$ 다이아그램으로 나타내면,

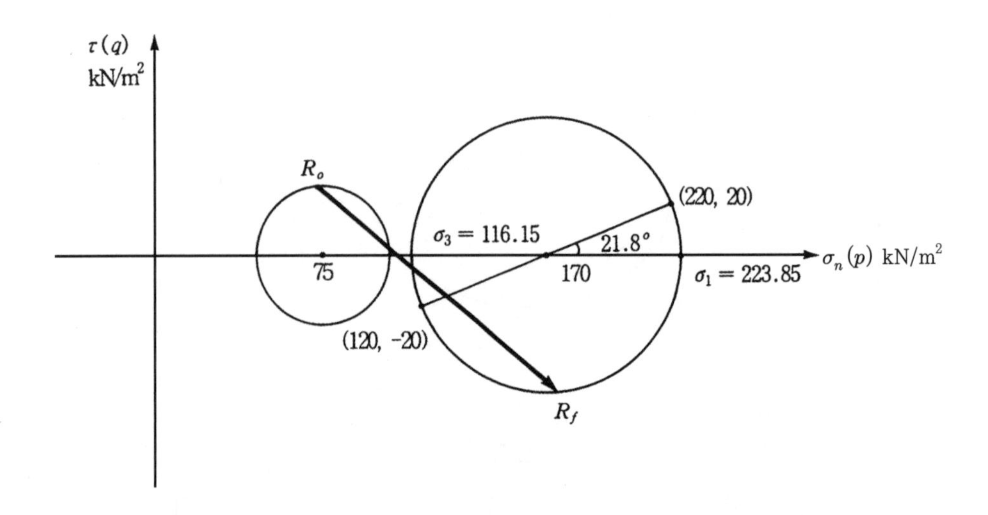

5장과 차후 장들과의 연결

(1) 물이 흐를 때의 유효응력

5.1절에서 서술한 유효응력 개념, 즉 $\sigma_v = \sigma_v' + u$(식 5.5)의 개념에서, 수압 $u = \gamma_w z$의 식이 성립하는 것은 오직 정수압일 경우만으로 볼 수 있다.

물이 흐르게 되면 수압이 달라지고 따라서 흙이 받는 부분인 유효응력도 바뀐다. 물이 흐를 때의 상재압력배분은 6장 및 7장에서 다룬다.

(2) 응력증가량은 물이 받나 흙이 받나?

5.2절에서 외부하중으로 인한 응력의 증가량을 구하였는데 응력이 증가되었으면 그 증가된 응력을 흙이 받든지 물이 받든지 해야 할 것이다. 재하하중에 의한 응력분담률을 8장 응력과 변형률 편의 후반부 과잉간극수압 편에서 다룰 것이다.

(3) 응력의 증가분에 의한 흙의 변형

흙에 응력이 증가되었으면, 증가된 응력으로 인하여 흙에 변형을 가져올 것이다. 이를 8장의 전반부에서 다룰 것이다.

연 습 문 제

1. 다음과 같은 지층에서 지표면하 깊이 3m, 5m, 15m 깊이에서 전 연직응력, 유효 연직응력, 수압, 전 수평응력, 유효수평응력을 각각 구하라.

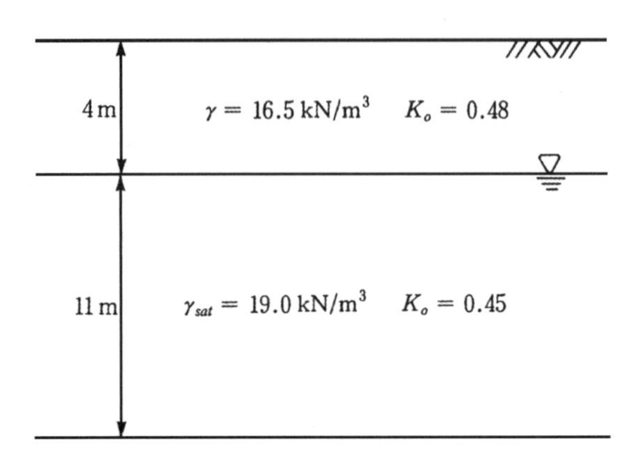

2. 지중의 흙 입자가 다음과 같은 응력을 받고 있다.
   1) 주응력의 크기와 방향을 구하라.
   2) EF면에 작용되는 응력을 구하라.

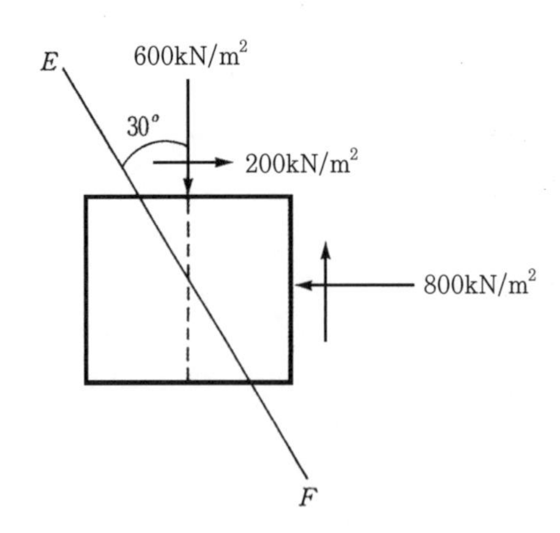

3. 다음 그림과 같이, 지표면에 0부터 q/단위면적까지 증가하는 응력이 대상(strip loading)으로 작용되고 있다. A입자에 작용되는 응력의 증가량을 구하는 공식을 유도하라(힌트: x 방향으로 r만큼 거리에서 dr에 작용되는 선하중 p는 $\frac{q}{2b}rdr$이 된다).

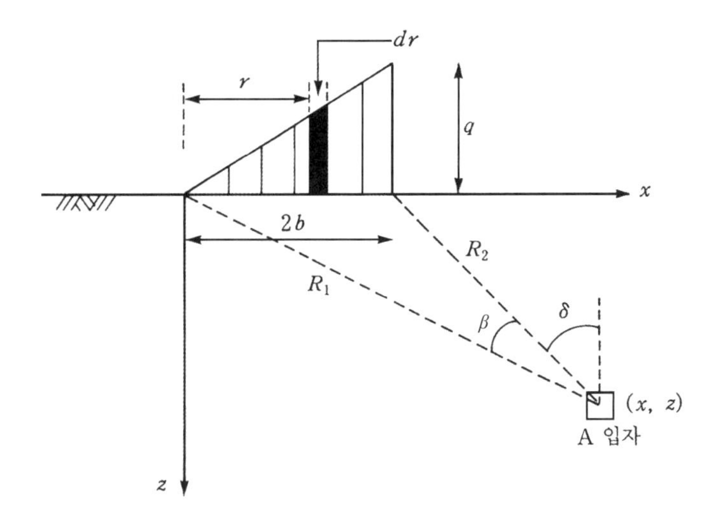

(3번 답) $\Delta\sigma_z = \dfrac{q}{2\pi}\left(\dfrac{2\pi}{B}\beta - \sin2\delta\right)$

$$\Delta\sigma_x = \frac{q}{2\pi}\left(\frac{2x}{B}\beta - 4.606\frac{z}{B}\log\frac{R_1^2}{R_2^2} + \sin2\delta\right)$$

$$\Delta\tau_{xz} = \frac{q}{2\pi}\left(1 + \cos2\delta - \frac{2z}{B}\beta\right)$$

4. 다음 그림과 같이 점증대상하중이 작용할 때, A 및 B에서의 응력증가량을 구하라.

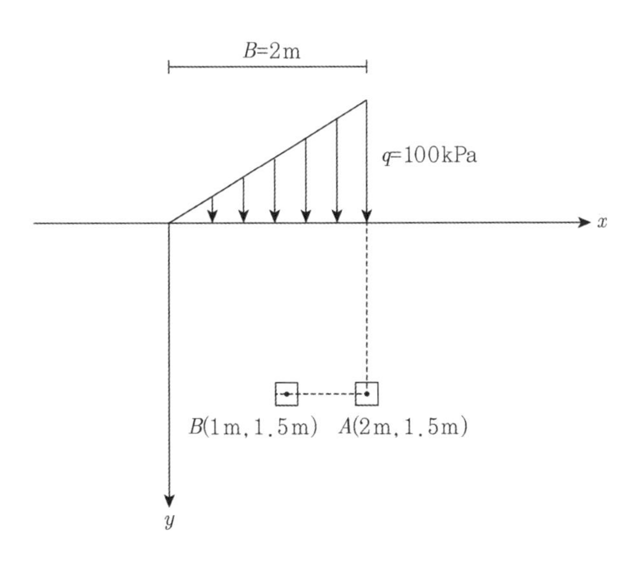

5. 6m × 12m의 직사각형 단면상에 $q = 100\text{kN/m}^2$의 등분포하중이 작용하고 있다.

1) 재하면적의 한 모서리 아래 깊이 3m에서의 연직응력의 증가량을 구하라.
2) 재하면적의 중심 아래 깊이 3m에서의 연직응력의 증가량을 구하라.
3) 재하면적의 한 모서리에서 횡방향 및 종방향으로 각각 2m 떨어진 점 아래 3m 깊이에서의 연직응력의 증가량을 구하라.

6. 초기응력으로부터 외부하중으로 인한 응력의 증가가 다음과 같을 때, 응력 경로를 $p-q$ 다이아그램상에 그려라.

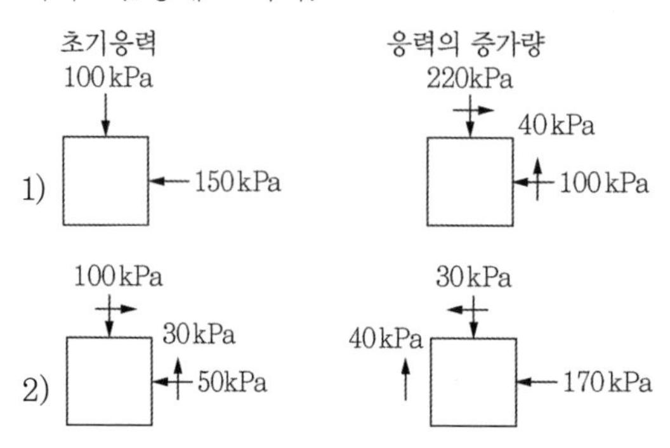

7. 다음 그림과 같이 지표면에 선하중 $p = 1,500\text{kN/m}$이 작용하고 있다.

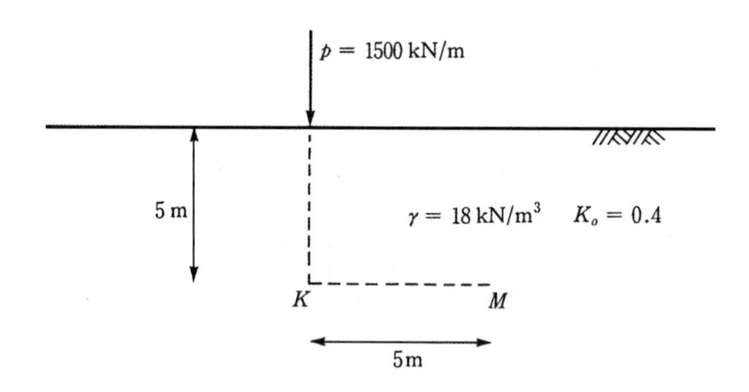

1) K점 및 M점에서 응력의 증가량을 구하라.
2) 하중재하 전과 후의 응력경로를 그려라.

8. 다음 그림과 같이 지표면에 두 개의 선하중이 작용되었다.

1) 하중재하 전후의 응력 경로를 그려라.

2) 영국 케임브리지 대학에서는 p, q를 다음과 같이 정의하였다. (단, σ_1 = 최대 주응력, σ_2 = 중간 주응력, σ_3 = 최소 주응력)

$$p = \frac{\sigma_1 + \sigma_2 + \sigma_3}{3}, \quad q = \pm(\sigma_1 - \sigma_3)$$

이 정의에 입각하여 하중재하 전후의 응력 경로를 그려라.

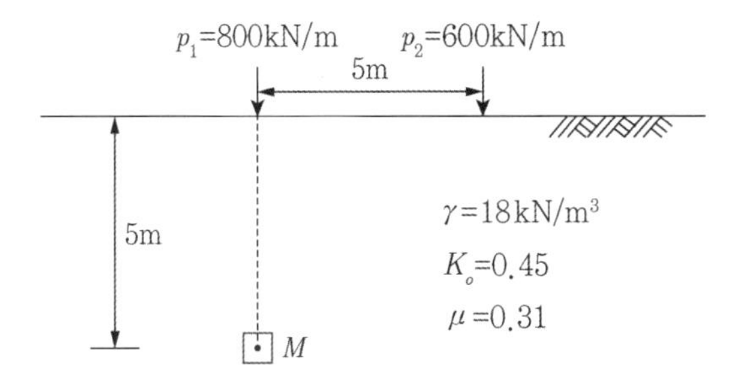

9. 다음 그림과 같이 연직응력 $\sigma_{vo} = \gamma z$, 수평응력 $\sigma_{ho} = K_o \gamma z$를 받고 있는 지반에 원형 tunnel을 뚫었을 때 A 및 B입자에 작용되는 접선응력은 다음과 같다.

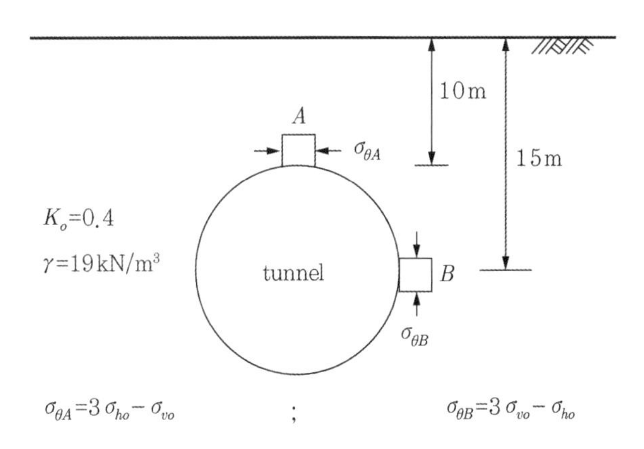

터널시공 직전 및 직후에 A 및 B입자에 작용되는 응력의 경로를 그려라.

10. 지중의 한 입자가 초기응력 $\sigma_{vo} = \sigma_{ho} = 200\text{kN/m}^2$을 받고 있다. 다음의 각 경우에 대하여 응력경로를 그려라.

1) 수평응력의 변화는 없이 연직응력이 600kN/m^2으로 증가
2) 연직응력의 변화는 없이 수평응력이 600kN/m^2으로 증가
3) 수평응력의 증가량이 연직응력 증가량의 $\frac{1}{3}$인 경우(즉, $\Delta\sigma_h = \frac{\Delta\sigma_v}{3}$)
   단, 연직응력 증가량 $= 600\text{kN/m}^2$
4) 연직응력의 변화는 없고 수평응력이 0으로 감소
5) 수평응력의 변화는 없고 연직응력이 0으로 감소

참 고 문 헌

- Jumikis, A.R.(1968), Theoretical Soil Mechanics, Van Nostrand Reinhold.

제6장

투수 (흙 속의 물의 흐름)

제6장
투수(흙 속의 물의 흐름)

이제까지 서술한 대로 흙 속에는 물과 공기도 존재하기 마련이며 흙 속에 있는 물은 흐름이 있게 마련이다. 본 장에서는 흙 속의 물의 흐름에 관한 기본원리를 설명하고자 한다.

토질역학에서 투수는 왜 필요한가?

전 장에서(5.1.2절), 지하간극에 물이 있으면 간극수압이 존재하며 그 값은 $u = \gamma_w z$ 라고 하였다. 이는 물이 흐르지 않는 정지상태일 때 해당되는 값이다. 즉, 정수압을 말한다. 그러나 만일 흙 속에 있는 물이 흐르게 되는 경우는 수압이 달라진다. 즉, 단순히 γ_w 에다 지하수위까지의 높이를 곱하는 $\gamma_w z$ 가 아니다. 따라서 흙 속에서 물이 흐르는 경우에는 수압을 단순하게 구할 수 없으며, 반드시 지하수 흐름의 기본원리로부터 구하여야 한다. 흙 속의 물의 흐름을 분석하여 얻을 수 있는 것은 다음과 같다.

첫째, 흙 속을 통하여 흐르는 유량을 구할 수 있다. 예를 들어, 지하구조물 공사를 위하여 pumping을 해야 하는데,'이 양정량을 구하는 것이다.

둘째, 간극수압을 구할 수 있다. 전술한 대로 물이 흐르는 경우는 수압을 구하는 것이 쉽지 않다. 이를 위하여 흐름의 기본원리를 이용하여야 한다.

6장에서는 위의 두 문제를 다루고자 한다. 즉, 흐름의 기본원리로부터 유량과 수압을 구하는 문제를 집중적으로 서술할 것이다.

셋째, 유효응력을 구할 수 있다. 5.1.2절에서 유효응력의 기본 개념을 설명하였다. 즉, 전상재압력 중 물이 받는 부분(수압)을 제외하고 흙 입자가 받는 부분을 의미하는 것이 유효응력이라 하였다. 이를 수식으로 다시 표현하면 다음과 같다.

$$\sigma_v{}' = \sigma_v - u \tag{5.5a}$$

여기서, $\sigma_v{}'$ = 유효응력

σ_v = 전 상재압력

u = 수압

전 상재압력은 어차피 흙 및 물 무게로 인하여 생기는 하중이므로 물이 흐르든, 흐르지 않든 변하지 않는다. 그러나 수압의 경우는 문제가 달라진다. 물이 흐르게 되면 수압은 $u = \gamma_w z$가 아니며, 흐름의 기본원리로부터 구하여야 한다. 지하수가 흐를 경우 수압이 달라지며, 따라서 식 (5.5a)로부터 당연히 유효응력도 달라진다.

7장에서는 물의 흐름으로 인하여 흙이 하중을 받는 부분인 유효응력이 어떻게 변하며 그에 따라서 토질구조물에 어떤 영향이 미치는지를 서술할 것이다.

여기서, 한 가지 밝혀둘 것이 있다. 제6장과 7장에서의 물의 흐름은 외부에서 새로운 환경변화가 있어 흐르는 것이 아니라 단순히 높은 곳에서 낮은 곳으로 물이 흐르는 것과 같이 자연상태에서 흐르는 경우만을 서술할 것이다. 즉, 앞장의 5.2절에서 서술한 것을 다시 한번 반복해 보면 외부응력의 증가로 인하여 지중의 응력이 증가를 가져올 수 있고, 이 응력의 증가로 인하여 수압상승을 가져올 수가 있다. 상승된 수압이 발생된 경우에 새로운 평형조건을 위하여 물이 흐를 수 있으며, 이는 순차적으로 8장, 9장에서 서술할 것이다.

본 장에서의 물의 흐름이란, 응력의 증가로 인한 것은 제외하고 자연상태의 물의 흐름으로 보면 될 것이다.

6.1 지하수 흐름의 기본원리

6.1.1 동수경사

지하수 흐름도 물이 흐른다는 관점에서는 유체역학의 원리를 이용할 수 있을 것이다. 다만 유체역학은 물만의 흐름을 나타내나, 토질역학적 관점에서의 투수는 그림 6.1에 나타낸 바와 같이, 흙 속의 물의 흐름이며, 흙 입자 알갱이 사이를 꼬불꼬불 돌아 흐른다는 것이 다르다. 그림 6.1에서 사실상 A와 B 사이를 꼬불꼬불 흘러가게 되나 해석상으로는 직선으로 흐른다는 가정하에 해석하는 경우가 대부분이다.

유체역학의 기본은 Bernoulli의 정리이다. 흐르는 유체 중 임의의 한 점에서의 전수두는 (즉, 에너지는) 다음과 같이 나타낼 수 있다.

$$h = \frac{u}{\gamma_w} + \frac{v^2}{2g} + h_e = h_p + h_v + h_e \tag{6.1}$$

여기서, h = 전수두

h_p = 압력수두

h_v = 속도수두

h_e = 위치수두

u = 수압

v = 속도(유속)

지하수 흐름은 완전유체의 흐름에 비하여 속도가 아주 작으므로 식 (6.1)에서 속도수두항은 무시함이 일반적이다. 즉, 식 (6.1)은 지하수 흐름에서 다음 식과 같이 표현될 수 있을 것이다.

$$h = h_p + h_e \tag{6.2}$$

여기서, h_p는 압력수두로서 $h_p = u/\gamma_w$가 된다. 즉, 압력수두만 알면 압력수두에 γ_w를 곱하여 수압을 구할 수 있다. h_e는 위치수두로서 기준면(datum)이 설정되면 기준점으로부터의 높이가 위치수두이다. 결론부터 말하면, 지하수의 어느 한 점에서 수압은 다음과 같이 구할 수 있다($u = \gamma_w z$가 아님). 수압은 대부분 직접적으로 구할 수는 없고, 우선 그 점에서의 전수두를 구한 후 전수두에서 위치수두를 빼어 압력수두를 구한다. 이렇게 구한 압력수두에 γ_w를 곱하여 수압을 구한다.

Note

투수문제를 풀 때, 제일 먼저 설정해야 하는 것이 기준면(datum)임을 잊지 말자.

자, 물은 왜 흐르는가? 두 점 사이의 에너지, 즉 전수두가 다르면 전수두가 큰 점에서 전수두가 작은 점으로 물이 흐르게 된다. 그 예가 그림 6.1에 표시되어 있다.

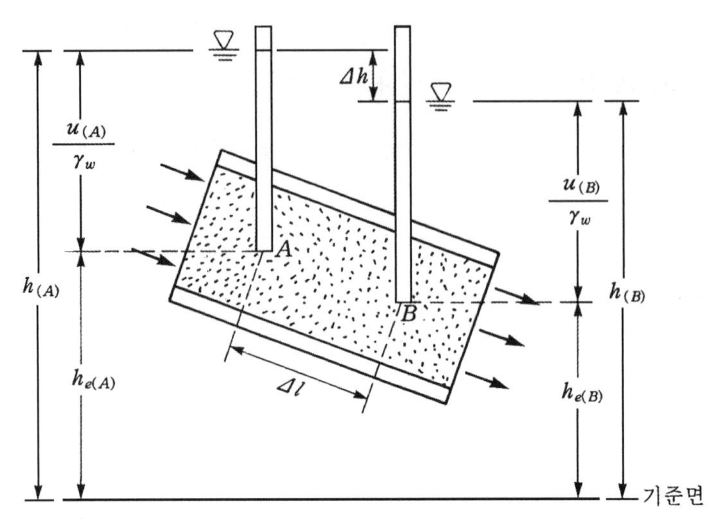

그림 6.1 흙 속의 물의 흐름

그림에서, A 점에서의 전수두는

$$h_{(A)} = h_{p(A)} + h_{e(A)} = \frac{u_{(A)}}{\gamma_w} + h_{e(A)}$$

가 되며, 여기서 $h_{p(A)}$는 A 점에서의 압력수두로서 그냥은 알 수가 없고, A 점에 수압계(piezometer)를 꽂아서 잰 수압계의 상승높이가 압력수두이다.

B점의 전수두는

$$h_{(B)} = h_{p(B)} + h_{e(B)} = \frac{u_{(B)}}{\gamma_w} + h_{e(B)}$$ 이다.

그림 6.1에서 A 점의 전수두 h_A가 B점의 전수두 h_B보다 크므로 물은 A 점에서 B점으로 흐를 것이다. 이때, A 점에서 B점까지 흐를 때의 손실수두는 두 점 사이의 전수두 차가 될 것이다.

즉, 손실수두는 다음과 같다.

$$\Delta h = h_{(A)} - h_{(B)} = \left(\frac{u_{(A)}}{\gamma_w} + h_{e(A)}\right) - \left(\frac{u_{(B)}}{\gamma_w} + h_{e(B)}\right)$$

A점에서 B점으로 흘러가면서 Δh의 전수두 손실이 일어났으며, 이는 거의 모두가 물이 흙입자 알갱이 사이를 빠져나면서 생긴 손실수두이다. 손실수두는 무차원으로서 동수경사로 나타내며, 동수경사는 다음 식으로 정의된다.

$$i = \frac{\Delta h}{\Delta l} \tag{6.3}$$

여기서, i = 동수경사

Δh = 두 점 간의 전수두 차(손실수두)

Δl = 두 점 간의 직선거리

즉, 동수경사는 단위길이당 손실수두를 의미하며, 다음과 같이 미분형태로 표시할 수도 있을 것이다.

$$i = -\frac{dh}{dl} \tag{6.4}$$

이 식에서 부호가 (−)로 된 것은 물은 전수두가 높은 곳에서 낮은 곳으로 흐르기 때문에 기울기는 음수 (−)가 되기 때문이다. 동수경사는 항상 양수로 표시하므로 (−)를 앞에 붙여서 동수경사가 (+)가 되도록 한 것이다.

6.1.2 Darcy의 법칙

장차 설명하겠지만 물의 흐름을 나타내는 기본방정식은 전체질량은 불변한다는 연속성(continuity) 조건에다 Darcy의 법칙을 조합하여 구하게 된다.

이 중 이번 절에서는 Darcy의 법칙을 먼저 설명하고자 한다. 앞 절에서 물은 두 점 사이의 전수두 차로 인하여 흐르며, 전수두 차, 즉 손실수두를 물이 흐른 직선거리로 나눈 것을 동수경사라고 하였다. 상식적으로 두 지점 사이의 전수두 차이가 크면 클수록 물은 빨리 흐를 것이다. 즉, 유속과 동수경사에는 비례관계가 있을 것이다. 둘 사이의 관계를 실험으로 밝힌 것이 1856년에 프랑스의 Darcy이다.

Darcy가 사용한 실험장치의 모식도(schematic diagram)는 그림 6.2와 같다. 그림에서 수압은 마노메타(manometer)를 설치하여 그 높이로부터 구할 수 있다. 그림 6.2에서 사용한 기

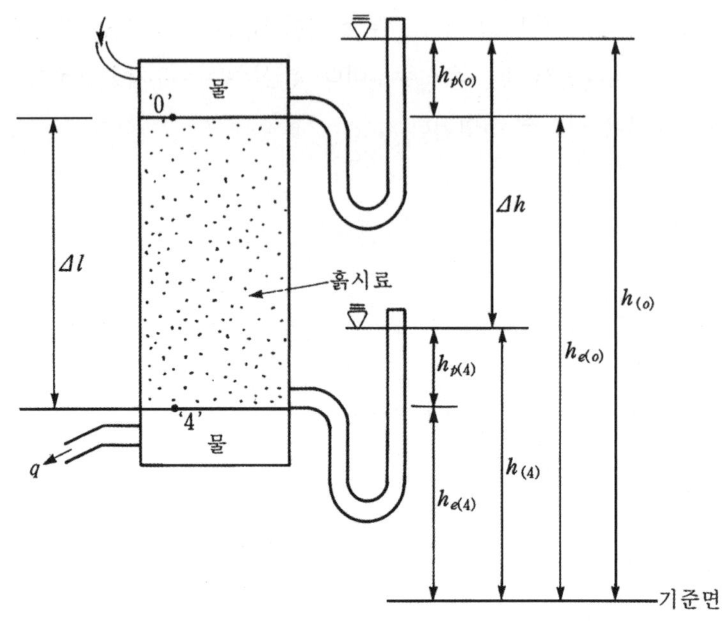

그림 6.2 Darcy의 실험 장치

호를 정리하면 다음과 같다.

$h_{(0)}$ = '0'점에서의 전수두($h_{(0)} = h_{p(0)} + h_{e(0)}$)
$h_{p(0)}$ = '0'점에서의 압력수두
$h_{e(0)}$ = '0'점에서의 위치수두
$h_{(4)}$ = '4'점에서의 전수두($h_{(4)} = h_{p(4)} + h_{e(4)}$)
$h_{p(4)}$ = '4'점에서의 압력수두
$h_{e(4)}$ = '4'점에서의 위치수두
A = 흙 기둥의 면적
q = 단위시간당 빠져 나오는 유량

Darcy는 Δl, 즉 시료의 높이를 계속하여 변화시켜가며 물을 위에서 아래로 흘려보냈으며 이때 단위시간당 유출되는 유량 q를 측정하였다. '0'점의 전수두인 $h_{(0)}$가 '4'점의 전수두인 $h_{(4)}$보다 크므로 물은 '0'점으로부터 '4'점을 향하여 아래로 흐를 것이다. 이때의 동수경사 i는 다음 식과 같다.

$$i = \frac{h_{(0)} - h_{(4)}}{\Delta l} = \frac{\Delta h}{\Delta l}$$

시료높이를 계속하여 변경시켰으므로 동수경사의 변화에 따라 유량의 변화 추이를 관찰할 수 있었으며, Darcy는 실험결과로부터, 유량 q는 동수경사에 단순비례함을 알 수 있었다. 따라서 q는 다음 식과 같이 표현될 수 있을 것이다.

$$q = K\frac{h_{(0)} - h_{(4)}}{\Delta l}A = KiA \tag{6.5}$$

여기서, K는 비례상수로서 투수계수(coefficient of permeability)라 한다. 식 (6.5)를 다시 표현하면 다음과 같다.

$$v = \frac{q}{A} = Ki \tag{6.6}$$

식 (6.6)은 물이 흐르는 속도를 이야기하나, 물이 흐르는 면적 A는 흙 입자 사이사이의 실제면적을 이야기하는 것이 아니라, 물이 흐르는 튜브(tube)의 전 면적을 나타내므로 v는 실제의 유속이 아니라, 그보다 작은 값으로서 유출속도(discharge velocity)라고 부른다.

그렇다면 진짜로 물이 흐르는 속도는 이론상 어떻게 구할 수 있나? 흙 입자 알갱이 사이를 흐르는 진짜 유속은 투수속도(seepage velocity)로서 v_s로 표시한다.

그림 6.3에서 유출속도와 투수속도 사이에는 다음의 관계가 있음을 알 수 있다.

$$q = v \cdot A = v_s \cdot A_v$$

즉, $v_s = v \cdot \frac{A}{A_v} = v \cdot \frac{AL}{A_vL} = v \cdot \frac{V}{V_v} = \frac{v}{n}$이 된다.

정리해보면 투수속도는 유출속도를 간극률로 나눈 것과 같다.

$$v_s = \frac{v}{n} \tag{6.7}$$

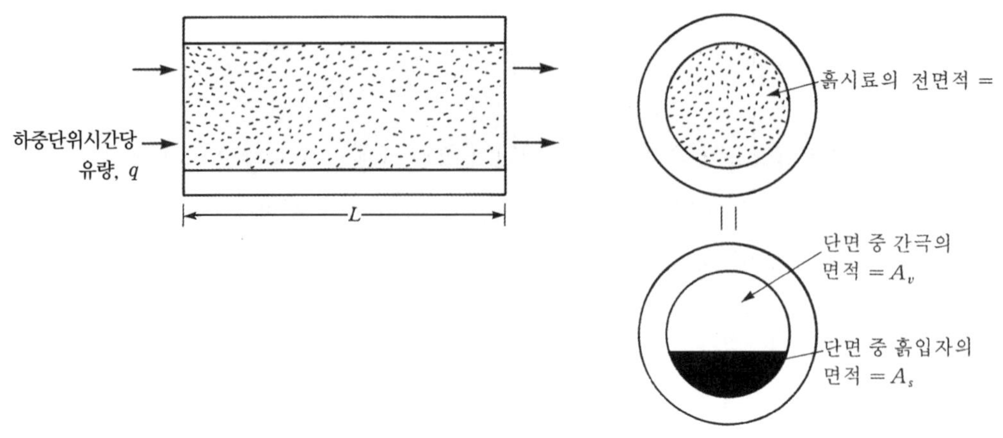

그림 6.3 전면적 A와 간극면적 A_v

Darcy의 법칙은 한마디로 표현하여 '지중의 투수, 즉 물이 흐르는 속도는 동수경사에 비례한다'는 것이다.

Darcy의 법칙이 성립되기 위하여 필요한 기본사항은 물의 흐름이 근본적으로 층류(laminar flow)이어야 한다는 것이다. 난류(turbulent flow)에서는 Darcy의 법칙이 성립하지 않는다.

자갈 속을 흐르는 투수를 제외하고는 흙 속의 물의 흐름은 유속이 작으므로 대부분 층류이다. 따라서 대부분의 투수문제에서, Darcy의 법칙이 성립된다고 할 수 있다.

6.1.3 일차원 흐름의 해법

이제까지 동수경사, Darcy의 법칙 등 흙 속의 흐름의 기본원리를 서술하였다. 이러한 원리들을 설명하면서 사용한 제반실험법 등은 근본적으로 1차원 흐름이었다. 즉, 흙 속의 물이 한 방향으로만 흐른다고 가정하였다. 물론 물은 세 방향 어느 곳으로도 흐를 수가 있다. 3방향 또는 2방향 투수를 이해하기 위해서는 '연속성+Darcy의 법칙'을 이용하여 투수 기본방정식을 유도하고 이를 풀어야 한다. 이는 다음 6.3절에 상세히 서술할 것이다. 1차원 투수의 경우는 Darcy의 법칙만을 이용하여도 기본해를 구할 수 있다. 해를 구하기 위하여 다음의 기본가정 및 원리들을 이용하여야 한다.

(1) 모든 손실수두는 흙 속의 물의 흐름에서만 일어난다. 다시 말하여 물만 흐르는 곳에서의 수두손실은 무시한다.

(2) 물이 흐르는 방향은 전수두가 큰 곳에서 작은 곳으로 일어난다.

(3) 수두를 구하는 방법은, 전수두와 위치수두를 먼저 구하고 압력수두는 '전수두 − 위치수두'로부터 구한다.

[예제 6.1] 다음 하방향 흐름 경우의 전수두, 위치수두, 압력수두 다이아그램을 그려라.

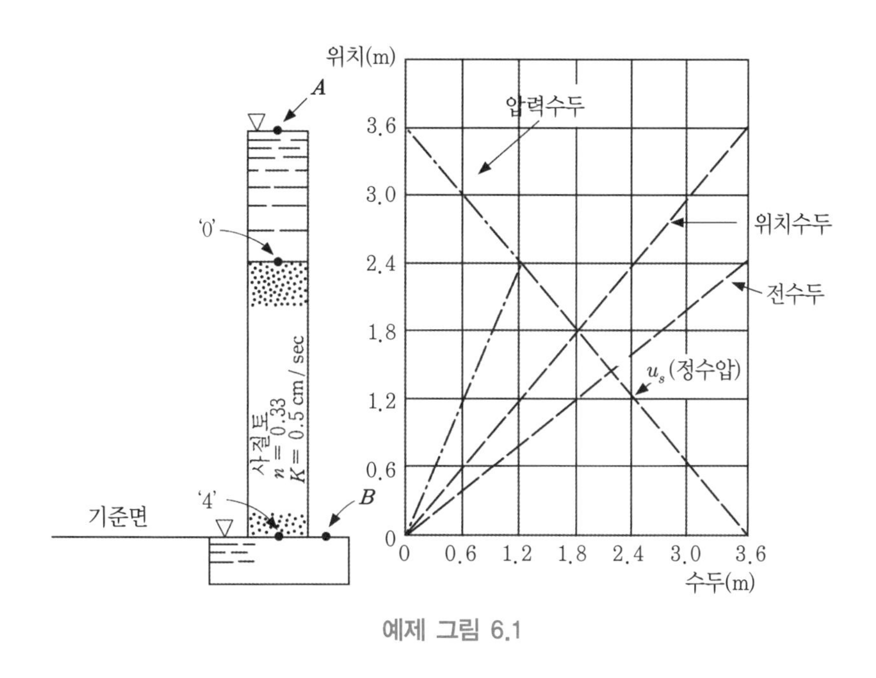

예제 그림 6.1

[풀 이] 하방향 흐름이므로

① A점과 '0'점의 전수두는 같고(물만 있는 곳에는 손실수두가 없다) 그 크기는 3.6m이다.

A점: 전수두=3.6m, 위치수두=3.6m, 압력수두=0m

'0'점: 전수두=3.6m, 위치수두=2.4m, 압력수두=1.2m

② B점과 '4'점의 전수두는 역시 같고 그 크기는 0m이다.

B점: 전수두=0m, 위치수두=0m, 압력수두=0m

'4'점: 전수두=0m, 위치수두=0m, 압력수두=0m

전수두는 '0'점의 3.6m로부터 물이 흙을 빠져 나가는 '4'점의 0m까지 직선적으로(linear)

감소할 것이다.

위치수두도 그 위치에 따라 '0'점의 2.4m로부터 '4'점의 0m까지 직선적으로 감소한다.

압력수두는 전수두에서 위치수두를 빼면 구할 수 있다.

동수경사, 유출속도, 투수속도는 다음과 같이 구할 수 있다.

$$i = \frac{\Delta h}{\Delta l} = \frac{3.6-0}{2.4-0} = 1.5$$

$$v = Ki = 0.5 \times 1.5 = 0.75\text{cm/sec}$$

$$v_s = \frac{v}{n} = \frac{0.75}{0.33} = 2.27\text{cm/sec}$$

그림에서 u_s는 정수압을 표시하며 정수압은 $u_s = \gamma_w z$이므로 A점의 0t/m^{2}에서 B점의 $u_s =$ 3.6t/m^{2}까지 증가할 것이다.

즉, 정수압에 의한 수두는 '0'점의 1.2m에서 '4'점의 3.6m까지 단순증가할 것이다. 이를 실제의 압력수두선과 비교해보면, 실제로는 '0'점의 1.2m으로부터 하부로 갈수록 수두가 계속 줄어들어 '4'점에서는 오히려 0m가 된다. 이를 한마디로 표현하면, '하방향 흐름에서는 수압은 정수압보다 현격히 감소한다'고 할 수 있다. 수압을 줄이는 좋은 방법은 지하수가 될수록 하방향으로 흐르도록 하는 것이다.

[예제 6.2] 다음 상방향 흐름의 경우의 전수두, 위치수두, 압력수두 다이아그램을 그려라.

[풀 이] 상방향 흐름에서 전수두, 위치수두, 압력수두를 구하는 원리는 앞의 예제와 동일하다.

① A점과 '0'점의 전수두는 같고 그 크기는 4.8m

A점: 전수두=4.8m, 위치수두=0m, 압력수두=4.8m

'0'점: 전수두=4.8m, 위치수두=0.6m, 압력수두=4.2m

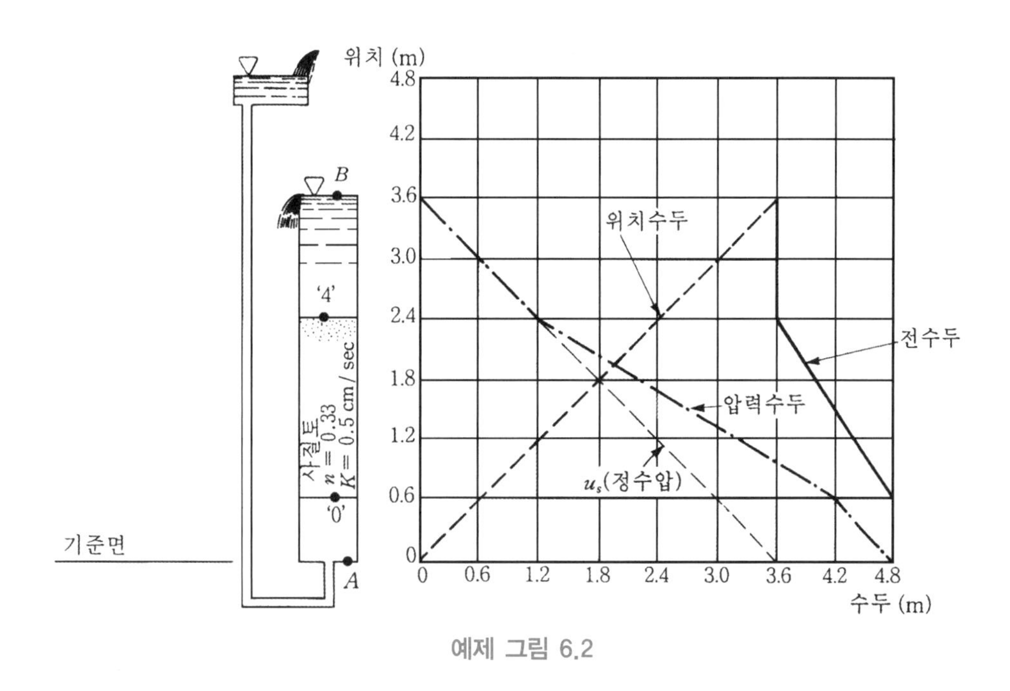

예제 그림 6.2

② B점과 '4'점의 전수두는 같고 그 크기는 3.6m

B점: 전수두=3.6m, 위치수두=3.6m, 압력수두=0m
'4'점: 전수두=3.6m, 위치수두=2.4m, 압력수두=1.2m

전수두는 '0'점, 즉 하부의 4.8m로부터 '4'점, 즉 상부의 3.6m로 높이가 높아질수록 줄어들 것이다. 즉, 전수두가 낮아지는 쪽으로 물이 흐르므로 이는 상방향 흐름이 된다. 그림에서 압력수두와 정수압에 의한 수두를 비교해보면 압력수두가 정수압에 의한 수두보다 크다. 즉, 임의로 저부쪽에 정수압보다 큰 압력을 새로 가해야만 물은 상방향으로 흐를 수 있다.
'상방향 흐름에서의 수압은 정수압보다 커야 한다.'

[예제 6.3] 다음 예제 그림과 같이 흙의 종류가 다른 두 흙을 통과하여 투수가 일어나는 경우의 전수두, 위치수두, 압력수두의 다이아그램을 그려라.

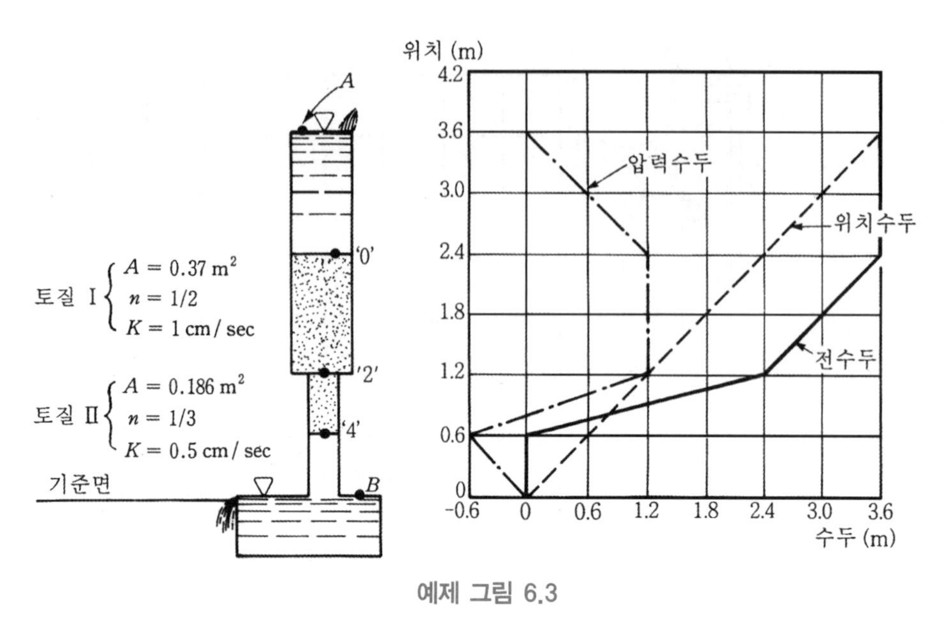

예제 그림 6.3

[풀 이] '0'점과 '4'점에서의 전수두는 (예제 6.1)과 동일한 방법으로 구할 수 있다.

다만, 이 문제에서는 '2'점에서의 전수두를 쉽게 구할 수 없다는 데 문제의 주안점이 있다. '0'~'2' 사이와 '2'~'4' 사이 각각에서는 전수두가 직선적으로(linear하게) 줄어드나, '2'점을 중심으로 줄어드는 기울기에는 차이가 있을 수밖에 없다. 이 문제를 풀기 위하여는 기본적으로 Darcy의 법칙 외에 연속성 법칙을 이용하여야 한다. 1차원 흐름조건에서는 다음과 같은 단순한 연속성 법칙을 이용할 수 있다. 즉, 토질 I에서 흐르는 유량과 토질 II에서 흐르는 유량은 같다는 연속법칙이다.

토질 I: $q_{\text{I}} = K_{\text{I}} i_{\text{I}} A_{\text{I}}$

토질 II: $q_{\text{II}} = K_{\text{II}} i_{\text{II}} A_{\text{II}}$

연속성 조건: $q_{\text{I}} = q_{\text{II}}$

$$K_{\text{I}} i_{\text{I}} A_{\text{I}} = K_{\text{II}} i_{\text{II}} A_{\text{II}} \qquad \text{(i)}$$

'2'점에서의 전수두를 $h_{(2)}$라 하면

$$i_{\text{I}} = \frac{\Delta h_{\text{I}}}{\Delta l_{\text{I}}} = \frac{3.6 - h_{(2)}}{1.2} \qquad \text{(ii)}$$

$$i_{\mathrm{II}} = \frac{\Delta h_{\mathrm{II}}}{\Delta l_{\mathrm{II}}} = \frac{h_{(2)} - 0}{0.6} \qquad \text{(iii)}$$

식 (ii), (iii)를 식 (i)에 대입하여 풀면 $h_{(2)} = 2.4\text{m}$가 된다.

일단 '2'점에서의 전수두 $h_{(2)}$를 구했으면, 나머지 문제들을 푸는 요령은 전과 동일하다. 손실수두를 보면 토질 I에서 1.2m, 토질 II에서 2.4m 일어났다. 토질 II의 시료높이가 토질 I의 절반인 것을 감안하면 토질 II에서의 수두손실이 훨씬 큰 것을 알 수 있는데, 이는 토질 II의 투수계수가 토질 I의 투수계수보다 작은 것과 물이 흐르는 단면적에 기인한다. 즉, 투수계수와 단면적이 작아 상대적으로 흙 속으로 물이 힘들게 빠져나가기 때문에 손실수두가 크게 발생한다.

예제 그림 6.3에서 보듯이 전수두에서 위치수두를 감하여 얻어진 압력수두분포를 보면, 기준면~'4'점 사이에서의 압력수두는 '−'임을 알 수 있다. 이는 수압이 대기압보다 작다는 것을 의미한다(B점에서는 대기압 상태이므로 압력은 '0'이다).

6.2 투수계수

6.2.1 투수계수의 정의

Darcy의 법칙은 '흙 속의 물의 흐름에서 유출속도는 동수경사에 비례한다'로 정의된다고 하였다. 즉,

$$v = Ki \qquad (6.6)$$

이때의 비례상수인 K를 투수계수로 정의하였다. 토목분야의 지반공학 기술자들은 투수계수를 영어로 'coefficient of permeability'라는 용어로 사용하나, 지질학자들은 'hydraulic conductivity'라고 하므로 혼동이 없길 바란다.

투수계수에 영향을 미치는 요소에는 여러 가지가 있다. 즉, 흙 입자 사이의 간극의 분포, 흙 입자의 분포, 간극비, 흙 입자 광물의 거칠기, 흐르는 유체의 점성, 포화도 등이 그것이다. 특히 점토 사이를 흐르는 경우에는 점토의 구조조직과 이중층수의 두께 등도 투수계수의 크기를 좌우하는 중요한 요소가 된다. 어찌 되었든지, 입자의 크기가 크면 클수록 투수계수가 큰 것은 당연할 것이다. 각 흙의 종류에 따른 개략적 투수계수분포가 표 6.1에 표시되어 있다. 모래는 대략 $K = 10^{-3} \sim 1\text{cm/sec}$, 점토는 10^{-6}cm/sec 이하로 보면 될 것이다.

6.2.2 투수계수를 구하기 위한 실내실험

투수계수를 구하기 위한 실내실험은 두 가지로 대별된다. 모래와 같이 비교적 투수계수가 큰 시료는 정수위실험(constant head test)을, 점성토와 같이 투수계수가 작은 시료는 변수위실험(falling head test)을 하게 된다.

1) 정수위실험

근본적으로 정수위실험의 원리는 Darcy가 실험했던 시험기와 거의 같다. 그림 6.4에 정수위실험의 모식도가 그려져 있다.

실험은 그림 6.4의 A수위면 및 B수위면을 계속 유지하도록 A부분에서는 계속 물을 공급하고 B부분에서 넘치는 물은 플라스크에 받으며, 물을 계속 흘려보낸다. t시간 동안 플라스크에 유입된 유량을 Q라 하자. 실험결과의 해석을 위해서는 다음의 순서를 밟아야 한다.

(1) 투수문제를 풀기 위해서는 우선적으로 기준면(datum)을 설정하여야 한다. 그림 6.4에서는 하부 쪽 수면을 기준면으로 설정하였다.

(2) 투수문제에서 소문자 'h'는 전수두를 의미한다. 그림에서 보면 A점에서는 '전수두=위치수두'이며 그 값이 h임을 알 수 있다.

(3) A, A', '0'점은 공히 전수두가 같고 그 값은 h이다.

(4) B, B', '4'점은 공히 전수두가 같고 그 값은 0이다.

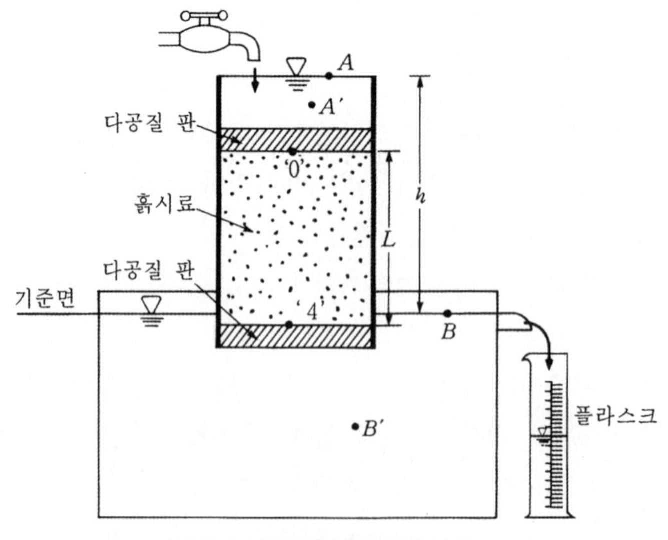

그림 6.4 정수위실험 장치 모식도

위의 결과들을 종합해보면 물이 흙을 통과하기 직전의 전수두는 h, 통과 직후의 전수두는 0으로서 흙을 통과하면서 $h-0=h$의 손실수두가 생겼다.

$$동수경사\ i=\frac{h-0}{L}=\frac{h}{L}$$

시간 t 동안에 플라스크에 담긴 유량을 Q라 하면 Darcy의 법칙으로부터

$$Q=vAt$$

$$=KiAt=K\frac{h}{L}At$$

$$따라서,\ K=\frac{QL}{Aht} \quad (6.8)$$

으로 투수계수를 구할 수 있다.

표 6.1 투수계수의 개략적인 분포

토질의 종류	K(cm/sec)
깨끗한 자갈	100~1
조립질 모래	1.0~0.01
세립질 모래	0.01~0.001
실트성 점토	0.001~0.00001
점토	<0.000001

2) 변수위실험

변수위실험은 투수계수가 너무 작아서, 시간이 많이 흘러도 유출량이 너무 작아서 정수위실험이 곤란한 경우에 행하는 실험이다. 그림 6.5와 같이 흙 시료 위로 스탠드파이프(stand pipe)를 꽂고 여기에 물을 채웠을 때, 시간이 감에 따라 유출량이 소량만 생겨도 스탠드파이프상의 수위는 눈에 띌 정도로 내려갈 것이다. 스탠드파이프의 수위가(수두가) 시간에 따라 계속하여 변한다고 해서 변수위실험으로 불린다.

실험은 먼저 스탠드파이프상에 h_1만큼 물을 채운다($t_1=0$). 시간 t까지 기다렸다가, 이때의 수위선 h_2값을 기록한다. 실험결과로부터 투수계수를 구하는 과정은 다음과 같다. 먼저 기준면은 하류 쪽 수면으로 한다. 이렇게 되면 수위의 높이는 전수두가 될 것이다. 시간 t일 때의

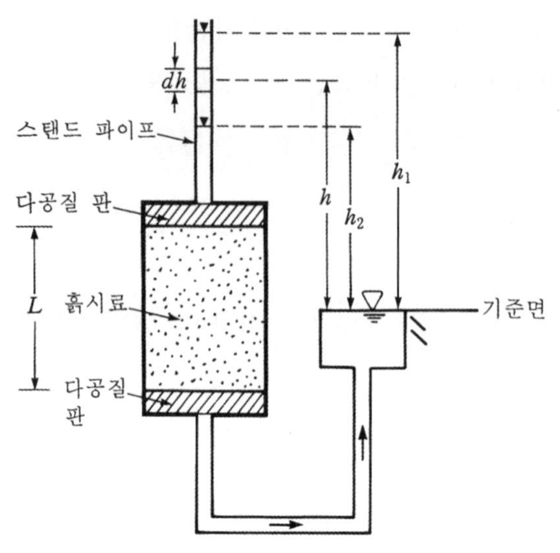

그림 6.5 변수위실험 장치 모식도

수위, 즉 전수두를 h라고 하자. 단위시간 dt 동안에 dh의 수위 하락이 있었다면 이로 인한 유량감소는

$$dQ = a(-dh) \qquad Ⓐ$$

여기서, a = 스탠드파이프의 단면적이며, 수위선은 계속 하락하므로 dh값은 (–)이기 때문에, 양수로 만들어주기 위해, dh 앞에 (–)부호를 붙였다.

한편 dt시간 동안 흙을 빠져나간 유출량은

$$dQ = KiAdt = K\frac{h}{L}Adt \qquad Ⓑ$$

위의 두 유량은 같아야 하므로 Ⓐ=Ⓑ, 즉

$$a(-dh) = K\frac{h}{L}Adt$$

위 식을 정리하면,

$$dt = \frac{aL}{AK}\left(-\frac{dh}{h}\right) \tag{6.9}$$

식 (6.9)를 시간 $t=0$부터 $t=t$까지 적분하면,

$$\int_0^t dt = \frac{aL}{AK}\int_{h_1}^{h_2}\left(-\frac{dh}{h}\right)$$

$$t = \frac{aL}{AK}\ln\frac{h_1}{h_2} \quad \text{또는}$$

$$K = 2.303\frac{aL}{At}\log_{10}\frac{h_1}{h_2} \tag{6.10}$$

으로 투수계수를 구할 수 있다.

6.2.3 투수계수를 구하기 위한 현장실험

토질역학의 각종 계수들은 불확정성이 워낙 크다는 것은 주지의 사실이나, 그 중에서도 가장 불확실하고 변동폭이 큰 것이 투수계수이다. 실내투수실험의 경우, 채취된 시료의 현장 대표성에 문제가 있기 때문에 그 결과에는 항상 신뢰성이 의문시된다. 실제로 실내투수실험 결과는 실제의 투수계수보다 훨씬 작은 것이 일반적이다. 보다 신뢰성 있는 투수계수를 구하기 위하여 현장실험을 하게 되며 현장실험에는 여러 가지 종류가 있다. 이때 가장 빈번하게 실시되는 것이 시료채취 및 지반평가를 위한 미리 천공된 보링구멍(bohr hole)을 이용하여 실시하는 실험들이다.

현장실험 중에서도 가장 신뢰성 있는 실험은 우물을 설치하고 실시하는 양정실험일 것이다. 본 책에서는 양정실험을 이용한 투수계수 산정법을 주로 서술할 것이다. 양정실험결과를 정리하는데, 역시 투수의 기본이론을 적용해야 하므로, 투수이론을 이해하는 데 도움이 되기 때문이다. 양정실험은 가장 신뢰성 있는 실험이기는 하나 실험에 드는 비용이 많은 것이 단점이다.

1) 자유수에 대한 양정시험

여기서 자유수(unconfined aquifer)란 지하수가 갇혀 있지 않고 자유로운 상태로 있는 경우를 말한다. 그림 6.6과 같이 자유수가 불투수층 위에 존재하는 경우에 양정실험에 의하여 투수계수를 구하는 방법을 보자.

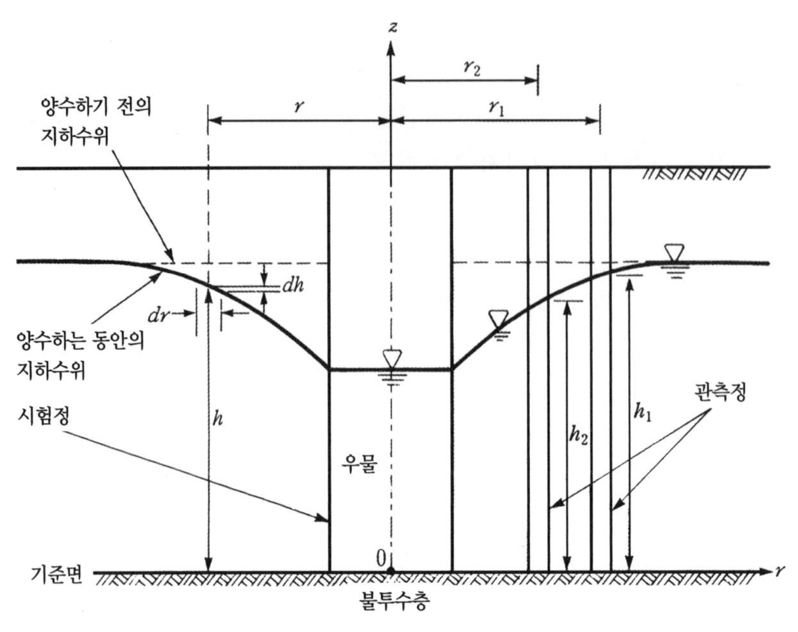

그림 6.6 자유수의 양정시험

우물을 파고 펌프를 사용하여 양정을 실시하면 지하수위가 하강하기 시작할 것이다. 계속하여 양정하면 더 이상의 지하수위 변동이 없는 정상상태(steady-state)의 지하수위 선(굵은 실선)이 형성될 것이다. 이때 측정해야 하는 것은 우물 중심으로부터 r_1, r_2 떨어진 곳에서의 지하수위 h_1, h_2이다. 이는 관측정을 따로 파서 측정하여야 한다. 또한 단위시간당의 양정량 q를 측정한다.

기준면

불투수층 상단을 기준면으로 한다. 이때, 지하수위는 전수두가 될 것이다.

기본가정

지하수는 근본적으로 수평방향으로 흐른다고 가정한다(Dupuit의 가정).

동수경사

우물에서 반경 r인 점에서 dr만큼 떨어진 곳의 지하수위 차(즉, 전수두 차)를 dh라고 하면, Dupuit 가정에 의하여 물이 흐른 거리는 수평길이 dr이 될 것이다.

따라서 $i = \dfrac{dh}{dr}$가 된다.

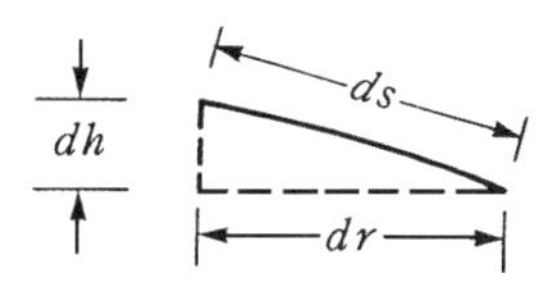

이때는 r이 증가할수록 h가 증가하므로, 즉 r의 방향이 물이 흐르는 방향과 반대이므로 $\frac{dh}{dr}$ 앞에 (−)를 붙일 필요가 없다.

<u>유입면적</u>

반경 r만큼 떨어진 곳에서의 유입면적은 다음 그림과 같이 $2\pi rh$가 된다.

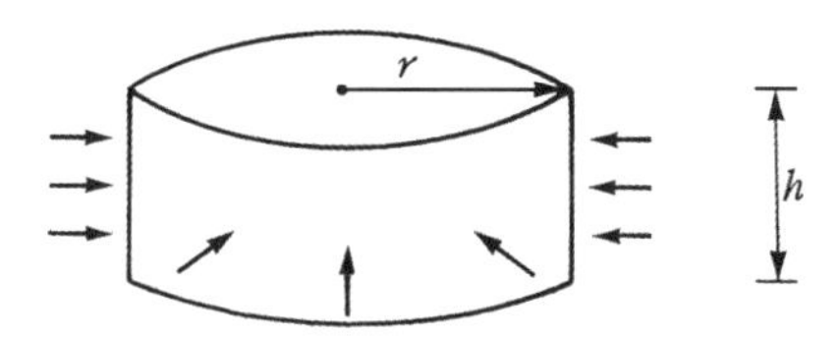

그렇다면 단위시간당 양정량 q는 다음 식과 같이 될 것이다.

$$\begin{aligned} q &= KiA \\ &= K\frac{dh}{dr}(2\pi r)h \end{aligned} \tag{6.11}$$

식 (6.11)을 r_2부터 r_1까지 다음과 같이 적분한다.

$$\int_{r_2}^{r_1} \frac{dr}{r} = \left(\frac{2\pi K}{q}\right)\int_{h_2}^{h_1} hdh$$

따라서 투수계수는 다음과 같이 표시된다.

$$K = \frac{2.303q\log_{10}\frac{r_1}{r_2}}{\pi(h_1^2 - h_2^2)} \tag{6.12}$$

2) 피압수에 대한 양정시험

피압수(confined aquifer)란 투수계수가 비교적 커서 투수가 가능한 층(quifer)이 불투수층 사이에 존재하여 압력을 받고 있는 경우를 말한다. 즉, 이때의 수압은 $u = \gamma z$처럼 수면 하에 깊어질수록 증가하는 수압이 아니라, 관수로에 작용하는 수압처럼 작용한다. 따라서 그림 6.7에서와 같이 우물이나, 피에조메타(piezometer) 관측정을 설치하였을 때에 형성된 수위는 지하수위가 아니라, 피압수에 의한 압력 때문에 상승한 수압을 의미한다.

기준면

기준면은 어느 높이에 설정해도 상관없으나, 여기서는 편의상 양정용 우물 안에 형성된 지하수위로 한다. 이때 기준면과 수압에 의한 피에조메타의 상승높이(piezometric level, 지하수위가 아님) 사이의 높이가 전수두 h이다.

예를 들어, A점에서 분석을 해보면,

- 압력수두(피압수에 의한) $= h + z$(피에조메타 높이)
- 위치수두 $= -z$(기준면 아래 z깊이)
- 전수두 = 압력수두 + 위치수두

$= h + z + (-z)$

$= h$가 된다.

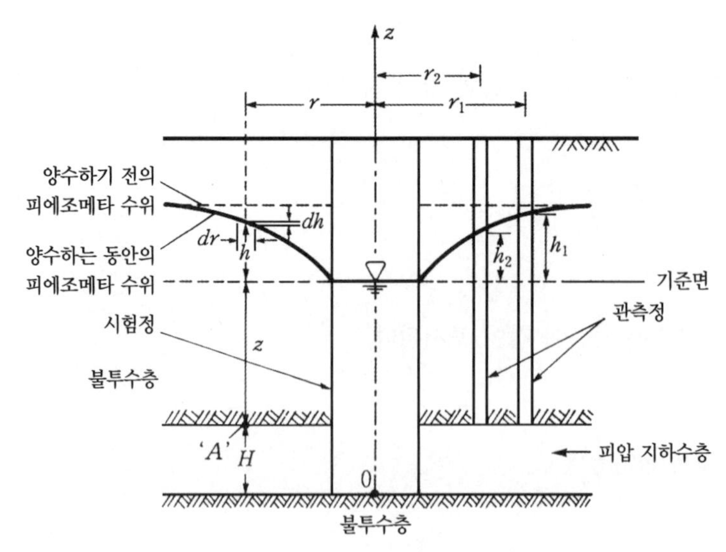

그림 6.7 피압수의 양정시험

투수계수를 구하기 위한 순서 및 원리는 자유수와 동일하며 단지 유입면적만이 자유수의 경우와 다르다.

피압수의 두께가 H이므로 유입면적 $=2\pi rH$가 된다.

따라서

$$q=K\frac{dh}{dr}2\pi rH \tag{6.13}$$

이며 $\int_{r_2}^{r_1}\frac{dr}{r}=\int_{h_2}^{h_1}\frac{2\pi KH}{q}dh$ 으로 적분하면 투수계수는

$$K=\frac{q\log_{10}\frac{r_1}{r_2}}{2.727H(h_1-h_2)} \tag{6.14}$$

가 된다.

6.2.4 투수계수 예측을 위한 경험공식

투수계수 예측을 위하여, 여타의 토질정수들과의 상관관계 도출을 위한 연구들이 이루어져 왔다. 다음에 몇 가지를 소개하고자 한다.

흙 입자의 크기가 클수록 투수계수가 커질 것은 당연할 것이다. Hazen(1930)은 투수계수가 유효입경, 즉 D_{10}의 제곱에 비례한다고 하였다.

$$K(\text{cm/sec})=cD_{10}^2 \tag{6.15}$$

여기서, $c=$ 상수(1.0~1.5 사이)

$D_{10}=$ 유효입경(mm단위)

Kozeny와 Carmen은 투수계수의 대한 이론적인 해법을 구하였으며 그들의 결과를 보면 투수계수와 간극비 사이에는 다음과 같은 비례관계가 성립한다고 하였다.

$$K \propto \frac{e^3}{1+e} \tag{6.16}$$

다만 식 (6.16)은 사질토에 주로 적용되는 식이며 점토인 경우에는 적용이 되지 않음이 밝혀졌으며 다음 식 등의 관계가 있는 것으로 알려져 있다.

$$K \propto \frac{e^n}{1+e} \tag{6.17}$$

6.2.5 층상토에서의 등가투수계수

층상토란 성질이 다른 흙이 그림 6.8과 같이 층이 지어 형성된 지반을 말한다. 대표적 층상토가 호상점토(varved clay)이다. 호상점토란 점토와 실트가 계속적으로 반복되어 층을 이룬 점토로서 빙하기 이후(post-glacial)에 형성된 지반이다. 애초에 호수였던 곳이 빙하가 녹으며 녹은 물과 함께 흙이 호수로 흘러들어오고 여름에는 우선적으로 비교적 입자가 무거운 실트가 침강하여 실트층이 형성되고, 겨울이 오면 표면이 얼어서 더 이상 호수로 흘러 들어오는 흙이 없기 때문에 호수로 이미 흘러들어온 흙 중에서 비교적 입자가 작은 점토가 침강하여 퇴적할 것이다. 이러한 일련의 침강·퇴적작용이 계속되어 형성된 것이 호상점토이다. 호상점토는 당연히 수평방향의 투수가 연직방향보다 빨리 쉽게 일어난다.

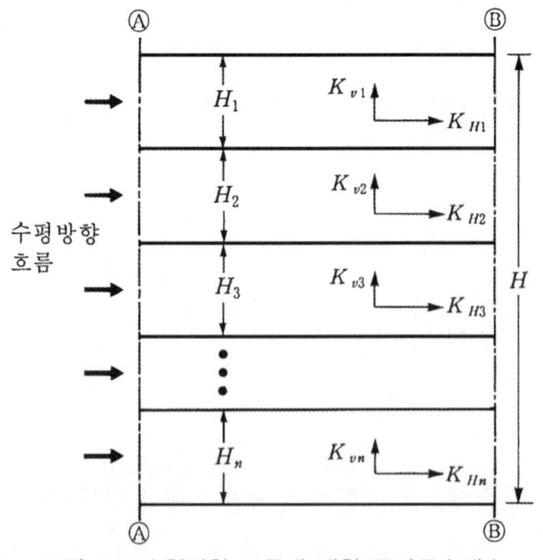

그림 6.8 수형방향 흐름에 대한 등가투수계수

층상토 흐름의 등가투수계수 산정법을 서술하고자 하며, 이를 이해하게 되면 투수의 기본이론을 이해하는 데 도움이 될 것이다.

1) 수평방향 흐름

그림 6.8과 같이 n개의 서로 다른 흙이 층상구조를 이룰 때 왼쪽에서 오른쪽으로 지하수 흐름이 있다고 하자. 수평방향 흐름만 존재하므로 각 층에서의 전수두는 같고 단지 왼쪽의 전수두가 오른쪽의 전수두보다 클 것이다.

즉, Ⓐ–Ⓐ선상의 어느 점에서도 전수두는 같고, 그 값은 Ⓑ–Ⓑ선상의 전수두보다 클 것이다. 따라서 수평방향 흐름은 다음과 같이 요약할 수 있을 것이다.

(1) 각 층에서 Ⓐ–Ⓐ와 Ⓑ–Ⓑ 사이의 동수경사는 같다. 즉,

$$i_1 = i_2 = \cdots = i_n = i_{eg} \tag{6.18}$$

(2) Ⓐ–Ⓐ에서 Ⓑ–Ⓑ선 쪽으로 흐르는 총 유량은 각 층의 유량의 합과 같다. 즉,

$$\begin{aligned} q &= v \cdot A \\ &= v \cdot 1 \cdot H \\ &= v_1 \cdot 1 \cdot H_1 \cdot + v_2 \cdot 1 \cdot H_2 + \cdots + v_n \cdot 1 \cdot H_n \end{aligned} \tag{6.19}$$

식 (6.18)에서

$$v = K_{H(eg)} \cdot i_{eg}$$

$$v_1 = K_{H1} i_1,\ v_2 = K_{H2} i_2,\ \cdots,\ v_n = K_{Hn} i_n$$

여기서, $K_{H(eg)}$ = 수평방향 등가투수계수

식 (6.18)의 관계를 위의 식에 대입하고, 이를 종합하여 식 (6.19)에 대입하여 풀면 등가투수계수는 다음 식과 같이 된다.

$$K_{H(eg)} = \frac{1}{H}(K_{H1}H_1 + K_{H2}H_2 + \cdots + K_{Hn}H_n) \tag{6.20}$$

2) 연직방향 흐름

층상토가 연직방향으로 흐르기 위해서는 수평방향으로는 전수두가 동일하고 연직방향으로는 달라야 한다. 그림 6.9와 같이 상방향 흐름이 있기 위해서는 하부 쪽의 전수두가 (Ⓑ점) 상부 쪽의 전수두(Ⓐ점)보다 커야 한다. Ⓑ점과 Ⓐ점 사이의 전수두 차를 Δh라고 하자. 연직방향 흐름의 기본원리는 다음의 두 가지이다.

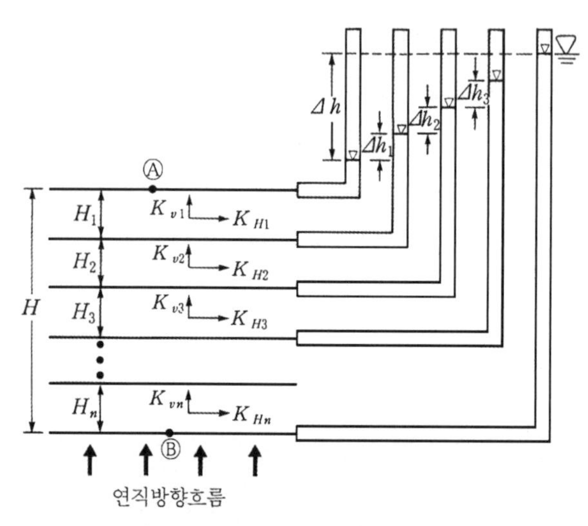

그림 6.9 연직방향 흐름의 등가투수계수

(1) 각 층의 유속은 같다. 즉,

$$v = v_1 = v_2 = \cdots = v_n \tag{6.21}$$

(2) Ⓑ점과 Ⓐ점 사이의 전수두 차 Δh는 각 층의 전수두손실을 더한 값과 같다. 즉,

$$\Delta h = \Delta h_1 + \Delta h_2 + \cdots + \Delta h_n \tag{6.22}$$

식 (6.21)로부터

$$\begin{cases} v = K_{v(eg)} i_{eg} = K_{v(eg)} \dfrac{\Delta h}{H} \rightarrow \Delta h = \dfrac{v \cdot H}{K_{v(eg)}} \\ v = v_1 = K_{v1} \cdot i_1 \rightarrow i_1 = \dfrac{v_1}{K_{v1}} = \dfrac{v}{K_{v1}} \\ v = v_2 = K_{v2} \cdot i_2 \rightarrow i_2 = \dfrac{v_2}{K_{v2}} = \dfrac{v}{K_{v2}} \\ v = v_n = K_{vn} \cdot i_n \rightarrow i_n = \dfrac{v_n}{K_{vn}} = \dfrac{v}{K_{vn}} \end{cases} \quad ⓘ$$

식 (6.22)로부터

$$\begin{aligned} \Delta h &= \Delta h_1 + \Delta h_2 + \cdots + \Delta h_n \\ &= i_1 H_1 + i_2 H_2 + \cdots + i_n H_n \end{aligned} \quad ⓘⓘ$$

위의 ⓘ 관계를 ⓘⓘ식에 대입하여 정리하면

$$\frac{v \cdot H}{K_{v(eg)}} = \frac{v}{k_{v1}} \cdot H_1 + \frac{v}{k_{v2}} \cdot H_2 + \cdots + \frac{v}{k_{vn}} \cdot H_n$$

또는

$$K_{v(eg)} = \frac{H}{\left(\dfrac{H_1}{k_{v1}}\right) + \left(\dfrac{H_2}{k_{v2}}\right) + \cdots + \left(\dfrac{H_n}{k_{vn}}\right)} \tag{6.23}$$

[예제 6.4] 다음 그림과 같이 단면이 100mm × 100mm인 튜브에 종류가 다른 흙 I, II, III을 넣고 물을 흘려보내어 총 전수두 차가 300mm를 유지하도록 하였다. 이때 각 토질의 투수계수는 다음과 같다.

$$K_{\mathrm{I}} = 10^{-2}\mathrm{cm/sec},\ K_{\mathrm{II}} = 3 \times 10^{-3}\mathrm{cm/sec},\ K_{\mathrm{III}} = 4.9 \times 10^{-4}\mathrm{cm/sec}$$

1) 단위시간당 흐르는 유량을 구하라.

2) 그림에서 보여준 A점과 '4'점 사이의 전수두 차와 B점과 '4'점 사이의 전수두 차를 구하라.

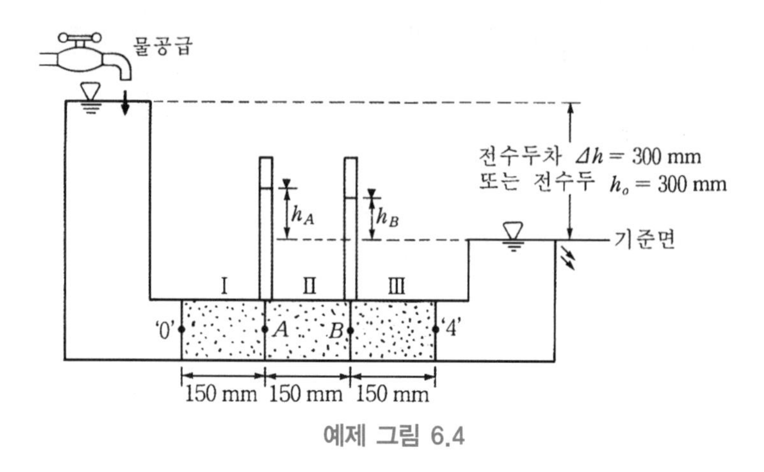

예제 그림 6.4

[풀 이] 풀이의 핵심

1) 앞서 설명한 대로, 소문자 h는 전수두에만 사용되는 용어이며 두 점 사이의 전수두 차는 Δh로 표시해야 한다. 따라서 그림의 h_o, h_A, h_B가 전수두가 되기 위해서는 하류 측 수면높이를 기준면으로 설정해야 한다.

2) 비록 흐름 자체는 수평흐름이기는 하나, 흐름이 흙과 흙 사이를 관통하여 가는 흐름이므로 이 투수는 층상토 흐름 중 오히려 연직흐름에 해당되는 원리가 적용되어야 한다. 즉, 문제해결을 위한 열쇠는

① 각 층에서의 유속(또는 유량)은 같다.

② 총 손실수두는 각 층에서의 손실수두의 합과 같다.

물론 식 (6.23)을 이용하여 등가투수계수를 구하여, 유출량을 구하는 방법이 간단하기는 하나, 본 예제에서는 원리에 입각하여 풀이하고자 한다.

$$i_{\mathrm{I}} = \frac{h_o - h_A}{\Delta l_{\mathrm{I}}} = \frac{30 - h_A}{15}$$

$$i_{\mathrm{II}} = \frac{h_A - h_B}{\Delta l_{\mathrm{II}}} = \frac{h_A - h_B}{15}$$

$$i_{\text{III}} = \frac{h_B - h_4}{\Delta l_{\text{III}}} = \frac{h_B}{15}$$

$v_{\text{I}} = v_{\text{II}} = v_{\text{III}}$ ((i)적용)

$$K_{\text{I}} i_{\text{I}} = K_{\text{II}} i_{\text{II}} \rightarrow 10^{-2} \times \frac{30 - h_A}{15} = 3 \times 10^{-3} \times \frac{h_A - h_B}{15}$$

$$K_{\text{I}} i_{\text{I}} = K_{\text{III}} i_{\text{III}} \rightarrow 10^{-2} \times \frac{30 - h_A}{15} = 4.9 \times 10^{-4} \times \frac{h_B}{15}$$

$$\therefore\ h_A = 28.79\text{cm},\ h_B = 24.75\text{cm}$$

$$\Delta h_{\text{I}} = h_o - h_A = 30 - 28.79 = 1.21\text{cm}$$

$$\Delta h_{\text{III}} = h_B - h_4 = 24.25 - 0 = 24.25\text{cm}$$

$$i_{\text{I}} = \frac{30 - h_A}{15} = \frac{30 - 28.79}{15} = 0.0807$$

$$q = K_{\text{I}} i_{\text{I}} A = 10^{-2} \times 0.0807 \times (10 \times 10)$$

$$= 0.0807\text{cm}^3/\text{sec}$$

$$= 291\text{cm}^3/\text{hr}$$

또는

$$i_{\text{II}} = \frac{h_A - h_B}{15} = \frac{28.79 - 24.75}{15} = 0.2693$$

$$q = K_{\text{II}} i_{\text{II}} A = 3 \times 10^{-3} \times 0.2693 \times (10 \times 10) = 0.0808\text{cm}^3/\text{sec}$$

※공식 이용

$$K_{(eg)} = \frac{\Delta l}{\frac{\Delta l_{\text{I}}}{K_I} + \frac{\Delta l_{\text{II}}}{K_{\text{II}}} + \frac{\Delta l_{\text{III}}}{K_{\text{III}}}}$$

$$= \frac{45}{\frac{15}{10^{-2}} + \frac{15}{3 \times 10^{-3}} + \frac{15}{4.9 \times 10^{-4}}} = 1.213 \times 10^{-3}\text{cm/sec}$$

$$q = K_{(eg)} iA = 1.213 \times 10^{-3} \times \frac{30}{45} \times 10 \times 10$$

$$= 0.0809\text{cm}^3/\text{sec}$$

6.3 2차원 흐름

6.3.1 2차원 흐름의 기본방정식

이제까지 서술된 투수문제는 1차원 흐름이었다. 한 방향으로만 물이 흐르므로 Darcy의 법칙을 적절히 이용하면 투수문제를 풀 수 있었다. 그러나 지하수의 흐름이 2방향 또는 3방향이라면 투수문제가 그리 간단치가 않다. 단순히 Darcy의 법칙만으로는 문제가 풀리지 않는다. 다만, 이제까지 일관되게 설명한 대로 투수문제를 풀기 위하여 우선적으로 구해야 하는 것은(1차원 흐름이든지, 2·3차원 흐름이든지) 전수두이다. 각 점에서 전수두를 일단 구하면, 그 값에서 위치수두를 빼서 압력수두와 수압을 구할 수 있다.

2차원 또는 3차원 흐름의 기본방정식을 구하기 위해서는 다음의 두 가지 원리를 이용하여야 한다.

첫째, Darcy의 법칙이며,

둘째, 연속성의 법칙(continuity), 또는 질량불변의 법칙이다.

이제 이 두 가지 원리를 어떻게 조합하여 기본방정식을 구하는 지를 설명하고자 한다. 다음 그림 6.10과 같이 널말뚝(sheet pile)을 설치하고 오른쪽을 양정하여 오른쪽의 수위선을 H_2만큼 낮추었다고 하자. 널말뚝 양쪽단의 수위차 $\Delta H = H_1 - H_2$로 인하여 지하수는 왼쪽에서 오른쪽으로 흐를 것이며, 2방향 흐름이 될 것이다.

(1) 기준면은 하류측 수위면으로 설정한다. 그러면,

(2) AB면('0'점)의 전수두는 $H_1 - H_2$가 될 것이다. 즉,

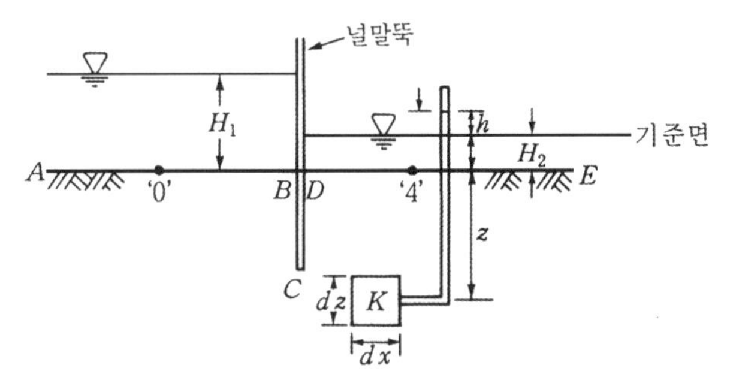

(a) 널말뚝 설치에 의한 흐름

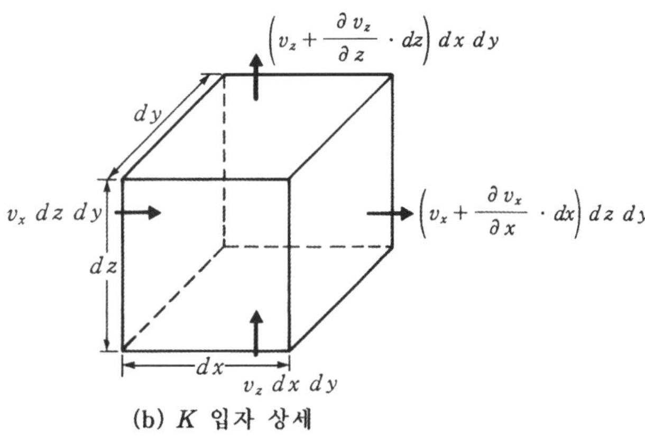

(b) *K* 입자 상세

그림 6.10 2차원 흐름의 기본원리

$$
\begin{aligned}
&\quad\text{압력수두} = H_1 (\text{수압} = \gamma_w H_1) \\
&+)\ \underline{\text{위치수두} = -H_2} \\
&\quad\text{전 수 두} = H_1 - H_2
\end{aligned}
$$

(3) DE면('4'점)의 전수두는 0이 된다.

$$
\begin{aligned}
&\quad\text{압력수두} = H_2 (\text{수압} = \gamma_w H_2) \\
&+)\ \underline{\text{위치수두} = -H_2} \\
&\quad\text{전 수 두} = 0
\end{aligned}
$$

따라서 AB면과 DE면의 수두 차 $\Delta h = H_1 - H_2$가 존재하므로 지하수는 AB면으로부터

널말뚝 하단을 통하여 궁극적으로 DE면까지 흘러갈 것이다.

지중의 임의의 곳에 있는 K입자를 생각해보자. 이 K입자에 피에조메타를 설치하였을 때의 높이는 압력수두이다. 즉, K점의 수두는 다음 식과 같다.

$$\begin{array}{rl} & \text{압력수두} = h + H_2 + z \\ +) & \underline{\text{위치수두} = -H_2 - z} \\ & \text{전 수 두} = h\text{가 된다.} \end{array}$$

K입자에 대한 전수두 h는 기준면으로부터 피에조메타 수위높이까지이다. 물론 h는 DE면의 전수두 0보다는 크고 AB면의 전수두 $H_1 - H_2$보다는 작은 값일 것이다. 문제는 이 임의의 점 K에서의 전수두 h값을 구하는 것이다. K입자를 그림 6.10(b)에서와 같이 확대하여보자. 대략 K입자에는 왼쪽과 아래쪽에서 지하수가 유입되고 오른쪽과 윗방향으로 흘러나갈 것이다.

유입량은 다음과 같다.

$$q_{in} = v_x dy\,dz + v_z dx\,dy \qquad Ⓐ$$

유출량은 다음과 같이 된다.

$$q_{out} = \left(v_x + \frac{\partial v_x}{\partial x} \cdot dx\right)^* dydz + \left(v_z + \frac{\partial v_z}{\partial z} \cdot dz\right) dx \cdot dy \qquad Ⓑ$$

☞ Note 1) 참조

여기에서, 흐름의 두 가지 기본원리를 생각한다.

첫째, Darcy의 법칙 적용이다.

$$v_x = K_x i_x = -K_x \frac{\partial h}{\partial x} \qquad Ⓒ$$

$$v_z = K_z i_z = -K_z \frac{\partial h}{\partial z} \qquad Ⓓ$$

둘째로, 연속성의 법칙이다. 만일 상류측 수위선 H_1과 하류측 수위선 H_2가 일정하다면 K 입자에 유입되는 양과 유출되는 양이 같아야 할 것이다. 즉,

$$\Delta q = q_{in} - q_{out} = 0 \qquad \text{Ⓔ}$$

만일에 유입량이 유출량보다 많다면 상류층 수위선이 상승하게 되고, 반대로 적다면 하강하게 되기 때문이다. 위의 두 가지 원리를 합하여 적용하면 다음과 같이 될 것이다.

$$\begin{aligned}
\Delta q &= q_{in} - q_{out} \\
&= v_x dydz + v_z dxdy - \left(v_x + \frac{\partial v_x}{\partial x}dx\right)dydz - \left(v_z + \frac{\partial v_z}{\partial z}dz\right)dxdy \\
&= -\left(\frac{\partial v_x}{\partial x} + \frac{\partial v_z}{\partial z}\right)dx \cdot dy \cdot dz \\
&= -\left(-K_x\frac{\partial^2 h}{\partial x^2} - K_z\frac{\partial^2 h}{\partial z^2}\right)dx \cdot dy \cdot dz \\
&= \left(K_x\frac{\partial^2 h}{\partial x^2} + K_z\frac{\partial^2 h}{\partial z^2}\right)dxdydz = 0
\end{aligned}$$

$$\therefore\ K_x\frac{\partial^2 h}{\partial x^2} + K_z\frac{\partial^2 h}{\partial z^2} = 0 \qquad (6.24)$$

만일의 경우 수평방향의 투수계수 K_x와 연직방향의 투수계수 K_z가 같다면, 즉 등방성이라면 다음 식과 같이 Laplace 방정식이 된다.

$$\frac{\partial^2 h}{\partial x^2} + \frac{\partial^2 h}{\partial z^2} = 0 \qquad (6.25)$$

식 (6.24)는 2차 편미분방정식이다. 즉, 전수두를 구하려면 편미분방정식의 해를 구해야 한다. 식 (6.24)를 풀었다면 답은 다음과 같을 것이다.

$h(x, z)$; 투수영역 공간상의 좌표(x, z)에서의 전수두

(Note 1) Taylor Series

유출속도는 유입속도에다 물이 흙 속을 흐르면서 발생하는 속도의 변화율을 더한 것과 같다. 즉, 수평방향 유출속도 $v_{x+dx} = v_x + \dfrac{\partial v_x}{\partial x} \cdot dx$ 이다.

이 식은 Taylor Series 계열을 이용한 것이다. x 점에서의 v_x 값과 미분계수 $v_x{}'$, $v_x{}''$, $v_x{}'''$ 등을 알고 있을 때, $x+dx$ 점에서의 v_x 값은 x 점에서의 값들로부터 다음과 같이 유추할 수 있다.

$$v_{x+dx} = v_x + v_x{}'dx + \frac{v_x{}''}{2\,!}dx^2 + \frac{v_x{}'''}{3\,!}dx^3 + \cdots$$

여기에서 2차 미분항 이하를 생략하면 다음과 같이 된다.

$$v_{x+dx} = v_x + v_x{}'dx = v_x + \frac{\partial v_x}{\partial x}dx$$

(Note 2) 일반적인 투수방정식

이제까지 유도한 투수방정식은 연속성의 법칙으로서, '유출량=유입량'의 관계를 이용한 소위 정상상태흐름(steady state flow)의 기본방정식이다. 더 일반적인 투수방정식을 소개하면 다음과 같다. 'K' 입자에 발생하는 유량의 증가량은,

$$\begin{aligned}\Delta q &= q_{in} - q_{out} \\ &= \left(K_x\frac{\partial^2 h}{\partial x^2} + K_z\frac{\partial^2 h}{\partial z^2}\right)dxdydz \qquad (6.26)\end{aligned}$$

'K' 입자에 존재하는 물의 양 V_w는 다음과 같다.

$$V_w = \frac{Se}{1+e}dxdydz$$

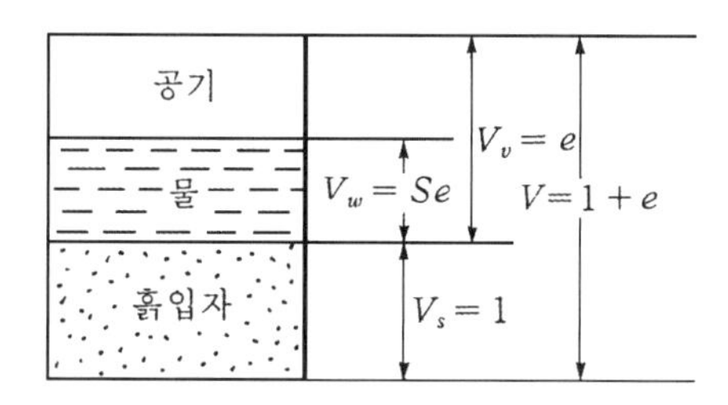

그렇다면 물의 양의 시간당 변화율은

$$\Delta q = \frac{\partial V_w}{\partial t} = \frac{\partial}{\partial t}\left(\frac{Se}{1+e} dxdydz\right)$$

여기에서(위의 그림을 참조하여) $\frac{dxdydz}{1+e}$는 흙 입자(soild)의 체적으로서 일정하므로

$$\Delta q = \frac{dxdydz}{1+e} \frac{\partial (Se)}{\partial t} \tag{6.27}$$

식 (6.26)과 (6.27)을 같게 놓으면

$$\left(K_x \frac{\partial^2 h}{\partial x^2} + K_z \frac{\partial^2 h}{\partial z^2}\right) dxdydz = \frac{dxdydz}{1+e} \frac{\partial (Se)}{\partial t}$$

또는

$$K_x \frac{\partial^2 h}{\partial x^2} + K_z \frac{\partial^2 h}{\partial z^2} = \frac{1}{1+e}\left(e \frac{\partial S}{\partial t} + S \frac{\partial e}{\partial t}\right) \tag{6.28}$$

식 (6.28)은 일반적인 흙 속의 물의 흐름방정식이다.
이 식은, e와 S의 조건에 따라서 여러 가지의 다른 문제들의 기본방정식이 된다.

① e와 S가 모두 일정한 경우

흙의 구조(soil matrix)의 체적변형도 없고 포화도 $S=1$인 경우이므로 식 (6.24)와 같은 정상상태 흐름방정식이 된다.

② e는 변량이고 $S=1$로서 일정한 경우

포화된 경우로서 물이 흐름에 따라 체적변형이 발생하는 경우이다. 계속되는 물의 공급 없이 물이 빠져나가기만 하는 경우, 계속적으로 체적감소가 일어나며 이를 압밀(consolidation)이라고 한다.

③ e는 일정하고 S가 변하는 경우

물이 흐르면서 포화도가 계속하여 변하는 경우이므로 이는 불포화토 흐름(partially saturated flow)으로 불린다.

④ e와 S가 모두 변하는 경우

불포화토 흐름에 의하여 체적변형이 일어나는 경우로 가장 복잡한 흐름방정식이다.

6.3.2 유선망을 이용한 2차원 투수방정식의 해

1) 기본 개념

식 (6.24) 혹은 (6.25)의 2차원 투수방정식은 2차 편미분방정식이므로 이를 수학적으로 풀어야 전수두 h를 구할 수 있는데, 2차 편미분방정식은 경계조건(boundary condition)이 아주 단순한 경우가 아니고는 이론해를 구할 수 없는 경우가 대부분이다. 다만, 현대에는 컴퓨터의 발달과 함께 수치해석법의 도입으로 편미분방정식의 근사해를 얼마든지 구할 수 있다.

전통적으로는 복소수 및 벡터이론에 근거한 근사해법이 많이 사용되어 왔는데, 이는 유선망(flow net)을 그려서 전수두를 구하는 일종의 작도법이다. 식 (6.25)의 Laplace 방정식을 수학적으로 다시 모델링하면, 다음과 같은 두 개의 Laplace 방정식으로 유도된다. 이에 대한 상세한 사항은 Das(1997)의 책을 참조하기 바란다.

$$\frac{\partial^2 \phi}{\partial x^2}+\frac{\partial^2 \phi}{\partial z^2}=0 \tag{6.29}$$

$$\frac{\partial^2 \psi}{\partial x^2}+\frac{\partial^2 \psi}{\partial z^2}=0 \tag{6.30}$$

여기에서 $\phi(x,\ z)$, $\psi(x,\ z)$는 각각 포텐셜 함수로서 다음과 같다.

① $\phi(x,\ z)$ 포텐셜 함수값이 같은 점을 연결한 선을 등수두선(equipotential line)이라 하

며, ϕ포텐셜선의 방향은 유속의 속도벡터 방향과 직교한다. 등수두선은 전수두가 같은 값을 가지는 점을 연결한 선으로 생각하면 된다.

② $\psi(x, z)$ 포텐셜 함수값이 같은 점을 연결한 선을 流線(flow line)이라 하는데 이는 ψ포텐셜선의 방향이 유속의 속도벡터와 같기 때문이다. 즉, ψ포텐셜이 같은 선은 물이 흐르는 길을 표시한다.

등수두선과 유선을 한꺼번에 그린 것을 유선망(flow net)이라 하며, 이 유선망을 그리고 이를 분석하면 전수두와 유출량을 개략적으로 구할 수 있다.

유선망을 그리는 기본원리는 다음과 같다.

(1) 등수두선(equipotential line)과 유선(flow line)은 서로 직교하여 만나게 된다.
(2) 등수두선과 유선으로 둘러싸인 요소는 될수록 정사각형(curvilinear square)이 되도록 한다.

그림 6.11에 널말뚝 밑으로 흐르는 2차원 투수를 분석하기 위한 유선망을 보여준다. 그림 6.11(a)에서 보여주는 것과 같이 등수두선상에 피에조메타를 꽂았을 때의 수위선은 같아지게 된다. 전수두가 같은 선이기 때문이다. 그림 6.11(b)에서 유선망을 구하기 위한 경계조건 및 기본원리를 나열하면 다음과 같다.

(1) 하류 측 수위선을 기준면으로 설정할 때,
- AB면은 등수두선이 된다(전수두$=H_1-H_2$).
- DE면도 등수두선이며, 전수두$=0$이다.

(2) BCD선은 유선이며, 불투수층과 만나는 FG선도 유선이 된다.
위의 경계조건과 함께 등수두선과 유선이 직교로 만나게 하고, 둘러싸인 요소는 될수록 정사각형이 되도록 유선망을 그리면 그림 6.11(b)와 같이 될 것이다. 유선망을 그리는 것은 그리 쉽지 않으며, 계속하여 수정을 가하여 완성되게 된다.

유선망을 그린 결과는 다음과 같다.

(1) AB면으로부터 DE면으로 갈 때까지의 수두손실 칸수(number of potential drop)는 $N_d=6$칸이다.

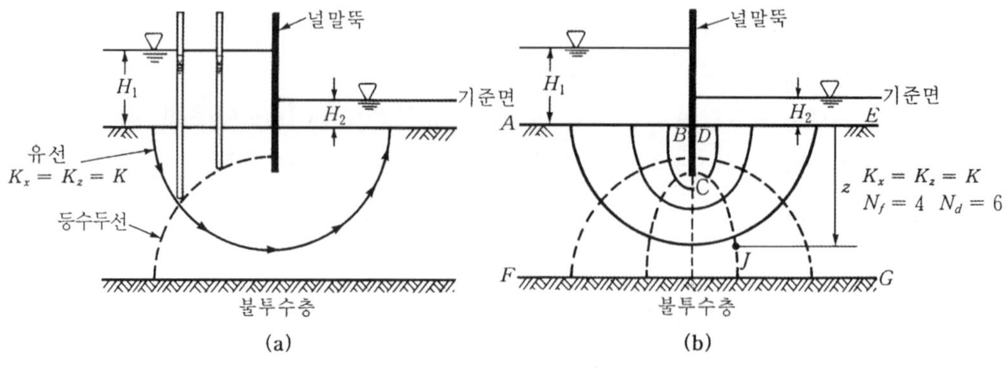

그림 6.11 널말뚝 및 2차원 흐름해석을 위한 유선망

(2) 유선과 유선으로 이루어지는 유선채널 수(number of flow channel)는 $N_f = 4$이다.

2) 유선망의 특성

그림 6.11과 같이 유선망을 그릴 수 있는 기본원리를 이용하여 유선망을 그렸다고 하자. 유선망을 그리는 목적이 각 점에서의 전수두를 구하고, 또 침투유량을 구하는 데 있다는 것은 이미 서술한 바와 같다. 이러한 값들을 유선망으로부터 구하기 위해서는 우선 유선망의 특성을 알아야 한다. 물론 수학적 이론을 사용하면 2차원(또는 3차원)흐름에서도 유선망의 특성을 설명할 수 있으나, 여기서는 편의상 1차원 흐름의 유선망으로부터 원리를 설명하고자 한다. 물론 1차원 흐름은 Darcy의 법칙만으로도 충분히 해석이 가능하므로 유선망을 그릴 필요는 없다. 단순한 예로서 정수위실험과 같은 그림 6.12의 1차원 흐름을 보자(단, 흙시료의 두께는 단위길이로 가정). 그림에서 물이 흙을 빠져나가면서 h만큼의 수두의 손실이 있으므로 전수두는 '0'점의 h에서 '4'점의 0으로 직선적으로(linear) 줄어들 것이다.

유선망은 전술한 대로 유선과 등수두선이 직교하고 정사각형이 되도록 그린다. 그림 6.12(b)에서 보면 $N_d = 6$, $N_f = 5$이다. 여기에서 보면, 전수두는 직선적으로 감소하므로 등수두선이 하나씩 떨어질 때마다, 전수두가 $\frac{1}{6}$씩 떨어짐을 알 수 있다. 즉, 등수두선 사이의 손실수두는 같으며, $\Delta h = \frac{h}{6}$가 됨을 알 수 있다. 한편 '0'점과 '4'점 사이의 동수경사는 항상 $\frac{h}{L}$이므로 유선과 유선 사이의 침투유량은 항상 같다. 이를 정리하면 다음과 같다.

(1) 인접한 두 유선 사이를 흐르는 침투유량은 어느 유선 사이이든 간에 동일하다. 유선 사이의 유량을 Δq라 하면 총 침투유량은 다음과 같이 될 것이다.

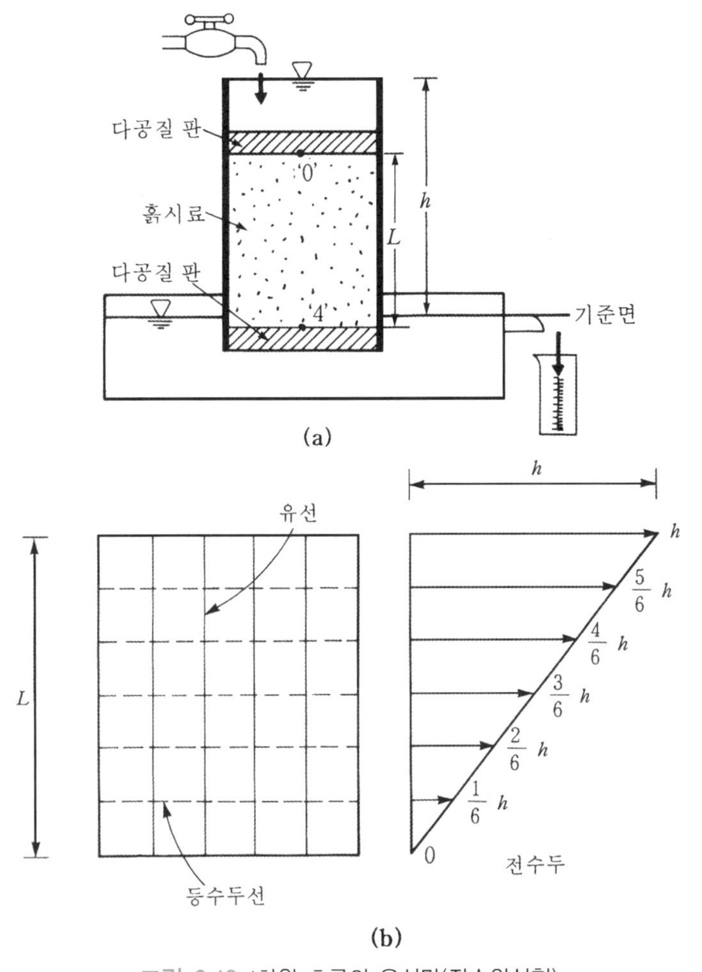

그림 6.12 1차원 흐름의 유선망(장수위실험)

$$q = \sum_{i=1}^{N_f} \Delta q_i = N_f \cdot \Delta q$$

(2) 인접한 두 등수두선 사이의 수두손실(이를 potential drop이라 함)은 어느 등수두선 사이이건 간에 동일하다. 총 손실수두(즉, 전수두 차)를 ΔH라고 하면 등수두선 사이의 수두손실은 다음과 같이 될 것이다.

$$\text{등수두선 사이의 수두손실 } \Delta h = \frac{\Delta H}{N_d} \tag{6.31}$$

3) 2차원 흐름의 침투유량

앞에서 유선망의 두 가지 특성에 대하여 서술하였다. 그림 6.11(b)에서의 유선망 중에서 한 흐름 채널을 확대해보면 다음 그림 6.13과 같다. 그림에서 h_1, h_2 등은 각 등수두선에서의 전수두이다. 이 채널에서의 유량은 다음과 같다. 즉,

$$\Delta q = KiA = K\left(\frac{h_1 - h_2}{l_1}\right)l_1 = K\left(\frac{h_2 - h_3}{l_2}\right)l_2 = \cdots$$

$$= K\Delta h = K\frac{\Delta H}{N_d} \qquad (6.32)$$

따라서 N_f칸의 유로 채널수(number of flow channel)에 흐르는 전 침투유량은 다음 식과 같이 된다.

$$q = K \cdot \Delta H \frac{N_f}{N_d} \qquad (6.33)$$

여기서, ΔH = 지하수의 유입부와 유출부 사이의 총 전수두 차

N_f = 유로 채널수(number of flow channel)

N_d = 수두손실 칸수(number of potential drop)

예를 들어, 그림 6.11(b)의 유선망에서, 침투유량을 구해보면 다음과 같다.

$\Delta H = AB$면의 전수두 $-$ DE면의 전수두

$= (H_1 - H_2) - 0 = H_1 - H_2$

$N_f = 4$

$N_d = 6$

$\therefore\ q = K \cdot \Delta H codt \frac{N_f}{N_d} = K(H_1 - H_2) \cdot \frac{4}{6}$

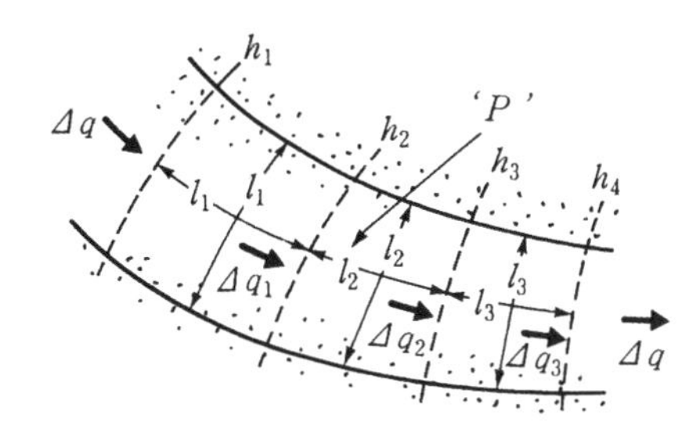

그림 6.13 유선 채널을 통하여 흐르는 침투유량

4) 동수경사

유선망의 한 요소(그림 6.13의 요소 'P')에서의 동수경사는 다음과 같이 구할 수 있을 것이다.

$$i = \frac{\Delta H / N_d}{l_2} = \frac{\Delta h}{l_2} \tag{6.34}$$

여기서, $\Delta h = \Delta H / N_d$ = 수두손실

l_2 = 요소의 길이

5) 전수두 및 수압을 구하는 법

유선망을 작도법으로 그렸다고 하자. 등수두선상에서의 전수두는 같을 것이며, 등수두선은 인접한 등수두선으로 감에 따라 수두손실이 $\frac{\Delta H}{N_d}$ 만큼씩 발생될 것이다. 그림 6.11(b)를 예로 설명하고자 한다. 예를 들어, 등수두선상의 'J'점에서의 전수두, 수압을 구해보자. 전체 등수두선의 칸수 $N_d = 6$이며, J점이 있는 등수두선은 첫 번째 등수두선인 AB면으로부터 네 번째, 혹은 마지막 등수두선인 DE면으로부터 두 번째 등수두선이다.

따라서

$$\begin{aligned} \text{전수두} &= AB\text{면의 전수두} - \frac{\Delta H}{N_d} \cdot 4 \\ &= (H_1 - H_2) - \frac{(H_1 - H_2)}{6} \cdot 4 = \frac{H_1 - H_2}{3} \end{aligned}$$

또는,

$$전수두 = DE면의\ 전수두 + \frac{\Delta H}{N_d} \cdot 2$$

$$= 0 + \frac{(H_1 - H_2)}{6} \cdot 2 = \frac{H_1 - H_2}{3}$$

$$위치수두 = - H_2 - z$$

$$압력수두 = 전수두 - 위치수두$$

$$= \frac{(H_1 - H_2)}{3} - (- H_2 - z)$$

$$= \frac{H_1}{3} + \frac{2}{3} H_2 + z$$

$$수압 = \gamma_w \cdot (압력수두)$$

$$= \gamma_w \left(\frac{H_1}{3} + \frac{2}{3} H_2 + z \right)$$

[예제 6.5] 널말뚝 밑으로 흐르는 2차원 흐름의 유선망은 예제 그림 6.5.1과 같다.

(1) $A \sim I$점의 수압을 구하라.

(2) 널말뚝 밑으로 흐르는 침투유량을 구하라.

(3) 'P'요소에서의 동수경사(exit gradient)를 구하라.

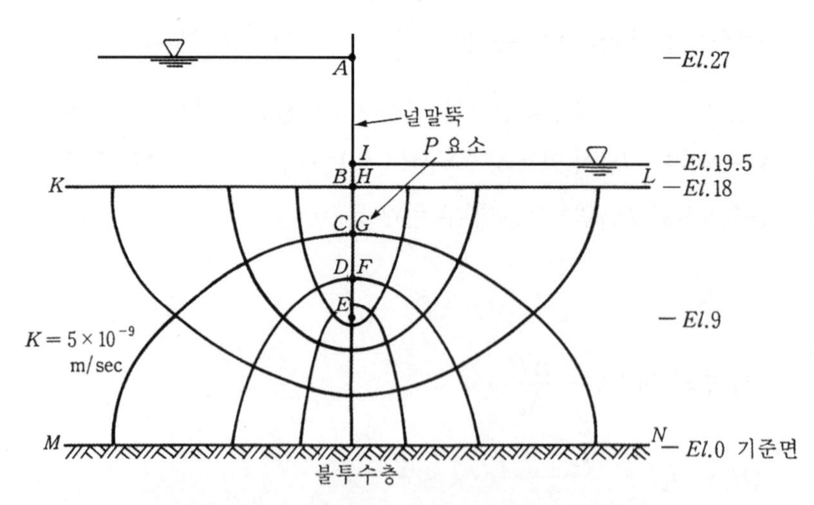

예제 그림 6.5.1 널말뚝 밑으로 흐르는 2차원 흐름

[풀 이] 예제 그림 6.5.1에서 기준면을 불투수층과의 경계선으로 하였다.

유선망으로부터 $N_f = 4$

$N_d = 8$

수두손실$= \dfrac{\Delta H}{N_d} = \dfrac{27 - 19.5}{8} = 0.9375\text{m}/$칸

(1) 각 점에서의 위치수두, 전수두, 압력수두, 수압은 예제 표 6.5와 같다. 한 예로 D점의 수압을 구해보면 다음과 같다.

$$\text{전수두 } h = KB\text{면에서의 전수두} - \frac{\Delta H}{N_d} \cdot 2$$

$$= 27.0 - 0.9375 \times 2 = 25.13\text{m}$$

위치수두 $h_e = 11.7\text{m}$

압력수두 $h_p = h - h_e = 25.13 - 11.7 = 13.43\text{m}$

수압 $u = \gamma_w h_p = 9.81 \times 13.43 = 131.7\text{kN/m}^2$

예제 표 6.5

위치	위치수두(m) (1)	전수두(m) (2)	압력수두(m) (3)=(2)−(1)	수압(kN/m^2) (4)=(3)×γ_w
A	27.0	27.0	0	0
B	18.0	27.0	9.00	88.3
C	14.7	26.06	11.36	111.4
D	11.7	25.13	13.43	131.7
E	9.0	23.25	14.25	139.8
F	11.7	21.38	9.68	95.0
G	14.7	20.44	5.74	56.3
H	18.0	19.5	1.50	14.7
I	19.5	19.5	0	0

수압을 그림으로 표시하면 다음과 같다.

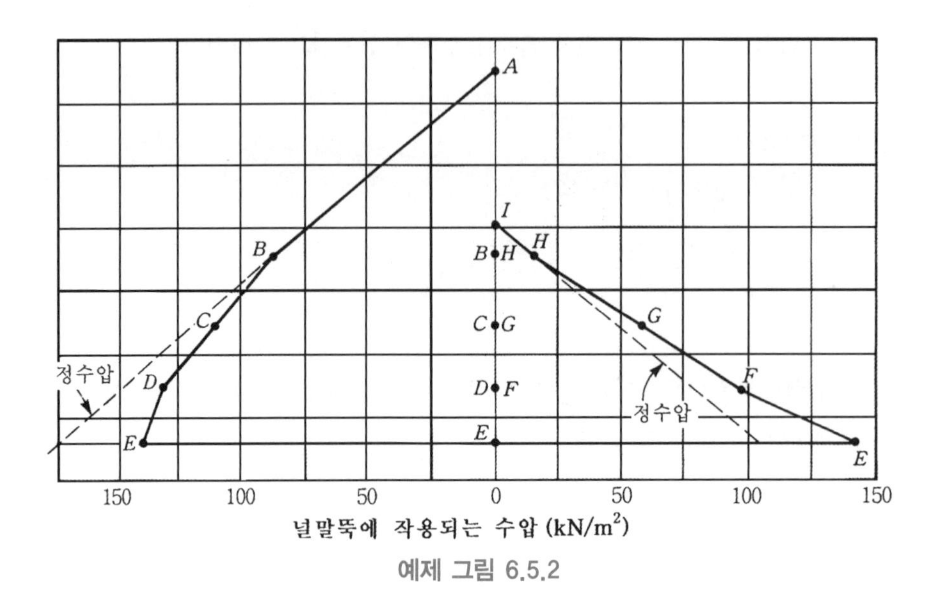

예제 그림 6.5.2

그림의 수압분포를 보면 상류쪽은 수압이 정수압보다 떨어지고 하류쪽은 정수압보다 커짐을 알 수 있다. 이를 한마디로 다음과 같이 요약할 수 있다. 상류 쪽에서는 주로 하방향으로, 하류 쪽에서는 반대로 상방향으로 흐른다.

'하방향 흐름은 정수압에 비하여 수압의 감소를 가져오고, 상방향 흐름은 수압의 상승을 발생시킨다.'

(2) 침투유량

$$q = K\Delta H \frac{N_f}{N_d}$$

$$= 5 \times 10^{-9}(\text{m/sec}) \times (27 - 19.5) \times \frac{4}{8}/\text{m}$$

$$= 18.75 \times 10^{-9}\text{m}^3/\text{sec/m}\ (\text{단위폭당})$$

(3) 'P' 요소에서의 동수경사(exit gradient)

'GH' 사이의 길이=18−14.7=3.3m

$$i = \frac{\Delta H/N_d}{\Delta l} = \frac{0.9375}{3.3} = 0.28$$

[예제 6.6] 다음 예제 그림 6.6에서와 같이, 콘크리트 댐 하부로 2차원 침투가 일어나며 유선망은 그림과 같다. 콘크리트 댐 하부에서 발생되는 양압력을 구하라.

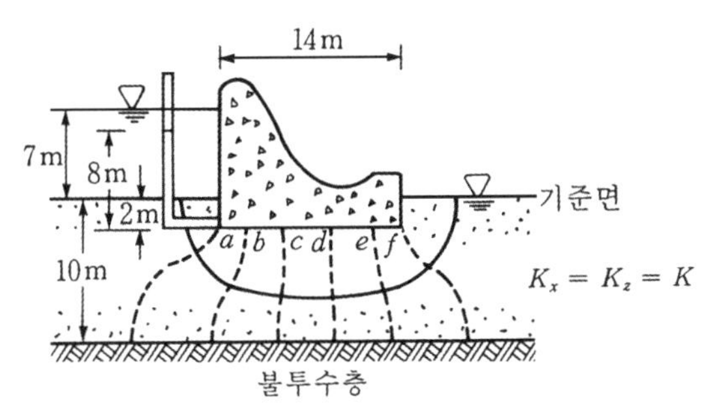

예제 그림 6.6 콘크리트 댐 하부로의 침투

[풀 이] 콘크리트 댐 하부에서의 수압을 구하여 분포도를 그리고 이를 적분하면 양압력을 구할 수 있다.

$N_f = 2,\ N_d = 7$

$\Delta H = 7 - 0 = 7\text{m}$

$\Delta h = \dfrac{\Delta H}{N_d} = \dfrac{7}{7} = 1\text{m}/$칸

a점: 전수두=7-1=6m

위치수두=-2m

압력수두=6-(-2)=8m

수압=9.81 × 8×78.48kN/m^2

b점: 전수두=7-2=5m

위치수두=-2m

압력수두=5-(-2)=7m

수압=9.81 × 7=68.67kN/m^2

같은 방법으로 c점: 수압=58.86kN/m^2

d점: 수압=49.05kN/m^2

e점: 수압$=39.24$kN/m^2

f점: 수압$=29.43$kN/m^2

수압분포는 다음 그림과 같다.

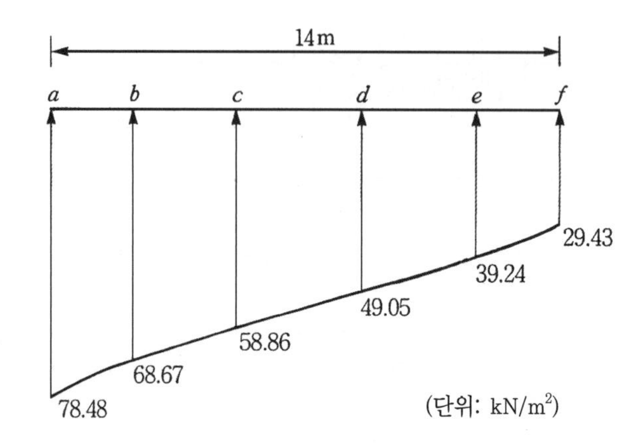

위의 면적을 구하면 단위폭당 양압력이 될 것이다.

6.3.3 불균질 흙과 이방성 흙에서의 투수

앞 절에서 설명한 유선망을 이용한 해법은 근본적으로 지반이 균질(homogeneous)하고, 등방성(isotropic, $K_x = K_z$)인 경우에 적용되는 것이다. 즉, Laplace 방정식을 만족하는 2차원 흐름에 적용되는 식이다.

불균질 흙(nonhomogeneous)이나 비등방성 흙(anisotropic)에서의 흐름은, 이제까지 설명한 유선망 작도법을 그대로 적용할 수 없다. 본 절에서는, 이 두 경우에 어떻게 유선망을 이용한 해법을 응용할 수 있는지를 설명하고자 한다.

1) 불균질 흙 속의 흐름

지반은 근본적으로 균질할 수가 없다. 위치가 변하면 투수계수는 변하기 마련이다. 불균질한 흙 속의 흐름의 단순한 예로서, 층상토에서의 흐름에 대하여 이미 설명하였다. 다만 앞 절에서 서술한 층상토 흐름은 1차원 흐름에 대해서만 설명하였다. 즉, 투수의 방향이 층상구조와 평행하게 흐르는 경우와, 투수의 방향이 층상구조에 수직하게 흐르는 경우가 그것이다. 전자의 경우는 각 층에서의 손실수두는 같고, 전체 침투유량은 각 층의 침투유량과 같다고 하였다

(다음 그림의 Case 1). 반면에 후자의 경우는 각 층을 흐르는 유량이 같고, 전체 손실수두는 각 층의 손실수두의 합과 같다고 하였다(Case 2). 이러한 두 가지 경우는 1차원 흐름으로서 Dracy의 법칙을 이용하면 충분히 투수문제를 분석할 수 있다.

만일 그림에서 Case 3과 같이 2차원 흐름으로서 투수계수가 상이한 층을 경사지게 흐른다면, 단순히 1차원 흐름원리로는 분석이 불가능하다.

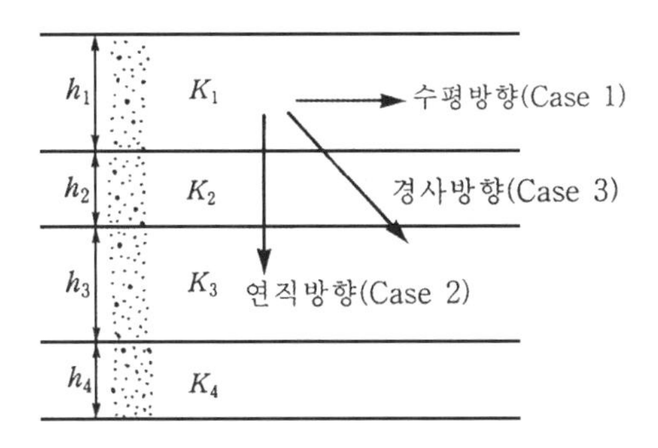

그림 6.14와 같이 지반 1에서 지반 2로 침투가 일어난다고 하자. 한 유로 채널에서의 유량은 같으므로 다음과 같은 식이 성립할 것이다. 하나의 유선망 요소에서의 수두손실(potential drop)을 Δh라고 하면, 한 유로 채널에 흐르는 유량은 다음과 같이 된다.

$$\Delta q = K_1 \frac{\Delta h}{l_1}(b_1 \cdot 1) = K_2 \frac{\Delta h}{l_2}(b_2 \cdot 1)$$

$$\text{즉, } \frac{K_1}{K_2} = \frac{b_2/l_2}{b_1/l_1} \tag{6.35}$$

따라서 불균질한 매질로 투수가 발생하는 경우, 유선망은 정사각형이 되지 않고, 투수계수에 따라 식 (6.35)에 의하여 직사각형으로 된다. 한편 그림 6.14에서와 같이 매질 1에서 2로의 입사가 수직이 아니라 경사지게 되므로, 반사의 유로를 알아야 한다. 그림 6.14에서 보면

$$l_1 = AB\sin\theta_1 = AB\cos\alpha_1 \tag{6.36a}$$

$$l_2 = AB\sin\theta_2 = AB\cos\alpha_2 \tag{6.36b}$$

$$b_1 = AC\cos\theta_1 = AC\sin\alpha_1 \tag{6.36c}$$

$$b_2 = AC\cos\theta_2 = AC\sin\alpha_2 \tag{6.36d}$$

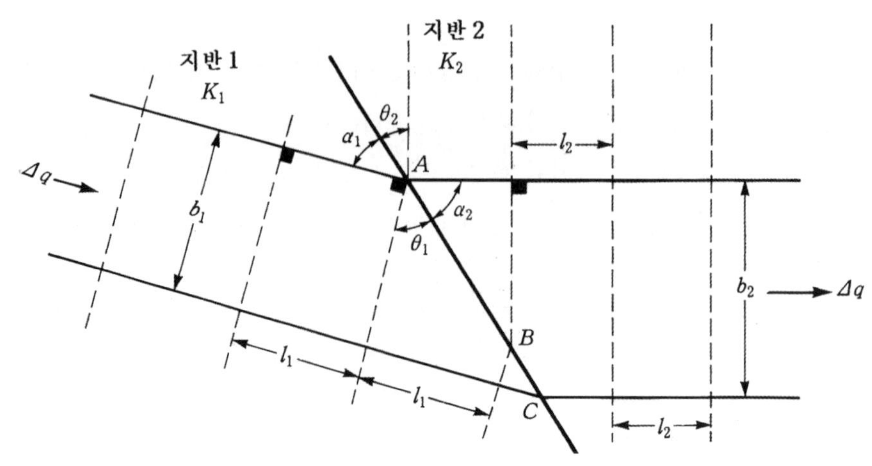

그림 6.14 불균질 흙에서의 유선망

식 (6.35)와 (6.36)을 연립하여 정리하면, 다음과 같은 관계가 성립한다.

$$\frac{K_1}{K_2}=\frac{\tan\theta_1}{\tan\theta_2}=\frac{\tan\alpha_2}{\tan\alpha_1} \tag{6.37}$$

위의 결과들을 종합해보면 다음과 같이 정리된다.

(1) 투수계수가 다른 매질로 투수가 이루어지면, 유선망은 직사각형으로 변하며 식 (6.35)로 직사각형의 모양을 알 수 있다.
(2) 투수계수가 다른 매질로 투수가 이루어질 때, 경계면에서의 입사각과 반사각은 역시 다르며, 이 관계 또한 투수계수의 비의 함수이며, 식 (6.37)로 반사각을 구할 수 있다.

두 개의 다른 매질 위에 콘크리트 댐을 설치하였을 때, 위의 원리를 이용하여 그린 유선망의 예가 그림 6.15에 그려져 있다. 매질 1의 투수계수가 2의 투수계수보다 2배가 크다. 따라서

$$\frac{K_1}{K_2}=\frac{b_2/l_2}{b_1/l_1}=2$$

만일 매질 1의 유선망이 정사각형이라면, 매질 2에서의 $\frac{b_2}{l_2}=2$가 된다. 입사각과 반사각의

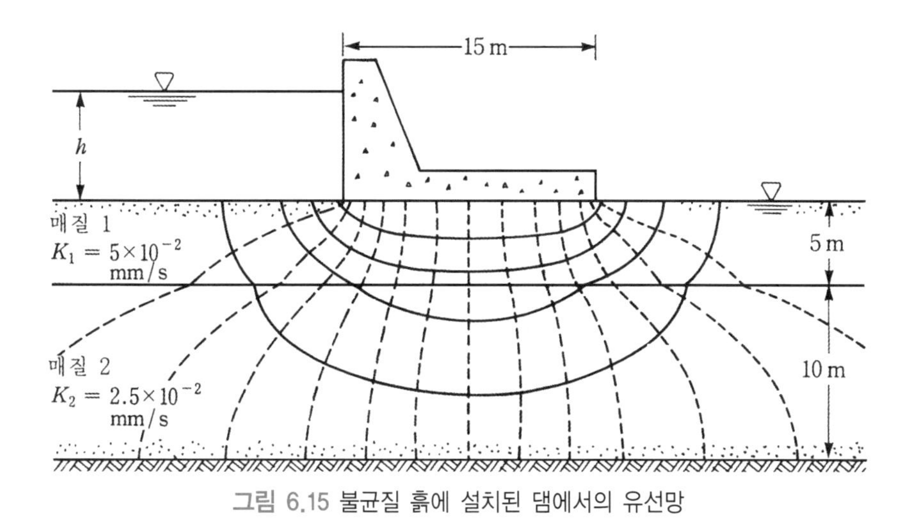

그림 6.15 불균질 흙에 설치된 댐에서의 유선망

관계는

$$\frac{K_1}{K_2} = \frac{\tan\alpha_2}{\tan\alpha_1} = \frac{\tan\theta_1}{\tan\theta_2} = 2$$

가 된다.

2) 이방성 흙에서의 흐름

전 절에서 설명한 유선망 작도법은, 근본적으로, Laplace 방정식을 만족하는 투수문제에 적용할 수 있는 방법이다. Laplace 방정식은 $K_x = K_z$인 등방성 흙에서의 투수방정식이다. 그러나 많은 지반에서 연직방향 투수계수가 수직방향 투수계수와 다른 것이 보통이며, 대부분의 경우 수평방향 투수계수가 연직방향 투수계수보다 크다($K_x > K_z$). 이방성 흙에서의 투수방정식은 식 (6.24)와 같다.

$$K_x \frac{\partial^2 h}{\partial x^2} + K_z \frac{\partial^2 h}{\partial z^2} = 0 \tag{6.24}$$

이방성 흙에서의 투수문제를 역시 유선망을 이용하여 풀기 위해서는, 좌표변환을 실시하여 식 (6.24)를 우선적으로 Laplace 방정식으로 전환하여야 한다. 식 (6.24)를 다시 쓰면

$$\frac{\partial^2 h}{\left(\frac{K_z}{K_x}\right)\partial x^2}+\frac{\partial^2 h}{\partial z^2}=0 \tag{6.38}$$

x방향 좌표 중 $x'=\sqrt{\frac{K_z}{K_x}}x$를 이용하여 좌표변환하면, 식 (6.38)은 다음 식과 같이 될 것이다.

$$\frac{\partial^2 h}{\partial x'^2}+\frac{\partial^2 h}{\partial z^2}=0 \tag{6.39}$$

따라서 $(x,\ z)$ 좌표 대신에 변환된 좌표 $(x',\ z)$를 이용하면 이방성 투수문제 역시 유선망을 그려서 해결할 수 있을 것이다. 변환된 좌표를 위하여 유선망을 그리기 위하여 다음을 유의하여야 한다.

(1) z방향은 그대로, x방향은 $x'=\sqrt{\frac{K_z}{K_x}}x$ 관계를 이용하여 치수를 축소(또는 확대)하여, 그림을 그린다.
(2) 유선망을 작도한다. 물론 이때 유선과 등수두선은 직교하여야 하며, 유선과 등수두선으로 이루어지는 요소는 정사각형에 가까워야 한다.
(3) 유선망을 이용하여 N_d, N_f를 구하면 침투유량은 다음 식으로 구한다.

$$q=\sqrt{K_x K_z}\,\Delta H\frac{N_f}{N_d} \tag{6.40}$$

여기에서 $K_e=\sqrt{K_x\,K_z}$는 등가 투수계수이며, 이방성 투수계수를 등방으로 가정한 투수계수로서, 다음의 원리에 의하여 유도될 수 있다. 그림 6.16에서 (a)는 좌표변환된 경우의 유선망 모양이며, (b)는 이를 다시 원래의 x좌표로 원위치시킨 모양이다. 편의상 수평방향 흐름만 있다고 할 때 두 경우의 유량은 같아야 한다.

(a) 경우의 유량 $\Delta q_T=K_e\frac{\Delta h}{l}b=K_e\Delta h$

(b) 경우의 유량 $\Delta q_N = K_x \dfrac{\Delta h}{l\sqrt{\dfrac{K_x}{K_z}}} b = K_x \dfrac{\Delta h}{\sqrt{\dfrac{K_x}{K_z}}}$

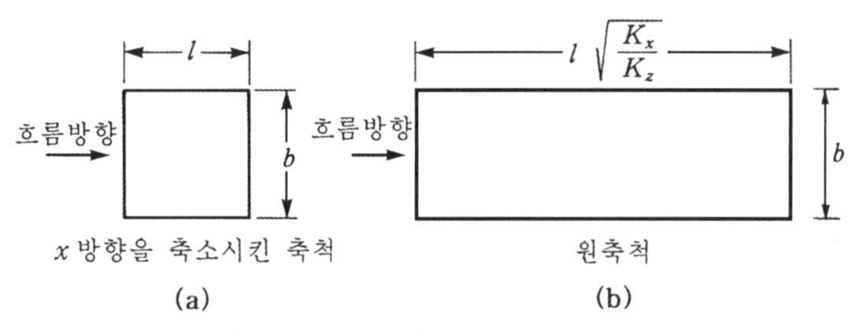

그림 6.16 이방성 흙에서의 등가 투수계수

$\Delta q_T = \Delta q_N$이므로,

$$K_e = \sqrt{K_x \cdot K_z} \tag{6.41}$$

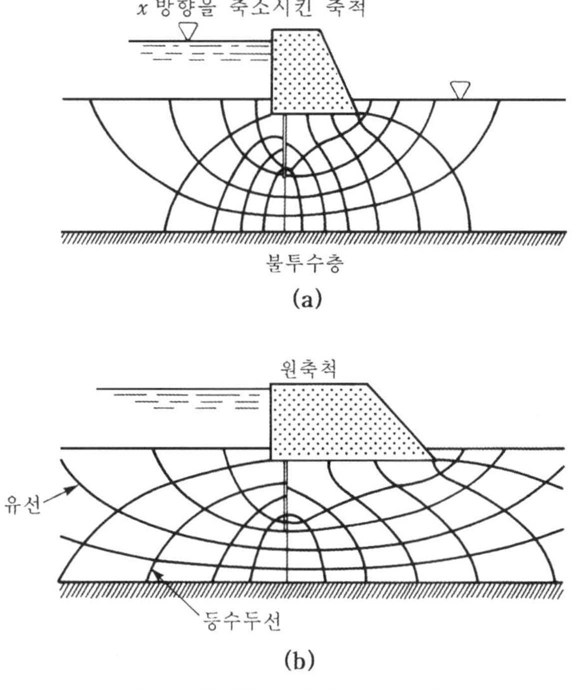

그림 6.17 이방성 흙에서의 유선망

그림 6.17의 (a)는 좌표전환하여 축소시킨 좌표에서 유선망을 그린 예이며, (b)는 이를 원래의 x좌표로 늘려서 그린 그림이다. 축소좌표에서는 콘크리트 댐의 수평길이가 줄어든 것을 알 수 있으며, 축소된 축척에서의 유선망은 직교하나, 원래의 축척에서의 유선망은 직교하여 만나지 않음을 알 수 있다.

6.4 자유수에서의 흐름

이제까지 주로 분석했던 투수문제는, 강널말뚝 밑으로의 흐름이나, 콘크리트 댐하부로 흐르는 문제들을 다루었다. 이러한 문제들은 침투의 시작점부터 끝점까지의 경계조건이 뚜렷하다. 등수두 경계선 아니면 유선으로 이루어진다.

그러나 흙 댐에서의 침투를 생각해보면 모든 경계면에서 경계조건이 쉽게 설정되지 않는다. 그림 6.18에 흙 댐의 투수조건을 보여주고 있다. 그림에서 보면 다음 경계면에서의 경계조건은 쉽게 설정할 수 있을 것이다. 즉,

BC면은 등수두선이며, 전수두 $= H$,
AD면도 등수두선이며, 전수두 $= 0$
BA 면은 유선이다.

문제는 최상부의 유선인 CD면의 설정이다. CD선이 유선인 것만은 분명하나 이 선을 설정하기란 쉽지 않다. BA 면과 같이 불투수층에 의하여 구속된 경계면이 아니기 때문이다. 구속된(confined)면이 아니라는 점에서 자유수(unconfined aquifer)에서의 흐름이라고 한다. 이 자유수 흐름은 이미 현장투수시험에서 일차적으로 설명한 바와 같다.

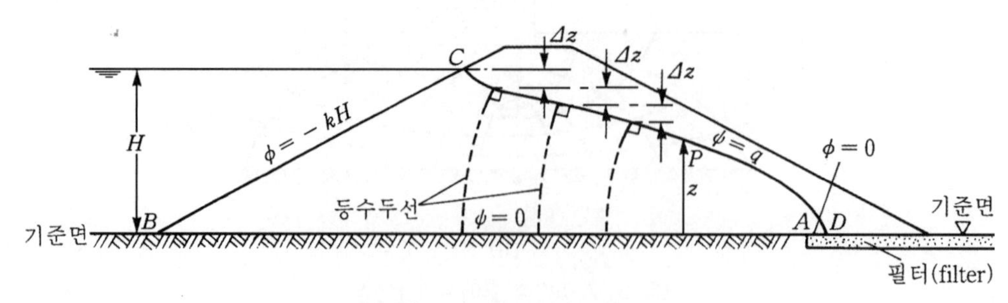

그림 6.18 흙댐에서의 침투

비록 CD면이 자유면이기는 하지만 CD선에는 한 가지 특징이 있다. CD면상의 점 'P'를 생각해보면 이 점에서는 수압이 없으므로 전수두=위치수두가 된다. 즉, CD선상의 어느 점에서의 위치수두는 전수두가 되며 C점에서 D점까지 흐르는 동안에 H만큼의 손실수두가 있을 것이다. CD면은 공기압과 접했다고 하여, 이를 침윤선(phreatic surface line)이라고도 한다.

침윤선에서는 수압이 없으므로 다음의 관계가 항상 성립한다.

$$h = z$$

C점의 전수두$=H$

D점의 전수두$=0$

따라서 일단 침윤선을 그렸다면 CD면 상에서 등수두선의 시작점은 쉽게 구할 수 있다. 전손실수두 H를 Δz의 등간격으로 나눈다. 등간격의 칸수가 N_d라면 전수두 H는 $H=N_d \cdot \Delta z$가 될 것이다.

그림에서 등간격으로 나누었을 때 CD면과 만나는 점들이 등수두선의 시작점들이다. 마지막까지 해결이 안 된 것은 과연 CD선을 어떻게 그리냐 하는 것이다. 컴퓨터가 발달되기 이전에는 복소수의 conformal mapping을 이용하여 CD선을 설정하였다. 이에 대한 상세한 사항은 Harr(1962), Das(1997)에 잘 서술되어 있다. 최근에는 수치해석법의 발달로 인하여 침윤선을 프로그램 자체로서 그릴 수 있는 컴퓨터 코드도 많이 발달되어 있다. 이를 수치해석상 moving boundary 문제의 해법이라고 한다(Neuman and Witherspoon, 1971).

CD면을 설정하는 것은 학부수준을 넘기 때문에 이 책에서의 설명은 더 이상 하지 않으려 한다. 이에 대한 상세한 유도는 저자의 저서 『토질역학 특론』 3.3.3절을 참조하길 바란다.

연습문제

1. 다음 그림과 같이 불투수층 사이로 투수가 일어나고 있다.
   1) 동수경사를 구하라.
   2) 단위시간당 흐르는 유량을 구하라($K = 3 \times 10^{-5}$cm/sec).

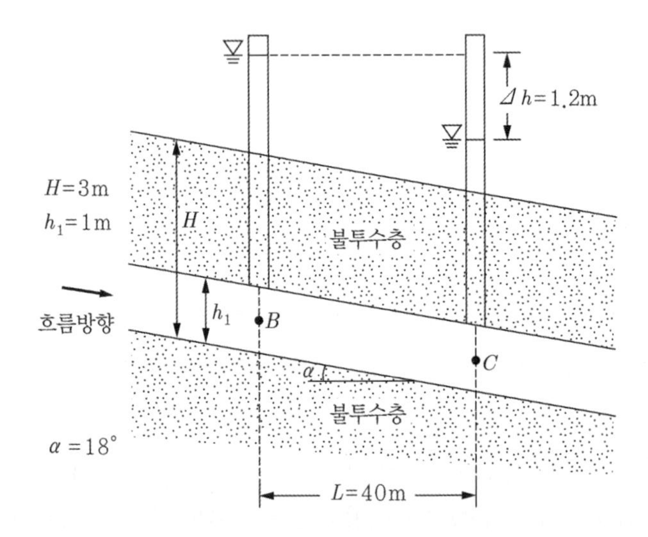

2. 다음 그림의 (a), (b) 각각에 대하여 다음을 구하라. 단, 연직방향 흐름만 있다고 가정하라.
   1) 전수두, 위치수두, 압력수두 다이아그램
   2) 단위시간당 흐르는 유량(단위폭당)
   3) 등가투수계수, K_{eq}

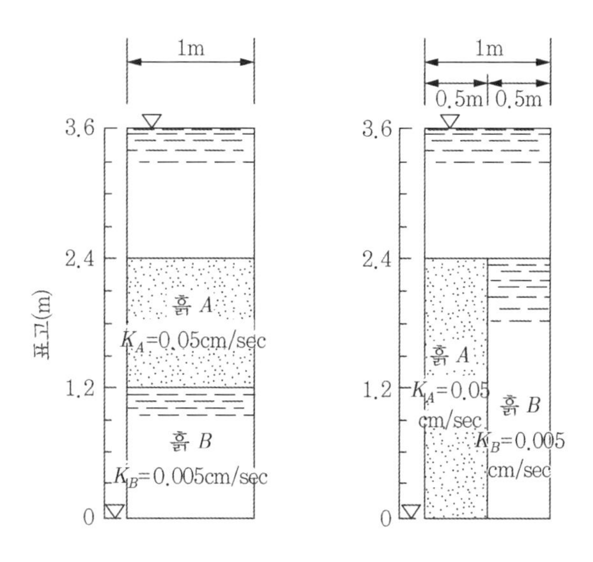

3. 다음 그림에서 물음에 답하라.

1) 평균투수계수를 구하라.

2) 시간당 흐르는 유량을 구하라(단, 통면적 = $100cm^2$).

3) 점 I, J, K, L, M 각각에서의 전수두와 압력수두, 수압을 구하라.

4) 흙시료 B에서의 동수경사를 구하라.

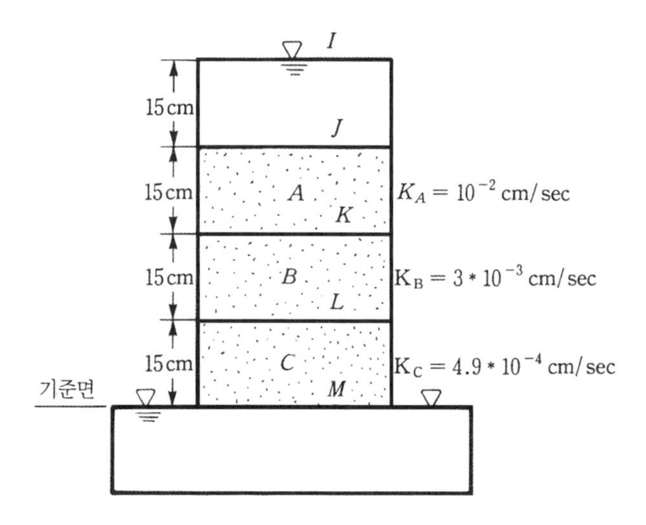

4. 다음과 같이 두 층으로 이루어진 지반에 연직방향 흐름이 발생하고 있다. 전수두, 위치수두, 압력수두 다이아그램을 그리고, 각 층에서의 유속을 구하라.

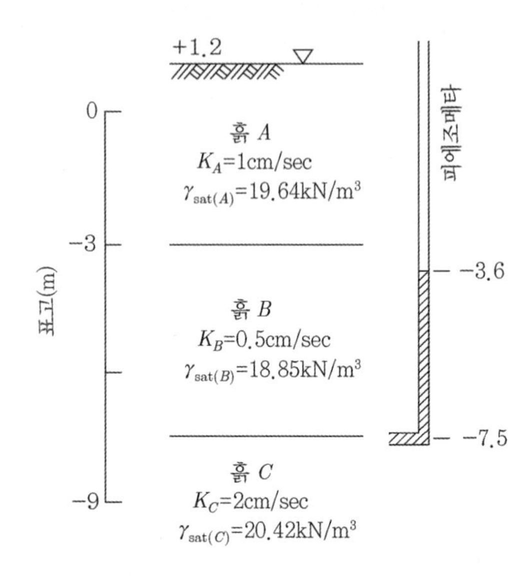

5. 다음 그림과 같은 수조에서 (폭은 100cm) 흙시료 A, B, C를 통과하여 투수가 발생한다. 물음에 답하라. 단, 물의 흐름 방향은 수평으로 가정하라(즉, 층류로 가정).

   1) 'L' 및 'M' 점에서 의 전수두를 구하라.

   2) 단위시간(1hr)당 침투유량을 구하라.

   3) A, B, C 흙 시료 각각에서의 동수경사 및 유속을 구하라.

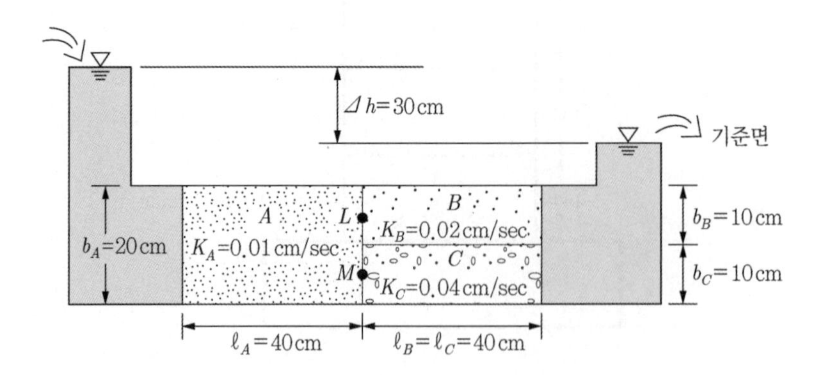

6. 옹벽 배면 뒤채움에 지하수 흐름이 있는 다음 두 경우에 대하여 물음에 답하라.

1) 다음 그림과 같이 옹벽 배면 바닥에 배수 Blanket를 깔아서 하방향 침투가 발생한다(수위분포는 지표면이다).

① B점과 C점 사이의 수압분포를 그려라.

② B점과 C점 사이의 동수경사를 구하라.

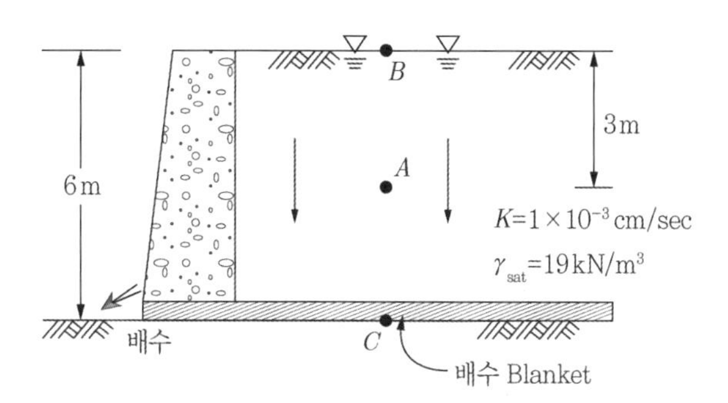

2) 위의 문제와 동일하나 아래 그림과 같이 수위가 지표면 위 1.5m에 위치한다.

① B점과 C점 사이의 수압분포를 그려라.

② B점과 C점 사이의 동수경사를 구하라.

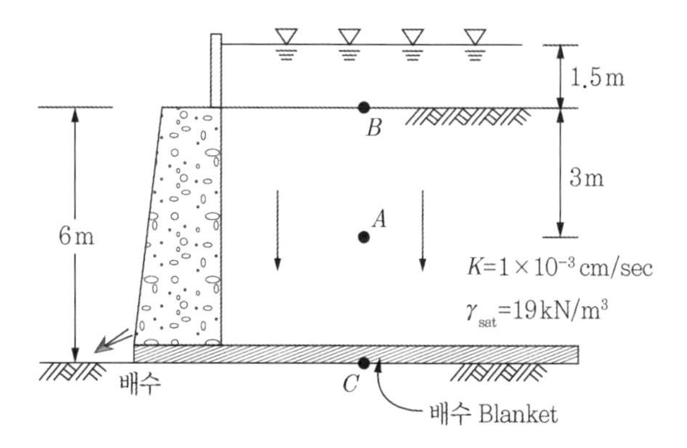

7. 다음 그림과 같이 옹벽 배면 뒤채움재에 지표면까지 지하수위가 상승했으나 바닥에 배수재를 설치하여 연직배수가 원활히 일어난다. 뒤채움재는 두 종류의 흙으로 이루어져 있다.

1) 수압 분포를 그려라.

2) 토질 I 및 토질 II 각 층에서 동수경사를 구하고, 등가투수계수도 구하라.

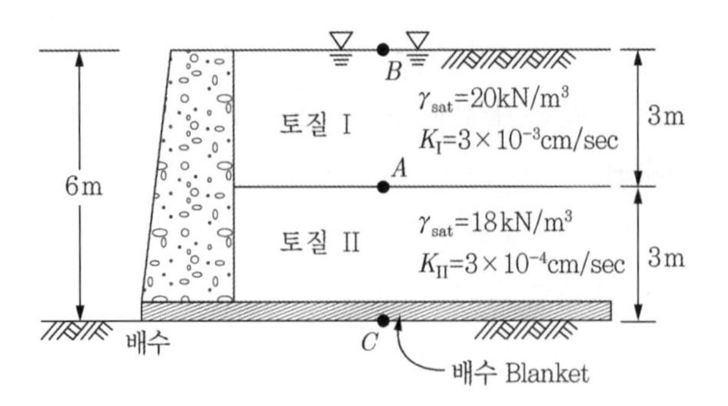

8. 다음 그림과 같이 경사진 흐름이 발생되고 있을 때, 물음에 답하라.

   1) 유선망을 그려라(단, $N_f = 4$가 되도록 하라).

   2) 유량을 구하라(단위폭당).

   3) 'P'점에서의 수압을 구하라.

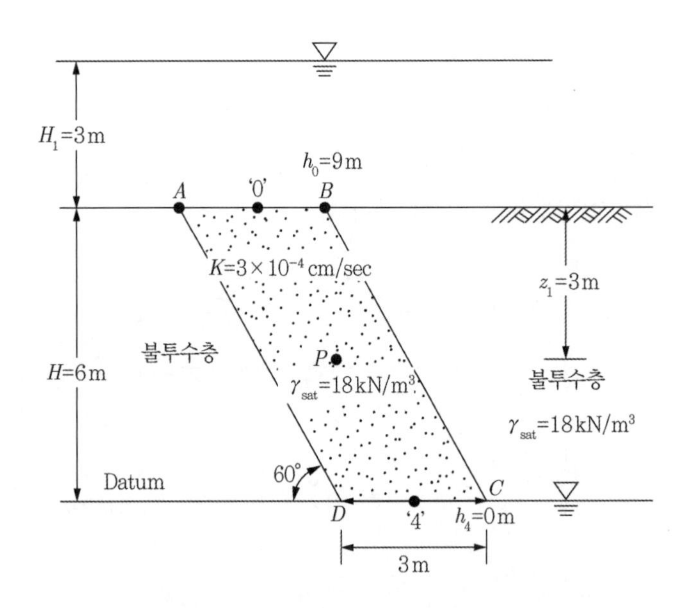

9. 다음 그림과 같이 널말뚝 하단으로 침투가 일어난다.

   1) 유선망을 그리라.

   2) 단위시간당 유출량을 구하라.

   3) A점에서의 전수두, 수압을 구하라.

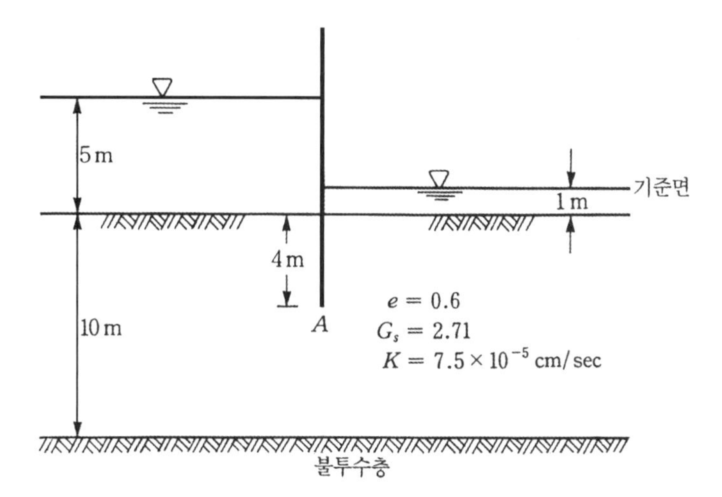

10. 다음과 같이 콘크리트 댐 하부로 투수가 발생한다(단, $K_x = 9 \times 10^{-5}$cm/sec, $K_z = 1 \times 10^{-5}$cm/sec).

 1) 좌표변환을 이용하여 유선망을 그려라.

 2) 단위시간당 유출량을 구하라.

 3) 댐 하부에서 작용되는 양압력을 구하라.

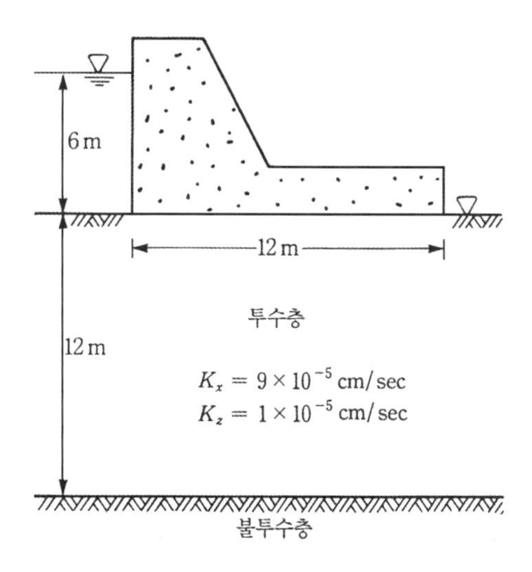

11. 다음 그림과 같이 카퍼 댐(coffer dam)을 가설하였다(널말뚝 이용, $K = 3 \times 10^{-5}$cm/sec).

 1) 유선망을 그려라.

 2) 단위시간당 유입량을 구하라.

 3) C점 및 D점에서의 전수두와 수압을 각각 구하라.

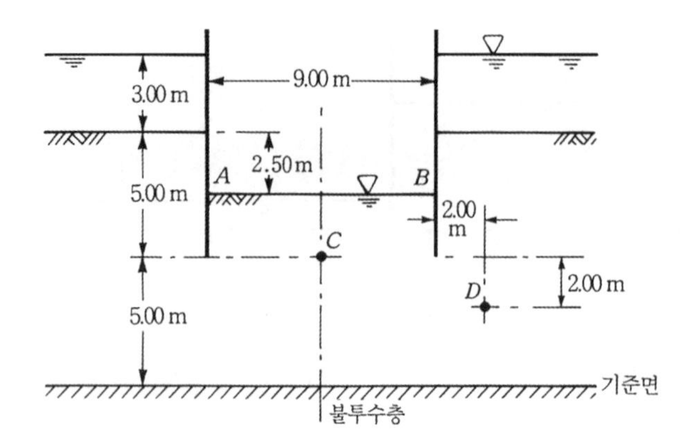

12. 흙댐에서의 유선망은 아래와 같을 때, 다음을 구하라($K = 4 \times 10^{-5}$cm/sec).

   1) 침투유량

   2) M입자에서의 동수경사

   3) 사면파괴 가능면에서의 수압의 분포

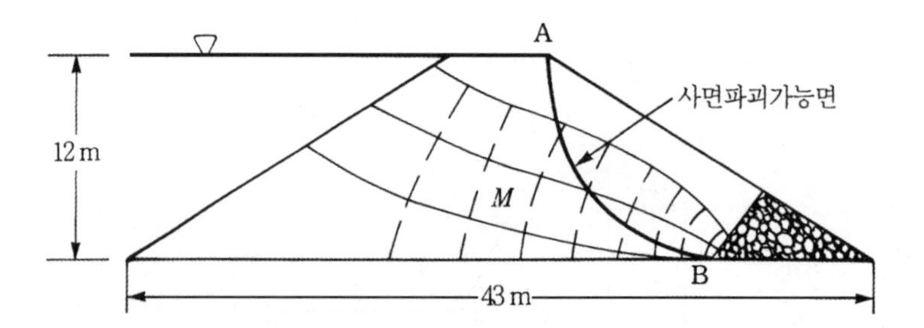

참 고 문 헌

- Harr, M.E. (1962), "Groundwater and Seepage", McGraw-Hill, New York.
- Neuman, S.P. and Witherspoon, P.A. (1971), "Finite Element Method of Analysing Steady Seepage with a Free Surface, Water Resources Research, Vol. 6, No. 3, pp.889-897.

제7장

투수 시의 유효응력 개념

제7장

투수 시의 유효응력 개념

토질역학을 처음 대하는 사람은, 투수 시의 전수두·압력수두·위치수두 등의 관계와 5장에서 서술했던 응력과의 관계 사이에 대한 개념을 명확하게 가지고 있지 않은 경우가 많은 것 같다. 우선적으로 다음과 같이 개념을 정리하고 나서 상세한 것을 공부하면 좋을 것이다.

(1) 투수문제는 우선적으로 전수두를 구하고, 위치수두, 압력수두를 구하게 된다. 이중에서, 응력문제에서 필요한 것은 '압력수두'에다 γ_w를 곱한 수압뿐이다.

(2) 5장에서 전응력은

$$\sigma_v = \sigma_v' + u$$

라고 하였다. 정수압인 경우 z만큼 깊은 곳에서의 수압 u는 $u = \gamma_w z$이다.

또한 전응력 σ_v는 무조건 단위면적당 상재하중 $\sigma_v = \gamma z$라고 하였다. 전응력 σ_v는 단순 무게이므로 물이 흐르던지 흐르지 않던지 일정하다. 반면에 수압의 경우에는 다르다. 물이 흐르는 경우에는 $u \neq \gamma_w z$이며, 이는 (1)의 투수문제로부터 구한 수압이다. 이렇게 구한 수압을 σ_v에서 빼준 나머지가 유효응력 σ_v'이 된다. 즉, 전체응력(σ_v) 중에서 흙 입자가 하중을 받아주는 부분을 나타내는 σ_v'는 일정한 것이 아니라, 수압에 따라 커질 수도 작아질 수도 있다. 구체적인 수식을 설명하기 전에 결론부터 먼저 정리하면 다음과 같다.

예제 6.5에서 다음의 사실을 알았다. 하방향 흐름은 정수압에 비하여 수압의 감소를 가져오고, 반대로 상방향 흐름은 수압의 상승을 유발한다. 이러한 사실로부터 다음과 같은 결론을 유추할 수 있다.

유효응력은 전응력 중에서 물이 분담하는 부분을 제외한 흙 입자가 받아주는 부분을 의미하는 바,

① 하방향 흐름이 발생하면 유효응력이 증가하고, 반면에
② 상방향 흐름이 발생하면 유효응력이 감소한다.

위의 요약은 토질역학을 이해하는 데 있어 매우 중요한 부분이다. 물이 흐름에 따라 전응력 중에서 흙이 받아주는 부분(즉, 유효응력)이 달라지게 된다는 점을 유의해야 한다. 다음 절에서 물의 흐름이 없는 정수압상태에서의 유효응력을 우선적으로 설명한 다음(물론 이 유효응력은 5.1.2절에서 이미 상세히 설명했음) 상방향 흐름 시의 유효응력, 하방향 흐름 시의 유효응력이 각각 어떻게 달라지는지를 이론적으로 밝힐 것이다.

7.1 물이 흐를 때의 유효응력

전 절에서, 상방향 혹은 하방향 흐름이 발생될 때, 전응력은 일정하나 수압과 유효응력은 변한다고 하였다. 본 절에서는 이 변화되는 양상을 이론적으로 설명하고자 한다. 이를 설명하기 위하여, 그림 7.1과 같이 탱크 속에 흙을 채우고 물을 조절하는 경우를 생각해보자. 그림에서 (a)는 정지상태이고, (b)는 상방향 흐름, (c)는 하방향 흐름을 나타낸다.

7.1.1 정지상태의 경우

먼저, (a)의 경우를 보자 이 경우는 정지상태이므로, 그림에서 A, B, C점 공히 전수두가 같다. 각 점에서의 전응력, 수압, 유효응력은 다음과 같이 표현된다.

A점

전응력 $\sigma_A = \gamma_w H_1$

수압 $u_A = \gamma_w H_1$

유효응력 $\sigma_A{}' = 0$

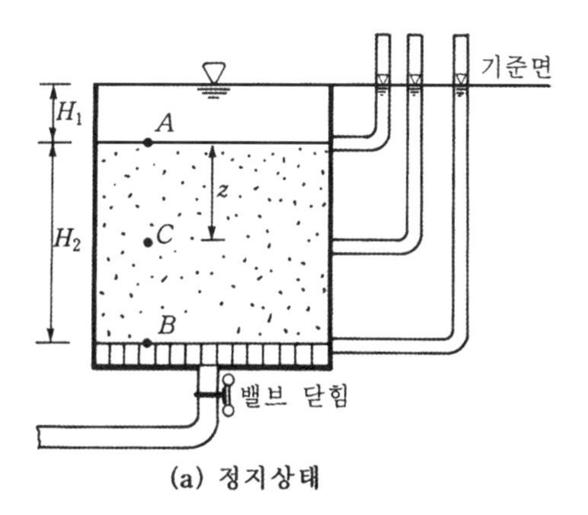

(a) 정지상태

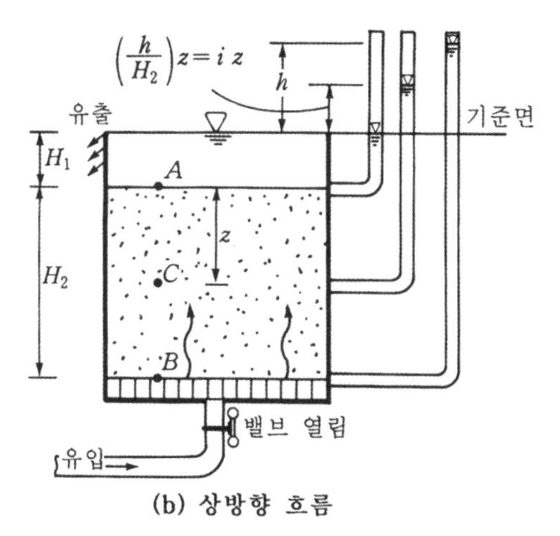

(b) 상방향 흐름

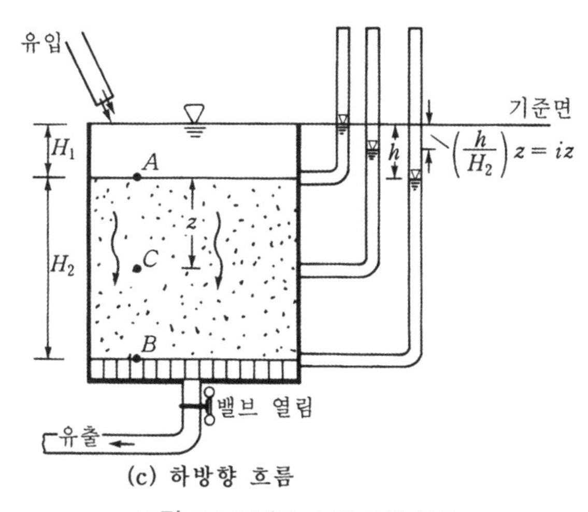

(c) 하방향 흐름

그림 7.1 물탱크 속의 물의 흐름

B점

전응력 $\sigma_B = \gamma_w H_1 + \gamma_{sat} H_2$

수압 $u_B = \gamma_w (H_1 + H_2)$

유효응력 $\sigma_B' = \sigma_B - u_B = \gamma_w H_1 + \gamma_{sat} H_2 - \gamma_w (H_1 + H_2)$

$= (\gamma_{sat} - \gamma_w) H_2 = \gamma' H_2$

또는 $\sigma_B' = \gamma' H_2$

C점(지표면으로부터 깊이 z인 경우)

전응력 $\sigma_C = \gamma_w H_1 + \gamma_{sat} z$

수압 $u_C = \gamma_w (H_1 + z)$

유효응력 $\sigma_C' = \sigma_C - u_C = \gamma' z$

정지상태인 경우의 깊이에 따른 응력변화를 그림으로 나타내면 그림 7.2(a)와 같다.

7.1.2 상방향 흐름의 경우

그림 7.1(b)의 경우를 보자.

A점의 전수두는 $h_A = \underbrace{H_1}_{\text{압력수두}} + \underbrace{(-H_1)}_{\text{위치수두}} = 0$

B점의 전수두는 $h_B = \underbrace{(H_1 + H_2 + h)}_{\text{압력수두}} + \underbrace{(-H_1 - H_2)}_{\text{위치수두}} = h$

이므로 B점의 전수두가 A점의 전수두보다 h만큼 크므로 물은 상방향으로 흐를 것이다. 이때 동수경사 i는 $i = \dfrac{h}{H_2}$가 된다. 전수두는, B점부터 A점까지 물이 흐르면서, 직선적으로 줄어들 것이다. 지표면 하 z만큼의 깊이에 있는 C점에서의 전수두는 $\left(\dfrac{z}{H_2}\right)h = \dfrac{h}{H_2}z = iz$가 될 것이다.

각 점에서의 전응력, 수압, 유효응력을 구해보면 다음과 같다(그림 7.2의 (b) 참조).

A점

전응력 $\sigma_A = \gamma_w H_1$(정지상태와 동일)

수압 $u_A = \gamma_w H_1$

유효응력 $\sigma_A{}' = 0$

B점

전응력 $\sigma_B = \gamma_w H_1 + \gamma_{\text{sat}} H_2$(정지상태와 동일)

수압 $u_B = \gamma_w (H_1 + H_2 + h)$

유효응력 $\sigma_B{}' = \sigma_B - u_B = \gamma_w H_1 + \gamma_{\text{sat}} H_2 - \gamma_w (H_1 + H_2 + h)$

$$= (\gamma_{\text{sat}} - \gamma_w) H_2 - \gamma_w h = \gamma' H_2 - \gamma_w h$$

C점(지표면으로부터 깊이 z인 경우)

전응력 $\sigma_C = \gamma_w H_1 + \gamma_{\text{sat}} z$(정지상태와 동일)

수압 $u_C = \gamma_w (H_1 + z + iz)$

유효응력 $\sigma_C{}' = \sigma_C - u_C = \gamma_w H_1 + \gamma_{\text{sat}} z - \gamma_w (H_1 + z + iz)$

$$= (\gamma_{\text{sat}} - \gamma_w) z - iz\gamma_w = \gamma' z - iz\gamma_w$$

7.1.3 하방향 흐름의 경우

마지막으로 그림 7.1(c)의 경우를 보자.

A점의 전수두는 그림으로부터 $h_A = \underset{\text{압력수두}}{H_1} + \underset{\text{위치수두}}{(-H_1)} = 0$

B점의 전수두는 $h_B = \underset{\text{압력수두}}{(H_1 + H_2 - h)} + \underset{\text{위치수두}}{(-H_1 - H_2)} = -h$이다.

따라서 A점의 전수두가 B점보다 h만큼 크므로 물은 하방향으로 흘러서 빠져나갈 것이다. 동수경사 i는 $i = \dfrac{0-(-h)}{H_2} = \dfrac{h}{H_2}$가 되며, z만큼 깊이에 있는 C점에서의 전수두는 $\dfrac{z}{H_2}(-h) =$

$-\left(\frac{h}{H_2}\right)z = -iz$가 될 것이다.

각 점에서의 전응력, 수압, 유효응력을 구해보면 다음과 같다(그림 7.2의 (c)참조).

A점: 정지상태와 동일

B점

전응력 $\sigma_B = \gamma_w H_1 + \gamma_{sat} H_2$(정지상태와 동일)

수압 $u_B = \gamma_w (H_1 + H_2 - h)$

유효응력 $\sigma_B{}' = \sigma_B - u_B$

$= \gamma' H_2 + \gamma_w h$

C점(지표면으로부터 깊이 z인 경우)

전응력 $\sigma_C = \gamma_w H_1 + \gamma_{sat} z$(정지상태와 동일)

수압 $u_C = \gamma_w (H_1 + z - iz)$

유효응력 $\sigma_C{}' = \sigma_C - u_C$

$= \gamma' z + iz\gamma_w$

이제까지의 분석결과를 한마디로 요약하면 다음과 같다. 물의 흐름이 없을 때의 유효응력은

$$\sigma' = \gamma' z$$

상방향 흐름 시의 유효응력은

$$\sigma' = \gamma' z - iz\gamma_w \tag{7.1}$$

하방향 흐름 시의 유효응력은

$$\sigma' = \gamma' z + iz\gamma_w \tag{7.2}$$

가 된다. 즉, 상재압력 중에서 흙이 받아주는 부분을 의미하는 유효응력은 상방향 흐름에서는

$iz\gamma_w$ 만큼 줄어들게 되고, 반대로 하방향 흐름에서는 $iz\gamma_w$ 만큼 오히려 늘어나게 된다. 상방향 흐름이 발생할 경우 흙이 받아주는 부분이 줄고, 수압이 늘어나는 경우이므로 고체로서의 성질보다는 액체로서의 성질을 점점 띠게 된다.

유효응력이 '0'이 되는 경우를 생각해보자.

유효응력

$$\sigma' = \gamma' z - i_{cr} z \gamma_w = 0 \tag{7.3}$$

$$i_{cr} = \frac{\gamma'}{\gamma_w} \tag{7.4}$$

여기에서, i_{cr} 을 한계동수경사(critical hydraulic gradient)라고 한다. 상방향 흐름의 동수경사가 한계동수경사인 i_{cr} 이상이 되면, 흙의 유효응력은 '0'이 된다. 즉, 전 상재압력을 모조리 물이 받아주고 흙은 전혀 받아주지 못하는 상태가 된다. 흙 입자는 더 이상 고체로서 거동할 수 없다. 따라서 이 경우 상방향 흐름으로 인하여 모래가 위로 움직여 찌개 끓듯이 보글보글 끓는 현상이 발생한다. 이를 보일링(boiling) 현상 또는 분사(quick sand) 현상이라고 한다. 때로는 흙에 아무런 힘이 없기 때문에, 흙을 뚫고 물길이 파이프와 같이 생기는 경우도 있으며 이를 파이핑(piping) 현상이라고 한다.

식 (7.4)의 한계동수경사는 다음 식과 같이 표시될 수도 있을 것이다.

$$\gamma' = \gamma_{\text{sat}} - \gamma_w = \frac{G_s + e}{1+e}\gamma_w - \gamma_w = \frac{G_s - 1}{1+e}\gamma_w$$

$$\therefore\ i_{cr} = \frac{\gamma'}{\gamma_w} = \frac{G_s - 1}{1+e} \tag{7.5}$$

식 (7.4)에서 $\gamma_w = 9.81\text{kN/m}^3$ 이고, $\gamma' = \gamma_{\text{sat}} - \gamma_w$

$$\simeq (0.9 \sim 1.1)\gamma_w$$

$$\simeq (9 \sim 11)\text{kN/m}^3$$

따라서 분사현상을 일으키는 한계동수경사는 개략적으로 0.9~1.1 사이이며, 약 1.0으로 볼 수 있다.

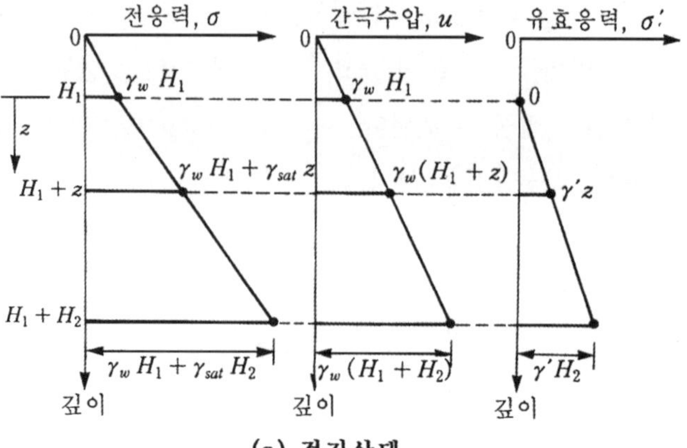

(a) 정지상태

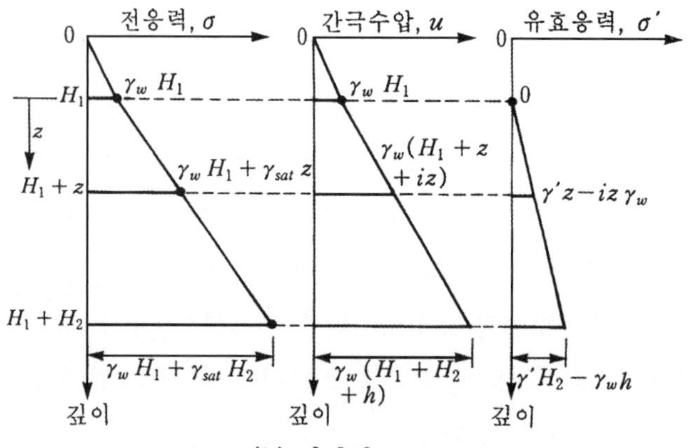

(b) 상방향 흐름

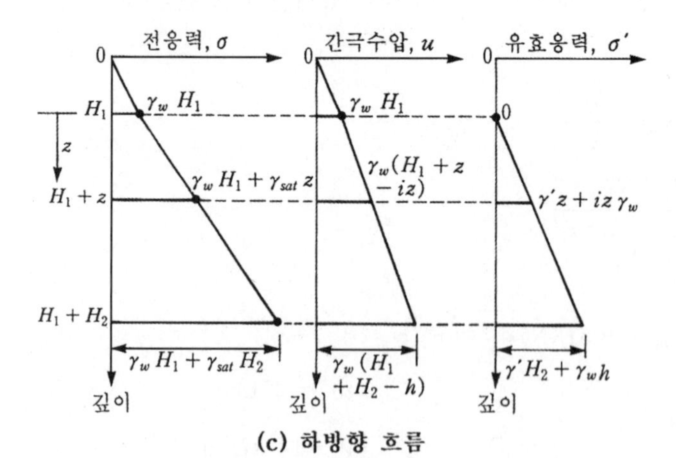

(c) 하방향 흐름

그림 7.2 전응력, 수압, 유효응력 다이아그램

[예제 7.1] 예제 6.1은 하방향 흐름에 대한 수두산정 문제였다. 이 문제의 흐름에 대해 전응력, 수압, 흙에 작용하는 유효응력을 구하라(단 $\gamma_{sat} = 19\text{kN/m}^3$).

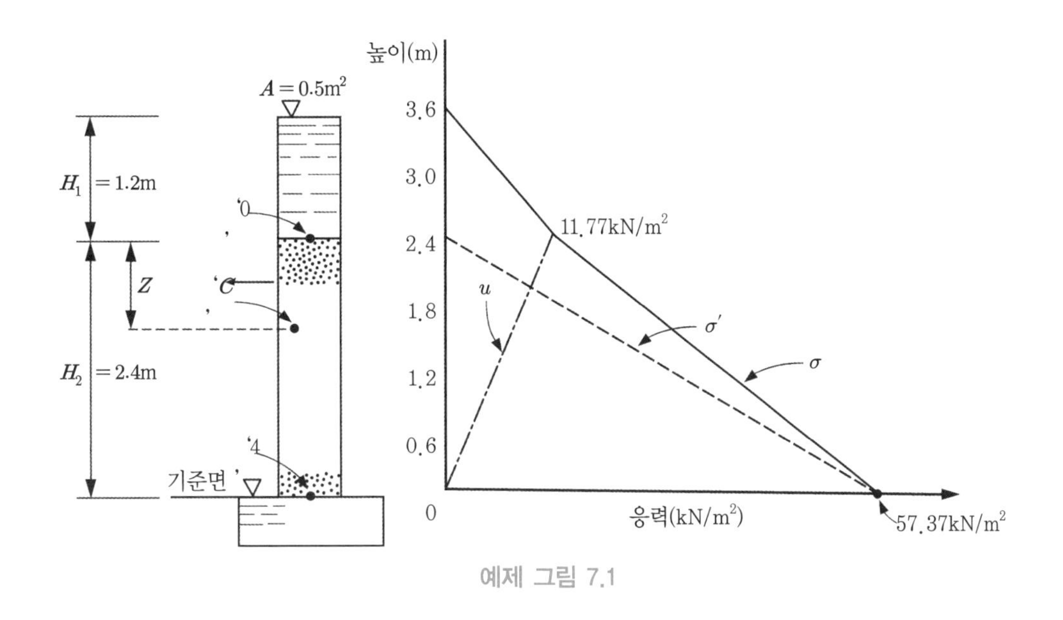

예제 그림 7.1

[풀 이] 투수문제를 풀어서 해결되는 것은 압력수두이다. 투수문제로부터 압력문제로 넘어오기 위해서는, 투수문제를 풀어서 구한 압력수두에 γ_w를 곱한 수압을 먼저 얻어야 한다.

'0'점의 경우

전응력: $\sigma_0 = \gamma_w H_1 = 9.81 \times 1.2 = 11.77\text{kN/m}^2$

수압: $u_0 = \gamma_w H_1 = 11.77\text{kN/m}^2$

유효응력: $\sigma_0{}' = \sigma_0 - u_0 = 0$

'4'점의 경우

전응력: $\sigma_4 = \gamma_w H_1 + \gamma_{sat} H_2 = 9.81 \times 1.2 + 19 \times 2.4 = 53.37\text{kN/m}^2$

수압: $u_4 = \gamma_w \times (\text{압력수두}) = 9.81 \times 0 = 0$ (예제 6.1 참조)

유효응력: $\sigma_4{}' = \sigma_4 - u_4 = 53.36\text{kN/m}^2$

또는 $\sigma_4{}' = \gamma' z + iz\gamma_w = (19 - 9.81) \times 2.4 + 1.5 \times 2.4 \times 9.81 = 53.37\text{kN/m}^2$

$(z = H_2 = 2.4\text{m})$

'C'점의 경우

전응력: $(\sigma_C = \gamma_w H_1 + \gamma_{\text{sat}} z = 11.77 + 19z(\text{kN/m}^2)$

수압: (예제 그림 6.1)로부터 $u_C = \gamma_w h_p = 9.81 \times (1.2 - 0.5z) = 11.77 - 4.91z$

↑

압력수두

유효응력: $\sigma_C{}' = \sigma_C - u_C = 11.77 + 19z - (11.77 - 4.91z) = 23.91z$

또는 $\sigma_C{}' = \gamma' z + iz\gamma_w = (19 - 9.81)z + 1.5 \cdot z \cdot 9.81 = 23.91z$

[예제 7.2] 예제 6.2는 상방향 흐름에 대한 수두산정 문제였다. 이 문제에 대해 역시 전응력, 수압, 유효응력 다이아그램을 그려라(단 $\gamma_{\text{sat}} = 19\text{kN/m}^3$).

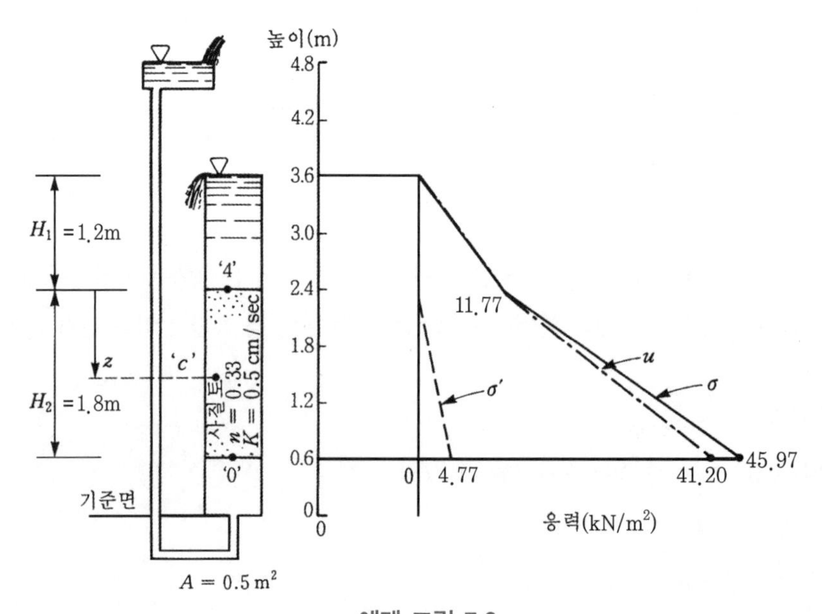

예제 그림 7.2

[풀 이] 우선 수압은 예제 6.2에서 구해놓은 압력수두에 γ_w를 곱하여 구할 수 있다.

'4'점의 경우

전응력: $\sigma_4 = \gamma_w H_1 = 9.81 \times 1.2 = 11.77\text{kN/m}^2$

수압: $u_4 = \gamma_w h_p = 9.81 \times 1.2 = 11.77\text{kN/m}^2$

압력수두

유효응력: $\sigma_4{}' = \sigma_4 - u_4 = 0$

'0'점의 경우

전응력: $\sigma_0 = \gamma_w H_1 + \gamma_{sat} H_2 = 9.81 \times 1.2 + 19 \times 1.8 = 45.97\text{kN/m}^2$

수압: $u_0 = \gamma_w h_p = 9.81 \times 4.2 = 41.20\text{kN/m}^2$

유효응력: ${\sigma_0}' = \sigma_0 - u_0 = 4.77\text{kN/m}^2$

또는 ${\sigma_0}' = \gamma' z - iz\gamma_w \ (z = H_2 = 1.8\text{m})$

$i = \dfrac{4.8 - 3.6}{1.8} = 0.667$ (예제 그림 6.2 참조)

${\sigma_0}' = (19 - 9.81) \times 1.8 - 0.667 \times 1.8 \times 9.81 = 4.77\text{kN/m}^2$

'C'점의 경우

전응력: $\sigma_C = \gamma_w H_1 + \gamma_{sat} z = 9.81 \times 1.2 + 19z = 11.77 + 19z$

수압: $u_C = \gamma_w h_p = 9.81 \times (1.2 + 1.667z) = 11.77 + 16.35z$ (예제 그림 6.2 참조)

유효응력: ${\sigma_C}' = \sigma_C - u_C = 11.77 + 19z - (11.77 + 16.35z) = 2.65z$

또는 ${\sigma_C}' = \gamma' z - iz\gamma_w = (19 - 9.81)z - 0.667 \cdot z \cdot 9.81 = 2.65z$

7.2 침투수력

전 절에서 밝힌 대로, 물이 정지해 있지 않고 흐르게 되면 전 상재압력 중 흙이 받아주는 부분, 즉 유효응력이 달라진다. 깊이 z인 흙에서의 정지상태의 유효응력을 $\sigma' = \gamma' z$라 할 때, 이로부터 유효응력이 어떻게 변하는지 알아보자.

그림 7.3과 같이 면적이 A인 흙기둥(포화상태)에 작용하는 유효력(흙 입자에 작용되는 힘)을 생각해보자. 먼저 (a)인 정지상태를 보면 깊이 z, 면적 A인 밑면에 작용하는 힘은

$$F_o' = \sigma' A = \gamma' z A$$

가 된다. 만일 (b)와 같이 상방향 흐름의 경우 흙 입자에 작용되는 힘은 다음과 같다.

$$\begin{aligned} F_{UP}' &= \sigma' A = (\gamma' z - iz\gamma_w)A \\ &= \underset{①}{\gamma' zA} - \underset{②}{iz\gamma_w A} \end{aligned}$$

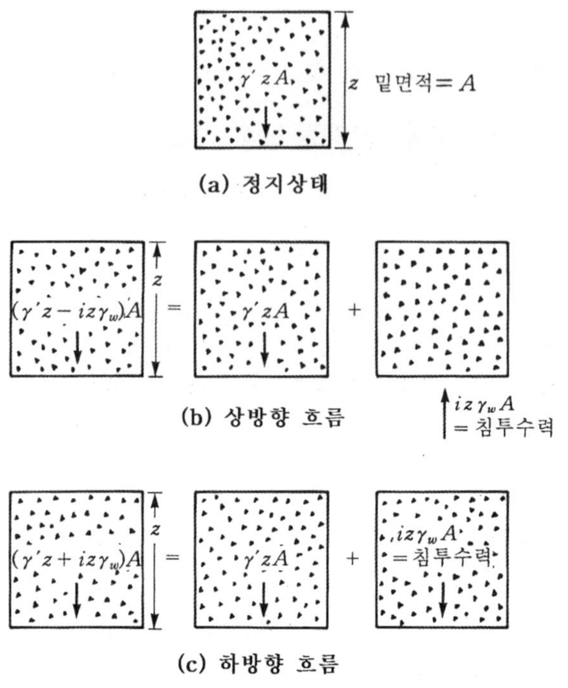

그림 7.3 체적 zA에 적용되는 유효력(effective force)

여기에서, ①은 정지상태의 유효력과 같고, ②는 상방향 흐름으로 인하여 추가적으로 생긴 힘이다. 그 방향은 물의 흐름방향인 상방향이다. 또한 (c)와 같이 하방향 흐름이 발생하면 흙입자에 작용하는 유효력은 다음 식과 같이 된다.

$$F_{DN}' = \sigma' A = (\gamma' z + iz\gamma_w)A$$
$$= \underset{①}{\gamma' zA} + \underset{②}{iz\gamma_w A}$$

역시, ①은 정지상태의 유효력과 같고, ②는 하방향 흐름으로 인하여 추가적으로 생긴 힘이며, 힘의 방향은 물의 흐름방향인 하방향이다.

따라서 물이 흐름으로 인하여 흙에 추가적으로 가해지는 힘은 $iz\gamma_w A$이며, 이 힘의 방향은 물의 흐름방향과 같다. 이 힘, 즉 물의 흐름으로 인하여 흙에 추가적으로 작용되는 힘을 침투수력(seepage force)이라고 한다. 만일 단위체적당 침투수력을 구한다면, 다음과 같이 될 것이다.

$$\text{단위체적당 침투수력} = \frac{iz\gamma_w A}{z \cdot A} = i\gamma_w \tag{7.6}$$

종합하여 침투수력을 요약하면 다음과 같다.

'물이 흐르게 되면, 물이 흐르는 방향으로 흙 입자에 추가적인 힘이 생기게 되는데 이를 침투수력이라 하며, 그 크기는 단위체적당 $i\gamma_w$이다.'

[예제 7.3] 1) 예제 7.1의 흐름에서 '4'점에서의 침투수력과 방향을 구하라.

2) 예제 7.2의 흐름에서 '0'점에서의 침투수력과 방향을 구하라.

[풀 이]

1) 침투수력$= F_{sp} = i\gamma_w \times (\text{체 적})$

$= 1.5 \times 9.81 \times (0.5 \times 2.4) = 17.66\text{kN}\,(\downarrow)$

하방향

2) 침투수력$= F_{sp} = i\gamma_w \times (\text{체 적})$

$= 0.667 \times 9.81 \times (0.5 \times 1.8) = 5.89\text{kN}\,(\uparrow)$

상방향

7.3 토질역학에서의 물체력의 고려법

물체력(body force)이란 어떤 물체가 고유로 가지고 있는 힘을 말한다. 예를 들어, 몸무게가 W인 사람은 하방향으로 W의 물체력을 지닌다. 만일 어떤 용기에 담긴 건조한 흙의 무게가 W라면 역시 이 흙의 물체력도 W일 것이다. 문제는 이 흙이 포화되어 있는 경우이다.

다음의 용기에 담긴 포화된 흙의 물체력은 $W = \gamma_{sat} V$일 것이다. 이 물체력 중 물에 의한 물체력은 $U = \gamma_w V$가 된다. 그러면 순수히 흙 입자의 무게에 의한 물체력 W'은 $W' = W - U = \gamma' V$일 것이다. 즉, 물의 부력에 의하여 흙 입자만에 의한 물체력인 유효중량이 줄어든 것이다.

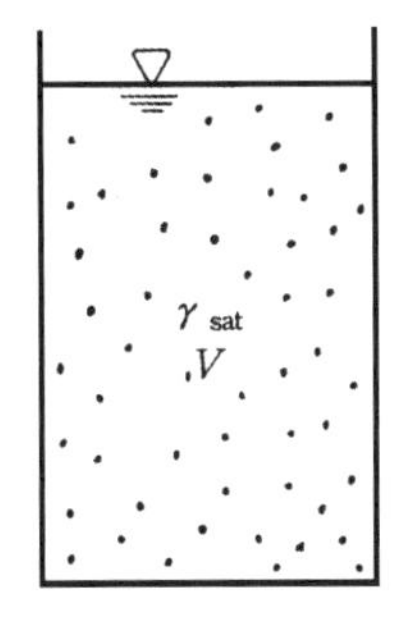

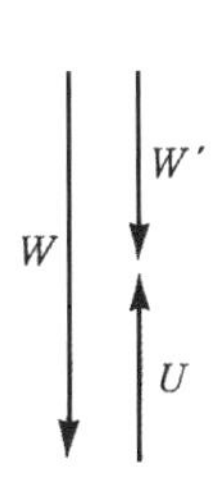

이제, 용기 안에 있는 물이 상방향 또는 하방향으로 흐르는 경우의 물체력은 어떻게 구할 것인가?

결론부터 말하면 이를 고려하는 방법에는 다음의 두 가지가 있다.

(1) 전중량에 경계면에서의 수압을 고려하는 방법
(total weight + boundary water force)

(2) 유효중량에 침투수력을 고려하는 방법
(effective weight + seepage force)

토질역학을 처음으로 공부하는 사람들에게는, 이 개념을 완전히 이해하는 것이 쉬운 일은 아닐 것이다. 이해를 돕기 위하여 예제 7.1, 예제 7.2 문제에서의 흙으로 인한 물체력을 구하는 것으로 설명하고자 한다.

[예제 7.4] (예제 그림 7.1)에서 흙 시료에 작용하는 하중을 요약하면 다음(예제 그림 7.4)과 같다. 흙 입자의 물체력(body force)을 구하라.

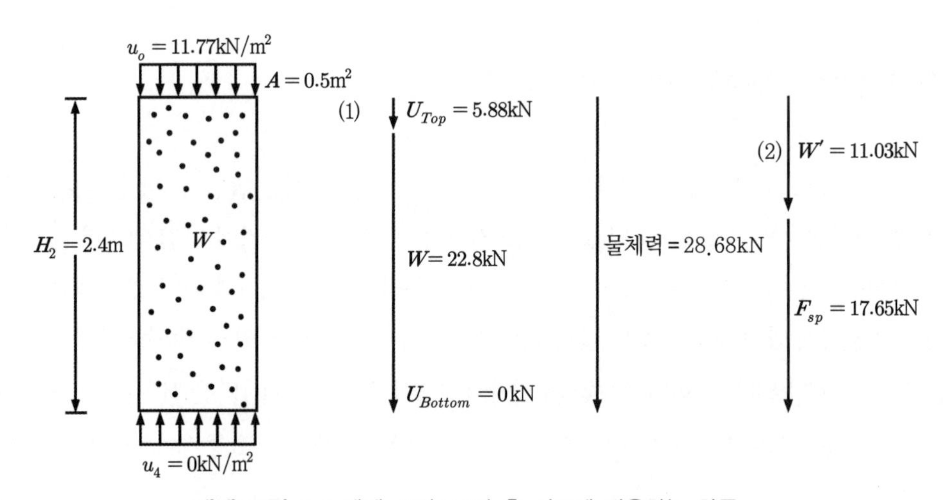

예제 그림 7.4 예제 그림 7.1의 흙 시료에 작용하는 하중

[풀 이] 그림으로부터 물체력을 구해보면 다음과 같다.

(1) 전중량+경계면 수압고려

흙 시료의 전중량

$$W = \gamma_{\text{sat}} \cdot A \cdot H_2 = 19 \times 0.5 \times 2.4 = 22.8\text{kN}\,(\downarrow)$$

흙의 지표면 위에서 작용하는 수압에 의한 힘

$$U_{\mathrm{Top}} = u_o \cdot A = 11.77 \times 0.5 = 5.88\mathrm{kN}(\downarrow)$$

흙의 저부에서 작용하는 수압에 의한 힘

$$U_{\mathrm{Bottom}} = u_4 \cdot A = 0 \times 0.5 = 0\mathrm{kN}$$

흙 시료에 작용하는 물체력

$$= W + U_{\mathrm{Top}} - U_{\mathrm{Bottom}} = 22.8 + 5.88 - 0 = 28.68\mathrm{kN}(\downarrow)$$

(2) 유효중량 + 침투수력 고려

흙 시료의 유효중량= $W' = \gamma' \cdot A \cdot H_2$

$$= (19 - 9.81) \times 0.5 \times 2.4 = 11.03\mathrm{kN}(\downarrow)$$

침투수력= $F_{sp} = i\gamma_w \cdot (A \cdot H_2)$

$$= 1.5 \times 9.81 \times (0.5 \times 2.4) = 17.65\mathrm{kN}(\downarrow)$$

흙 입자에 작용하는 물체력

$$= W' + F_{sp} = 11.03 + 17.65 = 28.68\mathrm{kN}(\downarrow)$$

위의 결과로부터, 두 방법 중 어느 방법을 이용하든 물체력은 결과적으로 같게 됨을 알 수 있다.

[예제 7.5] (예제 그림 7.2)에서 흙 시료에 작용하는 하중을 요약하면 (예제 그림 7.5)와 같다. 흙 시료의 물체력(body force)을 구하라.

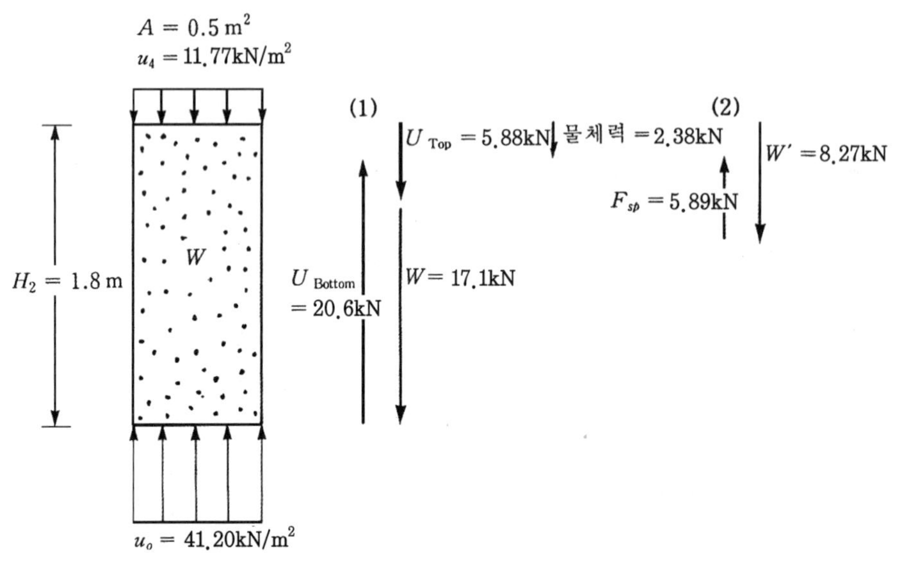

예제 그림 7.5 예제 그림 7.2의 흙 시료에 작용하는 하중

[풀 이]

(1) 전중량+경계면 수압고려

흙 시료의 전중량

$$W = \gamma_{sat} \cdot A \cdot H_2 = 19 \times 0.5 \times 1.8 = 17.1\text{kN}(\downarrow)$$

흙의 지표면 위에서 작용하는 수압에 의한 힘

$$U_{TOP} = u_4 A = 11.77 \times 0.5 = 5.88\text{kN}(\downarrow)$$

흙의 저부에서 작용하는 수압에 의한 힘

$$U_{Bottom} = u_o A = 41.20 \times 0.5 = 20.6\text{kN}(\uparrow)$$

흙 시료에 의한 물체력

$$= W + U_{Top} - U_{Bottom} = 17.1 + 5.88 - 20.6 = 2.38\text{kN}(\downarrow)$$

(2) 유효중량+침투수력 고려

흙 시료의 유효중량

$$W' = \gamma' \cdot A \cdot H_2 = (19 - 98.1) \times 0.5 \times 1.8 = 8.27\text{kN}(\downarrow)$$

침투수력

$$F_{sp} = i\gamma_w(A \cdot H_2) = 0.667 \times 9.81 \times (0.5 \times 1.8) = 5.89\text{kN}(\uparrow)$$

흙 시료에 의한 물체력

$$= W' - F_{sp} = 8.27 - 5.89 = 2.38\text{kN}(\downarrow)$$

흙의 물체력을 구할 때 위의 두 방법 중 어느 방법을 사용하는 것이 좋은지는 경우에 따라 다르다. 다음 절에서 설명하는 널말뚝 구조에서의 파이핑 또는 분사현상 발생 여부의 평가에는 (2) '유효중량+침투수력'을 사용하는 것이 편하며, 차후에 13장에서 서술하는 사면안정계산에는 오히려 (1) '전중량+경계면 수압'을 적용하는 것이 편할 때도 있다.

[예제 7.6] 그림 7.1의 세 경우 각각에 대하여 물체력을 구하라. 방법으로는 ① 전중량+경계면수압을 고려하는 방법과 ② 유효중량+침투수력을 고려하는 방법을 각각 적용하여라. 참고로, 그림 7.1에서의 세 경우 각각에 대한 물체력을 구해보자.

[풀 이]

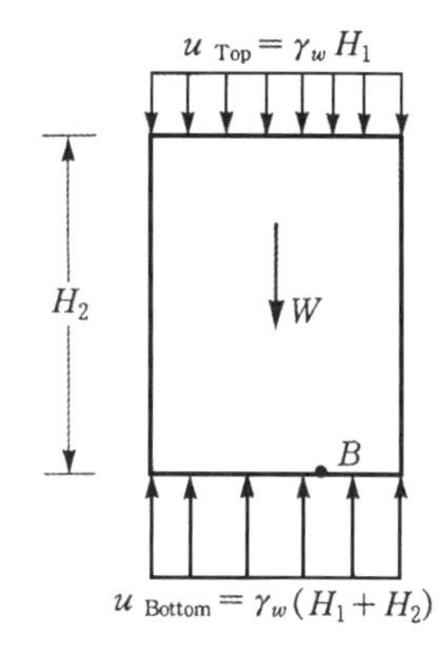

(a) 정지상태의 경우

① 전중량+경계면 수압을 고려

$U_{Top} = \gamma_w H_1 A$

$W = \gamma_{sat} H_2 A$

$U_{Bottom} = \gamma_w (H_1 + H_2) A$

총 물체력$= U_{Top} + W - U_{Bottom}$

$= \gamma_w H_1 A + \gamma_{sat} H_2 A - \gamma_w (H_1 + H_2) A = \gamma' H_2 A$

B점에서의 유효응력 $\sigma_B' = \dfrac{\gamma' H_2 A}{A} = \gamma' H_2$

② 유효중량+침투수력 고려

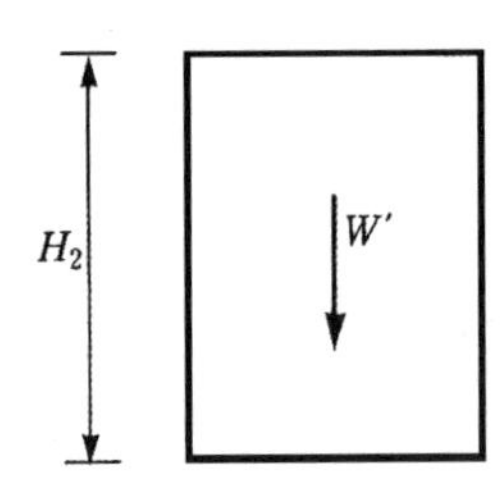

총 물체력$= W' = \gamma' H_2 A$

(b) 상방향 흐름

① 전중량+경계면수압 고려

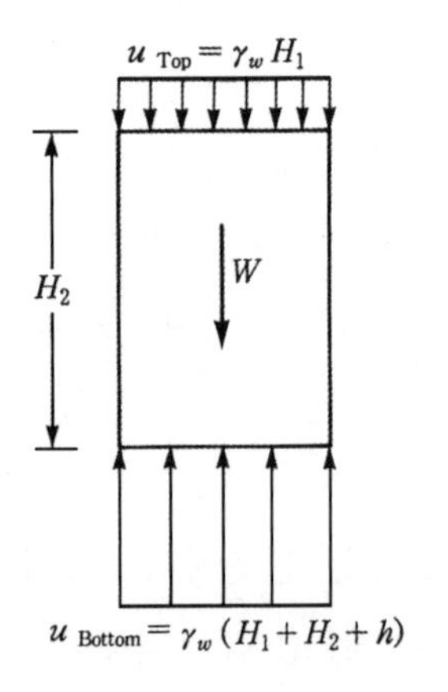

$U_{\mathrm{Top}} = \gamma_w H_1 A$

$W = \gamma_{\mathrm{sat}} H_2 A$

$U_{\mathrm{Bottom}} = \gamma_w (H_1 + H_2 + h) A$

총 물체력$= U_{\mathrm{Top}} + W - U_{\mathrm{Bottom}}$

$= \gamma_w H_1 A + \gamma_{\mathrm{sat}} H_2 A - \gamma_w (H_1 + H_2 + h) A$

$= \gamma' H_2 A - \gamma_w h A$

② 유효중량+침투수력 고려

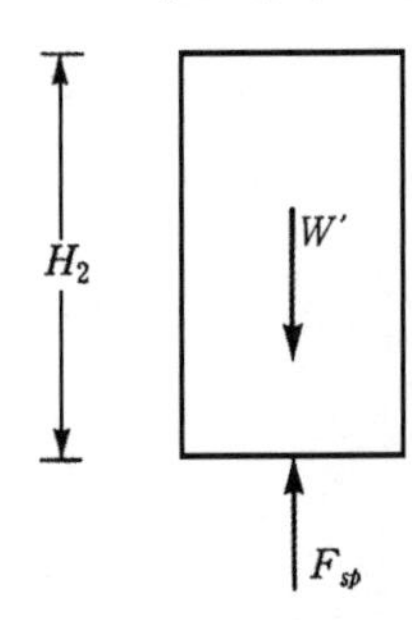

$W' = \gamma' H_2 A$

$F_{sp} = (i\gamma_w) \cdot (Vol.)$

$= i\gamma_w \cdot H_2 \cdot A = \dfrac{h}{H_2} \gamma_w H_2 A$

총 물체력$= W' - F_{sp}$

$= \gamma' H_2 A - \gamma_w h A$

(c) 하방향 흐름

① 전중량+경계면 수압 고려

$U_{\mathrm{Top}} = \gamma_w H_1 A$

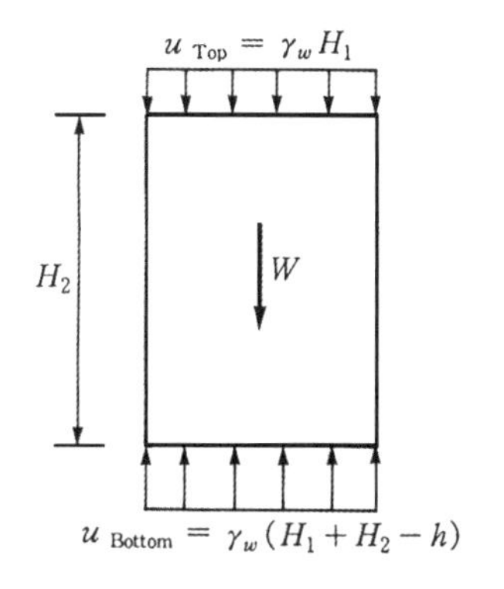

$$W = \gamma_{sat} H_2 A$$

$$U_{Bottom} = \gamma_w (H_1 + H_2 - h) A$$

$$\text{총 물체력} = U_{Top} + W - U_{Bottom}$$

$$= \gamma_w H_1 A + \gamma_{sat} H_2 A - \gamma_w (H_1 + H_2 - h) A$$

$$= \gamma' H_2 A + \gamma_w h A$$

② 유효중량+침투수력 고려

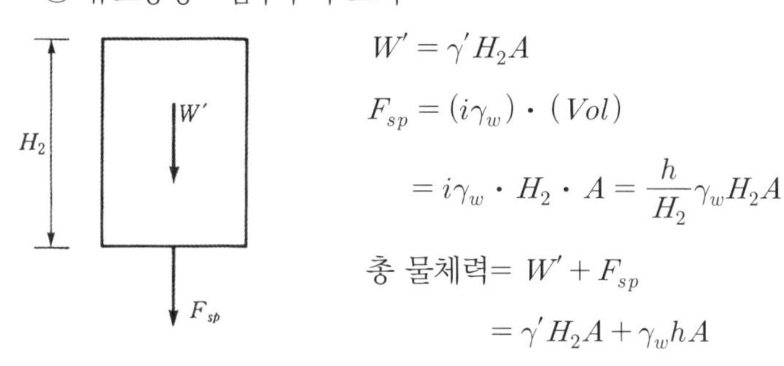

$$W' = \gamma' H_2 A$$

$$F_{sp} = (i\gamma_w) \cdot (Vol)$$

$$= i\gamma_w \cdot H_2 \cdot A = \frac{h}{H_2} \gamma_w H_2 A$$

$$\text{총 물체력} = W' + F_{sp}$$

$$= \gamma' H_2 A + \gamma_w h A$$

7.4 널말뚝에서의 흐름으로 인한 안정문제

다음 그림 7.4와 같이 널말뚝을 설치하면 널말뚝 하단으로 투수가 일어날 것이다. 이때, 널말뚝 왼쪽은 주로 하방향 흐름이, 오른쪽은 상방향 흐름이 일어날 것이다. 이때, 각 지중점들에서의 전수두, 수압 등은 유선망을 그려서 구할 수 있다고 이미 설명하였다.

상방향 흐름은 흙의 유효응력을 감소시키며, 급기야 유효응력이 0이 되면 더 이상 흙으로 거동할 수 없고, 물로 거동한다. 이때 만일 원지반이 모래로 이루어져 있다면, 분사현상(quick sand) 또는 보일링(boiling)현상이 일어난다고 하였다. 원지반이 점토라면, 보일링현상까지는 일어나지 않고, 지표면이 부풀어 오르는 히빙(heaving)현상이 일어난다. Terzaghi(1922)는 모델실험결과로부터 그림에서와 같이 널말뚝 근입깊이 D의 반에 해당되는 구역에서 주로 히빙(또는 보일링) 현상이 일어난다고 하였다.

히빙에 대한 안정성을 검토하는 방법에는 다음의 두 가지가 있다.

(1) 첫째는, 히빙 가능 지역의 동수경사를 구하여 이를 한계동수경사와 비교하는 방법이다.

히빙 가능 지역의 동수경사가 한계동수경사보다 크면 히빙이 일어날 것이다.

(2) 둘째는, 전 절에서 설명한 물체력을 이용하는 방법이다. 하방향 및 상방향으로 작용하는 물체력을 구하여 그 합계가 상방향이 되면 히빙 가능성이 있을 것이다.

다음에 이 두 방법을 수치적으로 상세히 설명할 것이다. $ABCD$구역에 대하여, 유선망을 그린 결과가 그림 7.4(b)와 같다고 하자. AB면의 전수두는 0이 될 것이고, CD면의 전수두는 일정할 수가 없고 그림에 표시된 것과 같을 것이며, 등수두선(equipotential line)으로부터 보간법으로 구할 수 있다. 이렇게 하여 구한 CD면상의 전수두의 평균을 h_m이라고 하자.

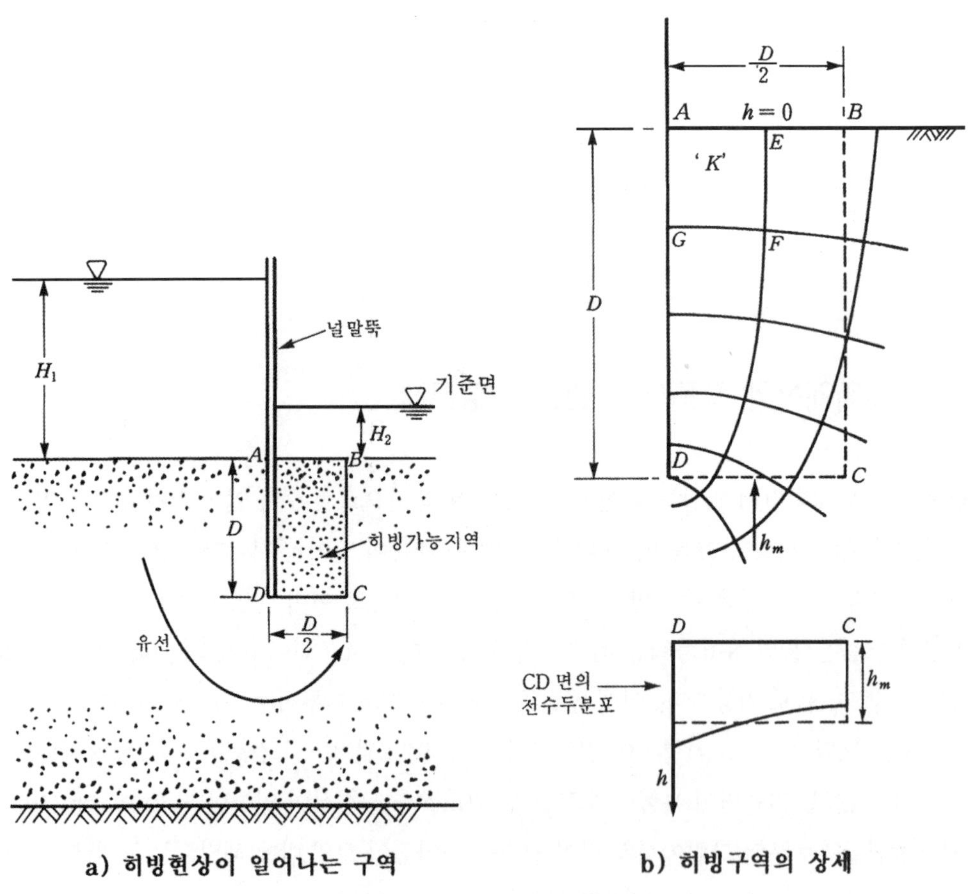

그림 7.4 널말뚝 하단으로의 투수

7.4.1 동수경사를 이용한 안정성 검토

7.1.2절에서 분사현상을 일으키는 한계동수경사가 i_{cr}이라고 하였다. 따라서 상방향 흐름을 일으키는 $ABCD$구역에서의 동수경사를 구하여 이 값을 i_{cr}과 비교하면 히빙의 가능성을 판단할 수 있다.

먼저, $AEFG$구역에서의 동수경사를 구해보면('K' 입자) 아래와 같다. GF면과 AE면 사이의 수두손실은 $\Delta h = \dfrac{H_1 - H_2}{N_d}$, 동수경사는 $i = \dfrac{\Delta h}{(AG)}$가 될 것이다.

히빙에 대한 안전율은 다음과 같이 된다.

$$F_s = \frac{i_{cr}}{i} \tag{7.7}$$

여기서, i_{cr} =한계동수경사(식 (7.4) 참조)

반면에, 히빙가능지역으로 알려져 있는 $ABCD$ 구역에서의 평균동수경사로부터 히빙가능성을 평가할 수도 있을 것이다.

$$i_m = \frac{(CD\text{ 면에서의 전수두}) - (AB\text{ 면에서의 전수두})}{(AD)} = \frac{h_m - 0}{D} = \frac{h_m}{D}$$

$$F_s = \frac{i_{cr}}{i_m} \tag{7.8}$$

7.4.2 ABCD 구역에서의 물체력을 이용한 안정성 검토

전 절에서 설명한 물체력을 구하여 히빙에 대한 안정성을 검토할 수도 있다.

(1) 유효중량+침투수력 이용

히빙에 대한 안정성은(유효중량+ 침투수력)을 이용한 물체력을 근거로 평가하는 것이 비교적 수월하다. $ABCD$ 구역에 작용되는 물체력은 다음과 같다.

하방향으로는 $ABCD$ 구역의 자중으로 인한 유효중량 W'이 있으며, 상방향으로는 상방향 침투로 인한 침투수압 F_{sp}가 존재한다(다음 그림 참조).

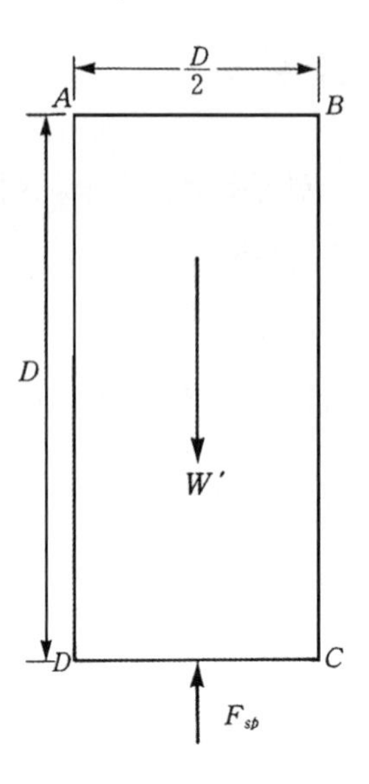

유효중량:

$$W' = \gamma' \cdot \left(\frac{D}{2} \cdot D\right) = \frac{1}{2}\gamma' D^2 \ (\downarrow \text{ 하방향})$$

침투수력:

$$F_{sp} = (i\gamma_w) \cdot (ABCD\text{의 체적})$$

$$= \frac{h_m}{D} \cdot \gamma_w \cdot \left(\frac{D}{2} \cdot D\right) = \frac{1}{2}\gamma_w h_m D \ (\uparrow \text{ 상방향})$$

총 물체력:

$$\text{총 물체력} = W' - F_{sp}$$

$$= \frac{1}{2}\gamma' D^2 - \frac{1}{2}\gamma_w h_m D \tag{7.9}$$

총 물체력이 0 이하이면, 즉 상방향 침투수력이 유효중량보다 크면 히빙이 일어날 것이다. 따라서 히빙에 대한 안전율은

$$F_s = \frac{\frac{1}{2}\gamma' D^2}{\frac{1}{2}\gamma_w h_m D} = \frac{\frac{\gamma'}{\gamma_w}}{\frac{h_m}{D}} = \frac{i_{cr}}{i} \tag{7.10}$$

가 되며, 이 값은 식 (7.7)에서의 동수경사로부터 구한 안전율과 동일하다.

(2) 전중량+경계면 수압 고려

이 개념에 의한 물체력을 구해보면 다음 그림과 같다.

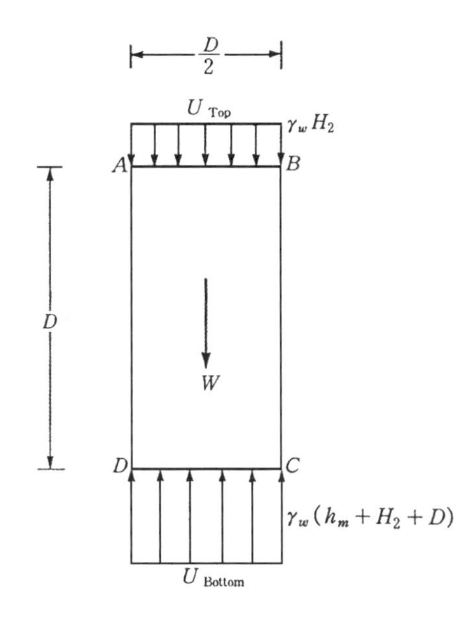

하방향으로는 전중량 W와 AB면에서의 경계면 수압 U_{TOP}이 있으며, 상방향으로는 CD면에서의 경계면 수압 U_{Bottom}이 존재한다.

전중량 W: $W = \gamma_{\text{sat}} \cdot \left(\frac{D}{2} \cdot D\right) = \frac{1}{2}\gamma_{\text{sat}} D^2$ (↓ 하방향)

경계면 수압 U_{Top}:

AB면에서의 수압은 $\gamma_w H_2$이므로

$U_{\text{TOP}} = \gamma_w H_2 \cdot \frac{D}{2} = \frac{\gamma_w}{2} H_2 D$ (↓ 하방향)

경계면 수압 U_{Bottom}:

CD면의 평균전수두$= h_m$, 위치수두$= -(H_2 + D)$이므로

압력수두$= h_m - [-(H_2 + D)] = h_m + H_2 + D$,

수압은 $u_{\text{Bottom}} = \gamma_w(h_m + H_2 + D)$가 된다.

따라서 $U_{\text{Bottom}} = u_{\text{Bottom}} \cdot \frac{D}{2} = \frac{1}{2} D\gamma_w(h_m + H_2 + D)$ (↑ 상방향)

총 물체력:

$$\begin{aligned}\text{총 물체력} &= W + U_{\text{Top}} - U_{\text{Bottom}} \\ &= \frac{1}{2}\gamma_{\text{sat}} D^2 + \frac{1}{2}\gamma_w H_2 D - \frac{1}{2}\gamma_w D(h_m + H_2 + D) \\ &= \frac{1}{2}(\gamma' + \gamma_w)D^2 + \frac{1}{2}\gamma_w H_2 D - \frac{1}{2}\gamma_w D(h_m + H_2 + D) \\ &= \frac{1}{2}\gamma' D^2 - \frac{1}{2}\gamma_w h_m D \qquad (7.11)\end{aligned}$$

이 식을 식 (7.9)와 비교해보면 똑같다. 방법(1)을 이용하든 방법(2)를 이용하든 간에, 결과적으로, 총 물체력은 동일함을 밝혀둔다.

[예제 7.7] 다음 그림과 같이 널말뚝 설치로 인하여, 널말뚝 하단으로 침투가 일어난다. 유선망을 그린 결과도 그림에 나타내었다. 흙의 포화단위중량 $\gamma_{sat} = 20\text{kN/m}^3$이다.

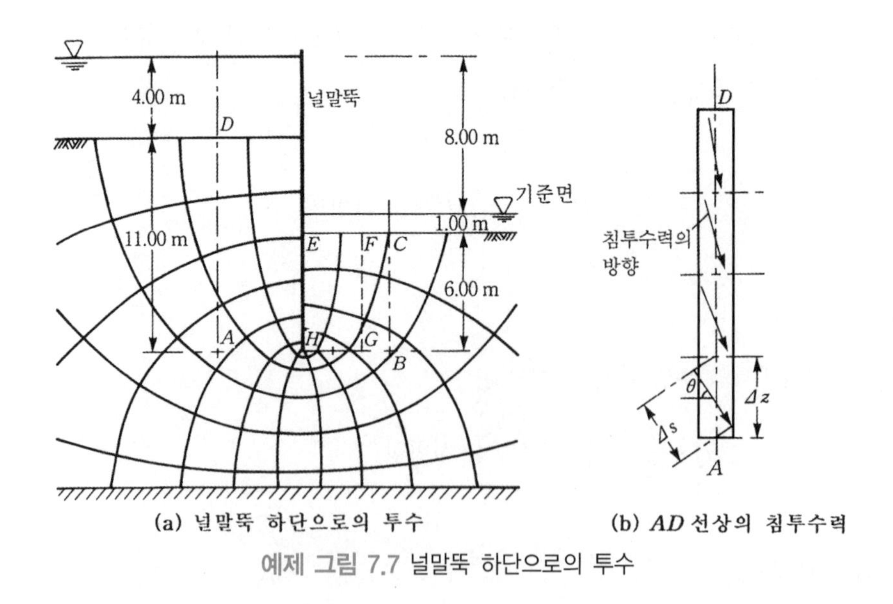

예제 그림 7.7 널말뚝 하단으로의 투수

(1) A점 및 B점에서의 연직방향 전응력, 수압, 유효응력을 구하라.

(2) $EFGH$ 구역에서의 히빙에 대한 안전율을 구하라.

[풀 이] 이 문제는 궁극적으로 응력(stress)을 구하는 문제이므로, 먼저 투수문제를 풀어서 수압을 구해놓고, 응력을 구하는 두 단계의 과정을 밟아야 할 것이다.

1단계: 투수문제

이미 유선망은 그려져 있으므로 지중 각점에서의 전수두 및 수압, 동수경사 등을 구 할 수 있다. A점 및 B점에서의 수압을 알아야 응력문제를 풀 수 있다.

- 유선망으로부터 $\Delta H = 8\text{m}$, $N_f \fallingdotseq 5.5$칸, $N_d = 12$칸

$$\Delta h = \frac{\Delta H}{N_d} = \frac{8}{12} = 0.667\text{m/칸}$$

- A점: 전수두 $h_A = 8.2\text{칸} \times \frac{8}{12} = 5.5\text{m}$

  위치수두 $z_A = -7.0\text{m}$

  압력수두 $h_{p(A)} = h_A - z_A = 5.5 - (-7.0) = 12.5\text{m}$

  수압 $u_A = \gamma_w h_{p(A)} = 9.81 \times 12.5 = 122.6\text{kPa}$

- B점: 전수두 $h_B = 2.4\text{칸} \times \frac{8}{12} = 1.6\text{m}$

  위치수두 $z_B = -7.0\text{m}$

  압력수두 $h_{p(B)} = h_B - z_B = 1.6 - (-7.0) = 8.6\text{m}$

  수압 $u_B = \gamma_w h_{p(B)} = 9.81 \times 8.6 = 84.4\text{kPa}$

2단계: 응력문제

(1) A, B점에서의 연직응력

A점 및 B점에서의 응력은(이미 수압은 구했으므로) 공식을 사용하여 구할 수도 있으나, 원리적인 측면에서 단위면적당 물체력을 이용하여 구할 수도 있다. 본 예제에서는 먼저 공식을 이용하여 구해보고, 물체력을 이용하여 구해서 이들 값들을 비교 분석할 것이다.

① 공식 이용

A점: 전응력: 전응력은 A점 상부의 모든 무게를 더하면 되므로

$$\sigma_A = \gamma_w \cdot 4 + \gamma_{sat} \cdot 11 = 9.81 \times 4 + 20 \times 11 = 259.2\text{kPa}$$

수압: 앞의 결과로부터

$$u_A = 122.6\text{kPa}$$

유효응력: $\sigma_A{}' = \sigma_A - u_A = 259.2 - 122.6 = 136.6\text{kPa}$

B점: $\sigma_B = \gamma_w \cdot 1 + \gamma_{sat} \cdot 6$

$$= 9.81 \times 1 + 20 \times 6 = 129.8\text{kPa}$$

$$u_B = 84.4\text{kPa}$$

$$\sigma_B{}' = \sigma_B - u_B = 129.8 - 84.4 = 45.4\text{kPa}$$

② 물체력 이용

(전중량+경계면수압 적용)

예제 그림 7.6의 AD를 포함하는 단위면적의 각주를 다음 그림과 같이 생각하자.

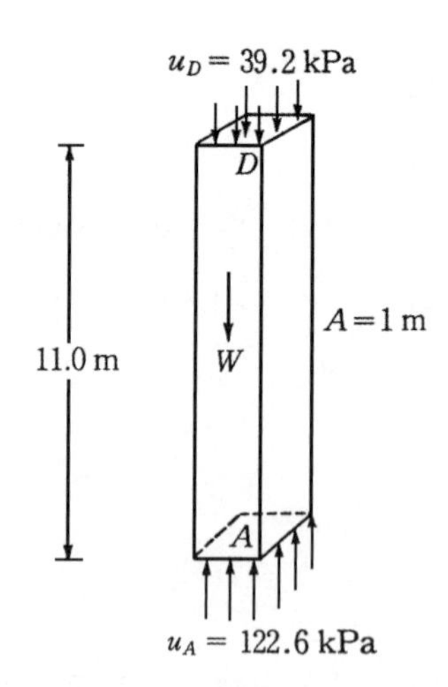

전중량 $W = \gamma_{sat} \cdot (AD) \cdot (\text{Area}) = 20 \times 11 \times 1 = 220\text{kN}(\downarrow)$

D면의 경계면 수압 $U_D = 39.2 \times (1) = 39.2\text{kN}(\downarrow)$

A 면의 경계면 수압 $U_A = 122.6 \times (1) = 122.6\text{kN}(\uparrow)$

총 물체력 $= 220 + 39.2 - 122.6 = 136.6\text{kN}(\downarrow)$

따라서 A 면에 작용하는 유효연직응력

$$= \frac{136.6\text{kN}}{1\text{m}^2} = 136.6\text{kPa}$$

마찬가지로, BC를 포함하는 단위면적의 각주를 생각하자.

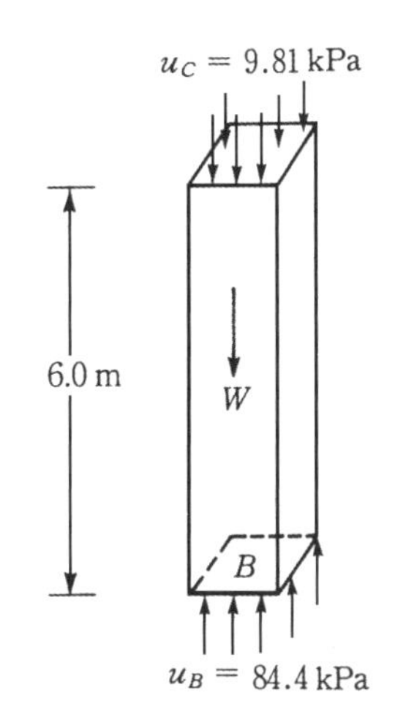

전중량 $W = \gamma_{\text{sat}} \cdot (BC) \cdot (\text{Area}) = 20 \times 6 \times 1 = 120\text{kN}(\downarrow)$

C면의 경계면 수압 $U_C = 9.81 \times (1) = 9.81\text{kN}(\downarrow)$

B면의 경계면 수압 $U_B = 84.4 \times (1) = 84.4\text{kN}(\uparrow)$

총 물체력 $= 120 + 9.81 - 84.4 = 45.4\text{kN}(\downarrow)$

따라서 B면에 작용하는 유효연직응력$= \frac{45.4\text{kN}}{1\text{m}^2} = 45.4\text{kPa}$

(유효중량+침투수력 적용)

침투수력의 방향은 물이 흐르는 방향, 즉 속도벡터의 방향과 같다. 예제 그림 7.6(b)에서 보면, AD를 포함하는 각주에서 침투수력은 수평면과 θ의 방향으로 일어난다. 우리의 관심사는 연직방향의 유효응력이므로, 침투수력 중 연직분력만을 생각해보자.

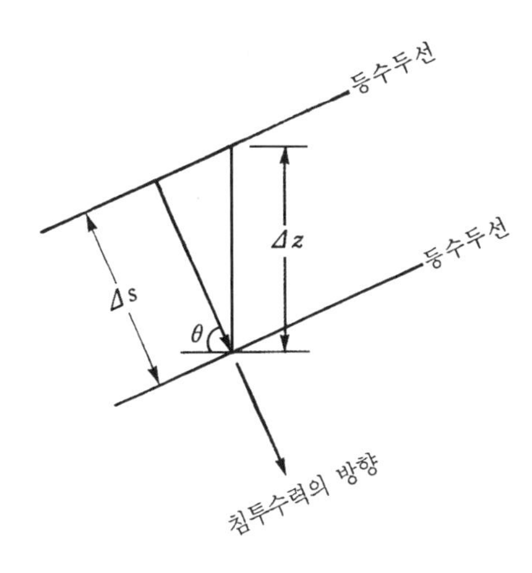

그림에서 경사방향의 단위체적당 침투수압은 $i\gamma_w = \dfrac{\Delta h}{\Delta s} \cdot \gamma_w$이 되며 이 침투수압의 연직 분력은 다음의 식과 같이 된다.

$$\frac{\Delta h}{\Delta s} \cdot \gamma_w \times (\sin\theta) = \frac{\Delta h}{\dfrac{\Delta s}{\sin\theta}} \cdot \gamma_w = \frac{\Delta h}{\Delta z} \cdot \gamma_w$$

여기에서, Δz는 두 등수두선 사이의 연직방향 거리를,
Δh는 두 등수두선 사이의 손실수두를 의미한다.

AD를 포함하는 단위면적의 각주를 생각해보자.

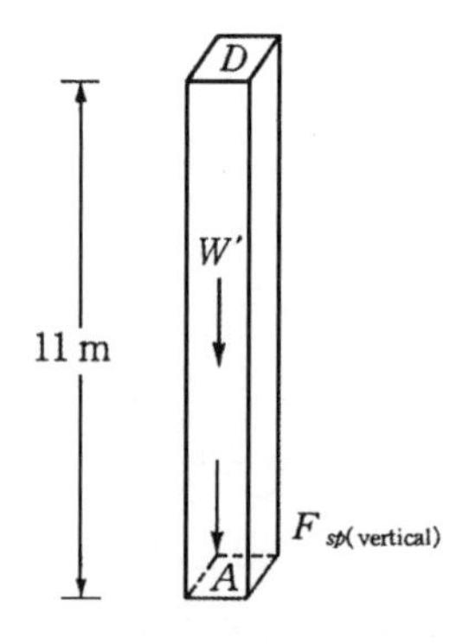

유효중량 $W' = \gamma'(AD) \cdot (\text{단면적}) = (20 - 9.81) \times 11 \times 1 = 112.1\text{kN}(\downarrow)$
침투수력의 연직성분:

A와 D 사이의 수두손실 $\Delta h = 3.8\text{칸} \times \dfrac{8}{12} = 2.5\text{m}$

$$\therefore\ F_{sp(\text{vertical})} = \frac{\Delta h}{\Delta z} \cdot \gamma_w \cdot (\text{체적})$$

$$= \frac{2.5}{11.0} \times 9.81 \times (11 \times 1) = 24.5\text{kN}(\downarrow)$$

총 물체력= $W' + F_{sp(\text{vertical})} = 112.1 + 24.5 = 136.6\text{kN}$

따라서 A면에 작용하는 유효연직응력= $\dfrac{136.6\text{kN}}{1\text{m}^2} = 136.6\text{kPa}$

또한 BC를 포함하는 단위면적의 각주를 생각해보자.

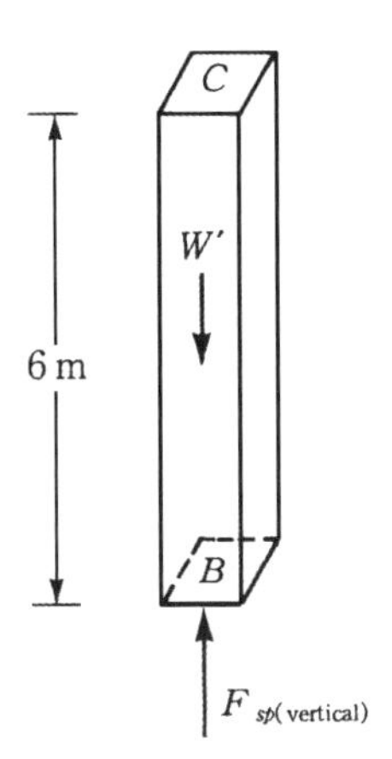

유효중량: $W' = \gamma' \cdot (BC) \cdot (\text{단면적}) = (20 - 9.81) \times 6 \times 1 = 61.1\text{kN}(\downarrow)$

침투수력의 연직성분 :

B와 C 사이의 수두손실 $\Delta h = 2.4\text{칸} \times \frac{8}{12} = 1.6\text{m}$

$$\therefore\ F_{sp(\text{vertical})} = \frac{\Delta h}{\Delta z} \cdot \gamma_w \cdot (\text{체적})$$

$$= \frac{1.6}{6} \times 9.81 \times (6 \times 1) = 15.7\text{kN}(\uparrow)$$

총 물체력$= W' - F_{sp(\text{vertical})} = 61.1 - 15.7 = 45.4\text{kN}(\downarrow)$

따라서 B면에서의 유효연직응력$= \frac{45.4\text{kN}}{1\text{m}^2} = 45.4\text{kPa}$

(2) $EFGH$ 구역에서 히빙에 대한 안전율

이 구역에서의 히빙에 대한 안전율을 구하기 위하여는 HG면에서의 평균전수두 h_m, HG면과 EF면 사이의 평균동수경사 등이 필요할 것이다.

HG면에서의 평균전수두 h_m

점 H에서의 전수두 $h_H = 5\text{칸} \times \frac{8}{12} = 3.33\text{m}$

점 G에서의 전수두 $h_G = 2.8\text{칸} \times \frac{8}{12} = 1.87\text{m}$

HG면에서의 전수두 분포를 그려보면 다음과 같다.

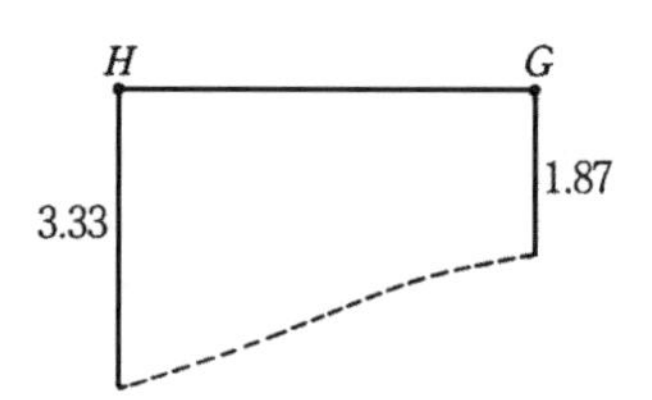

그림으로부터 평균전수두 $h_m ≒ 2.36\text{m}$가 된다.

<u>HG면과 EF면 사이의 평균동수경사 i_m</u>

HG면의 전수두 $h_m = 2.36\text{m}$

EF면의 전수두 $h = 0$

$$i_m = \frac{\Delta h}{\Delta l} = \frac{2.36}{6} = 0.39$$

① (유효중량+ 침투수력)을 적용하여 풀이를 구해보면 다음과 같다.

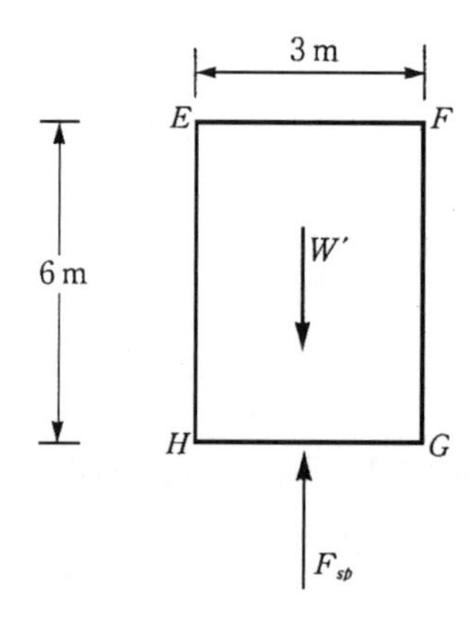

유효중량: $W' = \frac{1}{2}\gamma' D^2 = \frac{1}{2} \times (20 - 9.81) \times (6)^2 = 183.4\text{kN}\,(\downarrow)$

침투수력: 상방향 침투수력이 주로 발생하므로

$$F_{sp} = (i_m \gamma_w) \cdot (\text{체 적})$$
$$= 0.39 \times 9.81 \times (6 \times 3) = 68.9\text{kN}\,(\uparrow)$$

히빙에 대한 안전율: $F_s = \frac{W'}{F_{sp}} = \frac{183.4}{68.9} = 2.7$

② 또는 식 (7.8)로부터 안전율을 구할 수도 있다.

$$i_{cr} = \frac{\gamma'}{\gamma_w} = \frac{20 - 9.81}{9.81} = 1.04$$

$$F_s = \frac{i_{cr}}{i_m} = \frac{1.04}{0.39} = 2.7$$

7.4.3 필터재료를 이용한 히빙에 대한 안정성 증진

만일 $ABCD$구역에서 히빙에 대한 안정성을 검토하여 본 결과 안정성이 보장되지 않는다면, 안정성을 증진시킬 수 있는 공법이 필요하다. 가장 손쉽고 일반적인 안정성 증진 공법은, 유효중량을 증가시키기 위하여 하류 쪽 표면 위(그림 7.4의 AB면 위)에 필터재료를 포설하는 방법이다. 이 필터재료는 물은 자유로이 빠져나올 수 있을 만큼 입경이 커야 하며, 반대로 그림 7.4의 AB면 아래에 있는 흙 입자가 필터재로 유입되는 입자유동이 일어나지 않을 만큼 입자가 작아야 한다. 즉, 필터재료의 입경은 너무 커도 안 되고, 너무 작아도 안 되며, 적당한 크기 안에 있어야 한다.

그림 7.5와 같이 AB면 위로 D_1의 두께만큼 필터재료를 설치하였다고 하자. (유효중량+침투수력)의 관점에서 히빙에 대한 안전율을 구해보면 그림 7.5(b)로부터 다음과 같이 표시된다.

$$F_s = \frac{W' + W_F'}{F_{sp}} = \frac{\frac{1}{2}\gamma' D^2 + \frac{1}{2}\gamma_F' D_1 D}{\frac{1}{2}\gamma_w h_m D} \tag{7.12}$$

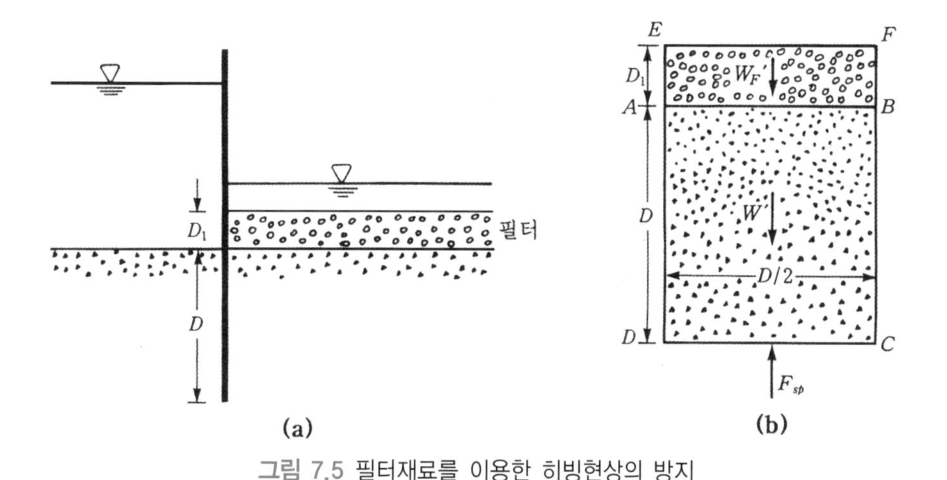

그림 7.5 필터재료를 이용한 히빙현상의 방지

여기에서, W_F' = 필터재료의 유효중량

γ_F' = 필터재료의 유효단위중량

[예제 7.8] 다음 그림과 같이 경사면에 평행으로 투수가 일어난다고 할 때, 다음을 구하라.

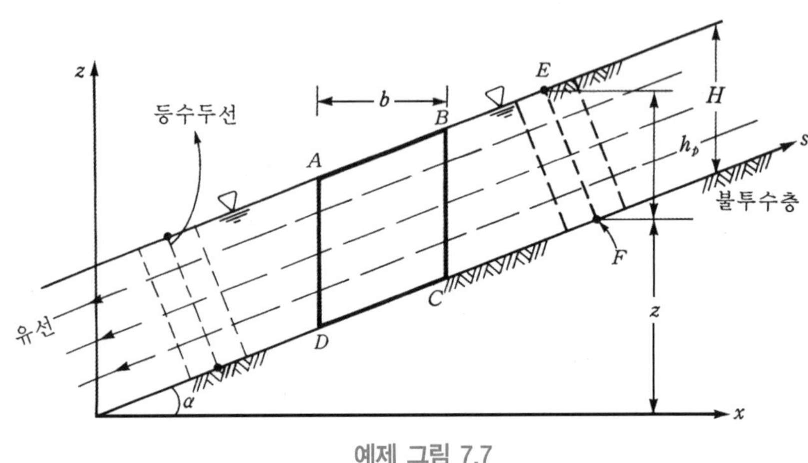

예제 그림 7.7

(1) 깊이 H인 투수층 저면에서의 수압

(2) 동수경사

(3) $ABCD$ 입자에서의 침투수력의 크기와 방향

(4) $ABCD$ 입자의 물체력의 경사방향성분, 또한 $ABCD$ 입자의 물체력의 경사방향의 직각성분

[풀 이]

(1) 유선(flow line)이 경사면과 평행이므로, 등수두선(equipotential line)은 경사면에 직각이 된다. 따라서 그림에서 E점과 F점의 전수두는 같을 것이다.

E점: 전수두$= h_E =$ 위치수두$= h_p + z$

F점: 전수두$= h_F =$ 압력수두$+ z$

$h_E = h_F$이므로, F점에서의 압력수두$= h_p = H\cos^2\alpha$

$\therefore$ 수압 $u = \gamma_w h_p = \gamma_w H\cos^2\alpha$

(2) A점과 B점을 비교해보자.

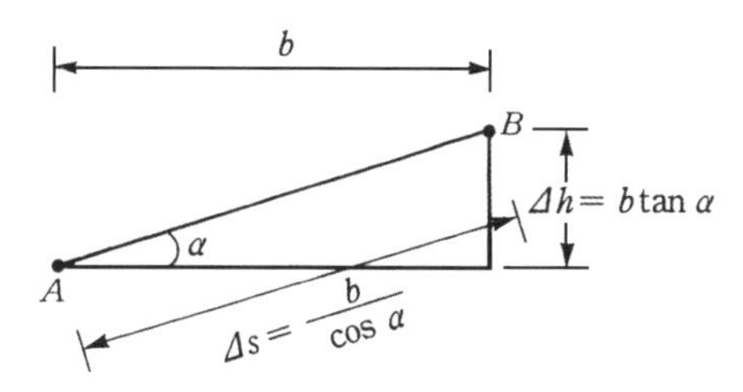

그림에서 $i = \dfrac{\Delta h}{\Delta s} = \dfrac{b\tan\alpha}{\dfrac{b}{\cos\alpha}} = \sin\alpha$

(3) 침투수력의 방향은 그림과 같이 경사방향

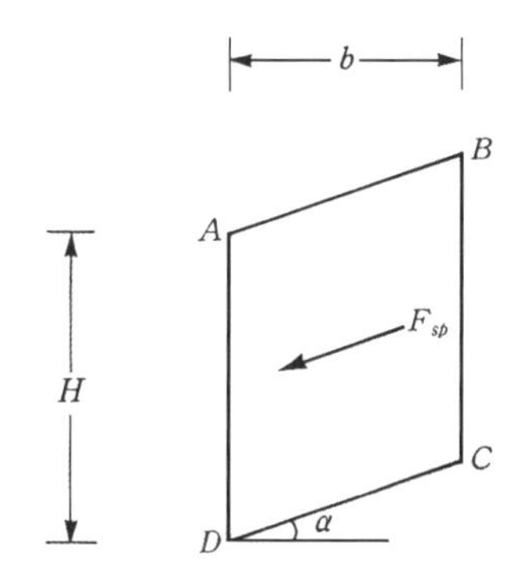

$$F_{sp} = (i\gamma_w) \cdot (ABCD \text{ 체적})$$
$$= \sin\alpha \cdot \gamma_w \cdot b \cdot H$$
$$= \gamma_w bH\sin\alpha$$

(4) ① 유효중량+침투수력 이용

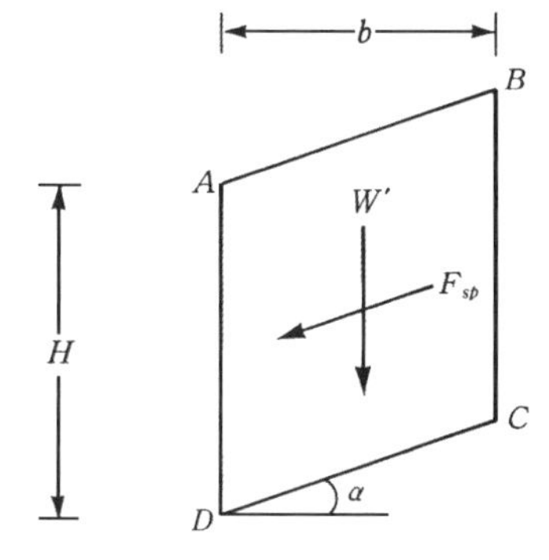

$W' = \gamma' bH$

$F_{sp} = \gamma_w bH\sin\alpha$ ((3)번 해)

• CD면에 평행 성분: $T = W'\sin\alpha + F_{sp}$
(↙) (↙)
$= \gamma' bH\sin\alpha + \gamma_w bH\sin\alpha$
$= \gamma_{\text{sat}} bH\sin\alpha$
$= W\sin\alpha$

• CD면에 직각 성분: $\overline{N} = W'\cos\alpha + 0$
(↘)
$= \gamma' bH\cos\alpha$
$= W'\cos\alpha$

② 전중량+경계수압 이용

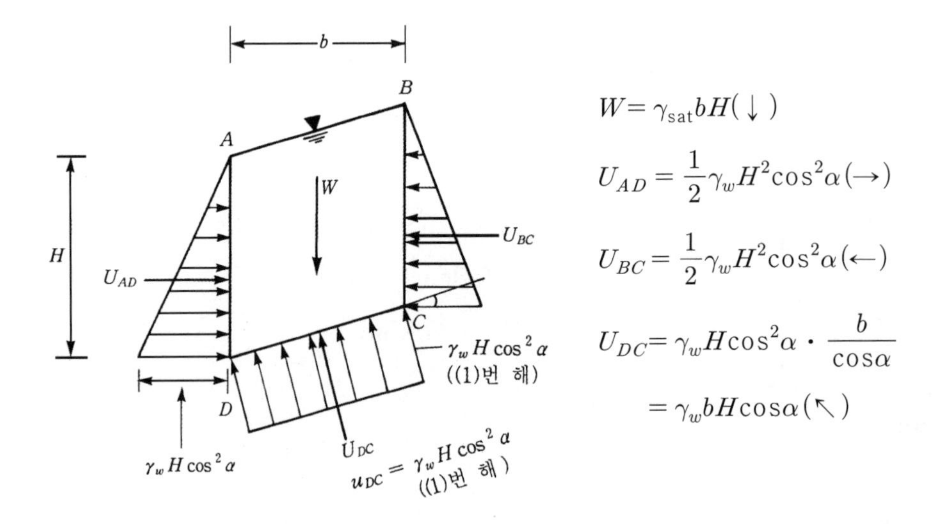

$W = \gamma_{\text{sat}} bH(\downarrow)$

$U_{AD} = \frac{1}{2}\gamma_w H^2\cos^2\alpha(\rightarrow)$

$U_{BC} = \frac{1}{2}\gamma_w H^2\cos^2\alpha(\leftarrow)$

$U_{DC} = \gamma_w H\cos^2\alpha \cdot \frac{b}{\cos\alpha}$
$= \gamma_w bH\cos\alpha(\nwarrow)$

• CD면에 평행 성분: $T = W\sin\alpha - U_{AD}\cos\alpha + U_{BC}\cos\alpha$
(↙) (↗) (↙)
$= \gamma_{\text{sat}} bH\sin\alpha$
$= W\sin\alpha$

• CD면에 직각 성분: $\overline{N} = W\cos\alpha + U_{AD}\sin\alpha - U_{BC}\sin\alpha - U_{DC}$
(↘) (↘) (↖) (↖)
$= \gamma_{\text{sat}} bH\cos\alpha - \gamma_w bH\cos\alpha$
$= \gamma' bH\cos\alpha$
$= W'\cos\alpha$

7.5 필터재료의 조건

전 절에서 설명한 대로 필터는 지반(흙)의 보호를 위하여 설치하는 것으로, 이때 보호되어야 될 지반의 흙을 모체흙(base material)이라고 한다.

필터재는 물을 자유로이 통과시킬 수 있도록 흙 입자가 커야 하며, 반면에 흙이 필터재로 빠져 나오지 못할 정도로 입자가 작아야 한다. 즉, 위의 상반된 조건을 만족시킬 수 있도록 필터는 적당한 입도분포를 가져야 한다. 필터재의 입도분포조건에는 여러 가지 견해가 있다. 이 중, 가장 단순한 것을 소개하면 다음과 같다.

(1) $\dfrac{D_{15(F)}}{D_{15(B)}} > 4$; 충분한 배수가 될 조건 (7.13)

여기에서, $D_{15(F)}$ = 필터재의 15% 통과백분율 때의 입경

$D_{15(B)}$ = 모체흙의 15% 통과백분율 때의 입경

(2) $\dfrac{D_{15(F)}}{D_{85(B)}} < 4$; 모체흙을 입자유동으로부터 보호할 수 있는 조건 (7.14)

여기에서, $D_{85(B)}$ = 모체흙의 85% 통과백분율 때의 입경

위의 조건을 만족하는 필터재의 입도분포를 구하는 방법이 그림 7.6에 소개되어 있다. 그림

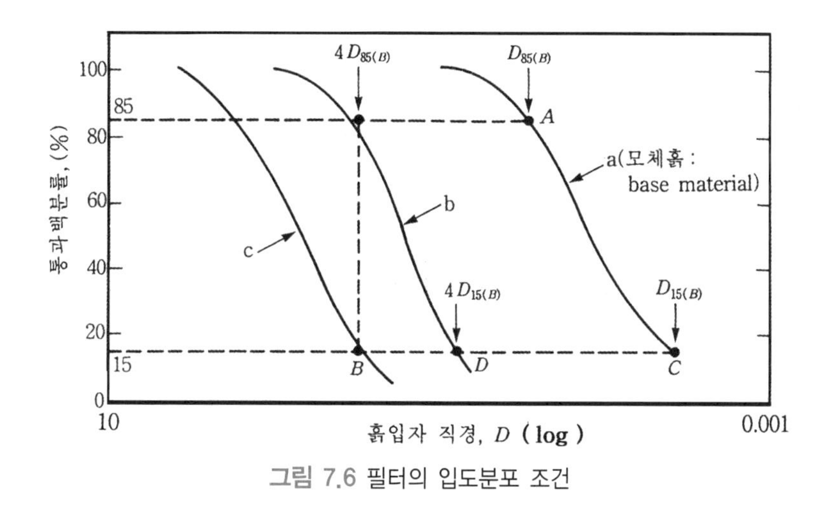

그림 7.6 필터의 입도분포 조건

에서 곡선 a는 모체흙의 입도분포를 나타내며, 곡선 c 및 곡선 b는 각각 필터재 입도분포의 상한 값과 하한 값을 나타낸다.

7.6 지하수위 위에 위치한 지반에서의 유효응력

지하수위 아래에서는 당연히 지반은 포화되어 있으며, 수압도 $u = \gamma_w z$로서 ⊕ 값을 가진다. 물은 그림 7.7에서와 같이 모세관현상에 의하여 h_c만큼 수위가 상승한다. 수위상승높이는 다음과 같다.

$$\left(\frac{\pi}{4}d^2\right)h_c\gamma_w = \pi d T\cos\alpha$$

$$\therefore\ h_c = \frac{4T\cos\alpha}{d\gamma_w} \qquad (7.15)$$

여기서, T = 표면장력

d = 모세관 직경

h_c = 모세관 상승높이

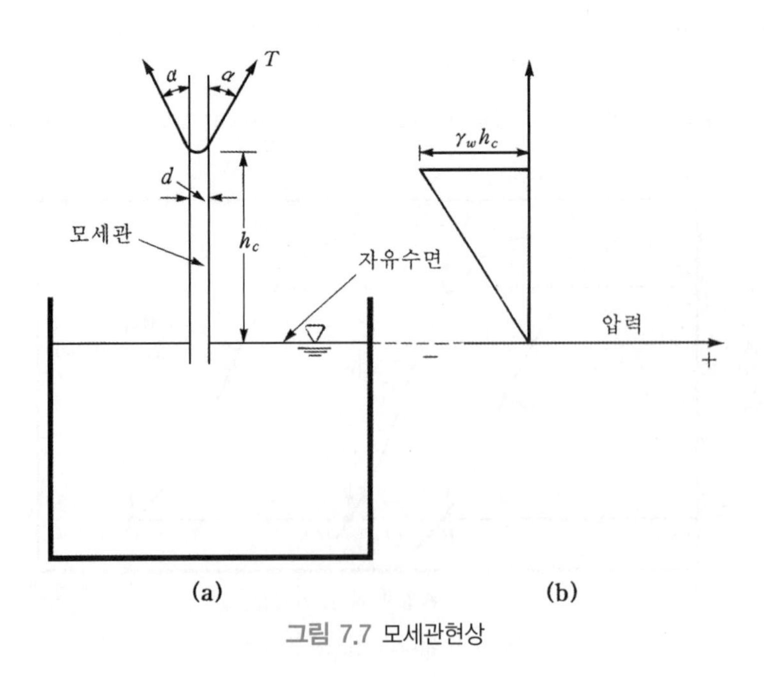

그림 7.7 모세관현상

모세관 속에 흙을 넣고 물속에 일부분을 담그면, 흙과 흙 입자 사이사이로 모세관현상이 일어나 그림 7.8과 같이 수위가 상승할 것이다.

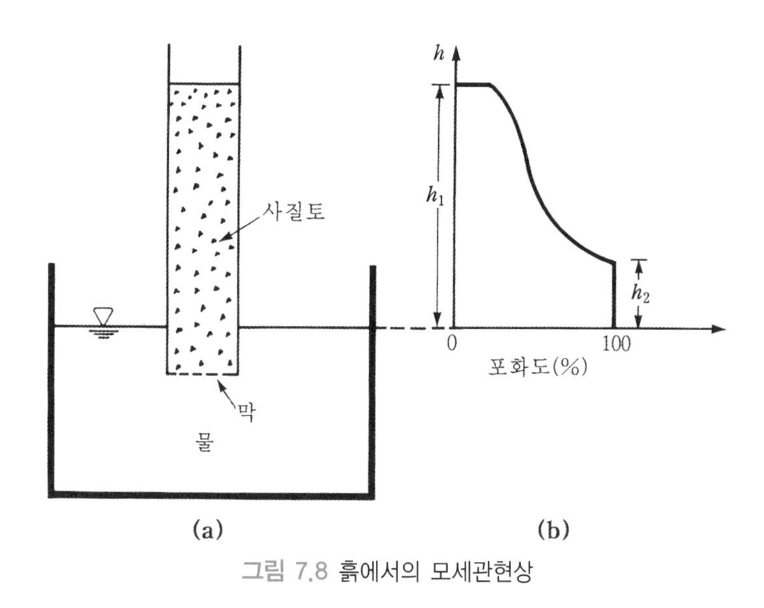

그림 7.8 흙에서의 모세관현상

수위가 상승된 지역(즉, 모세관현상이 발생된 구간)에서의 수압은 그 값이 ⊖가 된다.
따라서 다음의 공식

$$\sigma = \sigma' + u$$

으로부터 u값이 ⊖이므로 σ'은 전응력보다 큰 값을 가질 것이다. 즉, 지하수위면 위에서는 상재하중보다 큰 응력이 흙에 전달된다. 따라서 지하수위면 위의 지반은 아주 단단한 상태(이를 과압밀상태라고 함: 9장 참조)가 된다.

지하수면 위에 존재한 흙을 불포화토(unsaturated soil)라고 하며, 불포화토에서의 수압은 항상 ⊖가 된다. 불포화토는 매립장 복토재의 증발산, 사면의 표면에서의 상태 등에서 나타나는 현상이며, 이에 대한 상세한 사항은 Fredlund와 Rahardjo의 책(1993)에 상세히 기술되어 있다.

연 습 문 제

1. 제6장 연습문제의 2번 (a), (b) 각각에 대하여 전응력, 수압, 유효응력의 다이아그램을 그려라($\gamma_{sat}=18\text{kN/m}^3$, 흙 A 및 흙 B).

2. 제6장 연습문제의 4번에 대하여 전응력, 수압, 유효응력 다이아그램을 그려라. 각 층에서 단위체적당 침투수력을 구하라. 표고 −4.5m에서 (0.3m × 0.3m × 0.3m)의 입방체에 작용하는 침투수력을 구하라.

3. 제6장 연습문제의 6번 1), 2) 각각에 대하여 다음을 구하라.
   ① A 및 C점 각각에서의 침투수압(압력)
   ② A 및 C점 각각에서의 전연직응력, 유효연직응력

4. 제6장 연습문제의 7번에서 다음은 구하라.
   1) A 및 C점 각각에서의 침투수압(압력)
   2) A 및 C점 각각에서의 전연직응력, 유효연직응력

5. 제6장 연습문제의 8번에서
   1) 'P'점에서의 전연직응력, 유효연직응력을 구하라.
   2) 수평방향 토압계수를 $K_o=0.4$라고 할 때, 'P'점에서의 수평방향 유효응력을 예측하라.

6. 다음 그림과 같이 널말뚝의 한 단면에서의 흐름에 대하여 물음에 답하라.

   1) 널말뚝에서의 수압분포를 그려라.
   2) 히빙에 대한 안전율을 구하라.
      ① P요소에서의 안전율
      ② 히빙구역에서의 안전율
   3) A, B점에서의 전응력, 수압, 유효응력을 구하라.

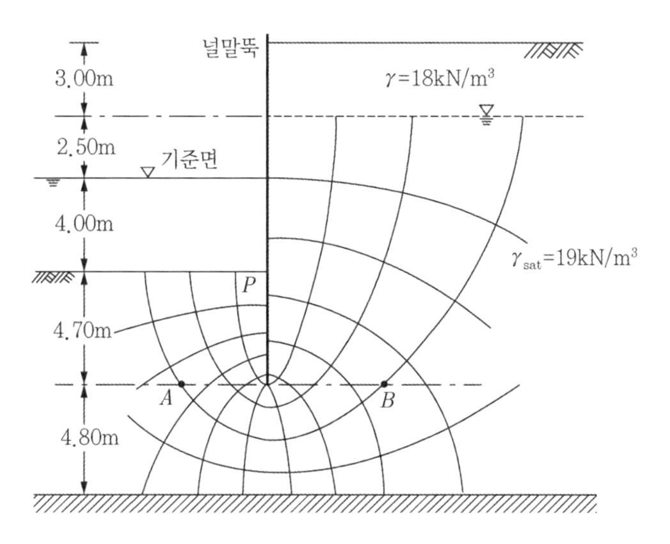

7. 다음 그림과 같은 투수상태에서 (a), (b)에 대하여 $X-X$ 단면에 작용하는 유효응력을 각각 구하라.
   단, (1) "전중량+경계면 수압 고려", (2) "유효중량+침투수력 고려"의 두 가지 방법을 사용하라($\gamma_{sat}=20\text{kN/m}^3$).

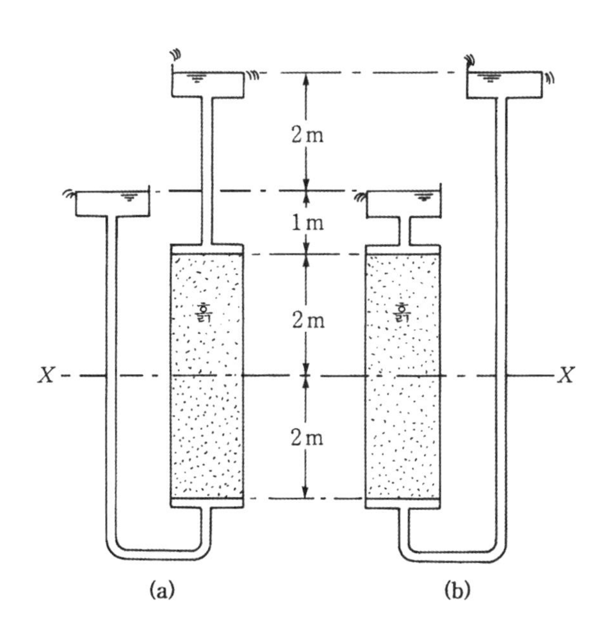

(a) (b)

8. 다음 그림과 같이 물이 흙 속으로 아래에서 위로 침투할 때, 분사현상이 발생하려면 수두차는(Δh) 얼마 이상이어야 하나?($G_s=2.65$, $e=0.6$)

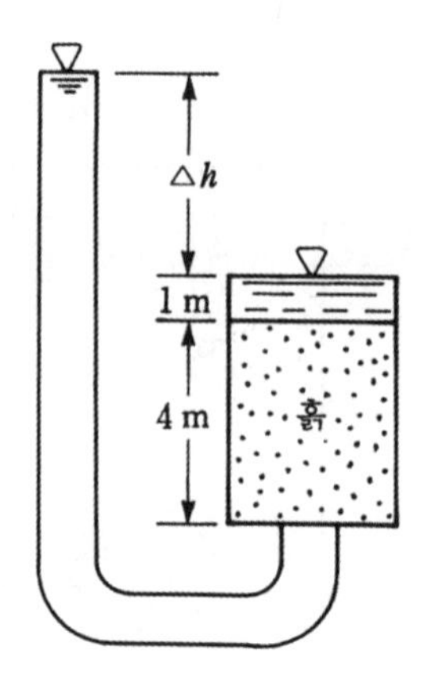

9. 다음 그림과 같이 흙기둥을 통해서 물이 아래로 흐르고 있고 이 흙의 $\gamma_{sat}=19\text{kN/m}^3$이다.

1) A점과 B점 사이의 수두 차를 구하라.
2) A, B 각 점에서의 유효응력을 구하라.
3) B점에서의 단위면적당 침투수압을 구하라.
4) 정수압인 경우에 비하여 B점에서의 유효응력의 증가량은 얼마인가?

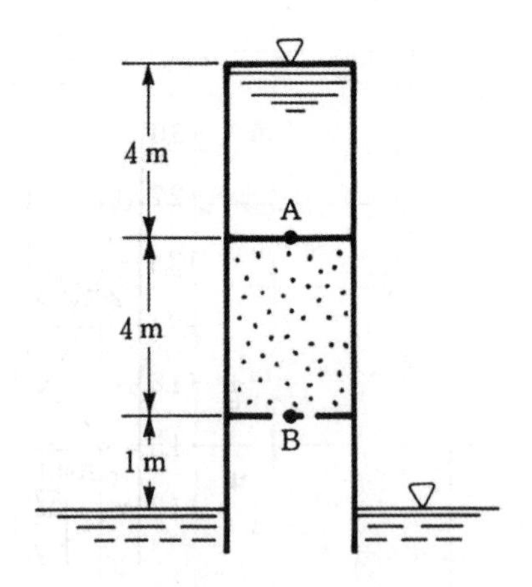

10. 다음 그림에서 경사방향의 힘의 합력을 구하고, 이로부터 단위체적당 침투수력은 $i\gamma_w$ 임을 증명하라.

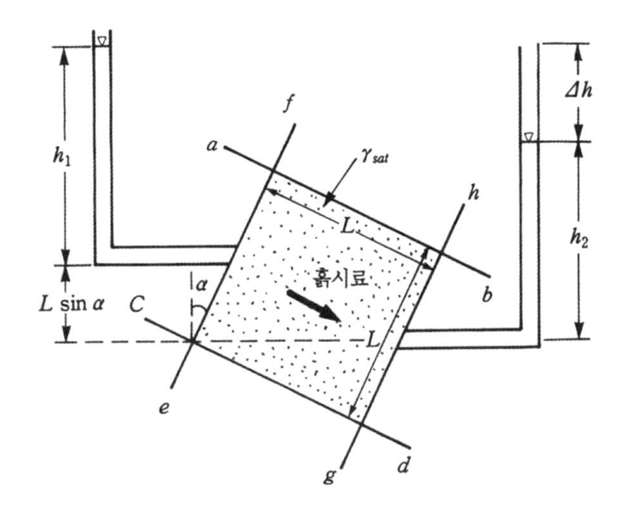

11. 다음 그림에서 문제에 답하라(통의 폭은 1m이다).

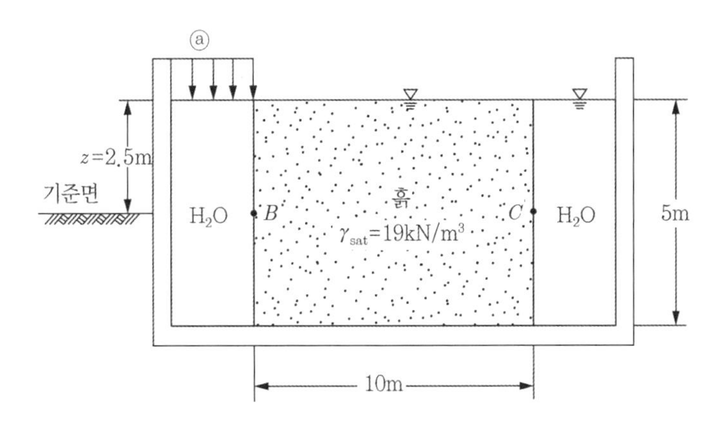

그림과 같은 구조에서 ⓐ부분에 70kN/m^{2}의 압력을 가했다. B점의 전수두, C점의 전수두는 얼마인가? 흙에 가해진 침투수력의 방향과 크기를 구하라. 단, 양쪽의 수위선은 변하지 않는다고 가정하라.

12. 다음 그림과 같은 지반에서 지하실을 건설하기 위하여 지하 3m를 파고 양수기로 양정을 하여 평형상태(steady state)에 도달하였다.

1) A점에서의 전수두를 구하라.
2) A점에서의 전응력을 구하라.
3) A점에서의 유효응력을 구하라.
4) C점에서의 동수경사를 구하라.
5) 침투수력의 크기와 방향을 구하라.

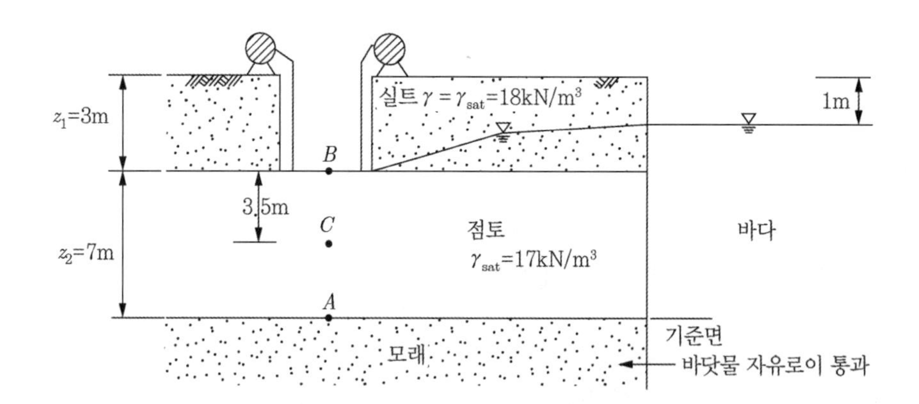

제8장

응력 - 변형률 및 과잉간극수압

제8장
응력-변형률 및 과잉간극수압

8.1 서 론

6장, 7장에서는, 투수의 기본원리를 설명하고, 투수에 따른 수압과 응력의 변화에 대하여 상세히 서술하였다. 다시 한번 반복하건데, 7장에서의 응력문제는 지반의 외부에서 추가로 가해지는 하중으로 인한 응력의 증가 없이, 단순히 정수압 대신, 물이 흙 속으로 흐르기 때문에 수압이 변하는 문제를 다룬 것이다. 즉, 다음의 유효응력 공식을 보자.

$$\sigma_v = \sigma_v{}' + u$$

외부에서 추가적인 하중증가 요인이 없으면 σ_v는 언제나 일정하다. 투수로 인하여 문제가 되는 것은 물이 흐를 때는 $u \neq \gamma_w z$이므로 수압이 변하고, 따라서 $\sigma_v = \text{constant}$ 하에서 $\sigma_v{}'$, 즉 흙의 유효응력이 변하는 것이며, 이를 6장, 7장에서 상세히 설명하였다.

한편, 5장의 지중응력 편에서 원래 흙이 가지고 있던 초기응력 외에 외부에서 작용되는 추가하중으로 인하여, 흙 입자에는 응력의 증가량이 생긴다고 하였다. 예를 들어, 다음 그림과 같이 원형 물탱크 중심(中心)하에서의 응력을 보자. 그림 8.1에서 물탱크 설치로 인하여 응력의 증가가 $\Delta\sigma_v$, $\Delta\sigma_h$만큼 추가로 발생되었는데, 이 추가응력을 물이 받아주어야 하는가, 아니면 흙 입자가 받아주어야 하는가의 문제이다. 이에 대한 결론은 그리 간단치가 않다. 다음의 세 가지 경우에 따라, 추가응력을 받아주는 주체가 달라진다.

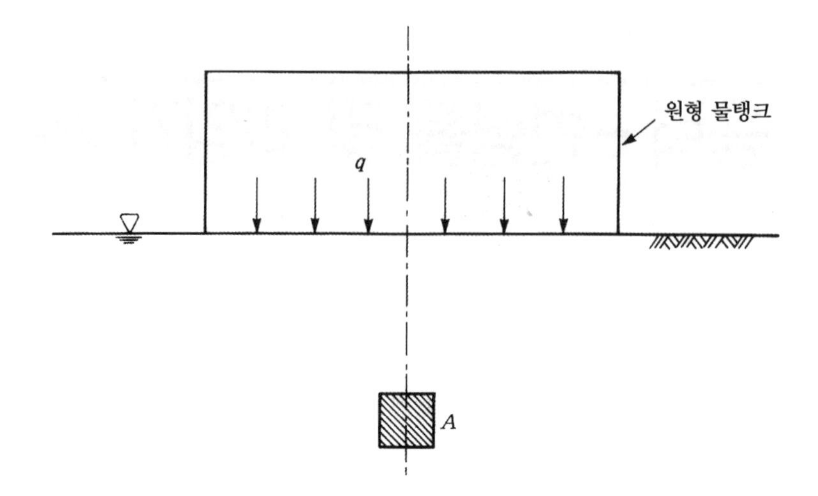

(a) 물이 없는 경우 :

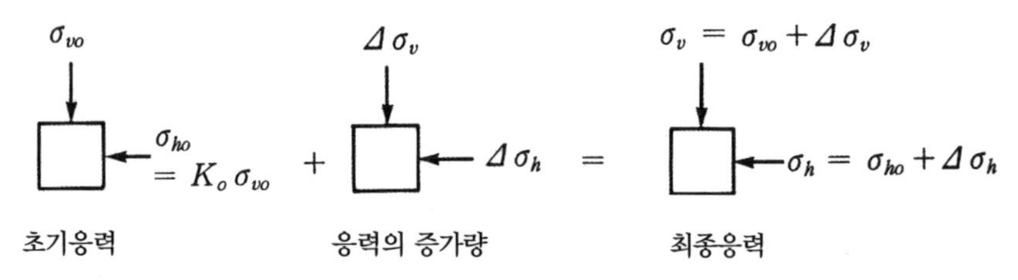

(b) 지하수위가 지표면에 있는 경우 :

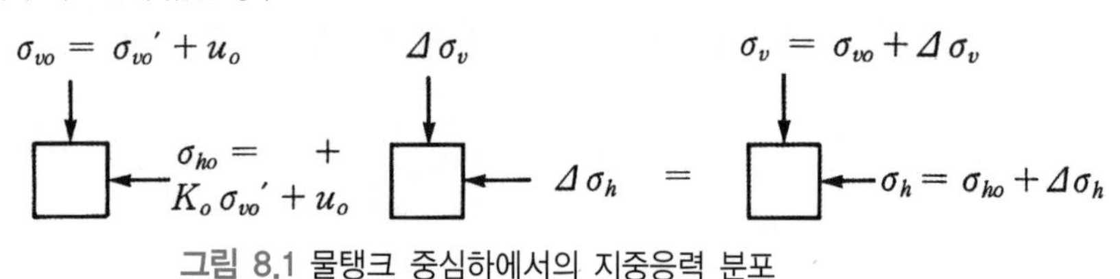

그림 8.1 물탱크 중심하에서의 지중응력 분포

(1) 지반에 지하수가 없는 경우
흙 속에 아예 물이 없으면 당연히 추가적인 모든 응력은 흙이 받을 것이다.
(2) 지하수위는 존재하나, 사질토와 같이 물이 쉽게 빠져나갈 수 있는 경우
물은 비압축성으로서 부피변화 없이도 하중을 받을 수 있다. 반면에 흙은 스프링과 같아서, 체적변형이 생길 때에야 비로소 하중을 받을 수 있다.

예를 들어, 그림 8.2에서와 같이 물통에 물과 스프링을 설치하고 피스톤을 사용하여 외부에서 하중을 주었다고 하자. 스프링은 흙 입자(soil particles)를 모사한 것이다. 하중을 가할 때, 물이 자유로이 빠져나갈 수 있다면 물은 하중을 받을 수 없고, 스프링이 찌그러지면서 스

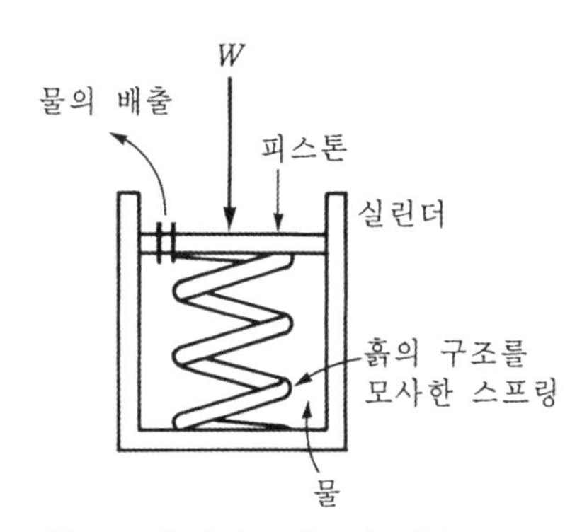

그림 8.2 응력의 증가분에 대한 하중분담

프링에 힘이 작용될 것이다. 즉, 물이 쉽게 빠져나갈 수 있는 지반에서는 추가되는 응력의 증가량을 역시 흙이 받아줄 것이다.

(3) 그림 8.2에서 물이 빠져나갈 수 없도록 하면, 하중이 작용될 때, 체적변형이 없는 물이 하중을 받을 것이다. 따라서 응력의 증가량을 수압으로 버티게 된다. 하중에 의하여 체적이 수축하고 싶어 하나 비압축성인 물이 존재하므로 체적수축 대신에 수압이 상승한다.

위의 세 경우를 종합해보면, 지반에 아예 지하수가 존재하지 않거나 지하수가 존재하더라도 물이 쉽게 빠져나가는 경우에는, 외부하중으로 인한 응력의 증가량을 흙이 받게 된다. 즉, 전응력의 증가분만큼 유효응력의 증가를 가져온다. 흙에 작용되는 유효응력이 증가되면 흙은 변형을 할 것이다. 이 문제의 개략을 8.2절에서 설명할 것이다. 반면에, 물이 쉽게 빠져나가지 못하는 지반에서는 응력의 증가분의 상당량을 물이 받아서 수압 상승을 야기할 것이다. 정수압 외에 추가로 상승된 수압을 과잉간극수압(excess porewater pressure)이라고 한다. 이를 8.3절에서 설명할 것이다.

8.2 응력과 변형

그림 8.1에서 in-situ mechanics 결과인 초기응력으로 인해서는, 흙 입자에 어떤 변형이나 파괴도 일어나지 않는다. 문제는 응력의 증가량이다. 응력의 증가량 형태에 따라, 변형도 생기며 급기야 파괴도 발생할 수 있다.

본 절에서는 응력증가량 형태 중 대표적인 형태에 대하여 응력과 변형률 관계를 설명할 것이다.

8.2.1 일축압축하중

이 경우는 수평방향으로의 응력 증가는 없고 연직방향으로만 응력의 증가가 있는 경우이다. 다음의 그림을 보자.

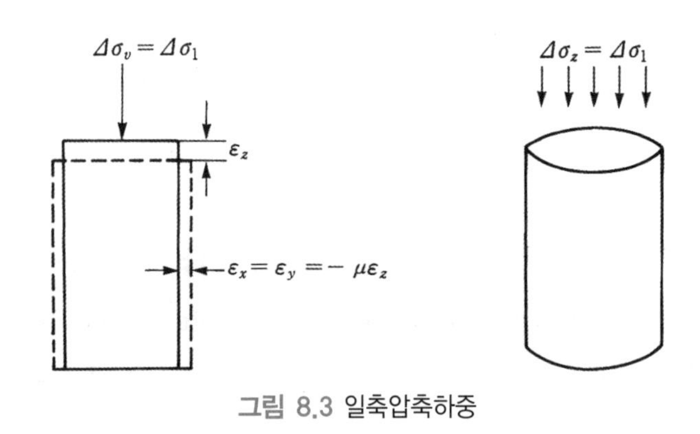

그림 8.3 일축압축하중

탄성론에 의하여

$$\text{탄성계수 } E = \frac{\Delta\sigma_z}{\varepsilon_z} \tag{8.1}$$

$$\text{포아송 비 } \mu = \frac{-\varepsilon_x}{\varepsilon_z} \tag{8.2}$$

로 표시된다.

흙에 일축응력이 작용되는 경우의 응력-변형률곡선의 개략을 그려보면 다음 그림 8.4와 같다. 그림에서와 같이 $\Delta\sigma_z$와 ε_z의 관계는 처음에는 직선의 관계를 보이나 $\Delta\sigma_z$가 커짐에 따라 기울기가 감소하는 경향을 나타낸다. 따라서 $\frac{\Delta\sigma_z}{\varepsilon_z}$로 표시되는 평균탄성계수는 할선계수(secant modulus)를 뜻한다. 커브상의 한 점에서의 기울기를 나타내는 $\frac{d(\Delta\sigma_z)}{d\varepsilon_z}$는 접선계수(tangent modulus)라 불리며, 변형률이 커짐에 따라 감소한다.

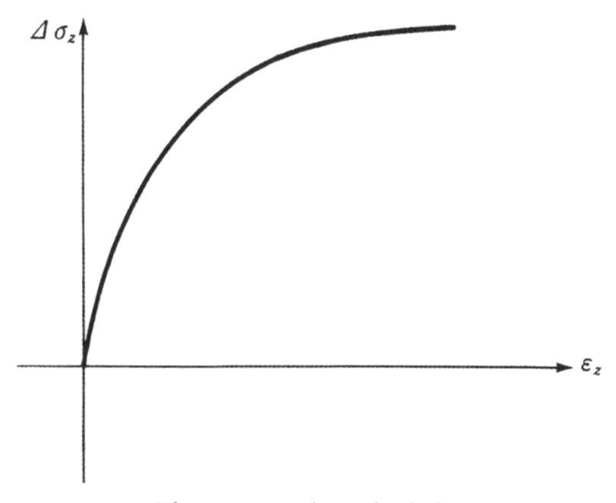

그림 8.4 $\Delta\sigma_z$와 ε_z의 관계곡선

또한 일축하중 시의 Mohr 원 및 응력경로는 다음과 같다(단, 초기응력=0으로 가정). 그림을 보면, 응력경로는 45°로 발생한다. $\Delta\sigma_z$를 계속 증가시킬수록 축차응력 $q=\dfrac{\Delta\sigma_z}{2}$가 증가하므로, 이 흙 입자는 점점 전단응력을 크게 받아, 가해지는 전단응력을 견딜 수 없으면 전단파괴가 발생할 것이다.

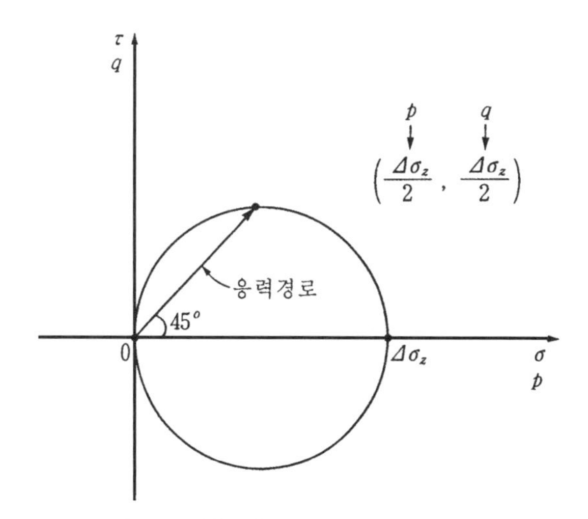

그림 8.5 일축압축하중 재하 시의 응력경로

8.2.2 등방압밀하중

이 경우는 연직방향 증가량 $\Delta\sigma_z$와 수평방향 증가량 $\Delta\sigma_h$가 똑같이 증가하는 경우이다(즉, $\Delta\sigma = \Delta\sigma_v = \Delta\sigma_h$). 다음 그림 8.6은 등방압밀상태를 나타낸다.

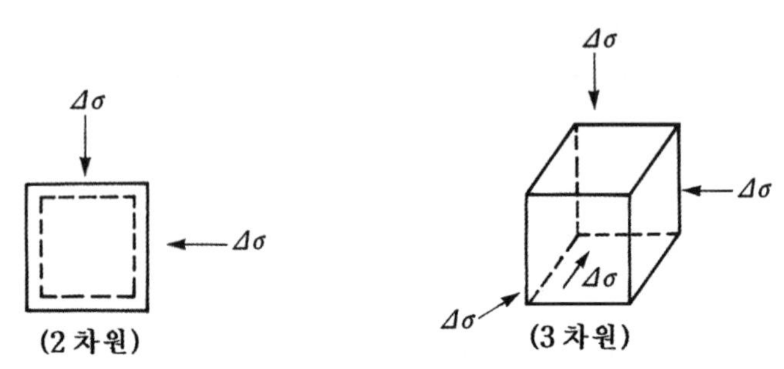

그림 8.6 등방압밀하중

그림과 같이 3면에 $\Delta\sigma_x$, $\Delta\sigma_y$, $\Delta\sigma_z$의 응력이 작용되는 경우의 각 방향 변형률은 다음과 같이 표시된다(그림 8.7 참조).

$$\varepsilon_x = \frac{1}{E}[\Delta\sigma_x - \mu(\Delta\sigma_y + \Delta\sigma_z)] \tag{8.3a}$$

$$\varepsilon_y = \frac{1}{E}[\Delta\sigma_y - \mu(\Delta\sigma_x + \Delta\sigma_z)] \tag{8.3b}$$

$$\varepsilon_z = \frac{1}{E}[\Delta\sigma_z - \mu(\Delta\sigma_x + \Delta\sigma_y)] \tag{8.3c}$$

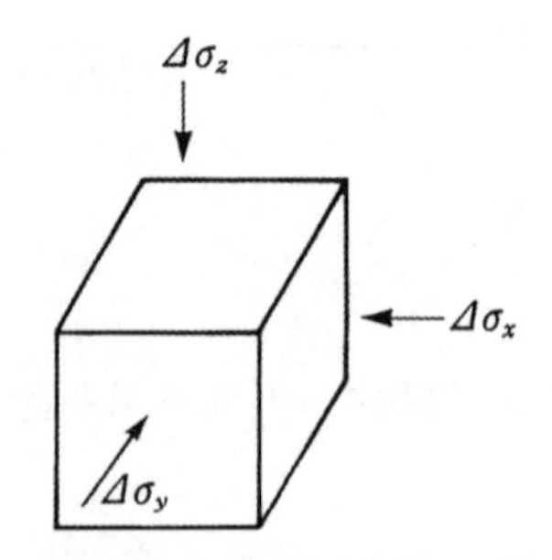

그림 8.7 입자에 작용하는 응력

등방압밀하중이란 $\Delta\sigma_x = \Delta\sigma_y = \Delta\sigma_z = \Delta\sigma$인 경우를 뜻한다. 위의 세 식을 더하면 다음과 같다.

$$\varepsilon_v = \varepsilon_x + \varepsilon_y + \varepsilon_z = \frac{3\Delta\sigma}{E}(1-2\mu) \qquad (8.4)$$

여기서, ε_v =체적변형률(volumetric strain)

체적변형계수(bulk modulus) K는 다음과 같이 정의된다.

$$K = \frac{\Delta\sigma}{\varepsilon_v} = \frac{E}{3(1-2\mu)} \qquad (8.5)$$

흙에 작용하는 등방압밀하중 $\Delta\sigma$와 ε_v의 관계를 나타내는 곡선을 그리면 다음의 그림 8.8과 같다.

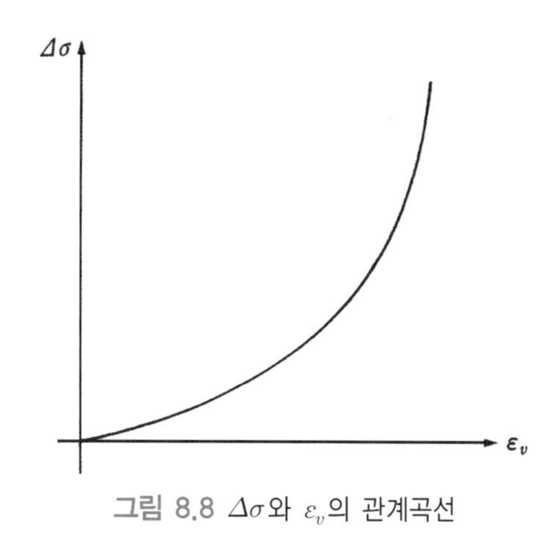

그림 8.8 $\Delta\sigma$와 ε_v의 관계곡선

하중 초기에는 간극을 좁히므로 체적변형이 잘 일어나나, 일단 간극이 좁혀질 대로 좁혀진 다음에는 더 이상 체적변형이 발생될 수 없으므로 위의 그림과 같은 모양이 된다. 즉, K값은 체적변형률이 커짐에 따라 점점 증가할 것이다.

등방압밀하중 재하 시의 Mohr 원 및 응력경로는 다음과 같다.

그림 8.9에서 보면 Mohr 원이 점으로 나타나며, 응력경로도 p선을 따라간다. 등방압밀하

중 재하 시에는 전단응력이 발생하지 않는다. 따라서 흙 입자에 등방압밀하중이 작용하면 전단파괴는 발생되지 않으며, 체적변형으로 인한 문제만이 있게 된다.

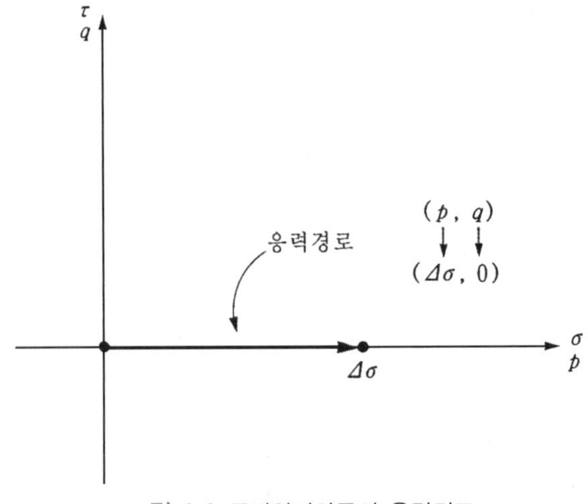

그림 8.9 등방압밀하중의 응력경로

8.2.3 삼축압축하중

삼축압축하중이란, 수평방향의 응력은 일정하게 하고 연직방향의 하중을 더 증가시켜서, 축차응력(deviator stress)을 증가시키는 경우를 말한다. 이는 그림 8.10(a)로 설명될 수 있다. 또는$\Delta\sigma_h$ 및$\Delta\sigma_v$가 주응력이라면 $\Delta\sigma_h = \Delta\sigma_3$, $\Delta\sigma_v = \Delta\sigma_1$이 되므로, 그림 8.10(b)와 같이 된다.

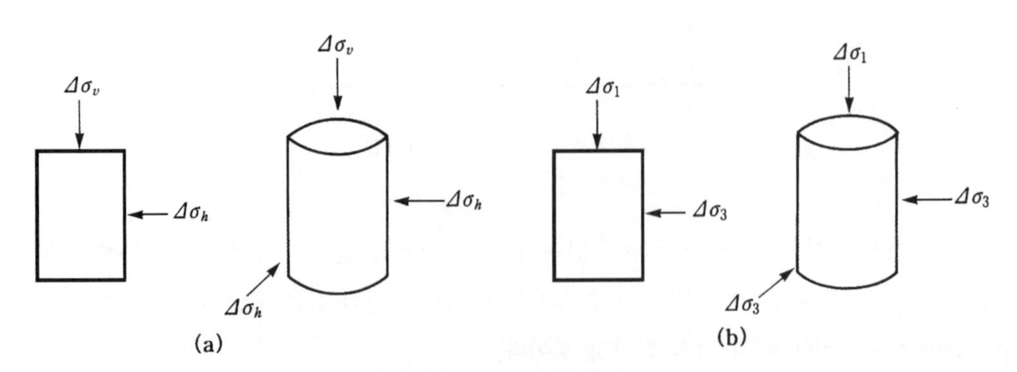

그림 8.10 삼축압축하중

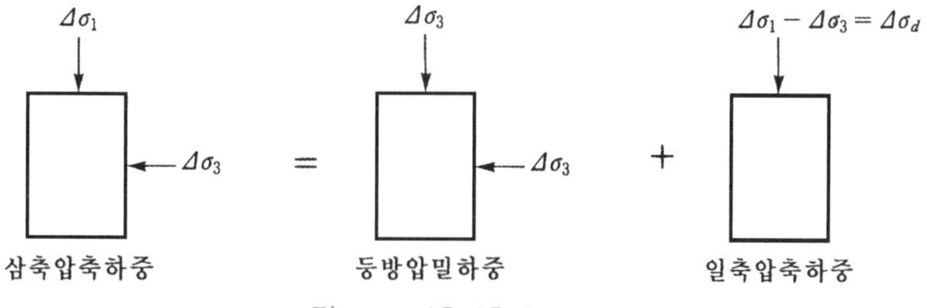

그림 8.11 삼축압축하중의 개념

삼축시험은 그림 8.11과 같이 등방압밀하중과 일축압축하중의 조합으로 생각할 수 있을 것이다. 그림에서 $\Delta\sigma_d = \Delta\sigma_1 - \Delta\sigma_3$를 축차응력(deviator stress)이라고 한다.

삼축압축하중은 그림 8.1의 A 입자, 즉 원형 물탱크 중심하 입자의 응력상태로 볼 수 있을 것이다. 삼축압축 조건하의 응력경로는 다음과 같다.

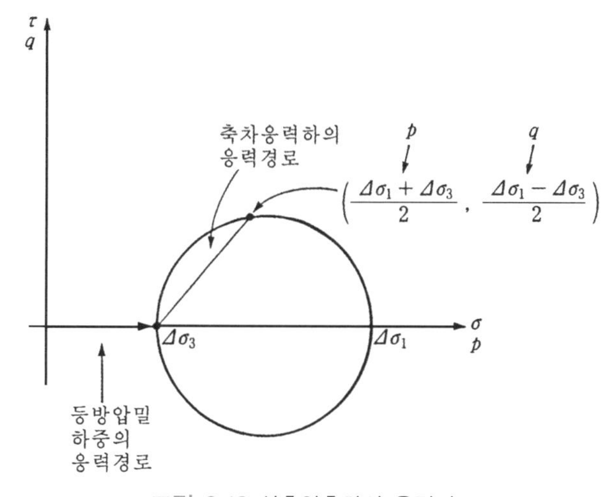

그림 8.12 삼축압축하의 응력경로

등방압밀하중 재하 시에는 체적변형이 크게 발생하게 되고, 축차응력 재하 시에는 전단응력의 상승으로 인한 전단파괴가 문제가 될 수 있을 것이다.

8.2.4 횡방향 구속하의 축하중(confined compression)

이 경우는 그림 8.13(a)에서와 같이, 수평방향으로는 변형이 절대로 일어나지 못하도록 한 상태에서, 연직방향의 응력을 증가시키는 상태를 말한다. 이 하중하에서의 변형은 그림 8.13(b)에서와 같이 z방향으로만 일어날 것이다.

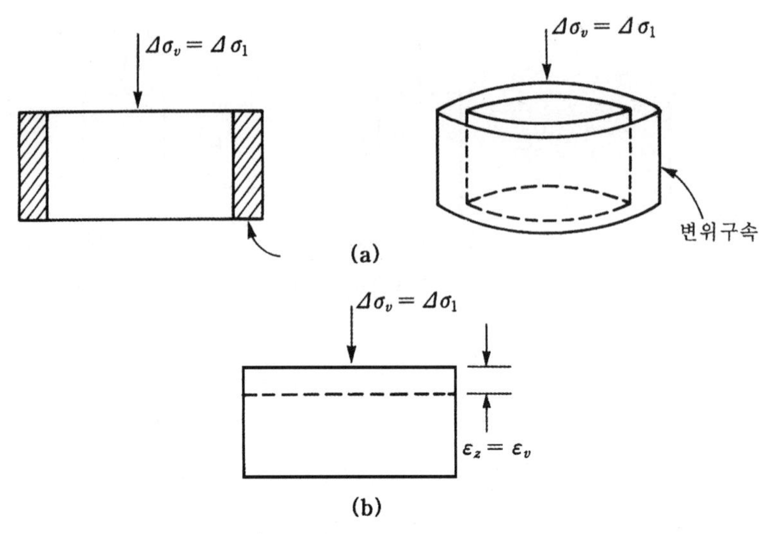

그림 8.13 횡방향 구속하의 축하중

수평방향의 변형은 일어날 수 없으므로, $\varepsilon_x = \varepsilon_y = 0$이 되며, 체적변형률은 다음 식과 같이 된다.

$$\varepsilon_v = \varepsilon_x + \varepsilon_y + \varepsilon_z = \varepsilon_z$$

횡방향 구속하의 변형계수(constrained modulus) D는 다음 식과 같다.

$$D = \frac{\Delta\sigma_v}{\varepsilon_v} = \frac{\Delta\sigma_z}{\varepsilon_z} \tag{8.6}$$

D의 역수를 체적변형계수(coefficient of volume change) m_v라 하며, 다음 식과 같이 표시된다.

$$m_v = \frac{\varepsilon_v}{\Delta\sigma_v} \tag{8.7a}$$

또는

$$m_v = \frac{\varepsilon_v}{\Delta\sigma_z} \tag{8.7b}$$

$\varepsilon_x = \varepsilon_y = 0$이므로,

$$\varepsilon_x = \frac{1}{E}[\Delta\sigma_x - \mu(\Delta\sigma_y + \Delta\sigma_z)] = 0$$

$$\varepsilon_y = \frac{1}{E}[\Delta\sigma_y - \mu(\Delta\sigma_x + \Delta\sigma_z)] = 0$$

따라서

$$\Delta\sigma_x = \Delta\sigma_y = \frac{\mu}{1-\mu}\Delta\sigma_z = \frac{\mu}{1-\mu}\Delta\sigma_v \tag{8.8}$$

$$\begin{aligned}\varepsilon_v = \varepsilon_z &= \frac{1}{E}[\Delta\sigma_z - \mu(\Delta\sigma_x + \Delta\sigma_y)] \\ &= \frac{1}{E}\left[\Delta\sigma_z - \mu \cdot 2\frac{\mu}{1-\mu}\Delta\sigma_z\right] \\ &= \frac{1}{E}\frac{(1-2\mu)(1+\mu)}{(1-\mu)}\Delta\sigma_z = \frac{1}{E}\frac{(1-2\mu)(1+\mu)}{(1-\mu)}\Delta\sigma_v\end{aligned}$$

$$\therefore \; D = \frac{\Delta\sigma_v}{\varepsilon_v} = \frac{E(1-\mu)}{(1+\mu)(1-2\mu)} \tag{8.9}$$

즉, D와 E, μ 사이에는 탄성론적인 관점에서 위의 식과 같은 관계가 존재한다. 실제 현장에서 이 하중조건은 어느 경우를 뜻하는가?

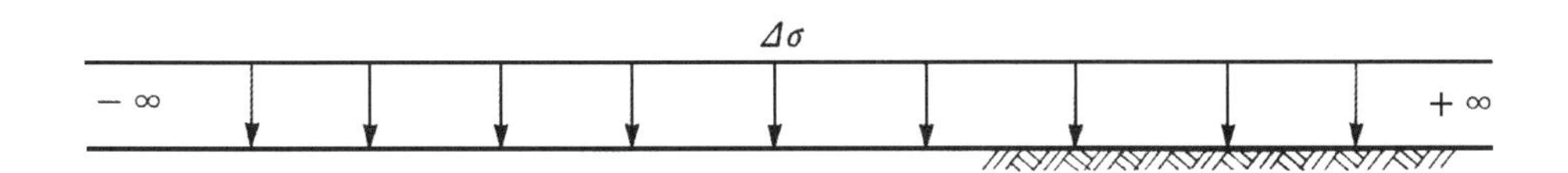

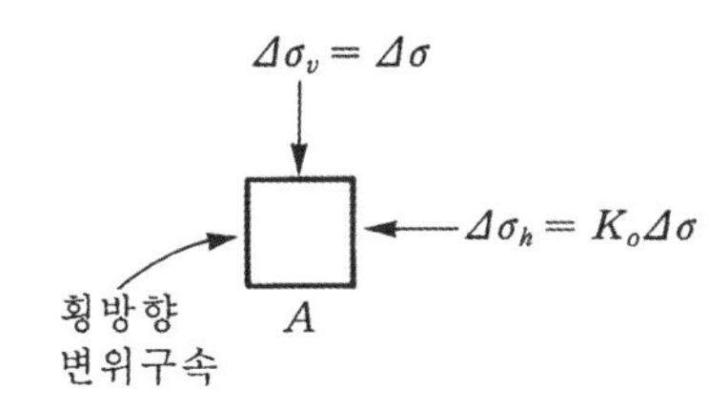

그림 8.14 무한등분포하중과 횡방향 구속하의 하중

5장에서 운동장처럼 넓게 작용되는 경우의 지반에서의 증가량은 지표면에 작용되는 하중과 같다고 하였다(그림 8.14 참조). 그림의 A 입자는 넓게 퍼져 작용되는 하중으로 인하여 횡방향의 변형은 일어날 수 없을 것이다. 이때, 수평응력의 증가량은 항상 $\Delta\sigma_h = K_o\sigma_v$가 된다고 하였다. K_o와 μ 사이에는 다음과 같은 관계식이 있다(식 (8.8) 참조).

$$K_o = \frac{\mu}{1-\mu} \tag{8.10}$$

$\Delta\sigma_v$와 ε_v의 관계식을 그림으로 그려보면 그림 8.15와 같다.

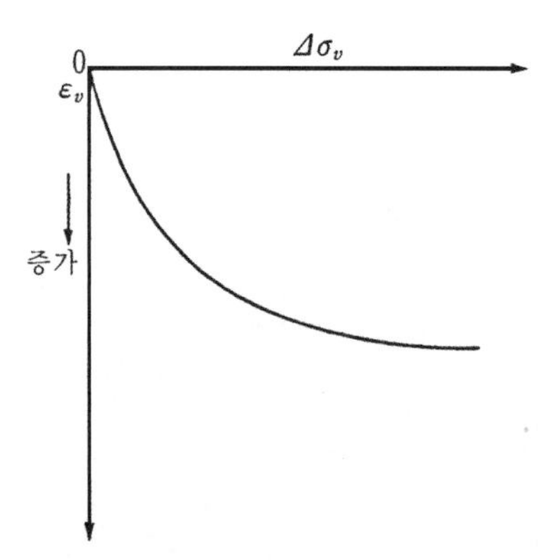

그림 8.15 횡방향 구속 조건에서의 $\Delta\sigma_v$와 ε_v의 관계곡선

그림을 보면 등방압밀의 경우와 마찬가지로, ε_v와 $\Delta\sigma_v$의 관계는 직선이 아니기 때문에, $\Delta\sigma_v$와 ε_v의 곡선을 직선으로 하기 위한 노력으로서, 종축은 ε_v 대신 e를, 횡축은 $\Delta\sigma_v$를 log 모눈종이에 그리면, 그림 8.16과 같이 직선으로 표현됨을 알았다.

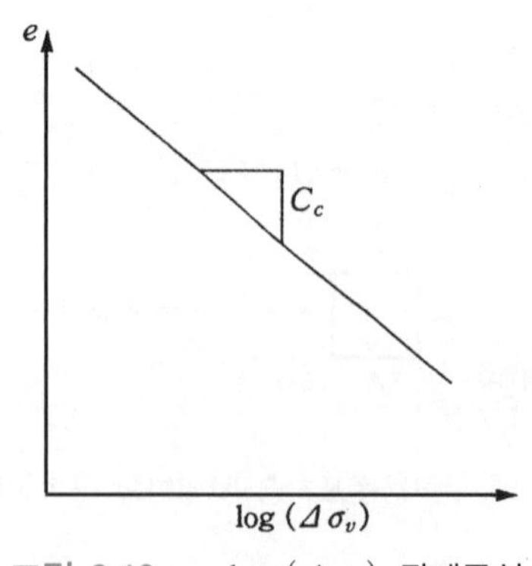

그림 8.16 $e-\log(\Delta\sigma_v)$ 관계곡선

이 직선의 기울기를 압축지수(compression index)라고 하며, 이를 수식으로 표현하면 다음과 같다.

$$C_c = \frac{\Delta e}{\Delta(\log\sigma_v)} = -\frac{de}{d(\log\sigma_v)} \tag{8.11}$$

한편, e와 $\Delta\sigma_v$의 관계식은 역시 직선이 아니며, 그 기울기를 압축계수(coefficient of compressibility) a_v라고 한다.

$$a_v = \frac{\Delta e}{\Delta\sigma_v} \tag{8.12a}$$

$$\text{또는 } a_v = -\frac{de}{d\sigma_v} \tag{8.12b}$$

$\varepsilon_v = \dfrac{\Delta e}{1+e_o}$ 이므로(이 관계식은 9장에서 자세히 설명할 것이다), m_v와 a_v 사이에는 다음의 관계가 있을 것이다.

$$m_v = \frac{a_v}{1+e_o} \tag{8.13}$$

한편, C_c와 D 사이에는 다음의 관계식이 있다.

$$C_c = \frac{(1+e_o)\sigma_v}{0.435\,D} \tag{8.14}$$

다음 장인 제9장에서의 주제는 압밀이다. 압밀로 인한 침하량 산정을 위하여 사용되는 계수가 C_c값이다. D값은 연직응력의 함수로 일정하지 않기 때문이다. 이 C_c와 D의 상관관계를 이 장에서 숙지하기 바란다.

한편, 구속응력 하의 축하중에 대한 응력경로를 그려보면 그림 8.17과 같다.

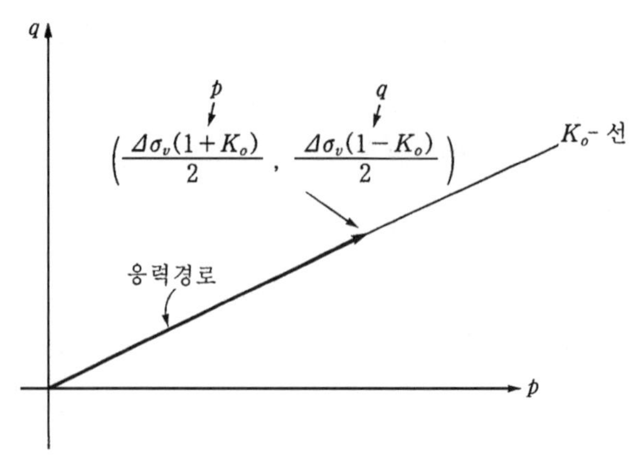

그림 8.17 횡방향 구속하의 하중의 응력경로

K_o-선은 5장에서 이미 설명한 바와 같다. 횡방향 구속하의 하중재하는 K_o-선을 따라가는 실험이다.

[예제 8.1] 어떤 점토에 대하여 횡방향 구속 하의 축하중시험(이를 압밀시험이라 함)을 실시한 결과 다음의 값을 얻었다.

$\sigma_v = 400\text{kN/m}^2$일 때, $e = 1.012$

$\sigma_v = 800\text{kN/m}^2$일 때, $e = 0.870$

또한 $\sigma_v = 400\text{kN/m}^2$으로부터 $\sigma_v = 800\text{kN/m}^2$에 이르는 동안의 σ_v와 e의 관계 그래프는 다음(예제 그림 8.1)과 같다. $\sigma_v = 400\text{kN/m}^2$으로부터 $\sigma_v = 600\text{kN/m}^2$에 이르는 단계에서의 C_c, a_v, m_v, D값을 구하라.

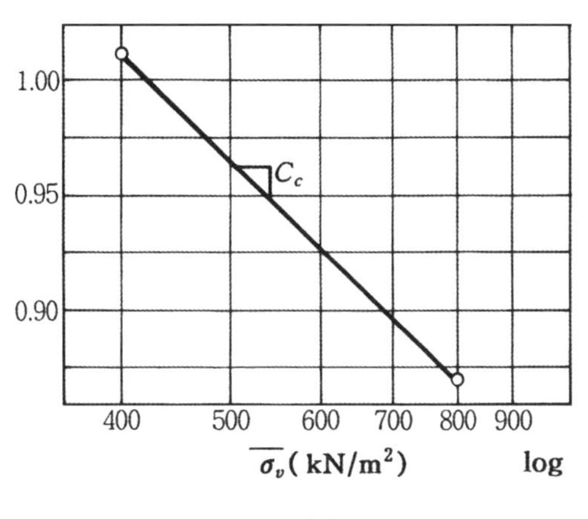

(a)

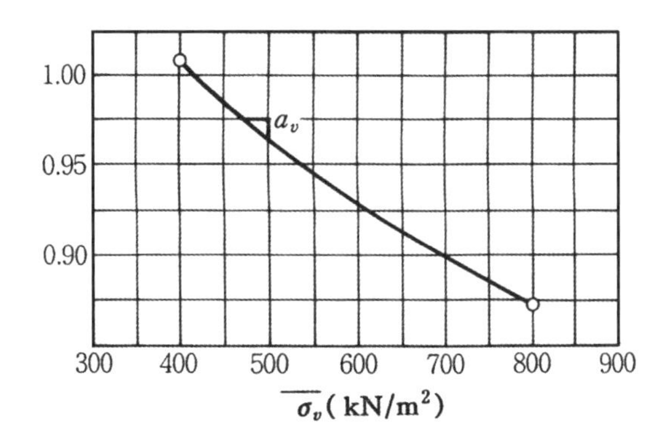

(b)

예제 그림 8.1 압밀시험 결과

[풀 이]

① C_c: 예제 그림 8.1(a)로부터 기울기를 구해보면,

$$C_c = \frac{\Delta e}{\Delta(\log \sigma_v)} = \frac{1.012 - 0.926}{\log 600 - \log 400} = 0.48$$

② a_v: 예제 그림 8.2(b)로부터 기울기를 구해보면,

$$a_v = \frac{\Delta e}{\Delta \sigma_v} = \frac{1.012 - 0.926}{600 - 400} = 0.00043 \mathrm{m}^2/\mathrm{kN}$$

③ m_v

$$m_v = \frac{a_v}{1+e_o} = \frac{0.00043}{1+1.012} = 0.00021\text{m}^2/\text{kN}$$

④ D

$$D = \frac{1}{m_v} = 4,762\text{kN/m}^2$$

[예제 8.2] 삼축압축하중 조건하의 실험결과는 다음(예제 그림 8.2)과 같다. 축차응력($\Delta\sigma_d$)이 최대축차응력의 반에 이를 때의 할선탄성계수(secant Young's modulus)를 구하라.

[풀 이]

(예제 그림 8.2)에서 보면 최대축차응력의 $\frac{1}{2}$에 해당되는 축차응력은

$$\Delta\sigma_d = \frac{\Delta\sigma_{d(peak)}}{2} = \frac{380}{2} = 190\text{kN/m}^2$$

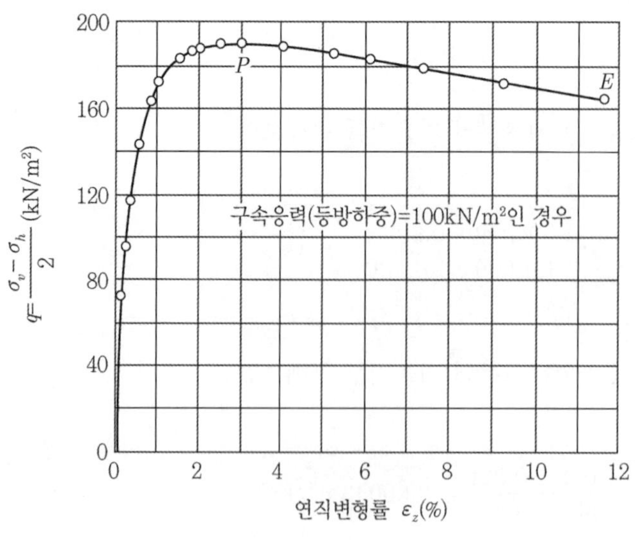

예제 그림 8.2

이때의 연직변형률 ε_z($\Delta\sigma_d$가 190kN/m^{2}일 때의) = 0.02

$$\therefore\ E = \frac{\Delta\sigma_d}{\varepsilon_z} = \frac{190}{0.002} = 9{,}500\text{kN/m}^2$$

[예제 8.3] 다음과 같은 흙 입자에 $\Delta\sigma_x = \Delta\sigma_y$, $\Delta\sigma_z$의 응력의 증가량이 작용될 때, 각 방향에 대한 변형률은 $\varepsilon_x = \varepsilon_y$, ε_z이었다(삼축하중조건).

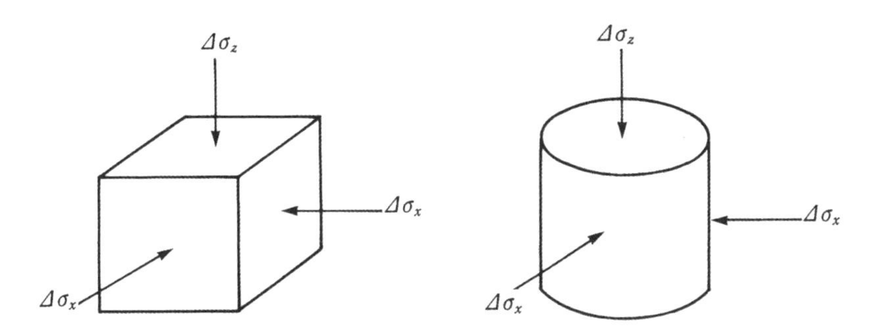

탄성계수와 포아송 비를 $\Delta\sigma_x$, $\Delta\sigma_z$, ε_x, ε_z로 나타내어라.

[풀 이]

식 (8.3a) 및 (8.3c)를 다시 표현하면

$$\varepsilon_x = \frac{1}{E}[\Delta\sigma_x - \mu(\Delta\sigma_x + \Delta\sigma_z)] \qquad \text{(i)}$$

$$\varepsilon_z = \frac{1}{E}[\Delta\sigma_x - 2\mu(\Delta\sigma_x)] \qquad \text{(ii)}$$

식 (i), (ii)를 연립하여 풀면 E, μ는 다음 식과 같이 표현된다.

$$E = \frac{(\Delta\sigma_z + 2\Delta\sigma_x)\cdot(\Delta\sigma_z - \Delta\sigma_x)}{\Delta\sigma_x\cdot(\varepsilon_z - 2\varepsilon_x) + \Delta\sigma_z\cdot\varepsilon_z}$$

$$\mu = \frac{\Delta\sigma_x\cdot\varepsilon_z - \varepsilon_x\cdot\Delta\sigma_z}{\Delta\sigma_x\cdot(\varepsilon_z - 2\varepsilon_x) + \Delta\sigma_z\cdot\varepsilon_z}$$

[예제 8.4] 식 (8.14)를 유도하라. 즉, C_c와 D 사이에는 다음과 같은 관계가 있음을 밝히라.

$$C_c = \frac{(1+e_o)\sigma_v}{0.435\,D} \tag{8.14}$$

[풀 이] 식 (8.12b)로부터, $a_v = -\dfrac{de}{d\sigma_v}$

8.11식으로부터,

$$C_c = -\frac{de}{d(\log\sigma_v)} = -\frac{de}{0.435d(\ln\sigma_v)} = \frac{-de}{0.435 \cdot \dfrac{1}{\sigma_v} \cdot d\sigma_v}$$

$$\left(\because\ \log_{10}\sigma_v = -\frac{\log_e\sigma_v}{\log_e 10} = \frac{\ln\sigma_v}{2.303} = 0.435\ln\sigma_v\right)$$

$$\therefore\ C_c = \frac{-\dfrac{de}{d\sigma_v}}{\dfrac{0.435}{\sigma_v}} = \frac{a_v \cdot \sigma_v}{0.435} = \frac{m_v(1+e_o)\sigma_v}{0.435} = \frac{(1+e_o)\sigma_v}{0.435\,D}$$

8.3 과잉간극수압

그림 8.2에서 피스톤에 하중이 작용되는 경우 물이 빠져나가지 못한다면, 하중의 상당부분을 물이 받게 될 것이라고 하였다. 이를 지반문제에 적용하면, 포화된 지반 위에 물탱크 등의 구조물 설치로 인하여, 지반에는 $\Delta\sigma_v$, $\Delta\sigma_h$ 등의 전응력 증가가 있게 된다. 응력의 증가가 있을 때, 그림 8.18의 A 입자에서 물이 쉽게 빠져나가지 못하면 이 응력의 증가분을 물이 받게 되며, 이때 상승된 수압을 과잉간극수압이라고 이미 서술하였다. 다른 말로 표현하면, 과잉간극수압은 '정수압 이외에 더 발생된 수압'을 의미한다.

그림에서 A 점에 설치된 피에조메타의 높이가 $z+\Delta h_p$로서 원래의 지하수위보다 Δh_p만큼 높게 나타났다면, Δh_p는 정수압 이외의 수압인 과잉간극수압에 기인한 것이다. 과잉간극수압 Δu는 다음과 같다.

$$\Delta u = \gamma_w \Delta h_p \tag{8.15}$$

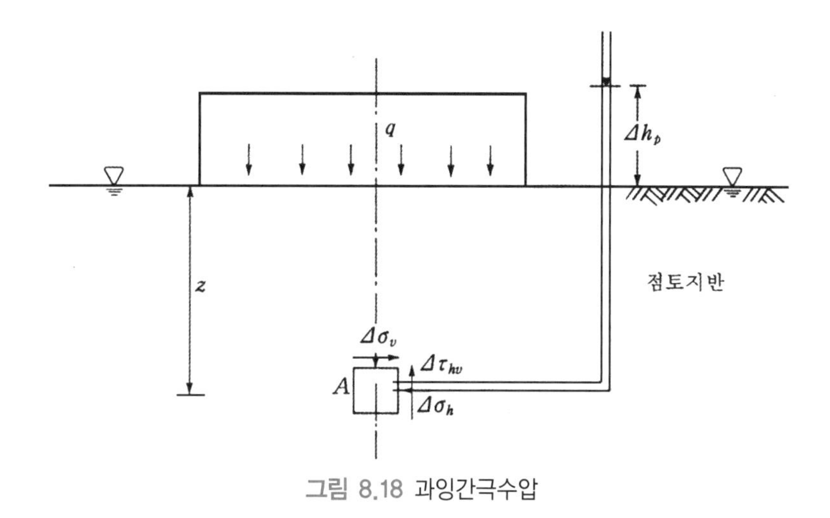

그림 8.18 과잉간극수압

하중 증가가 있을 때, 물이 잘 빠져나가지 못하는 지반은 점토지반일 것이다. 과잉간극수압의 크기는 전응력의 증가량 양상에 따라 달라질 것이다. 다음 절에서는, 응력의 증가 양상에 따른 과잉간극수압 공식을 제시할 것이다.

> **Note** 과잉간극수압의 정확한 정의
>
> 앞에서 과잉간극수압을 '정수압 이외에 더 발생한 수압'이라고 서술하였다. 이는 지하수의 흐름이 없을 때에만 사용할 수 있는 정의이다. 더 일반적으로 통용될 수 있는 정의는 다음과 같다. 과잉간극수압(excess porewater pressure)이란 '평형상태의 수압보다 더 발생한 수압'으로 정의하는 것이 더 정확한 정의이다. 여기서, 평형상태의 수압이란 물이 흐르지 않는 경우에는 정수압을 의미하나 물이 흐르는 경우는 정상류(steady-stata) 흐름에서의 수압을 의미한다. 이에 대하여 좀 더 상세한 사항은 저자의 저서 『토질역학 특론』 4.2.1절을 참조하길 바란다.

8.3.1 등방압밀하중의 경우

다음 그림과 같이 응력의 증가량이 연직 및 수평 공히 $\Delta\sigma$인 경우를 생각해보자.

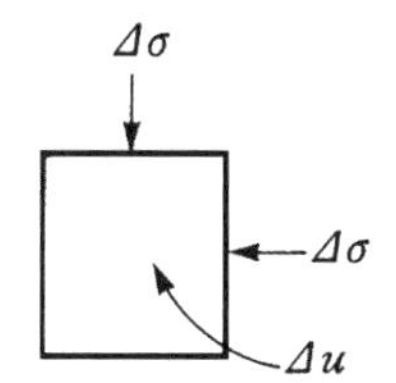

이 입자는 모든 방향에서 하중을 받고 있기 때문에, 체적수축을 하려고 할 것이다. 그러나 물이 빠져나갈 수 없으므로, 체적수축 대신 과잉간극수압이 발생된다. 과잉간극수압은 다음 공식으로 표시될 수 있다.

$$\Delta u = B\Delta\sigma \tag{8.16}$$

여기서, B를 Skempton의 과잉간극수압 B계수라고 하며, 이는 입자의 포화도에 따른 0함수이다. 만일 포화도 $S=0\%$, 즉 완전건조상태라면 물이 전혀 없으므로 수압은 있을 수가 없다. 따라서 $B=0$이다.

반면에 포화도 $S=100\%$, 즉 완전포화상태라면 모든 응력의 증가량은 수압으로 작용될 것이다. 따라서 $B=1$이 된다. 즉, 포화된 흙에 등방압밀하중이 작용되는 경우 물이 빠져나가지 않는다면, 응력의 증가량은 모두 수압의 증가량으로 될 것이다. 즉,

$$\Delta u = \Delta\sigma$$

일반식으로는

$$B = f(S) \tag{8.17}$$

로서 표현할 수 있을 것이다.

8.3.2 일축압축하중의 경우

다음 그림과 같이 흙 입자에 일축하중이 작용하는 경우에는, 흙을 완전히 구속한 것이 아니므로, 아무리 물이 빠져나가지 않는다 하더라도 가해준 응력의 증가량이 모두 수압으로 받게 되지는 않는다.

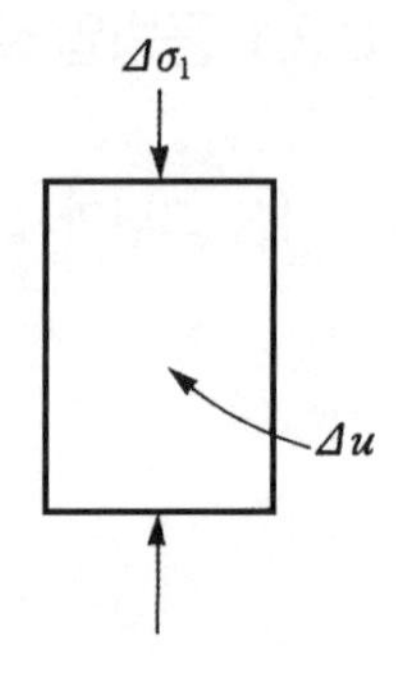

이때의 과잉간극수압은 다음과 같이 표시될 수 있다.

$$\Delta u = BA\Delta\sigma_1$$

여기에서, B는 전과 같이 포화도에 따른 계수이며, A는 Skempton의 A계수라고 불린

다. A값은 일축하중 재하 시 체적의 감소경향이 있으면, 체적감소 대신 ⊕값을 띄어 정의(⊕의) 과잉간극수압을 갖게 되고, 반대로 체적의 팽창경향이 있다면 팽창 대신 ⊖값을 띄어 부의(⊖의) 과잉간극수압을 갖게 된다. 계수 $B \cdot A$를 한꺼번에 D로 표현하기도 한다. 즉,

$$\Delta u = D\Delta\sigma_1 \tag{8.18}$$

8.3.3 삼축압축하중의 경우

흙 입자에 다음과 같이 삼축압축하중이 작용하는 경우, 삼축압축하중을 등방압밀하중과 일축압축하중의 조합으로 생각할 수 있다.

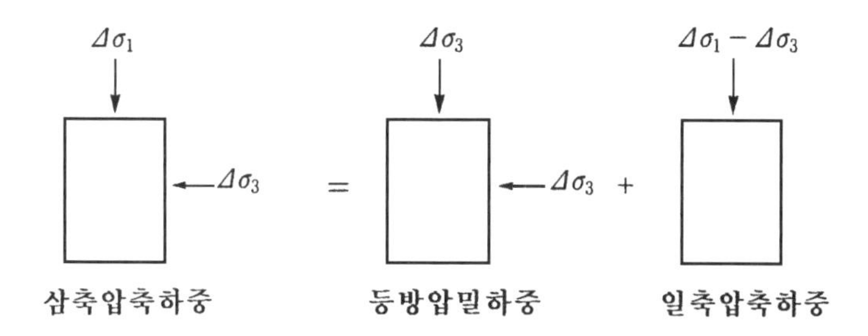

그렇다면 삼축압축조건하의 과잉간극수압은 다음과 같이 표시될 수 있다.

$$\Delta u = \underset{\text{등방}}{B\Delta\sigma_3} + \underset{\text{일축}}{BA(\Delta\sigma_1 - \Delta\sigma_3)}$$

$$= B[\Delta\sigma_3 + A(\Delta\sigma_1 - \Delta\sigma_3)] \tag{8.19}$$

위 식을 Skempton의 과잉간극수압 공식이라 한다. 이 식에서 유의할 사실은 $\Delta\sigma_1$, $\Delta\sigma_3$는 각각 최대주응력의 증가량(전응력 증가량) 및 최소주응력의 증가량(역시 전응력의 증가량)을 뜻한다는 점이다. 식 (8.19)는 다음과 같이도 표현될 수 있다.

$$\Delta u = B\Delta\sigma_3 + D(\Delta\sigma_1 - \Delta\sigma_3) \tag{8.20}$$

8.3.4 횡방향 구속하의 축하중

다음과 같이 횡방향이 구속된 상태에서 축하중을 받는 경우, 흙 입자는 등방압밀하중의 경우와 같이 체적수축의 경향이 있을 것이다.

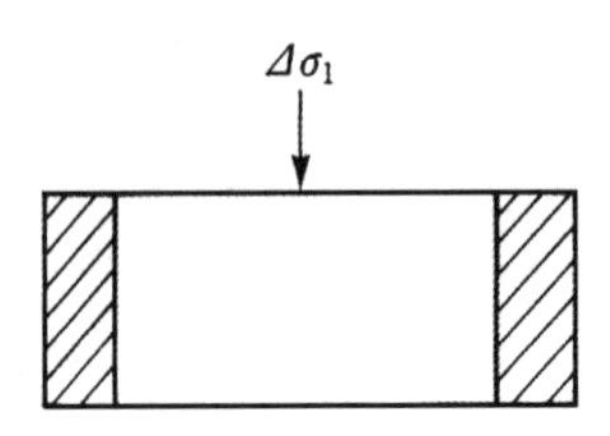

과잉간극수압은 다음 식과 같다.

$$\Delta u = C\Delta\sigma_1 \tag{8.21}$$

여기서, C는 역시 포화도에 따른 계수로서 건조 시에 $C=0$, 포화 시에는 $C=1$의 값을 가진다. 즉, 포화 시에 입자에 가해진 응력의 증가량이 모두 수압으로 상승된다.

$$\Delta u = \Delta\sigma_1 \tag{8.22}$$

등방압밀하중의 경우와 마찬가지로, 횡방향 구속하의 축하중 재하 시에도 응력의 증가량은 모두 과잉간극수압의 상승을 유발한다.

(Note) 과잉간극수압계수 A, B의 유도

본서에서는 과잉간극수압의 물리적인 의미를 설명하기에 중점을 두었으므로 계수 A, B에 대한 수학적인 유도는 생략하였다.

비배수상태에서 흙(soil matrix)의 체적변화는 간극 속에 있는 공기를 포함한 물의 체적변화에 기인한다는 원리하에 계수들이 유도될 수 있으며, 관심 있는 독자들은 『토질역학 특론』 4.3절을 참조하기 바란다.

[예제 8.5] 예제 문제 5.6에서, 예제 그림 8.4와 같이 지하수위가 지표면과 일치한다고 할 때, K 입자 및 M입자에 작용되는 과잉간극수압을 구하라. 단, 대상기초하중 재하 직후에 물이 전혀 빠져나갈 수 없다고 가정하며, Skempton의 과잉간극수압계수 A = 0.33이다.

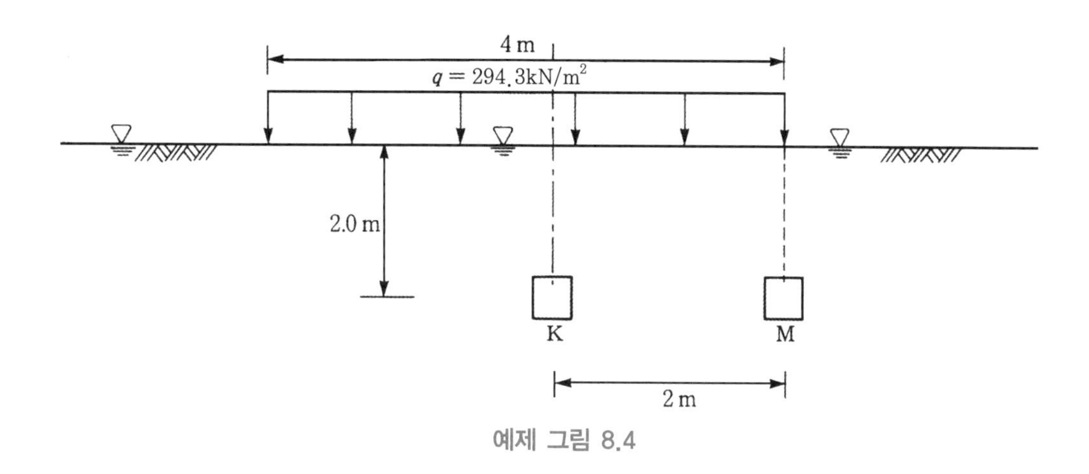

예제 그림 8.4

[풀 이]

(1) K입자: 예제 5.6에서 응력의 증가량은 다음과 같다.

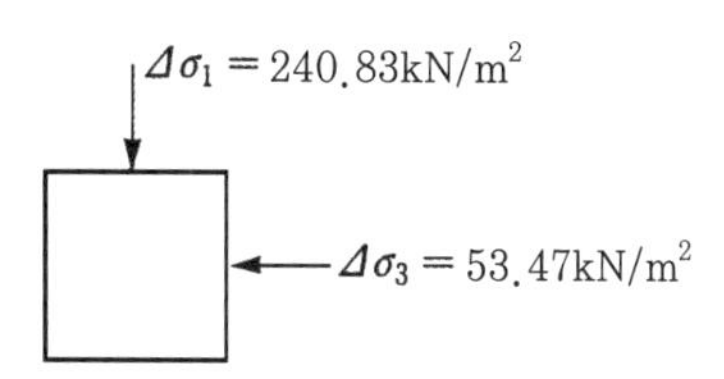

$$\Delta u = B[\Delta\sigma_3 + A(\Delta\sigma_1 - \Delta\sigma_3)]$$
$$= 1 \times [53.47 + 0.33(240.83 - 53.47)]$$
$$= 115.30\text{kN/m}^2$$

$$\text{총 수압} = u_o + \Delta u = \gamma_w z + \Delta u$$
$$= 9.81 \times 2 + 115.30 = 134.92\text{kN/m}^2$$

(2) M입자: M입자에는 전단응력의 증가량도 존재하므로, 예제 5.6에서와 같이 주응력의

증가량을 구한 결과는 다음과 같다.

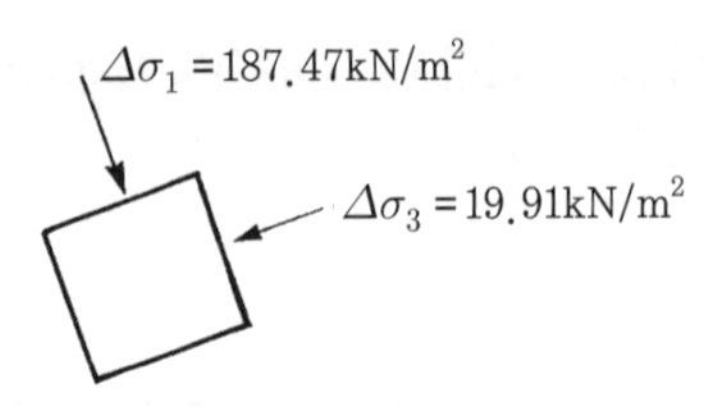

$$\Delta u = B[\Delta\sigma_3 + A(\Delta\sigma_1 - \Delta\sigma_3)]$$
$$= 1 \times [19.91 + 0.33(187.47 - 19.91)]$$
$$= 75.20\text{kN/m}^2$$

총 수압$= u_o + \Delta u = \gamma_w z + \Delta u$

$$= 9.81 \times 2 + 75.20 = 94.82\text{kN/m}^2$$

[예제 8.6] 다음 그림과 같이 선하중 $p = 60\text{kN/m}$가 지표면에 작용한다. K점 및 M점에서의 과잉간극수압을 예측하라. 단, 물은 잘 빠져나가지 않으며, $A = 0.65$이다.

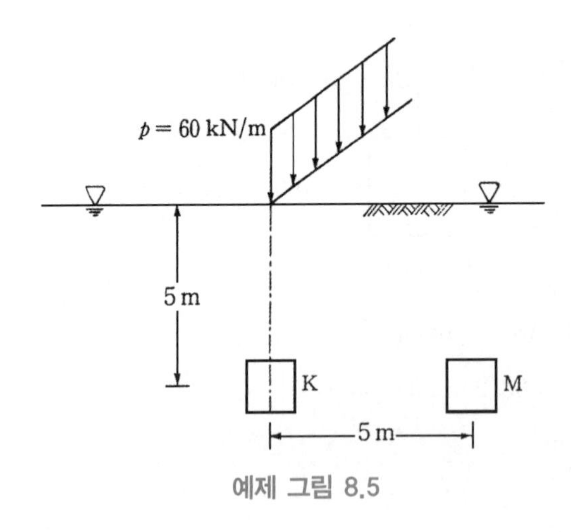

예제 그림 8.5

[풀 이] 사용할 공식은 다음과 같다.

$$\Delta u = B[\Delta\sigma_3 + A(\Delta\sigma_1 - \Delta\sigma_3)]$$

$$\Delta\sigma_z = \frac{2qz^3}{\pi(x^2+z^2)^2}$$

$$\Delta\sigma_x = \frac{2qx^2z}{\pi(x^2+z^2)^2}$$

$$\Delta\tau_{xz} = \frac{2qxz^2}{\pi(x^2+z^2)^2}$$

(1) K입자

$x = 0\text{m},\ z = 5\text{m}$

$$\Delta\sigma_z = \frac{2\times60\times5^3}{\pi(0^2+5^2)^2} = 7.639\text{kN/m}^2$$

$$\Delta\sigma_x = \frac{2\times60\times0^2\times5}{\pi(0^2+5^2)^2} = 0$$

$$\Delta\tau_{xz} = 0$$

$$\therefore\ \Delta\sigma_1 = \Delta\sigma_z = 7.639\text{kN/m}^2$$

$$\Delta\sigma_3 = 0$$

$$\therefore\ \Delta u = \Delta\sigma_3 + A(\Delta\sigma_1 - \Delta\sigma_3),\ (B=1\text{이므로})$$

$$= 0 + 0.65\times7.639 = 4.965\text{kN/m}^2$$

(2) M입자

$x = 5\text{m},\ z = 5\text{m}$

$$\Delta\sigma_z = \frac{2\times60\times5^3}{\pi(5^2+5^2)^2} = 1.909\text{kN/m}^2$$

$$\Delta\sigma_x = \frac{2\times60\times5^3}{\pi(5^2+5^2)^2} = 1.909\text{kN/m}^2$$

$$\Delta\tau_{xz} = \frac{2\times60\times5^3}{\pi(5^2+5^2)^2} = 1.909\text{kN/m}^2$$

응력증가량의 주응력인 $\Delta\sigma_1$과 $\Delta\sigma_3$를 구해보면 다음과 같다.

$$\Delta\sigma_1 = 3.818\text{kN/m}^2$$

$$\Delta\sigma_3 = 0$$

$$\Delta u = 0 + 0.65 \times 3.818 = 2.4817\mathrm{kN/m^2}$$

[예제 8.7] 다음 그림과 같이 점토의 지표면에 $\Delta\sigma$의 무한등분포하중을 상재하였다. 상재 직후 K입자 및 M입자에서의 과잉간극수압을 구하라.

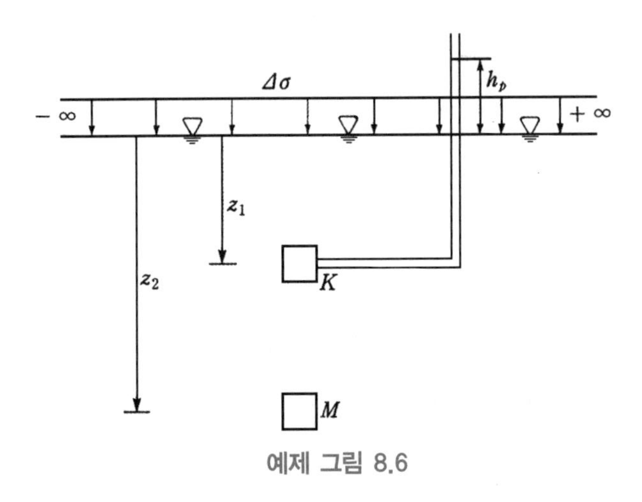

예제 그림 8.6

[풀 이]

무한대 하중이 작용된 경우, 응력의 증가량은 깊이에 관계없이 $\Delta\sigma_v = \Delta\sigma$, $\Delta\sigma_h = K_o\Delta\sigma$이다. 또한 흙 입자는 어느 경우에도 수평방향으로 변위가 생길 수 없다. 즉, 횡방향 구속하의 축하중 증가와 같다. 따라서 과잉간극수압은

$$\Delta u = \Delta\sigma$$

가 될 것이다. 가해진 응력 모두가 초기에는 과잉간극수압을 유발시킬 것이다. 예제 그림 8.6에서 h_p는 다음 식으로 구할 수 있다.

$$h_p = \frac{\Delta u}{\gamma_w} = \frac{\Delta\sigma}{\gamma_w}$$

연 습 문 제

1. $V_s = 1$의 삼상관계를 이용하여, m_v와 a_v 사이에 $m_v = \dfrac{a_v}{1+e_o}$의 관계가 성립함을 증명하라.

2. 삼축압축 조건하의 실험결과는 다음 그림과 같다. 축차응력이 최대축차응력의 반에 이를 때에 접선탄성계수(tangent Young's modulus)를 구하라.

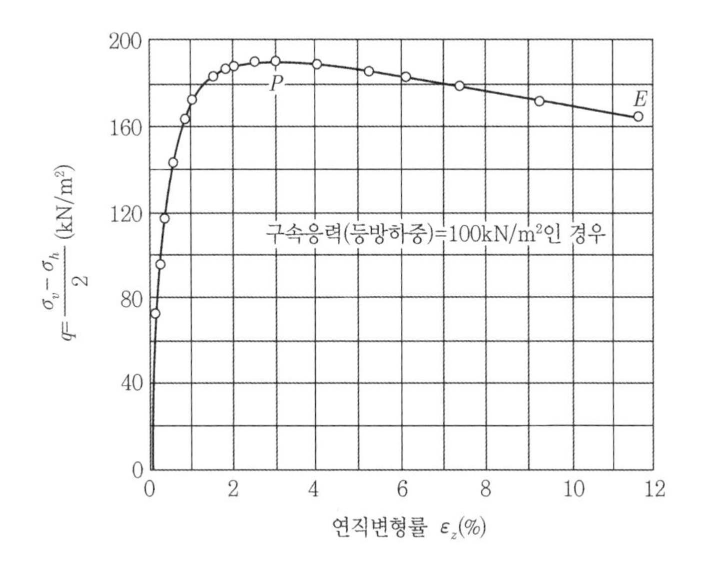

3. 다음 그림과 같이 원형 물탱크 하중($q = 195$kNm²)을 받고 있는 지반에서, 원형의 중심 하 4.5m(M점)에서의 수압과 피에조메타 상승높이 h_p를 구하라(단, $A = 0.35$이고 하중재하 직후에는 점토지반의 물이 빠져나가지 않는다고 가정하라. 또한 수평응력 증가량은 연직응력 증가량의 $\dfrac{1}{2}$이라고 가정하라).

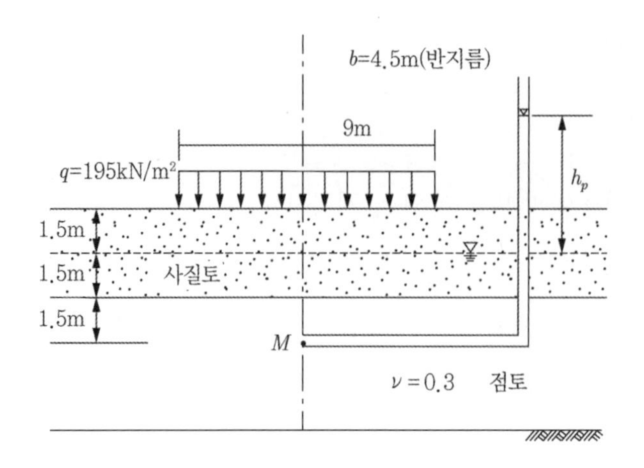

4. 다음 그림과 같이 포화된 점토시료에 대하여 하중이 640kN/m^{2}에서 1,280kN/m^{2}으로 증가시킨 횡방향 구속하의 일축압축하중을 실시하였다($K_0 = 0.4$).

1) 하중을 증가시킨 직후에 흙시료에 작용된 과잉간극수압을 구하라.
2) 하중을 증가시킨 후, 긴 세월이 흐르고 나면 물이 다공질 판으로 빠져 나오게 될 것이며, 언젠가는 상승된 과잉간극수압이 완전히 소산될 것이다. 하중 재하 전의 원상태와 재하 후 과잉간극수압이 소산된 상태에 이르는 응력경로(stress path)를 그려라.
3) 원지반 상태(즉, $\sigma_v' = 640$kN/m^2)일 때의 $e_0 = 1.145$이고, 재하 후(즉, $\sigma_v' = 1,280$kN/m^2 일 때)의 $e = 0.949$이다.

압축계수, 체적변형계수, 압축지수, 횡방향 구속하의 변형계수를 구하라.

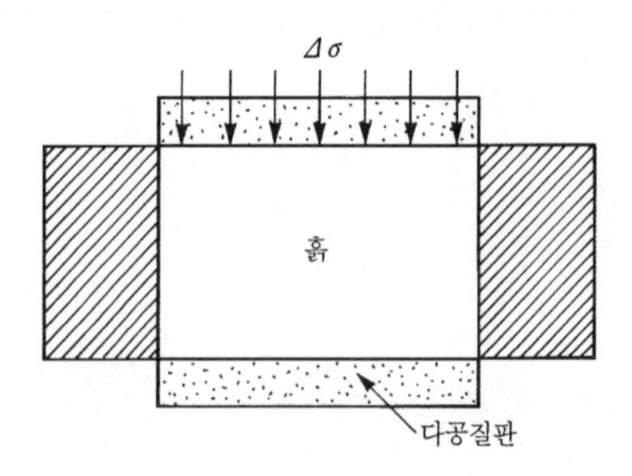

5. 흙 시료가 물이 빠져나가지 못하도록 완전히 밀폐시킨 후 등방하중 400kN/m^2를 가하였더니 시료에 과잉간극수압이 380kN/m^2만큼 생성되었다. 이 시료에(등방하중 400kN/m^2를 가한 상태에서) 축차하중 585kN/m^2를 가하였더니 과잉간극수압이 380kN/m^2에서 545kN/m^2으로 증가되었다. Skempton의 과잉간극수압계수 A, B, D를 구하라.

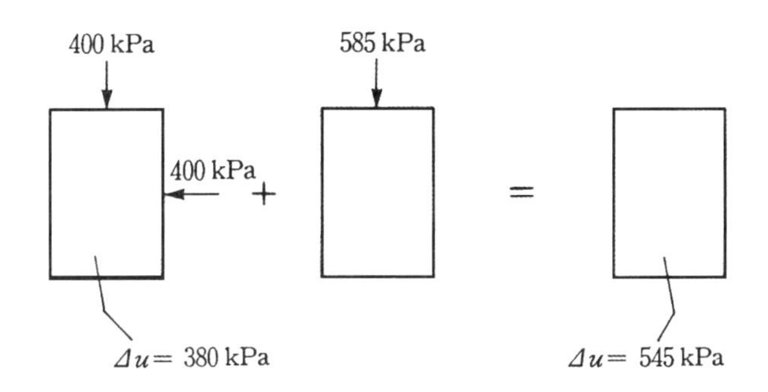

6. 다음 그림과 같이 지반 위에 $q_1 = 100$kN/m, $q_2 = 300$kN/m의 선하중이 작용되고 있다.

1) M 및 N점에서의 응력의 증가량을 구하라.
2) M 및 N점에서 초기응력과 나중응력에 대한 응력경로를 그려라.
3) 만일 지표면에 지하수위가 있다면, 또한 지반이 완전 점토로 이루어졌다면 M 및 N점에서의 과잉간극수압의 크기는 얼마나 될까?
(단 선하중 재하 직후; $A = 0.33$)

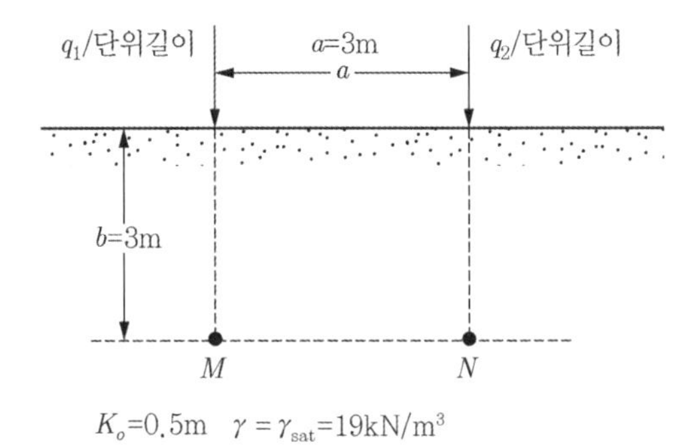

제9장

흙의 변형과 압밀이론

제9장 흙의 변형과 압밀이론

9.1 서 론

제5장에서 외부하중으로 인하여 지중의 흙 입자에 생성되는 지중응력의 증가량에 대하여 서술하였고, 제8장에서는 이 증가된 응력이 지반조건에 따라서 지반의 변형을 유발시킬 수도 있으며 과잉간극수압 상승을 가져올 수도 있다고 설명하였다. 본 장은 8장의 연속으로서 궁극적으로 응력의 증가가 지반의 변형을 초래한다는 문제를 심도 있게 검토하고자 한다.

5장에서 지중의 한 입자가 외부하중에 의하여 응력의 증가를 가져온다고 하였다. 다음 그림 9.1과 같이 A 입자에 응력의 증가량이 작용된다고 하자.

A 입자의 연직방향 변형률은 다음과 같다.

$$\varepsilon_z = \frac{1}{E}\{\Delta\sigma_z - \mu(\Delta\sigma_x + \Delta\sigma_y)\}$$

그렇다면 외부하중으로 인한 지반의 침하량은 연직방향 변형률을 적분하여 다음과 같이 구할 수 있을 것이다.

침하량 S는

$$S = \int_o^\infty \varepsilon_z dz = \int_o^\infty \frac{1}{E}\{\Delta\sigma_z - \mu(\Delta\sigma_x + \Delta\sigma_y)\}dz \tag{9.1}$$

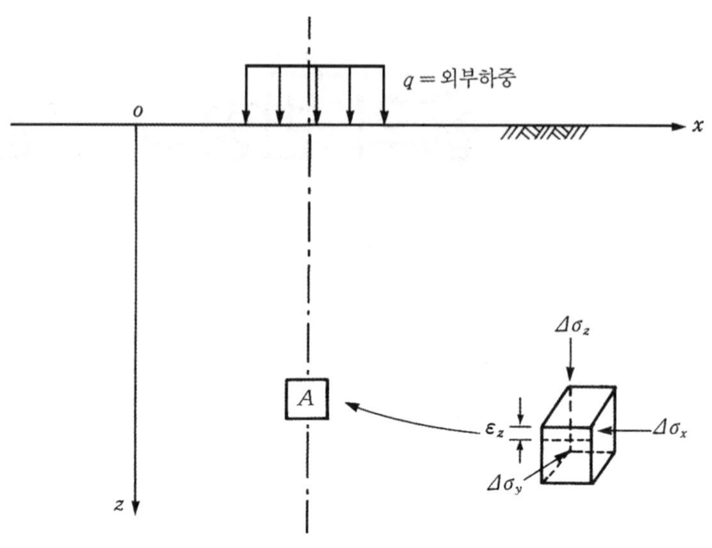

그림 9.1 외부하중으로 인한 자중응력의 증가

식 (9.1)로부터 얻어지는 침하량은 순 탄성역학적인 관점에서 구한 것이다. 지반의 탄성계수와 포아송 비, 응력의 증가량만 알면 적분에 의해 구할 수가 있을 것이다. 물론 이제까지 서술한 것은 지하수가 존재하지 않는 경우에 한한다.

언제나 그렇듯이 토질역학에서 지하수의 영향을 빼놓고는 생각할 수가 없다. 물이 있을 때의 흙의 압축성은 그리 간단하지 않다. 토질역학적인 관점에서 흙의 압축성에 의한 결과인 침하에는 다음과 같은 종류가 있다.

9.1.1 즉시침하(immediate settlement)

즉시침하란 말 그대로 외부하중이 지반에 가해지자마자 발생되는 침하이다. 토질의 종류에 따라 즉시침하 양상이 달라진다.

먼저 모래(sand)지반에서는 하중 증가와 동시에 물이 배수될 수 있기 때문에 지하수가 존재하던지, 안 하던지 상관없이 즉시침하가 발생하고 이 즉시침하가 전체침하량과 같다고 볼 수 있다. 침하량 계산을 위하여 식 (9.1)을 사용할 수 있을 것이다.

반면에 점토(clay)지반은 다르다. 만일, 점토지반에 지하수가 아예 없다면 공기는 쉽게 빠져 나갈 수 있으므로, 역시 즉시침하가 발생하며, 이 침하는 역시 전체 침하량과 같을 것이다. 침하량 계산에는 식 (9.1)을 이용할 수 있다.

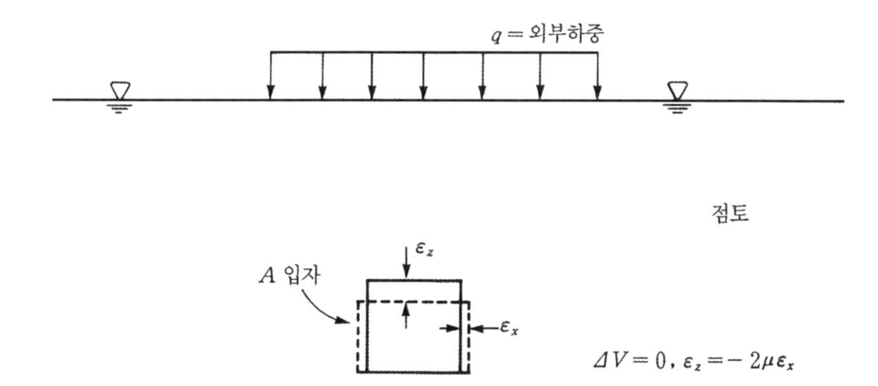

그림 9.2 점토지반에서 즉시침하

만일 점토지반이 물로 차 있다면 문제는 달라진다. 점토지반의 투수계수가 작기 때문에 물이 쉽게 빠져나가지 못한다. 따라서 포화된 점토지반에서의 즉시침하란 체적변화가 없는 상태에서의 침하를 말한다. 다시 말하면 하중이 가해지는 방향으로 흙이 찌그러지나, 찌그러든 양만큼 흙이 옆으로 팽창하여 결과적으로 전체부피의 변화는 발생하지 않을 때의 침하를 말한다. 이를 그림으로 도시하면 다음 그림 9.2와 같다.

그림 9.2에서 체적변형 $\Delta V = 0$이어야 하므로, $\varepsilon_x = -\frac{1}{2}\varepsilon_z$의 관계가 성립된다. 즉, 배수가 전혀 되지 않을 때의 점토의 포아송 비를 μ_u라고 하며 그 값은 언제나 0.5이다. 또한 배수가 전혀 되지 않을 때의 탄성계수를 E_u라고 한다.

즉, 비배수 조건하의 점토의 지반정수는 다음과 같다.

- E_u(undrained Young's modulus): 비배수 조건하의 탄성계수
- μ_u(undrained poisson ratio): 비배수 조건하의 포아송 비이며 그 값은 0.5이다.

점토지반에서 즉시침하가 발생되기 위하여 반드시 흙 입자가 수평방향으로 변형을 해야 한다(그림 9.2에서 ε_x). 포화된 점토지반의 즉시침하량은 역시 식 (9.1)을 이용하여 구하나, 이때 E, μ 대신 E_u, $\mu_u = 0.5$를 사용한다.

9.1.2 압밀침하(consolidation settlement)

포화된 점토에 외부하중이 가해지면, 즉시침하가 일어남과 별도로 과잉간극수압도 증가하게 된다. 궁극적으로 외부하중으로 인하여 흙 입자는 수축하고 싶어 하며, 물로 인하여 수축

못 하는 대신 수압을 상승시키기 때문이다.

생성된 과잉간극수압은 시간이 지남에 따라 점점 소산되어 궁극적으로는 모든 응력의 증가량을 흙이 받게 될 것이다. 처음에는 비록 물이 하중을 받게 되었더라도, 물은 천천히 빠져 나가게 되고, 물이 빠져 나갈수록 증가된 응력을 물이 받는 것으로부터 흙 입자가 받아주는 양상으로 변화가 일기 때문이다. 흙 입자가 응력을 받으면 가해준 응력으로 인하여 침하를 하게 되며, 이를 압밀침하라 한다.

일반적으로 포화된 점토는 즉시침하보다 압밀침하가 그 크기도 훨씬 크며, 또 침하에 소요되는 시간도 길어져서 주로 문제가 되는 것은 압밀침하이다.

외부하중으로 인하여 포화된 점토입자(그림 9.2의 A 입자)에 가해지는 유효응력을 시간별로 표시하면 다음과 같다.

- <u>초기조건</u>: 초기에 A 입자는 다음 그림과 같이 유효상재압력만 받게 된다.

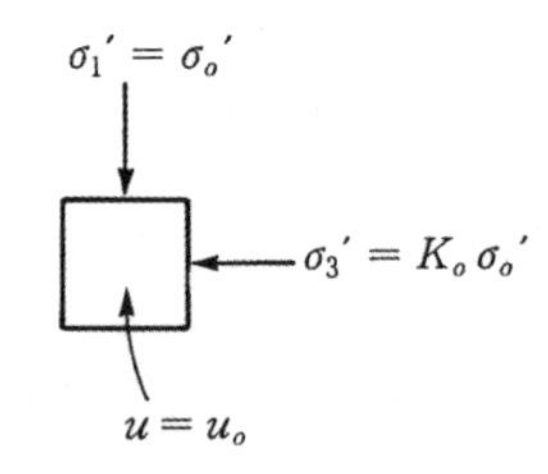

$\sigma_o' =$ 유효상재압력$(= \gamma' z)$

$u_o =$ 초기 정수압$(= \gamma_w z)$

- <u>하중재하 직후</u>: 하중재하 직후에는 물이 빠져 나가지 못하므로 과잉간극수압이 발생한다. 식 (8.19)에서 유도한 것처럼 생성된 과잉간극수압은 $\Delta u = B[\Delta\sigma_3 + A(\Delta\sigma_1 - \Delta\sigma_3)]$ 이 될 것이다. 따라서 응력상태는 다음 그림과 같다.

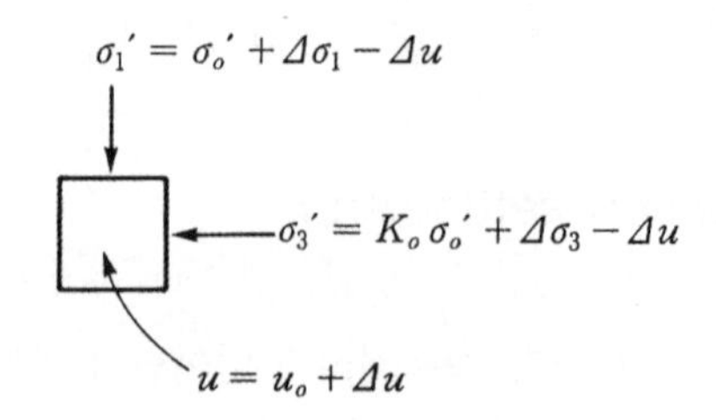

이때 포화된 점토입자에서 즉시침하에 관계되는 응력은 응력의 증가량 중에서 과잉간극수압 Δu를 제외한 것이다. 즉,

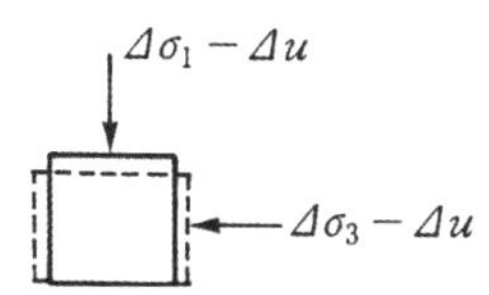

만일 $\Delta u > \Delta\sigma_3$라면 위의 입자에서 수평방향의 유효응력은 (−)이다. 즉, 수평방향으로 팽창이 일어날 것이다. 이 팽창되는 양만큼 연직방향으로 침하가 발생되며 이것이 즉시침하이다.

- <u>압밀이 일어난 후</u>: 압밀현상으로 인하여 생성된 과잉간극수압이 소산되어 궁극에 가서는 발생된 응력의 증가량을 모두 흙이 받아주는 유효응력 증가현상이 발생한다. 이를 그림으로 표시하면 다음과 같다.

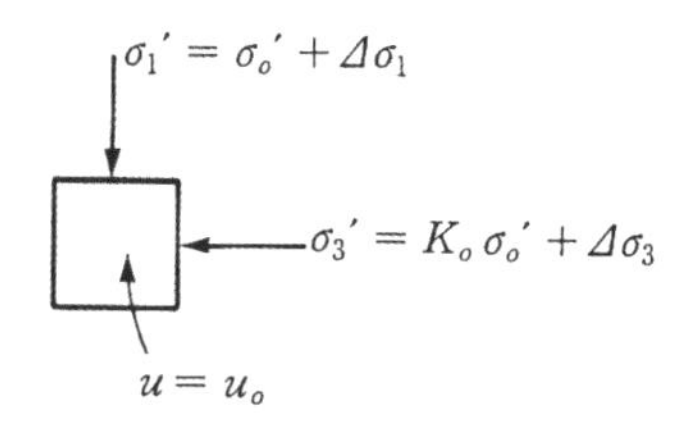

9.2 무한등분포하중 작용 시의 침하

다음 그림과 같이 외부하중의 증가가 $q = \Delta\sigma$로서 $-\infty$부터 $+\infty$까지 넓게 작용되는 경우 5.2절에서 이미 밝힌 대로 A입자에서의 연직응력의 증가량은 깊이에 관계없이 $\Delta\sigma$가 되며, A입자는 수평방향으로 팽창이나 수축을 할 수 없으므로 수평방향의 응력 증가는 초기조건에서의 비(比)와 마찬가지로 $K_o\Delta\sigma$가 된다고 하였다. 만일 점토지반이 포화되어 있다고 하면, 8.3절에서 밝힌 대로 A입자는 비록 수평방향으로는 흙이 전혀 움직일 수 없으나, 연직방향으로는 수축하려는 경향이 있기 때문에 과잉간극수압은 $\Delta u = \Delta\sigma$가 된다고 하였다. 즉, 초기에 가해준 하중의 증가량이 모두 과잉간극수압으로 생성된다.

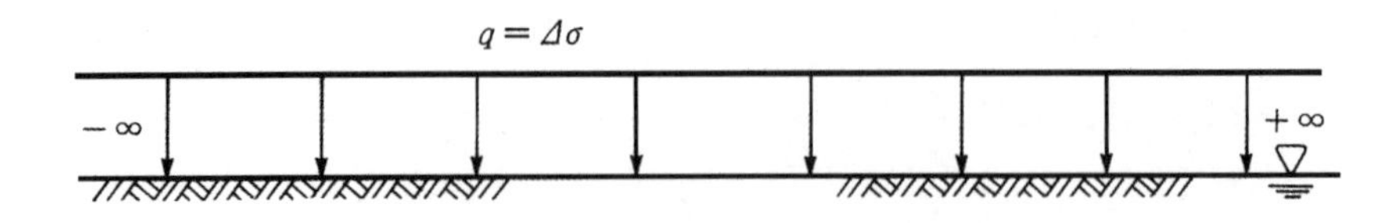

그림 9.3 점토지반에 재하된 무한대하중

그렇다면 무한등분포하중이 작용될 때 A 입자에는 즉시침하가 일어날 것인가 일어나지 않을 것인가? 포화된 점토에서의 즉시침하는 위아래로 찌그러지는 만큼, 수평방향으로 늘어날 수 있는 경우에만 발생될 수 있다고 하였다. 그림 9.3의 A 입자는 수평방향으로는 전혀 움직일 수 없으므로(constrained 조건), 무한대 하중작용 시 즉시침하는 발생하지 않는다. 즉, A 입자는 연직방향으로만 다음 그림과 같이 찌그러들 수 있으며, 이는 물이 A 입자를 빠져나갈 때만 가능하므로 압밀침하이다. 또한 수평방향으로는 전혀 변위가 발생되지 않고, 연직방향으로만 발생한다는 의미에서 1차원(연직방향) 압밀침하라고 한다.

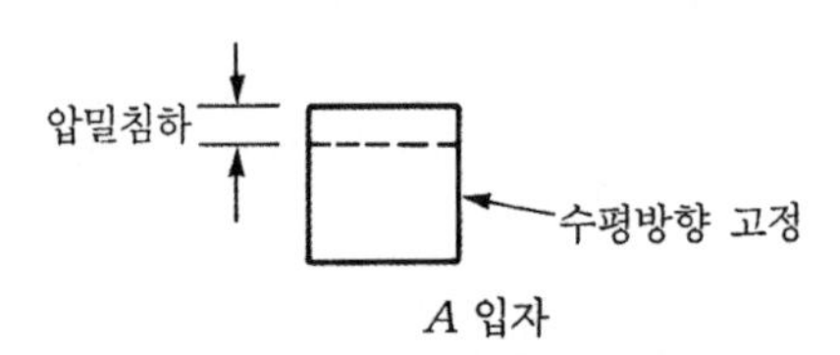

다음 그림 9.4와 같이 모래지반 사이에 두께 H인 점토지반이 물로 포화되어 있고, 이 지반 상부에 무한대하중 $q = \Delta\sigma$가 작용한다고 하자. 이 $\Delta\sigma$는 물이 받든지, 흙이 받든지 해야 하며, 흙 입자가 받아주는 부분과 물이 받아주는 부분을 합하면 $\Delta\sigma$가 되어야 한다. 즉,

$$\Delta\sigma = \Delta\sigma' + \Delta u \tag{9.2}$$

그림 9.4에서 점토층 상하부에 존재하는 모래지반은, 하중을 가해주게 되면 물이 쉽게 빠져나갈 수 있으므로 응력의 증가량은 모조리 유효응력의 증가량으로 될 것이다(즉, $\Delta\sigma' = \Delta\sigma$). 따라서 침하도 즉시침하만이 일어날 것이다.

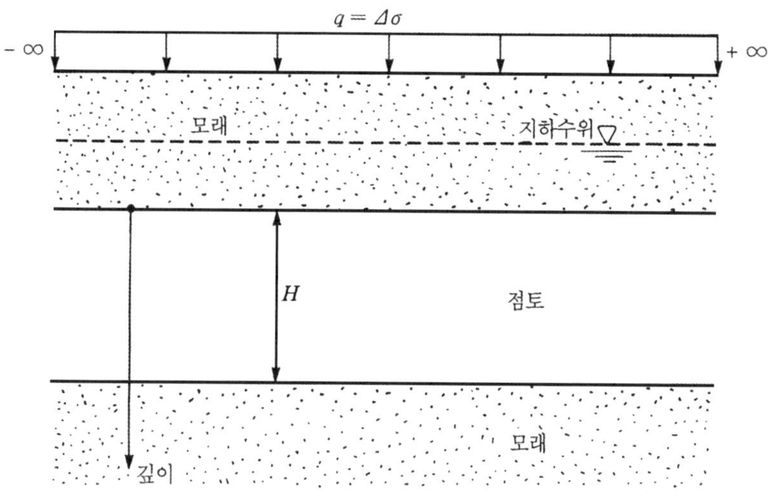

그림 9.4 점토지반에 작용되는 무한등분포하중

반면에 두께 H인 점토지반은 연직방향만의 1차원 하중조건으로서 즉시침하는 일어나지 않으며, 압밀침하만 일어날 것이다. 하중재하 시 전응력, 수압, 유효응력 증가 양상이 그림 9.5에 나타나 있다. 주의할 사실은 그림 9.5에 나타낸 응력은 외부하중으로 인한 응력의 증가량만을 표시한 것이며, 상재하중으로 인한 초기응력은 언제나 존재한다는 점이다.

각 단계별로 응력양상을 살펴보면 다음과 같다.

1) $t = 0$일 경우(하중재하 직후)
하중재하 직후에는 과잉간극수압만이 발생되며, 그 값은 $\Delta\sigma$와 같다.
(그림 9.5(a))

즉, $\Delta u = \Delta\sigma$
$\Delta\sigma' = 0$

2) $t = \infty$ 인 경우(하중재하 후 긴 시간이 흐른 경우)
시간이 흐를수록 물은 빠져 나가기 마련이며, 물이 빠져나가는 양에 비례하여 과잉간극수압은 소산되어 궁극적으로 응력의 증가량은 모조리 흙 입자가 받아주며, 이로 인하여 흙 입자는 침하를 한다(그림 9.5(c)). 즉,

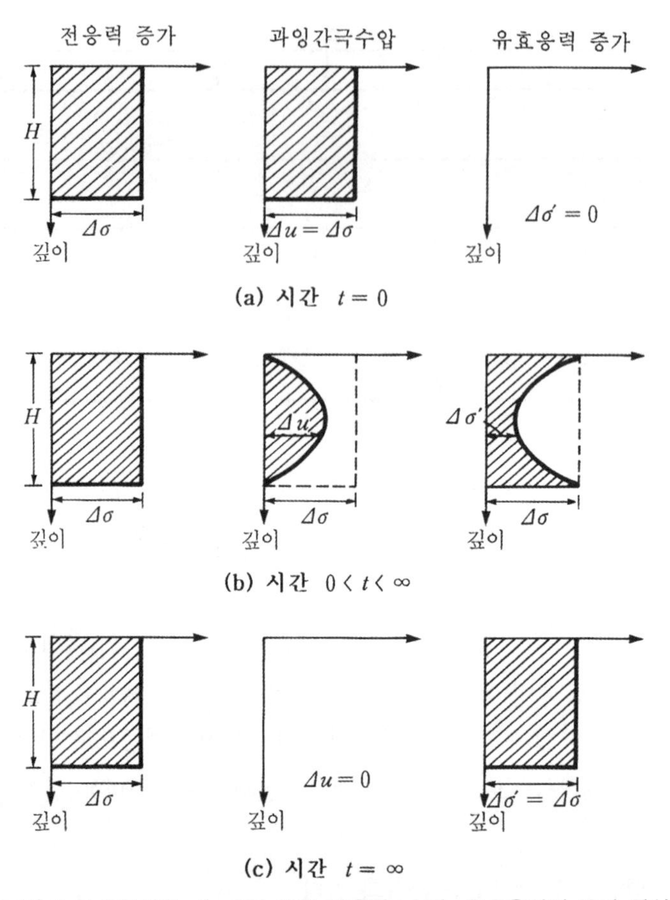

그림 9.5 외부하중 $\Delta\sigma$으로 인한 전응력, 수압, 유효응력의 증가 양상

$$\Delta u \rightarrow 0$$
$$\Delta\sigma' \rightarrow \Delta\sigma$$

3) $0 < t < \infty$ 인 경우

이 경우는 물이 계속 빠져나가는 단계로서 물이 빠져나갈수록 과잉간극수압에서 유효응력으로 옮겨갈 것이다. 단 물이 빠져나가기가 가장 쉬운 곳은 모래지반에 인접한 점토이며, 점토층의 중앙부로 갈수록 물은 더디 빠지므로 과잉간극수압 분포는 그림 9.5의 (b)와 같이 볼록한 포물선 형태가 된다. 반면에 유효응력 증가는 소산된 과잉간극수압만큼 발생하므로 그림과 같이 오목한 포물선 형태가 된다.

이상의 사실들을 종합하여 압밀현상을 다음과 같이 정의할 수 있다.

'압밀현상(Consolidation)'이란 포화된 점토에 응력의 증가가 가해지는 경우 초기에는 과잉간극수압 상승으로 이 증가된 응력을 물이 받아주다가 물이 빠져나갈수록 흙 입자 자체가 받아주게 되어 유효응력 증가를 가져오며, 종국에 가서는 모든 응력의 증가량을 흙 입자가 받아주게 되는, 즉 유효응력 증가를 가져오는 현상을 말한다. 유효응력이 증가될수록 흙 입자는 서서히 변형을 가져오며 이로 인하여 발생되는 침하가 압밀침하이다.

공학적인 관점에서 압밀 문제는 다음의 두 가지 문제로 귀착된다.

첫째, 압밀침하량이 얼마냐 하는 문제이다. 모래지반과 달리 점토지반의 침하량은 일반적으로 무척 크기 때문에 항상 문제점을 내포하게 되며, 따라서 전체 압밀침하량을 예측해야 한다.
둘째, 압밀침하량이 얼마나 긴 시간에 걸쳐 일어나느냐 하는 점이다. 점토지반에 있는 물이 모래, 지반 등의 배수층으로 빠져나가야만 침하가 일어나므로 일반적으로 침하는 아주 천천히 일어나게 된다. 따라서 침하가 일어나는 속도를 알아야 한다. 물이 빠져나가는 원리는 투수문제로서, 투수방정식을 품으로써 이를 예측할 수 있다.

이 책에서는 다음 절에서 압밀실험을 서술한 뒤에, 위의 두 가지 압밀 문제 중에서 전체 침하량 계산을 위한 이론을 먼저 설명하고, 압밀침하속도 양상은 그 후에 서술할 것이다.

9.3 압밀시험

9.3.1 압밀시험의 기본원리

9.2절에서 상세히 설명한 대로, 포화된 점토에 무한등분포하중이 작용되는 경우 점토 내의 입자는 수평방향으로는 변형이 생길 수 없고 연직방향으로만 압밀침하가 일어난다고 하였다. 현장에서 점토시료를 채취하여 실내실험으로서 압밀분석을 할 때 가장 기본원리는 수평방향으로는 변위가 없도록 하는 것이다. 이것은 8장에서 '횡방향 구속하의 하중' 조건에 해당된다. 따라서 1차원 압밀시험기는 점토시료에 수평변위가 발생되지 못하도록 두꺼운 압밀링으로 이루어졌다. 압밀시험기의 기본을 나타내는 모식도가 그림 9.6에 나타나 있다. 그림에서 점토시료의 상하부에 다공질판(porous stone)을 설치하여 양방향 배수가 가능케 하고 시료 위에서 하중을 연직방향으로 가한다. 하중을 가할 때 연직변위는 다이알게이지로 읽는다.

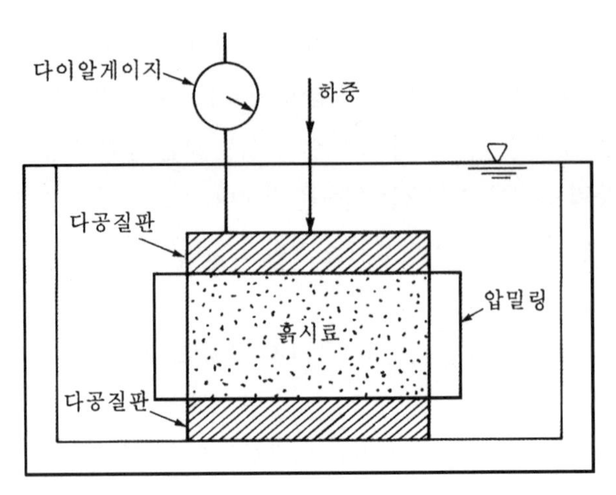

그림 9.6 일차원 압밀시험 모식도

1) 점토시료에 작용되는 응력

압밀링 속에 있는 점토시료에 연직하중 σ_1이 작용되어 있다고 할 때 점토시료는 수평방향으로 움직일 수 없다. 따라서 수평하중은 언제나 $K_o\sigma_1$이 될 것이다. 다시 말하여 횡방향 구속하의 1차원 하중조건에서는 초기응력비가 K_o이며, 연직응력의 증가가 있을 때에도, 이로 인한 수평응력의 증가는 역시 연직응력의 증가분에 K_o를 곱한 것과 같다.

2) 압밀실험의 개요

압밀실험을 실시하는 주된 목적은, 전체 압밀량을 예측할 수 있는 토질정수를 구하는 것이 첫째 목적이며, 둘째 목적으로는 압밀에 소요되는 시간(time rate of consolidation)을 구하기 위한 토질정수를 구하는 일이다. 결론부터 말하자면 첫 번째 목적을 위한 실험은 매일 반복되는 실험결과를 전부 종합해야 얻을 수 있고, 실험의 각각은 두 번째 목적, 즉 압밀속도의 예측에 쓰인다.

실험개요를 요약하면 다음과 같다.

1일째: 시료를 성형하여 압밀링 사이에 넣고, $\sigma_1 = 5\text{kN/m}^2$을 가하고 시간－침하량을 기록한다. 실험을 24시간 동안 실시한다.

2일째: 하중 $\Delta\sigma = 5\text{kN/m}^2$을 추가로 가하여 $\sigma_1 = 5 + 5 = 10\text{kN/m}^2$을 가하고 같은 실험을 반복한다.

4일째: $\Delta\sigma = 20\text{kN/m}^2$을 추가, $\sigma_1 = 40\text{kN/m}^2$, 실험방법은 동일

5일째: $\Delta\sigma = 40\text{kN/m}^2$을 추가, $\sigma_1 = 80\text{kN/m}^2$, 실험방법은 동일

6일째: $\Delta\sigma = 80\text{kN/m}^2$을 추가, $\sigma_1 = 160\text{kN/m}^2$, 실험방법은 동일

7일째: $\Delta\sigma = 160\text{kN/m}^2$을 추가, $\sigma_1 = 320\text{kN/m}^2$, 실험방법은 동일

8일째: $\Delta\sigma = 320\text{kN/m}^2$을 추가, $\sigma_1 = 640\text{kN/m}^2$, 실험방법은 동일

9일째: $\Delta\sigma = 640\text{kN/m}^2$을 제하하여 $\sigma_1 = 640 - 320 = 320\text{kN/m}^2$으로 줄여주고 4시간 동안 시간-침하량(팽창량)을 기록한다. 단계적으로 $\sigma_1 = 160$, 40, 0kN/m^2으로 제하를 반복하여 실험을 반복한다.

3) 압밀시험의 원리

현장의 상태를 개략적으로 나타내보면 다음 그림 9.7과 같다. 외부의 추가하중이 재하되기 이전에 A 흙 입자는 $\sigma_o' = \gamma' z$의 상재압력을 받고 있으며, 여기에다 외부하중으로 인하여 $\Delta\sigma$의 추가응력이 발생된다.

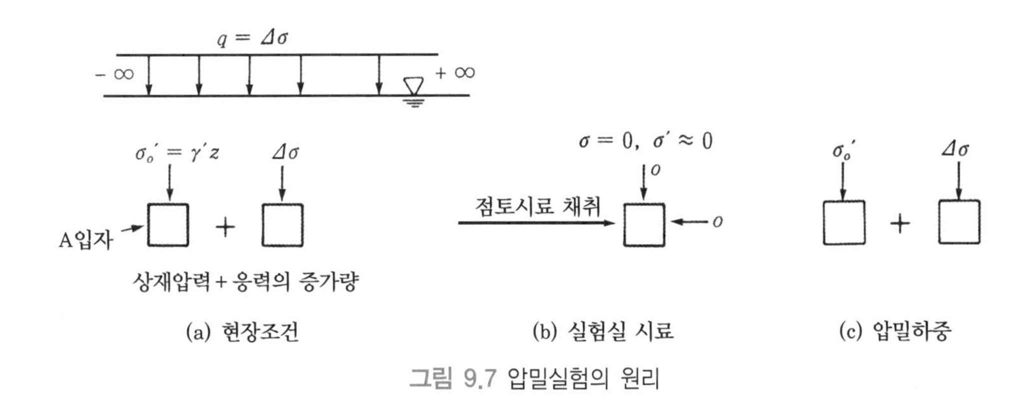

그림 9.7 압밀실험의 원리

반면에 압밀링에 설치 완료된 시료를 보면, 이미 지하로부터 지상으로 옮겨왔으므로 아무 응력도 받지 않은 상태이다. 따라서 현장조건을 재현하기 위하여서는 우선 시료에다 현장의 상재압력과 같은 유효응력을 가해야 하며, 그다음에 응력의 증가량을 추가로 가하고 그때의 압밀경향을 분석하여야 한다. 예를 들어, 앞의 실험에서 3일째를 보면,

2일에 가해준 응력(24시간 동안)$= \sigma_o' = 10\text{kN/m}^2$

추가응력$= \Delta\sigma = 10\text{kN/m}^2$이다.

이때 전날에 가해주어 압밀이 완료된 10kN/m^{2}는 3일째의 실험여건으로 보면 상재압력이 된다. 즉, 다음과 같은 조건하의 실험이라 생각하면 된다.

$\sigma_o' = 10\text{kN/m}^2$상재압력)

$\Delta\sigma = 10\text{kN/m}^2$(응력의 증가량)

이때, $\dfrac{\Delta\sigma}{\sigma_o'}$를 응력의 증가량 비(stress increase ratio)라 하고, 표준실험에서 $\dfrac{\Delta\sigma}{\sigma_o'} = 1$을 사용한다. 즉, 응력의 증가량은 그 입자의 상재압력과 같다고 가정한다. 이를 현장상태로 생각하면 다음과 같다. 원지반과 성토지반의 단위중량을 편의상 20kN/m^{3}으로 가정하면, 다음 그림 9.8의 현장조건을 재현한 것으로 생각하면 된다.

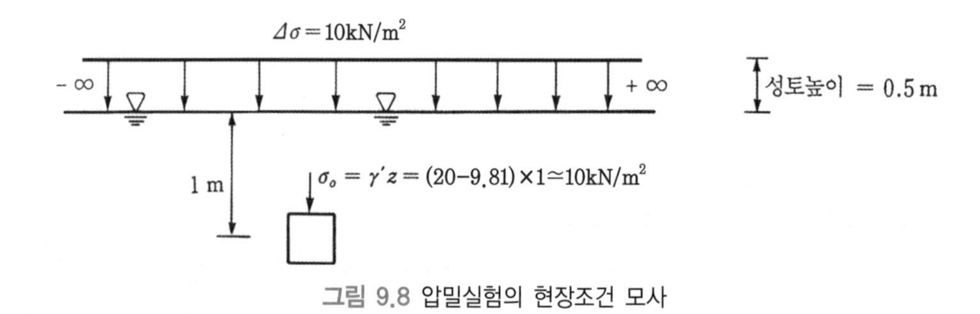

그림 9.8 압밀실험의 현장조건 모사

4) 압밀시험의 응력경로

1차원 압밀조건에서는 초기의 상재압력인 경우나, 추가하중 작용 시 공히 수평응력은 연직응력의 K_o배가 된다(그림 9.9 참조). 따라서 압밀시험의 응력경로는 다음과 같다.

(하중재하 전)

$$p' = \frac{\sigma_o' + K_o\sigma_o'}{2} = \frac{(1+K_o)\sigma_o'}{2}$$

$$q' = \frac{\sigma_o' - K_o\sigma_o'}{2} = \frac{(1-K_o)\sigma_o'}{2}$$

$$\text{기울기 } \beta = \frac{q'}{p'} = \frac{1-K_o}{1+K_o} \tag{9.3}$$

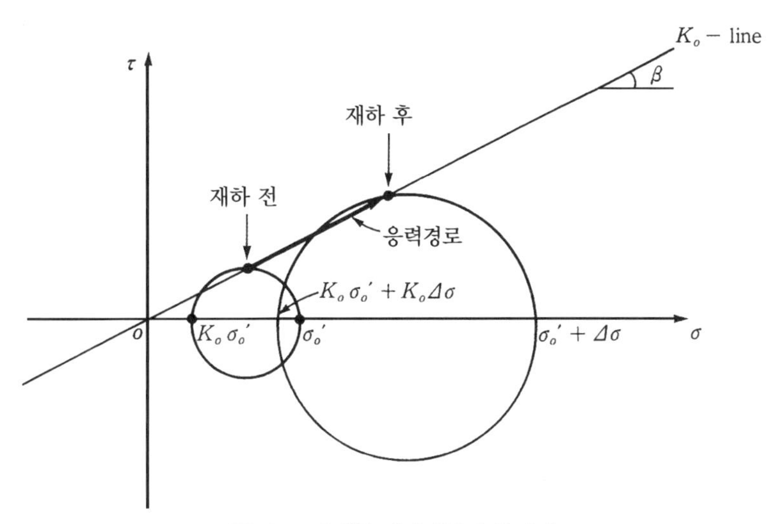

그림 9.9 일차원 압밀시험의 응력경로

(하중재하 후 압밀 완료 시)

$$p' = \frac{\sigma_o' + \Delta\sigma + K_o\sigma_o' + K_o\Delta\sigma}{2} = \frac{(1+K_o)(\sigma_o' + \Delta\sigma)}{2}$$

$$q' = \frac{\sigma_o' + \Delta\sigma - (K_o\sigma_o' + K_o\Delta\sigma)}{2} = \frac{(1-K_o)(\sigma_o' + \Delta\sigma)}{2}$$

$$\text{기울기 } \beta = \frac{q'}{p'} = \frac{1-K_o}{1+K_o} \tag{9.3}$$

따라서 압밀시험의 응력경로는 다음과 같이 요약될 수 있다.

'1차원 압밀시험의 응력경로는 항상 K_o선을 따라간다. 여기서 K_o선은 원점을 지나고 기울기 $\beta = \dfrac{1-K_o}{1+K_o}$인 직선을 말한다.'

5) 압밀시험의 결과

약 1주일에 걸쳐 진행된 압밀실험결과는 다음의 두 가지로 정리될 수 있을 것이다.

(1) 매일매일의 실험으로부터 각 하중단계에서 시간－침하량곡선을 구할 수 있다. 이 곡선의 전형적인 예가 그림 9.10에 표시되어 있다.

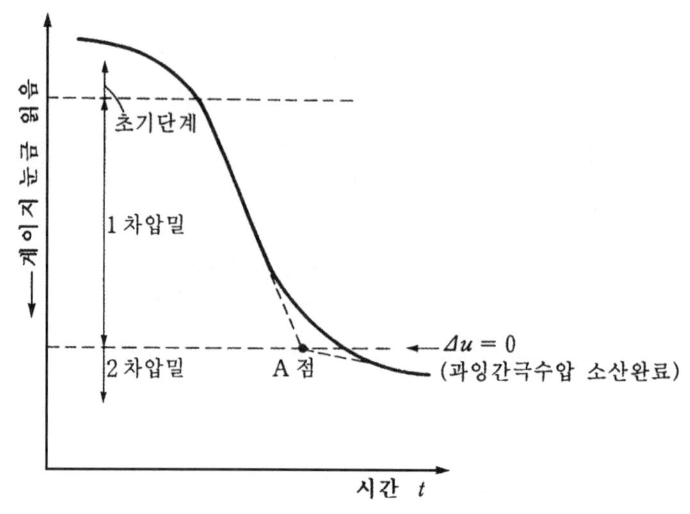

그림 9.10 압밀시험결과의 시간-침하량 곡선

그림에서 보면, 두 개의 곡선의 점선이 만나는 A점에 다다르면 점토시료에 생성되었던 과잉간극수압 Δu는 이미 'O'으로 간 상태이다. 이때부터 비록 침하율은 둔화되지만 과잉간극수압이 완전히 소산되었다 하더라도 계속적으로 침하가 일어남을 알 수 있다. 더 이상의 응력의 증가 없이 발생되는 침하가 점토에 존재하는데 이를 이차압밀이라 하며, 때에 따라서 크립(creep)현상으로 불리기도 한다. 압밀의 종류는 다음의 두 가지로 정리될 수 있을 것이다.

- 일차압밀(primary consolidation): 생성된 과잉간극수압이 소산되면서, 응력의 증가분이 점점 유효응력 증가로 발생되면서 일어나는 압밀현상을 말하며, 과잉간극수압이 완전히 소멸되면 더 이상의 1차 압밀은 일어나지 않는다.
- 이차압밀(secondary consolidation): 더 이상의 유효응력 증가 없이도 계속적으로 발생하는 압밀현상을 말하며, 이차압밀의 원인이 완전히 밝혀지지는 않았으나, 흙 입자(soil fabric)의 재배열이 주된 원인으로 생각되며, 크립현상이라고도 부른다.

(2) 매일 매일의 실험에서 가해준 하중에 따라 24시간 후에 발생된 최종 침하량을 기록하여 시료에 가해준 응력-침하곡선을 그릴 수 있다. 이 곡선은 일주일 간의 실험결과로부터 단 하나만 얻을 수 있을 것이다. 실내실험 결과를 실제현장에 적용하기 위하여, 침하량 대신에 무차원량인 흙의 간극비로 표시하며, 이를 토대로 일반적으로 간극비와 하중과의 곡선을 그리며, 그 예가 그림 9.11에 나타나 있다. 가해준 응력은 처음에는 과잉간극수압 상승을 유발하나 궁극적으로는 흙 입자에 하중이 가해지는 유효응력으로 변하므

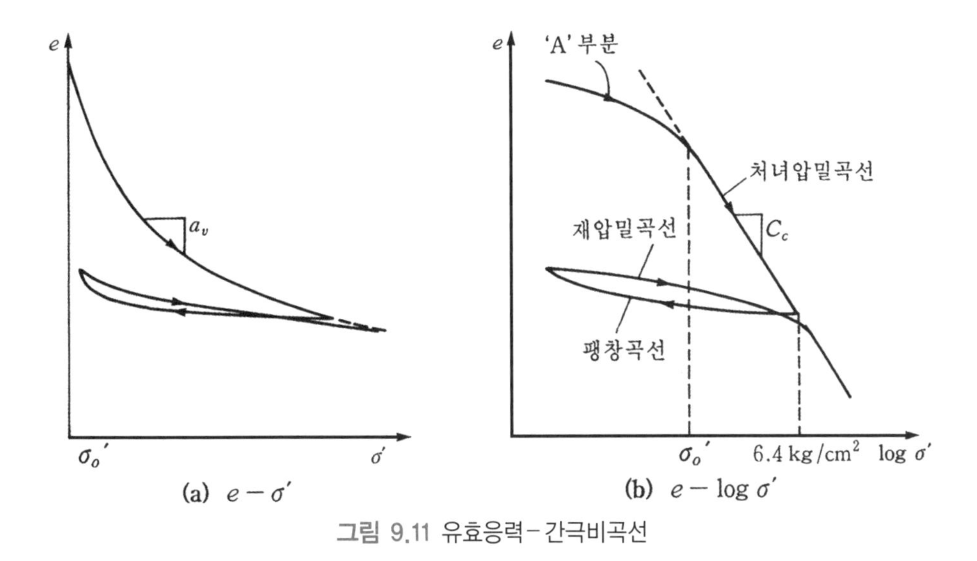

그림 9.11 유효응력-간극비곡선

로 그림에서 횡축에 표시된 응력은 유효응력이며, 따라서 표시된 곡선은 사실상 유효응력-간극비곡선이다. 유효응력-간극비곡선은 그림 9.11의 (a)와 같이 횡축과 종축 모두를 산술 그래프로 그릴 수도 있으며, 또는 (b)에서와 같이 횡축을 log좌표에 표시할 수도 있다. 전자는 비선형곡선을 띠므로 후자와 같이 표시하여 선형화함이 일반적이며 이에 대한 상세한 사항은 다음 절에서 서술할 것이다.

위에 표시된 시간-침하량곡선은 당연히 압밀의 진행속도를 예측하는 데 이용될 것이며, 간극비-응력곡선은 전체 압밀침하량을 구하는 데 이용될 것이다.

압밀의 진행속도 예측을 위하여 실험결과의 정리뿐만 아니라 압밀이론을 도입하여야 한다. 따라서 압밀속도에 관한 사항은 9.5절에서 먼저 압밀이론을 설명한 후에 실험결과를 정리하는 법을 서술할 것이며, 다음 절에서는 우선, 각 하중단계에서의 침하량으로부터 간극비를 구하는 것으로부터 유효응력-간극비곡선을 구하는 방법을 설명하고, 9.4절에서는 주어진 유효응력-간극비 관계로부터 실제로 압밀침하량을 구하는 방법을 순차적으로 설명할 것이다.

9.3.2 유효응력-간극비곡선

압밀링에 설치된 포화된 점토가 그림 9.12이라고 하자. 점토시료로부터 우선적으로 알 수 있는 것은 다음과 같다.

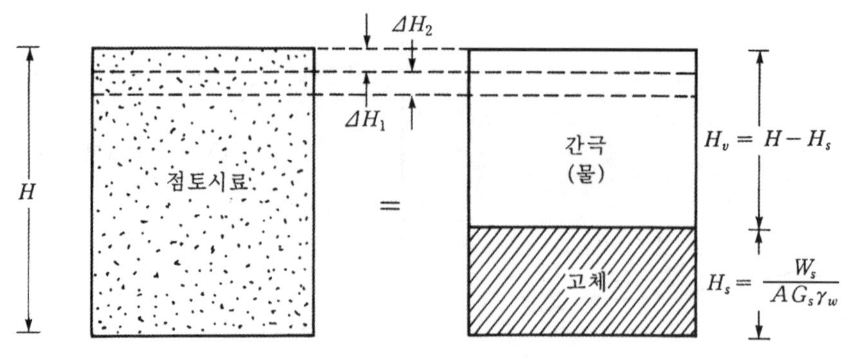

그림 9.12 압밀시험용 점토시료

W_s = 흙 입자(solid)의 무게(실험 후에 말린 다음 무게를 잼)

A = 시료의 면적(직경이 보통 2.5″=6.35cm)

H = 시료의 초기두께(보통 1″=2.54cm)

초기 간극비

식 (2.13), (2.14)로부터

$$W_s = G_s\gamma_w V_s = G_s\gamma_w AH_s$$

여기서, H_s = 시료에서 흙 입자만의 두께(그림 9.12 참조)

따라서

$$H_s = \frac{W_s}{AG_s\gamma_w} \tag{9.4}$$

간극의 두께를 H_v라고 하면 H_v는 다음과 같다.

$$H_v = H - H_s$$

초기의 간극비(즉, 시료에 하중을 가하기 전) e_o는 다음과 같이 구할 수 있다.

$$e_o = \frac{V_v}{V_s} = \frac{H_v A}{H_s A} = \frac{H_v}{H_s} \tag{9.5}$$

<u>응력재하 시의 간극비</u>

$\sigma_1 = 0.05\text{kg/cm}^2$을 가하고, 24시간 지난 후의 간극비를 구해보자. 다이알게이지로부터 잰 24시간 후의 침하량을 ΔH_1이라고 하면 간극비의 변화 Δe_1은 다음과 같다.

$$\Delta e_1 = \frac{\Delta H_1}{H_s}$$

그렇다면 σ_1을 가했을 때의 간극비 e_1은 다음과 같다.

$$e_1 = e_o - \Delta e_1$$

둘째로 $\sigma_2 = 0.1\text{kg/cm}^2$을 가하고 24시간 지난 후의 침하량을 ΔH_2라고 하면 그때의 간극비 e_2는

$$e_2 = e_1 - \frac{\Delta H_2}{H_s}$$

가 된다. 일반적으로 간극비는 다음 식으로 구할 수 있다.

$$e_{i+1} = e_i - \frac{\Delta H_{i+1}}{H_s} \tag{9.6}$$

여기서, e_{i+1} : σ_{i+1} 응력하에서 24시간 경과 후의 간극비

e_i : σ_i 응력하에서 24시간 경과 후의 간극비

ΔH_{i+1} : σ_{i+1} 응력을 가했을 때 24시간 후의 침하량

<u>최종 간극비</u>

최종 간극비($\sigma_1 = 640\text{kN/m}^2$을 가하고 24시간 경과 후)는 다음과 같이 구할 수도 있으며 식

(9.6)으로 구한 간극비의 비교 검토자료가 될 것이다.

최종 실험 후의 함수비를 w_e라고 하면,

최종 간극비 e_e는

$$e_e = w_e G_s \tag{9.7}$$

9.3.3 정규압밀점토와 과압밀점토

그림 9.11(b)에서 처음 부분(즉, A부분)은 처녀 압축곡선의 기울기를 따르지 않고 완만한 기울기를 갖게 된다. 이는 왜일까?

실내에서 실시하는 압밀실험용 점토시료의 출생지로부터의 역사(history)를 연구해보자. 그림 9.7과 같이 원지반에서 초기 상재압력 $\sigma_o{}'$을 받고 있는 점토를 생각해보자.

현장에서 유효응력 $\sigma_o{}'$을 받고 있었던 흙이라 하더라도, 일단 시료를 채취하여, 지상으로 꺼내면, 이 시료는 유효응력을 거의 상실할 것이다. 이 시료는 비록 현재 하중을 거의 받지 않고 있지만, 원지반에서 $\sigma_o{}'$의 유효응력을 이미 받고 있었으므로, 이 시료에 다시 하중을 가한다고 해도 $\sigma_o{}'$의 하중까지는 시료가 크게 침하하지 않는다.

이러한 현상은 현장에서도 일어날 수가 있다. 현재 $\sigma_o{}'$의 상재압력을 받고 있는 다음 그림 9.13과 같은 지반이라 하더라도, 이 지반이 만일 과거에 $\sigma_o{}'$보다 큰 하중을(예를 들어, $\sigma_m{}'$) 받고 있었다면, 이 점토는 외부하중에 의한 유효응력이 $\sigma_m{}'$이 될 때까지는 재압축에 해당되므로 하중이 가해져도 침하가 크게 일어나지 않으나 유효응력이 $\sigma_m{}'$을 넘어가게 되면 압축이 처녀 압축곡선을 따라서 일어나게 되므로 압축량이 커지게 된다.

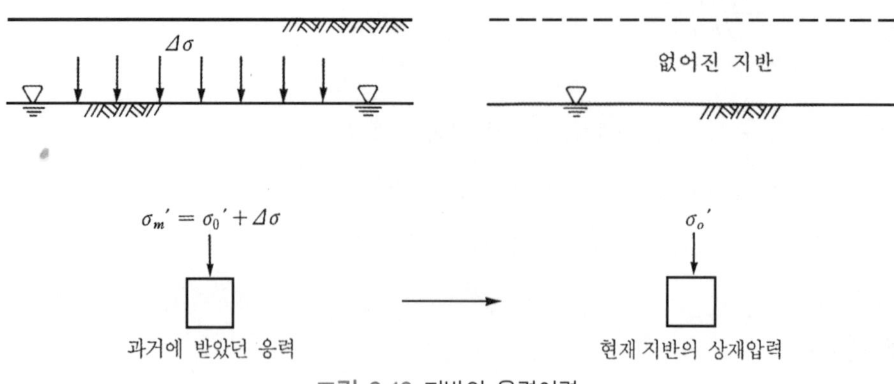

그림 9.13 지반의 응력이력

위의 사실을 비추어 보건대 현재 동일하게 σ_o'의 상재압력을 받는 점토라 하더라도 이 점토의 응력이력(stress history)에 따라서 완전히 다른 성질을 갖게 된다. 따라서 현재 점토입자가 받고 있는 상재압력 σ_o'보다 더 큰 압력을 과거에 받은 경험이 있는지의 여부에 따라, 점토는 다음의 두 가지 종류로 나뉜다.

1) 점토의 종류

(1) 정규압밀점토(Normally consolidated clay, NC clay)

현재 받고 있는 상재압력 σ_o' 이상의 응력을 받은 적이 없는 점토를 말하며, 따라서 현재의 상재압력이 이 점토가 받은 최대응력이다.

(2) 과압밀점토(Overconsolidated clay, OC clay)

현재 받고 있는 상재압력 σ_o'보다 더 큰 응력을 받았던 응력이력을 갖고 있는 점토를 말하며, 같은 조건하에서 과압밀점토는 정규압밀점토보다 단단(stiff)함이 일반적이다.

2) 선행압밀응력과 과압밀비

점토입자가 과거에 받았던 최대응력을 선행압밀응력, σ_m'(preconsolidation pressure 또는 past maximum pressure)이라고 한다. 한편, 과압밀비(overconsolidation ratio, OCR)는 다음 식과 같이 정의한다.

$$OCR = \frac{\sigma_m'}{\sigma_o'} \tag{9.8}$$

여기서, σ_m' = 선행압밀응력

σ_o' = 현재의 유효상재압력

Casagrande는 실내실험결과로부터 선행압밀응력을 예측하는 작도법을 제안하였으며, 이를 요약하면 다음과 같다.

그림 9.14와 같은 $e-\log\sigma'$의 곡선을 얻었다고 하자.

① 곡선상에서 곡률반경이 가장 작은 점인 a점을 택한다.

② a점으로부터 수평선 ab를 긋는다.

③ a점에서 곡선에 대한 접선 ac를 긋는다.

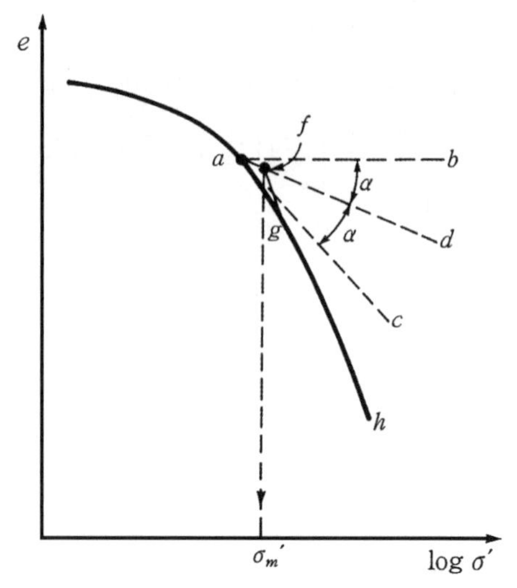

그림 9.14 선행압밀응력 결정을 위한 작도법

④ ∠bac의 이등분선인 선분 ad를 긋는다.

⑤ h점으로부터 직선부분 hg를 연장하여 그은 선과 선분 ad와의 교점 f가 선행압밀응력이다.

3) $e-\sigma'$ 곡선과 $e-\log\sigma'$ 곡선

앞에서 구한 압밀실험결과를 정리하여 $e-\sigma'$ 곡선을 그려보면 그림 9.11(a)와 같다. 이 그림은 8장에서 설명한 횡방향 구속하의 응력－변형률곡선인 그림 8.15와 근본적으로 같은 것이다. 차이가 있다면 그림 8.15에서는 연직변형률 ε_z을 사용한 것 대신에 그림 9.11(a)에서는 간극비 e를 사용한 것이 차이일 뿐이다. 다음 그림을 보자.

$V_s=1$의 관계를 이용하면 전체적은 $V=1+e_o$가 된다.

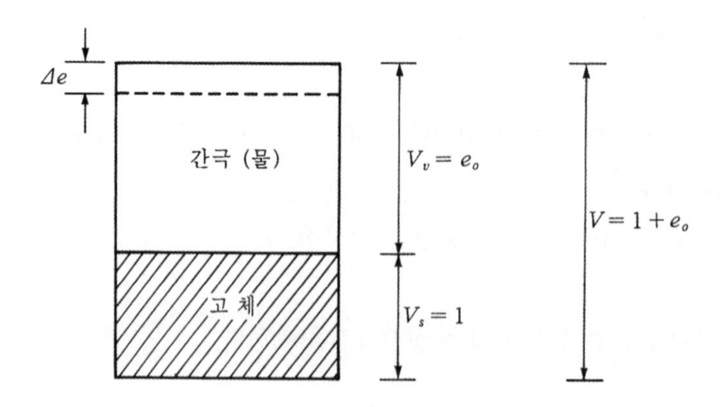

연직응력의 증가량 $\Delta\sigma$에 의해 포화된 점토시료가 연직방향으로 Δe의 간극비 감소가 있었다면 연직방향변형률 ε_z은 체적변형률 ε_v와 같고 다음 식으로 표시된다.

$$\varepsilon_z = \varepsilon_v = \frac{\Delta V}{V} = \frac{\Delta e}{1+e_o} \tag{9.9/8.12}$$

따라서 그림 9.11(a)와 같은 그림 8.15의 차이점은 $1+e_o$로 나누느냐 나누지 않느냐의 차이이다. 그림 9.11(a)에서 제한된 응력의 범위에서 e와 σ'의 기울기를 a_v로서 압축계수(coefficient of compressibility)라고 정의한다. 즉,

$$a_v = \frac{\Delta e}{\Delta\sigma'} = -\frac{de}{d\sigma'} \ (a_v\text{는 }\oplus\text{값을 취함}) \tag{9.10/8.13}$$

체적변형계수 m_v(coefficient of volume compressibility)는 다음과 같이 정의된다.

$$m_v = \frac{\varepsilon_z}{\Delta\sigma'} = \frac{1}{1+e_o}\frac{\Delta e}{\Delta\sigma'} = \frac{a_v}{1+e_o} \tag{9.11}$$

만일 초기상태의 유효응력 σ_o'에서 σ_1'으로 응력이 증가될 때 간극비가 e_o로부터 e_1으로 변했다면 m_v는 다음 식으로 표시될 수 있을 것이다.

$$m_v = \frac{1}{1+e_o}\left(\frac{e_o - e_1}{\sigma_1' - \sigma_o'}\right) \tag{9.12}$$

m_v의 역수가 횡방향 구속하의 변형계수(constrained modulus) D이며 이는 8장에서 이미 정의하였다. $e-\sigma'$ 곡선에서 문제가 되는 것은 그림 9.11(a)의 곡선의 모양이다. 그림에서와 같이 e와 σ' 사이에는 선형의 관계가 존재하지 않는다. 8장에서 이미 설명한 대로 하중을 가한 초기에는 변형이 쉽게 일어나나, 일단 입자들이 조밀하게 모여진 뒤에는 쉽게 변형하지 않는다. 따라서 초기에는 압축성이 크고(즉, m_v값이 크고) 유효응력이 증가할수록 압축성이 작아진다(즉, m_v값이 작아진다). 또한 하중을 일단 재하했다가 제하시킨다고 해서 시료가 원래의 간극비까지 팽창을 절대로 하지 않고 그림에서와 같이 약간만 팽창하였다가, 다시 재하

하면 팽창된 정도만 다시 압축되고, 원래의 곡선으로 되돌아간다. 근본적으로 $e-\sigma'$ 곡선은 선형관계가 아니므로 이 곡선을 이용하여 침하량을 예측하는 것은 사실상 매우 어렵다.

반면에 그림 9.11(b)에서와 같이 처음 부분(A부분)을 제외하면 e와 $\log\sigma'$의 관계는 선형을 띠는 것으로 알려져 있다. 그림에서 경사가 가파른 직선부분을 처녀압축곡선(virgin compression line)이라고 한다. 만일 압력을 6.4kg/cm^{2}까지 가하고 제하시키면 시료는 약간 팽창하게 되고, 다시 하중을 가하면 처음 부분(A부분)의 완만한 곡선과 같은 기울기의 재압축곡선(recompression line)을 따라 압축하게 되며, 제하하기 이전의 응력(즉, $\sigma=6.4\text{kg/cm}^2$)을 초과하게 되면 이 점토는 그 이상의 응력은 받은 적이 없으므로, 다시 처녀압축곡선을 따라 압축하게 된다. 처녀압축곡선의 기울기를 압축지수(compression index), C_c라고 하며 다음 식과 같이 표현될 수 있을 것이다.

$$C_c=\frac{e_o-e_1}{\log\left(\dfrac{\sigma_1{}'}{\sigma_o{}'}\right)} \tag{9.13}$$

팽창곡선 또는 재압축곡선의 기울기를 팽창지수(swelling index), C_e라고 한다.

[예제 9.1] 비중이 2.73인 점토의 압밀시험결과는 다음과 같다.

압력(kPa)	0	54	107	214	429	858	1716	3432	0
24시간 후의 다이알게이지 읽음(mm)	5.00	4.747	4.493	4.108	3.449	2.608	1.676	0.737	1.480

초기의 점토시료 두께 H는 19.0mm이다. 또한 최종 순간의 함수비는 19.8%이다.

1) $e-\log\sigma'$ 곡선을 그려라.
2) 선행압밀응력 $\sigma_m{}'$을 구하라.
3) 100kPa로부터 200kPa로 응력이 증가할 때의 m_v를 구하라. 또한 1,000kPa로부터 1,500kPa로 응력이 증가할 때의 m_v를 구하라.
4) C_c를 구하라.

[풀 이]

1) $H_s = \dfrac{W_s}{A G_s \gamma_w}$ 의 식을 이용하여 흙 입자의 높이를 구해야 하나 W_s 및 A값이 주어지지 않았다. 따라서 다음과 같이 구해야 한다.

$e_e = w_e G_s = 0.198 \times 2.73 = 0.541$ (최종 순간의 간극비)

$\Delta H_e = 5 - 1.48 = 3.52\text{mm}$ (처음 순간부터 최종 순간까지의 총 침하량)

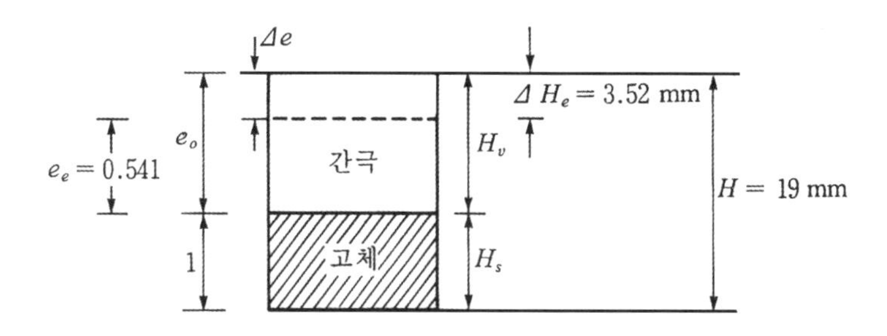

그림에서, $e_o = e_e + \Delta e$

$= 0.541 + \Delta e$

$$\frac{\Delta e}{1 + e_o} = \frac{\Delta H_e}{H}$$

$$\frac{\Delta e}{1 + 0.541 + \Delta e} = \frac{3.52}{19} \rightarrow \Delta e = 0.35$$

$\therefore\ e_o = 0.541 + 0.35 = 0.891$

$e_o = \dfrac{H_v}{H_s}$ 로부터,

$$0.891 = \frac{H - H_s}{H_s} = \frac{19 - H_s}{H_s}$$

$H_s = 10.048\text{mm}$

① $\Delta e_1 = \dfrac{\Delta H_1}{H_s} = \dfrac{5.00 - 4.747}{10.048} = 0.025$

$e_1 = e_0 - \Delta e_1 = 0.891 - 0.025 = 0.866$

② $\Delta e_2 = \dfrac{\Delta H_2}{H_s} = \dfrac{4.747 - 4.493}{10.048} = 0.025$

$e_2 = e_1 - \Delta e_2 = 0.866 - 0.025 = 0.841$

같은 방법으로 각 하중 단계에서 간극비를 구하여 다음과 같이 표로 나타내었다.

압력(kPa)	0	54	107	214	429	858	1716	3432	0
e	0.891	0.866	0.841	0.802	0.737	0.653	0.560	0.467	0.541

1) 이를 그림으로 나타내면 다음 예제 그림 9.1과 같다.

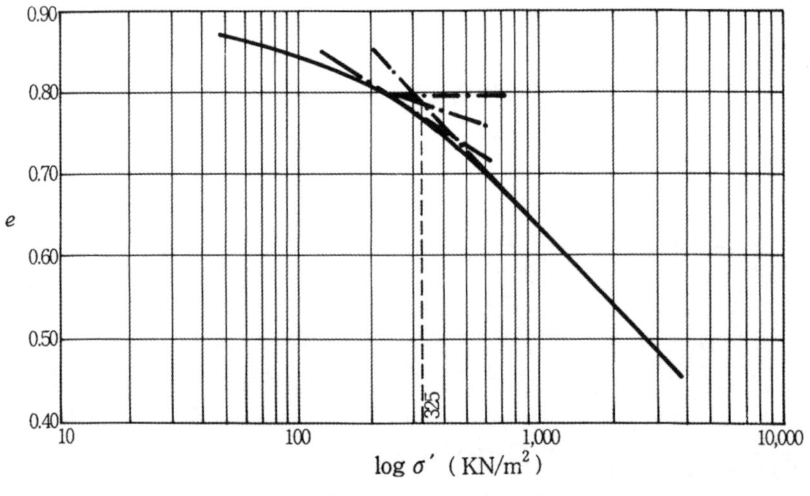

예제 그림 9.1 $e - \log\sigma'$ **그래프**

2) 1)의 그림으로부터 $\sigma_m' = 325\text{kPa}$

3) m_v

$$m_v = \frac{a_v}{1+e_0} = \frac{1}{1+e_0} \cdot \frac{e_0 - e_1}{\sigma_1' - \sigma_0'}$$

① $\sigma_0' = 100\text{kPa}$, $\sigma_0' = 200\text{kPa} \rightarrow e_o = 0.845$, $e_1 = 0.808$

$$m_v = \frac{1}{1.845} \cdot \frac{0.845 - 0.808}{200 - 100} = 2.0 \times 10^{-4} \text{m}^2/\text{kN}$$

② $\sigma_0{}' = 1{,}000\text{kPa},\ \sigma_1{}' = 1{,}500\text{kPa} \rightarrow e_o = 0.632,\ e_1 = 0.577$

$$m_v = \frac{1}{1.632} \cdot \frac{0.632 - 0.577}{1{,}500 - 1{,}000} = 6.7 \times 10^{-5} \text{m}^2/\text{kN}$$

4) $C_c = \dfrac{0.632 - 0.577}{\log(1{,}500/1{,}000)} = \dfrac{0.055}{0.176} = 0.312$

9.3.4 시료교란이 $e - \log\sigma'$ 곡선에 미치는 영향

압밀시험은 시료가 현장에서의 시료상태로 시험을 행할 때 가장 이상적인 $e - \log\sigma'$의 관계 그래프를 얻을 수 있다. 그러나 실제로는 교란이 전혀 없는 시료를 얻는 것은 불가능하다.

현장에서 시료를 채취할 때, 실험실로 운반 시 실내에서 압밀링에 설치하기 위하여 시료를 성형(trimming)할 때에 필연적으로 시료는 어느 정도 교란(disturbed)되기 마련이다. 완전 불교란 시료에 비해 어느 정도 교란된 시료를 사용하여 압밀실험을 실시하게 되면 그림 9.15와 같이 경사가 완만한 곡선을 얻게 됨이 일반적이다.

실내실험결과를 이용하여 현장의 조건으로 유추하는 방법을 Schmertmann이 제안하였다. Schmertmann에 의하면 $0.42e_o$이 되는 지점에서 교란시료의 $e - \log\sigma'$의 곡선과 불교란 시료의 $e - \log\sigma'$ 곡선이 일치한다고 하였다(그림 9.15에서 F점). 이를 근거로 다음과 같이 수정곡선을 그릴 수 있다.

<u>정규압밀점토의 경우</u>

정규압밀점토의 경우는 그림 9.15(a)에서와 같이 F점과 E점을 연결한 선을 처녀 압축곡선으로 한다. E점은 초기의 유효상재압력 $\sigma_0{}'$, 초기간극비 e_0를 나타내는 점이다($E(\sigma_0{}', e_0)$).

<u>과압밀점토의 경우</u>

과압밀점토의 경우 그림 9.15(b)에서 보이는 것과 같이 E점($\sigma_0{}'$, e_0)에서 재압축곡선과 팽창하게 선을 그어 $\sigma_m{}'$과 만나는 점 H를 구하고, H와 F를 연결하여 수정곡선을 구한다. 즉, $E-H-F$를 잇는 선이 과압밀점토의 압축곡선이며, E점에서 H점에 이를 때까지는 과거에 받았던 최대과거응력을 극복하지 못했으므로 압축이 적게 일어나고, H점을 지나서는 이 점토가 한 번도 받아본 적이 없는 하중을 받게 되므로 큰 압축이 일어난다.

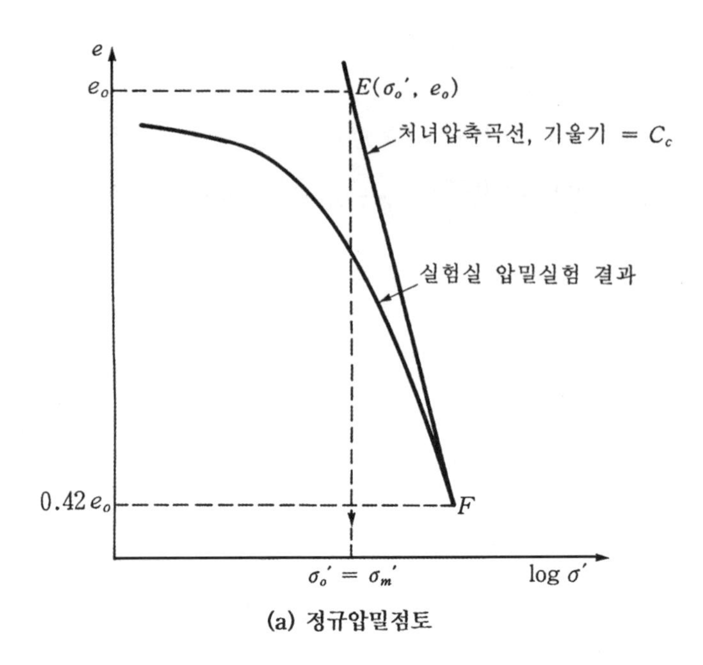

(a) 정규압밀점토

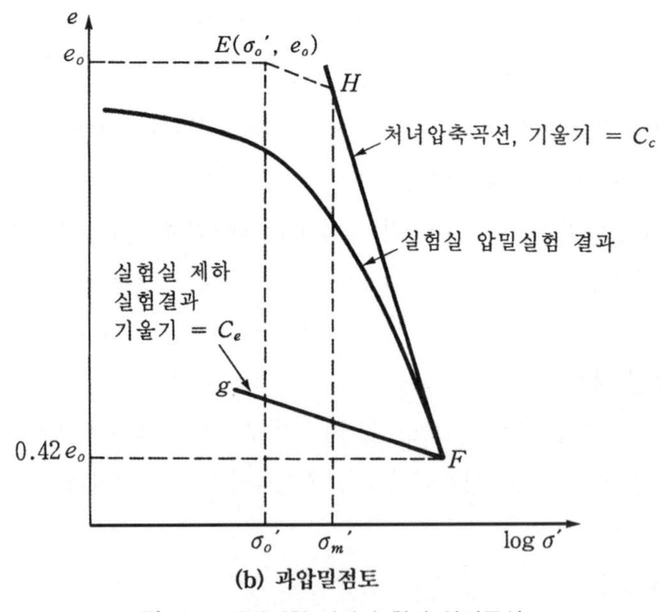

(b) 과압밀점토

그림 9.15 압밀실험 결과와 현장 압밀곡선

9.3.5 압축지수와 팽창지수

압축지수, C_c와 팽창지수 C_e의 정의에 대하여는 9.3.2절에서 설명하였다. 압축지수는 무차원의 값으로서 C_c값이 클수록 압밀침하가 많이 일어나는 것은 설명할 필요가 없을 것이다. 압밀실험을 실시하지 않고 다른 토질정수와의 관계식으로부터 압축지수를 구하는 노력이 있어왔으며, 대표적인 것이 압축지수와 액성한계의 관계식이며 다음과 같다.

불교란 점토인 경우

$$C_c = 0.009(LL - 10) \tag{9.14}$$

재성형 점토의 경우

$$C_c = 0.007(LL - 10) \tag{9.15}$$

여기서, LL = 액성한계(%)

팽창지수 C_e는 압축지수의 1/10~1/5 정도로 알려져 있으며, 다음과 같은 관계식 등이 있다.

$$C_e = 0.0463\left(\frac{LL}{100}\right)G_s \tag{9.16}$$

9.4 침하량 계산

9.4.1 1차원 압밀침하량 공식 유도

실내압밀실험 결과로부터 압밀침하량 계산에 필요한 모든 토질정수를 구했다고 하자. 이러한 결과들을 이용하여 실제 현장에서 압밀침하량을 예측하는 방법을 설명하고자 한다. 우선적으로 설명할 것은 실제현장에서의 점토층 두께는 H로서 두껍기 마련이나, 실내압밀실험용 시료는 1"(2.54cm) 내외에 불과하여 작은 시료의 실험결과를 그대로 압밀침하량 예측에 사용할 수가 없다. 따라서 전절에서 도입한 것이 절대침하량 대신에 간극비와 같은 무차원 양이다.

그림 9.16을 보자. 그림 9.16(a)에서 보는 바와 같이 현장에서의 점토층 두께가 H이고 외부 하중($\Delta\sigma = \sigma_1{}' - \sigma_0{}'$)으로 인한 최종 압밀침하량이 ΔH라고 하자. 이를 그대로 모사한 실내 실험결과는 그림 9.16(b)와 같은 것이다. 간극비를 이용한 무차원으로 모든 해석을 실시하였으므로 실험실로부터의 침하량은 Δe의 간극비 변화로 나타날 것이다.

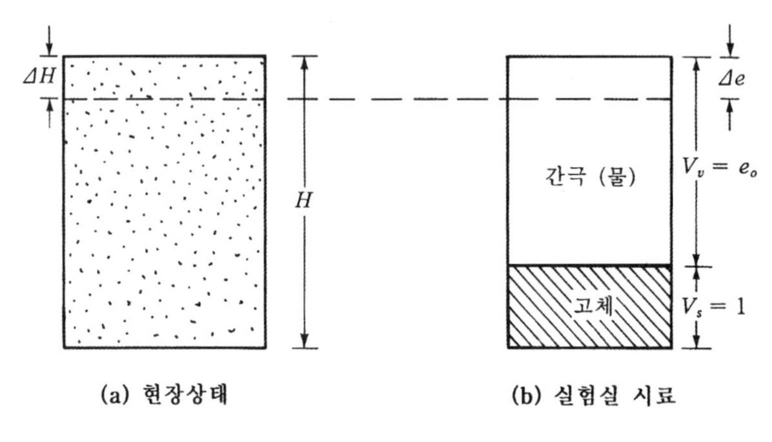

그림 9.16 1차원 압밀침하량 계산

현장조건에서의 연직방향 변형률은 완전 1차원 압밀조건, 즉 수평방향 변형은 없는 조건이라면 체적변형률과 같고 다음 식과 같이 표현될 것이다.

$$\varepsilon_z = \varepsilon_v = \frac{\Delta H}{H} \tag{9.17}$$

실내실험 결과로부터 연직방향 변형률은 다음 식과 같다.

$$\varepsilon_z = \varepsilon_v = \frac{\Delta e}{1+e_0} \tag{9.9}$$

두 식을 연합하면 다음과 같이 압밀침하량을 예측할 수 있는 기본공식을 구할 수 있다.

$$S_c = \Delta H = \varepsilon_z H = \frac{\Delta e}{1+e_0} H \tag{9.18}$$

여기서, S_c =1차원 압밀침하량

식 (9.18)은 침하량을 간극비(즉, 체적)의 함수로 표시한 식이다. 간극비를 응력항으로 바꾸기 위한 것이 $e - \log\sigma'$ 곡선이다. $e - \log\sigma'$ 곡선을 이상적으로 그려보면 그림 9.17과 같다. 이를 이용하면 압밀침하량은 다음과 같이 표시할 수 있을 것이다.

<u>정규압밀점토에서의 압밀침하량</u>

정규압밀점토는 압축지수 C_c인 처녀압밀곡선만 존재하므로(그림 9.17(a))

$$\Delta e = C_c \log \frac{\sigma_1'}{\sigma_0'} = C_c \log \frac{\sigma_0' + \Delta\sigma}{\sigma_0'} \tag{9.19}$$

$$\therefore \; S_c = \frac{\Delta e}{1+e_0} H$$

$$= \frac{C_c \cdot H}{1+e_0} \log \frac{\sigma_0' + \Delta\sigma}{\sigma_0'} \tag{9.20}$$

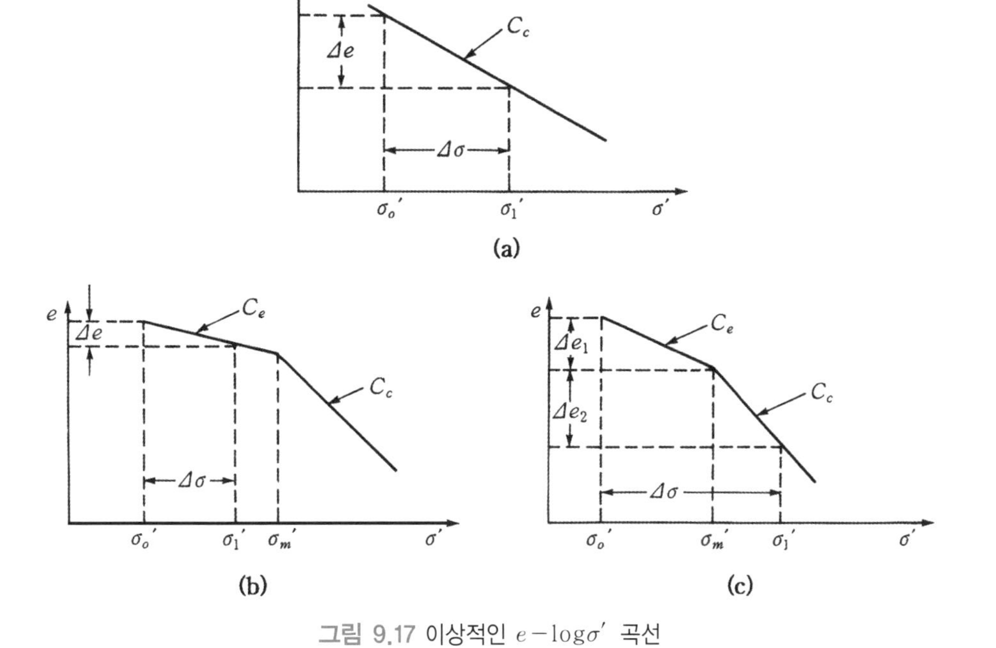

그림 9.17 이상적인 $e - \log\sigma'$ 곡선

단, 위의 공식을 이용하는 데 다음에 주의하여야 한다.

만일 무한등분포하중으로 인하여 수평방향 변형률이 존재하지 않는 진짜 1차원압밀하중 조건이라면 $\Delta\sigma$은 깊이에 관계없이 일정하며 외부에서 가해준 응력의 증가량과 같을 것이다. 그러나 초기상재압력 $\sigma_0{}'$은 깊이가 증가함에 따라 증가하게 된다. 따라서 위의 공식은 점토층의 중간 깊이에서의 응력을 대표로 하여 침하량을 계산함이 일반적이다. 그러나 만일 점토층의 두께가 아주 두꺼운 경우는 중간 깊이를 응력의 대표로 할 때, 대표성에 문제가 있으므로, 점토층을 몇 개의 층으로 나누어 각 층에 대하여 압밀침하량 구하고 이를 더하여 압밀침하량을 구할 수 있다.

또한 다음과 같은 문제가 있을 수도 있다. 이제까지 일관되게 가정한 조건이 무한등분포하중이다. 즉, 하중이(−∞)부터 (+∞)까지 넓게 작용한다는 조건이었다. 그러나 실제 현장에서 무한대하중은 그저 이상적인 경우가 대부분이며, 넓이에 제한이 있을 수밖에 없다. 넓이가 제한적일 때, 연직응력 증가량이 외부하중과 같을 수 없고, 깊이에 따라 점점 줄어들 것이다. 물론 이때는 즉시침하도 있게 된다. 응력의 증가량이 깊이에 따라 달라질 때도 점토층을 몇 개로 나누어 침하량을 구해야 한다.

이 경우 압밀침하량은 다음과 같이 표현될 수 있을 것이다.

$$S_c = \sum_{i=1}^{n}\left[\frac{C_c H_i}{1+e_0}\log\left(\frac{\sigma_{0(i)}{}' + \Delta\sigma_{(i)}}{\sigma_{0(i)}{}'}\right)\right] \quad (9.21)$$

여기서, i = 점토층 번호, n = 총 점토층 수

<u>과압밀점토에서의 압밀침하량</u>

과압밀점토의 경우에는 외부하중으로 인하여 응력의 증가가 있다 하더라도, 유효응력이 선행압밀응력 $\sigma_m{}'$에 도달할 때까지는 재압축곡선을 따라 침하하므로 침하량이 크지 않으며, $\sigma_m{}'$ 이상의 응력증가분에 대하여만 처녀압축곡선을 따라 침하할 것이다. 유효응력이 $\sigma_m{}'$을 넘느냐, 넘지 않느냐에 따라 다음과 같이 공식이 달라진다.

(1) $\sigma_0{}' + \Delta\sigma \le \sigma_m{}'$인 경우

그림 9.17(b)로부터

$$\Delta e = C_e \log\left(\frac{\sigma_o{}' + \Delta\sigma}{\sigma_0{}'}\right) \tag{9.22}$$

$$\therefore\ S_c = \frac{C_e \cdot H}{1+e_0}\log\frac{\sigma_0{}' + \Delta\sigma}{\sigma_0{}'} \tag{9.23}$$

(2) $\sigma_0{}' + \Delta\sigma > \sigma_m{}'$인 경우

그림 9.17(c)로부터

$$\Delta e = C_e \log\frac{\sigma_m{}'}{\sigma_0{}'} + C_c \log\left(\frac{\sigma_0{}' + \Delta\sigma}{\sigma_m{}'}\right) \tag{9.24}$$

$$S_c = \frac{C_e H}{1+e_0}\log\frac{\sigma_m{}'}{\sigma_0{}'} + \frac{C_c H}{1+e_0}\log\left(\frac{\sigma_0{}' + \Delta\sigma}{\sigma_m{}'}\right) \tag{9.25}$$

9.4.2 압밀침하량의 다른 해

앞에서 산출한 압밀침하량 공식은 간극비 변화를 log(압력)의 변화로 나타낸 것으로서, 근본적으로 e와 $\log\sigma'$ 사이에 직선적인 관계가 있는 것을 십분 이용한 공식이다.

순 원리적으로 밝히자면 체적변형계수 m_v를 이용하여 압밀침하량 공식을 유도할 수도 있을 것이다. 정의에 의하여(식 (9.10) 참조)

$$m_v = \frac{\varepsilon_v}{\Delta\sigma'} = \frac{\varepsilon_z}{\Delta\sigma'},$$

$$\text{또는 } \varepsilon_z = m_v \Delta\sigma' \tag{9.10a}$$

$$\text{따라서 } S_c = \int_o^H \varepsilon_z dz = \int_o^H m_v \Delta\sigma' dz \tag{9.26}$$

만일, $m_v \Delta\sigma'$의 값이 깊이에 따라서 변하지 않는다면 다음과 같이 정의할 수도 있을 것이다.

$$S_c = m_v \Delta\sigma' H \tag{9.27}$$

위의 식을 사용할 때, 가장 큰 문제점은 m_v는 일정하지가 않고 응력의 함수라는 점이다. 따

라서 실제로 압밀침하량을 계산할 때는 $e-\log\sigma'$의 관계가 직선임을 감안하여 앞에서 구한 식을 주로 이용한다.

식 (9.27)은 사실상 식 (9.20)과 다음에 보이는 대로 같아질 수 있다.

$$\begin{aligned} S_c &= m_v \Delta\sigma' H \\ &= \frac{1}{1+e_o}\left(\frac{e_o-e_1}{\sigma_1'-\sigma_o'}\right)\Delta\sigma' H = \frac{1}{1+e_o}\left(\frac{\Delta e}{\Delta\sigma'}\right)\Delta\sigma' H \\ &= \frac{1}{1+e_o}\cdot\Delta e\cdot H = \frac{C_c H}{1+e_o}\log\left(\frac{\sigma_o'+\Delta\sigma}{\sigma_o'}\right) \end{aligned} \tag{9.28}$$

[예제 9.2] 두께 8.0m의 점토층에서 시료를 채취하여 압밀실험한 결과 $\sigma_o'=160\text{kN/m}^2$에서 $\sigma_1'=320\text{kN/m}^2$으로 하중을 높여서 하루 동안 압밀침하를 시켰을 때, 초기의 간극비는 1.52, 압밀침하 후의 간극비는 1.08으로 감소하였다. 이 조건에서의 압밀침하량을 계산하여라(단, 점토는 정규압밀 점토이다).

[풀 이]

1) C_c를 구하여 침하량 공식 이용

$$C_c = \frac{\Delta e}{\log\left(\frac{\sigma_1'}{\sigma_0'}\right)} = \frac{1.52-1.08}{\log\left(\frac{320}{160}\right)} = 1.462$$

$$\begin{aligned} S_c &= \frac{C_c\cdot H}{1+e_o}\log\left(\frac{\sigma_1'}{\sigma_0'}\right) \\ &= \frac{1.462\times 8}{1+1.52}\log\left(\frac{320}{160}\right) = 1.40\text{m} \end{aligned}$$

2) 하중 증가가 $\sigma_0'=160\text{kN/m}^2$에서 $\sigma_1'=320\text{kN/m}^2$으로 정해져 있으므로 주어진 응력에서의 m_v값이 일정하다고 볼 수 있다. 따라서 $S_c=m_v\Delta\sigma H$를 이용할 수 있다.

$$\begin{aligned} m_v &= \frac{1}{1+e_o}\left(\frac{\Delta e}{\Delta\sigma'}\right) \\ &= \frac{1}{1+1.52}\left(\frac{1.52-1.08}{320-160}\right) = 0.00109\text{m}^2/\text{kN} \end{aligned}$$

$$S_c = 0.00109 \times (320 - 160) \times 8$$
$$= 1.40\text{m}$$

[예제 9.3] 다음 그림과 같이 지표면에 무한대의 등분포하중 $\Delta\sigma$ =100kPa이 작용한다. 점토 지반에서의 압밀침하량을 계산하여라. 단, 선행압밀응력 $\sigma_m{}'$은 150kPa이다.

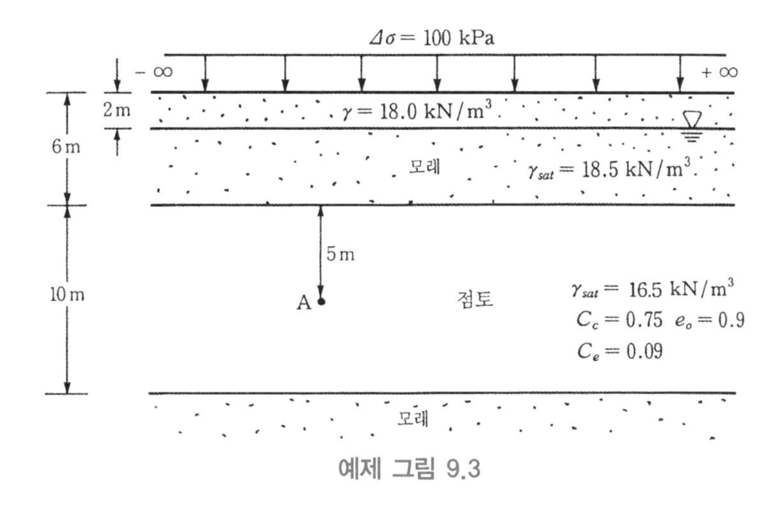

예제 그림 9.3

[풀 이] 점토층 중간인 A 입자에 대하여 대표적으로 압밀침하량을 구한다.

$$\sigma_0{}' = 18 \times 2 + (18.5 - 9.81) \times 4 + (16.5 - 9.81) \times 5 = 104.2\text{kPa}$$
$$\sigma_m{}' = 150\text{kPa} > \sigma_0{}' = 104.2\text{kPa}$$
$$\sigma_1{}' = \sigma_0{}' + \Delta\sigma = 104.2 + 100 = 204.2\text{kPa} > \sigma_\text{m}{}'$$

식 (9.25)를 이용하면,

$$S_c = \frac{C_e H}{1+e_0}\log\frac{\sigma_m{}'}{\sigma_0{}'} + \frac{C_c H}{1+e_0}\log\left(\frac{\sigma_0{}' + \Delta\sigma}{\sigma_m{}'}\right)$$
$$= \frac{0.09 \times 10}{1+0.9}\log\frac{150}{104.2} + \frac{0.75 \times 10}{1+0.9}\log\left(\frac{104.2+100}{150}\right)$$
$$= 0.604\text{m}$$

[예제 9.4] 다음 그림과 같이 지하수위가 지표면에 위치하다가 지표 아래 3m까지 하락하였다. 하락 원인은 각각 다음의 두 가지에 의한 원인이라고 할 때, 각각의 경우에 대하여 점토지반에서 압밀침하량을 구하라.

1) 완전 갈수기에 지하수위가 넓은 범위에 걸쳐 3m 하락
2) 양수작업(pumping) 때문에 양수기를 설치한 부근만 3m 하락

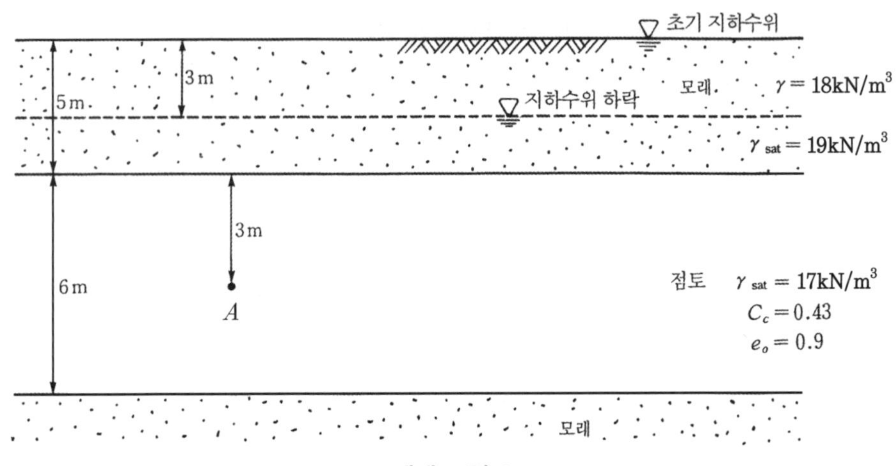

예제 그림 9.4

[풀 이]

1) 갈수기에 지하수위가 전부분에 걸쳐 하강한 경우의 압밀침하량을 구해보자.

점토중앙깊이(A 점)에서의 초기유효응력을 구해보면

$$\sigma_0{}' = (19-9.81)\times 5 + (17-9.81)\times 3 = 67.52\mathrm{kN/m^2}$$

지하수위가 3m 하락한 경우의 유효응력은

$$\sigma_1{}' = 18\times 3 + (19-9.81)\times 2 + (17-9.81)\times 3 = 93.95\mathrm{kN/m^2}$$

지하수위 하강으로 인한 응력의 증가량은

$$\Delta\sigma = \sigma_1{}' - \sigma_0{}' = 93.95 - 67.52 = 26.43\mathrm{kN/m^2}$$

압밀침하량

$$S_c = \frac{C_c H}{1+e_0}\log\left(\frac{\sigma_0{}' + \Delta\sigma}{\sigma_0{}'}\right)$$

$$= \frac{0.43\times 6}{1+0.9}\times\log\frac{93.95}{67.52} = 0.19\text{m}$$

지하수위 하강 전후의 수압분포를 그려보면 다음과 같다(단, 지하수위 하강으로 인한 단위중량의 변화는 무시하고 단순히 수압의 변화만 고려하자).

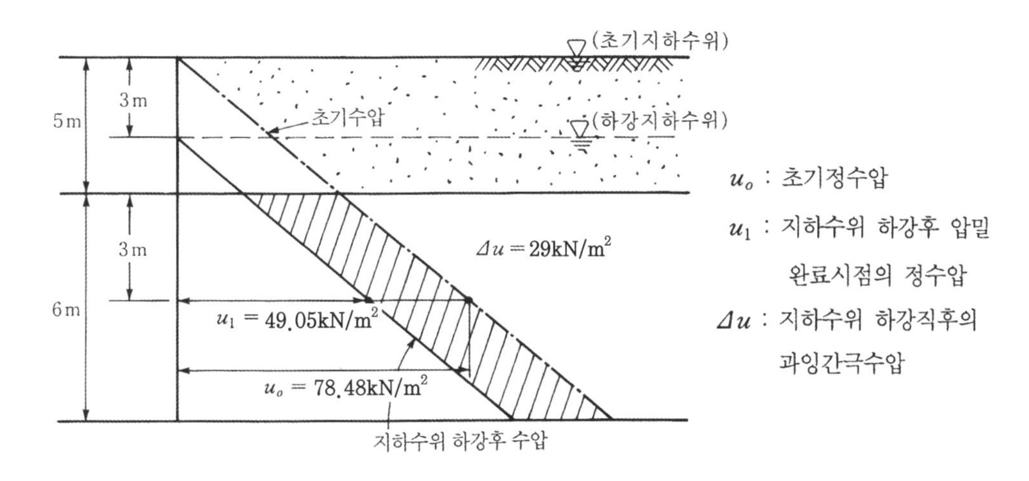

2) 양수작업 시에는 양수기 근처의 수압은 떨어지나 점토하단에 있는 모래지반은 원래의 수압을 그대로 유지한다. 수압분포는 다음과 같다.

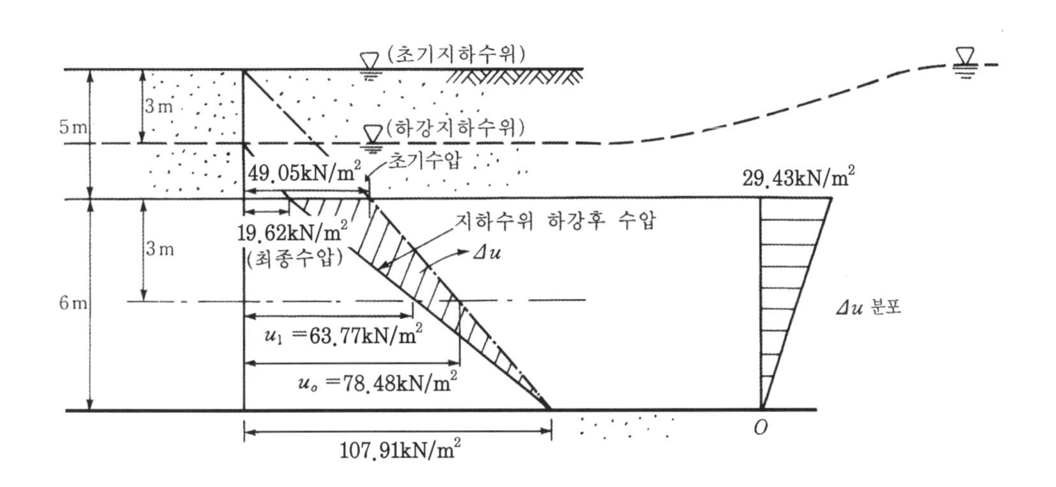

그림에서와 같이 점토층 상부에서의 수압은 29.43kN/m^2 하강하나, 점토층 저면에서의 하강은 없다. 따라서 지하수위 하강으로 인한 과잉간극수압은 역삼각형 분포이며 평균과잉간극수압 $\Delta u = 14.72\text{kN/m}^2$이다.

따라서 지하수위 하강으로 인하여, 점토층 중앙깊이에서의 평균유효응력 증가는 다음과 같이 될 것이다.

$$\Delta\sigma' = -\Delta u = 14.72\text{kN/m}^2 \text{(과잉간극수압 소산으로 인한 유효응력 증가)}$$

$$S_c = \frac{0.43 \times 6}{1+0.9} \times \log\left(\frac{67.52 + 14.72}{67.52}\right) = 0.116\text{m}$$

만일, 단위중량 차로 인한 유효응력 감소분까지 고려하면 다음과 같다.

A점에서 지하수위 하강 후의 전응력은

$$\sigma_1 = 18 \times 3 + 19 \times 2 + 17 \times 3 = 143\text{kN/m}^2$$

A점에서 지하수위 하강 후 압밀완료 시점에서 수압은

$$u_1 = 63.77\text{kN/m}^2$$

A점에서의 지하수위 하강 후의 유효응력은

$$\sigma_1{}' = \sigma_1 - u_1 = 143 - 63.77 = 79.23\text{kN/m}^2$$

$$\Delta\sigma = \sigma_1{}' - \sigma_0{}' = 79.23 - 67.52 = 11.71\text{kN/m}^2$$

$$\therefore S_c = \frac{0.43 \times 6}{1+0.9} \times \log\left(\frac{79.23}{67.52}\right) = 0.094\text{m}$$

9.5 압밀의 진행속도

9.5.1 서 론

압밀 문제에서 두 가지 중요한 문제가 있다고 이미 서술하였다. 그 첫째가, 총 압밀침하량으로서 이미 압밀침하량을 구하기 위한 실내시험을 원리적으로 설명하고 이를 이용하여 침하량을 구하는 공식을 유도하였다.

침하량을 구하기 위한 토질정수는 압축지수(C_c), 팽창지수(C_e), 선행압밀응력($\sigma_m{}'$)이며, 이러한 토질정수는 일주일에 걸친 실험결과인 $e-\log\sigma'$ 곡선으로부터 구할 수 있다고 하였다.

점토지반에서 또 하나의 중요한 사항은 도대체 압밀이 얼마나 빨리 일어나는가(time rate of consolidation) 하는 점이다. 하중에 의하여 압밀침하가 발생될 때 어느 경우에는 몇 개월에 걸쳐 침하가 종료되는 경우도 있기는 하나 대개는 몇 년 혹은 몇십 년의 긴 세월을 요한다.

9.2절의 압밀시험 부분을 다시 보면 $e-\log\sigma'$ 곡선 이외에 매일의 실험결과로부터 얻어지는 시간-침하곡선이 있다. 이 곡선으로 압밀의 진행속도를 나타낼 수 있는 토질정수를 구할 수 있다. 한 가지 밝혀둘 사실은 압밀의 진행속도는 압밀시험 결과로부터 직접 예측할 수 없다는 점이다.

압밀진행속도를 규명하기 위해서는 근본적으로 시간에 따른 침하량을 직접적으로 예측하는 것이 아니라, 생성된 과잉간극수압의 소산 정도를 가지고 예측한다. 예를 들어, 무한등분포하중 $q=\Delta\sigma$가 지표면에 작용할 때 그림 9.5와 같이 초기에 $\Delta\sigma$가 전부 과잉간극수압으로 생성되며, 시간이 감에 따라 과잉간극수압이 점점 소산되어 최종국에 가서는 $\Delta\sigma$가 전부 유효응력의 증가로 된다고 하였다. 과잉간극수압의 소산 부분만큼 유효응력이 증가하며, 실제로 지반이 변형을 가져오는 것은 흙 입자에 가해지는 유효응력의 증가 때문이므로 과잉간극수압의 소산 정도를 분석하여 압밀의 진행 정도를 예측할 수 있게 된다.

9.5.2 압밀방정식의 유도

압밀의 진행속도는 대부분 Terzaghi가 처음 제안한 일차원 압밀이론에 근거하는 것으로 가정하고 기본식을 유도한다. 한마디로 말하여 이 이론에 의한 기본식을 풀면 과잉간극수압의 시간에 따른 소산 정도를 알 수 있게 된다. Terzaghi 압밀이론식의 기본 가정은 다음과 같다.

1. 점토층은 균질(homogeneous)하다.
2. 점토층은 완전히 포화되어 있다.
3. 물 자체의 압축성은 무시한다.
4. 흙 입자 자체(soil grains)도 비압축성이다.
5. 물의 흐름은 1방향(연직 방향)이라고 가정하며 압축되는 방향과 일치한다.
6. Darcy의 법칙은 성립한다.

위에 서술한 가정을 종합하면 점토지반에 하중이 가해질 때, 가해진 방향으로만 물이 빠져나가며, 또한 그 방향으로 점토의 압축현상이 생기게 된다는 것이다. 이는 하중이 포화된 점토지반에 가해졌을 때, 처음에는 물이 빠져나갈 수 없으므로 과잉간극수압이 발생되고 시간이 감에 따라 물이 빠져 나가게 되어 과잉간극수압이 소산되며, 물이 빠져나간 양 만큼씩 하중이 가해진 방향으로 찌그러진다는 것이다.

압밀방정식을 유도해보면 다음과 같다. 우선 강조하고 싶은 점은, 물의 이동을 나타내는 기본방정식은 어느 경우나 연속성의 법칙(conservation of mass or continuity)과 Darcy의 법칙의 조합으로 구할 수 있다는 것이다.

6장에서의 서술된 투수에서의 연속성은 '유출량과 유입량은 같다'는 것이었다. 반면에 압밀이란 물의 유동으로 인하여 발생되는 압축량을 나타내는 것으로 연속성은 다음과 같이 표현될 수 있다.

$$\text{유입량} - \text{유출량} = \text{체적변화율} \tag{9.29}$$

그림 9.18을 보자. 지표면에 무한등분포하중 $q = \Delta\sigma$가 작용된다고 하자. A점에 피에조메타를 설치하였을 때, 하중작용 직전에는 피에조메타에서의 수위는 지하수위와 같을 것이다. 하중을 가한 직후에는 과잉간극수압 $\Delta u = \Delta\sigma$가 발생된다. 따라서 지하수위면으로부터의 상승수위는

$$h_{(t=0)} = \frac{\Delta u}{\gamma_w} = \frac{\Delta\sigma}{\gamma_w} \tag{9.30}$$

가 될 것이다. 그러나 시간이 흐를수록 상승수위는 하강을 하여 궁극적으로 $t = \infty$에서 다시 지하수위와 같을 것이다. 시간 $t = t$에서의 상승높이를 h라고 하자. 제5장의 투수편에서 서술

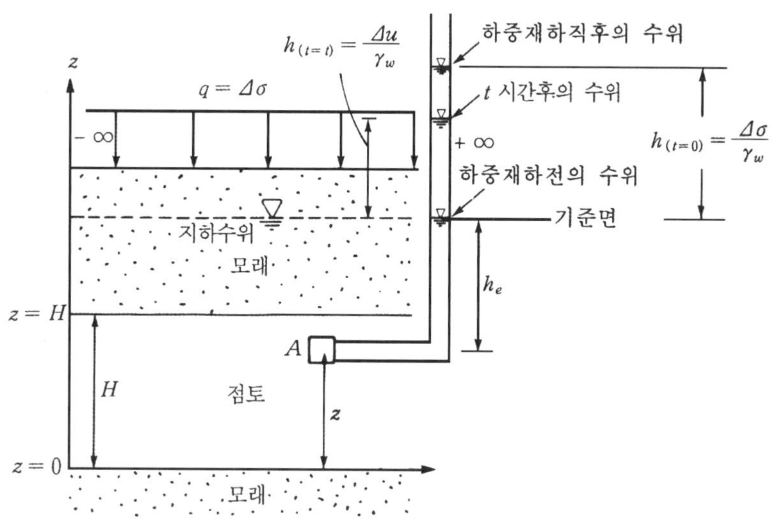

(a) A 입자에서의 피에조메타 상승 높이

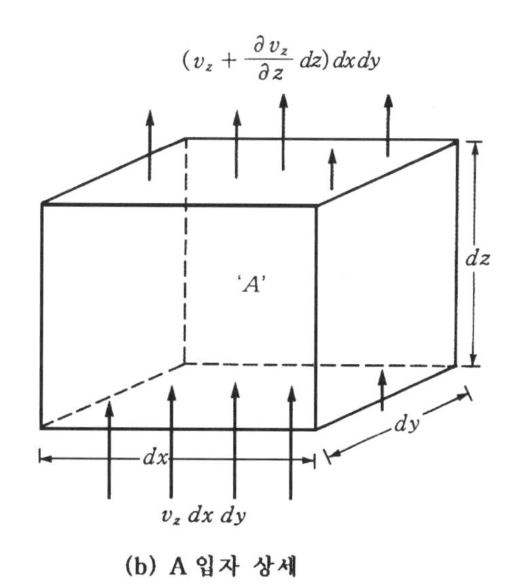

(b) A 입자 상세

그림 9.18 압밀 기본 방정식의 기본

한 대로 h 라는 용어는 전수두를 나타내는 것이다. 기준면(datum)을 지하수위면이라고 할 때, A 점에서의 전수두를 구해보면 다음과 같다.

압력수두 $= h + h_e$

위치수두 $= -h_e$

전수두 $= h$

따라서 지하수위면으로부터의 상승높이 $h=\dfrac{\Delta u}{\gamma_w}$는 과잉간극수압으로 인한 상승 높이이며 지하수위면을 기준면으로 가정할 때, 이 높이는 전수두가 된다.

과잉간극수압은 $\Delta u=\Delta\sigma(t=0)$로부터 $\Delta u=0(t=\infty)$으로 소산되어가므로 전수두는 $h=\dfrac{\Delta\sigma}{\gamma_w}(t=0)$으로부터 $h=0(t=\infty)$로 점점 낮아지게 되며, 시간에 따라 h가 줄어드는 양상이 압밀의 진행속도라 볼 수 있다.

시간 $t=t$에서의 과잉간극수압을 Δu라고 하면$(0<\Delta u<\Delta\sigma)$ 이로 인한 전수두는 $h=\dfrac{\Delta u}{\gamma_w}$이다.

그림 9.18(b)에서 투수는 연직방향으로만 발생한다고 가정하였으므로 유입량과 유출량은 다음과 같다.

<u>유입량</u>

$$q_{in}=v_z dxdy \tag{9.31}$$

<u>유출량</u>

$$q_{out}=\left(v_z+\frac{\partial v_z}{\partial z}\cdot dz\right)dx\cdot dy \tag{9.32}$$

(1) 연속성의 법칙을 적용하면 식 (9.29)로부터

$$v_z dxdy-\left(v_z+\frac{\partial v_z}{\partial z}\cdot dz\right)dx\cdot dy=\frac{\partial V}{\partial t} \tag{9.33}$$

위 식을 정리하면,

$$-\frac{\partial v_z}{\partial z}\cdot dx\cdot dy\cdot dz=\frac{\partial V}{\partial t} \tag{9.34}$$

(2) Darcy의 법칙을 적용하면

$$v_z = -K\frac{\partial h}{\partial z} = -\frac{K}{\gamma_w}\frac{\partial(\Delta u)}{\partial z} \tag{9.35}$$

식 (9.35)를 식 (9.34)에 대입하면

$$\frac{K}{\gamma_w}\frac{\partial^2(\Delta u)}{\partial z^2} = \frac{1}{dx \cdot dy \cdot dz}\frac{\partial V}{\partial t} \tag{9.36}$$

V는 전체적을 의미하므로 $\frac{\partial V}{\partial t}$는 다음과 같이 될 것이다.

$$\frac{\partial V}{\partial t} = \frac{\partial(V_s + V_v)}{\partial t} = \frac{\partial(V_s + e\,V_s)}{\partial t} = \frac{\partial V_s}{\partial t} + V_s\frac{\partial e}{\partial} + e\frac{\partial V_s}{\partial t} \tag{9.37}$$

흙 입자(solid) 자체는 비압축성이므로 $\frac{\partial V_s}{\partial t} = 0$일 것이다.

또한(옆 그림을 참조하면)

$$V_s = \frac{V}{1+e_o}$$

$$= \frac{dx \cdot dy \cdot dz}{1+e_o}$$ 이므로(e_o =초기의 간극비)

$$\frac{\partial V}{\partial t} = V_s\frac{\partial e}{\partial t}$$

$$= \frac{dx \cdot dy \cdot dz}{1+e_o}\frac{\partial e}{\partial t}$$

물

$V_v = e_o$

$V = 1 + e_o$

고체

$V_s = 1$

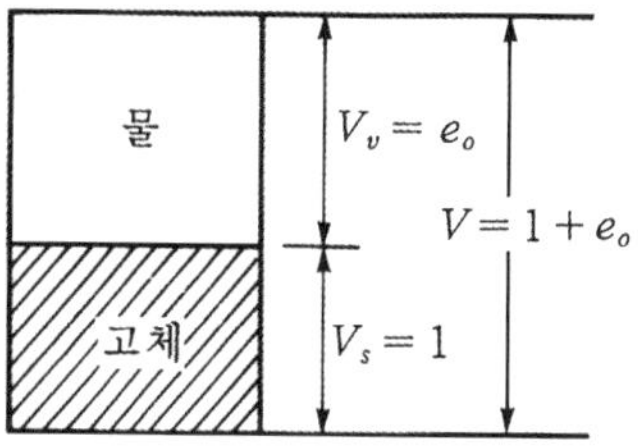

$V_s : V = 1 : (1 + e_o)$

(9.38)

따라서 식 (9.36)은 다음과 같이 정리된다.

$$\frac{K}{\gamma_w}\frac{\partial^2(\Delta u)}{\partial z^2} = \frac{1}{1+e_o}\frac{\partial e}{\partial t} \tag{9.39}$$

위의 방정식은 다시 조명해보면 좌변은 종속변수가 Δu, 즉 과잉간극수압으로서 압력항이며, 우변은 종속변수가 e로서 체적항이다. 우변의 체적항을 압력변수로 바꾸어야 종속변수가 같아질 것이다. 그림 9.11과 식 (9.9)에서 ∂e와 $\partial\sigma'$의 관계는 다음과 같다.

$$\partial e = -a_v \partial\sigma' \tag{9.40}$$

일단 지표면에 $q = \Delta\sigma$의 하중 증가량이 있으면, 초기에 $\Delta\sigma$의 전응력 증가를 가져오게 된다. 만일, 초기의 하중재하 이후에는 시간에 따라 전응력 변화가 거의 없다고 가정하면

$$\partial\sigma = \partial\sigma' + \partial(\Delta u) = 0$$

가 된다.

따라서 과잉간극수압의 변화율은, $\partial(\Delta u) = -\partial\sigma'$가 된다.

$$\therefore \partial e = -a_v\partial\sigma' = a_v\partial(\Delta u) \tag{9.40a}$$

이 식을 식 (9.39)에 대입하면

$$\frac{K}{\gamma_w}\frac{\partial^2(\Delta u)}{\partial z^2} = \frac{a_v}{1+e_o}\frac{\partial(\Delta u)}{\partial t} \tag{9.41}$$

체적변형계수 $m_v = \dfrac{a_v}{1+e_o}$이므로(식 (9.10) 참조)

$$\frac{\partial(\Delta u)}{\partial t} = \frac{K}{m_v \cdot \gamma_w}\frac{\partial^2(\Delta u)}{\partial z^2} \tag{9.42}$$

압밀계수(coefficient of consolidation), C_v를 다음과 같이 정의하자.

$$C_v = \frac{K}{m_v \cdot \gamma_w} \tag{9.43}$$

그러면,

$$\frac{\partial(\Delta u)}{\partial t} = C_v \frac{\partial^2(\Delta u)}{\partial z^2} \tag{9.44}$$

식 (9.44)는 편미분방정식으로서 Terzaghi의 1차원 압밀방정식이라 하며, 이 식을 풀면 그 해는 $\Delta u(z, t)$가 될 것이다. 즉, 그림 9.18에서 높이가 z인 각 점에서 시간에 따른 과잉간극수압을 구할 수 있을 것이다.

C_v는 압밀계수로서 압밀진행속도의 완속을 나타내는 계수이다(그 단위는 L^2/T로서 cm^2/sec, m^2/day 등이다). C_v값이 큰 점토일수록 압밀진행속도가 빠름을 나타낸다.

$C_v = \dfrac{K}{m_v \cdot \gamma_w}$에서, 같은 점토에서도 압밀이 진행될수록 투수계수와 체적변형계수가 변하므로 C_v값도 시간에 따라 변할 것이다. 다만, 시간이 감에 따라 K와 m_v가 동시에 감소하므로 C_v값은 거의 일정하다고 가정한다.

9.5.3 압밀방정식의 해

1) 압밀방정식의 풀이

전술한 대로 압밀방정식은 편미분방정식이다. 이를 풀면 시간과 공간에 대한 과잉간극수압을 얻는다고 하였다. 그림 9.18(a)에 나타낸 점토에 대한 압밀방정식의 해를 구하여 보자.

<u>배수거리</u>

그림에서 보면 점토지반 상단 및 하단에 모래지반이 존재하므로 물은 위 아래로 빠질 것이다. 즉, 양면배수이다. 점토층의 두께를 H라고 하면 배수거리는 양면배수이기 때문에 두께의 반이 될 것이다. 즉, 배수거리 H_{dr}은 다음과 같다.

$$H_{dr} = \frac{H}{2} \text{ (양면배수의 경우)} \tag{9.45}$$

여기서, H_{dr} = 배수거리
H = 점토층의 두께

만일 점토층의 하부에 불투수성 암반이 존재한다면 물은 상방향으로만 배수가 일어날 것이다. 즉, 이 경우는 일방향 배수가 되며 배수거리와 점토층의 두께는 같아지게 된다. 즉,

$$H_{dr} = H \text{ (일면 배수의 경우)} \tag{9.46}$$

식 (9.44)는 변수분리법 등으로 풀 수 있다. 먼저 경계조건을 보면 다음과 같다.

경계조건

(1) $z = 0$(점토층 하단), $\Delta u = 0$

(2) $z = H = 2H_{dr}$(점토층 상단), $\Delta u = 0$

(3) $t = 0$(초기조건), $\Delta u = \Delta u_o$(그림 9.18의 경우 $\Delta u_o = \Delta \sigma$)

압밀방정식의 해

식 (9.44)를 변수분리법을 이용하여 풀고, 위의 경계조건을 적용하면 다음과 같은 해를 얻을 수 있다.

$$\Delta u(z, t) = \sum_{m=0}^{m=\infty} \frac{2\Delta u_o}{M} \sin\left(\frac{Mz}{H_{dr}}\right) \exp(-M^2 T_v) \tag{9.47}$$

여기서, m = 정수(integer), $M = \frac{\pi}{2}(2m+1)$

Δu_o = 초기(하중재하 직후)의 과잉간극수압

T_v = 시간계수로서 다음 식으로 표시된다.

$$T_v = \frac{C_v t}{H_{dr}^2} \tag{9.48}$$

시간계수는 시간 t를 무차원화시킨 계수이다.

2) z점에서의 압밀도

$\Delta u(z, t)$는 점토상의 점 z에서 시간에 따른 과잉간극수압을 뜻하므로 초기 과잉간극수압

을 Δu_o라 할 때, 과잉간극수압 소산은 $(\Delta u_o - \Delta u)$만큼 발생될 것이다. 과잉간극수압이 소산된 양만큼 압밀침하가 발생하므로 z점에서의 압밀도 U_z는 다음 식으로 표시될 수 있다.

$$U_z = \frac{\Delta u_o - \Delta u_z}{\Delta u_o} = \frac{\Delta u(z, o) - \Delta u(z, t)}{\Delta u(z, o)} \qquad (9.49)$$

여기서, $\Delta u_o = \Delta u(z, o)$는 z점에서의 초기 과잉간극수압

$\Delta u_z = \Delta u(z, t)$는 z점에서 t시간에서의 과잉간극수압

$U_z = U(z, t)$는 z점에서 t시간에서의 압밀도를 뜻한다.

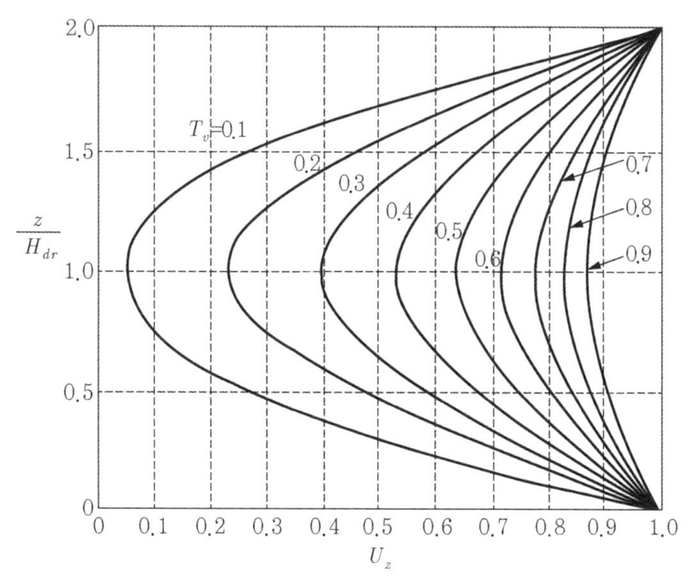

그림 9.19 시간계수(T_v)에 따른 z점에서의 압밀도 U_z

그림 9.19에 압밀도 U_z를 T_v 및 $\frac{z}{H_{dr}}$의 함수로 나타내었다. 시간계수가 오래 경과될수록 과잉간극수압이 많이 소산되므로 당연히 압밀도가 크게 되며, 또한 배수층인 양단면에($z = 0$ 또는 $z = H = 2H_{dr}$) 갈수록 역시 압밀도가 크게 되며, 물이 빠지는 데 가장 시간이 오래 걸리는 점토층의 한가운데($z = \frac{H}{2} = H_{dr}$)가 가장 압밀도가 작다.

3) 평균압밀도

그림 9.19에서 보는 바와 같이 점토층의 깊이 z점에 따라 압밀도가 다르다. 같은 시간이 경과하였다 하더라도, 점토층 가장자리로 갈수록 압밀도가 크고, 중앙으로 갈수록 압밀도가 작아질 것이다. 실제로 점토층에서의 압밀침하 정도는 모든 z점에서의 평균압밀도에 비례할 것이다. 즉, 다음 그림 9.20(a)에서 임의의 시간 T_v에서 빗금 친 부분이 과잉간극수압이 소산된 부분이므로 전체면적에 대한 빗금 친 부분의 면적이 평균압밀도가 될 것이다.

평균압밀도 U_{avg}는

$$U_{avg} = \frac{\text{시간 } t \text{에서의 침하량}}{\text{전체 침하량(시간 } t = \infty \text{일 때)}} \tag{9.50}$$

으로서 이를 과잉간극수압의 소산 정도로 표시하면

$$U_{avg} = \frac{\text{그림 9.20(a)의 빗금 친 부분의 면적}}{\text{그림 9.20(a)의 전체면적}} \tag{9.51}$$

이 될 것이며, 이를 수식으로 표현하면 다음과 같이 된다.

$$\begin{aligned} U_{avg} &= \frac{S_t}{S} \\ &= 1 - \frac{\frac{1}{H}\int_o^H \Delta u(z,\, t)dz}{\Delta u_o} = 1 - \frac{\frac{1}{2H_{dr}}\int_o^{2H_{dr}} \Delta u(z,\, t)dz}{\Delta u_o} \\ &= f\left(\frac{C_v \cdot t}{H_{dr}^2}\right) = f(T_v) \end{aligned} \tag{9.52}$$

여기서, S = 전체 압밀침하량

S_t = 시간 t에서의 압밀침하량

$\Delta u_o = \Delta u(z,\, o)$가 일정한 경우에 대하여 식 (9.52)를 적분하여 시간계수 T_v에 대한 평균압밀도를 구하여 그림 9.20(b)에 표시하였다.

식 (9.52)를 적분하여 시간계수의 함수로서 표시하면, 즉 그림 9.20(b)의 곡선은 다음과 같은 공식으로 표시될 수 있다.

$$T_v = \frac{\pi}{4}\left(\frac{U_{avg}\%}{100}\right)^2,\ 0 \le U_{avg} \le 60 \text{인 경우} \tag{9.52a}$$

$$T_v = 1.781 - 0.933\log(100 - U_{avg}\%),\ U_{avg} > 60\% \text{인 경우} \tag{9.52b}$$

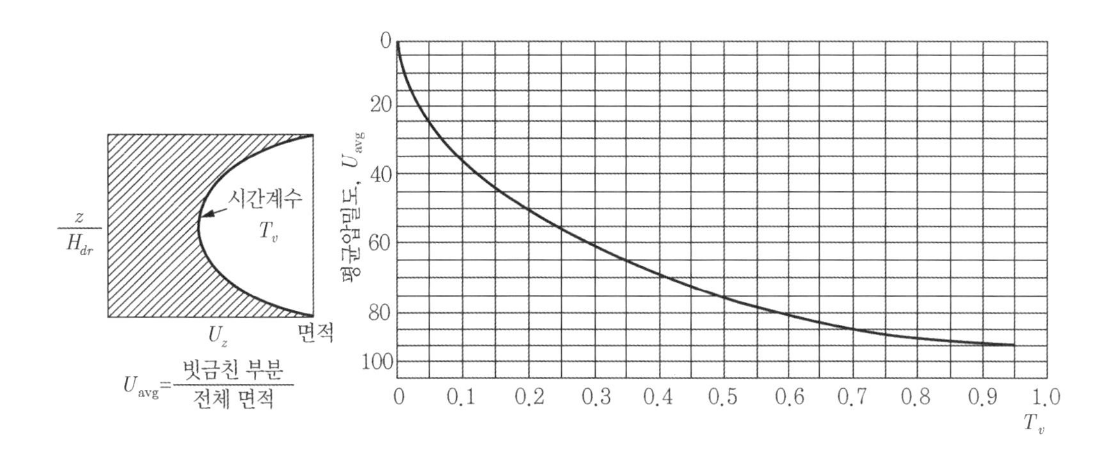

(a) 정의 (b) 평균압밀도

그림 9.20 시간계수에 따른 평균압밀도

또한 표 9.1은 평균압밀도에 대한 T_v값을 나타낸다. 이 표에서 다음의 두 값은 기억하면 좋을 것이다.

$T_v(U_{avg} = 50\%) = 0.197$: 50% 압밀도에 소요되는 시간계수

$T_v(U_{avg} = 90\%) = 0.848$: 90% 압밀도에 소요되는 시간계수

상기의 해들은 초기의 과잉간극수압 Δu_o가 깊이에 따라 일정(예= $\Delta\sigma$)한 경우에 대한 것이나, 경우에 따라서는 과잉간극수압이 깊이에 따라 변하는 모양을 할 수 있다. 이 경우에 대하여는 참고문헌(Das, 1997 등)을 참조하길 바란다.

표 9.1 평균압밀도와 시간계수

평균압밀도(U_{avg})	시간계수(T_v)
0	0
10	0.008
20	0.031
30	0.071
40	0.126
50	0.197
60	0.287
70	0.403
80	0.567
90	0.848
100	∞

*단, 초기의 과잉간극수압이 Δu_o로서 일정한 경우

9.5.4 압밀계수

전 절에서 상세히 서술한 대로 압밀의 진행속도, 즉 압밀도는 과잉간극수압의 소산 정도로 나타내며, 이를 위하여 풀어야 하는 기본방정식이 소위 Terzaghi의 1차원 압밀방정식이다. 이 압밀방정식에 가장 기본적으로 소요되는 지반계수가 압밀계수 C_v라고 하였다. 이 압밀계수는 압밀실험결과 중 시간－침하곡선을 이용한다. 시간－침하곡선은 매 하중단계마다 그릴 수 있으므로 압밀계수 값 역시, 매 하중 단계마다 구할 수 있다. 압밀실험 결과로부터 압밀계수를 구하는 방법에는 여러 가지가 있으나 전통적으로 가장 많이 적용한 방법이 $\log t$ 법과 $\sqrt{t}$ 법이다. 다음에 이 두 방법에 대하여 서술할 것이다.

1) $\log t$법

압밀시험 결과를 그림 9.21(또는 그림 9.10)과 같이 반대수지에 그린다. 압밀계수는 다음과 같은 순서로 구할 수 있다.

(1) 두 개 곡선의 접선이 만나는 점 A가 과잉간극수압의 완전소산을 의미하는 100% 일차압밀 완료점을 의미한다(그림에서 a_{100}).

(2) 반대수지상에서는 시간 $t = 0$일 때의 초기점을 그릴 수 없다. 따라서 $t = 0$일 때의 값을 다음과 같이 구한다. $t = t_1$인 B점을 표시하고, $t_2 = 4t_1$되는 C점을 역시 표시한다. B점과 C점 사이의 변위량을 x라고 할 때, B점으로부터 위쪽으로 x만큼을 표시하고 이때의 값을 a_s, 즉 $t = 0$일 때의 초깃값으로 가정한다.

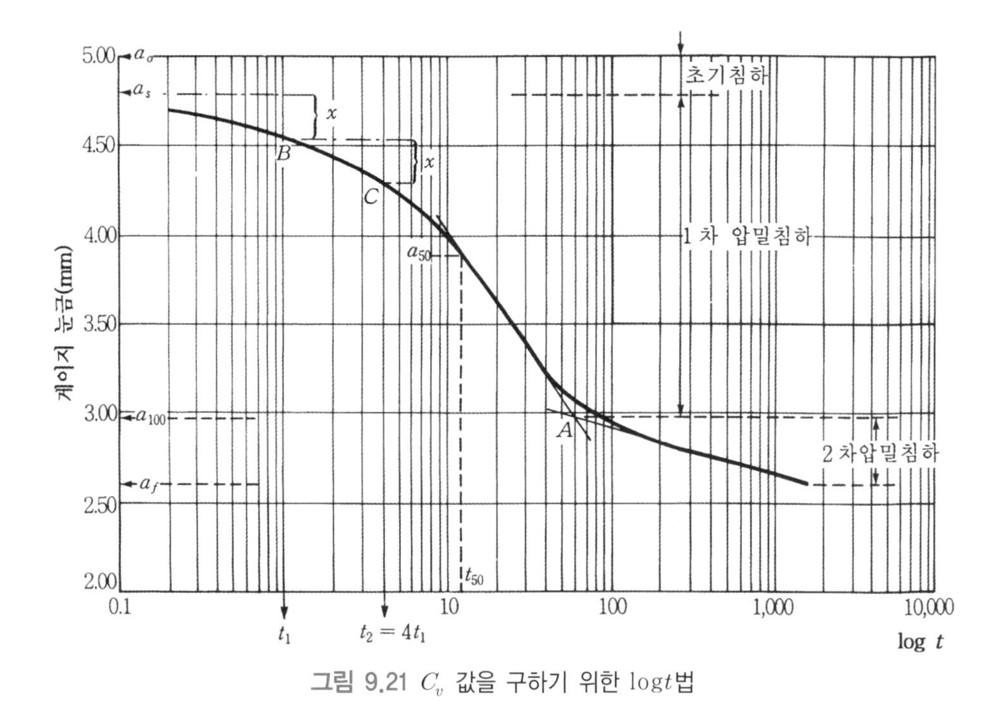

그림 9.21 C_v 값을 구하기 위한 $\log t$법

(3) a_s 점과 a_{100} 점의 중앙점이 a_{50} 점으로서 50%의 압밀을 나타내는 점이다. 이때의 시간 t_{50} 이 50% 압밀에 소요되는 시간이다.

(4) 압밀계수는 다음 식으로부터 구할 수 있다. $T_{v(50)} = 0.197$ 이므로

$$T_{v(50)} = \frac{C_v t_{50}}{H_{dr}^2} \tag{9.53}$$

$$C_v = \frac{0.197 H_{dr}^2}{t_{50}} \tag{9.54}$$

여기서, H_{dr} 은 압밀시료의 배수거리이므로, 압밀시편두께의 반이다.

여기에서 한 가지 밝혀둘 사실은 위의 (2)번 방법에 의하여 구한 a_s 값은, 실제로 실험을 실시할 때의 초기 게이지 읽음 값 a_o 보다 적은 값을 나타낸다. 압밀실험용 점토시료는 시료성형 시 표면이 완전히 평평(flat)하게 되기가 대단히 어렵다. 따라서 $(a_0 - a_s)$ 만큼의 침하는 시료에 하중을 가했을 때 자리를 잡기 위해 발생하는 초기 침하로 볼 수 있으며, 실제로 현장에서 지하에 있는 점토는 이러한 침하가 발생하지 않으므로 공학적 의미는 없는 침하이다.

2) $\sqrt{t}$ 법

시간- 침하량곡선을 그릴 때, 종축에는 게이지 읽음 침하량을 그대로 그리고, 횡축에는 시간의 $\sqrt{t}$ 값을 그린다(예를 들어, $t = 9$초인 경우 $\sqrt{9} = 3$초). 그림의 예가 그림 9.22에 나타나 있다. 이 곡선으로부터 압밀계수를 구하는 방법은 다음과 같다.

(1) 침하량 − $\sqrt{t}$ 곡선의 처음 부분으로부터 접선을 긋는다. 이때 접선이 종축과 만나는 점이 D이다.

(2) 위의 접선기울기의 1.15배가 되는 선분 DE를 긋고, 곡선과 만나는 점 E를 구한다. 이 점이 $\sqrt{t_{90}}$이 되는 점으로 알려져 있다.

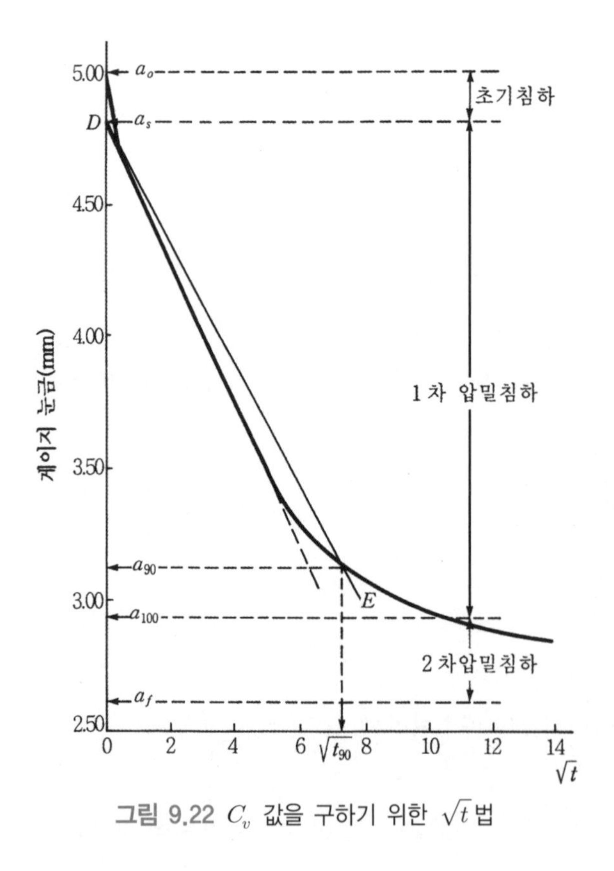

그림 9.22 C_v 값을 구하기 위한 $\sqrt{t}$ 법

(3) 90% 압밀에 소요되는 시간계수 $T_{v(90)} = 0.848$이므로 다음 식으로 압밀계수를 구한다.

$$T_{v(90)} = \frac{C_v t_{90}}{H_{dr}^2} \tag{9.55}$$

$$C_v = \frac{0.848 H_{dr}^2}{t_{90}} \tag{9.56}$$

이 방법에서도 앞에서와 마찬가지로 a_o값이 a_s값보다 크게 된다.

3) 압축비를 나타내는 용어

그림 9.20 및 그림 9.21에서 다음과 같은 압축비를 나타내는 용어들을 사용한다.

- 초기침하비(initial compression ratio): $r_o = \dfrac{a_o - a_s}{a_o - a_f}$ (9.57)
- 일차압밀비(primary compression ratio: log$t$ 법): $r_p = \dfrac{a_s - a_{100}}{a_o - a_f}$ (9.58)
- 일차압밀비(primary compression ratio: $\sqrt{t}$ 법): $r_p = \dfrac{10(a_s - a_{90})}{9(a_o - a_f)}$ (9.59)
- 이차압밀비(secondary compression ratio): $r_s = 1 - (r_o + r_p)$ (9.60)

9.5.5 이차압밀침하

그림 9.10(또는 그림 9.21)에서 A 점이 과잉간극수압의 소산 완료 시점이라고 하였으며, Terzaghi의 압밀이론에 의하여 과잉간극수압이 소산되면 일차압밀은 완료되었다고 보나, 그 후에도 계속하여 발생하는 침하를 이차압밀(secondary consolidation)이라고 설명하였다.

그림 9.23에서 이차압밀부분에서의 기울기를 이차압축지수(secondary compression index)

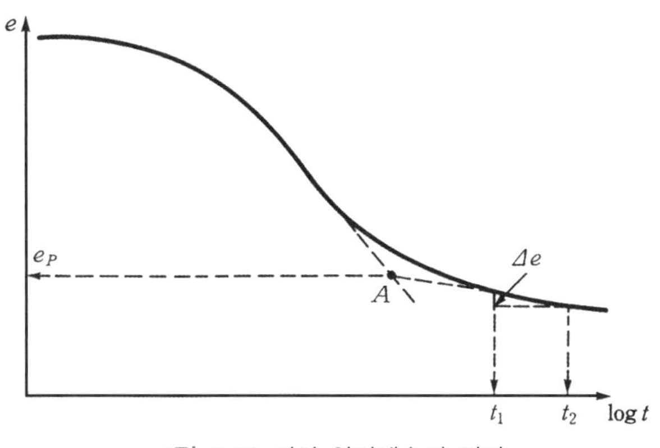

그림 9.23 이차 압밀계수의 정의

라고 한다. 즉, 이차압축지수 C_α는 다음 식으로 표시할 수 있다.

$$C_\alpha = \frac{\Delta e}{\log t_2 - \log t_1} = \frac{\Delta e}{\log \frac{t_2}{t_1}} \tag{9.61}$$

이차 압밀침하량 S_s는 다음 식으로 표시된다.

$$S_s = \frac{C_\alpha}{1+e_p} H \log \frac{t_2}{t_1} = C_\alpha' H \log \frac{t_2}{t_1}\ ;\ C_\alpha' = \frac{C_\alpha}{1+e_p} \tag{9.62}$$

여기서, e_p = 일차압밀 완료 시의 간극비

H = 점토층의 두께

그림 9.24는 함수비와 C_α'의 상관관계를 보여주고 있으며, 함수비가 큰 흙일수록 C_α'값이

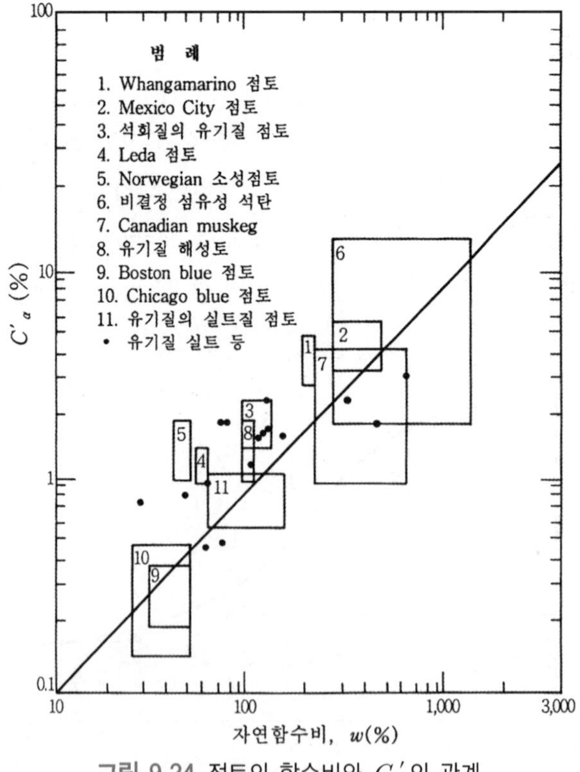

그림 9.24 점토의 함수비와 C_α'의 관계

커짐을 알 수 있다.

[예제 9.5] 예제 그림 9.5에서, 지표면에 무한대로 넓은 영역에 하중 $\Delta\sigma = 137.34\text{kN/m}^2$을 재하하였다.

1) 하중재하 초기에 피에조메타에서의 지하수위 상승높이 h_o를 구하라.
2) 시간이 한참 흐른 후에 상승높이 h가 $h = 5.6\,\text{m}$가 되었다. A점에서의 압밀도를 구하라.
3) 2)번 문제에서 $h = 5.6\,\text{m}$일 때, 평균압밀도를 구하라.
4) A점에서의 압밀도가 90%일 때, h값을 구하라.

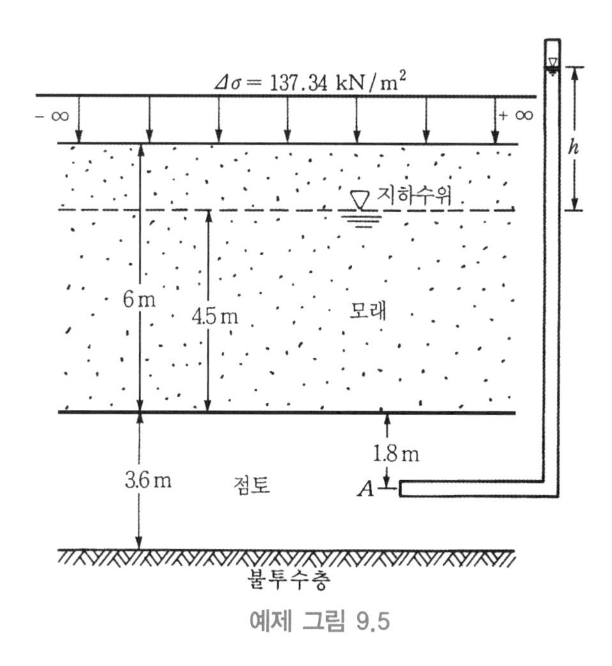

예제 그림 9.5

[풀 이]

1) $h_o = \dfrac{\Delta\sigma}{\gamma_w} = \dfrac{137.34}{9.81} = 14\text{m}$ ($\because$ 재하 직후에, $\Delta\sigma = \Delta u$)

2) $U_z = \dfrac{\Delta u_o - \Delta u_z}{\Delta u_o} = \dfrac{h_o - h_z}{h_o} = \dfrac{14 - 5.6}{14} = 0.6$

$\therefore\ U_z = 60\%$

3) 압밀도(U_z)−시간계수(T_v) 곡선(그림 9.19)으로부터, 시간계수 T_v를 구한다.

$$U_z = 0.6, \ \frac{z}{H_{dr}} = \frac{1.8}{3.6} = 0.5 \rightarrow T_v = 0.33$$

평균압밀도(U_{avg})−시간계수(T_v) 곡선(그림 9.20b)으로부터,

평균압밀도(U_{avg})=64%

4) A점에서의 압밀도 $U_{z=1.8} = 0.9$

$$U_z = \frac{\Delta u_o - \Delta u_z}{\Delta u_o} = \frac{h_o - h_z}{h_o}$$

$$h_z = h_o(1 - U_z) = 14(1 - 0.9) = 1.4\text{m}$$

[예제 9.6] 점토시료에 대하여 실내압밀시험을 실시하여 다음과 같은 결과를 얻었다. 점토시료의 두께는 2.5cm이다.

$\sigma_o{}' = 50\text{kN/m}^2$ $\quad$ $e_o = 0.92$

$\sigma_1{}' = 100\text{kN/m}^2$ $\quad$ $e_1 = 0.78$

이 시료에 대하여 50%의 압밀도에 이르는 데 2.5분이 걸렸다면, 이 시료의 압밀계수는 얼마인가? 또한 투수계수도 구하라.

[풀 이]

1) 압밀계수

압밀도 50%에 해당되는 시간계수 $T_v = 0.197$이다.

$$T_v = \frac{C_v \cdot t}{H_{dr}^2} \text{ 로부터}$$

$$C_v = \frac{T_{v(50)} H_{dr}^2}{t_{50}} = \frac{0.197 \times \left(\frac{0.025\text{m}}{2}\right)^2}{2.5\,\text{min}} = 1.23 \times 10^{-5}\text{m}^2/\text{min}$$

2) 투수계수

$$C_v = \frac{K}{m_v \gamma_w} \text{ 로부터 } K = C_v m_v \gamma_w$$

$$m_v = \frac{a_v}{1+e_o} = \frac{\frac{\Delta e}{\Delta \sigma}}{1+e_o} = \frac{\frac{0.92-0.78}{100-50}}{1+0.92} = 1.46 \times 10^{-3}\text{m}^2/\text{kN}$$

$$K = (1.23 \times 10^{-5})(1.46 \times 10^{-3})(9.81) = 1.762 \times 10^{-7}\text{m/min}$$

[예제 9.7] 정규압밀점토에 대하여 1차원 압밀하중을 다음과 같이 가하였다.

$$\sigma_o{}' = 20\text{kN/m}^2 \qquad e_o = 1.22$$

$$\sigma_o{}' + \Delta\sigma = 40\text{kN/m}^2 \qquad e_o = 1.22$$

이 점토의 투수계수는 $K = 3.0 \times 10^{-7}\text{cm/sec}$이다.

1) 현장에서 이 점토가 4m 두께로 있다면 60%의 압밀도에 이르는 시간을 구하라(단, 1면 배수이다).
2) 이때(즉, 60% 압밀도에서)의 침하량은 얼마인가?

[풀 이]

1) $$m_v = \frac{a_v}{1+e_o} = \frac{1}{1+e_o} \frac{\Delta e}{\Delta \sigma'}$$

$$= \frac{1}{1+1.22} \times \frac{1.22-0.98}{40-20} = 0.0054\text{m}^2/\text{kN}$$

$$C_v = \frac{K}{m_v \gamma_w} = \frac{3.0 \times 10^{-7} \times 10^2}{0.0054 \times 9.81} = 5.66 \times 10^{-4}\text{cm}^2/\text{sec}$$

60% 압밀 시의 시간계수 $T_v = 0.287$

1면 배수이므로, $H_{dr} = H = 4\text{m} = 400\text{cm}$

$$T_v = \frac{C_v \cdot t}{H_{dr}^2} \text{ 로부터}$$

$$t_{60} = \frac{T_{60} H_{dr}^2}{C_v} = \frac{0.287 \times 400^2}{5.66 \times 10^{-4}} \times \frac{1}{24 \times 60^2} = 939\text{일}$$

2) 정규압밀점토이므로, 침하량 산정 시 수축계수 C_c를 사용한다.

$$C_c = \frac{\Delta e}{\log\left(\dfrac{\sigma_o{}' + \Delta\sigma}{\sigma_o{}'}\right)} = \frac{1.22 - 0.98}{\log(40/20)} = 0.797$$

$$\text{총 침하량 } S_c = \frac{C_c H}{1 + e_o} \log\left(\frac{\sigma_o{}' + \Delta\sigma}{\sigma_o{}'}\right) = \frac{0.797 \times 400}{1 + 1.22} \log\left(\frac{40}{20}\right) = 43.2\text{cm}$$

60% 압밀 시 침하량 $S_{60} = 43.2 \times 0.6 = 25.9\text{cm}$

[예제 9.8] 예제 그림 9.8에서와 같이 지표면에 무한등분포하중 $q = 99\text{kN/m}^2$이 가해졌다. 표고 $e.l = -8.37\text{m}$ 지점에서 4개월이 지난 후의 다음 값들을 구하라.

1) 과잉간극수압
2) 간극수압
3) 연직유효응력

[풀 이] 실트층의 압밀계수가 점토층에 비하여 750배가량 크므로 점토층을 양면배수로 보아도 무방하다.

점토층에서, $H = 11.6 - 7.3 = 4.3\text{m}$

$$H_{dr} = \frac{4.3}{2} = 2.15\text{m}$$

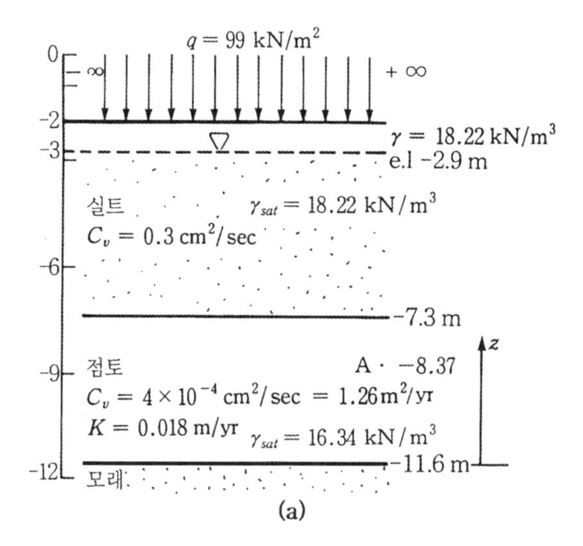

(a)

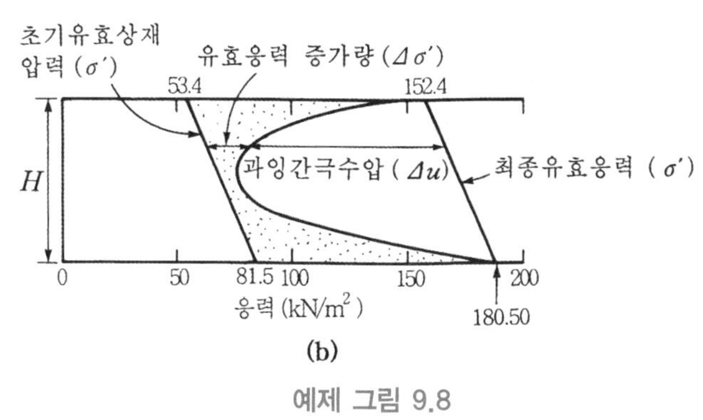

(b)

예제 그림 9.8

e.l. − 8.37m 지점은 $z = 11.6 - 8.37 = 3.23\text{m}$, $\dfrac{z}{H_{dr}} = \dfrac{3.23}{2.15} = 1.5$

$$T_v = \frac{C_v \cdot t}{H_{dr}^2} = \frac{1.26 \times \frac{4}{12}}{(2.15)^2} = 0.091$$

그림 9.19로부터 보간법을 사용하여 분석하면 $T_v = 0.091$일 때의 $U_z = 0.24$이다.

1) 과잉간극수압

$$\Delta u(t = 4\text{개월}) = \Delta u_o(1 - U_z)$$

$$= 99(1 - 0.24) = 75.2\text{kN/m}^2$$

2) 간극수압

$u = u_s + \Delta u$

$= 9.81 \times (8.37 - 2.9) + 75.2 = 53.7 + 75.2$

$= 128.9 \text{kN/m}^2$

3) 연직유효응력

$\Delta\sigma' = \Delta\sigma \cdot U_z = \Delta u_o \cdot U_z = 99 \times 0.24 = 23.8 \text{kN/m}^2$

$\sigma' = \sigma_o' + \Delta\sigma' = 18.22 \times 0.9 + (18.22 - 9.81) \times (7.3 - 2.9)$

$+ (16.34 - 9.81) \times (8.37 - 7.3) + 23.8 = 60.4 + 23.8 = 84.2 \text{kN/m}^2$

$t = 4$개월일 때의 유효응력과 과잉간극수압분포를 그려보면 예제 그림 9.8(b)와 같다.

[예제 9.9] 예제 9.8에서 만일 점토 하부가 암반층의 불투수층이라 할 때, 과잉간극 수압, 수압, 연직유효응력을 구하라.

[풀 이] 일면배수이므로 $H_{dr} = H = 4.3\text{m}$

$e.l. - 8.37\text{m}$ 지점은 $z = 3.23\text{m}$, $\dfrac{z}{H_{dr}} = \dfrac{3.23}{4.3} = 0.75$

$$T_v = \frac{1.26 \times \dfrac{4}{12}}{(4.3)^2} = 0.023$$

그림에서 $\dfrac{z}{H_{dr}} = 0.75$, $T_v = 0.023$일 때, $U_z = 0.12$

1) $\Delta u = \Delta u_o (1 - U_z) = 99(1 - 0.12) = 87.1 \text{kN/m}^2$

2) $u = u_s + \Delta u = 53.7 + 87.1 = 140.8 \text{kN/m}^2$

3) $\sigma' = \sigma_o' + \Delta\sigma' = 60.4 + \Delta u_o \cdot U_z$

$= 60.4 + 99 \times 0.12 = 72.3 \text{kN/m}^2$

$t = 4$개월일 때의 유효응력과 과잉간극수압 분포를 그려보면 예제 그림 9.9와 같다.

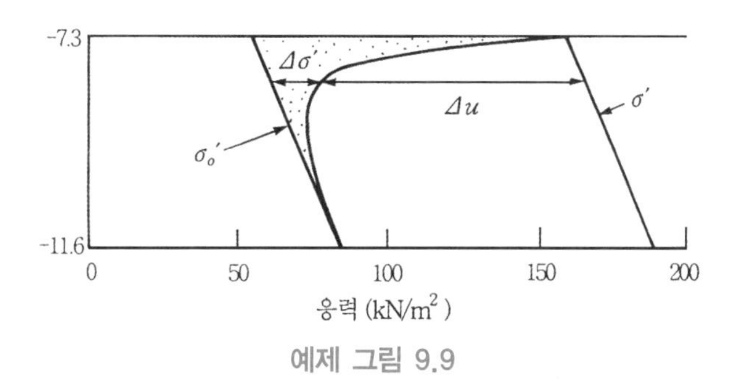

예제 그림 9.9

[예제 9.10] (예제 그림 9.10)에서와 같이 지표면에 무한대로 넓은 범위로 $q = \Delta\sigma = 60\text{kN/m}^2$의 하중이 작용되었다. 이 점토의 특징은 $C_v = 1.26\text{m}^2/\text{yr}$, $e = 0.88 - 0.32\log\dfrac{\sigma'}{100}$ (단, σ' 단위는 kN/m^2)이다. 단, 점토하부는 불투수층이다.

1) 전체 압밀침하량과 $t = 3$년 후의 침하량을 구하라.
2) 만일 점토층 4.5m 지점에 얇은 모래층(sand seam)이 존재한다면, 전체 침하량과 3년 후의 침하량은 얼마인가?

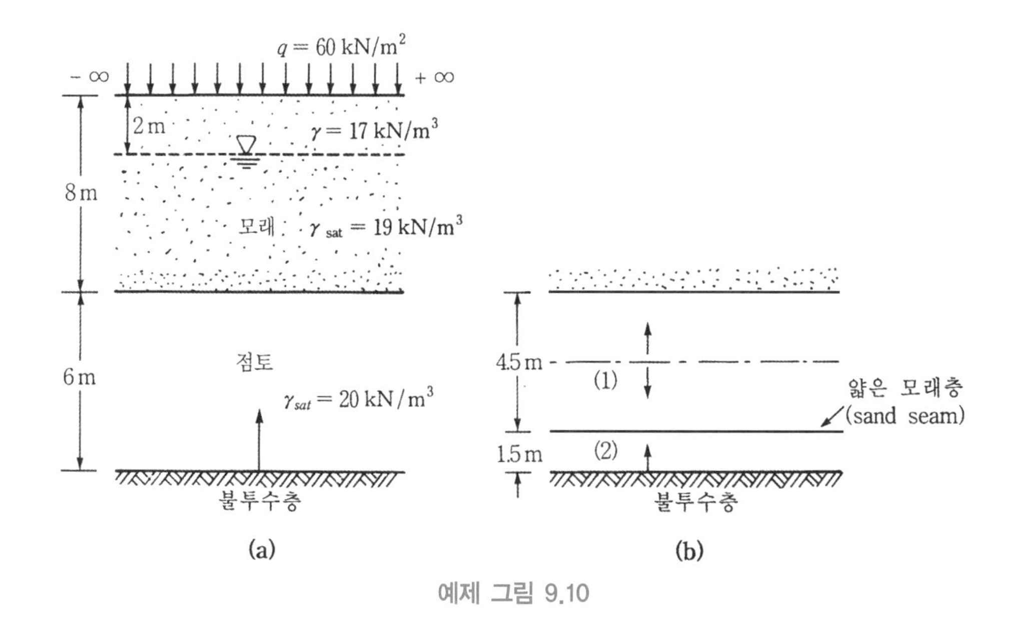

예제 그림 9.10

[풀 이] 문제에서 무한대 범위의 하중이 작용한다고 하였으므로, 일차원 압밀이론이 적용된다.

주어진 방정식 $e = 0.88 - 0.32 \cdot \log\frac{\sigma'}{100}$ 로부터, 압축지수 $C_c = 0.32$, 선행압밀응력 $\sigma_m' = 100\text{kN/m}^2$ 임을 추정해낼 수 있다.

1) $\sigma_o' = 17 \times 2 + (19 - 9.81) \times 6 + (20 - 9.81) \times 3 = 119.7\text{kN/m}^2$

$e_o = 0.88 - 0.32 \cdot \log\frac{119.7}{100} = 0.855$

하중 q 작용 후, $\sigma_1' = 119.7 + 60 = 179.7\text{kN/m}^2$

$$S_c = \frac{C_c H}{1+e_o}\log\frac{\sigma_o' + \Delta\sigma'}{\sigma_o'} = \frac{0.32 \times 6}{1+0.855}\log\frac{179.7}{119.7} = 0.183\text{m} = 18.3\text{cm}$$

3년 후의 시간계수 $T_v = \frac{C_v t}{H_{dr}^2} = \frac{1.26 \times 3}{6^2} = 0.105$

평균압밀도 (U_{avg})−시간계수(T_v) 곡선(그림 9.20b)으로부터

$U_{avg} = 36.6\%$

3년 후 침하량 $S_{3yrs} = S_c \times \frac{36.6(\%)}{100} = 18.3 \times 0.366 = 6.7\text{cm}$

평균압밀도 U_{avg}는 식 (9.52a), 식 (9.52b)로부터 구할 수도 있다.

2) (1)층의 배수거리 $H_{dr1} = 4.5/2 = 2.25\text{m}$

(2)층의 배수거리 $H_{dr1} = 1.5\text{m}$

총 침하량은 18.3cm로 1)과 동일하며, 배수거리의 변화에 따라 시간계수 T_v가 변화한다.

$$T_{v1} = \frac{C_v t}{H_{dr_1^2}} = \frac{1.26 \times 3}{2.25^2} = 0.747$$

$$T_{v2} = \frac{C_v t}{H_{dr_2^2}} = \frac{1.26 \times 3}{1.5^2} = 1.68$$

$$T_v = \frac{\pi}{4}\left(\frac{U_{avg}\%}{100}\right)^2, \ 0 \le U_{avg} \le 60\% \text{ 인 경우} \tag{9.52a}$$

$$T_v = 1.781 - 0.933\log(100 - U_{avg}\%), \ U_{avg} > 60\% \text{ 인 경우} \tag{9.52b}$$

위 식으로부터,

$$U_{avg,\,1} = 87.2\%, \ U_{avg,\,2} = 98.7\%$$

$$\text{평균압밀도 } U_{avg} = \frac{4.5 \times 0.872 + 1.5 \times 0.987}{6} = 0.901 = 90.1\%$$

$$S_{3yrs} = S_c \times \frac{90.1}{100}(\%) = 18.3 \times 0.901 = 16.5\text{cm}$$

[예제 9.11] $\sigma_o{'} = 214\text{kN/m}^2$인 포화된 점토($G_s = 2.73$)에 대하여 하중을 더 가하여 총 응력 $\sigma_o{'} + \Delta\sigma = 429\text{kN/m}^2$으로 압밀시험을 한 결과는 다음과 같다.

1440분이 지난 후에 시료의 두께는 13.6mm, 함수비 w_e는 35.9%이었다. 다음의 계수들을 구하라.

시간(분)	0	$\frac{1}{4}$	$\frac{1}{2}$	1	$2\frac{1}{4}$	4	9	16	25
게이지 읽음(mm)	5.00	4.67	4.62	4.53	4.41	4.28	4.01	3.75	3.49
시간(분)	36	49	64	81	100	200	400	1440	
게이지 읽음(mm)	3.28	3.15	3.06	3.00	2.96	2.84	2.76	2.61	

1) $\log t$, $\sqrt{t}$ 법 각각에 의한 압밀계수 C_v

2) r_o, r_p, r_s

3) 투수계수 K

[풀 이]

1) 전체침하(압밀)량 $= 5.00 - 2.61 = 2.39\text{mm}$

시료의 평균높이 $= 13.60 + 2.39/2 = 14.80\text{mm}$

양면배수 시 배수거리 $= H_{dr} = 14.80/2 = 7.40\text{mm}$

① $\log t$법에 의한 C_v 계산

변위 $-\log t$곡선을 작성한다(예제 그림 9.11.1).

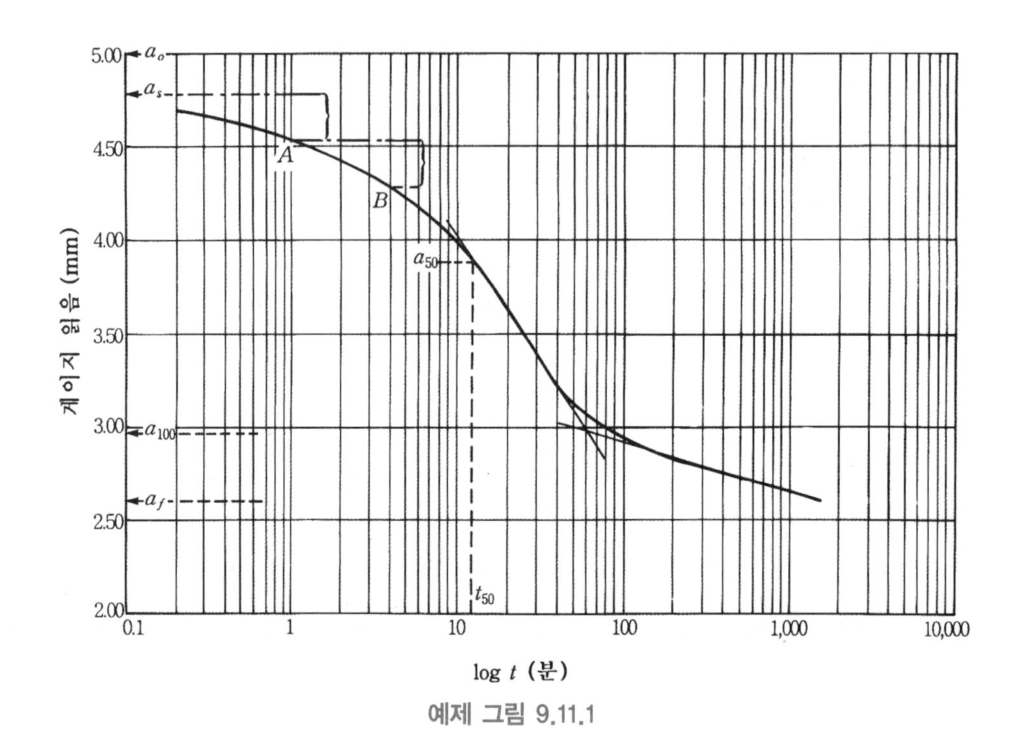

예제 그림 9.11.1

예제 그림 9.11.1에서, $t_{50} = 12.5$분

$T_{v(50)} = 0.197$이므로,

$$C_v = \frac{T_{v(50)} H_{dr}^2}{t_{50}} = \frac{0.197 \times (7.40 \times 10^{-3})^2}{\dfrac{12.5}{60 \times 24 \times 365}} = 0.45\text{m}^2/\text{yr}$$

② $\sqrt{t}$ 법에 의한 C_v계산

변위 $-\sqrt{t}$ 곡선을 작성한다(예제 그림 9.11.2).

예제 그림 9.11.2에서, $\sqrt{t_{90}} = 7.30$, $t_{90} = 53.3$분, $T_{v(90)} = 0.848$이므로,

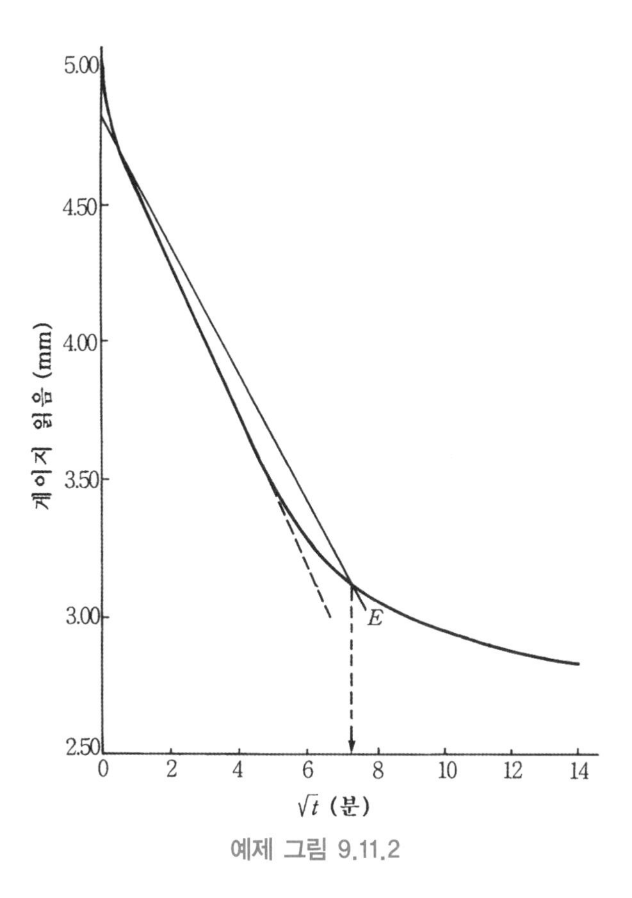

예제 그림 9.11.2

$$C_v = \frac{T_{v(50)}H_{dr}^2}{t_{90}} = \frac{0.848 \times (7.40 \times 10^{-3})^2}{\frac{53.3}{60 \times 24 \times 365}} = 0.46\text{m}^2/\text{yr}$$

2) ① $\log t$ 법에 의한 r_o, r_p, r_s 계산

초기침하비 $r_o = \frac{a_o - a_s}{a_o - a_f} = \frac{5.00 - 4.79}{5.00 - 2.61} = 0.088$

일차압밀비 $r_p = \frac{a_s - a_{100}}{a_o - a_f} = \frac{4.79 - 2.98}{5.00 - 2.61} = 0.757$

이차압밀비 $r_s = 1 - (r_o + r_p) = 1 - (0.088 + 0.757) = 0.155$

② $\sqrt{t}$ 법에 의한 r_o, r_p, r_s 계산

초기침하비 $r_o = \dfrac{a_o - a_s}{a_o - a_f} = \dfrac{5.00 - 4.81}{5.00 - 2.61} = 0.080$

일차압밀비 $r_p = \dfrac{10(a_s - a_{90})}{9(a_o - a_f)} = \dfrac{10(4.81 - 3.12)}{9(5.00 - 2.61)} = 0.786$

이차압밀비 $r_s = 1 - (r_o + r_p) = 1 - (0.080 + 0.786) = 0.134$

3) 투수계수 K의 계산

최종 간극비 $e_e = w_e G_s = 0.359 \times 2.73 = 0.98$

초기 간극비 $e_o = e_e + \Delta e$

$$\frac{\Delta e}{1+e_o} = \frac{\Delta H}{H}$$

$$\frac{\Delta e}{1+0.98+\Delta e} = \frac{2.39}{13.6+2.39}$$

$\Delta e = 0.35$

$\therefore\ e_o = 0.98 + 0.35 = 1.33$

$$m_v = \frac{a_v}{1+e_o}\frac{1}{1+e_o}\left(\frac{\Delta e}{\Delta\sigma'}\right) = \frac{1}{1+1.33}\left(\frac{0.35}{429-214}\right)$$

$$= 0.70 \times 10^{-3}\text{m}^2/\text{kN}$$

$C_v = \dfrac{K}{m_v \gamma_w}$ 에서,

$$K = m_v \gamma_w C_v = 0.7 \times 10^{-3}(\text{m}^2/\text{kN}) \times 9.81(\text{kN}/\text{m}^3) \times 0.45(\text{m}^2/\text{yr})$$

$$= 0.00309\text{m}/\text{yr} = 9.80 \times 10^{-9}\text{cm}/\text{sec}$$

단, 위의 계산에서 C_v는 $\log t$ 법에 의한 값을 사용하였다.

Note 이제까지 서술한 Terzaghi의 일차원 압밀이론은 근본적으로 압밀침하 정도는 생성된 과잉간극수압의 소산도에 비례한다는 기본 가정하에 이루어진 것이다. 즉, 시간에 따른 침하량을 직접 구하는 것이 아니라, 생성된 과잉간극수압의 시간에 따른 소산도를 구하는 식이다.
한편, 점토층이 매우 연약하거나 점토층의 두께가 두꺼운 경우에는 과잉간극수압의 소산도가 압밀침하율과 비례하지 않을 수도 있다. 이 경우에는 과잉간극수압의 소산도보다 침하율이

더 빠른 것이 일반적 거동이다. 이 경우는 비선형 압밀이론(Non-linear 1-D consolidation theory)을 적용해야 한다. 이에 대한 상세한 사항은 『토질역학 특론』의 6.2절을 참조하라.

9.6 연직배수재에 의한 배수

이제까지 점토층의 상부 또는 하부로의 배수에 의한 압밀문제에 대하여 검토하였다. 식 (9.48)에서와 같이, 압밀의 소요시간은 배수거리(H_{dr})의 제곱에 비례한다. 다시 말하여 배수거리가 반으로 줄면 압밀에 소요되는 시간은 4배로 줄어든다. 이를 보면 압밀시간을 줄일 수 있는 최적의 방법은 배수거리를 줄이는 것이다. 이러한 효과를 이용하고자 하는 것이 연직배수재를 지반에 촘촘히 설치하여 배수방향을 연직방향뿐만 아니라, 방사방향(수평방향)으로도 발생되도록 하는 압밀촉진공법이 있으며, 실제로 실무에서 많이 쓰이고 있다. 연직배수재로는 전통적으로는 모래를 사용했으며, 이를 샌드드레인(sand drain) 공법이라고 불렀다. 근래에는 모래 대신에 섬유 재질의 연직배수재를 사용하는 PVD(Perfabricated Vertical Drain) 공법, 모래주머니를 사용하는 팩 드레인(pack drain) 공법, 주름관을 사용하는 메나드 드레인(menard drain) 공법 등으로 다양해졌으나, 연직배수재로 방사방향의 물의 흐름을 유도한다는 관점에서 기본원리는 모두 같다.

예를 들어, 그림 9.25 및 9.26에서 보이는 것과 같이 연직배수재를 간격 S로 촘촘히 박고 지표면에 모래 등으로 배수층(sand mat)을 설치한 후 상부에 하중을 가하면 점토지반에 과잉간극수압이 발생되기는 하나, 연직방향뿐만 아니라 특히, 방사방향으로 투수가 발생하여 과잉간극수압이 쉽게 소산될 수 있을 것이다.

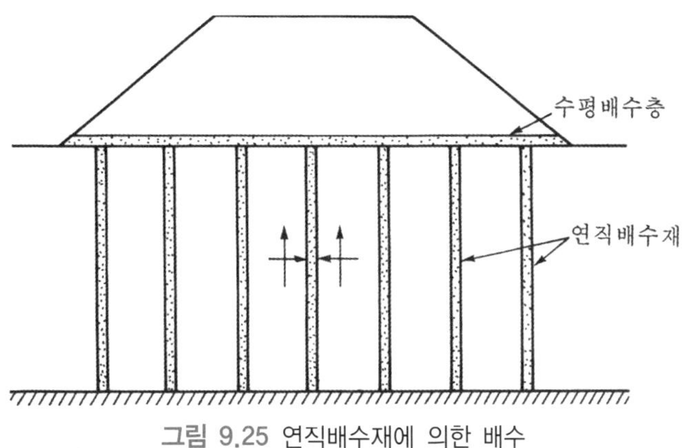

그림 9.25 연직배수재에 의한 배수

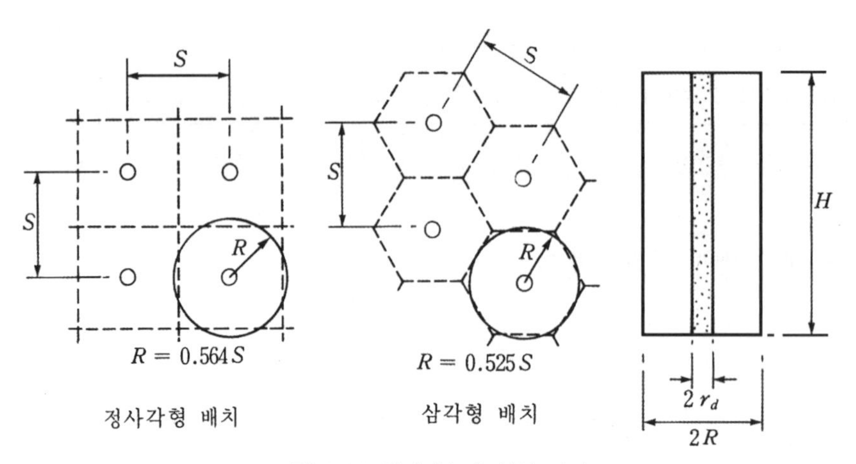

그림 9.26 연직배수재 설치 간격

방사방향의 흐름에서 간과될 수 없는 중요한 요소가 있는데, 이것이 바로 스미어 효과(smear effect)이다. 스미어 효과란 연직방향 배수재를 설치하면서 주변의 점토를 교란시키어 교란된 부분에서 압밀계수(또는 투수계수)가 저하되는 현상을 말한다.

방사방향 흐름을 지배하는 중요한 요소는 다음과 같다.

(1) C_h: 수평방향 압밀계수
(2) r_d: 연직배수재의 반경
(3) R: 연직배수재로 인하여 수평방향 흐름이 발생하는 유효반경
(4) r_s: 스미어 현상이 발생하는 반경

방사방향 배수와 연직방향 배수를 동시에 고려할 수 있는 압밀방정식은 다음과 같다.

$$\frac{\partial \Delta u}{\partial t} = C_h \left(\frac{\partial^2 \Delta u}{\partial r^2} + \frac{1}{r} \frac{\partial \Delta u}{\partial r} \right) + C_v \frac{\partial^2 \Delta u}{\partial z^2} \tag{9.63}$$

식 (9.63)의 해를 연직방향 흐름에 대한 해와 방사방향 흐름에 대한 해를 따로 구하여 이를 합성하고자 한다.

연직방향 흐름에 대한 해

연직방향 흐름에 대한 해는 앞 절에서 이미 상세히 구하였다. 연직방향 평균압밀도는 다음과 같다.

$$U_{avg(v)} = f(T_v) \tag{9.64}$$

$$T_v = \frac{C_v t}{H_{dr}^2} \tag{9.48}$$

방사방향 흐름에 대한 해

방사방향 흐름에 의한 평균압밀도는 다음 식으로 표시할 수 있다.

$$U_{avg(r)} = f(T_r) \tag{9.65}$$

$$T_r = \frac{C_h \cdot t}{4R^2} \tag{9.66}$$

여기서, T_r = 방사방향 시간계수

$n = \dfrac{R}{r_d}$ 에 대하여 $\dfrac{U_{avg(r)}}{T_r}$ 의 그래프가 그림 9.27에 나타나 있다.

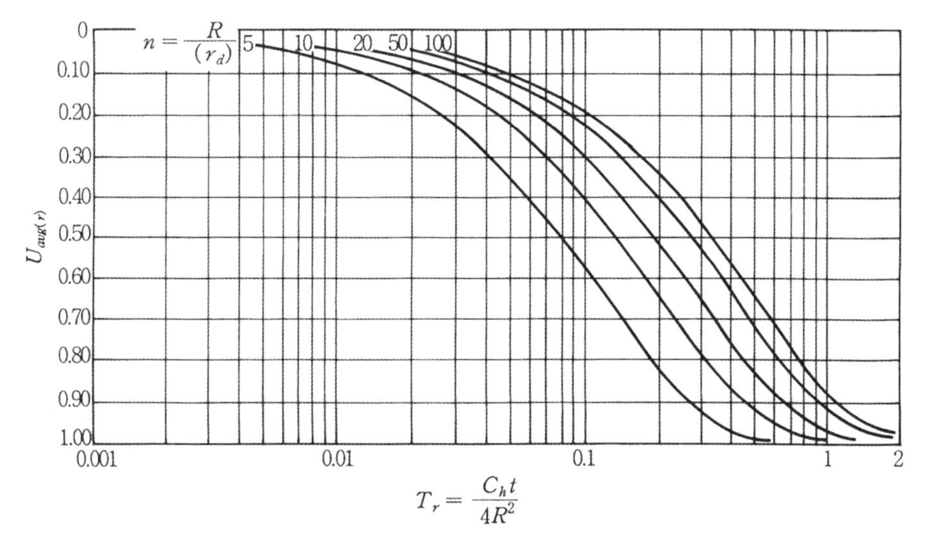

그림 9.27 방사방향 흐름의 압밀도

평균압밀도

연직방향 압밀도와 방사방향 압밀도를 조합한 평균압밀도는 다음 식으로 표시할 수 있다.

$$(1-U_{avg})=(1-U_{avg(v)})(1-U_{avg(r)}) \tag{9.67}$$

이제까지 구한 평균압밀도는 스미어 효과를 고려하지 않은 경우이며, 실무에서 연직배수재 공법을 적용하기 위해서는 스미어 효과는 반드시 고려해야 한다.

연직배수재 공법에 영향을 미치는 요소로는 스미어 효과 이외에도 우물저항효과(well resistance)가 있다. 그림 9.25와 같이 점토층에서의 간극수가 연직배수재로 유입될 때, 연직배수재 자체의 통수능력이 충분하지 못하면 물이 쉽게 배수되지 않는다. 연직배수재 내부가 비어 있는 것이 아니라, 샌드드레인 공법인 경우 모래로 채워져 있으며, PVD 공법인 경우는 통수면적 자체가 매우 작다. 연직배수재 내에서의 통수능력이 저하됨으로써 발생하는 효과를 우물저항효과라고 한다. 이 또한 실무적으로는 연진배수재 설계 시에 반드시 고려되어야 한다.

> **Note** 앞에서 서술한 대로 방사방향 압밀도는 스미어 효과 및 우물저항효과를 함께 고려해야 한다. 방사방향 압밀도는 다음 식으로 표시할 수 있다.
>
> $$U_r=1-\exp\left(\frac{-8T_R}{F}\right) \tag{9.64a}$$
>
> 여기서, F는 압밀지연계수로서 배수재 타설 간격에 의한 영향(F_n), 스미어 효과에 의한 영향(F_s) 그리고 우물저항효과에 의한 영향(F_r)의 합으로 이루어진다. 이에 대한 상세한 사항은 『토질역학 특론』 6.3절을 참조하기 바란다.

[예제 9.12] 두께가 10m인 포화된 점토층 위에(점토층 하부는 불투수층) $q=\Delta\sigma=65\text{kN/m}^2$의 무한등분포하중을 작용시키고자 한다. 설계조건으로는 압밀침하가 6개월 내에 대부분 발생하여 6개월이 지난 시점에서 잔류침하량이 25mm 정도이어야 한다. 압밀을 촉진시키기 위하여 샌드드레인 공법(직경 400mm)을 채택하고자 할 때(정사각형 배치) 샌드드레인의 간격을 결정하라.

단, 점토지반의 $C_v=4.7\text{m}^2/\text{yr}$, $C_h=7.9\text{m}^2/\text{yr}$, $m_v=0.25\text{m}^2/\text{MN}$이다.

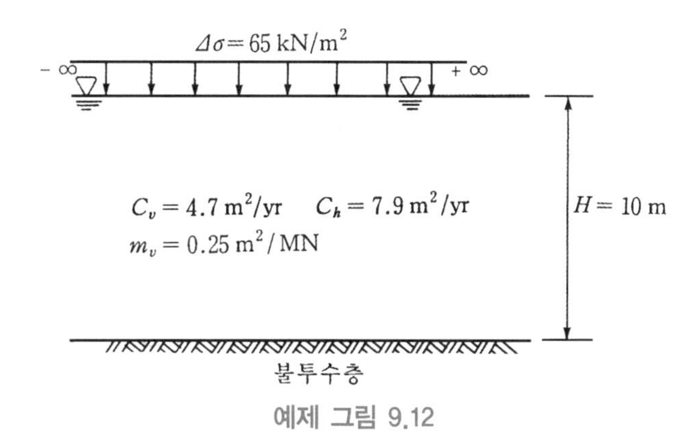

예제 그림 9.12

[풀 이]

최종 침하량= $\varDelta H = m_v \varDelta\sigma' H = 0.25 \times 65 \times 10 = 162\text{mm}$

6개월 후의 소요 평균압밀도 $U_{avg} = \dfrac{162-25}{162} = 0.85$

연직배수재 반경 $r_d = 0.4/2 = 0.2\text{m}$, 유효반경 $R = nr_d = 0.2n$,

배수거리 $H_{dr} = 10\text{m}$ (일면배수)

하중재하 후 6개월 후이므로, $t = 0.5year$

연직방향 시간계수 $T_v = \dfrac{C_v t}{H_{dr}^2} = \dfrac{4.7 \times 0.5}{10^2} = 0.0235$

그림 9.20으로부터, $U_{avg(v)} = 0.17$

수평방향 시간계수 $T_r = \dfrac{C_r t}{4R^2} = \dfrac{7.9 \times 0.5}{4 \times (0.2n)^2} = \dfrac{24.7}{n^2}$

$$\therefore\ n = \sqrt{\frac{24.7}{T_r}}$$

$$(1 - U_{avg}) = (1 - U_{avg(v)})(1 - U_{avg(r)})$$

$$(1 - 0.85) = (1 - 0.17)(1 - U_{avg(r)})$$

$\therefore\ U_{avg(r)} = 0.82$의 값을 가져야 한다.

n의 값을 구하기 위하여 다음과 같은 시행착오법을 사용하여야 문제를 풀 수 있다.

① 그림 9.27에서, $U_{avg(r)} = 0.82$인 경우에 대해, n값을 가정하고 그에 따른 T_r 값을 구해낸다.
② 구해진 T_r을 $\sqrt{(24.7/T_r)}$의 방정식에 넣어 다음 표를 완성한다.

n	T_r	$\sqrt{(24.7/T_r)}$
5	0.20	11.1
10	0.33	8.6
15	0.42	7.7

③ $n-\sqrt{(24.7/T_r)}$ 관계곡선을 작성한 후, n과 $\sqrt{(24.7/T_r)}$의 두 값이 같아지는 점을 다음 그림과 같이 찾는다.

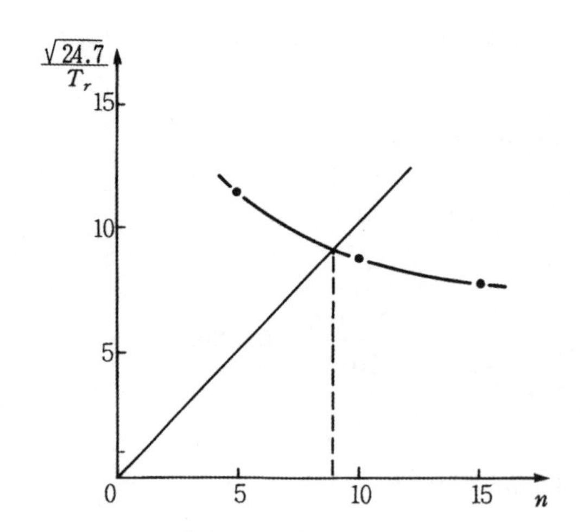

위의 그래프로부터, $n=9$

$\therefore\ R = 0.2 \times 9 = 1.8\text{m}$

샌드드레인(정사각형 배치)의 간격

$$S = \frac{R}{0.564} = \frac{1.8}{0.564} = 3.2\text{m}$$

9.7 제한된 범위에 작용하는 하중으로 인한 침하

이제까지 9장에서 일관되게 설명한 침하는 일차원 하중조건하의 압밀침하였다. 즉, 가해준 하중이 $(-\infty)$부터 $(+\infty)$까지의 무한등분포하중이므로, 지하의 흙 입자는 수평방향으로 변형이 발생할 수 없고, 따라서 연직방향의 침하만 존재하며, 이 연직침하는 압밀침하에 기인한다고 서술하였다. 또한 무한등분포하중의 경우 외부응력의 증가량 $\Delta\sigma$가 그대로 지중응력의 증가량이 되며 이 응력의 증가량이 그대로 초기에 과잉간극수압으로 되고, 물이 빠져 나가면서 이 응력의 증가량이 모조리 유효응력의 증가량으로 된다. 즉,

$$q \quad = \quad \underset{\text{외부하중 증가}}{\underset{\uparrow}{\Delta\sigma}} \quad = \quad \underset{\text{초기 과잉간극수압}}{\underset{\uparrow}{\Delta u}} \quad = \quad \underset{\text{말기 유효응력 증가}}{\underset{\uparrow}{\Delta\sigma'}}$$

그러나 무한대 등분포하중은 이상적인 경우로서 대부분의 현장에서는 재하 하중범위가 제한되어 있는 것이 일반적이다. 재하하중의 넓이가 지표면으로부터 점토층까지 두께의 10배 정도는 되어야 무한대 등분포하중으로 간주하여도 무방한 것으로 알려져 있다. 만일 하중의 범위가 폭 B로서 제한되어 있는 경우는 위에서 제시한 식이 다음에 요약한 것과 같이 전혀 맞지 않다.

첫째, 점토지반에 추가로 가해지는 응력의 증가량은 외부하중의 증가량 q와 같지 않고 깊이가 깊어질수록 감소한다.

둘째, 응력의 증가량이 전부 과잉간극수압으로 물이 받아주는 것이 아니라, 최대 및 최소주응력의 증가량에 따라 과잉간극수압이 달라진다.

즉, $\Delta u = B[\Delta\sigma_3 + A(\Delta\sigma_1 - \Delta\sigma_3)]$만큼 과잉간극수압이 발생될 것이다.

셋째, 포화된 점토지반에서도 즉시침하가 존재하며, 압밀침하는 $q = \Delta\sigma$의 모든 하중에 의하여 발생하는 것이 아니라, 생성된 과잉간극수압 Δu가 $\Delta\sigma'$으로 변해가는 것만큼만 압밀침하가 발생한다.

제한된 범위에 작용하는 하중으로 인한 침하량은 다음과 같이 계산될 수 있다. 즉, 전체침하량 S_T는

$$S_T = S_i + S_c \tag{9.68}$$

여기서, S_T =전체침하량
S_i =즉시침하량
S_c =압밀침하량

9.7.1 즉시침하량

즉시침하량은 식 (9.1)을 적분하여 구할 수 있을 것이다. 다만 이때 탄성계수와 포아송 비를 비배수 조건에서의 값을 사용해야 한다. 식 (9.1)을 적분하면 다음과 같은 일반 침하량공식을 얻게 된다.

$$\begin{aligned} S_i &= \int_o^{\infty} \epsilon_z dz \\ &= \frac{1}{E}\int_o^{\infty} \{\Delta\sigma_z - \mu(\Delta\sigma_x + \Delta\sigma_y)\}dz \\ &= \frac{q_{net}B}{E}(1-\mu^2)I_s \end{aligned} \tag{9.69}$$

여기서, q_{net} =기초에 작용하는 순 하중
B=하중이 작용되는 기초의 폭
I_s =영향계수로서 기초의 형상에 영향을 받는다.
E=탄성계수(비배수 조건의 탄성계수, E_u, 사용)
μ=포아송 비(비배수 조건의 포아송 비, $\mu_u=0.5$ 사용)

또는 지반을 몇 개의 층으로 나누고 각층에서의 변형률을 구하고 층두께를 곱하여 다음 식과 같이 구할 수도 있다.

$$S_i = \Sigma \left[\frac{\Delta\sigma_z - \mu(\Delta\sigma_x + \Delta\sigma_y)}{E} \right] \Delta z \tag{9.70}$$

식 (9.1)은 지반이 하부로 무한대까지 깊이 뻗어 있다는 가정하에 유도된 공식이다. 보통 지반에서는 어느 정도까지 깊이 내려가게 되면 침하에 영향이 없는 단단한 암반층이 존재할 것이다. 포화된 점토지반인 경우 깊이 H에서 암반층이 존재하는 경우의 침하량 공식을 Janbu가 제안하였으며 다음과 같다.

$$S_i = \mu_0 \mu_1 \frac{q_{net} \cdot B}{E_u} \text{ (단, 포아송 비는 0.5)} \tag{9.71}$$

여기서, μ_0와 μ_1은 각각 기초의 파묻힘 깊이 D와 단단한 층까지의 깊이 H에 의한 영향계수로서 그림 9.28에 나타나 있다.

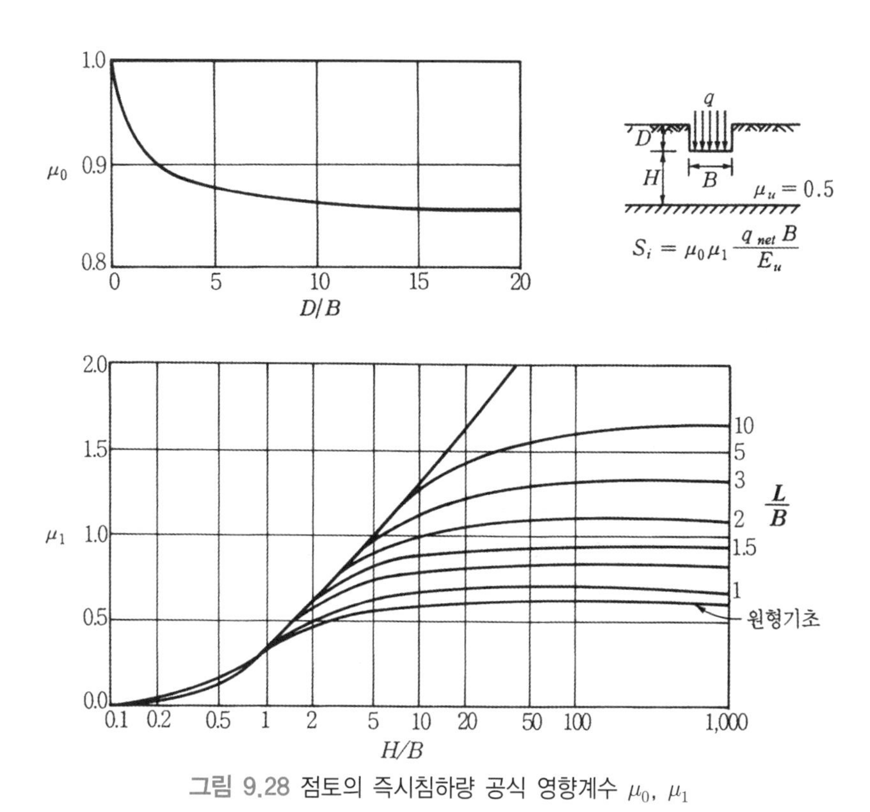

그림 9.28 점토의 즉시침하량 공식 영향계수 μ_0, μ_1

(Note) 순 하중(Net Pressure)

식 (9.69)에서 사용된 하중은 순 하중이라고 하였다. 순 하중의 개념은 무엇인가?

① 만일 외부의 하중이 다음 그림과 같이 지표면 위에 작용된다면 이 하중으로 인한 응력의 증가는 모조리 침하에 영향을 미칠 것이다. 따라서 이 하중을 순 하중으로 생각하면 된다.

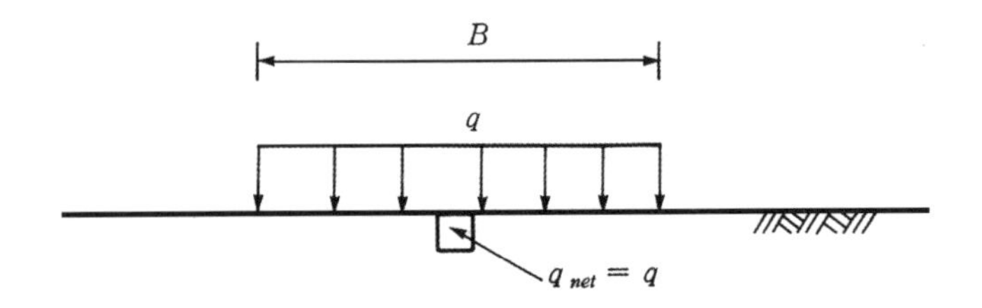

② 그러나 전면기초로서 다음 그림과 같이 깊이 D만큼 흙을 파내고 기초를 시공하였다면, 비록 기초에 작용하는 하중이 q라 하더라도 지반의 관점에서 보면 흙을 제거함으로 인하여 이제까지 받아오던 상재하중에서 γD만큼 상재하중이 제거된다. 따라서 지반에 순수하게 부가된 하중은 $(q-\gamma D)$가 될 것이며, 이 하중에 의해서만 침하가 일어날 것이다. 이를 순 하중이라 한다.

즉, $q_{net} = q - \gamma D$가 될 것이다.

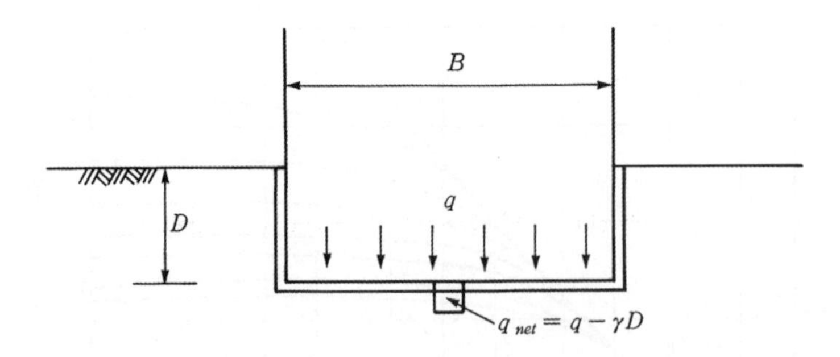

③ 만일, 전면기초가 아니라 독립기초로서 기초 위에도 흙을 완전히 채웠다면, 오히려 기초의 무게가 흙무게보다 약간 무거우므로 순 하중은 q보다 증가할 것이다. 보통은 이를 무시하고 q를 순 하중으로 간주한다.

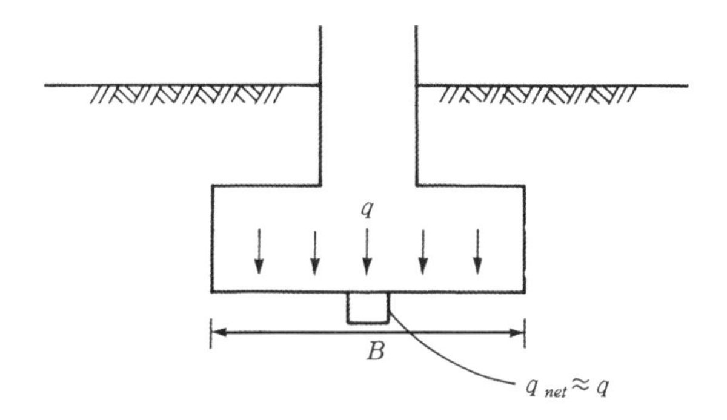

[예제 9.13] 다음과 같은 직사각형 전면기초 (10m×40m)에 $q = 100\text{kN/m}^2$의 하중이 작용하고 있다. 즉시침하량을 구하라. 단 점토의 포화단위중량 $\gamma_{\text{sat}} = 18\text{kN/m}^3$이다.

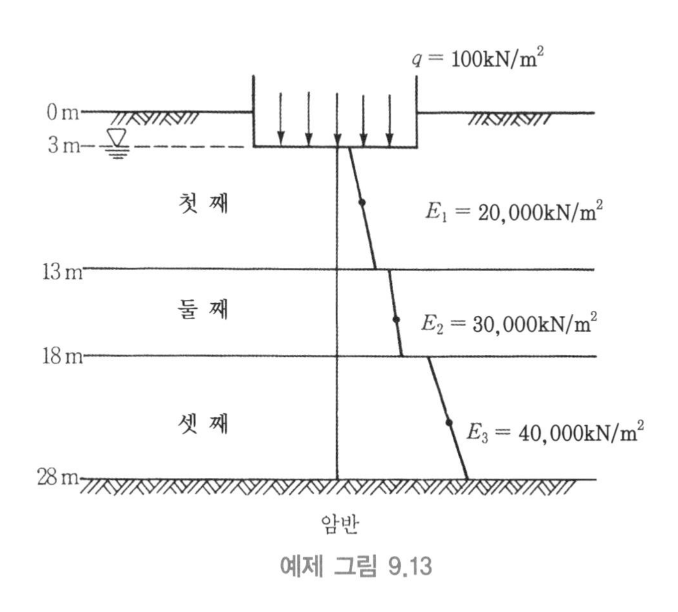

예제 그림 9.13

[풀 이] 전면기초이므로 순 하중 $q_{net} = q - \gamma D = 100 - 18 \times 3 = 46\text{kN/m}^2$

$D/B = 0.3$, $L/B = 4$, 그림 9.28에서, $\mu_o = 0.95$

$S_i = \mu_o \mu_1 \dfrac{q_{net} B}{E_u}$ 사용

① 첫째 층 밑이 암반이라고 가정하면, $H/B = 1.0$

그림 9.25로부터, $\mu_1 = 0.37$

$$S_{(1)2000} = \mu_0 \mu_1 \frac{q_{net}B}{E_u} = 0.95 \times 0.37 \times \frac{46 \times 10}{20,000}$$

$$= 8 \times 10^{-3}\text{m} = 8\text{mm}$$

② 첫째 층과 둘째 층이 공히 $E_u = 30,000\text{kN/m}^2$의 값을 가지고, 바로 밑의 층이 암반이라고 가정하면, $H/B = 1.5 \quad \therefore \ \mu_1 = 0.5$

$$S_{(1,2)3000} = 0.95 \times 0.5 \times \frac{46 \times 10}{30,000} = 7 \times 10^{-3}\text{m} = 7\text{mm}$$

$$S_{(1)3000} = 0.95 \times 0.37 \times \frac{46 \times 10}{30,000} = 5 \times 10^{-3}\text{m} = 5\text{mm}$$

$$\therefore \ S_{(2)3000} = S_{(1,2)3000} - S_{(1)3000} = 7 - 5 = 2\text{mm}$$

③ 첫째, 둘째, 셋째 층 모두 $E_u = 40,000\text{kN/m}^2$의 값을 갖는다고 가정하자.

$$H/B = 2.5 \ \therefore \ \mu_1 = 0.75$$

$$S_{(1,2,3)4000} = 0.95 \times 0.75 \times \frac{46 \times 10}{40,000} = 8 \times 10^{-3}\text{m} = 8\text{mm}$$

$$S_{(1,2)4000} = 0.95 \times 0.5 \times \frac{46 \times 10}{40,000} = 5 \times 10^{-3}\text{m} = 5\text{mm}$$

$$\therefore \ S_{(3)4000} = S_{(1,2,3)3000} - S_{(1,2)4000} = 8 - 5 = 3\text{mm}$$

따라서 전체침하량 $S_i = S_{(1)2000} + S_{(2)3000} + S_{(3)4000} = 8 + 2 + 3 = 13\text{mm}$

[예제 9.14] 다음 그림과 같이 4m×2m의 확대기초에 150kN/m^{2}의 하중이 작용 되고 있다. 포화된 점토의 즉시침하량을 구하라.

[풀 이] 이 기초는 확대기초이므로 순 하중은 원래 작용된 외부하중과 같이 보아도 무방할 것이다. 즉, $q_{net} = q = 150\text{kPa}$

$L/B = 4/2 = 2, \ D/B = 1/2 = 0.5$

그림 9.28에서, $\mu_o = 0.94$

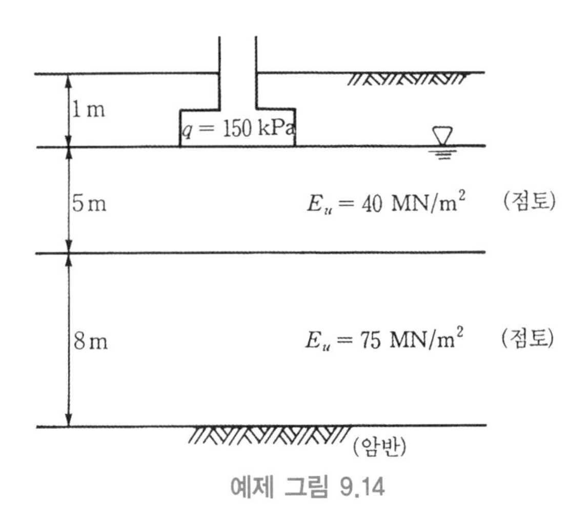

예제 그림 9.14

$S_i = \mu_0 \mu_1 \dfrac{q_{net}B}{E_u}$ 사용

① 위쪽의 점토층 아래층이 암반이라고 가정하자.

$H/B = 5/2 = 2.5$, 그림 9.28로부터, $\mu_1 = 0.74$

$$S_{(1)40} = \mu_0 \mu_1 \frac{q_{net}B}{E_u} = 0.94 \times 0.74 \times \frac{(150 \times 10^3)(2)}{40 \times 10^{-6}}$$

$$= 5.2 \times 10^{-3}\text{m} = 5.2\text{mm}$$

② 두 층 모두 $E_u = 75\text{MN/m}^2$의 값을 가진다고 가정하자.

$H/B = 13/2 = 6.5$

$\therefore \mu_1 = 0.95$

$$S_{(1,2)75} = 0.94 \times 0.95 \times \frac{(150 \times 10^3)(2)}{75 \times 10^6} = 3.6 \times 10^{-3}\text{m} = 3.6\text{mm}$$

$$S_{(1)75} = 0.94 \times 0.74 \times \frac{(150 \times 10^3)(2)}{75 \times 10^6} = 2.8 \times 10^{-3}\text{m} = 2.8\text{mm}$$

$$\therefore S_{(2)75} = S_{(1,2)75} - S_{(1)75} = 3.6 - 2.8 = 0.8\text{mm}$$

따라서 전체침하량 $S_i = S_{(1)40} + S_{(2)75} = 5.2 + 0.8 = 6.0\text{mm}$

9.7.2 압밀침하량

제한된 범위에 q의 외부하중이 작용되는 경우 좌우 대칭인 중심하에서는 전단응력의 증가가 없으므로 그림 9.1의 입자 A에 가해지는 응력은 9.1절의 2) 압밀침하부분에서 이미 상세히 설명하였다.

압밀침하는 흙 입자에 궁극적으로 가해지는 유효응력의 증가로 발생하며, 처음에 물이 빠져나가지 못하여 생성된 과잉간극수압 Δu가 소산되면서 이 압력이 유효응력 증가를 가져올 것이다. 따라서 압밀침하량은 원론적으로 다음 식과 같이 표현되어야 할 것이다.

$$
\begin{aligned}
S_c &= \int_o^H m_v \Delta\sigma' dz \\
&= \int_o^H m_v \Delta u dz \\
&= \int_o^H m_v [\Delta\sigma_3 + A(\Delta\sigma_1 - \Delta\sigma_3)] dz
\end{aligned}
\qquad (9.72)
$$

이 경우에도 위의 원론적인 공식을 사용하지 않고 무한등분포하중의 경우와 마찬가지로 연직방향 침하량만 일어난다고 가정하고 압밀침하량을 구하는 경우가 많다. 이때는 사실상 수평방향의 변형은 없다고 가정하므로, 엄밀히 말하여 즉시침하는 없는 것이 맞으나, 실제로는 즉시침하가 존재하므로 즉시침하도 따로 고려하기도 한다.

일차원 압밀침하량은 연직방향의 응력 증가에 의하여 발생하므로,

$$
S_c = \int_o^H m_v \Delta\sigma_v dz \qquad (9.73)
$$

따라서 식 (9.20)~(9.25)에서 제시된 공식들을 그대로 사용할 수 있으며, 다만 $\Delta\sigma = q$ 대신에 연직응력의 증가량 $\Delta\sigma_v$을 사용해야 한다. 그림 9.29와 같이 제한된 범위에 q의 하중이 작용할 때 점토층에서의 연직응력의 증가량은 깊이에 따라 감소할 것이다. 이때 점토층에서의 평균 연직응력 증가량은 심프슨의 법칙에 의해 다음과 같이 구한다.

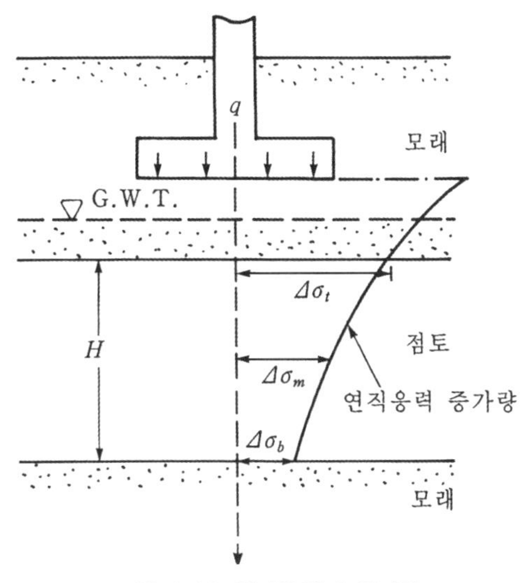

그림 9.29 연직응력의 증가량

$$\Delta\sigma_v = \Delta\sigma_{v(avg)} = \frac{\Delta\sigma_t + 4\Delta\sigma_m + \Delta\sigma_b}{6} \tag{9.74}$$

만일 점토층의 두께가 두껍다면 점토를 n개의 층으로 나누어 각 층에서의 압밀침하량을 구하고 이를 합하여 다음과 같이 구할 수도 있다(그림 9.30 참고).

$$S_c = \sum_{i=1}^{n} \Delta S_c = \sum_{i=1}^{n} \frac{\Delta e_i}{1+e_o} \Delta H_i \tag{9.75}$$

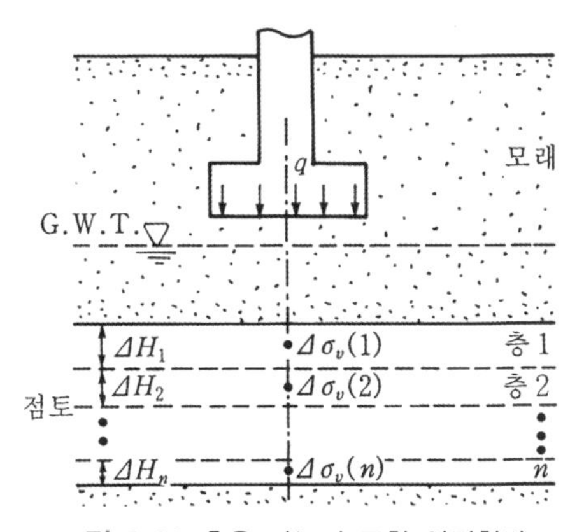

그림 9.30 층을 나누어 구한 압밀침하

[예제 9.15] 그림과 같이 5m의 정규압밀 점토층 위에, 직경 2m의 원형기초가 놓여 있다. 점토층의 압밀침하량을 구하여라.

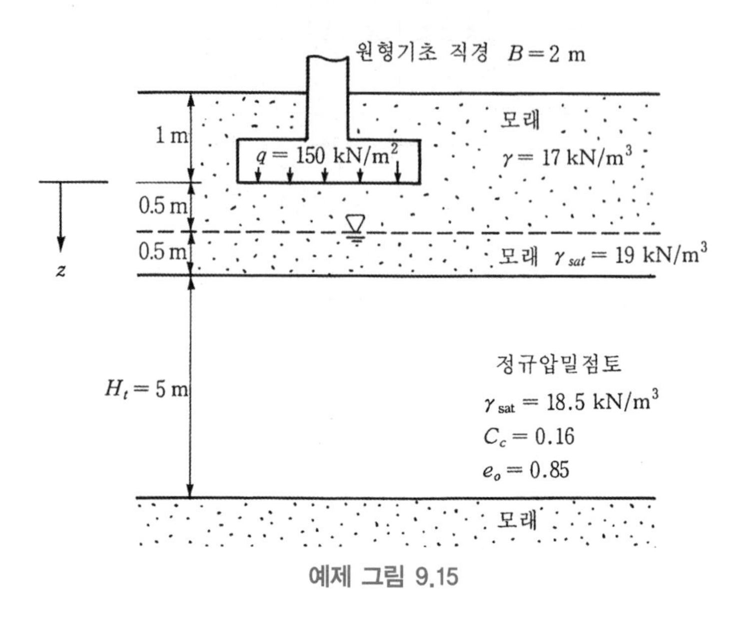

예제 그림 9.15

원형하중이 재하될 때, 원중심부 아래쪽의 응력 증가량은,

$$\Delta\sigma = q\left\{1 - \frac{1}{[(b/z)^2+1]^{3/2}}\right\}$$

[풀 이 1] 심프슨법칙에 의한 방법

점토층 상부의 응력 증가량 $\Delta\sigma_t = 150\left\{1 - \frac{1}{[(1/1)^2+1]^{3/2}}\right\} = 96.97\text{kN/m}^2$

점토층 중앙부의 응력 증가량 $\Delta\sigma_m = 150\left\{1 - \frac{1}{[(1/3.5)^2+1]^{3/2}}\right\} = 16.66\text{kN/m}^2$

점토층 하부의 응력 증가량 $\Delta\sigma_b = 150\left\{1 - \frac{1}{[(1/6)^2+1]^{3/2}}\right\} = 6.04\text{kN/m}^2$

평균 연직응력 증가량 $\Delta\sigma_{v(avg)} = \dfrac{\Delta\sigma_t + 4\Delta\sigma_m + \Delta\sigma_b}{6} = \dfrac{96.97+4\times16.66+6.04}{6}$

$= 28.28\text{kN/m}^2$

점토층 중앙부에서의 초기응력 $\sigma_o{}' = 17 \times 1.5 + (19 - 9.81) \times 0.5 + (18.5 - 9.81) \times 2.5$

$$= 51.82\text{kN/m}^2$$

침하량 $S_c = \dfrac{C_c H}{1+e_o} \log\left(\dfrac{\sigma_o{}' + \Delta\sigma}{\sigma_o{}'}\right) = \dfrac{0.16 \times 5}{1+0.85} \log\left(\dfrac{51.82 + 28.28}{51.82}\right)$

$$= 0.0818\text{m} = 81.8\text{mm}$$

[풀 이 2] 점토층을 5개로 나누고 각 층의 중심에서의 하중 증가량을 구한 후, 각 층마다의 침하량을 구하여 모두 더하면 점토층 전체의 압밀침하량이 된다.

① 각 점토층에서의 유효상재하중을 구한다.

$z = 1.5\text{m}, \ \sigma'_{o(1)} = 17 \times 1.5 + (19 - 9.81) \times 0.5 + (18.5 - 9.81) \times 0.5 = 34.44\text{kN/m}^2$

$z = 2.5\text{m}, \ \sigma'_{o(2)} = 34.44 + (18.5 - 9.81) \times 1 = 34.44 + 8.69 = 43.13\text{kN/m}^2$

$z = 3.5\text{m}, \ \sigma'_{o(3)} = 43.13 + 8.69 = 51.82\text{kN/m}^2$

$z = 4.5\text{m}, \ \sigma'_{o(4)} = 51.82 + 8.69 = 60.51\text{kN/m}^2$

$z = 5.5\text{m}, \ \sigma'_{o(5)} = 60.51 + 8.69 = 69.20\text{kN/m}^2$

② 각 점토층에서의 하중 증가량을 구한다.

$$z = 1.5\text{m}, \ \Delta\sigma_1 = 150\left\{1 - \frac{1}{[(1/1.5)^2 + 1]^{3/2}}\right\} = 63.59\text{kN/m}^2$$

$$z = 2.5\text{m}, \ \Delta\sigma_2 = 150\left\{1 - \frac{1}{[(1/2.5)^2 + 1]^{3/2}}\right\} = 29.93\text{kN/m}^2$$

$$z = 3.5\text{m}, \ \Delta\sigma_3 = 150\left\{1 - \frac{1}{[(1/3.5)^2 + 1]^{3/2}}\right\} = 16.66\text{kN/m}^2$$

$$z = 4.5\text{m}, \ \Delta\sigma_4 = 150\left\{1 - \frac{1}{[(1/4.5)^2 + 1]^{3/2}}\right\} = 10.46\text{kN/m}^2$$

$$z = 5.5\text{m}, \ \Delta\sigma_5 = 150\left\{1 - \frac{1}{[(1/5.5)^2 + 1]^{3/2}}\right\} = 7.14\text{kN/m}^2$$

③ 하중 증가에 의한 각 층의 압밀침하량은 다음 표와 같다.

층번호	ΔH_i(m)	$\sigma_{o(i)}{}'$(kN/m²)	$\Delta\sigma_{v(1)}{}'$(kN/m²)	$S_{c(i)} = \frac{C_c \Delta H_i}{1+e_o}\log\left(\frac{\sigma_{o(i)}{}' + \Delta\sigma_{v(i)}}{\sigma_{o(i)}{}'}\right)$(m)
1	1	34.44	63.59	0.0393
2	1	43.13	29.93	0.0198
3	1	51.82	16.66	0.0105
4	1	60.51	10.46	0.0060
5	1	69.20	7.14	0.0037
			$S = \Sigma S_{c(i)} = 0.0793$	

④ 점토층 전체의 압밀침하량

$$S_c = \Sigma S_{c(i)} = 0.0793\text{m} = 79.3\text{mm}$$

<u>Skempton+Bjerrum 수정법</u>

이 방법은 한마디로 말하면 압밀침하량을 구할 때, 식 (9.72)를 이용하자는 것이다. 물론 즉시침하량은 따로 구해야 하며, 압밀침하량에 더해 주어야 한다. 이렇게 하여 제안된 방법도, 궁극적으로는 일차원 가정 압밀침하량에다 수정계수 μ를 곱하여 구하게 된다.

$$\mu = \frac{S_c}{S_{c(oed)}} = \frac{\int_o^H m_v \Delta u dz}{\int_o^H m_v \Delta\sigma_1 dz} \tag{9.76}$$

$$S_c = \mu S_{c(oed)} \tag{9.77}$$

이에 대한 사항은 Craig 책(1997)을 참조하기 바란다.

연습문제

1. 다음 그림과 같이 두께가 4m인 포화된 점토지반 위에 높이 4m의 도로성토를 하고자 한다. 도로의 폭은 아주 넓어서 무한등분포하중으로 가정하여도 무방한 것으로 판단되었다. 지하 2m 깊이에서 점토시료를 채취하여 압밀실험을 실시한 결과는 다음의 두 표와 같다.(단, 시료의 두께=24mm(양면배수), 시료의 초기 함수비=69%, 시료의 비중=2.7)

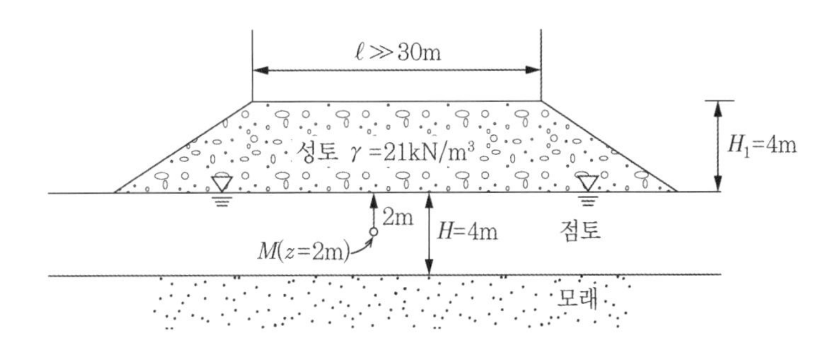

표 1 $\sigma' - e$ 데이터

응력(kN/m²)	e
5	1.86
10	1.84
20	1.80
40	1.74
80	1.40
160	0.80
320	0.16

표 2 $t - e$ 데이터

시간(min)	e
0.1	1.700
0.2	1.690
0.3	1.683
0.5	1.675
1	1.650
2.5	1.600
5	1.550
10	1.504
20	1.451
50	1.432
100	1.421
200	1.418
500	1.409
1400	1.400

(40kN/m²에서 80kN/m²으로 증가 시)

1) $e-\log\sigma'$ 곡선과 $e-\log t$ 곡선을 그리고 선행압밀응력(σ'_m), 압축지수(C_c), 압밀계수(C_v)를 구하라.
2) 전체침하량을 구하라. 또한 1차 압밀이 완료되는 시간을 구하라.
3) 4개월 동안에 소요의 침하량을 완료하기 위하여, 성토를 4m 이상으로 축조하였다가(여성토라 함) 걷어내려고 한다. 전체 성토높이를 얼마로 해야 하나?

2. 실내압밀실험(양면배수)을 실시하여 다음의 결과를 얻었다.

시료두께=2.5cm

$\sigma'_1 = 40\text{kN/m}^2$, $e_1 = 0.75$

$\sigma'_2 = 80\text{kN/m}^2$, $e_2 = 0.61$

$t_{50} = 3.1$분

1) 투수계수를 구하라.
2) 점토시료의 지표면 아래 1/4 지점(0.625 cm)에서의 압밀도는 시간 3.1분 경과 시 얼마가 되나?
3) 이 점토의 정지토압계수가 0.4라고 할 때, 본 압밀실험의 응력경로를 $p-q$ 다이어그램상에 그려라.

3. 다음 그림과 같이 자갈층과 모래층 사이에 점토층이 끼어 있다. 지하수위가 원래에는 지표면에 존재하다가 지하 8m 밑으로 하강되었다.

(단, 자갈층: $\gamma_{sat} = 22\text{kN/m}^3$, $\gamma = 21\text{kN/m}^3$

점토층: $\gamma_{sat} = 17\text{kN/m}^3$, $e = 0.61$

$C_c = 0.27$, $C_v = 2.8\text{mm}^2/\text{min}$)

1) 지하수위가 하강하고 1년이 지난 뒤의 압밀침하량을 구하라.
2) 1년이 지난 순간에, 점토층의 한가운데에서의 간극수압을 구하라.
3) 위의 순간에, 2m의 자갈층을 지표면에 추가로 깔았다고 하면, 이로 인하여 추가로 발생되는 압밀침하량은 얼마나 될까?

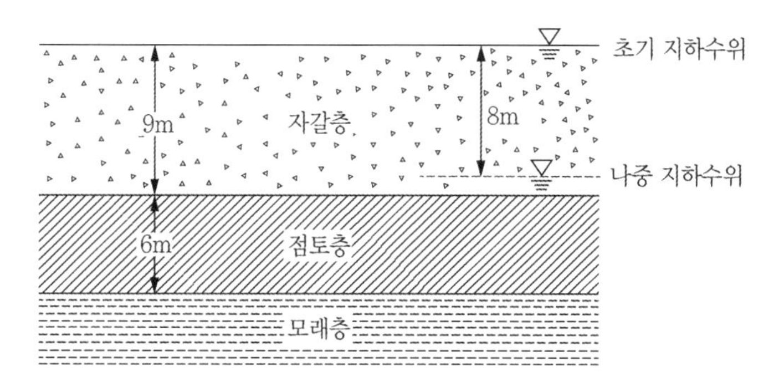

4. 다음 그림 (a)와 같이 점토층이 상하에 있는 모래층 사이에 끼어 있다. 지표면에 50kN/m^{2}의 무한등분포하중이 작용한다.

1) 이 등분포하중이 작용되기 전의 간극수압의 분포도를 그려라.
2) 이 등분포하중이 작용된 직후의 간극수압의 분포도를 그려라.
3) 이 등분포하중이 작용한 후 1년이 되었을 때의 간극수압의 분포도를 그려라.
4) 만일 점토층 2/3 지점에 sand seam이 존재한다면(그림 (b)), 등분포하중이 작용한 후 1년이 되었을 때의 간극수압 분포는 어떻게 되나?
5) 4)번의 경우 50% 압밀침하에 소요되는 시간을 구하라.

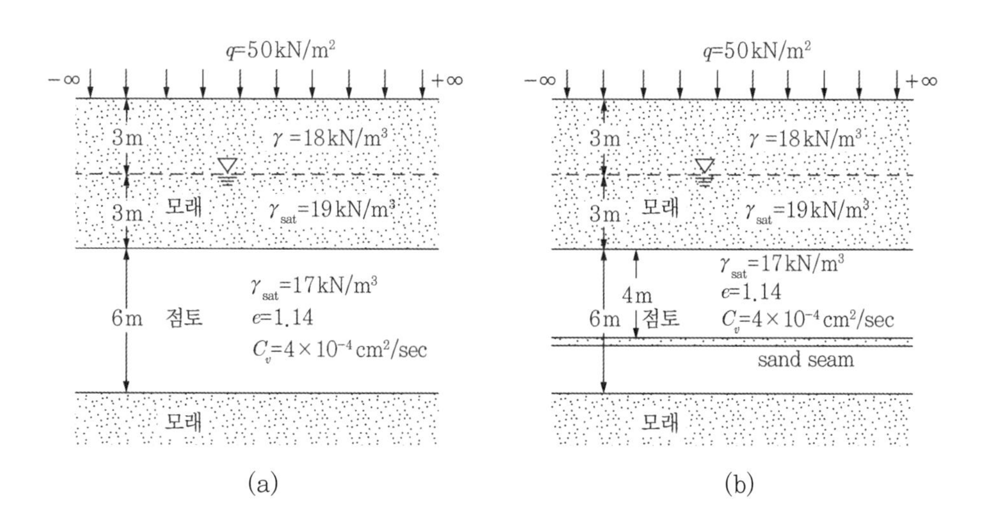

(a) (b)

5. 모래층 사이에 5m의 점토층이 끼어 있는데, 단위면적당 30kN/m^{2}의 하중이 작용하여서 압밀침하량이 30cm가 되었다(단, $C_v = 5 \times 10^{-3}$cm^2/sec).

1) 압밀도가 50%, 90%일 때의 압밀소요시간을 구하라.

2) 재하 시작 후 30일 후의 점토층에 생긴 압밀침하량은?

6. 다음 그림과 같이 상부의 모래 하단까지 양정한다고 하자. 단, 점토지반 하단의 모래지반은 피압수로 작용되어 수압은 양정하는 경우에도 변하지 않는다. 또한 모래층 및 점토층에서의 지반정수는 다음과 같다.

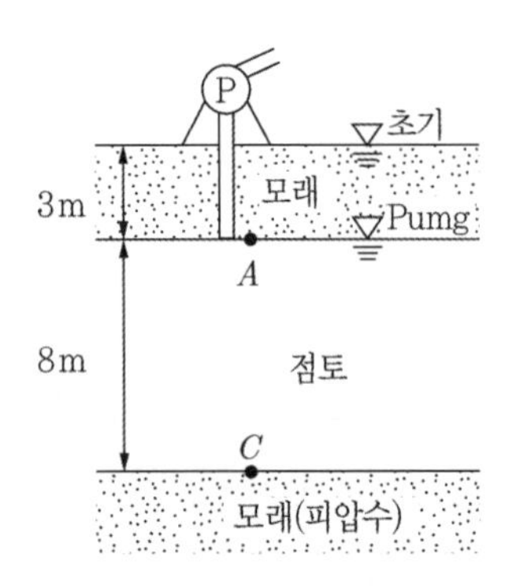

- 모래층: $\gamma = \gamma_{sat} = 20\text{kN/m}^3$
- 점토층(정규압밀점토): $\gamma_{sat} = 17\text{kN/m}^3$

  $C_c = 0.54$, $e_o = 0.9$,

  $C_v = 4 \times 10^{-4}\text{cm}^2/\text{sec}$

1) 양정으로 지하수위가 하강한 직후의 수압분포를 그려라.
   또한 $t = \infty$ 에서의 수압분포를 그려라.

2) $t = \infty$ 일 때 C점과 A점 사이의 동수경사를 구하라.

7. 다음 그림과 같은 조건에서 1차원 압밀의 기본방정식을 유도하라.

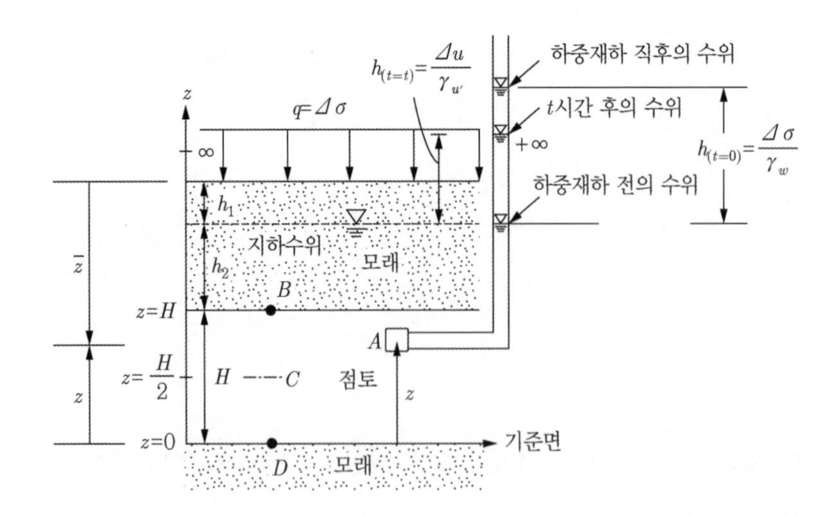

8. 다음 그림과 같이 원형 물탱크가 지표 위에 놓여야 하는 공사를 하고자 한다.

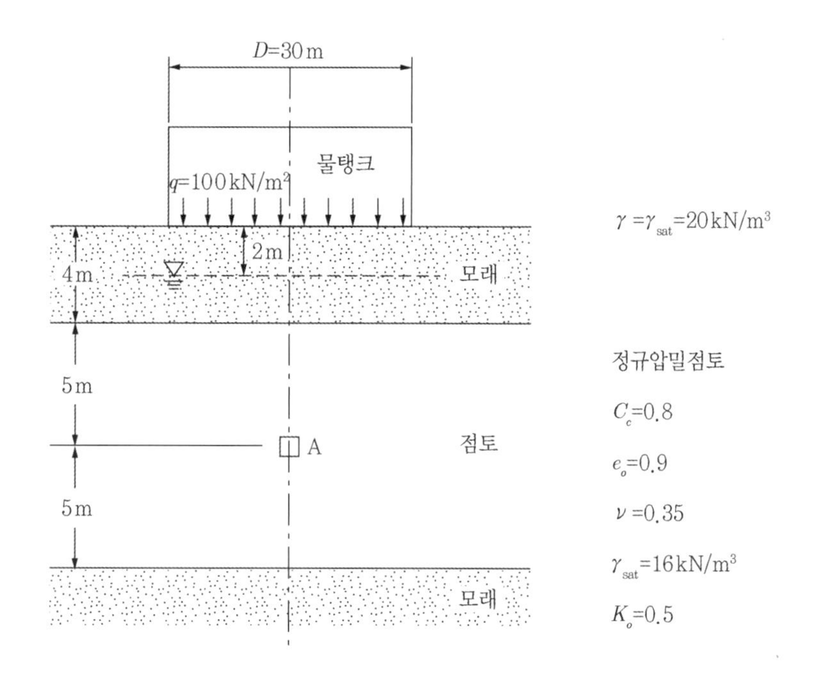

1) 물탱크를 설치하기 전의 상재하중(전응력)을 (연직 및 수평) A점에서 구하라.

2) 물탱크를 설치하기 전의 상재하중(유효응력)을 (연직 및 수평) A점에서 구하라.

3) 물탱크를 설치한 직후의 상재하중(전응력)을 (연직 및 수평) A점에서 구하라.

4) 점토지반에서의 압밀침하량을 구하라.

5) 만일 점토지반 3m 아래에 얇은 sand seam(아래 그림)이 존재한다면, 압밀 침하량은 4)번과 어떻게 다를까?

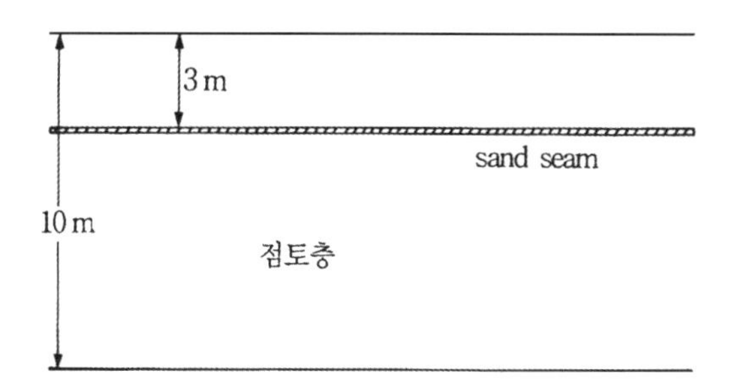

9. 그림과 같이 지하 4m에 지하실이 있을 때 점토에서의 압밀침하량을 구하라.

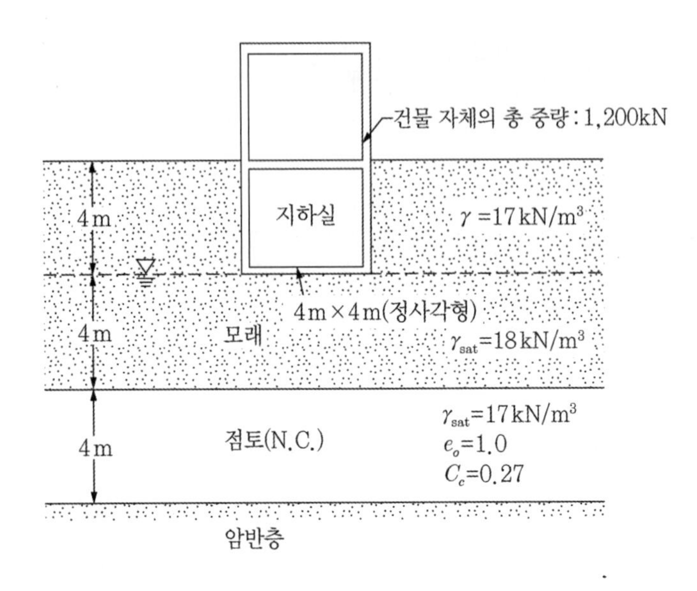

10. 다음과 같은 지하 물탱크 각 경우에 대하여 지반에 작용되는 압력을 구하라(방향도 표시).

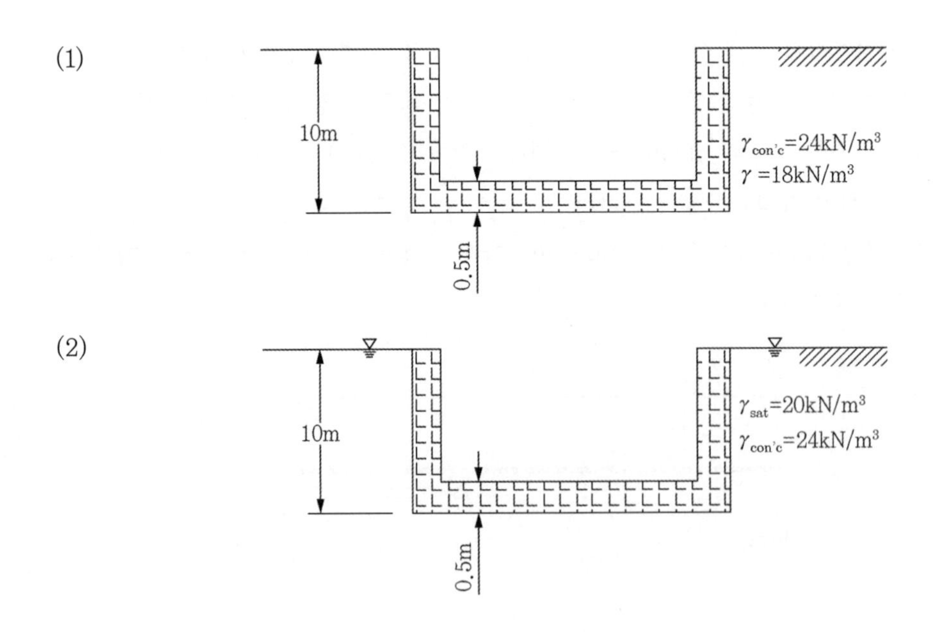

(3)

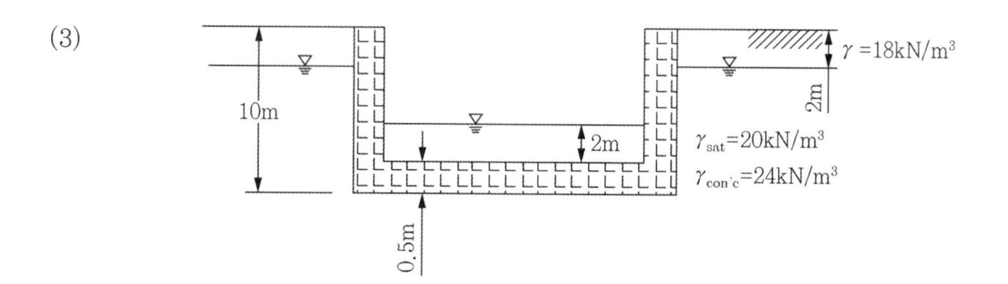

11. 직경 12m인 유류 저장탱크가 두께 33m인 점토 퇴적층의 표면 아래 3m 깊이에 위치하고 있다. 이 유류 저장탱크의 무게는 12,000kN이다. 점토의 아래에는 단단한 층이 존재한다. 점토에 대한 C_c 값은 0.35이다. 또한 이 점토의 탄성계수는 $40MN/m^2$이다. 탱크 중심하의 전체침하량을 구하라. 지하수위는 지표 아래 3m에 위치하고 있으며, 점토의 $e_o = 0.8$, $\gamma = 17kN/m^3$, $\gamma_{sat} = 18kN/m^3$이다.

12. 반밀폐된 포화 점토층의 두께가 8m이며 이 점토의 $C_h = C_v$라고 가정한다. 지름 300mm이고 정사각형으로 배치된 중심간격 3m인 연직 샌드드레인이 제방축조로 인한 증가된 연직응력하에서의 점토의 압밀속도를 증가시키기 위해 사용되었다. 샌드드레인이 없는 상태의 임의 시간에 대한 압밀도는 25%로 계산되었다. 샌드드레인이 사용되었을 때 동일시간에 대한 압밀도는 얼마인가?

13. 10m 두께의 포화점토층의 하부 경계는 불투수층이다. 제방은 점토층 위에 축조되었다. 점토층의 90% 압밀에 필요한 시간을 구하라. 지름 300mm이고 직사각형으로 설치된 중심간격 4m인 샌드드레인을 사용할 때 동일 압밀도에 이르는 데 필요한 시간을 구하라. 수직과 수평방향의 압밀계수는 각각 $9.6m^2$/년과 $14.0m^2$/년이다.

제10장
전단강도

제10장
전단강도

10.1 전단강도의 기본 개념

제5장에서 외부하중으로 인하여 지하에 있는 흙 입자는 연직 및 수평응력이 증가하게 된다고 이미 설명하였다. 이 응력의 증가로 인하여 그림 5.17에서 보는 바와 같이 흙 입자의 한 면(그림 5.17의 AF면)에는 수직응력(normal stress)과 전단응력(shear stress)이 발생된다.

이 책의 초두에 밝힌 대로 흙은 모멘트에 대하여 저항할 수가 없다. 그러나 전단에 대하여는 저항력이 좋다고 할 수 있다.

다음 그림 10.1과 같이 흙 입자 외부에 수직 및 전단응력이 작용될 때 AF면에 작용하는 응력을 구하는 방법론에 대하여는 이미 5장에서 설명하였으므로 생략한다.

여기에서 한 가지 분명히 밝혀둘 사항은 입자외부에 작용하는 응력은, 원래의 상재압력 또는 초기연직응력에다 외부하중으로 인한 응력의 증가량을 더한 것으로 생각하면 될 것이다. 즉,

$$\sigma_v = \sigma_{vo} + \Delta\sigma_v \tag{10.1}$$

$$\sigma_h = \sigma_{ho} + \Delta\sigma_h \tag{10.2}$$

$$\tau_{hv} = \Delta\tau_{hv} \tag{10.3}$$

여기서, σ_{vo} 및 σ_{ho} = 초기 연직 및 수평응력(상재압력)

$\Delta\sigma_v$, $\Delta\sigma_h$ 및 $\Delta\tau_{hv}$ = 외부하중으로 인하여 입자에 가해진 응력의 증가량

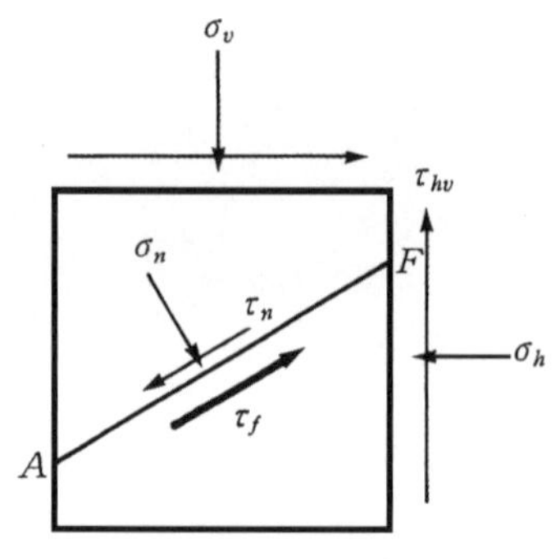

그림 10.1 입자에 작용되는 응력

만일 AF면이 파괴가능면이라고 하자. 이는 AF면 위에 작용하는 전단응력 τ_n에 의하여 전단파괴가 일어날 가능성이 있다는 것을 뜻한다. AF면 위의 흙이 τ_n으로 전단응력이 작용되면, AF면 바로 아래에 있는 흙은 그림에서처럼 τ_n의 반대 방향으로 전단저항을 할 것이다. 이를 전단강도(shear strength)라 한다. 전단강도를 정의하면 다음과 같이 표현할 수 있을 것이다.

'전단강도란 파괴가능면에서 전단저항할 수 있는 최대저항력이다.' 따라서 전단강도의 개념이 성립되기 위하여 반드시 전단파괴면이 존재해야 함을 밝혀둔다. 전단파괴면에 대한 설정 없이 전단강도는 절대로 논할 수가 없다.

그렇다면 전단강도, 즉 흙의 최대 전단저항력은 어떻게 구할 수 있나? 우선 밝혀둘 것은 전단강도는 흙의 고유성질을 나타내는 정수(soil parameter)가 아니라는 점이다. 즉, 흙의 종류에 따라 일정한 값을 갖는 것이 아니고, 같은 흙이라 하더라도 변할 수 있다.

전단응력 및 전단강도를 물리적으로 설명하기 위하여 다음 그림 10.2와 같은 흙사면을 생각해보자.

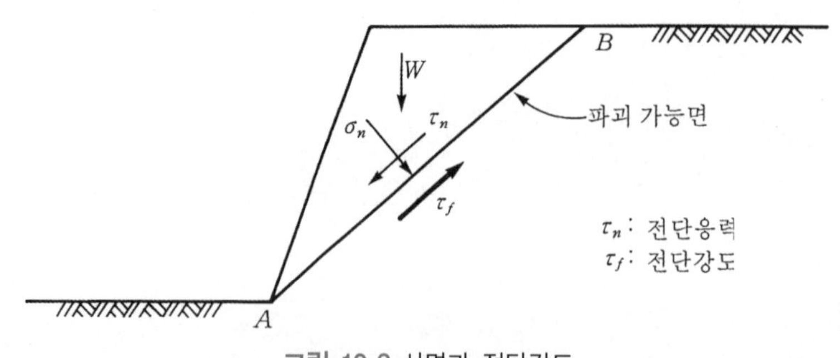

그림 10.2 사면과 전단강도

만일 AB면에서 사면파괴가 일어날 가능성이 있다고 하자. 이는 AB면 위에 작용하는 전단 응력 τ_n으로 말미암아 발생될 것이다.

τ_n은 AB면 위의 흙의 무게에 의하여 생긴 응력이다. 물론 AB면에서는 무게 W로 인하여 전단응력 τ_n뿐만 아니라 수직응력 σ_n도 작용될 것이다. 이때, AB면 하부에 최대로 저항할 수 있는 저항력이 전단강도로서 이를 τ_f로 표시한다. 그렇다면 사면의 전단파괴 여부는 다음 조건에 따라 결정될 것이다.

- $\tau_n < \tau_f$이면 안전(stable)
- $\tau_n \geq \tau_f$이면 불안전(unstable)

최대로 버틸 수 있는 잠재력을 나타내는 전단강도는 어떤 식으로 표시될 수 있는지를 서술하고자 한다. 전단저항력은 다음 그림 10.3과 같은 블록을 옆에서 밀어주는 실험으로부터 기본원리를 쉽게 알 수 있다.

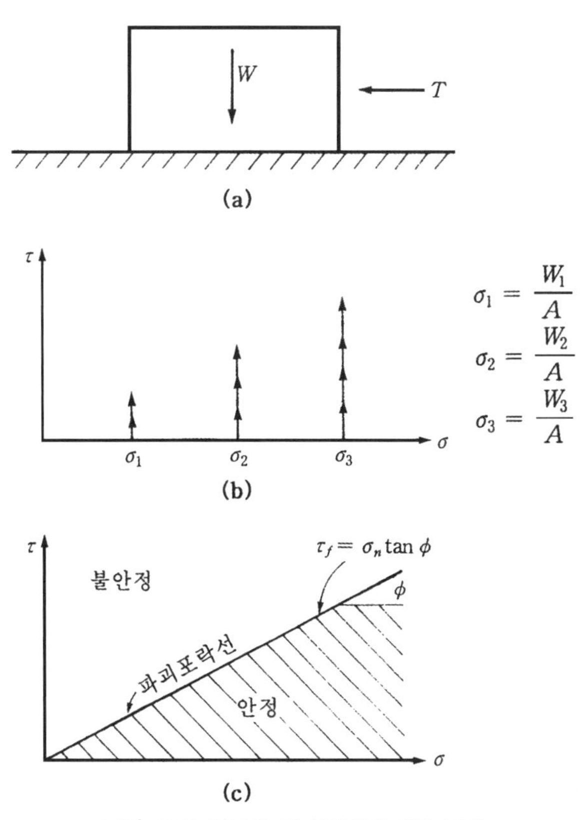

그림 10.3 블록의 미끄러짐에 대한 저항

예를 들어, 블록이 일종의 궤짝으로서 블록에 물체를 넣으면 블록의 무게는 증가할 것이다. 이때 우리가 쉽게 알 수 있는 것은 블록의 무게가 무거우면 무거울수록 블록에 큰 힘을 수평방향으로 가해야 움직일 것이다. 즉, 움직이기 시작할 때의 힘 T_f는 다음 식과 같이 표시될 수 있을 것이다.

$$T_f = \mu W \tag{10.4}$$

여기서, μ = 마찰계수

W = 블록의 무게

만일 식 (10.4)의 양변을 블록의 면적 A로 나누면 식 (10.4)는 다음과 같이 될 것이다.

$$\tau_f = \frac{T_f}{A} = \mu \cdot \frac{W}{A} = \mu\sigma_n \tag{10.5}$$

여기서, τ_f = 블록이 움직이기 시작할 때의 전단저항력

σ_n = 파괴면에 작용되는 수직응력

식 (10.5)로부터 우리는 중요한 사실을 깨달을 수가 있다. '전단저항력은 그 파괴면에 작용되는 수직응력에 비례한다는 것이다.' 만일 마찰계수 μ를 $\mu = \tan\phi$로 가정하면 식 (10.5)는 다음과 같이 된다.

$$\tau_f = \sigma_n \tan\phi \tag{10.6}$$

여기서, ϕ는 내부마찰각(angle of internal friction) 또는 전단저항각(angle of shearing resistance)이라고 한다.

식 (10.6)을 그대로 적용할 수 있는 흙은 점착성(끈적끈적한 성질)이 전혀 없는 모래에 한정되며, 만일 흙에 끈적끈적한 점착력이 존재하면, 식 (10.6)에 추가하여 점착력도 전단저항에 일조할 것이다. 따라서 전단강도는 종합적으로 다음 식과 같이 표시할 수 있다.

$$\tau_f = c + \sigma_n \tan\phi \tag{10.7}$$

여기서, τ_f = 전단강도(shear strength)

c = 점착력(cohesion)

σ_n = 파괴면에 작용하는 수직응력(normal stress)

ϕ = 내부마찰각(angle of internal friction)

저자는 마찰계수 'μ' 대신에 '$\tan\phi$'를 사용하였다. 여기서 ϕ는 어떤 물리적인 의미를 갖고 있는지 앞의 블록실험을 통하여 재삼 설명할 것이다.

그림 10.3에서 블록의 무게를 각각 W_1, W_2, W_3로 다르게 하여 전단시험을 했다고 하자. 5장에서 서술했던 응력경로를 그려보면, 그림과 같이 σ는 일정하고 τ만 증가하다가 파괴점에 이를 것이다(그림 10.3(b)). 그 파괴점들을 연결하면 그림 10.3(c)의 선이 그려지며, 그 선이 식 (10.6)의 전단강도를 나타내는 선이다. 그림에서 보듯이 ϕ는 파괴를 나타내는 포락선(failure envelope)의 각도를 나타낸다.

<u>포화토에서의 전단강도</u>

만일 흙 입자가 지하수위면 아래에 존재하여 간극수압 u가 존재한다고 하자. 흙이 받는 부분을 나타내는 유효응력은 $\sigma' = \sigma - u$일 것이다. 물은 전단력에 대한 저항력이 없다. 따라서 전단강도는 다음 식과 같이 표시될 것이다.

$$\tau_f = c' + \sigma_n{}'\tan\phi', \text{ 또는}$$
$$= c' + (\sigma_n - u)\tan\phi' \qquad (10.8)$$

여기서, c', ϕ'은 유효응력 개념상의 점착력, 내부마찰각으로서 ' ′ '를 붙인 것이다.

점성이 없는 사질토지반의 대표적인 내부마찰각이 표 10.1에 표시되어 있다.

표 10.1 사질토의 대표적인 전단저항각(내부마찰각)

흙의 종류	$\phi\,(^{o})$
모래: 입자가 둥근 것	
느슨	27~30
중간	30~35
조밀	35~38
모래: 입자가 모난 것	
느슨	30~35
중간	35~40
조밀	40~45
자갈 섞인 모래	34~48
실트	26~35

10.2 파괴이론

전단강도식 (10.7)을 $\sigma-\tau$ 그래프상에 나타내면 다음 그림 10.4와 같다.

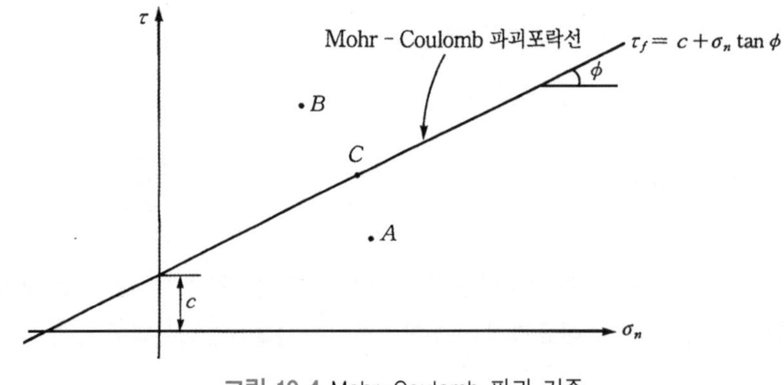

그림 10.4 Mohr-Coulomb 파괴 기준

그림에서 파괴가능면에서의 수직응력 및 전단응력으로 이루어진 응력이 'A'점에 있다고 하면 전단응력이 기준선인 전단강도선 이하에 위치하므로 A점의 응력은 전단파괴에 대하여 안전할 것이다. 그러나 만일 'B' 또는 'C'점에 응력점이 존재한다면 이는 전단강도와 같거나 더 큰 전단응력을 나타내는 점이므로 전단파괴가 될 수밖에 없는 형편일 것이다. 즉, 그림에 표시된 $\tau_f = c + \sigma_n \tan\phi$선은 파괴 여부를 가늠하는 선으로서 이를 Mohr-Coulomb 파괴포락선

(failure envelope)이라고 하며, 토질역학 분야에서 파괴기준으로 가장 많이 쓰이고 있다. 단, Mohr-Coulomb 파괴기준을 사용하기 위하여 반드시 파괴가능면을 먼저 설정해야 하며, 파괴가능면에 작용하는 수직응력 σ_n을 구해야 한다.

반면에, 일반적인 파괴기준은 반드시 파괴면에서 정의해야 되는 것은 아니다. 주응력으로 설정할 수도 있다. 다음 그림 10.5(a)와 같이 흙 입자에 주응력이 작용하고 있다. 이 주응력은 '상재압력+외부하중으로 인한 응력의 증가량'으로 생각할 수 있을 것이다. 1장에서 설명한 대로 σ_1과 σ_3의 차이가 클수록 전단파괴의 가능성이 클 것은 자명하다. 따라서 파괴기준을 다음과 같이 설정할 수 있을 것이다.

$$f = \sigma_1 - \sigma_3 - k = 0 \tag{10.9}$$

여기서, f = 파괴기준
k = 상수

즉, $\sigma_1 - \sigma_3$ 값이 k보다 크거나 같으면 파괴이고, 작으면 안전하다고 할 수 있을 것이다.

또는, 그림 10.5(b)에서와 같이 세 방향의 주응력을 모두 고려하는 경우 $\sigma_1 - \sigma_2$, $\sigma_2 - \sigma_3$, $\sigma_3 - \sigma_1$의 차이가 크면 클수록 파괴가능성이 클 것이다. 따라서 다음 식을 파괴기준으로 설정할 수도 있다.

$$f = \sqrt{(\sigma_1 - \sigma_2)^2 + (\sigma_2 - \sigma_3)^2 + (\sigma_3 - \sigma_1)^2} - k = 0 \tag{10.10}$$

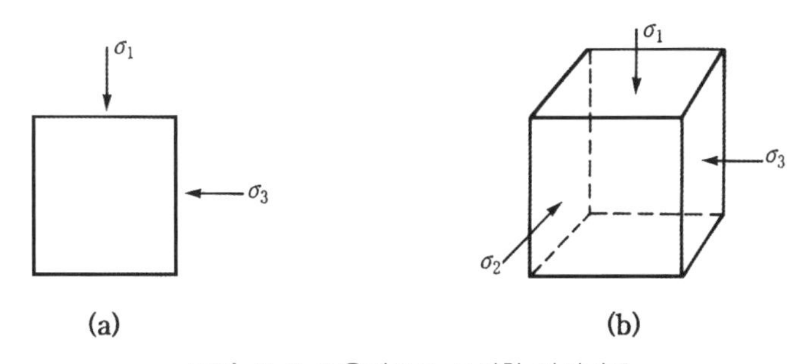

그림 10.5 주응력으로 표시한 파괴기준

[예제 10.1] 지하의 흙 입자에 다음과 같은 주응력이 작용되고 있다.

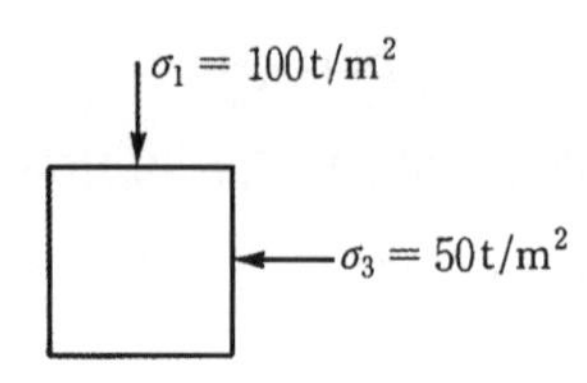

1) Mohr 원을 그려라.
2) 이 흙의 전단강도 계수인 c와 ϕ는 $c = 0$, $\phi = 30°$이다. Mohr-Coulomb의 파괴 포락선을 그리고, 흙 입자의 파괴 여부를 진단하라.
3) 파괴 기준이 다음과 같을 때, 파괴기준을 $\sigma_3 - \sigma_1$의 주응력 좌표상에 그리고, 흙 입자의 파괴 여부를 진단하라.

$$f = \sigma_1 + 1.5\sigma_3 - 200 = 0$$

[풀 이]

1), 2) Mohr 원은 다음 예제 그림 10.1.1과 같다.

Mohr 원이 Mohr-Coulomb 파괴포락선 아래에 있으므로 전단파괴 가능성 없다.

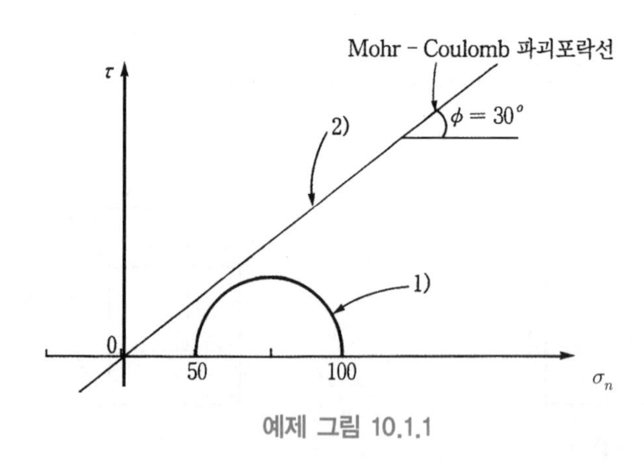

예제 그림 10.1.1

3) 파괴포락선을 예제 그림 10.1.2에 나타내었다. 파괴 포락선 아래에 있으므로 안전하다.

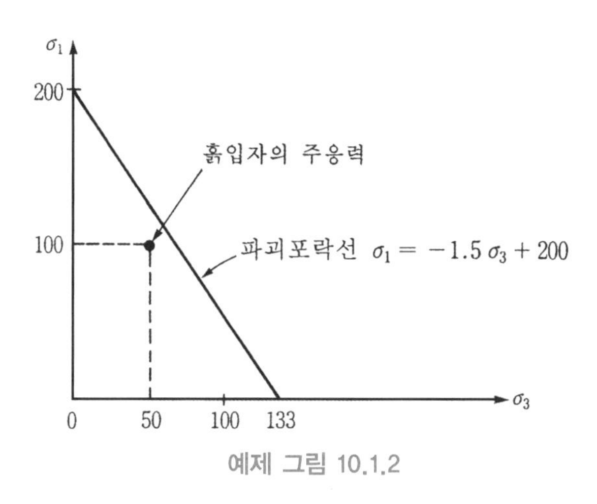

예제 그림 10.1.2

파괴면의 설정

Mohr–Coulomb의 파괴기준에 근거한 전단강도 공식을 이용하고자 하면, 우선적으로 파괴면(또는 파괴가능면)을 설정해야 한다. 이 파괴면은 아무렇게나 생성되는 것이 아니라 일정한 법칙에 의해 형성된다. 즉, 파괴면과 최대 주응력면과는 항상 일정한 각도를 유지한다.

예를 들어, 다음 그림 10.6과 같이 입자 $ABCD$에 최대주응력 σ_{1f}, 최소주응력 σ_{3f}가 가해졌을 때, 전단파괴가 발생되었으며 이때의 전단파괴면이 EF라고 하자. 최대주응력은 DC면이다. 이 DC면과 EF면이 이루는 각도를 θ라고 할 때, 이 각도를 구하고자 하는 것이다.

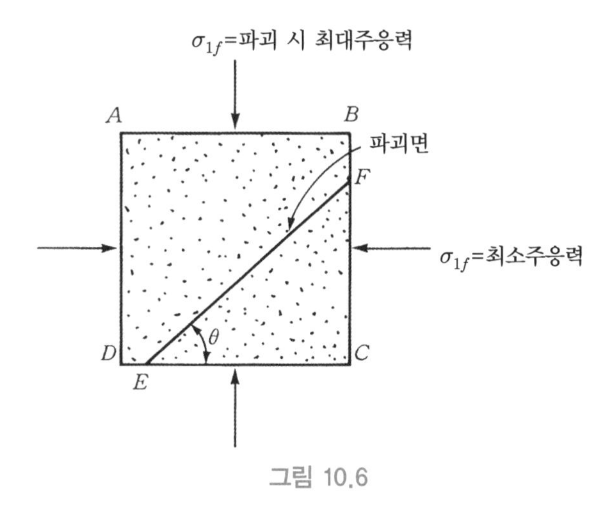

그림 10.6

그림 10.6의 입자에 작용하는 응력을 Mohr 원으로 표시해보면 그림 10.7과 같이 그릴 수 있을 것이다. 여기에서 한 가지 유의해야 할 사실은 그림 10.6의 σ_{1f}, σ_{3f}는 파괴 시의 주응력

들이므로, 이 응력으로 이루어지는 Mohr 원은 Mohr-Coulomb의 파괴면과 반드시 접해야 한다는 것이다. 즉, 그림 10.7의 'd'점이 Mohr-Coulomb 파괴포락선과 만난다. 따라서 d점이 파괴면의 응력을 나타내는 점이다.

그림 10.7에서 $2\theta = 90° + \phi$가 된다. 즉,

$$\theta = 45° + \frac{\phi}{2} \tag{10.11}$$

이를 한마디로 표현하면, '전단파괴면은 최대 주응력면과 $45° + \frac{\phi}{2}$의 각도를 이룬다.'라고 정리할 수 있다.

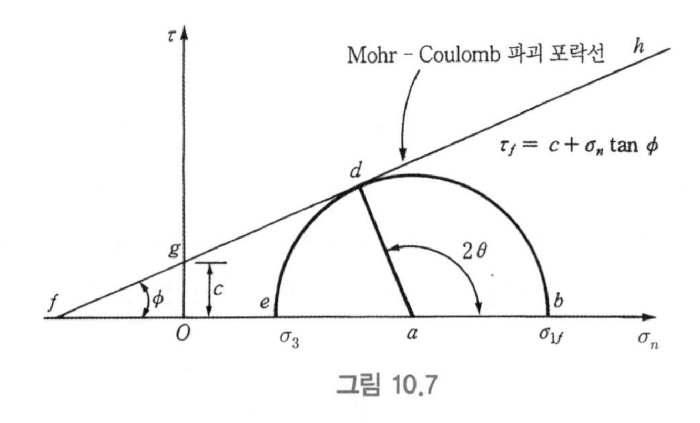

그림 10.7

<u>주응력으로 표시된 파괴기준</u>

그림 10.7에서 보여주는 대로, 전단파괴 시의 Mohr 원을 이용하면 σ_{1f}와 σ_3의 관계식도 유도할 수 있다. 그림에서,

$$\frac{ad}{fa} = \sin\phi \tag{10.12}$$

$$fa = fO + Oa$$

$$= c \cdot \cot\phi + \frac{\sigma_{1f} + \sigma_3}{2} \tag{10.13a}$$

$$ad = \frac{\sigma_{1f} - \sigma_3}{2} \tag{10.13b}$$

식 (10.13a), (10.13b)를 (10.12)에 대입하면

$$\sin\phi = \frac{\dfrac{\sigma_{1f}-\sigma_3}{2}}{c\cdot\cot\phi + \dfrac{\sigma_{1f}+\sigma_3}{2}} \tag{10.14}$$

가 된다. 식 (10.14)를 σ_{1f}에 관하여 표시하면 다음 식과 같이 됨을 알 수 있다.

$$\begin{aligned}\sigma_{1f} &= \sigma_3\left(\frac{1+\sin\phi}{1-\sin\phi}\right) + 2c\left(\frac{\cos\phi}{1-\sin\phi}\right)\\ &= \sigma_3\tan^2\left(45° + \frac{\phi}{2}\right) + 2ctan\left(45° + \frac{\phi}{2}\right)\end{aligned} \tag{10.15}$$

$p-q$ 다이아그램상의 파괴기준

5장에서 응력 및 응력의 증가량을 설명하면서 Mohr 원의 꼭짓점을 나타내는 $p-q$ 다이아그램을 그릴 수 있다고 하였다. Mohr−Coulomb의 파괴기준을 $p-q$ 다이아그램 상에 표시해 보면 다음 그림 10.8과 같다.

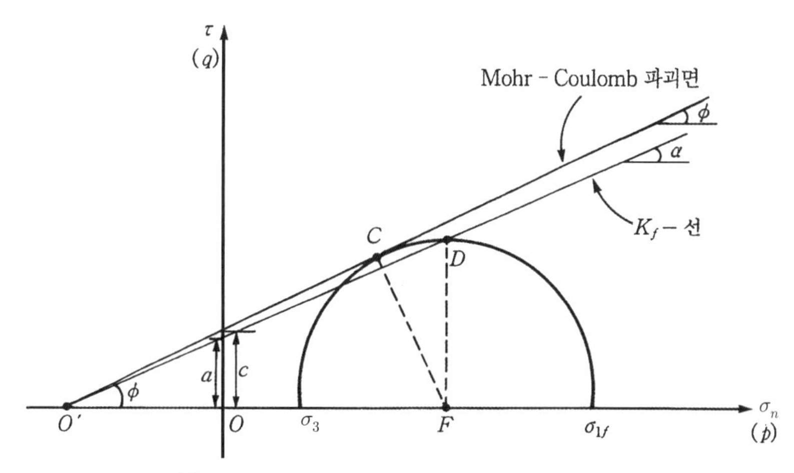

그림 10.8 Mohr−Coulomb 파괴면과 K_f 선과의 관계

그림에서 $O'C$를 잇는 선이 Mohr−Coulomb 파괴포락선이며 이는 다음 식으로 표시된다고 하였다.

$$\tau_f = c + \sigma_n \tan\phi \tag{10.7}$$

파괴가 발생될 때의 Mohr 원상의 꼭짓점 D와 O'을 잇는 선이 $p-q$ 다이아그램상의 파괴포락선이 되며 이를 K_f-선이라고 한다. K_f-선은 다음 식으로 표시된다.

$$q_f = a + p\tan\alpha \tag{10.16}$$

여기서, $q_f = p-q$ 다이아그램상에서 파괴 시의 q값

그림 10.8에서 삼각함수의 원리를 이용하면 c, ϕ와 a, α 사이의 관계식을 구할 수 있다.

$$\frac{CF}{O'F} = \sin\phi \tag{10.17}$$

$$\frac{DF}{O'F} = \tan\alpha \tag{10.18}$$

그런데 $CF = DF$이므로 다음 식이 성립한다.

$$\sin\phi = \tan\alpha, \text{ 또는}$$

$$\alpha = \tan^{-1}(\sin\phi) \tag{10.19}$$

또한 $O'O = c \cdot \cot\phi = a\cot\alpha$로부터

$$\begin{aligned} a &= \frac{\cot\phi}{\cot\alpha}c \\ &= \frac{\cos\phi}{\sin\phi}\tan\alpha \cdot c \\ &= c \cdot \cos\phi \end{aligned} \tag{10.20}$$

즉, $\sigma-\tau$ 그래프상에서의 Mohr-Coulomb 파괴포락선을 나타내는 c, ϕ 값을 알면 $p-q$ 다이아그램상에서 파괴포락선을 나타내는 K_f-선의 강도정수 a, α 값을 쉽게 구할 수 있다.

정리

파괴기준에 대한 정리

이제까지 서술한 파괴기준을 정리해보면 다음의 세 가지로 요약할 수 있다.

첫째, 전단응력으로 표시된 파괴기준으로 다음 식과 같다(아래 정리 그림 10.1 참조).

$$\tau_f = c + \sigma_n \tan\phi \tag{10.7}$$

이 기준을 적용하기 위해서는 파괴 가능면을 먼저 설정해야 하며, 파괴 가능면에 작용하는 수직응력 σ_n을 알아야 한다.

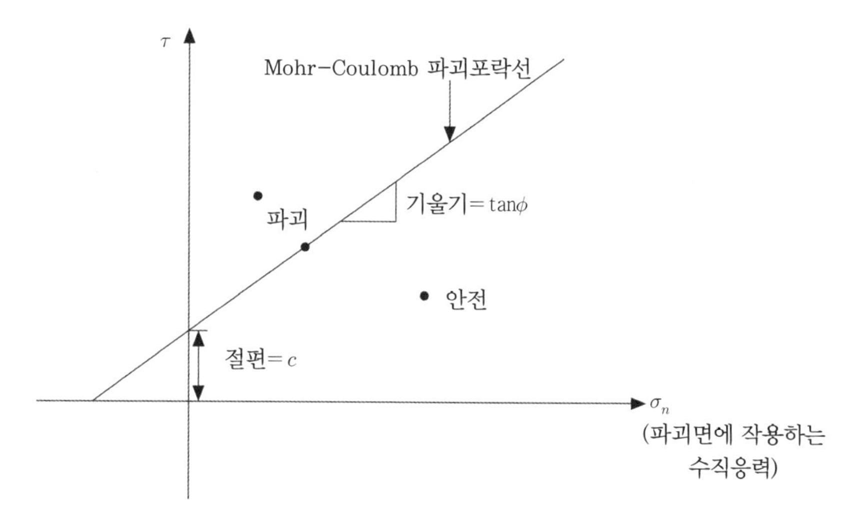

정리 그림 10.1

둘째, 주응력으로 파괴기준을 설정할 수도 있다. 최대 주응력이 식 (10.15)로 표시되는 값과 같거나 크면 파괴에 도달한 것이다(정리 그림 10.2 참조).

$$\sigma_{1f} = \sigma_3 \tan^2\left(45° + \frac{\phi}{2}\right) + 2c\tan\left(45° + \frac{\phi}{2}\right) \tag{10.15}$$

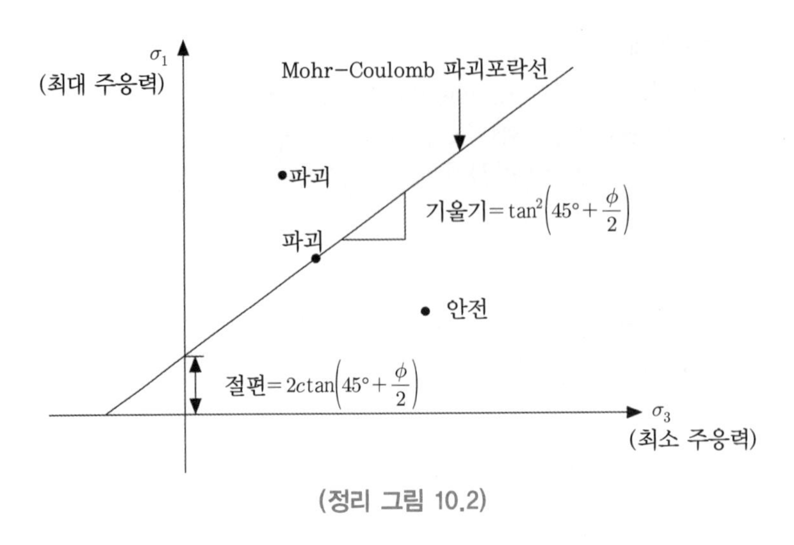

(정리 그림 10.2)

셋째, $p-q$ 다이아그램으로 파괴기준을 설정할 수도 있다(정리 그림 10.3 참조).

$$q_f = a + p\tan\alpha \tag{10.16}$$

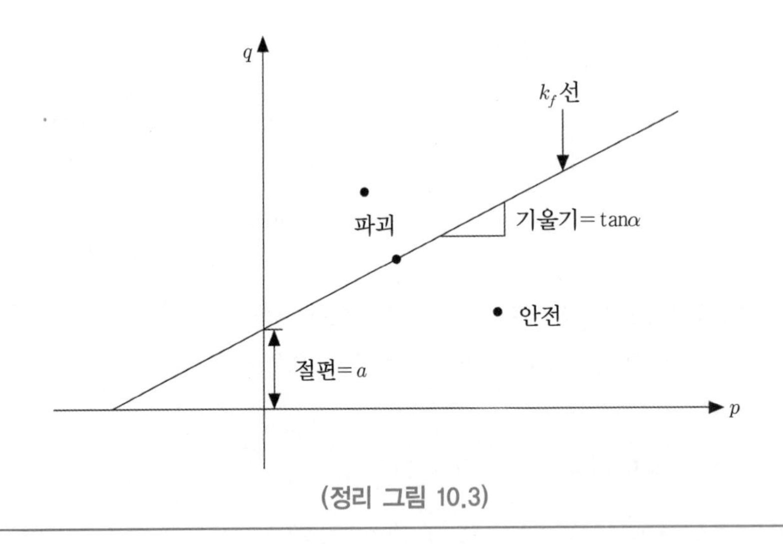

(정리 그림 10.3)

10.3 전단강도 정수를 구하기 위한 실내시험

전단강도 자체는 토질정수(soil parameter)가 아니며, 파괴면에 작용하는 수직응력에 비례한다는 것은 누누이 설명하였다. 흙의 고유성질을 나타내는 강도정수는 전술한 대로 c, ϕ이다. 흙의 강도정수를 구하기 위한 대표적인 실내실험에는 직접전단시험(Direct Shear Test), 삼축압축시험(Triaxial Test), 일축압축시험(Unconfined Compression Test)이다.

10.3.1 직접전단시험(Direct Shear Test)

1) 실험 개요

직접전단시험은 한마디로 표현하면 Mohr-Coulomb 파괴기준에 입각한 전단강도시험이라고 할 수 있다(실험기구 그림 10.9 참고).

① 파괴면을 임의로 설정해놓고,

② 파괴면에 일정한 수직응력(예를 들어, σ_{n1})을 가하고 있는 가운데,

③ 전단응력을 계속 증가시켜 전단파괴가 발생될 때의 전단응력이 전단강도(τ_f)이다.

위의 과정을 거쳐 실험이 끝나면, 앞과 다른 수직응력(σ_{n2})을 가하면서 역시 같은 실험을 반복해야 한다. 강도정수를 구하기 위해서는 최소 3~4개의 다른 수직응력하에서 전단실험을 실시해야 한다.

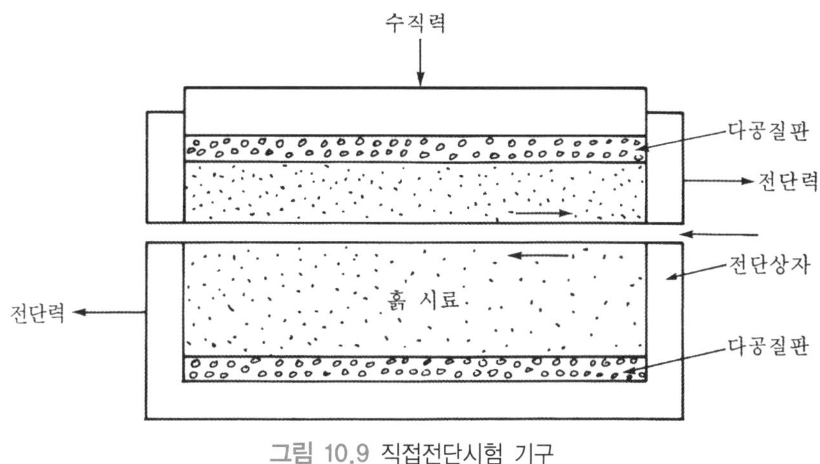

그림 10.9 직접전단시험 기구

한 수직응력하의(예를 들어, σ_{n1}) 전단시험 결과는 다음 그림 10.10과 같이 표현될 수 있을 것이다. 그림에서의 실험결과는 모래에 대한 것인데 느슨한 모래는 실선과 같이 전단응력이 계속 증가하다가 전단강도에 이르면 파괴된다. 전단 시에 시료는 수축하는 현상을 보인다. 반면에 조밀한 모래는 점선과 같이 전단응력이 증가하여 첨두점(peak)에 이르고 이후에도 계속 전단을 가하면 전단응력이 오히려 감소하여 극한(ultimate)상태에 이른다. 첨두 시의 전단강도를 첨두전단강도(peak shear strength), 극한 시의 전단강도를 극한전단강도(ultimate shear strength)라고 한다. 조밀한 모래의 전단 시 체적은 전단초기에는 약간 감소하다가 파괴에 근접할수록 오히려 증가하는 현상을 보인다. 각 실험마다 그림 10.10과 같은 그래프를 그릴 수 있으며, 이 그래프로부터 각각의 τ_f 값을 얻을 수 있다. 이를 정리해보면 다음과 같을 것이다.

예) σ_{n1} τ_{f1} σ_{n2} τ_{f2}

σ_{n3} τ_{f3} σ_{n4} τ_{f4} 등

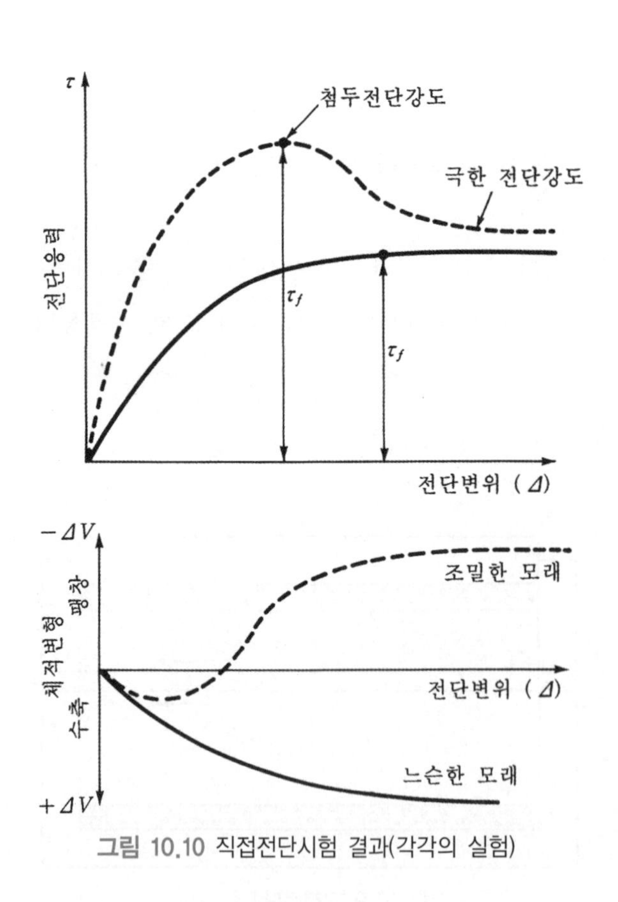

그림 10.10 직접전단시험 결과(각각의 실험)

위의 시험결과를 종합하여 $\sigma-\tau$ 그래프상에 나타내어 Mohr-Coulomb 파괴포락선을 그리고 기울기의 각도를 잰 것이 내부마찰각 ϕ가 되며, 또한 절편이 c가 될 것이다(예를 들어, 예제 그림 10.2 참조). 만일 실험을 건조한 모래에 대하여 실시하였다면 모래이므로 $c=0$이고 ϕ값만 존재할 것이다. 즉, $\tau_f=\sigma_n \tan\phi$와 같이 전단강도가 표시될 수 있을 것이다.

[예제 10.2] 건조한 모래에 대하여 직접전단시험을 실시한 결과는 다음과 같다. 모래의 강도정수를 구하라.

Test No	수직응력(σ_n, kN/m^2)	파괴 시 전단응력(τ_f, kN/m^2)
1	35	21
2	53	32
3	123	74
4	176	106

[풀 이]

실험 결과를 $\sigma'-\tau$상에 나타내면 예제 그림 10.2와 같다.

그림으로부터 $c=0$, $\phi\approx 32°$

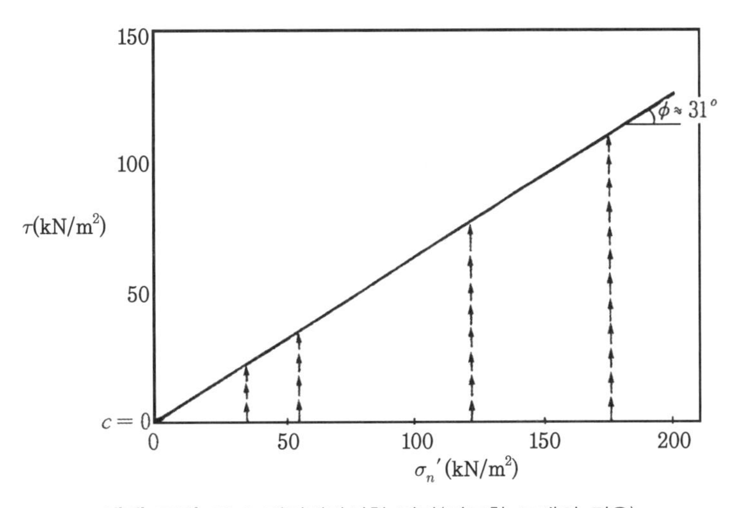

예제 그림 10.2 직접전단시험 결과(건조한 모래의 경우)

2) 포화된 시료에 대한 직접전단시험

앞 절에서는 주로 건조한 모래에 대하여 직접전단시험을 실시하는 예를 설명하였다. 항상 그렇듯이 전단파괴도 지하수와 밀접한 관계가 있으며, 보통 지하수위 하에서 전단 파괴가 일어난다. 이러한 현상조건을 시뮬레이션하기 위하여 전단시험을 실시하기 이전에 시료를 완전히 물속에 수침시킨다. 수압의 영향을 없애기 위하여 전단 시에 물이 자유로이 다공질판(porous stone)으로 빠져나가 과잉간극수압이 발생되지 않도록 함이 중요하다. 모래를 수침시켜 전단시험을 실시하는 경우는 전단력을 천천히 가하면 과잉간극수압을 발생시키지 않을 것이다. 그러나 점토지반은 워낙 투수계수가 작기 때문에 전단 시 완전히 배수시키는 것은 거의 불가능하다. 따라서 직접전단시험은 주로 사질토에 대한 시험으로 사용되며 점토에 대한 시험법으로는 적절치 못하여 많이 사용되지 않는다. 반면에, 삼축압축시험은 배수조건을 자유로이 조절할 수 있으므로 점토에 대한 시험법으로 많이 쓰인다.

3) 직접전단시험의 장단점

직접전단시험은 시험 자체가 간단하다는 장점이 있는 반면에 여러 가지 단점도 존재한다.

우선, 직접전단시험은 파괴면을 임의로 미리 설정한다는 것이다. 완전히 균질한 흙에서는 파괴면을 미리 정해도 되나, 실 크랙, fissure 등의 연약대가 존재하는 경우에는 주응력면과 $\theta = 45° + \frac{\phi}{2}$의 각도를 가지고 파괴되는 것이 아니라 연약대가 파괴면이 됨이 보통이기 때문에, 연약대가 존재하는 흙임에도 불구하고 연약대가 아닌 다른 면을 파괴면으로 가정하고 실험했을 때 실제의 흙과 상당히 다른 결과를 보일 것이다.

또한 수침실험을 하는 경우 배수조건을 제어(control)하기가 매우 힘들다는 약점도 있다. 전단응력을 가하기 이전에는 시료가 연직, 수평면 모두 주응력면이 되나 전단응력을 가함으로서 연직, 수평면은 더 이상 주응력면이 될 수 없어 주응력면이 회전하는 현상이 생길 수밖에 없다.

반면에 장점도 지니고 있다. 직접전단시험으로 흙과 흙 사이의 강도정수를 구할 수 있을 뿐만 아니라, 흙과 콘크리트, 흙과 강(steel) 사이에의 강도정수도 구할 수 있다. 전단 박스의 한 면에는 흙을 넣고 다른 한 면에는 소요 구조체를 넣고 전단시험을 하면 될 것이다. 흙과 구조체 사이의 전단강도는 다음 식과 같이 표시될 수 있을 것이다.

$$\tau_f = c_a + \sigma_n \tan\delta \tag{10.21}$$

여기서, c_a = 부착력(adhesion)

δ = 벽면마찰각(friction angle between soil and structure)

흙과 구조물 사이의 직접전단시험의 개략도가 그림 10.11에 표시되어 있다. 일반적으로 흙과 구조물 사이의 벽면마찰각은 흙과 흙 사이의 내부마찰각보다 작은 것으로 알려져 있다.

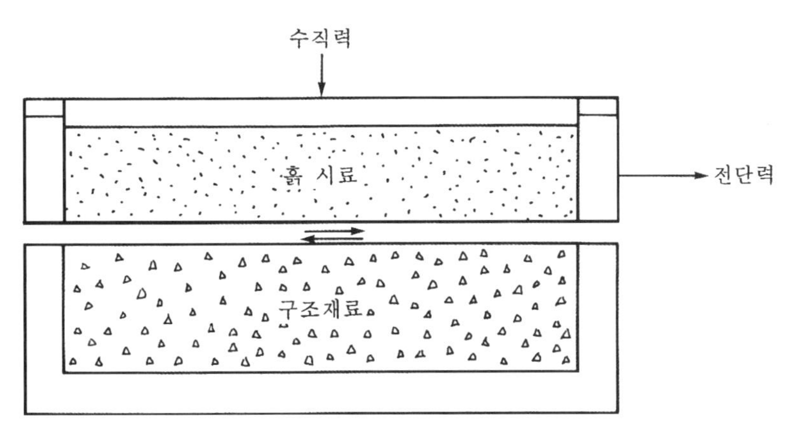

그림 10.11 흙과 구조체 사이의 직접전단 시험기구

[예제 10.3] 건조한 모래에 대하여 불행히도 직접전단실험을 1회밖에 실시하지 못하였다. 실험 결과는 $\sigma_n = 65\,\text{kN/m}^2$에 대하여 $\tau_f = 41\,\text{kN/m}^2$이었다.

1) $\sigma - \tau$그래프상에 위의 점을 찍고 Mohr-Coulomb 파괴포락선을 그려라(단, $c = 0$).
2) 파괴 시 최대주응력의 크기와 방향을 표시하라.
3) 최대전단응력의 값과 최대전단응력이 발생되는 방향을 표시하라.
4) 전단파괴면은 3)의 최대전단응력이 작용되는 면이 아니라 그보다 작은 전단응력에서 파괴되는 이유를 논리적으로 설명하라.

[풀 이]

1) Mohr 원은 다음과 같다.

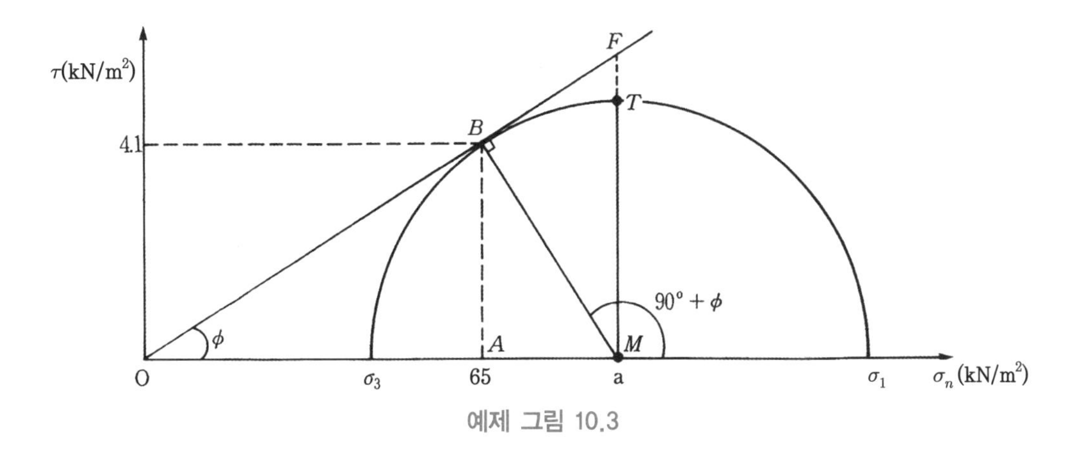

예제 그림 10.3

2) ΔOAB에서

$$\frac{4.1}{6.5} = \tan\phi, \quad \therefore \phi = 32.24$$

$$OB = \sqrt{65^2 + 41^2} = 76.85$$

ΔOMB에서

$$\frac{OB}{OM} = \cos\phi, \quad \therefore \quad OM = 90.86$$

ΔOMB에서

$$BM = OM\sin\phi = 90.86 \times \sin 32.24° = 48.87$$

최대주응력 $\sigma_1 = OM + BM = 90.86 + 48.47 = 139.33\text{kN/m}^2$

파괴면과 최대 주응력면이 이루는 각 θ

$$\theta = 45° + \frac{\phi}{2} = 61.12°$$

3) 최대전단응력 $\tau_{\max}$

$$\tau_{\max} = TM = BM = 48.47\text{kN/m}^2$$

최대전단응력과 최대 주응력면이 이루는 각은 45°이다.

4) 최대전단응력이 작용하는 면은 그림에서 점 T로 표시된다. 점 T에서의 전단 응력은 3)에서 구한 것처럼, 48.47kN/m^{2}이 되고 이 면에서의 σ_n =90.86kN/m^{2}이 된다. 그런데 Mohr-Coulomb 파괴포락선상에서 σ_n =90.86kN/m^{2}일 때는 전단강도 $\tau_f = \sigma_n \tan\phi = 90.86 \times \tan$ 32.24°=57.31kN/m^{2}이 되어야 파괴된다. 최대전단응력이 작용하는 면(점 T)에서는 전단응력이 최대이긴 하지만 σ_n도 크기 때문에 전단강도가 커져 파괴되지 않고 그보다 전단강도가 작은 실제파괴면(점 B)에서 파괴가 된다.

10.3.2 삼축압축시험(Triaxial Shear Test)

삼축압축시험은 가장 현장조건을 잘 재현할 수 있는 실험으로서 연구 및 설계목적으로 가장 많이 사용되는 실험법이다.

삼축압축시험은 직접전단시험과 달리 파괴면을 미리 설정하는 것이 아니라, 흙 입자 외부에서 최대주응력과 최소주응력을 가하여 두 응력차로 인하여 흙 입자 내부에서 자연 발생적으로 전단파괴면이 형성되고 이 파괴면을 따라 전단파괴가 발생되도록 하는 실험법이다.

삼축압축시험 기구의 개략도가 그림 10.12에 표시되어 있다. 그림에서와 같이 흙 시료를 준비한 뒤, 시료에 얇은 고무막(rubber membrane)을 씌우고 삼축 셀(cell) 안에 설치한다. 삼축압축실험은 반드시 두 가지 단계로 실행된다.

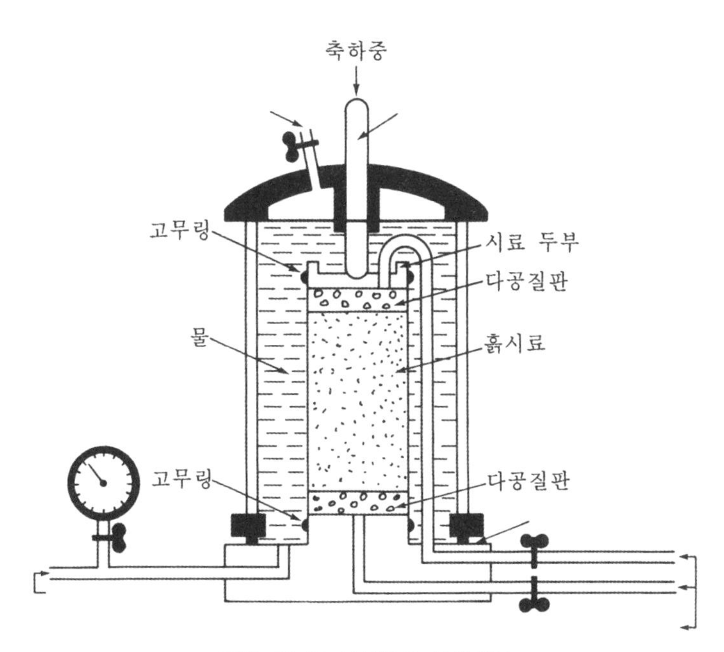

그림 10.12 삼축압축 시험기구

첫째 단계, 구속압력(confining pressure)단계이다. 시료를 셀(cell)에 넣고 셀을 물로 채우고 물에 압력을 주는 방법으로 다음과 같이 흙 입자에 구속압력 σ_3를 가한다.

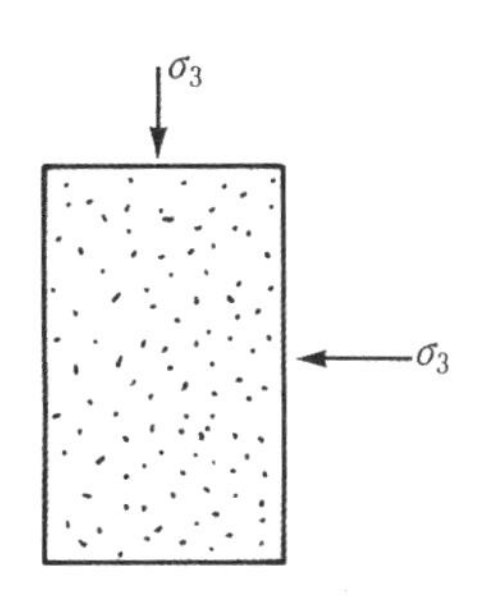

둘째 단계, 첫째 단계에서 가한 σ_3를 계속 지속시키면서 연직축 방향으로 하중을 추가로 계속 증가시킨다. 이를 축차응력(deviatoric stress), $\Delta\sigma_d$라고 한다. $\Delta\sigma_d$를 계속 증가시키면 결국은 흙 입자는 전단파괴가 일어날 것이다. 이때의 축차응력이 $\Delta\sigma_{df}$이다. 그렇다면 파괴 시 연직응력은 $\sigma_{1f}=\sigma_3+\Delta\sigma_{df}$가 될 것이다.

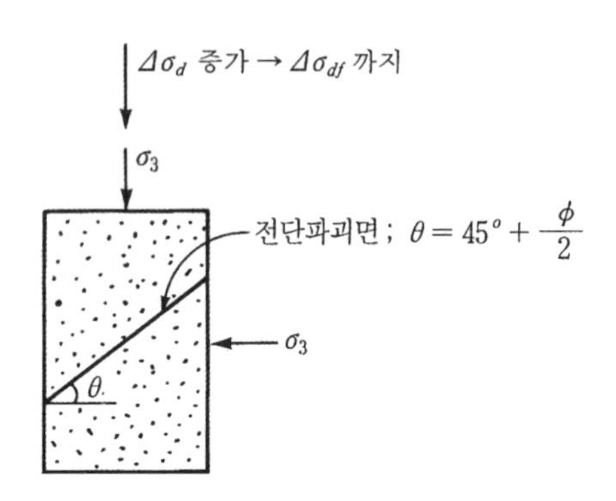

첫 번째 단계는 등방압력을 흙 입자에 가하므로 흙 입자에는 전단응력이 전혀 발생되지 않을 것이며, 둘째 단계인 축차응력을 가할 때에 전단응력의 증가로 전단파괴가 일어날 것이다. 실제 현장에서 전단파괴는 보통 지하수위 하(下)에서 발생되므로 실험 시 먼저 시료를 완전히 포화시킨 후에 삼축실험을 실시한다. 즉, 멤브레인 안에 있는 시료는 언제나 물로 포화되어 있게 된다.

그렇다면 구속압력(σ_3) 또는 축차응력($\Delta\sigma_d$)을 가할 때 외부응력의 증가분을 흙이 받아주든지, 물이 받아주든지 해야 할 것이다. 실험 시 배수조건에 따라 물이 받아주는 부분이 달라지며 이에 따라 흙이 받아주는 부분인 유효응력이 달라질 것이다.

따라서 삼축압축시험은 구속압력 작용 시와 축차응력 작용 시 물을 배수시키느냐, 배수시키지 않느냐에 따라 다음의 세 가지 종류가 있을 수 있다.

(1) 압밀 배수시험(Consolidated-Drained Test: CD Test) 구속압력 시에도 축차응력 시에도 배수시키며 하는 실험
(2) 압밀 비배수시험(Consolidated-Undrained Test: CU Test) 구속압력 시에는 배수조건, 축차응력 시에는 비배수 조건에서 하는 실험
(3) 비압밀 비배수시험(Unconsolidated-Undrained Test: UU Test) 구속압력 시에도 또한 축차응력 시에도 배수를 시키지 않고 하는 실험

1) 압밀 배수시험(CD Test)

압밀 배수시험은 구속압력 시에도, 축차응력 시에도 완전배수를 허용하는 실험이다.

① 첫째 단계(구속압력 단계)

아래 그림과 같이 σ_3를 시료에 가하고 배수밸브를 연 상태로 하루(24 시간)를 기다리는 단계이다. σ_3를 가한 초기에는 물이 빠져 나가지 못하므로 7장에서 설명한 대로 과잉간극수압이 다음과 같이 발생할 것이다.

$$\Delta u_c = B\sigma_3 = \sigma_3,\ (t = 0\text{일 때})$$

그러나 24시간이 지나는 동안 물이 서서히 빠져 나가게 되어 종국에는 과잉간극수압은 '0'이 될 것이다. 물이 빠져 나가므로 외부응력 모두를 흙이 받아줄 것이다. 즉, $\sigma_3{}' = \sigma_3$가 될 것이다. 흙 입자는 $\sigma_3{}'$의 유효응력을 받으므로 흙 입자는 체적 수축현상을 보이게 된다. 즉, 압밀(consolidation)이 일어날 것이다.

점토지반은 과잉간극수압이 '0'이 되는 압밀완료를 위하여 시료에 σ_3의 구속압력을 가하고 24시간은 지나야 한다. 반면에 모래인 경우 훨씬 빠른 시간 내에 압밀이 완료될 것이다.

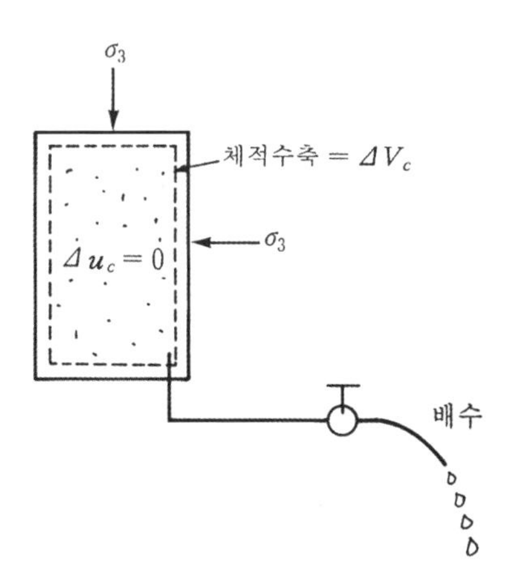

② 둘째 단계(축차응력 단계)

구속압력 단계를 통하여 압밀을 완료시킨 뒤에, 축차응력을 증가시킨다. 축차응력을 가할 때, 과잉간극수압이 발생되지 않도록 아주 서서히 하중을 가해야 한다.

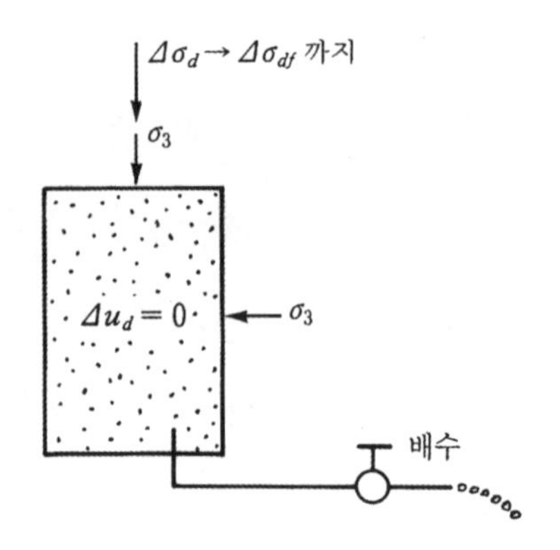

축차응력 시에도 과잉간극수압은 '0'이므로 가해준 모든 응력을 흙 입자가 받을 것이다. 즉, 전단파괴 시의 최대주응력은 $\sigma_{1f}' = \sigma_{1f} = \sigma_3 + \Delta\sigma_{df}$, 최소주응력은 $\sigma_3' = \sigma_3$가 될 것이다.

<u>실험결과 요약</u>

삼축압축시험은 여러 개의 다른 구속압력에 대해 실험을 실시하고 이 결과를 이용하여 강도정수를 구하게 된다. 예를 들어, 구속압력을 다음의 값 등으로 설정하고 각각 실험을 실시한다.

구속압력의 예) $\sigma_3 = 50\mathrm{kN/m^2}$, $100\mathrm{kN/m^2}$, $150\mathrm{kN/m^2}$ 등

실험결과(예를 들어, $\sigma_3 = 50\mathrm{kN/m^2}$인 경우에 대한)로부터 얻어질 수 있는 기초 데이터의 개략도가 그림 10.13에 표시되어 있다. 그림 10.13에 나타낸 대로, 구속압력 단계에서는 압밀로 인하여 시간이 감에 따라 체적수축이 일어남을 알 수 있다. 제2단계인 축차응력 단계에서, $\Delta\sigma_d$ − 축방향 변형률 그래프로부터 $\Delta\sigma_{df}$을 구할 수 있다. 정규압밀점토(또는 느슨한 모래)에서는 첨두강도가 나타나지 않고, 또 축차응력 시에는 체적 감소현상이 일어난다. 반면에 과압밀점토(또는 조밀한 모래)에서는 첨두강도가 뚜렷이 나타나며, 첨두강도 후에는 $\Delta\sigma_d$값이 감소한다. 또한 이 경우 체적은 처음에는 약간 감소현상이 있다가, 첨두강도 후에는 오히려 팽창현상을 보인다.

그림 10.13으로부터 $\Delta\sigma_{df}$를 구하는 것을 반복하여 얻은(예를 들어, $\sigma_3 = 50\mathrm{kN/m^2}$ $\sigma_3 = 100\mathrm{kN/m^2}$, $\sigma_3 = 150\mathrm{kN/m^2}$ 각각의 실험에 대하여)결과를 이용하여 각 실험결과마다 그림 10.14와 같이 Mohr 원을 그릴 수 있을 것이다. 이 Mohr 원에 접하는 접선을 그으면 Mohr–Coulomb 파괴포락선이 될 것이다.

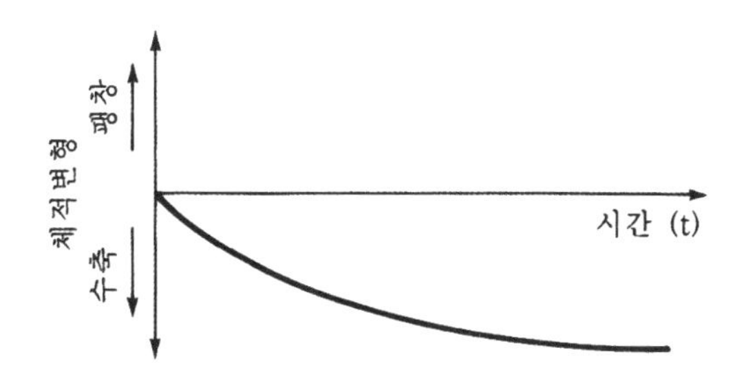

(a) 구속압력 단계 ; 체적변형 – 시간과의 관계

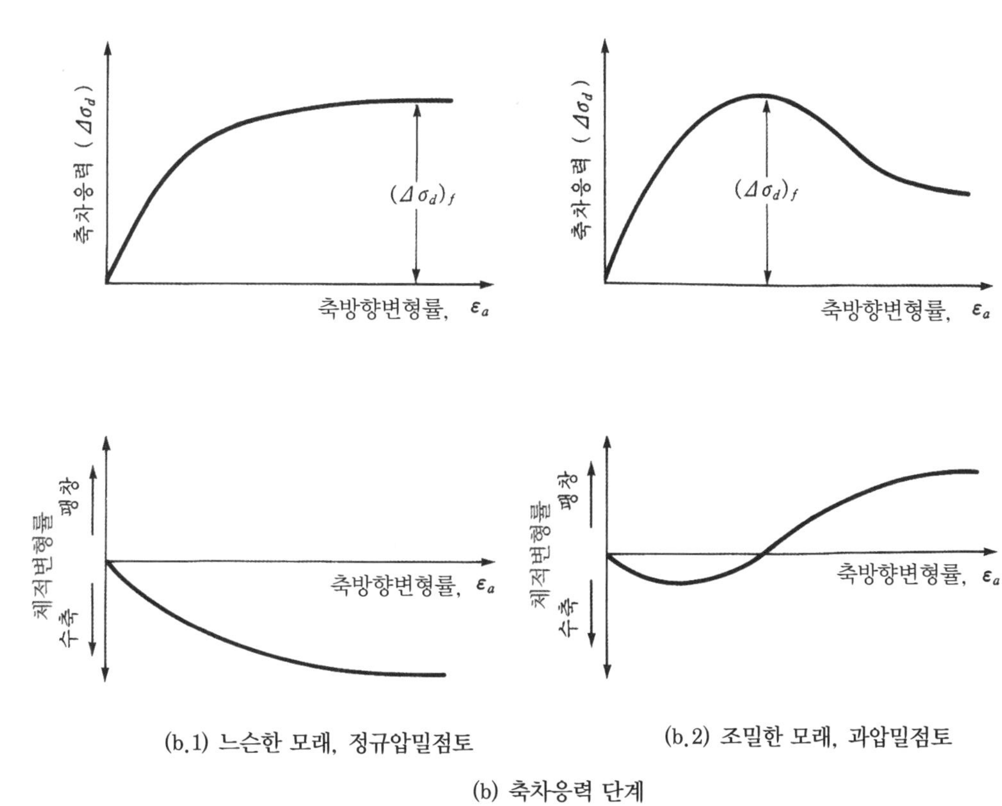

(b.1) 느슨한 모래, 정규압밀점토

(b.2) 조밀한 모래, 과압밀점토

(b) 축차응력 단계

그림 10.13 CD 삼축압축실험 결과

그림 10.14의 결과를 보면 절편값이 거의 0에 가깝게 됨을 알 수 있다. 이는 주로 모래나 정규압밀 점토에서 보이는 현상이며, 그림 10.15에서와 같이 과압밀 점토에서는 절편값이 존재함을 알 수 있다.

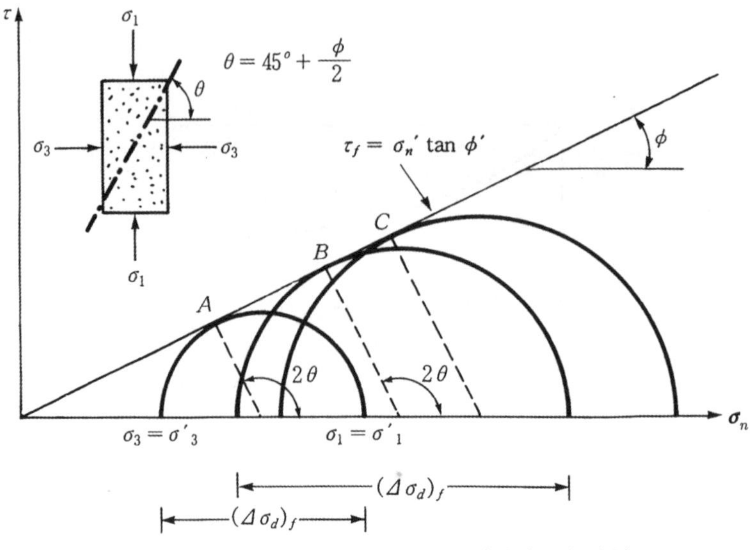

그림 10.14 CD 실험결과(모래, 정규압밀점토의 경우)

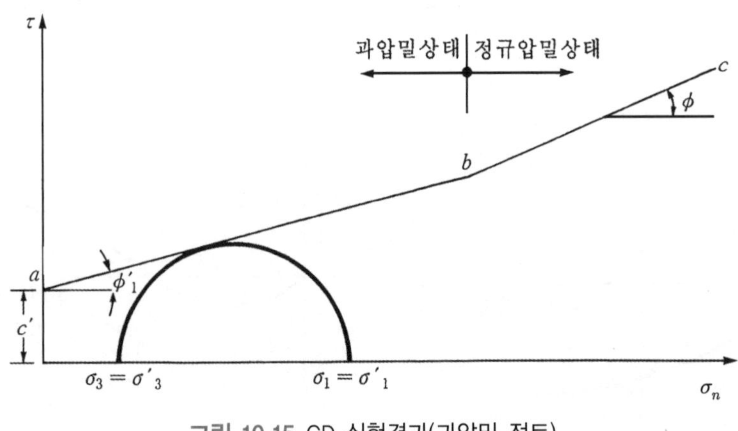

그림 10.15 CD 실험결과(과압밀 점토)

CD 실험에서는 가해준 응력이 모두 유효응력으로 작용하게 되므로, 즉 흙시료가 모든 응력을 받는 가운데서 실험한 결과이므로 이때 구한 c', ϕ' 값은 유효응력 상의 강도정수라고 불린다. 이때 전단강도는 유효응력에 근거한 식으로 다음과 같이 표시될 수 있다.

$$\tau_f = c' + \sigma_n' \tan\phi' \tag{10.8}$$

CD 시험의 응력경로

정규압밀 점토에 대한 CD 시험의 응력경로를 그려보면 그림 10.16과 같다.

① 첫째 단계(구속압력 단계)

구속압력 단계는 $\sigma = \sigma_3$를 가하여 등방압밀을 시키는 단계이므로 응력경로는 그림에서 $O \rightarrow A$에 해당한다.

② 둘째 단계(축차응력 단계)

축차응력 단계는 최소주응력 σ_3는 고정이고 파괴될 때까지 $\Delta\sigma_d$를 증가시키므로 σ_1은 계속 증가하여 σ_{1f}에서 파괴되며, $p-q$ 다이아그램을 나타내는 꼭짓점은 A점에서 시작하여 $A \rightarrow B$까지 응력경로가 발생하며, B점은 파괴점이므로 K_f 선과 만나게 된다.

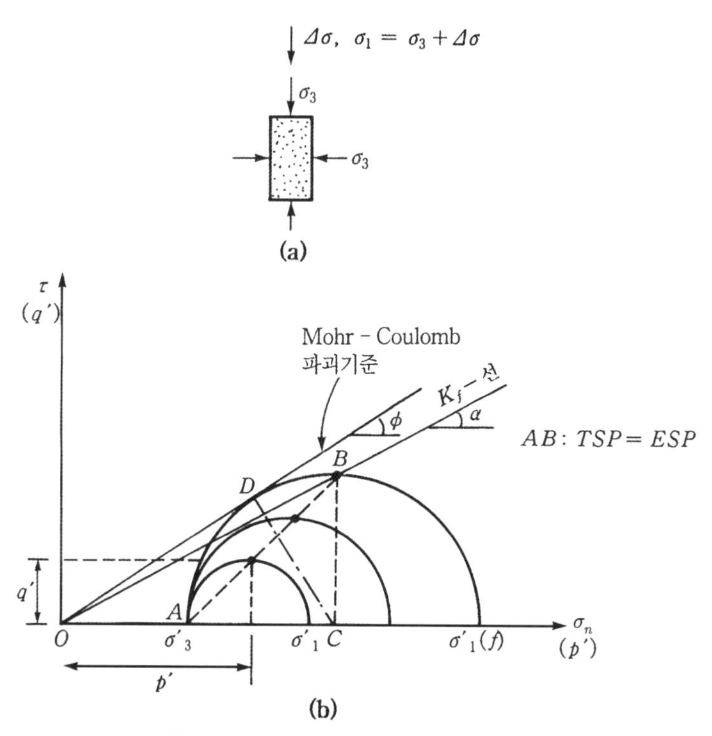

그림 10.16 CD 삼축압축시험의 응력경로

이때 p값과 q값을 구해보면 다음과 같다.

$$p' = \frac{\sigma_1' + \sigma_3'}{2} = \frac{(\sigma_3' + \Delta\sigma_d) + \sigma_3'}{2} = \sigma_3' + \frac{\Delta\sigma_d}{2} = \sigma_3 + \frac{\Delta\sigma_d}{2} \tag{10.22}$$

$$q' = \frac{\sigma_1' - \sigma_3'}{2} = \frac{(\sigma_3' + \Delta\sigma_d) - \sigma_3'}{2} = \frac{\Delta\sigma_d}{2} \tag{10.23}$$

CD 시험에서는 p'이 증가하는 것만큼 q'도 증가한다. 따라서 $A \rightarrow B$ 응력경로의 기울기는 45°이다.

CD 시험에서는 과잉간극수압이 발생되지 않으므로 유효응력과 전응력이 같다. 따라서 $A \rightarrow B$의 응력경로는 전응력의 응력경로(Total Stress Path: TSP)이자 동시에 유효응력의 응력경로이다(Effective Stress Path: ESP).

[예제 10.4] 정규압밀점토에 대하여 CD 삼축압축실험을 다음과 같이 한 번만 실시하였다.

구속압력: $\sigma_3 = 100\text{kN/m}^2$

파괴 시의 축차응력: $\Delta\sigma_{df} = 180\text{kN/m}^2$

1) 점토의 내부마찰각 ϕ'를 구하라.
2) 파괴면과 최대 주응력면이 이루는 각도를 구하라.
3) 파괴면에서의 수직응력과 전단응력(즉, 전단강도)을 구하라.
4) 최대전단응력이 발생하는 면을 구하고, 최대전단응력을 구하라.

[풀 이]

1) 최소주응력: $\sigma_3 = 100\text{kN/m}^2$

파괴 시의 최대주응력: $\sigma_{1f} = \sigma_3 + \Delta\sigma_{df} = 100 + 180 = 280\text{kN/m}^2$

파괴 시의 Mohr 원과 Mohr-Coulomb 파괴포락선을 그려보면 다음 예제 그림 10.4와 같다.

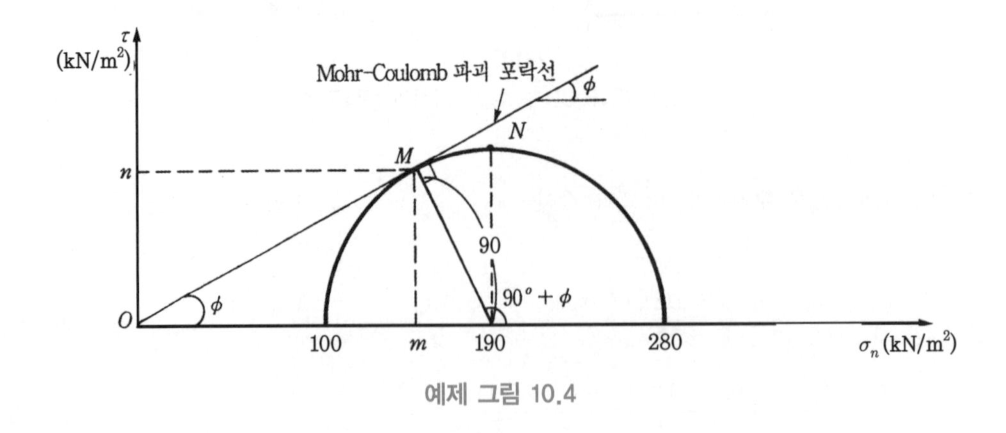

예제 그림 10.4

그림으로부터 $\sin\phi = \frac{90}{190}$, $\therefore \ \phi = 28.27°$

2) 파괴면과 최대주응력면이 이루는 각도 θ,

$$\theta = 45 + \frac{\phi}{2} = 45° + \frac{28.27}{2} = 59.14°$$

3) 파괴면은 예제 그림 10.4에서 M점을 나타낸다.
그림에서,

$$\sigma_n = om = 190 - 90\cos(90° - \phi) = 147\text{kN/m}^2$$

$$\tau_n = on = 90\sin(90^o - \phi) = 79\text{kN/m}^2$$

4) 최대전단응력을 나타내는 면은 예제 그림 10.4에서 N점이다.

$$\sigma_n = 190\text{kN/m}^2$$

$$\tau_{\max} = \tau_n = 90\text{kN/m}^2$$

[예제 10.5]

포화된 점토에 대하여 압밀배수 삼축압축시험(CD 실험)을 2회에 걸쳐 실시한 결과는 다음과 같다.

시험번호	구속압력(kN/m^2)	파괴 시 축차응력(kN/m^2)
1	66	134.77
2	91	169.10

1) 두 실험 각각에 대하여 Mohr 원과 Mohr-Coulomb 파괴포락선을 그려라. 또한 c, ϕ값을 구하라.
2) $p-q$ 다이아그램을 이용하여 응력경로를 그리고, K_f − 선을 그려라. 또한 α, a 값을 구하라.
3) 두 시료 각각에 대하여 파괴면을 나타내고 파괴면에서의 수직, 전단응력을 구하라.

4) 구속압력 $\sigma_3 = 150\text{kN/m}^2$으로 실험을 했다면 파괴 시의 최대주응력은 얼마인가?

[풀 이]

1) 파괴 시의 최대, 최소주응력은 다음 표와 같다. 이 표를 이용하여 Mohr 원을 그려보면 예제 그림 10.5와 같다.

시험번호	$\sigma_3(\text{kN/m}^2)$	$\sigma_{1f}(\text{kN/m}^2)$
1	66	200.77
2	91	260.1

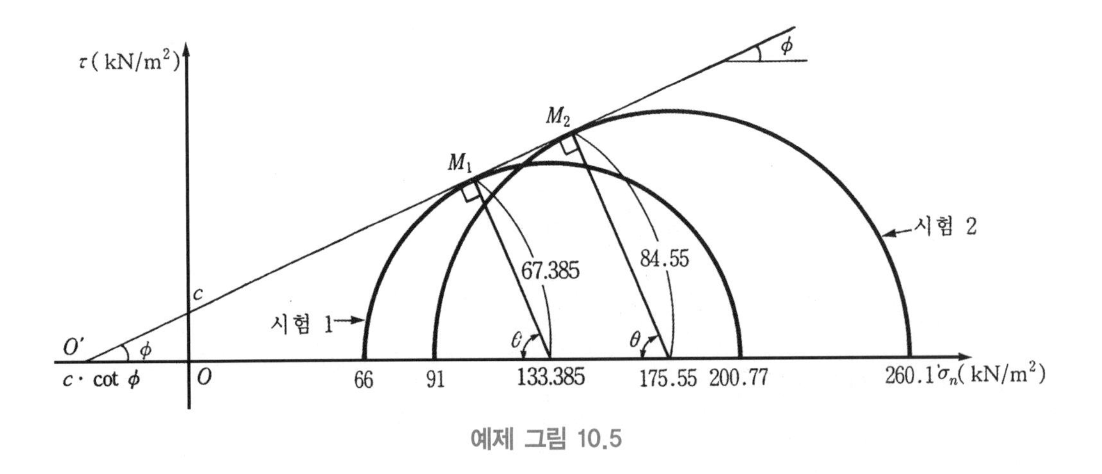

예제 그림 10.5

예제 그림 10.5로부터,

$$\frac{67.385}{c \cdot \cot\phi + 133.4} = \sin\phi$$

$$\frac{84.55}{c \cdot \cot\phi + 175.55} = \sin\phi$$

앞의 두 식을 연립하여 풀면 c, ϕ값을 구할 수 있다.

$$\phi = 24.03°$$

$$c = 14.30\text{kN/m}^2$$

2) 구속압력 단계와 축차응력 단계 각각에 대하여 p, q 값을 구해보면 다음과 같다.

단위: kN/m^2

시험	구속압력단계		축차응력단계	
	p	q	p	q
1	66.0	0	133.385	67.385
2	91.0	0	175.55	84.55

또한 K_f − 선 설정을 위한 a 및 α값을 구해보면 다음과 같다.

$$a = c \cdot \cos\phi = 14.30 \times \cos 24.03° = 13.06 kN/m^2$$

$$\alpha = \tan^{-1}(\sin\phi) = \tan^{-1}(\sin 24.03°) = 22.16°$$

이 결과들을 이용하여 $p-q$ 다이아그램 상에 K_f − 선과 응력경로를 그려보면 다음과 같다.

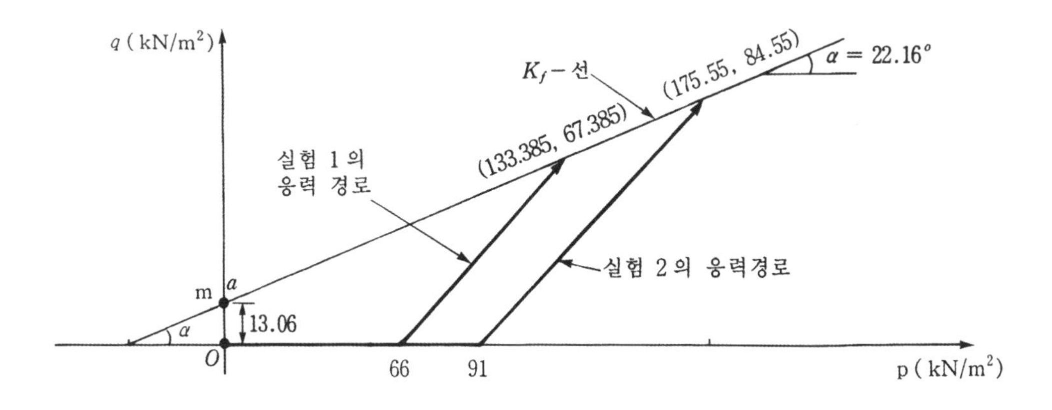

3) 파괴면은 예제 그림 10.5에서 각각 M_1, M_2를 나타낸다.

$$\theta = 90° - \phi = 90° - 24.03° = 65.97°$$

실험 1(M_1):

$$\sigma_n = 133.385 - 67.385\cos 65.97° = 105.94 kN/m^2$$

$$\tau_n = 67.385\sin 65.97° = 61.54 kN/m^2$$

실험 2(M_2):

$$\sigma_n = 175.55 - 84.55\cos 65.97° = 141.12\text{kN/m}^2$$

$$\tau_n = 84.55\sin 65.97° = 77.22\text{kN/m}^2$$

4) $$\sigma_{1f} = \sigma_3 \tan^2\left(45° + \frac{\phi}{2}\right) + 2c\tan\left(45° + \frac{\phi}{2}\right)$$

$$= 150 \times \tan^2\left(45° + \frac{24.03°}{2}\right) + 2 \times 14.30 \times \tan\left(45° + \frac{24.03°}{2}\right)$$

$$= 400.15\text{kN/m}^2$$

또는 다음의 관계식을 이용할 수도 있다.

$$\frac{\frac{\sigma_{1f} - \sigma_3}{2}}{c \cdot \cot\phi + \frac{\sigma_{1f} + \sigma_3}{2}} = \sin\phi$$

$$\frac{\frac{\sigma_{1f} - 150}{2}}{32.073 + \frac{\sigma_{1f} + 150}{2}} = \sin 24.03 \rightarrow \sigma_{1f} = 400.15\text{kN/m}^2$$

2) 압밀 비배수시험(CU Test)

압밀 비배수시험은 정교한 시험으로서 갈수록 많이 실시되는 실험이다.

이 시험은 말 그대로 구속압력 시에는 배수를 시켜 압밀을 시키고, 축차응력을 가할 시에는 배수를 시키지 않고 전단파괴시킨다.

① 첫째 단계(구속압력 단계)

이 단계는 CD 시험의 구속압력 단계와 동일하기 때문에 서술하는 것을 생략하기로 한다.

② 둘째 단계(축차응력 단계)

축차응력 단계에서는 물을 배수시키지 않고, 비배수 상태로 축차응력을 증가시킨다.

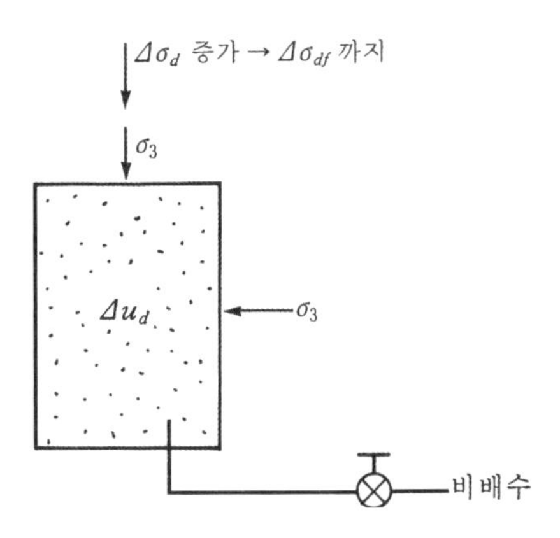

축차응력 작용 시에는 배수를 시키지 않고 일축압축응력을 가하므로 흙시료에는 과잉간극수압이 발생할 것이다. 과잉간극수압은 8장에서 이미 설명한 대로 다음 식과 같을 것이다.

$$\begin{aligned}\Delta u_d &= BA\Delta\sigma_d \\ &= A\Delta\sigma_d \ (\because \text{ 포화 시 } B=1)\end{aligned}$$

축차응력을 가할 시 흙 입자가 수축할 경향이 있으면 수축 대신 정(正)의 과잉간극수압이, 만일 팽창할 경향이 있으면 오히려 부(負)의 과잉간극수압이 발생될 것이다.

전단파괴 시의 과잉간극수압은 다음 식이 될 것이다.

$$\Delta u_{df} = A_f \Delta\sigma_{df} \tag{10.24}$$

여기서, A_f를 파괴 시의 Skempton 과잉간극수압계수라 한다.

파괴 시 흙 입자에 작용되는 응력을 살펴보자. 먼저 전응력을 살펴보면, 최대주응력은 $\sigma_{1f} = \sigma_3 + \Delta\sigma_{df}$, 최소주응력은 $\sigma_{f3} = \sigma_3$가 될 것이다. 이 전응력 중에서 물이 분담하는 부분인 과잉간극수압 Δu_{df}를 빼면 순수하게 흙이 분담하는 부분인 유효응력이 될 것이다. 즉, 최대 유효주응력은 $\sigma_{1f}' = \sigma_{1f} - \Delta u_{df}$, 최소 유효주응력은 $\sigma_{3f}' = \sigma_3 - \Delta u_{df}$가 될 것이다. 강도정수는 전응력으로 결정할 수도 있고, 유효응력으로 결정할 수도 있는데, 전자를 CU 시험이라고 명하고, 후자를 유효응력 개념에서 $\overline{CU}$ 시험이라 명한다.

실제로 과잉간극수압은 축차응력 작용 시에 직접 계측을 하여 얻게 된다. 축차응력과 그때의 과잉간극수압을 알면 Skempton의 과잉간극수압계수 A는 다음 식으로 구할 수 있을 것이다.

$$A = \frac{\Delta u_d}{\Delta \sigma_d} \tag{10.25}$$

파괴 시의 과잉간극수압계수 A_f는 다음과 같다.

$$A_f = \frac{\Delta u_{df}}{\Delta \sigma_{df}} \tag{10.26}$$

<u>실험결과 요약</u>

CU 시험도 구속압력을 적어도 세 개 정도는 달리하여 실험을 실시해야 하며, 하나의 구속압력에 대한 기초 데이터의 개략도가 그림 10.17에 표시되어 있다.

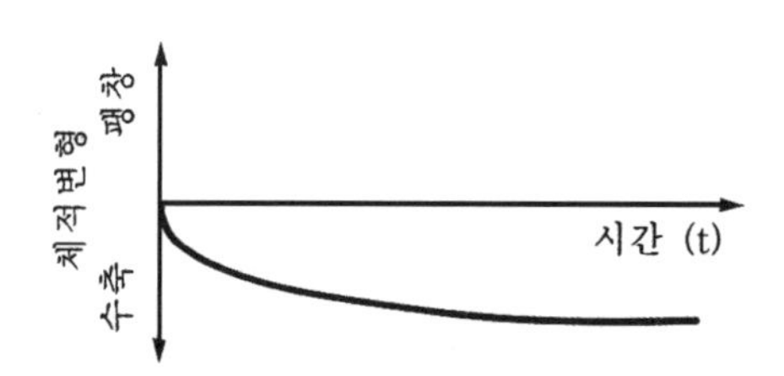

(a) 구속압력 단계 ; 체적변형 – 시간과의 관계

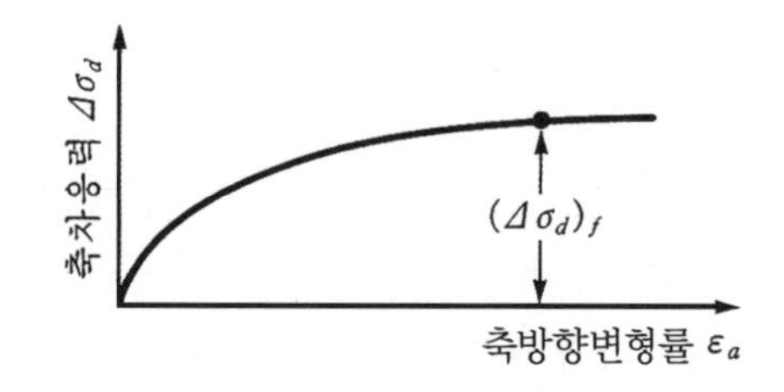

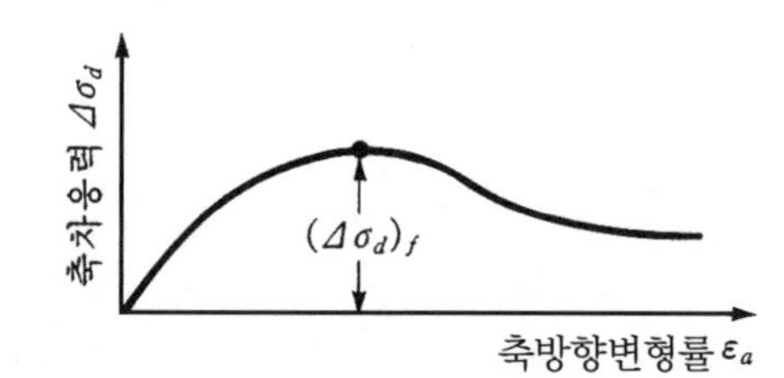

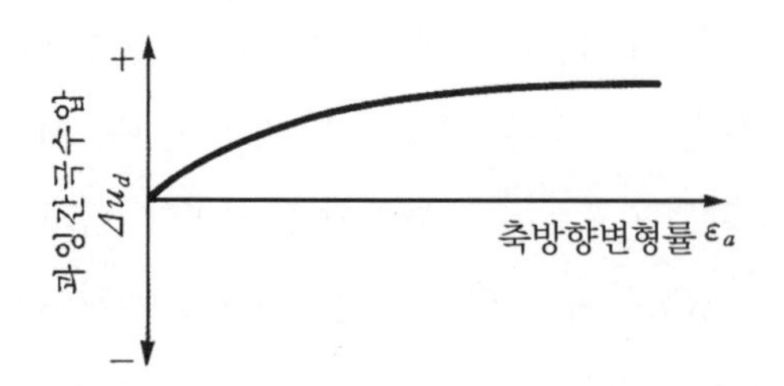

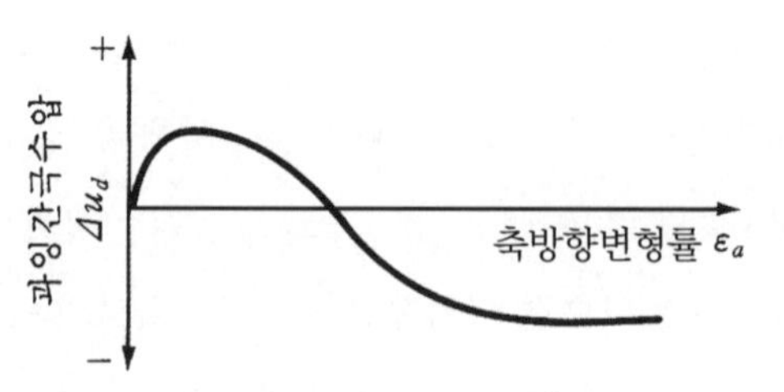

(b.1) 느슨한 모래, 정규압밀점토

(b.2) 조밀한 모래, 과압밀점토

(b) 축차응력 단계

그림 10.17 CU 삼축압축실험 결과

그림에서 1단계인 구속압력 시의 체적수축현상은 CU 시험과 동일하며, 2단계인 축차응력 시의 $\Delta\sigma_d - \epsilon_a$의 그래프 모양 역시 CU 결과와 흡사하다. 다만, CU 실험에서는 배수가 허용되지 않으므로 느슨한 모래(정규압밀 점토)의 경우는 체적수축 경향을 띠므로 과잉간극수압이 +(正)으로 증가하며, 조밀한 모래(과압밀 점토)는 초기에는 수축 경향으로 인하여 간극수압이 증가하다가 전단파괴에 가까워질수록 팽창하려는 경향이 있어 오히려 −(負)의 간극수압이 생성된다.

역시 그림 10.17로부터 $\Delta\sigma_{df}$를 구하는 것을 반복하여 얻은 결과를 정리하여 그림 10.18과 같이 Mohr 원을 그릴 수 있을 것이다. 이때 Mohr 원은 전응력(실선)으로 그릴 수도 있고, 과잉 간극수압만큼 왼쪽으로 이동시켜 유효응력(점선)으로 그릴 수도 있다.

그림을 보면 CU실험으로부터 두 가지 강도정수를 구할 수 있음을 알 수 있다.

첫째, 유효응력으로 표시된 강도정수 c', ϕ'이다. 이는 유효응력, 즉 흙에 실제로 작용되는 응력에 근거한 강도정수이다. 따라서 이때의 전단강도는 다음 식을 사용해야 한다.

$$\tau_f = c' + \sigma_n' \tan\phi'$$

여기서, σ_n' = 전단파괴면에 작용하는 유효 수직응력

둘째, 전응력으로 표시된 강도정수 c_{cu}, ϕ'이다. 전응력으로 표시된 강도정수의 사용법은 그리 간단치가 않다. 최근의 토질역학 이론으로는 전응력으로 표시된 CU 시험 결과는 다음에서 설명하는 비배수 전단강도로 쓰인다. 즉, 추가 하중이 재하되었을 때, 하중으로 인하여 점토지반은 압밀을 하게 되고, 이때 압밀로 인하여 강도증가 효과가 있게 되며, 이 강도증가를 예측할 때 주로 쓰인다. 상세한 사항은 뒤에 다시 설명할 것이다.

한편, 그림 10.18의 결과는 정규압밀점토에서 나타나는 현상이며 과압밀점토의 경우는 절편도 존재하게 된다.

파괴 시의 과잉간극수압계수 A_f는 축차응력을 가할 시에 체적수축 경향이 있을수록 값이 커지고, 팽창 경향이 있을수록 작아져서 심지어 음수(−)가 될 수도 있다고 이미 서술한 바와 같으며, 점토에 대한 A_f값은 개략적으로 다음의 범주 안에 있다.

- 정규압밀점토 $A_f = 0.5 \sim 1$
- 과압밀점토 $A_f = 0 \sim -0.5$

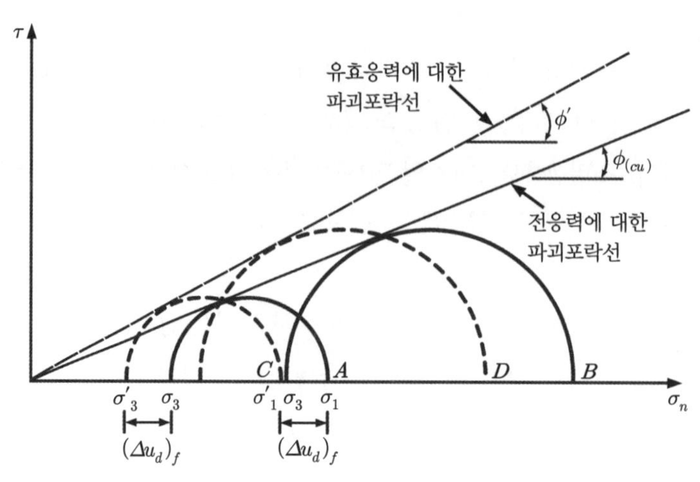

그림 10.18 CU 삼축압축실험 결과(모래, 정규압밀점토의 경우)

CU 시험의 응력경로

① 구속압력 단계: CD 시험의 경우와 같이 그림 10.19에서 $O \rightarrow A$가 응력경로이다.

② 축차응력 단계: 전응력으로 생각하면 σ_1이 점점 증가하여 1, 2의 Mohr 원과 같이 될 것이나, 유효응력의 관점에서 보면 축차응력을 가할 때 생성된 과잉간극수압을 제하여야 하며, 이로 인하여 $1 \rightarrow 1'$, $2 \rightarrow 2'$으로 Mohr 원이 왼쪽으로 옮겨갈 것이다.

따라서 TSP는 $A \rightarrow B \rightarrow C$의 응력경로를

ESP는 $A \rightarrow B' \rightarrow C'$의 응력경로를 밟아 급기야 K_f-선에 닿게 될 것이다.

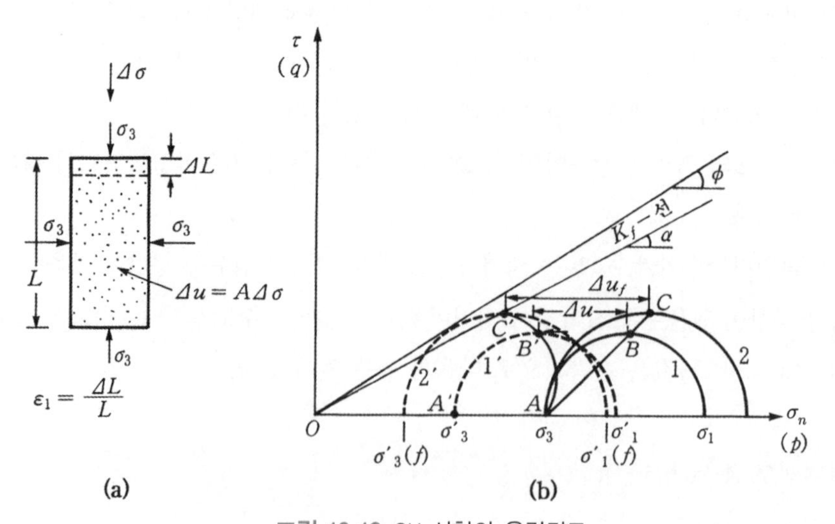

그림 10.19 CU 시험의 응력경로

다만, 그림 10.19에 표시한 응력경로는 정규압밀점토의 경우로서 ⊕의 과잉간극수압이 생성될 때의 응력경로이며 과압밀점토의 경우는 ⊖의 과잉간극수압이 발생되므로 ESP가 계속 왼쪽으로 가는 것이 아니라, 오히려 오른쪽으로 가는 경향을 보인다. 그림 10.20에, *CD* 및 *CU* 시험에 대한 응력경로를 종합적으로 나타내었다.

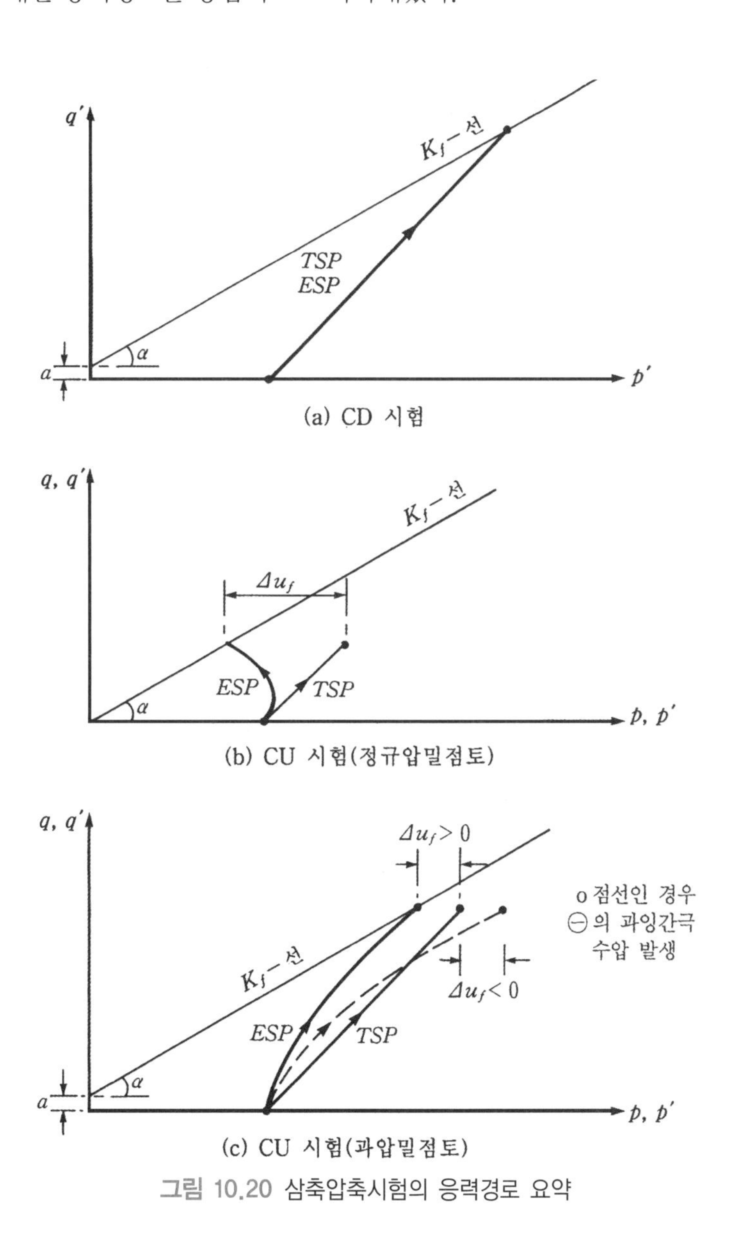

(a) CD 시험

(b) CU 시험(정규압밀점토)

(c) CU 시험(과압밀점토)

그림 10.20 삼축압축시험의 응력경로 요약

[예제 10.6] 포화된 점토에 구속압력 $\sigma_3 = 300\text{kN/m}^2$을 가하고 압밀을 완료한 뒤에 축차하중을 가한 삼축압축실험 결과(CU Test)는 다음과 같다.

$\Delta l/l_o$	0	0.01	0.02	0.04	0.08	0.12
$\sigma_1 - \sigma_3(\text{kN/m}^2)$	0	138	240	312	368	410
$u(\text{kN/m}^2)$	0	108	158	178	182	172

1) $p-q$ 다이아그램상에 전응력 및 유효응력의 응력경로를 각각 그려라.

2) 각 하중단계에서 Skempton의 과잉간극수압계수 A를 구하라(단, $B=1.0$으로 가정).

[풀 이]

1) 각 하중단계에서 p, q 값을 구해보면 다음 표와 같다.

$\Delta l/l_o$	0	0.01	0.02	0.04	0.08	0.12
$\sigma_1 - \sigma_3(\text{kN/m}^2)$	0	138	240	312	368	410
$u(\text{kN/m}^2)$	0	108	158	178	182	172
$\sigma_1 = \sigma_3 + \Delta\sigma_d$	300	438	540	612	668	710
$\sigma_3{}' = \sigma_3 - u$	300	192	142	122	118	128
$\sigma_1{}' = \sigma_1 - u$	300	330	382	434	486	538
$p = (\sigma_1 + \sigma_3)/2$	300	369	420	456	484	505
$p' = (\sigma_1{}' + \sigma_3{}')/2$	300	261	262	278	302	333
$q = q' = (\sigma_1 - \sigma_3)/2$	0	69	120	156	184	205
$A = u/\Delta\sigma_d$	∞	0.78	0.66	0.57	0.495	0.42

위에 작성된 표로부터 전응력 경로(TSP) 및 유효응력 경로(ESP)를 그리면 다음 예제 그림 10.6과 같다.

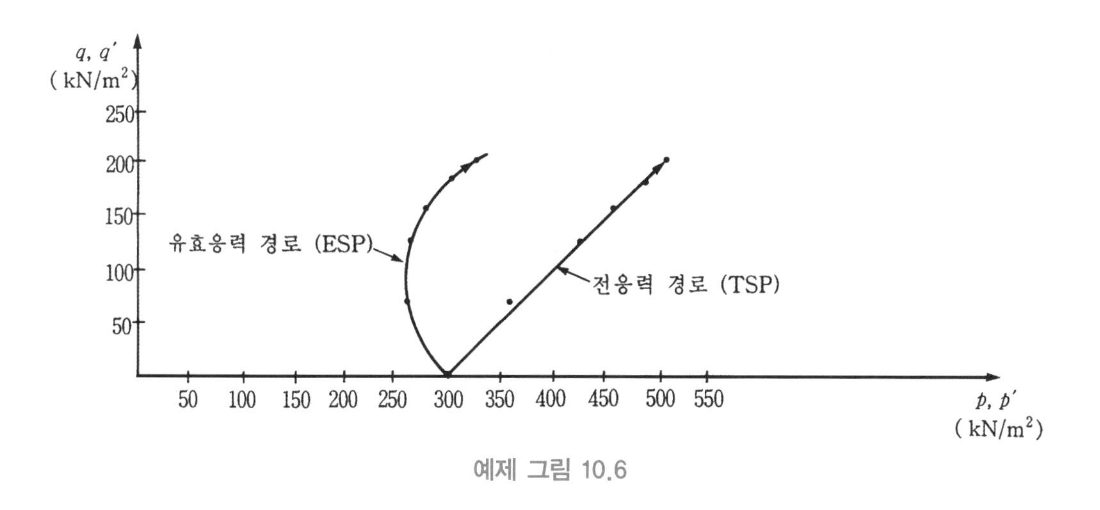

예제 그림 10.6

2) A계수는 위의 표에 작성되어 있다.

[예제 10.7] 압밀－비배수 삼축압축시험(CU Test)을 3회에 걸쳐 시험한 결과는 다음과 같다.

구속압력(kN/m²)	파괴 시 축차응력(kN/m²)	파괴 시의 수압(kN/m²)
150	192	80
300	341	154
450	504	222

1) 다음 각 경우에 대하여 Mohr 원을 그리고 강도정수를 구하라.

- 유효응력: c', ϕ'
- 전응력: c_{cu}, ϕ_{cu}

2) $p-g$ 다이아그램상에 유효응력의 응력경로를 그리고 K_f－선의 정수 α' 및 a'을 구하라.

[풀 이]

1) 각 실험에 대하여 파괴 시의 응력들을 구해보면 다음과 같다.

(단위: kN/m²)

구속압력	150	300	450
$\Delta\sigma_{df}$	192	341	504
Δu_{df}	80	154	222
σ_{3f}	150	300	450
$\sigma_{1f}=\sigma_3+\Delta\sigma_{df}$	342	641	954
$\sigma_3{}'=\sigma_3-\Delta u_{df}$	70	146	228
$\sigma_{1f}{}'=\sigma_{1f}-\Delta u_{df}$	262	487	732
$p=\dfrac{\sigma_{1f}+\sigma_3}{2}$	246	470.5	702
$p'=\dfrac{\sigma_{1f}{}'+\sigma_3{}'}{2}$	166	316.5	480
$q=q'=\dfrac{\sigma_{1f}-\sigma_3}{2}$	96	170.5	252

① 유효응력에 대하여 Mohr 원을 그려보면 다음 그림과 같다.

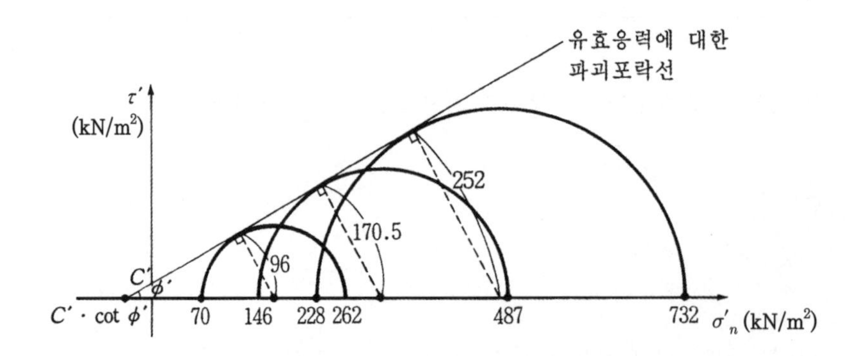

식 (10.14) $\sin\phi'=\dfrac{\dfrac{\sigma_{1f}{}'-\sigma_3{}'}{2}}{c'\cot\phi'+\dfrac{\sigma_{1f}{}'+\sigma_3{}'}{2}}$ 에서 위의 표에서 구한 값을 이용하여 $\sin\phi'$과 $c'\cot\phi'$ 사이의 다음과 같은 두 관계식을 구할 수 있다.

$$\sin\phi'=\frac{96}{c'\cot\phi'+166}$$

$$\sin\phi' = \frac{170.5}{c'\cot\phi' + 316.5}$$

이 두 식을 연립하면 $c'\cot\phi' = 27.93$

$\sin\phi' = 0.495$

$\therefore\ \phi' = 29.67°$

$\therefore\ c' = 15.91\,\text{kN/m}^2$

② 전응력에 대하여 Mohr 원을 그려보면 다음 그림과 같다.

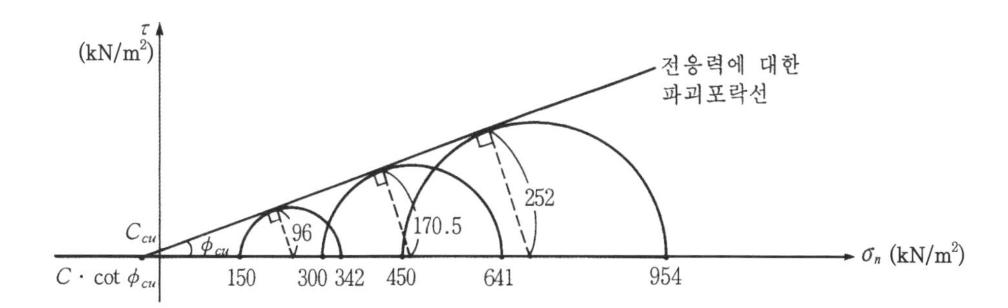

앞의 ①의 풀이와 마찬가지로 다음의 관계식을 구할 수 있다.

$$\sin\phi_{cu} = \frac{96}{c_{cu}\cot\phi_{cu} + 246}$$

$$\sin\phi' = \frac{170.5}{c_{cu}\cot\phi_{cu} + 470.5}$$

이 두 식을 연립하면 $c_{cu}\cot\phi_{cu} = 43.29$

$\sin\phi_{cu} = 0.33$

$\therefore\ \phi_{cu} = 19.27°$

$\therefore\ c_{cu} = 15.13\text{kN/m}^2$

2) 표에서 구한 p', q' 값으로부터 유효응력의 응력경로를 그리면 다음 그림과 같다.

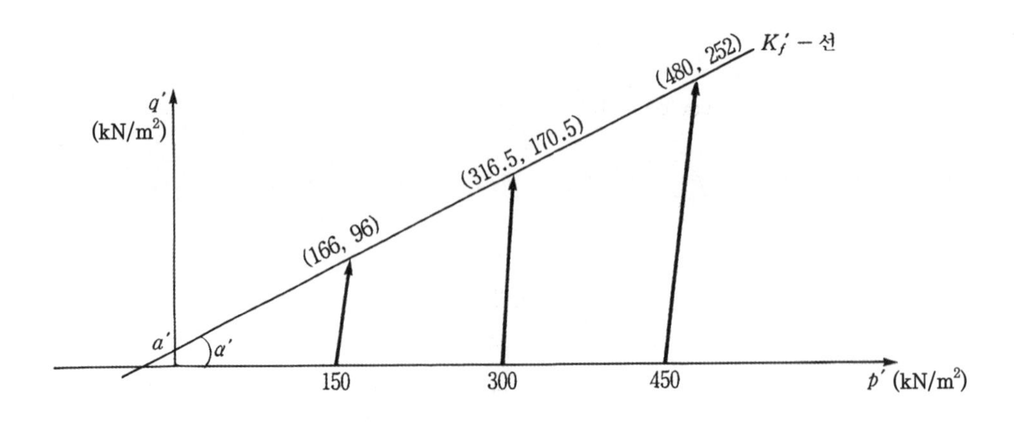

그림 10.8의 Mohr−Coulomb 파괴면과 K_f − 선과의 관계에서 $\sin\phi' = \tan\alpha'$ 이 성립함은 앞에서 이미 설명하였다.

식 (10.19) $\alpha' = \tan^{-1}(\sin\phi')$에서 풀이 1)에서 구한 ϕ'를 대입하면

$$\therefore\ \alpha' = \tan^{-1}(\sin 29.67°) = 26.34°$$

식 (10.20) $a = c \cdot \cos\phi$에서 유효응력의 개념으로 바꾸어보면 $a' = c' \cdot \cos\phi'$ 이다.

$$\therefore\ a' = c' \cdot \cos\phi' = 15.91 \times \cos 29.67° = 13.82\text{kN/m}^2$$

[예제 10.8] 어느 점토에 대하여 $\sigma_3 = 200\text{kN/m}^2$ 으로 구속압력을 가하고 압밀을 완료한 다음, 비배수 조건에서 구속압력을 350kN/m^2으로 증가시켰더니 수압이 144kN/m^2이었다. 또한 비배수 상태에서 축차응력을 가했을 때의 실험결과는 다음과 같다.

연직방향 변형률(%)	0	2	4	6	8	10
축차응력(kN/m²)	0	201	252	275	282	283
간극수압(kN/m²)	144	244	240	222	212	209

1) Skempton의 과잉 간극수압계수 B를 구하라.

2) 각 하중단계에서 Skempton의 과잉간극수압계수 A를 구하라.

[풀 이]

1) 구속압력의 증가량은,

$$\Delta\sigma_c = 350 - 200 = 150\text{kN/m}^2$$

이때의 과잉간극수압은,

$\Delta u_c = B\Delta\sigma_c = 144\text{kN/m}^2$ 이다.

$\Delta\sigma_c = 150\,\text{kN/m}^2$

$\Delta\sigma_c = 150\,\text{kN/m}^2$

$$\therefore\ B = \frac{\Delta u_c}{\Delta\sigma_c} = \frac{144}{150} = 0.96$$

2) 각 하중단계에서 A값을 다음 표와 같이 구하였다.

연직방향 변형률(%)	0	2	4	6	8	10
축차응력($\Delta\sigma_d$: kN/m²)	0	201	252	275	282	283
간극수압(Δu: kN/m²)	144*	244	240	222	212	209
$\Delta u_d = \Delta u - \Delta u_c$	0	100	96	78	68	65
$A = \frac{\Delta u_d}{\Delta\sigma_d}$		0.5	0.38	0.284	0.24	0.23

* 주) $\Delta u_c = 144\text{kN/m}^2$

(Note) 현장흙과 샘플흙(1)

실내시험에 대한 이해를 돕기 위하여 현장흙의 응력상태와 샘플링(sampling)을 통한 실내시험용 흙 사이의 응력변화를 간략히 서술하고자 한다.

(1) 현장의 흙에 작용되는 응력

편의상 지하수위는 지표면에 존재하는 것으로 하며 수평방향 정지토압계수 $K_o = 1$로 가정한다. 현장에 존재하는 깊이 z인 입자에 존재하는 응력은 다음 Note 그림 10.1과 같다.

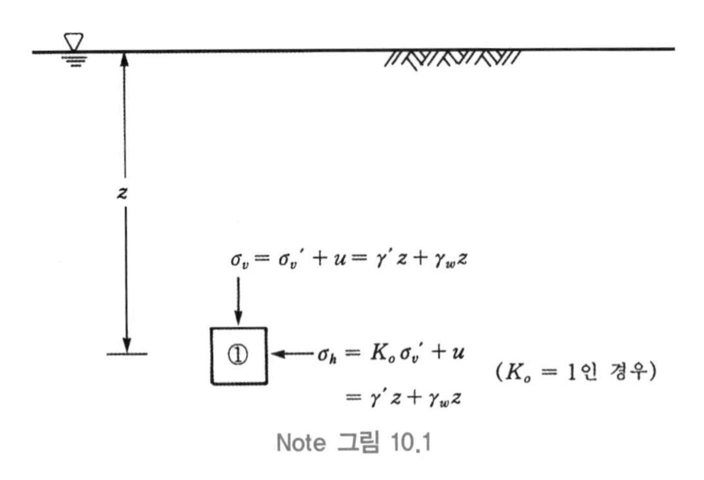

Note 그림 10.1

(2) 샘플 흙

현장에서 샘플링을 통하여 시료를 채취하여 이를 실험실에 운반해 왔다고 가정하고, 이때 샘플링의 전 과정을 통하여 수분이 흙에서 증발되지 않도록 하여 샘플 자체도 포화된 상태라고 하자. 시료는 공기 중에 있기 때문에 다음과 같이 입자에 작용되는 응력이 0이 될 것이다(전 샘플 흙의 전응력은 0이다).

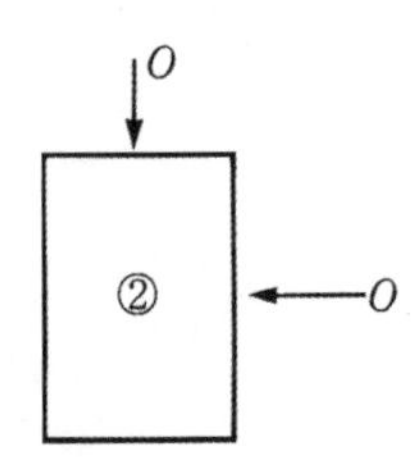

그렇다면 ①(현장 상태)에서 ②(실험실 시료)로 가는 동일한 전응력 증감은 다음과 같이 발생될 것이다.

$$\begin{aligned}\Delta\sigma_v &= \Delta\sigma_h \\ &= \sigma_{②} - \sigma_{①} \\ &= 0 - (\gamma' z + \gamma_w z) = -\gamma' z - \gamma_w z\end{aligned}$$

즉, 샘플링으로 인하여 전응력이 $(\gamma' z + \gamma_w z)$만큼 감소하게 된다. 이때 물의 이동이 전혀 없다고 가정하였으므로 전응력의 변화는 필연코 과잉간극수압의 변화를 가져올 것이다.

등방압밀응력 $\Delta\sigma = -\gamma' z - \gamma_w z$가 가해졌을 때의 과잉간극수압은 다음과 같이 된다.

$$\Delta u = B\Delta\sigma = \Delta\sigma \ (B = 1\text{이므로})$$
$$= -\gamma' z - \gamma_w z$$

현장에서의 정수압 $u_s = \gamma_w z$이었으므로 샘플링된 시료에 작용되는 수압은 다음의 값으로 변하게 된다.

$$u = u_s + \Delta u$$
$$= \gamma_w z + (-\gamma' z - \gamma_w z)$$
$$= -\gamma' z$$

즉, 시료에 작용되고 있는 수압은 0이 아니라 부의 간극수압 $u = -\gamma' z$상태가 된다.
이때 유효응력은 다음과 같이 된다.

$$\sigma' = \sigma - u$$
$$= 0 - (-\gamma' z) = \gamma' z$$

즉, 샘플링 시에 시료교란 효과가 없고, 시료의 수분상태가 완벽하게 보전되었다고 가정한다면 현장의 흙도 유효응력 $\gamma' z$를 받고 있고, 샘플링된 시료도 똑같이 $\sigma' = \gamma' z$의 유효응력을 받고 있다. 물론 이제까지의 설명한 응력은 시료교란 효과가 없다고 가정한 경우이며, 실제로는 $\gamma' z$보다 작은 유효응력을 받고 있는 것이 보통이다.

여기에 중요한 개념이 하나 존재한다. 실험실 시료가 가장 이상적이기 위해서는 다음의 두 가지 조건을 동시에 만족해야 한다.

첫째, 시료의 함수비가 현장의 함수비와 같을 것
즉, 샘플링 후에 수분이 절대로 날아가지 않도록 하여, 현장과 같이 포화상태를 유지할 것
둘째, 시료가 받는 유효응력이 현장에서 받고 있는 유효응력, 즉 $\sigma' = \gamma' z$와 같게 될 것

물론 시료가 위의 두 가지 요구조건을 만족하는 것이 이상적이기는 하나, 실제로 두 조건을 다 만족하는 것은 불가능 하다. 따라서 실내시험의 경우 위의 조건 중 한 가지만을 만족하도록

실험할 수밖에 없다.

이제까지 서술한 CU실험에서, 구속압력 단계에서 σ_3의 압력을 가하면서 완전히 배수를 시킨다고 하였다. 이는 위의 두 가지 조건 중 둘째 요구조건을 만족시키는 실험이라고 할 수 있다.

예를 들어, 다음과 같은 현장조건을 생각해보자. 편의상 $\gamma_{sat} = 19.81\mathrm{kN/m^3}$로 가정하자 ($K_o = 1$로 역시 가정).

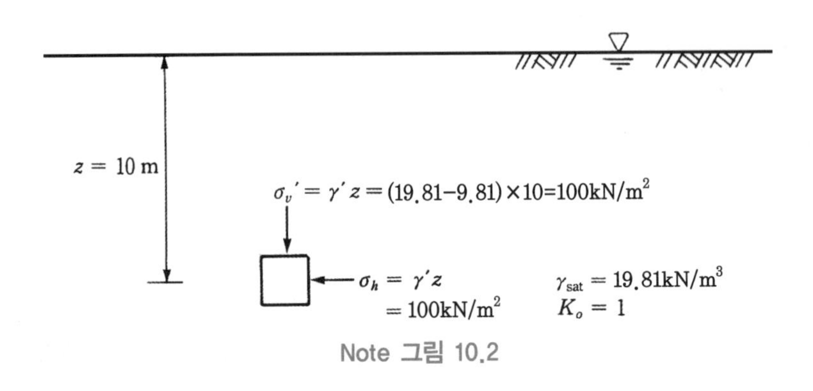

Note 그림 10.2

$\sigma' = 100\mathrm{kN/m^2}$의 상재압력은 지표하 100/9.81≒10m에 해당되는 값이다.

한편 실험실에서의 CU 삼축압축실험에서 구속압력 $\sigma_3 = 100\mathrm{kN/m^2}$을 가했다고 하자.

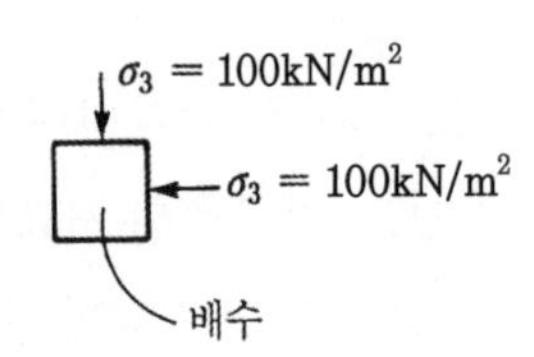

배수를 시킴으로 해서 흙시료에는 유효응력 $\sigma_3' = 100\mathrm{kN/m^2}$이 작용될 것이며, 이는 현장에서 10m 밑에 있는 흙이 받고 있는 유효응력 상태와 동일하다(단, 지하수위는 지표면에 존재하는 경우). 즉, 위의 두 번째 요구조건을 만족한다고 할 수 있다. 문제는 구속압력을 가하고 배수시키면 아래 그림과 같이 시료는 수축할 것이다. 즉, 현장의 흙보다 더 단단한 흙으로 될 것이다. 따라서 실제 현장의 흙에 비해서 실험실에서 축차응력에 의한 파괴강도가 더 크게 나올 것이다.

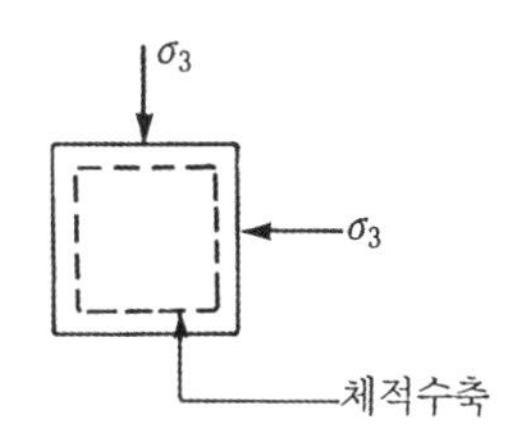

또, 한 가지 실험법은 위의 두 가지 조건 중 함수비만을 현장과 같은 조건으로 실험하는 방법이 있다. 이는 시료채취 후로부터 실험 완료 시까지 시료를 밀봉하여 수분이 날아가지 못하도록 하면 될 것이다. 이 조건을 만족하는 실험법이 다음 절에서 서술한 UU 삼축압축실험법이다. 구속압력을 가할 때에 배수를 시키지 않으므로, 함수비는 계속하여 현장조건과 같을 것이다. 그러나 이때에 흙 입자에 작용되는 유효응력은 시료교란 효과로 인하여 $\sigma' = \gamma' z$가 되지 못하고 이보다 훨씬 적은 $\sigma_r{}'$이 될 것이다. 따라서 흙이 실제로 받고 있는 상재압력보다 적은 유효응력 하에 실험을 하므로 UU 실험 결과는 현장의 흙에 비하여 파괴강도가 적게 나올 것이다.

– Note 끝 –

Note

현장흙과 샘플흙(2)

앞에서 서술한 현장흙과 샘플흙의 거동은 간편성을 고려하여 $K_o = 1$인 경우, 즉 초기응력이 등방하중인 경우를 가정으로 유도되었다. 보다 일반적인 경우로서 비등방인 경우(즉, $K_o \neq 1$)의 유도는 학부 수준을 넘기 때문에 이 책에서는 고려하지 않았다. 『토질역학 특론』 1.2절을 참조하기 바란다.

3) 비압밀 비배수시험(UU Test)

이 실험은 구속압력 단계에도, 축차응력 단계에도, 배수시키지 않은 채로 실시하는 삼축압축실험이다.

① 첫째 단계(구속압력 단계)

구속압력 σ_3를 가하고 물은 배수시키지 않는다.

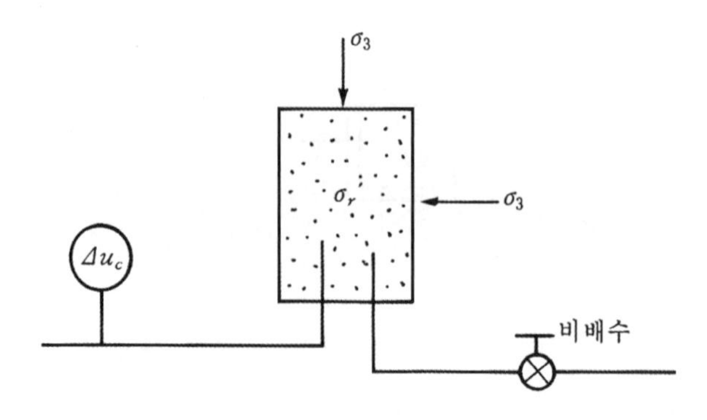

흙 입자가 등방압력 σ_3를 받으면 수축하고 싶어 하나 배수를 시키지 않으므로 수축할 수 없게 되고, 대신 과잉간극수압이 다음과 같이 발생될 것이다.

$$\Delta u_c = B\sigma_3(B=1) = \sigma_3 \tag{10.27}$$

즉, 가해준 응력 σ_3를 전부 다 물이 받아주게 된다. 이는 구속압력을 작게 가해주든지, 크게 가해주든지 동일하다. 따라서 구속압력이 얼마이든지 간에 흙에 작용하는 유효응력은 원래부터 존재하던 잔류응력 $\sigma_r{}'$이 된다. 즉, 흙에 작용되는 응력조건은 동일하다.

② 둘째 단계(축차응력 단계)

축차응력 단계에서도 역시 물을 배수시키지 않고, 비배수 상태로 축차응력을 증가시킨다.

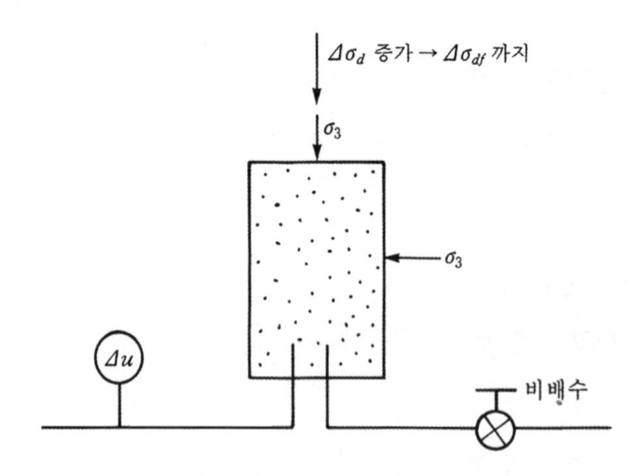

배수를 시키지 않고 일축압축응력을 가하므로 흙시료에는 축차응력에 의하여 다음 식과 같이 과잉간극수압이 발생될 것이다.

$$\Delta u_d = BA\Delta\sigma_d = A \cdot \Delta\sigma_d \ (B=1) \tag{10.28}$$

결과적으로 구속압력 단계와 축차응력 단계에서 발생된 과잉간극수압은 다음과 같이 될 것이다.

$$\Delta u = \Delta u_c + \Delta u_d = \sigma_3 + A\Delta\sigma_d \tag{10.29}$$

UU 실험에는 중요한 공학적 의미가 있다. UU 실험의 제1단계인 구속압력 단계에서 물을 배수시키지 않으므로 가해준 구속압력 σ_3는 그대로 물이 받게 되어 과잉간극수압을 유발한다. 다시 말하여 외부에서 어떤 구속압력을 주든지 흙 입자는 본래부터 갖고 있던 $\sigma_r{}'$의 유효응력을 받게 된다. 이는 흙 입자의 상태는 변하지 않는다는 것을 말한다. 흙의 상태가 어느 구속압력이든지 동일한 상태에서 축차응력을 가하므로 파괴 시의 축차응력 $\Delta\sigma_{df}$는 구속압력에 관계없이 동일할 것이다.

<u>실험결과 요약</u>

위에서 설명한 관점 때문에 UU 실험결과는 그림 10.21과 같이 어느 구속압력으로 실험을 실시하던지 간에 동일한 크기의 Mohr 원이 그려진다. 그림에서 보면 원에 접하는 접선은 수평이 되므로 $\phi_u = 0$이다. 점착력은 공히 $\tau_f = c_u$가 된다. 포화된 점토에 하중이 가해지는 동안에 점토지반의 물이 빠져나가지 못할 때, 점토가 최대로 버틸 수 있는 저항력의 관점에서 $\tau_f = c_u$를 비배수 전단강도라고 하며, 전단저항각 ϕ_u는 '0'이라는 관점에서 '$\phi_u = 0$' 조건에서의 해석이라고도 불린다.

만일에 구속압력과 축차응력을 가하여줄 때 발생된 과잉간극수압을 측정하여 각 Mohr 원에서 빼주면 유효응력의 Mohr 원을 그릴 수 있는데, 구속응력은 얼마로 주든지 유효응력 Mohr 원은 동일하다. 전술한 대로 비배수 조건 하에서 실험을 하므로, 가해준 구속응력이 모두 과잉간극수압으로 되기 때문이다.

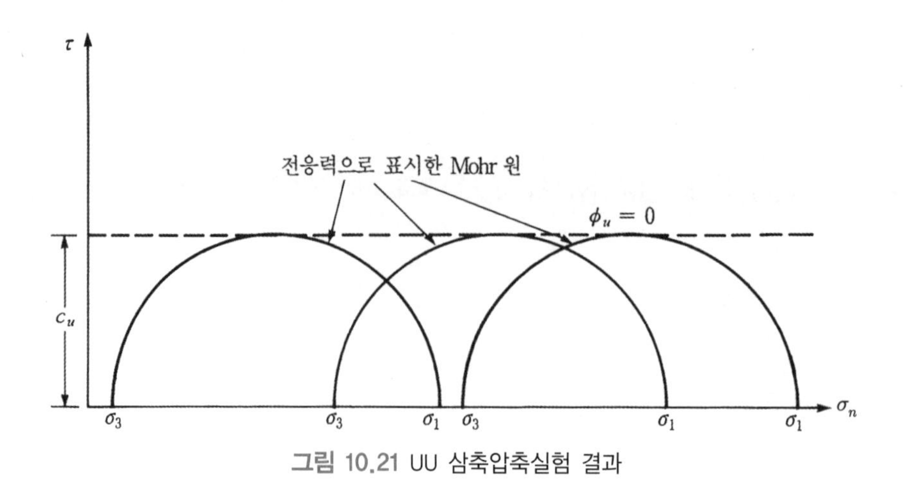

그림 10.21 UU 삼축압축실험 결과

10.3.3 일축압축강도시험

일축압축강도시험은 점성토에서 주로 하는 실험이며, 원리상 비압밀 비배수 삼축압축시험(UU Triaxial test)의 일종으로 볼 수 있다.

UU 실험에서 서술한 대로 물이 점토로부터 빠져 나가지 못하게 한다면, 구속응력은 이론상 어느 값을 주나 비배수 전단강도는 같다고 하였다. 일축압축강도시험은 UU 실험 중 구속응력 $\sigma_3 = 0$인 실험을 말한다. 다시 말하여 삼축압축실험에서 제1단계인 구속 압력 단계를 생략하고($\sigma_3 = 0$이므로), 제2단계인 일축 하중만 가하는 실험이다.

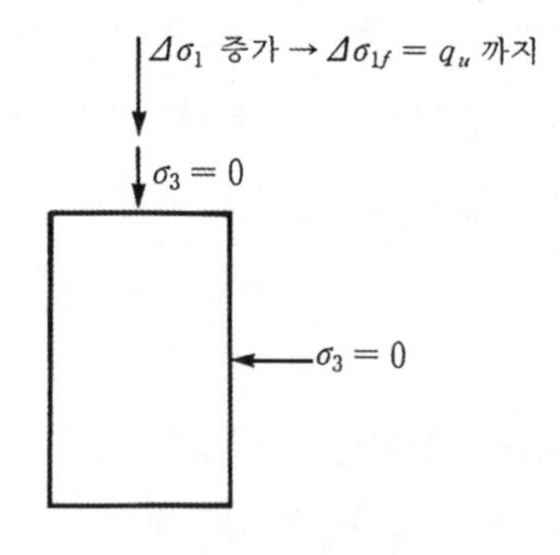

실험결과 요약

일축압축강도시험 결과는 그림 10.22와 같이 될 것이다. 그림에서 $\phi_u = 0$이므로 비배수 전단강도 c_u는 다음 식으로 구할 수 있다.

$$c_u = \frac{q_u}{2} \tag{10.30}$$

여기서, q_u = 점토의 일축압축강도

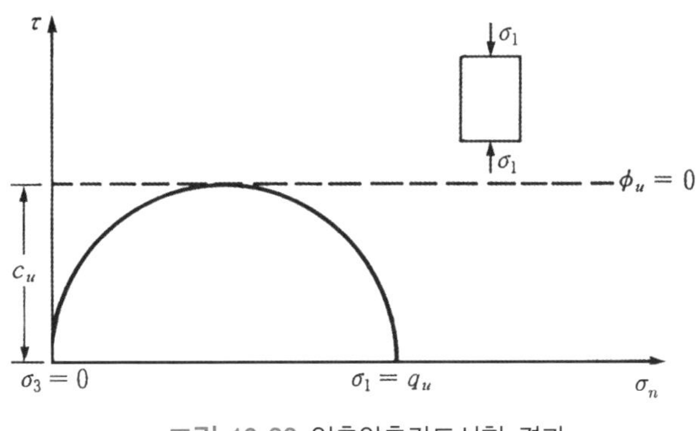

그림 10.22 일축압축강도시험 결과

이론상으로는 *UU* 실험결과로부터 구한 비배수 전단강도와 일축압축강도시험으로부터 구한 비배수 전단강도가 같아야 하나, 점토에 실 크랙(fissure)이 있는 경우 아무래도 구속응력을 가해주는 것이 시료가 더 안정적인 성격을 띠므로, 일축압축강도로부터 구한 비배수 전단강도가 약간 작은 것으로 알려져 있다. '점토가 연약하다(soft) 또는 단단한 편이다'라고 평하는 소위 점토의 강도에 따른 분류는 일축압축강도의 값을 가지고 평가하는 것이 일반적이며, 표 10.2에 이를 표시하였다.

표 10.2 점토의 일축압축강도에 따른 점토의 분류

점토의 분류	일축압축강도(kN/m^2)
매우 연약한 점토	24
연약한 점토	24~48
중간 점토	48~96
강한 점토	96~192
매우 강한 점토	192~383
딱딱한 점토	>383

예민비와 틱소트로피

현장에서 채취한 점토의 불교란 시료(undisturbed)의 전단강도가 완전히 교란시킨 후 같은 함수비로 재성형한 시료(remolded)의 전단강도보다 값이 크다. 일단 점토가 교란되면 현장에서 퇴적될 때 형성되었던 입자 간의 결합력이 파괴되기 때문이다. 불교란 시료의 일축압축강도와 재형성 시료의 일축압축강도의 비를 예민비(sensitivity)라고 한다(그림 10.23 참조). 즉, 예민비는 다음과 같이 정의된다.

$$S_t = \frac{q_{u(\text{불교란 시료})}}{q_{u(\text{재성형 시료})}} \tag{10.31}$$

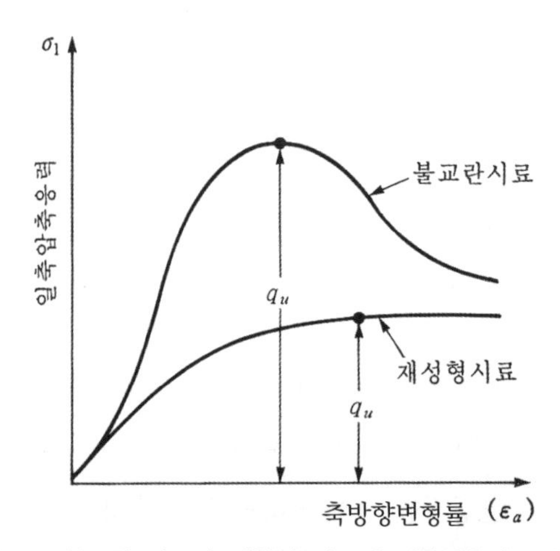

그림 10.23 불교란 시료와 재형성 시료의 일축압축강도시험 결과

S_t의 값이 큰 점토일수록 예민한 점토라고 하며, 특히 예민비가 8 이상인 점토는 'quick clay'라고 불린다. 이러한 점토는 스칸디나비아 반도에 많은 것으로 알려져 있다.

재성형한 점토가 비록 처음에는 강도가 작더라도, 시간이 지남에 따라 강도를 회복하는 경향을 보이는데, 이를 틱소트로피(thixotropy) 현상이라고 한다. 시간이 지남에 따라 점차 결합력이 생기게 되어, 강도를 회복하는 것으로 알려져 있다.

10.3.4 기타의 전단강도 추정법

이제까지 서술한 전단강도시험은 실내에서 할 수 있는 시험법을 중심으로 소개하였으며, 그 목적이 실험을 하는 방법보다는 전단강도의 원리를 이해하는 데 도움이 되도록 상세히 기술하였다. 전단강도를 얻기 위한 시험은 다양하다. 또한 계속적으로 새로운 방법이 개발·소개되고 있다. 전단강도시험에는 실내시험뿐만 아니라, 현장시험법도 많으며, 시료교란 효과가 적다는 의미에서 현장실험이 더 신뢰성이 큰 경우도 많다. 현장시험으로부터 전단강도를 예측할 수 있는 실험으로는 표준관입시험, 콘관입실험, 베인전단시험 등 여러 가지가 있다. 이에 대한 상세한 사항들은 기초공학 서적들을 참조하길 바라며, 여기에서는 베인전단시험만 간단히 서술하고자 한다.

1) 베인전단시험(Vane Shear Test)

점토의 비배수 전단강도를 구하기 위한 현장시험법으로서 점토 시료를 채취할 필요가 없기 때문에 시료교란 효과를 최소화할 수 있다는 이점이 있는 시험법이다.

점토지반 속으로 그림 10.24와 같은 십자(十字)의 베인을 넣고 T의 우력을 가하여 돌린다. 우력 T는 다음 식으로 표시될 것이다.

$$T = M_s + 2M_e \tag{10.32}$$

여기서, M_s = 베인으로 인한 실린더의 옆면에서 점토의 저항 모멘트

M_e = 베인으로 인한 실린더의 위아래면에서 점토의 저항 모멘트

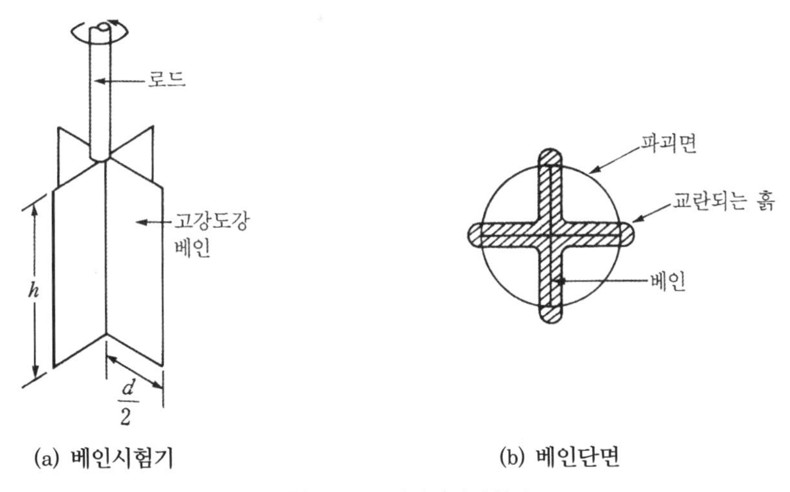

그림 10.24 베인전단시험기

식 (10.19)를 풀면 베인전단시험으로 인한 점토의 비배수 전단강도를 구할 수 있으며, 다음 식과 같이 표현된다.

$$c_{u(vane)} = \frac{T}{\pi\left[\frac{d^2h}{2}+\beta\frac{d^3}{6}\right]} \times 10^3 \text{ (단위: kN/m}^2\text{)} \tag{10.33}$$

여기서, d = 베인의 직경(cm)

h = 베인의 높이(cm)

T = 우력(N · m)

β = 실린더 위아래 면에서의 강도 발현 정도에 따른 계수(완전발현인 경우 $\beta = \frac{2}{3}$)

그러나 일반적으로 베인전단시험으로 구한 비배수 전단강도는 그 값이 너무 큰 것으로 알려져 있다. 따라서 수정 전단강도를 다음과 같이 구한다.

$$c_u = \mu c_{u(\text{베인})} \tag{10.34}$$

여기서, μ = 수정계수로서 PI의 함수

$= 1.7 - 0.54\log(PI)$ (그림 10.25 참조).

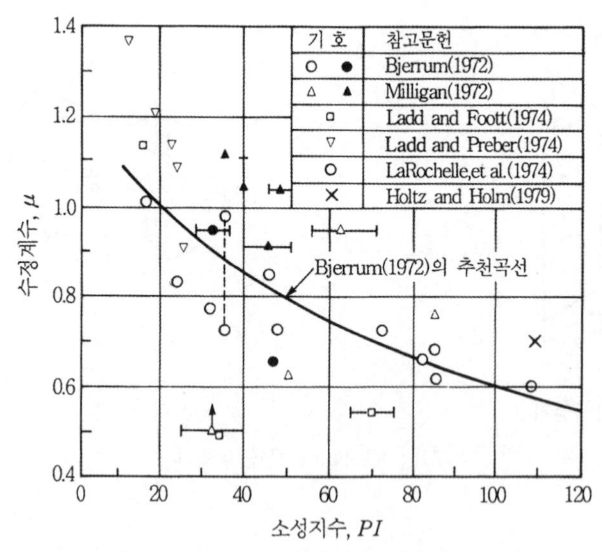

그림 10.25 현장베인시험에 대한 수정계수

2) 점토의 비배수 전단강도에 대한 경험식

정규압밀점토는 과거에 큰 하중을 받은 경험이 없이 현재의 상재압력만을 받고 있는 점토를 말한다. 따라서 점토의 깊이가 깊어질수록 점토입자가 큰 압력을 받고 있기 때문에, 강도 또한 깊이에 따라 증가할 것이다. Skempton(1957)은 정규압밀점토의 비배수 전단강도는 유효상재압력에 비례하고, 또한 소성지수에도 영향을 받는다는 점에 착안하여, 통계분석을 통하여 다음과 같은 경험공식을 제안하였다.

$$\frac{c_u}{\sigma_v'} = 0.11 + 0.0037(PI) \tag{10.35}$$

여기서, σ_v' = 점토가 받고 있는 유효상재압력

PI = 점토의 소성지수

앞의 식은 실무에서 자주 사용하는 매우 유용한 식이다. 위의 식 자체로서 유효상재 압력과 PI값을 알 때, 비배수 전단강도를 어느 정도 예측하는 식으로 사용되기는 하기는 하나 이보다는 대부분의 경우 전단강도 증가 예측식으로 이용된다. 유효상재압력 σ_v'을 받고 있던 점토지반 위에 q의 외부하중이 작용되어 점토입자에 $\Delta\sigma_v$의 응력의 증가량이 발생되었다고 하자. $\Delta\sigma_v$의 추가응력으로 인하여 점토에는 압밀이 발생되며, 만일 압밀이 완료되었다면 흙 입자에 작용되는 유효응력은 σ_v'에서 $\sigma_v' + \Delta\sigma_v$으로 증가한다. 증가된 유효응력 $\Delta\sigma_v$로 인한 비배수 전단강도의 증가는 다음 식으로부터 구할 수 있다.

$$\Delta c_u = [0.11 + 0.0037(PI)] \cdot \Delta\sigma_v \tag{10.36}$$

한편, 과압밀 점토에 대한 비배수 전단강도는 정규압밀점토의 비배수 전단강도로부터 예측하며, 그 경험식은 다음과 같다.

$$\frac{(c_u/\sigma_v')_{OC}}{(c_u/\sigma_v')_{NC}} = (OCR)^{0.8} \tag{10.37}$$

10.4 전단강도의 응용

10.4.1 강도정수의 적용

앞 절에서 전단강도의 기본 정수인 c, ϕ를 구하는 방법에 대하여 설명하였다. 전단강도는 $\tau_f = c' + \sigma_n' \tan\phi$로서 일정한 값이 아니라 전단가능파괴면에 작용하는 수직응력에 비례한다고 하였다. 앞 절에서 서술한 대로 강도정수 c, ϕ는 유효응력으로 표시할 수도 있고, 전응력으로 표시되기도 한다. 이를 요약하면 다음과 같다.

- 유효응력 강도정수: c, ϕ(CD 시험 또는 $\overline{CU}$ 시험으로부터 얻은 강도정수)
- 전응력 강도정수
  - c_u(비배수 전단강도로서 UU 시험 또는 일축압축 강도시험으로부터 얻은 강도정수)
  - c_{cu}, ϕ_{cu}(CU 시험에서 전응력으로 표시된 강도정수)

위에 제시한 여러 강도정수를 언제, 어느 경우에, 어떻게 적용해야 하는가는 대단히 어려운 문제이다. 그때그때의 필요에 따라 적용해야 한다. 이 저서에서 모든 적용방법을 서술하는 것은 사실상 거의 불가능하다.

전단강도이론은 파괴이론이다. 압밀 및 침하 편에서 다루었던 것은 비록 변형이 크냐, 작으냐의 문제는 있었어도 파괴는 되지 않는 경우, 즉 탄성변형에 대하여 논하는 것이었으나, 전단강도는 파괴이론이므로 '임의의 파괴가능면에 작용하는 전단응력이 전단강도보다 크게 되면 그 지반은 파괴되고 만다.'는 소위 소성론의 문제이다. 다음 장들에서 계속적으로 공부하게 되는 토압론, 사면안정론, 극한 지지력 등은 모두 파괴이론에 근거한 것들이므로 전단강도와 직접적으로 연관되는 문제들이다. 토압을 견디지 못해 옹벽을 설치하는 것도 파괴 이론이요, 사면에서 전단강도가 충분하지 못하면 사면파괴가 발생되며, 건물 기초의 지지력이 충분하지 못하면 기초가 또한 완전히 파괴될 것이다. 앞으로 공부하게 될 세 장(11, 12, 13장)은 모두 전단강도론에 근거한 것임을 먼저 알아야 할 것이다.

강도정수의 선택이라는 측면에서 전단강도의 응용에 대한 이해를 돕고자, 여기에서는 사면안정론을 근거로 간략히 설명하고자 한다.

<u>유효응력 강도정수 c', ϕ'</u>

다음 그림 10.26과 같이 사질토 지반위에 제방을 쌓게 되면 A 입자에 전응력이 증가하여, 전단파괴가 발생될 가능성이 있다고 하자.

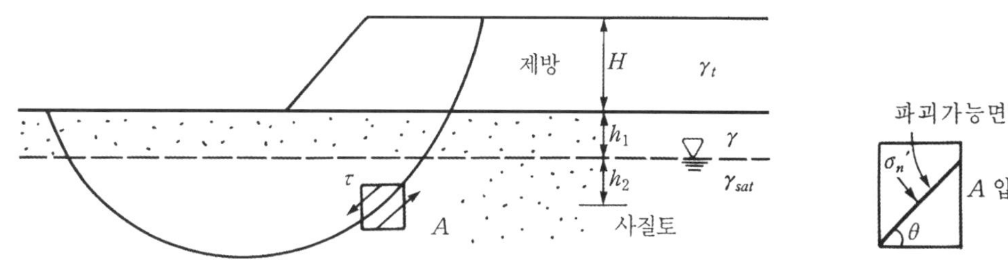

그림 10.26 유효전단강도 사용 예

사질토의 지하수위가 높기는 하나, 제방을 쌓을 동안에 A 입자에서 과잉간극수압은 쉽게 소산되므로 A 입자에서의 응력의 증가량은 모두 흙이 받아주게 되어 유효응력이 증가하게 될 것이다.

따라서 이 경우 전단강도는 유효응력으로 표시하면 될 것이다.

$$\begin{aligned}\tau_f &= c' + \sigma_n' \tan\phi' \\ &= c' + (\sigma_n - u)\tan\phi' \end{aligned} \tag{10.8}$$

여기서, σ_n'는 A 입자에서 가상 파괴면에 작용하는 유효 수직응력을 뜻하며, 원래의 사질토에 의한 상재압력과 제방 설치로 인한 응력 증가 효과를 한꺼번에 고려한 응력이다. 물론 응력의 증가량은 탄성론에 근거하여 구해야 하나, 초기 설계단면의 약산법으로서 성토높이가 전부 응력의 증가가 되었다면 다음과 같이 계산될 것이다.

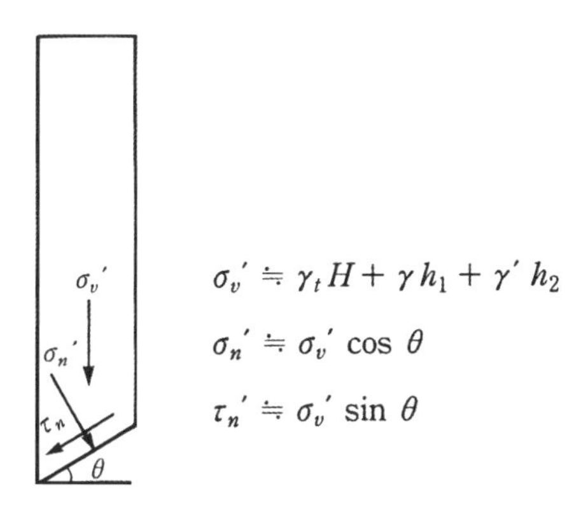

비배수 전단강도 c_u

그림 10.26과 같은 조건이나, 단지 원래 지반이 사질토 대신에 점토지반이라고 하자. 제방

을 쌓음으로 인하여 하중은 증가하므로 A 입자에서의 전단응력 τ_n은 앞과 거의 동일하게 증가한다. 문제는 전단저항력이다. 비록 제방하중이 증가되었다고는 하나, 성토 직후에는 과잉간극수압 상승으로 인하여, A 입자의 유효응력이 거의 증가되지 않는다(즉, 비배수 조건이다). 따라서 성토 직후의 안정계산에 사용하는 전단강도는(즉, short-term 시의) 비배수 전단강도이다.

$$\tau_f = c_u \tag{10.38}$$

단, 성토 후에 시간이 흘러 생성되었던 과잉간극수압이 완전히 소산되었다면, 점토입자에 작용하는 유효응력도 증가하게 되므로 long-term 시에 사용하는 전단강도는 유효응력으로 표시한 전단강도이다.

CU 시험으로부터의 강도정수 c_{cu}, ϕ_{cu}

CU 시험으로부터 얻은 강도정수 c_{cu}, ϕ_{cu}는 비배수 전단강도임에는 틀림없으나, UU 시험에 의한 비배수 전단강도와 다른 점이 있다. CU 시험에서는 $\sigma = \sigma_3$로 구속압력을 가하여 압밀을 완료한 후에, 비배수조건으로 축차응력을 가하게 되나, UU 시험에서는 압밀을 하지 않기 때문에 흙 입자에 가해지는 유효응력이 각각 다르다는 점이다. 즉, 축차응력 이전의 유효응력은 각각 다음과 같을 것이다.

- CU 시험 $\sigma' = \sigma_3 =$구속응력
- UU 시험 $\sigma' = \sigma_r' =$잔류응력

만일 CU 시험에서 $\sigma' = \sigma_3$를 가했을 때 흙 입자에 체적수축이 없다면 c_{cu}, ϕ_{cu}는 현장에서 σ'을 받고 있는 흙의 비배수 전단강도로 볼 수 있다. 그러나 보통은 현장에서 받고 있던 상재압력을 구속응력으로 가해도 체적의 수축이 있으므로 비배수 전단강도가 크게 된다.

일반적으로 CU 시험으로부터 구한 비배수 전단강도는 다음과 같은 경우에 쓰인다(그림 10.27 참조). 포화된 점토지반 위에 제방 I을 쌓았으나 제방높이가 높지 않아 사면안정에는 큰 문제가 없었다고 하자. 제방 I을 쌓은 후 압밀이 완료된 시점에서, 제방 II를 쌓게 되는 경우의 사면안정 평가를 하고자 한다. A 입자는 처음에는 $\sigma_o' = \gamma' z$의 상재압력을 받고 있었으나, 제방 I을 쌓고 과잉간극수압이 완전히 소산되었다면 $\sigma' = \sigma_o' + \Delta\sigma \fallingdotseq \gamma' z + \gamma H_1$만큼 유효응력이 증가될 것이다. 유효응력이 증가된 상태에서, 제방 II를 쌓게 되므로 제방 II를 쌓는 동안의

전단강도는 역시 비배수 전단강도를 사용해야 하나, 이때의 비배수 전단강도는 초깃값보다 클 것이다.

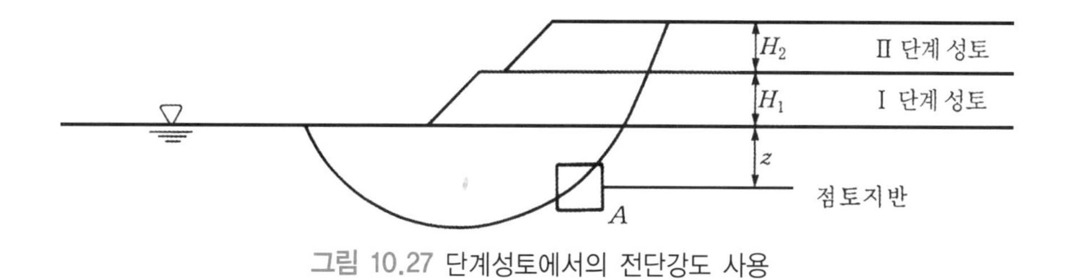

그림 10.27 단계성토에서의 전단강도 사용

이러한 경우의 전단강도는 다음과 같은 CU전단강도를 사용할 수 있다.

$$\tau_f = c_u = c_{cu} + \sigma' \tan\phi_{cu}$$
$$= c_{cu} + (\sigma_o{}' + \Delta\sigma)\tan\phi_{cu} \tag{10.39}$$

여기서, σ'은 A입자에 작용하는 연직유효응력으로 생각하면 될 것이다.

CU 실험의 전응력 Mohr 원에서 구한 비배수 전단강도의 모식도를 그림 10.28에 표시하였다.

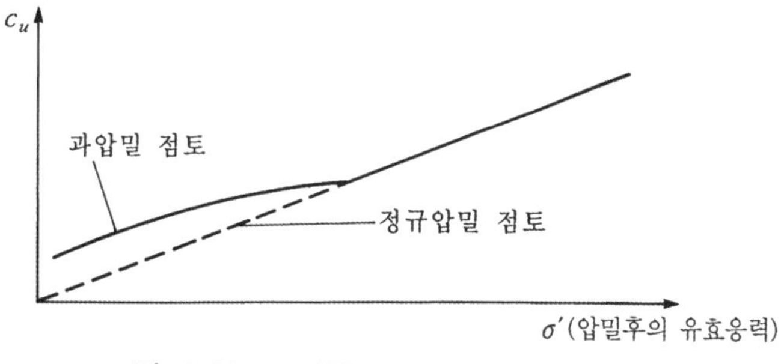

그림 10.28 CU 실험으로부터의 비배수 전단강도

10.4.2 파괴이론에 근거한 전단강도의 적용

전 절에서 밝힌 대로 토압론, 극한 지지력, 사면안정론은 모두 파괴이론에 근거하여 유도되는 이론이며, 파괴기준이 전단강도 또는 Mohr-Coulomb 파괴기준이라고 하였다. 다시 말하여 위의 세 주제들은 모두 전단강도이론에 기초를 두고 이해하여야 한다. 독자들의 이해를 돕기 위하여 다음의 간단한 예를 근거로 전단강도가 세 주제들에 어떻게 쓰이는지 서술하고자 한다.

사면안정

마찰력과 점착력을 가지는 $c-\phi$ 흙 지반을 연직으로 절취하였다고 하자(그림 10.29). 만일 파괴면이 직선이라면 파괴면의 각도는 $\theta = 45° + \frac{\phi}{2}$ 일 것이다.

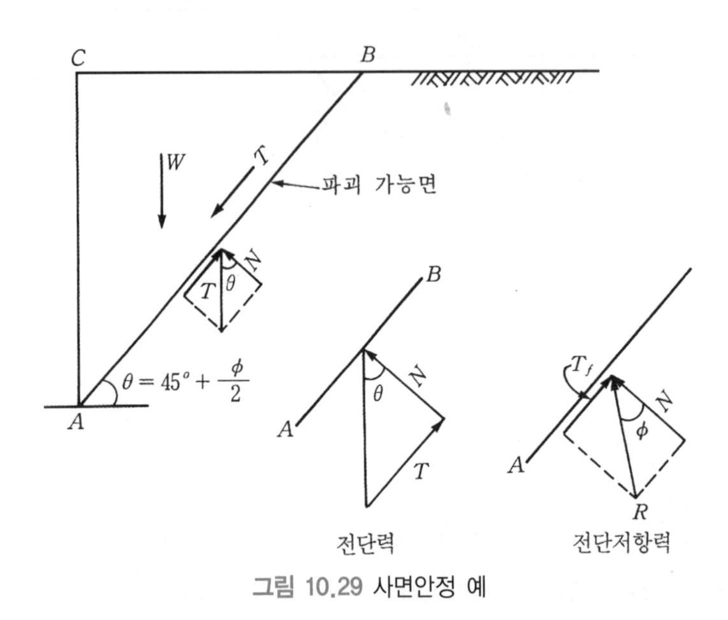

그림 10.29 사면안정 예

AB면에 작용되는 수직하중 N과 전단하중 T는 다음과 같다.

$$N = W\cos\theta \tag{10.40}$$

$$T = W\sin\theta \tag{10.41}$$

앞의 식에서 전단하중 T가 AB면을 따라 파괴를 유발(sliding)하는 힘이다.

한편, AB면 바로 하부에서의 전단저항력 T_f는 전단강도에다 (AB)를 곱한 값이 된다. 즉,

$$\begin{aligned} T_f &= \tau_f \cdot (AB) = (c + \sigma_n \tan\phi)(AB) \\ &= c \cdot (AB) + N\tan\phi \end{aligned} \tag{10.42}$$

$$\uparrow$$

$$\sigma_n (AB) = N$$

여기서, $T < T_f$이면 안전

$T \geq T_f$이면 전단파괴

따라서 사면파괴에 대한 안전율은 다음 식으로 표시할 수 있다.

$$F_s = \frac{T_f}{T} \tag{10.43}$$

<u>극한지지력</u>

다음 그림과 같이 지표면 위 기초에 q라는 하중을 실어주면 흙은 가해준 하중 q에 대하여 저항하게 되어 안정상태를 유지하나, q를 계속 증가시켜서 $q = q_{ult}$가 되면 지반에 역시 전단파괴가 발생하여 기초가 완전히 파괴된다. 이때 가장 단순한 전단파괴 양상이 다음 그림 10.30에 표시한 것과 같다.

이때 AB면과 BC면에는 공히 전단파괴가 발생하며, 그때의 저항력은 역시 전단강도에 면적을 곱해준 것과 같다.

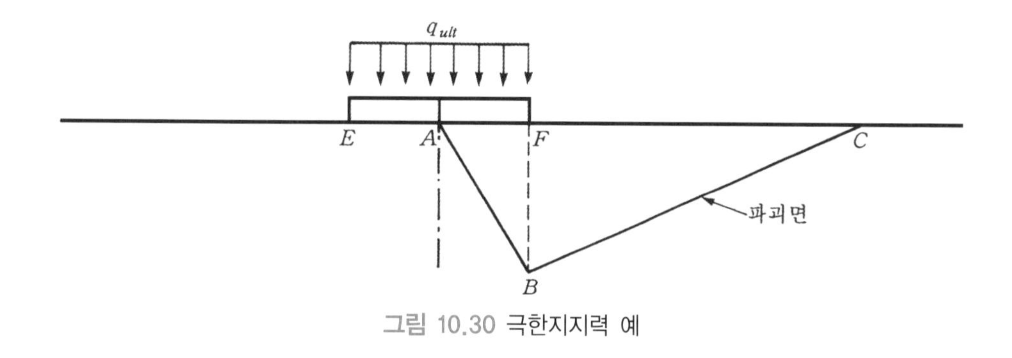

그림 10.30 극한지지력 예

<u>토압론</u>

그림 10.29에서 만일 $T \geq T_f$라면, AB면에서의 저항력으로 ABC쐐기의 무게 W를 다 견딜 수가 없다. 따라서 AB면에서 최대로 버틸 만큼 버티고 그래도 모자라는 것은 AC면에 옹벽을 설치하여 저항하도록 한다. 이때 AC면에서의 저항력이 토압이다. 즉, 옹벽이 저항해주어야 하는 힘이다. 이를 그림으로 나타내면 다음 그림 10.31과 같다.

이때, 힘의 다각형으로부터 P_a를 구할 수 있다.

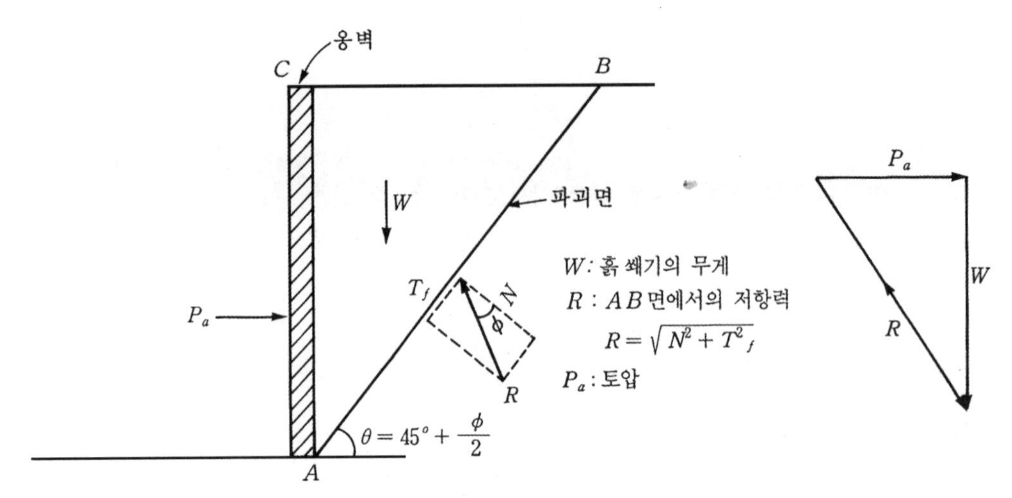
옹벽
C
B
W
파괴면
W: 흙 쐐기의 무게
R : AB 면에서의 저항력
$R = \sqrt{N^2 + T_f^2}$
P_a : 토압
P_a
T_f
N
ϕ
R
$\theta = 45° + \frac{\phi}{2}$
A
P_a
W
R

그림 10.31 토압론 예

연 습 문 제

1. 어느 흙의 파괴기준(failure criterion)이 다음과 같다.

$$F=\sqrt{(\sigma_1-\sigma_2)^2+(\sigma_2-\sigma_{3)}^2+(\sigma_3-\sigma_1)^2}-700=0,\ \text{단위}(\text{kN/m}^2)$$

만일 세 개의 주응력이 각각 200kN/m^2, 300kN/m^2, 460kN/m^{2}이라면 이 입자의 파괴 여부를 판단하라.

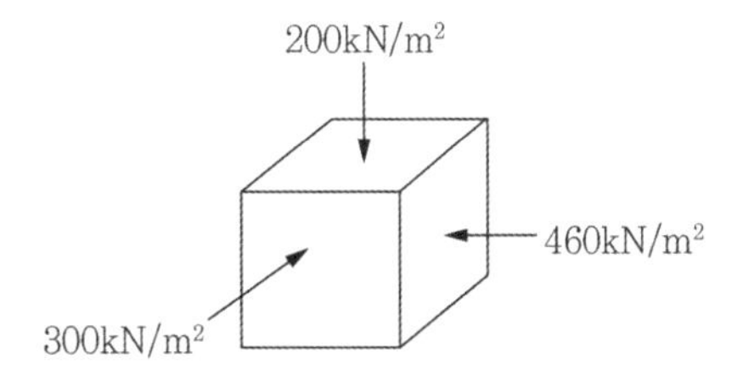

2. 삼축압축시험 중에서 압밀배수시험(CD Test) 결과는 아래와 같다. (단, 정규압밀 점토) 즉, 구속압력＝110kN/m^2 파괴 시 축차응력＝175kN/m^{2}일 때 다음 물음에 답하라.

1) 전단저항각(ϕ')
2) 최대 주응력면과 파괴면이 이루는 각도
3) 파괴면에서의 수직응력 및 전단응력
4) 최대전단응력과 그때의 수직응력
5) 파괴가 최대전단응력에서 일어나지 않고 3)번의 면에서 일어나는 이유는 무엇인가?

3. 압밀배수 삼축압축시험을 실시하여 다음의 결과를 얻었다.

(단위: kN/m^2)

σ_3	50	100	200
파괴 시의 축차응력	150	210	350

1) 각 실험의 응력경로
2) c', ϕ'를 구하라.

4. 200kN/m^{2}의 구속응력을 가하여 시료를 완전히 압밀시킨 다음 비배수 상태로 구속응력을 350kN/m^{2}으로 증가시켰더니 간극수압이 144kN/m^{2}이었다. 이후에 축차응력을 가하여 비배수 전단시켜 다음의 결과를 얻었다.

연직방향 변형률(%)	축차응력(kN/m^2)	간극수압(kN/m^2)
0	0	144
2	201	244
4	252	240
6	275	222
8	282	212
10	283	209

1) 과잉간극수압계수 B를 구하라.
2) 과잉간극수압계수 A의 변화 및 파괴 시의 계수 A_f를 구하라.

5. 동일한 깊이에서 시료를 채취하여 삼축압축시험을 수행하였다. 별도로 압밀시험을 하여 선행압밀압력을 결정하였는데 그 값은 160kN/m^{2}이라는 것을 알았다. CD 삼축압축시험 결과는 다음과 같다.

시료 No. 1: $\sigma_3{}' = 200$kN/m^2, $\sigma_{1f}{}' = 704$kN/m^2
시료 No. 2: $\sigma_3{}' = 278$kN/m^2, $\sigma_{1f}{}' = 979$kN/m^2

동일한 점토에 대하여 유효압밀압력이 330kN/m^{2}으로 되도록 압밀시킨 다음, 축차응력을 가하여 CU 시험을 행하고 다음과 같은 자료를 얻었다.

축차응력(kg/cm^2)	연직방향 변형률(%)	간극수압(kN/m^2)
0	0	0
30	0.06	15
60	0.15	32
90	0.30	49
120	0.53	73
150	0.90	105
180	1.68	144
210	4.40	187
240	15.5	238

1) CD 시험으로부터 파괴 시의 Mohr 원을 그리고 파괴포락선의 정규압밀부분에 대하여 전단저항각을 결정하여라.

2) CU 시험에 대하여 변형률에 대한 축차응력 및 간극수압의 관계곡선을 그려라.

3) CD 및 CU 시험에 대한 응력경로를 그려라.

4) CU 시험의 결과가 선행 압밀하중 이상에 대한 것이라고 가정하고, 전응력과 유효응력으로 전단강도정수를 구하여라.

6. 정규압밀점토의 CU 시험 결과의 $p-q$ 다이아그램이 다음과 같을 때 다음의 값을 구하라.

1) $q=35\text{kPa}$일 때의 σ_1, $\sigma_1{}'$, σ_3, $\sigma_3{}'$

2) 파괴가 발생했을 때의 σ_1, $\sigma_1{}'$, σ_3, $\sigma_3{}'$

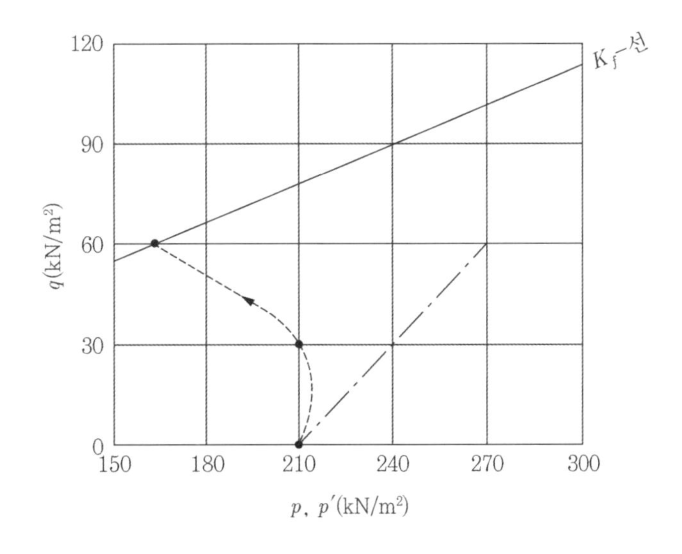

7. 강도정수가 $c' = 5\text{kN/m}^2$, $\phi' = 25°$인 지반 위에 제방을 축조하고자 한다. 제방의 높이를 2m 쌓았을 때 $z = 5\text{m}$에서 바닥 면과 45°를 이루는 면에서의(원지반) 전단응력 및 전단강도를 구하여라. 단, 제방을 쌓는 도중에 원지반에서의 배수는 원활하고, 횡방향 토압계수 $K_o = 0.5$로 가정하라(제방흙 $\gamma = 19\text{kN/m}^3$, $\gamma_{sat} = 19\text{kN/m}^3$).

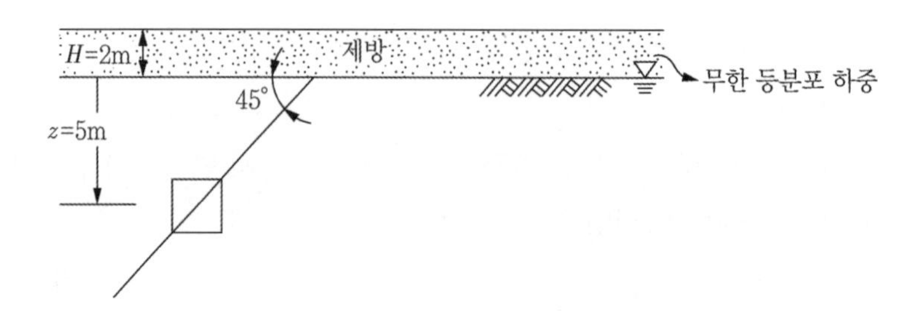

8. 다음 연약점토의 비배수 전단강도는 선형적으로 증가하며(정규압밀점토임) A점에서의(UU Test로 구한) 비배수 전단강도는 $c_u = 25\text{kN/m}^2$이었다. 지표면에 무한등분포하중 $\Delta\sigma = 15\text{kN/m}^2$이 작용되었다. 압밀이 완료된 시점에서 A점에서의 비배수 전단강도를 구하라.

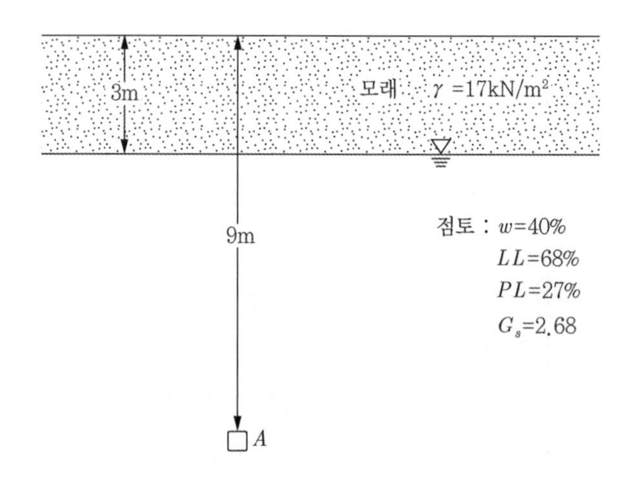

9. 그림과 같이 지하실 옆의 'K' 부분을 쥐가 파서 지하실로 흙을 나른 관계로 '$ABCD$' 부분이 가라앉게 되었다.

1) 'X' 지점에서의 전단강도를 구하라.
2) 'CD' 부분에 걸리는 총 전단력은 얼마인가?
3) 'CD' 부분에 걸리는 총 저항력은 얼마인가?
(단, 'AB' 부분의 저항력 계수는 $c_a = 5\text{kN/m}^2$, $\delta = 32°$로서 'CD' 부분과 같다.)

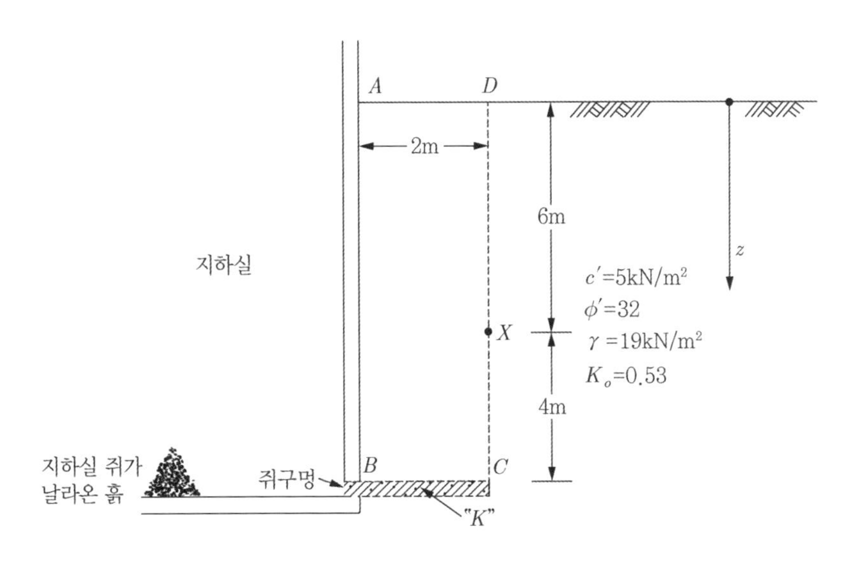

10. 다음 그림과 같이 지하수위는 지표면에 있고 평행으로 침투가 발생한다.

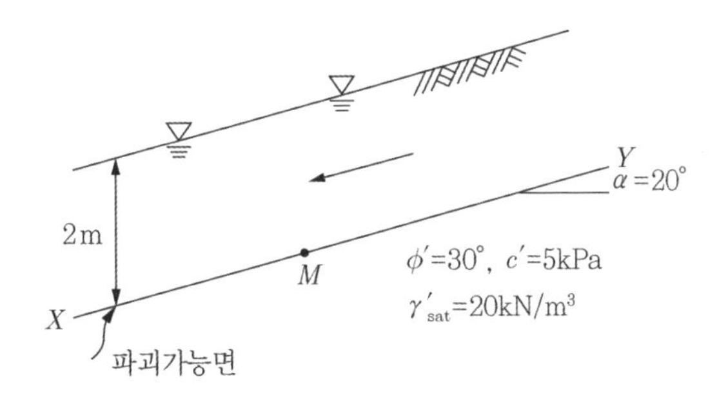

1) M점에 작용하는 수직응력(전응력)과 수압을 구하라.

2) 파괴가능면을 X－Y 면이라고 할 때, M점에서의 전단응력 τ, 전단강도 τ_f를 구하고 파괴 가능성을 판단하라.

11. CD 삼축압축시험의 하중재하 방법을 다음과 같이 3가지 다른 방법으로 실시하였을 때 물음에 답하라.

1) 전단강도정수 $c' = 10\text{kPa}$, $\phi' = 35°$인 포화된 시료에 대하여, CD 삼축압축시험을 다음의 조건으로 실시하였다.

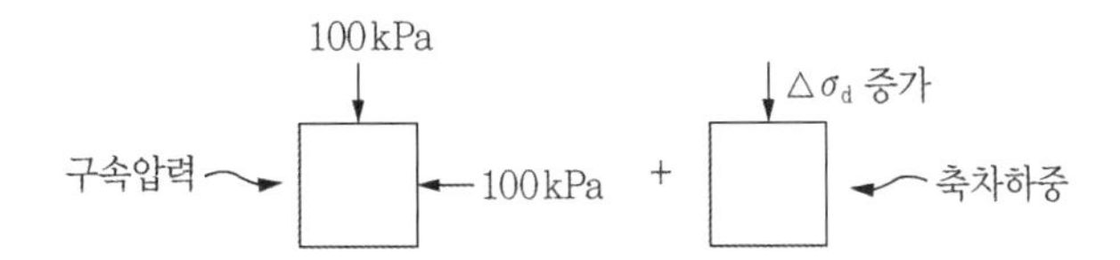

① 파괴가 되었을 때의 최대주응력을 구하라.

② 위의 실험에서 파괴면을 그리고, 파괴면에서의 수직응력 σ_n과 전단응력 τ(또는 전단 강도τ_f)를 구하다.

2) 강도정수가 위와 동일한 시료에 대하여 구속압력을 100kPa로 가한 후, 연직응력을 증가시키는 대신에 수평응력을 감소시켜서 전단파괴가 발생하도록 하였다.

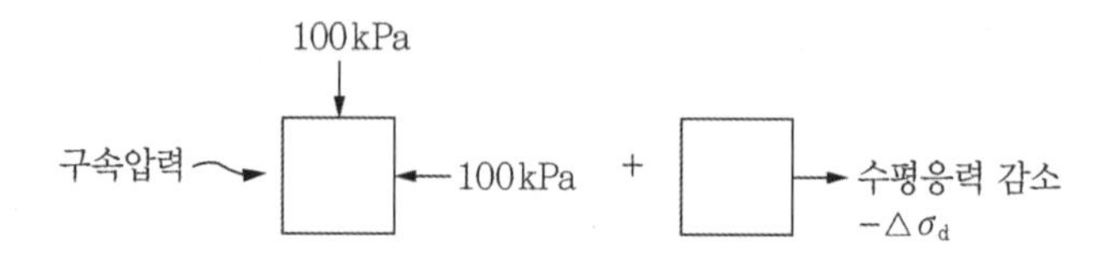

① 파괴가 되었을 때의 최소 주응력을 구하라.

② 위의 실험에서 파괴면을 그리고, 파괴면에서의 수직응력 σ_n과 전단응력 τ(또는 전단 강도 τ_f)를 구하라.

3) 강도정수가 위와 동일한 시료에 대해서 구속압력 100kPa을 가한 후 연직응력을 감소시켜서 전단파괴가 발생하도록 하였다.

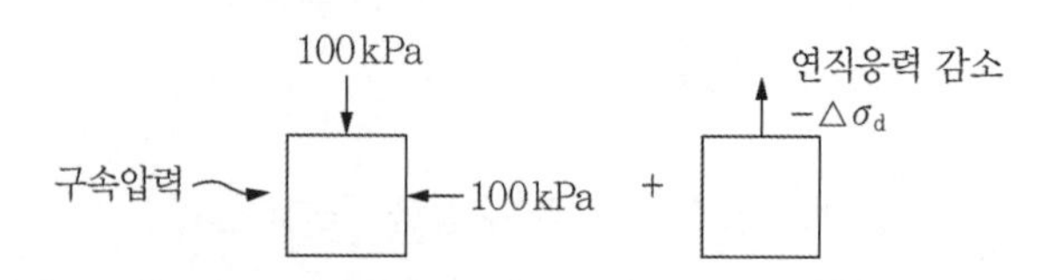

① 파괴가 되었을 때의 최소 주응력을 구하라.

② 위의 실험에서 파괴면을 그리고, 파괴면에서의 수직응력 σ_n과 전단응력 τ(또는 전단 강도 τ_f)를 구하라.

12. 다음 그림과 같이 연직응력 $\sigma_{vo} = \gamma z$, 수평응력 $\sigma_{ho} = K_o \gamma z$를 받고 있는 지반에 원형 터널을 뚫었을 때, A, B 입자에 작용하는 접선응력은 다음과 같다.

$$\sigma_{\theta A} = 3\sigma_{ho} - \sigma_{vo},\ \sigma_{\theta B} = 3\sigma_{vo} - \sigma_{ho}$$

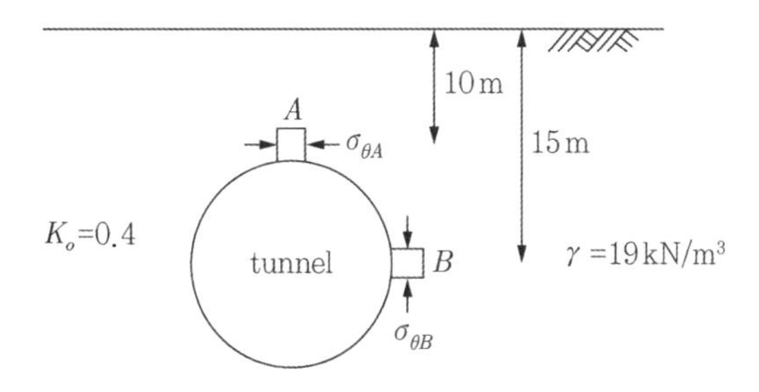

1) 만일 지반 자체가 전단저항각 $\phi = 0°$이고, 점착력만 존재한다면, 터널시공 직후 전단파괴가 일어나지 않으려면 A, B입자 각각에 대하여 점착력이 얼마나 커야 하나?
2) 만일 $\phi = 30°$라면 점착력은 얼마나 커야 하나?

13. 다음 그림과 같이 지하 10m에 있는 점토를 채취(sampling)하였다.

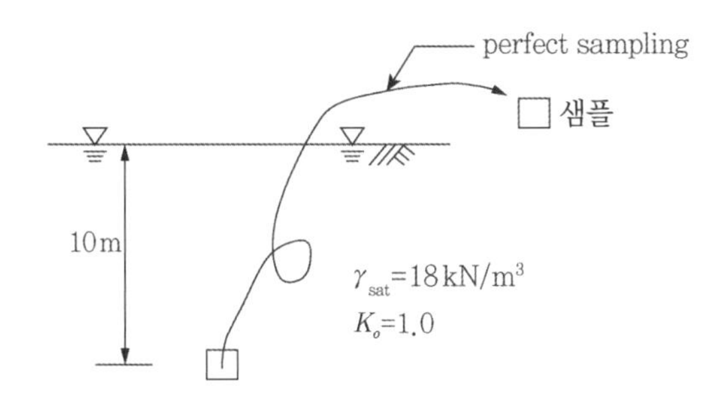

1) Perfect sampling을 가정하였을 때, 샘플에 작용하는 유효응력을 구하라.
2) 만일 $K_o = 0.5$, $A = 0.33$(Skempton의 과잉간극수압계수)라면, 샘플의 유효응력은 얼마일까(Challenging Question)?

14. 다음 그림과 같이 삼각형 암석블록(Block) 밑을 두더지가 파내어 암석블록이 무너지게 되었다. 단, 암석과 흙 사이의 전단저항력은 사질토의 경우와 동일하다고 가정한다. 또한, $\gamma_{rock} = 27\text{kN/m}^3$이다.

1) 'K' 입자에서의 전단강도를 구하라.
2) 'K' 입자에서의 전단응력을 구하라.
3) 두더지 구멍이 없다고 가정하고, AB면에 작용하는 전단응력의 합을 구하라.
4) 같은 조건하에서 AB면에 작용하는 전단강도의 합을 구하라.
5) 두더지 구멍을 몇 m 팠을 때 바위가 무너질까?
6) 만일 두더지 구멍을 A점에서부터 파서 올라간다면 얼마나 파야 무너질까?

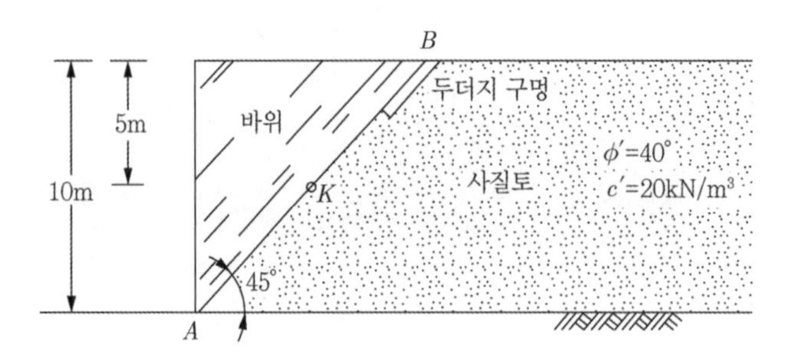

15. PE 하수관을 묻기 위하여 다음과 같이 트렌치를 파고, 관을 묻고 되메우기를 하였다. PE 관 옆부분의 되메우기를 엉성하게 하여 PE관이 거의 찌그러지는 파괴가 일어났다.

1) 깊이 z인 P점에서의 전단강도를 구하라.
2) AB, CD면에서의 총 전단저항력은 얼마인가?
3) 그렇다면 $ABCD$ 부분의 흙의 무게로 인한 힘은 얼마나 될까? 즉, 'BC'면에 작용되는 힘을 구하라.

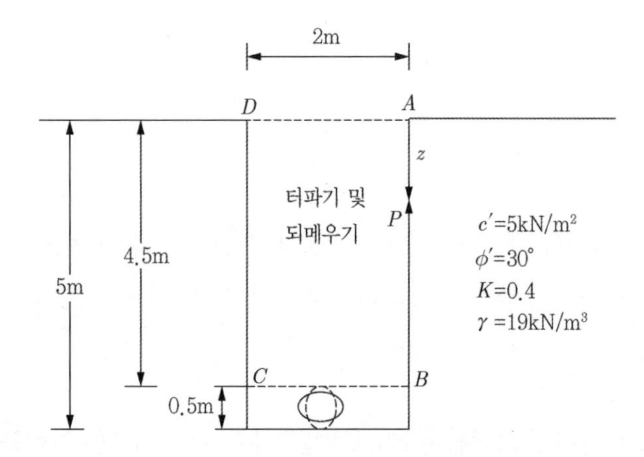

16. 강관주면에서의 저항력을 다음의 두 조건 각각에 대하여 구하라.

1) 그림처럼 직경 $D = 512$mm인 강관이 화강풍화토에 7m 깊이로 박혀 있다. 강관과 주변 지반 사이의 $\delta = 18°$라고 할 때, 강관주면에서 저항할 수 있는 힘을 구하라(건조조건).
2) 지하 3m 깊이에 지하수가 존재한다고 할 때 저항력을 구하라(단, 지반의 $\gamma = \gamma_{sat} = 20\text{kN/m}^3$, 수평방향 토압계수 $K = 0.8$로 가정하라).

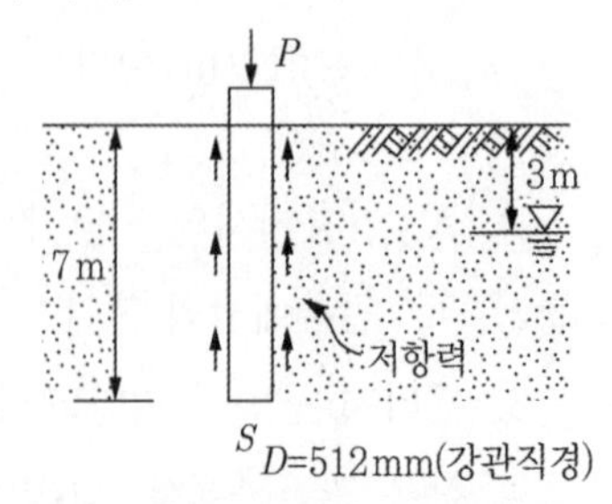

제11장
토압론

제11장 토압론

11.1 서 론

제5장의 지중응력편에서, 연직상재압력은 $\sigma_v = \gamma z$이고, 수평방향 응력은 $\sigma_h = K_o \gamma z$라고 하였다. 여기서, 수평방향의 응력과 연직상재압력의 비(比)인 K_o를 정지토압계수(coefficient of lateral earth pressure at rest)라고 한다고 서술하였다. 즉, 초기의 연직응력과 수평응력이 다르다는 말이다.

일반적으로 표현하자면 수평응력과 연직응력의 비를 토압계수라고 한다. 즉,

$$K = \frac{\sigma_h}{\sigma_v} \tag{11.1}$$

여기서, K = 토압계수(coefficient of lateral earth pressure)

초두에 서술한 정지토압계수는 토압계수의 일종으로서 흙 입자가 전혀 움직이지 않을 때(태초부터 그 자리에 그대로 있는) 압력의 비로 인한 계수이다.

문제는 식 (11.1)의 토압계수는 일정한 것이 아니라, 흙이 움직이는 양상에 따라 변화한다는 점이다. 횡방향 토압(lateral earth pressure, 또는 수평방향 토압)에는 다음의 세 종류가 있다.

11.1.1 횡방향 토압의 종류

1) 정지토압

흙 입자가 횡방향으로 변형이 전혀 없을 때의 토압을 말하며, 5장에서 설명한 대로 정지토압은 $\sigma_h = K_o \gamma z$ 이다(그림 11.1).

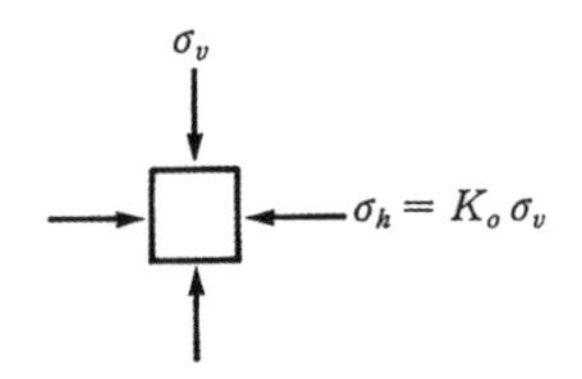

그림 11.1 지반 내 작용하는 응력(정지토압)

2) 주동토압

다음 그림 11.2(a)와 같이 정지상태로 있는 흙의 왼쪽을 연직으로 절취하고 옹벽을 설치하였다면 흙 입자는 옹벽방향으로 움직여 수평방향으로 늘어나게 된다. 흙 입자는 바깥으로 밀려나갈수록 수평방향의 압력을 잃게 되며 급기야 흙 입자 팽창이 과도하여 파괴상태에 이르게 된다. 이러한 상태에서의 토압을 주동토압이라고 한다. 그림에서 ABC의 쐐기부분 흙은 이미 파괴상태에 이른 흙이다.

3) 수동토압

그림 11.2(b)와 같이 옹벽을 오른쪽으로 민다면 뒤채움 흙은 계속하여 압축을 받게 되어 수평방향으로 쪼그라들게 된다. 흙이 밀려들어올수록 저항력은 오히려 커져서 급기야 ABC의 파괴쐐기가 발생되며 이때의 토압을 수동토압이라 한다.

(Note) 물의 토압계수

물의 토압계수는 얼마일까? 수압은 모든 방향에서 똑같이 일어나므로 토압계수는 1.0이다. 어느 방향에서나 물은 압력이 같은 데 반하여, 흙은 입자에 작용되는 변형의 양상에 따라 토압이 작아질 수도 커질 수도 있음을 주지하길 바란다.

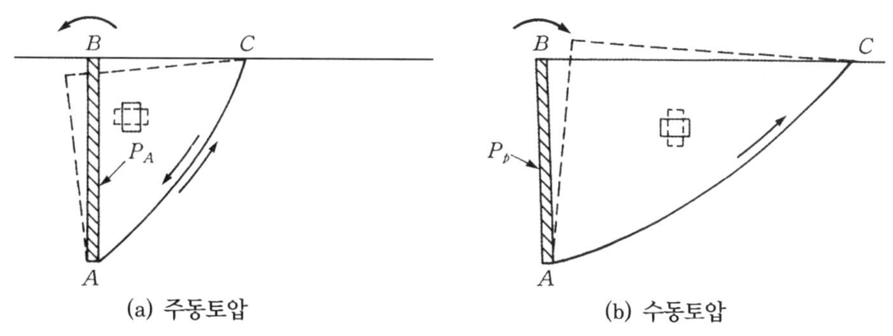

그림 11.2 흙의 이동과 토압

11.1.2 주동토압과 수동토압의 예

다음 그림과 같이 옹벽이 설치되어 있으며, 깊이 H_p만큼 파묻었다고 하자.

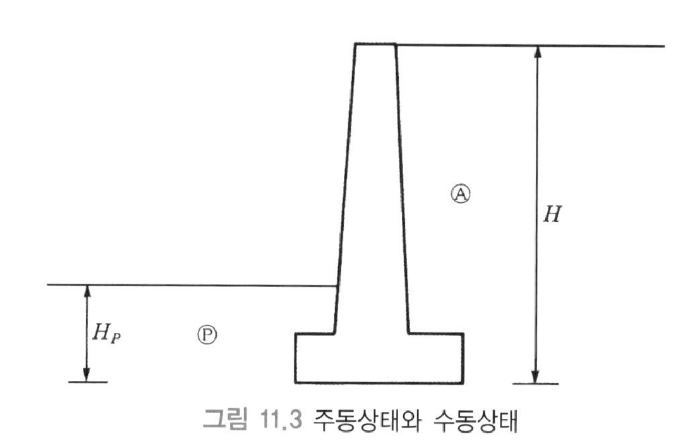

그림 11.3 주동상태와 수동상태

그림에서 뒤채움 흙인 Ⓐ부분은 흙이 왼쪽으로 밀려나갈 것이므로 주동토압이 작용될 것이며, Ⓟ부분은 왼쪽으로 밀려들어오는 양상이 될 것이므로 수동토압이 작용될 것이다.

11.1.3 토압이론의 전개 방법

토압론은 파괴이론에 근거하여 유도하여야 한다고 10장의 끝부분에서 서술하였다. 파괴이론(소성론)에 근거하여 토압공식을 유도하는 방법에는 다음의 두 가지가 있음을 우선 밝히며, 이 두 이론에 근거하여 다음 절부터 토압을 유도할 것이다.

1) Rankine의 토압이론

연속체역학의 원리를 이용한 이론으로 작은 입자에 작용하는 응력이 전체를 대표한다는 원리에 입각하여 작은 입자를 가지고 토압이론을 세운다.

2) Coulomb의 토압이론

일명 흙쐐기 이론(wedge theory)이라고도 불리며, 그림 11.2에서 보여준 것과 같이 파괴상태(소성상태)에 이른 흙쐐기에 작용하는 힘의 평형조건으로부터 토압이론을 유도한다.

11.2 정지토압

'In-situ mechanics'로서 정지상태에서의 토압을 말하며, 이때의 토압계수가 정지토압계수 K_o라고 이미 서술하였었다. 다음 그림 11.4와 같이 정지된 지반에 얇은 철판이 꽂혀 있다고 하자. 흙은 수평방향으로 움직이지 않으므로 횡방향 토압은 정지토압이 된다. 흙이 움직이지 않으므로 이때의 상태는 '초기의 평형'을 이룬 'initial equilibrium' 상태가 된다.

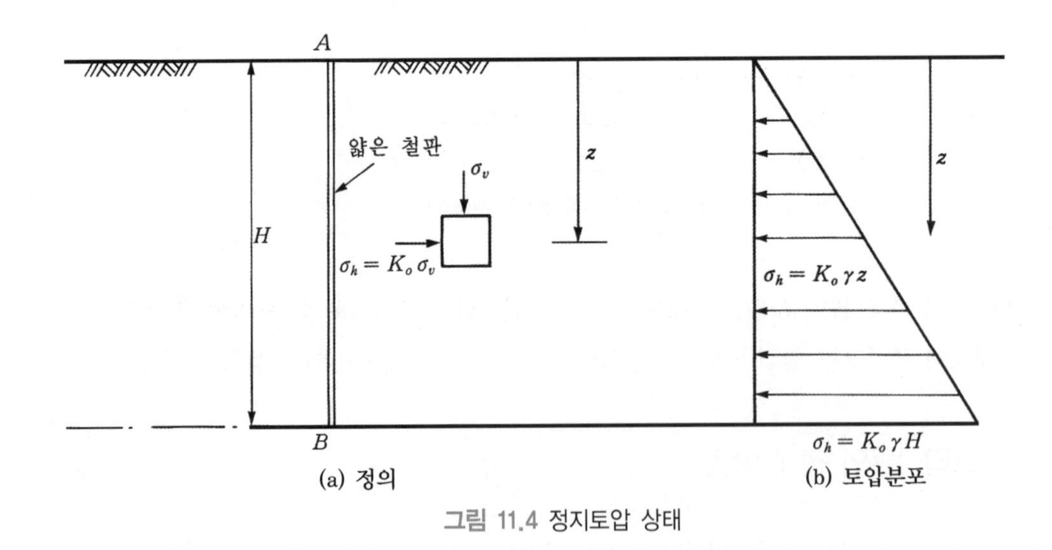

그림 11.4 정지토압 상태

이러한 상태에서의 토압계수를 정지토압계수(coefficient of earth pressure at rest)라고 한다고 이미 여러 번에 걸쳐 서술하였다. 즉, 정지토압계수는 다음 식으로 정의된다.

$$K_o = \frac{\sigma_h}{\sigma_v} \tag{11.2}$$

그렇다면 연직상재압력은 $\sigma_v = \gamma z$ 이므로, 수평응력(또는 횡방향응력)은 $\sigma_h = K_o \gamma z$가 되며 따라서 토압분포는 그림 11.4(b)와 같이 깊이가 깊어짐에 따라 증가하는 양상을 보인다.

정지토압계수 K_o는 토질의 종류와 과거의 응력이력, 지반의 형성과정 등에 따라 다른 것으로 알려져 있다.

탄성론에서의 K_o

8장에서 상세히 설명한 대로, K_o는 식 (8.3)에서 $\varepsilon_x = \varepsilon_y = 0$인 경우의 연직응력에 대한 수평응력의 비를 의미한다. 식 (8.10)으로부터 K_o는 탄성론에 의하면 다음 식과 같다.

$$K_o = \frac{\mu}{1-\mu} \tag{8.10}$$

여기서, μ는 흙의 포아송 비

K_o 값의 경험식

K_o 값은 실내 삼축압축시험으로 구할 수도 있다. 삼축압축시험의 제 1단계인 구속압력 단계에서, 일반적으로 가해주는 등방하중을 시료에 가하는 것이 아니라, 시료에 다음 그림과 같이 연직방향응력, σ_z만 가하고, 수평방향으로는 시료가 움직이지 못하도록 수평방향응력을 계속하여 조절해 준다. 임의로 가해준 연직방향응력 σ_z에 대하여, 시료가 수평방향으로 움직이지 못하도록 대응하는 응력 σ_x를 측정하면, 두 응력의 비(比)로써 정지토압계수 K_o를 구할 수 있게 된다.

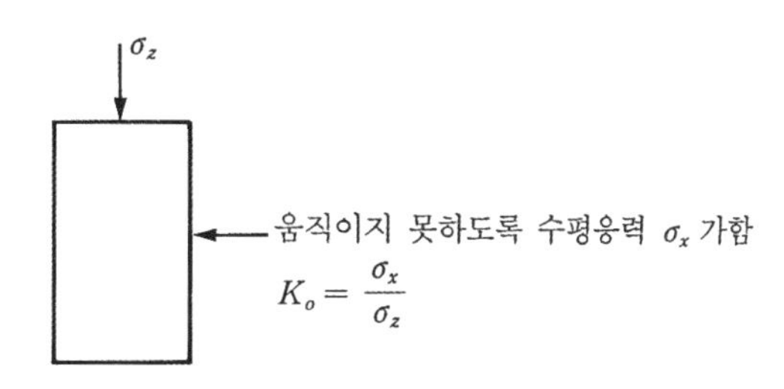

앞의 실험을 K_o − 압밀시험이라고 한다.

실제로 K_o 값의 예측은 여러 경험공식을 많이 이용한다. 이 중 가장 많이 알려진 것이 소위 Jaky의 경험공식이다. 정규압밀된 모래나 점토에 대하여, K_o와 내부마찰각 사이에는 다음의 관계식이 성립한다.

$$K_o = 1 - \sin\phi' \tag{11.3}$$

여기서, ϕ': 유효응력으로 표시한 흙의 내부마찰각

위의 식은 정규압밀 점토지반(또는 느슨한 모래지반)에서만 적용되는 공식으로서 과압밀 점토의 경우는 다음 식 등과 같이 과압밀비가 증가할수록 K_o 값도 커지게 된다.

$$K_o = (1 - \sin\phi')(OCR)^{\sin\phi'} \tag{11.4}$$

흙의 종류에 따른 K_o값의 대표적 예가 표 11.1에 표시되어 있다.

표 11.1 흙의 상태에 따른 정지토압계수

흙의 종류	K_o
조밀한 모래	0.35
느슨한 모래	0.6
정규압밀 점토	0.5~0.6
과압밀 점토	1.0~3.0

(Note) Jaky 공식의 적용

Jaky의 공식을 이용할 때, 반드시 주의하여야 할 점이 있다. Jaky 공식을 보면 내부마찰각이 커질수록 K_o값은 작아진다. 여기에서, 반드시 알아야 할 사항은 Jaky 공식은 정규압밀된 토사지반에서만 적용될 수 있다는 점이다. 이러한 관점에서 다음의 사항을 유의해야 한다.

1) 지층이 풍화암, 연암으로 갈수록 내부마찰각은 커지나, K_o값도 역시 커지게 됨이 일반적임을 밝혀둔다. 특히 수평방향으로 큰 압력이 작용되어 생성된 변성암의 K_o값은 1보다

월등히 크며, 이를 techtonic stress라고 한다.

2) 토사지반이라도 'In-situ mechanics'로서 태고적부터 형성된 자연지반이 아니라, 수평 방향으로 변형이 전혀 없는 상태로 옹벽 뒤채움을 다짐으로 형성하는 경우 다짐 뒤채움토로 인한 토압은 소위 다짐유발 토압으로서 Jaky식에 의한 정지토압계수보다 훨씬 커지게 된다. 모래지반의 다짐유발 토압의 예를 들면 다음과 같다.

$$K_o = (1 - \sin\phi')\left[\frac{\gamma_d}{\gamma_{d(\min)}} - 1\right] \times 5.5 \tag{11.5}$$

여기서, γ_d = 다짐토의 건조단위중량

$\gamma_{d(\min)}$ = 다짐용 흙의 가장 느슨한 상태에서의 단위중량

11.3 Rankine의 토압이론

전술한 대로 Rankine의 토압이론은 작은 입자가 전체를 대표한다는 원리를 근간으로, 작은 입자에 작용하는 응력으로 토압을 구하는 방법이다. 토압론은 소성평형(plastic equilibrium) 이론이다. 주동토압은 흙 입자의 수평력이 점점 적어져서 흙 입자가 파괴상태 (소성상태)에 이르게 될 때의 토압을 의미하고, 수동토압의 경우는 반대로 수평력이 점점 커져서 역시 파괴상태에 이르게 될 때의 토압들을 의미한다고 이미 서술하였다. 파괴직전에서의 평형이론이라는 의미에서 이를 소성평형이라고 한다. 파괴이론은 물론 전단강도 이론을 의미하므로 토압이론은 전단강도론의 일종이다.

11.3.1 Rankine의 주동토압

그림 11.5(a)와 같이 흙 입자의 초기응력이(σ_v, $K_o\sigma_v$)일 때 AB면 왼쪽을 절취하여 AB면이 왼쪽으로 밀려나가면 ($A'B'$ 면) 흙 입자의 수평력은 점점 감소하여 그림 11.5(b)의 Mohr 원에서 응력원이 Mohr-Coulomb 파괴포락선을 만날 때에 이르러 주동상태(active state)의 응력 σ_a가 된다. 파괴포락선을 만나면 이미 소성상태에 이르렀기 때문에 더 이상 응력이 감소할 수는 없다.

σ_a는 그림 11.5(b)의 Mohr 원을 이용하여 구할 수 있다. 그림에서

$$\sin\phi = \frac{CD}{AC} = \frac{CD}{AO + OC}$$
$$= \frac{\dfrac{\sigma_v - \sigma_a}{2}}{c \cdot \cot\phi + \dfrac{\sigma_v + \sigma_a}{2}} \tag{11.6}$$

식 (11.6)을 σ_a에 관하여 정리하면

$$\sigma_a = \sigma_v \frac{1 - \sin\phi}{1 + \sin\phi} - 2c\frac{\cos\phi}{1 + \sin\phi} \tag{11.7}$$

여기서, $\sigma_v = \gamma z$

$$\frac{1 - \sin\phi}{1 + \sin\phi} = \tan^2\left(45° - \frac{\phi}{2}\right),$$
$$\frac{\cos\phi}{1 + \sin\phi} = \tan\left(45° - \frac{\phi}{2}\right).$$

위의 관계식을 식 (11.7)에 대입하면 다음 식과 같이 된다.

$$\sigma_a = \gamma z \tan^2\left(45° - \frac{\phi}{2}\right) - 2c\tan\left(45° - \frac{\phi}{2}\right) \tag{11.8}$$

만일, 지반이 점착이 없는 모래라면 $c = 0$이므로

$$\sigma_a = \gamma z \tan^2\left(45° - \frac{\phi}{2}\right) = \sigma_v \tan^2\left(45° - \frac{\phi}{2}\right) \tag{11.9}$$

이때, Rankine의 주동토압계수(coefficient of Rankine's actice earth pressure) K_a는 다음 식과 같이 표시된다.

$$K_a = \frac{\sigma_a}{\sigma_v} = \tan^2\left(45° - \frac{\phi}{2}\right) \tag{11.10}$$

그렇다면 주동토압 σ_a는 다음과 같이 나타낼 수 있다(그림 11.5(d) 참조).

$$\begin{aligned} \sigma_a &= K_a\sigma_v - 2c\sqrt{K_a} \\ &= K_a\gamma z - 2c\sqrt{K_a} \end{aligned} \tag{11.11}$$

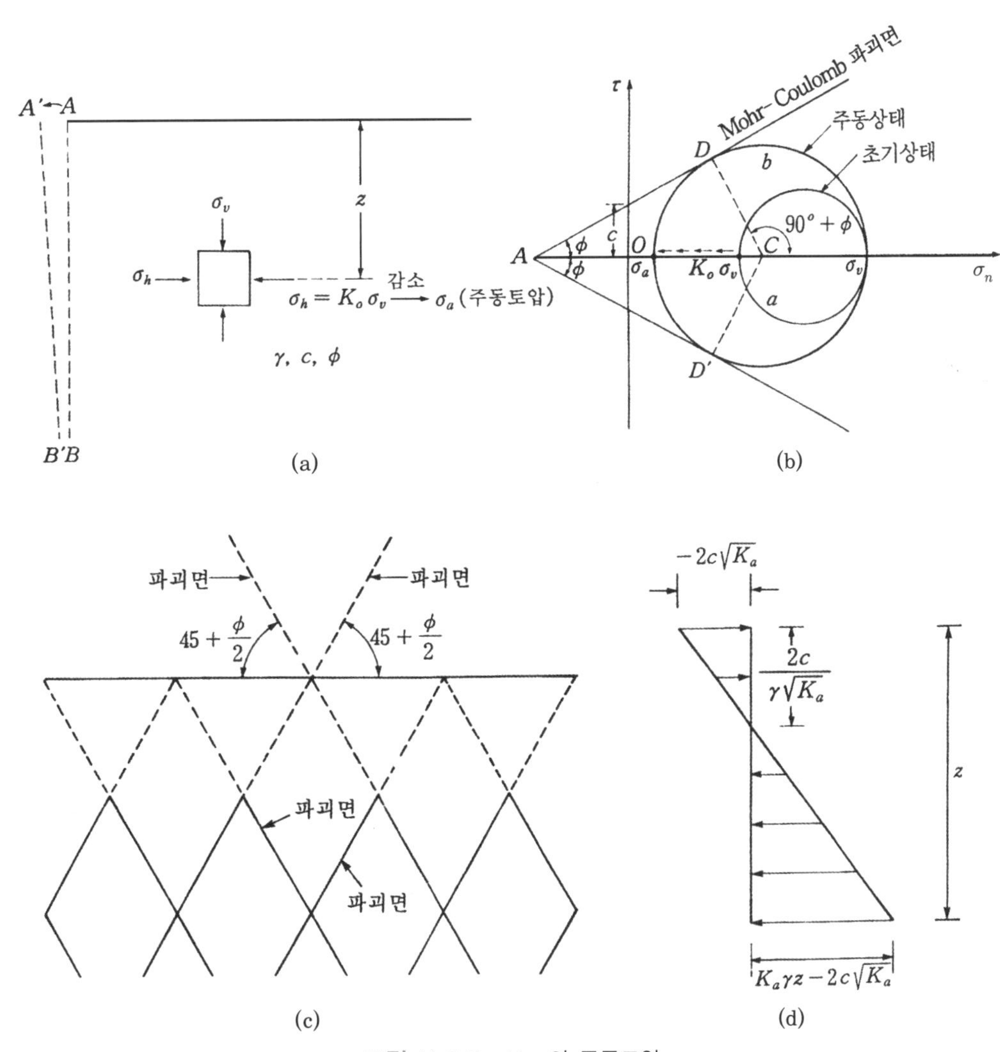

그림 11.5 Rankine의 주동토압

파괴면과 수평면이 이루는 각도

그림 11.5(b)를 보면 D, D' 점이 파괴면을 의미하므로 파괴면과 최대주응력이 작용되는 면 사이의 각도는 $\pm\left(45° + \dfrac{\phi}{2}\right)$가 됨을 알 수 있다. 최대주응력이 작용되는 면은 수평면이므로 파괴면은 그림 11.5(c)와 같이 될 것이다. 만일 옹벽구조물의 높이가 다음 그림과 같이 H로 제한되어 있다면 파괴면은 그림 11.6과 같이 될 것이다.

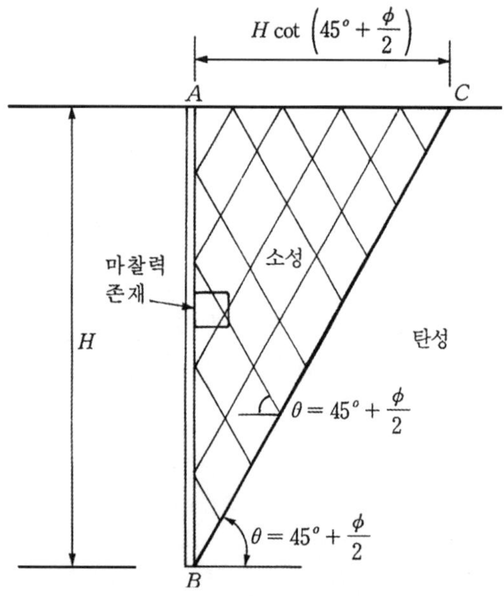

그림 11.6 높이 H인 옹벽의 파괴쐐기(Rankine의 주동토압의 경우)

그림 11.6을 보면, 옹벽의 높이가 H인 경우 폭이 $H\cot\left(45° + \dfrac{\phi}{2}\right)$인 역삼각형의 파괴 흙쐐기가 존재함을 알 수 있다. 바꾸어 말하면 AB면의 옹벽에 $\sigma_a = K_a \gamma z - 2c\sqrt{K_a}$의 토압이 작용하려면 옹벽 뒤에 적어도 뒤채움 흙이 $H\cot\left(\dfrac{45° + \phi}{2}\right)$의 폭만큼 존재하여야 한다는 것이다. 만일 뒤채움 흙이 적어지면 그만큼 주동토압도 적어진다.

11.3.2 Rankine의 수동토압

Rankine의 수동토압은 그림 11.7(a)와 같이 AB면을 오른쪽으로 (흙이 존재하는 쪽으로) 밀면 ($A'B'$ 면) 흙 입자는 수평력이 점점 증가하여 그림 11.7(b)에서 초기수평응력 $K_o \sigma_v$에서

σ_p까지 증가하면 파괴포락선과 D, D' 점에서 만나게 된다. 이때 수평응력 σ_p를 수동토압이라고 하며 σ_p는 역시 Mohr 원으로부터 구할 수 있다. 그림 11.7(b)에서 $K_o < 1.0$이라면, 초기

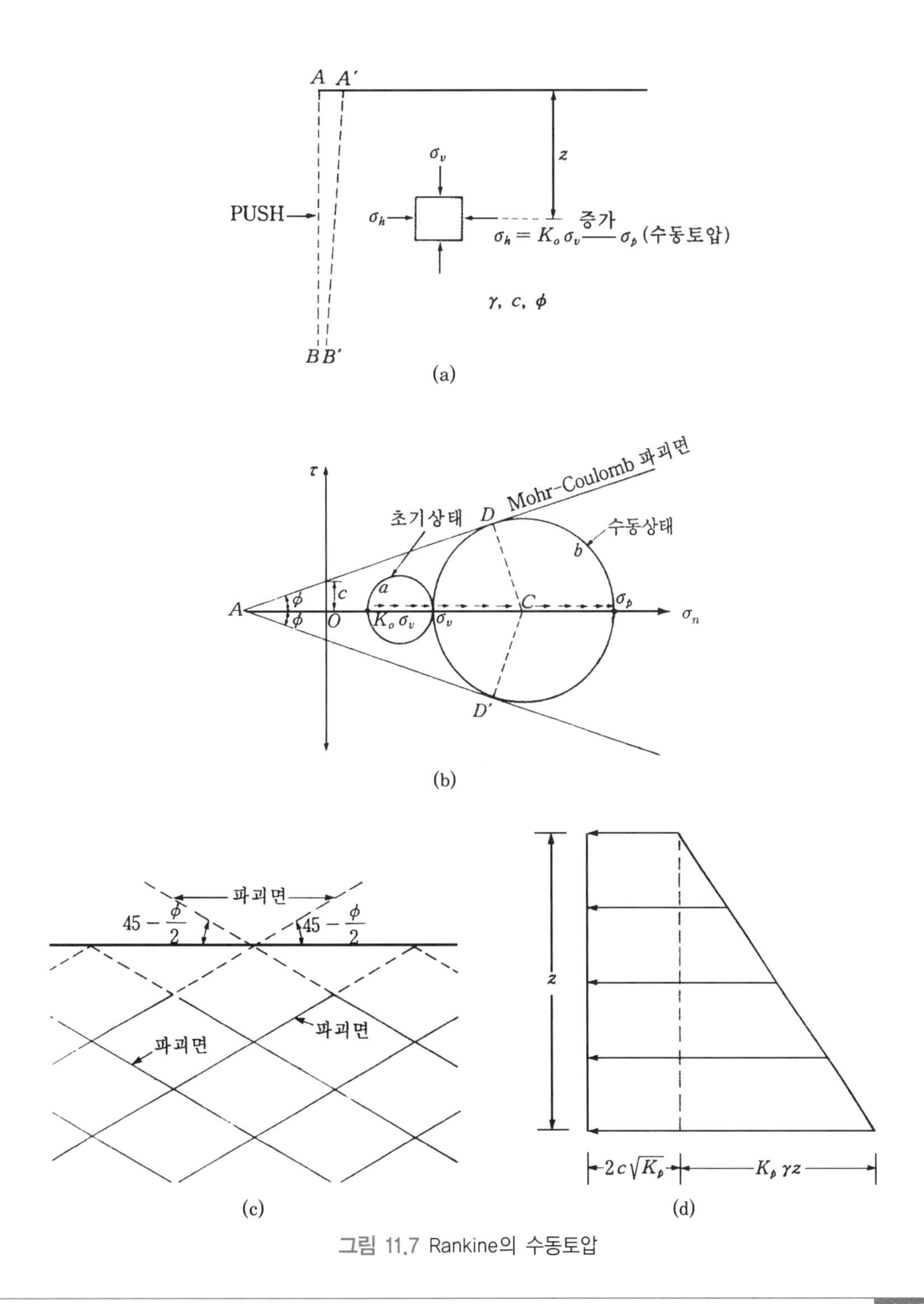

그림 11.7 Rankine의 수동토압

에는 그림과 같이 수평응력이 최소주응력이 되나 수동토압 작용 시에는 최대주응력으로 변한다. 그림 11.7(b)에서

$$\sin\phi = \frac{CD}{AC} = \frac{CD}{AO + OC}$$

$$= \frac{\dfrac{\sigma_p - \sigma_v}{2}}{c \cdot \cot\phi + \dfrac{\sigma_p + \sigma_v}{2}} \tag{11.12}$$

이 식을 정리하여 σ_p에 관하여 나타내면

$$\sigma_p = \sigma_v \tan^2\left(45° + \frac{\phi}{2}\right) + 2c\tan\left(45° + \frac{\phi}{2}\right)$$

$$= \gamma z \tan^2\left(45° + \frac{\phi}{2}\right) + 2c\tan\left(45° + \frac{\phi}{2}\right) \tag{11.13}$$

사질토의 경우 $c = 0$이므로

$$\sigma_p = \sigma_v \tan^2\left(45° + \frac{\phi}{2}\right) \tag{11.14}$$

Rankine의 수동토압계수(coefficient of Rankin's passive earth pressure), K_p는 다음 식과 같이 표시된다.

$$K_p = \frac{\sigma_p}{\sigma_v} = \tan^2\left(45° + \frac{\phi}{2}\right) \tag{11.15}$$

종합적으로 수동토압은 다음 식과 같다.

$$\sigma_p = K_p\sigma_v + 2c\sqrt{K_p}$$

$$= K_p\gamma z + 2c\sqrt{K_p} \tag{11.16}$$

한편 Rankine의 주동토압계수와 수동토압계수 사이에는 역수의 관계가 있음을 알 수 있다. 즉,

$$K_a = \tan^2\left(45^o - \frac{\phi}{2}\right) = \frac{1}{\tan^2\left(45° + \frac{\phi}{2}\right)} = \frac{1}{K_P} \tag{11.17}$$

<u>파괴면과 수평면이 이루는 각도</u>

수동상태에서는 수평응력이 최대주응력이 되고, 연직응력이 최소주응력이 된다고 앞에서 서술하였다. 따라서 연직응력이 작용되는 면을 나타내는 수평면은 최소주응력면이 된다. 그림 11.7(b)로부터 파괴면(D, D' 점)과 최소주응력면이 이루는 각도는 $\pm\left(45° - \frac{\phi}{2}\right)$이다. 따라서 파괴면은 11.7(c)와 같이 형성된다. 높이 H인 옹벽에 수동토압이 작용될 때의 흙쐐기는 그림 11.8(b)와 같이 옆으로 넓게 퍼진 역삼각형이 된다.

11.3.3 주동토압 및 수동토압이 되기 위한 소성상태

Rankine이론에 의한 주동 및 수동토압이 형성되기 위하여 다음에 열거하는 여러 가지 선제조건이 존재한다.

1) Rankine 토압의 기본가정

Rankine 토압은 작은 입자에 작용되는 응력이 전체를 대표한다고 가정하고 유도된 토압이므로 부분적으로 존재하는 응력을 따로 고려할 방법이 없다. 예를 들어, 그림 11.6의 옹벽부와 뒤채움 흙 사이(AB면)에 존재하는 마찰력은 AB면에만 존재하는 부분적인 응력이므로 Rankine의 토압으로는 이를 고려할 수 없다. 즉, AB면에는 마찰력이 없다고 가정하여야 Rankine의 토압을 구할 수 있다.

2) 소성상태가 되기 위한 흙의 변형

앞 절에서 서술한 대로 토압이론은 한계상태(limit equilibrium state)에서의 평형이론, 즉 흙이 소성상태(plastic state)에 이르렀을 때의 평형 이론이다. 그림 11.6에서 ABC쐐기 안에 있는 흙은 소성상태에 이르렀고, BC면 외부의 지반은 탄성상태에 있다고 가정하고 토압을 구하는 것이다. ABC쐐기가 소성상태가 되기 위하여 쐐기 안에 있는 지반이 수평방향으로 일률

적으로 거의 같은 변형률을 가져야 한다.

그림 11.8(a)에서 ABC의 흙쐐기가 주동의 소성상태가 되기 위하여 옹벽이 하단 B를 중심으로 왼쪽으로 회전해야 한다. 그럴 때만이 흙의 변형률은 $\dfrac{\Delta L_a}{L_a}=\dfrac{\Delta l_a}{l}$로서 흙쐐기 안에 존재하는 흙의 변형률은 어느 위치에서나 같게 된다. 같은 원리로 그림 11.8(b)에서 ABC의 흙쐐기가 수동의 소성상태가 되기 위하여 역시 옹벽이 하단 B를 중심으로 오른쪽으로

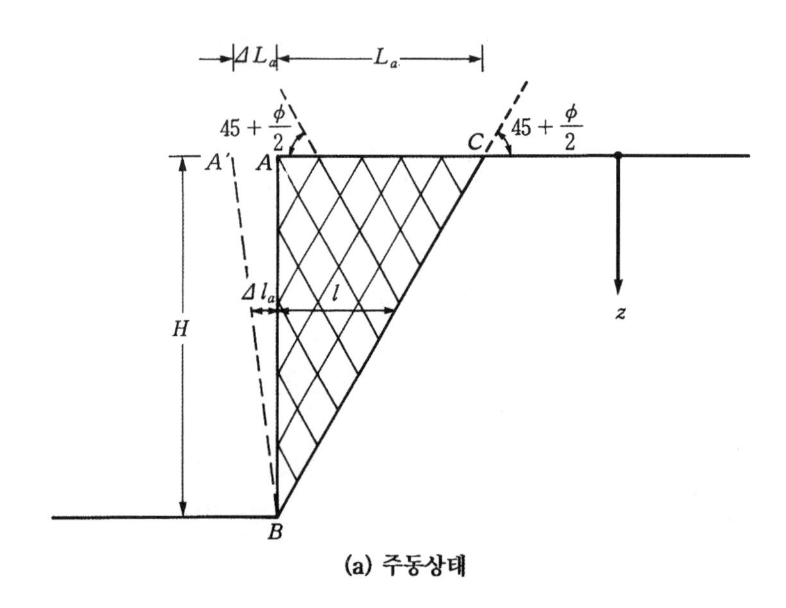

(a) 주동상태

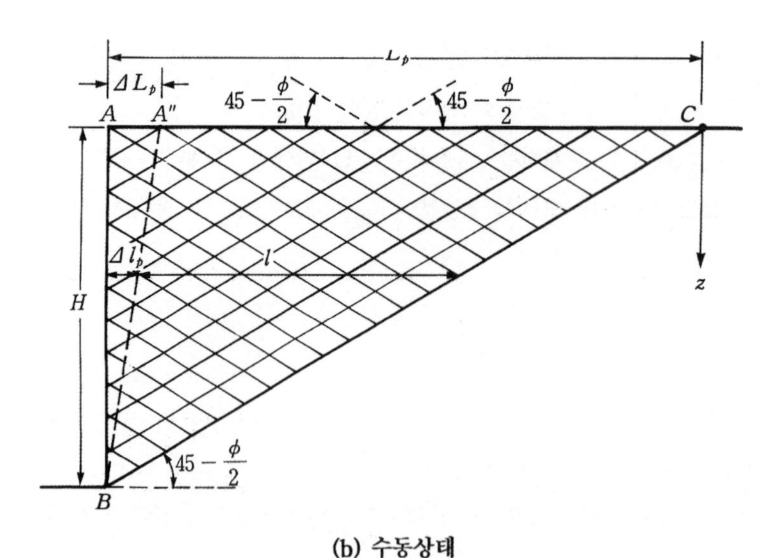

(b) 수동상태

그림 11.8 토압이론이 적용되지 위한 옹벽의 거동

$\frac{\Delta L_p}{L_p} = \frac{\Delta l_p}{l}$의 변형률이 발생되도록 회전해야 한다.

그림에서 주동토압이 되기 위한 회전각은 $\frac{\Delta L_a}{H}$, 수동토압이 되기 위한 회전각은 $\frac{\Delta L_p}{H}$이며, 일반적으로 미세한 회전각에도 흙쐐기는 쉽게 주동상태가 되나, 이와 반대로 수동상태가 되기 위한 회전각은 상당히 커야 하는 것으로 알려져 있다.

정지토압으로부터 회전각에 따라 주동 및 수동토압으로 변화하는 양상이 그림 11.9에 나타나 있으며, Rankine 소성상태에 이르기 위한 회전각이 표 11.2에 표시되어 있다.

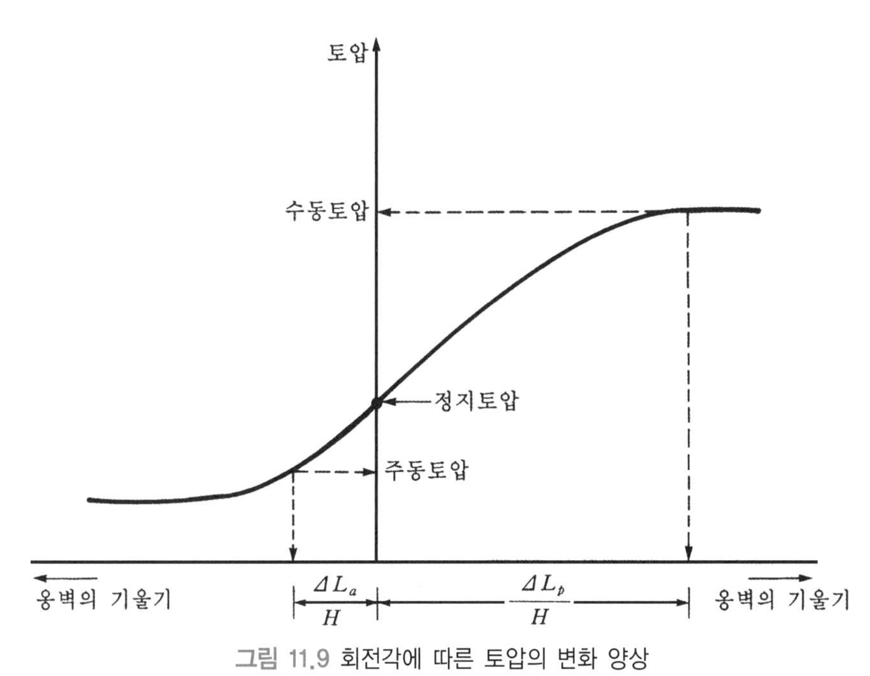

그림 11.9 회전각에 따른 토압의 변화 양상

표 11.2 소성상태에 이르기 위한 옹벽의 최소회전각

흙의 종류	$\Delta L_a/H$	$\Delta L_p/H$
느슨한 모래	0.001~0.002	0.01
조밀한 모래	0.0005~0.001	0.005
연약한 점토	0.02	0.04
단단한 점토	0.01	0.02

3) Rankine의 주동 및 수동토압의 응력경로

Rankine의 주동토압 및 수동토압에 대한 응력경로가 그림 11.10에 표시되어 있다(단 사질토의 경우에 한함). 우선적으로 밝혀둘 사항은 정지토압으로 표시되는 초기응력은 K_o선상에 존재하고, 주동 및 수동상태는 소성, 즉 파괴상태를 의미하므로 K_f선상에 있어야 한다는 것이다. 횡방향 토압의 종류에 따른 응력상태에 대하여 살펴보면 다음과 같다.

초기응력(정지토압): *A*점

$$p = \frac{(1+K_o)\sigma_v}{2}$$

$$q = (1-K_o)\sigma_v$$

$$\therefore\ A(p,\, q) = A\left(\frac{(1+K_o)\sigma_v}{2},\ \frac{(1-K_o)\sigma_v}{2}\right)$$

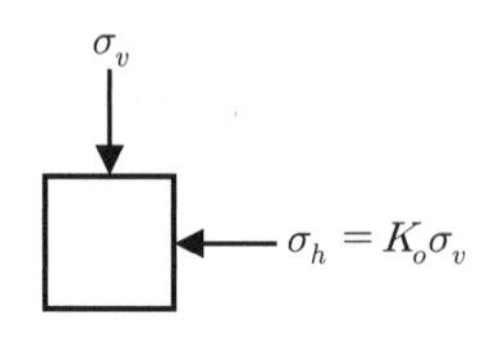

K_o − 선의 기울기

$$\beta = \frac{q}{p} = \frac{1-K_o}{1+K_o}$$

주동토압: 그림 11.10의 *C*점

$$p = \frac{\sigma_v + \sigma_a}{2} = \frac{(1+K_a)\sigma_v}{2}$$

$$q = \frac{\sigma_v - \sigma_a}{2} = \frac{(1-K_a)\sigma_v}{2}$$

$$\therefore\ C(p,\, q) = C\left(\frac{(1+K_a)\sigma_v}{2},\ \frac{(1-K_a)\sigma_v}{2}\right)$$

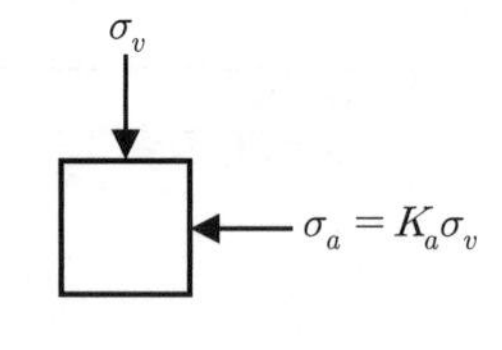

K_f − 선의 기울기(1사분면)

$$\tan\alpha = \sin\phi = \frac{1-K_a}{1+K_a}$$

수동토압: 그림 11.10의 B점

$$p = \frac{\sigma_v + \sigma_p}{2} = \frac{(1+K_p)\sigma_v}{2}$$

$$q = \frac{\sigma_v - \sigma_p}{2} = \frac{(1-K_p)\sigma_v}{2}$$

$$\therefore \; B(p,\, q) = B\left(\frac{(1+K_p)\sigma_v}{2},\; \frac{(1-K_p)\sigma_v}{2}\right)$$

σ_v

$\sigma_p = K_p\,\sigma_v$

K_f − 선의 기울기(4사분면)

$$-\tan\alpha = -\sin\phi = \frac{1-K_P}{1+K_P}$$

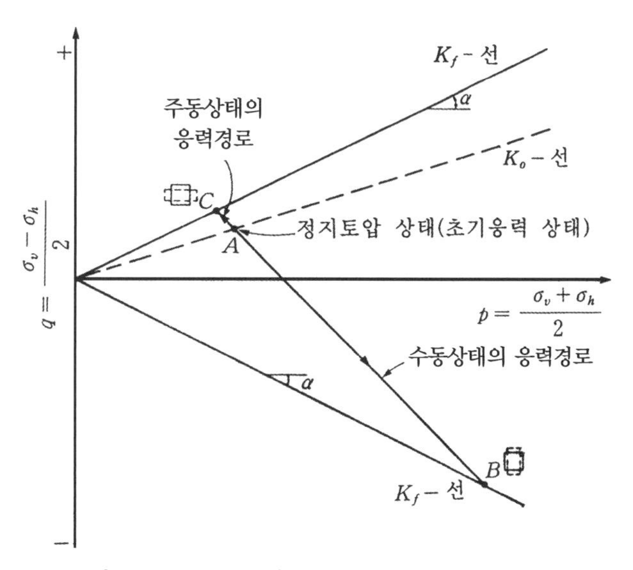

그림 11.10 Rankine의 주동 및 수동토압의 응력경로

11.3.4 Rankine이론에 의한 토압분포

Rankine의 토압이론에 대한 이론적인 전개는 전 절에서 다 이루어진 것으로 본다. 이 절에서는 Rankine이론에 근거하여 실제로 옹벽에 작용하는 토압의 분포를 소개하고자 한다. 11.3.1 절에서 토압의 유도는 $c-\phi$ 흙, 즉 내부마찰각과 점착력을 동시에 갖고 있는 지반에 대하여 이

루어졌으나, 이 절에서는, 모래지반 및 점성토지반으로 나누어 토압분포를 서술하고자 한다.

1) 모래지반의 토압분포

식 (11.11a)에서 $c = 0$이므로 Rankine의 주동토압은 다음 식과 같다.

$$\sigma_a = K_a \gamma z \tag{11.18}$$

따라서 주동토압은 깊이에 따라 증가한다. 이름 그림으로 표시하면 그림 11.11과 같다.

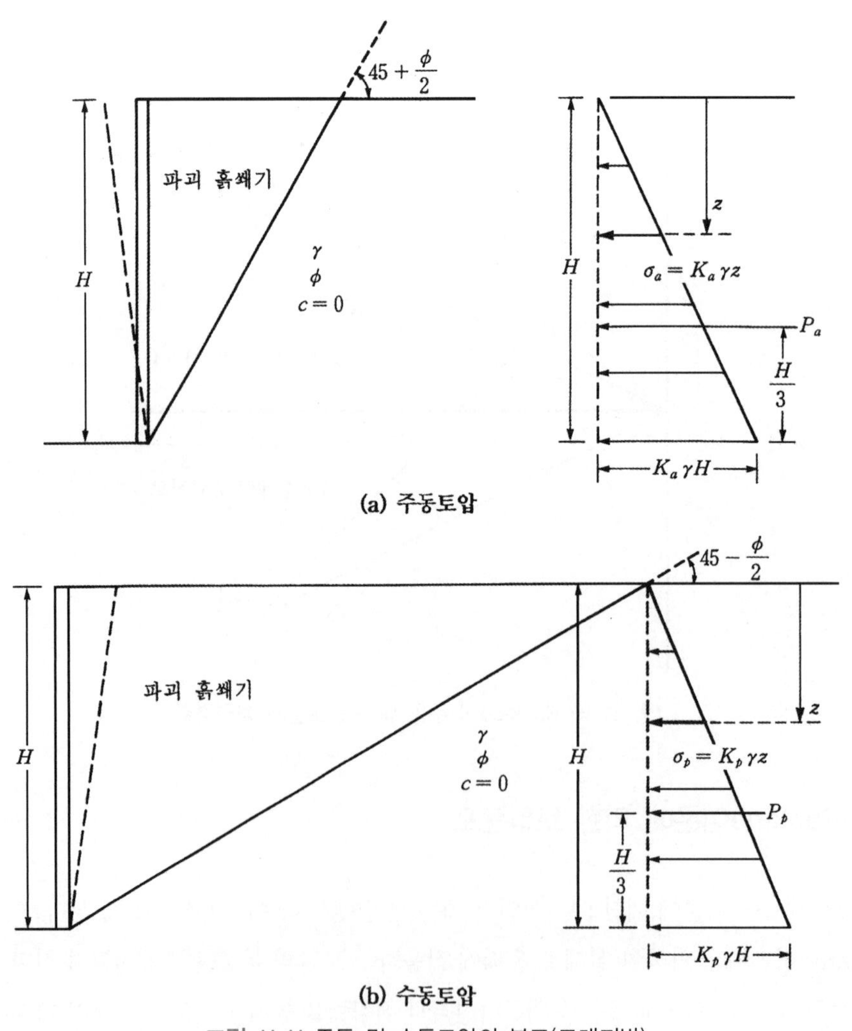

그림 11.11 주동 및 수동토압의 분포(모래지반)

그림에서 주동토압의 합력은

$$P_a = \frac{1}{2}K_a\gamma H^2 \tag{11.19}$$

이며, 합력의 작용점은 옹벽의 하단으로부터 $\frac{1}{3}H$되는 높이에 작용한다.

수동토압의 분포 역시 삼각형을 이루며, 다만 토압계수를 K_p로 사용한다. 물론 수동토압은 저항력이므로 주동·정지토압에 비하여 그 값이 아주 크다. 수동토압은

$$\sigma_p = K_a\gamma z \tag{11.20}$$

이며, 수동토압의 합력은 다음과 같다.

$$P_p = \frac{1}{2}K_p\gamma H^2 \tag{11.21}$$

[예제 11.1] 다음 옹벽에서 Rankine의 주동 및 수동토압을 구하고 전토압의 작용점을 구하라.

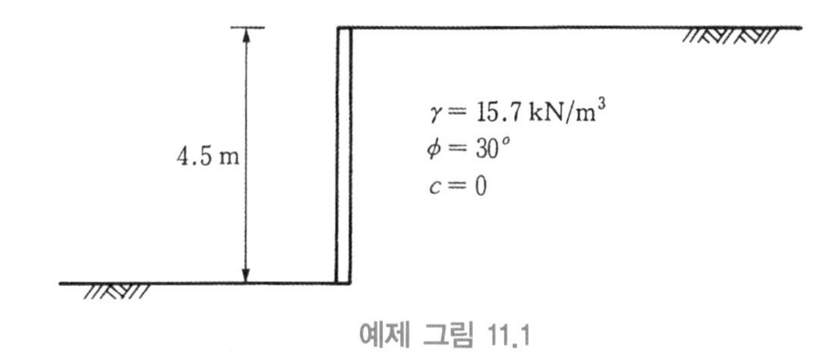

예제 그림 11.1

[풀 이]

1) 주동토압 계산

• $K_a = \frac{1-\sin\phi}{1+\sin\phi} = \tan^2\left(45° - \frac{\phi}{2}\right) = \tan^2 30° = \frac{1}{3}$

$P_a = \frac{1}{2}K_a\gamma H^2 \frac{1}{2} \times \frac{1}{3} \times 15.7 \times (4.5)^2 = 52.99\text{kN/m}$

• 작용점: P_a의 작용점은 옹벽의 하단으로부터 $\frac{1}{3}H$가 되는 지점이므로 $\frac{4.5}{3}=1.5\text{m}$이다 (그림 참조).

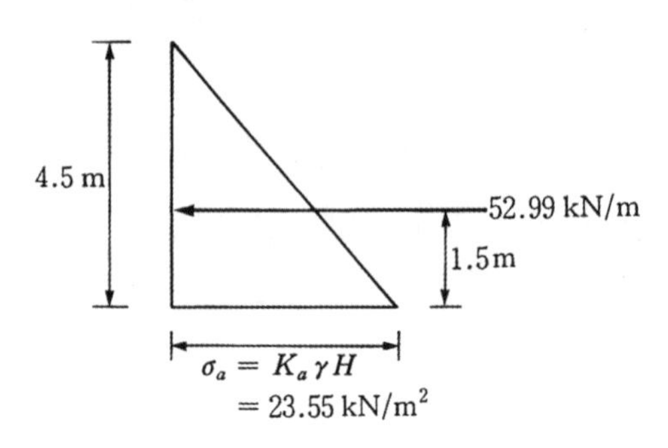

2) 수동토압 계산

• $K_p = \tan^2\left(45° \frac{\phi}{2}\right) = \frac{1+\sin\phi}{1-\sin\phi} = \frac{1}{K_a} = 3$

$$P_p = \frac{1}{2}K_P\gamma H^2 = \frac{1}{2}\times 3\times 15.7\times (4.5)^2 = 476.89\text{kN/m}$$

• 작용점: P_p의 작용점도 옹 벽의 하단으로부터 $\frac{1}{3}H$가 되는 지점이다(그림 참조).

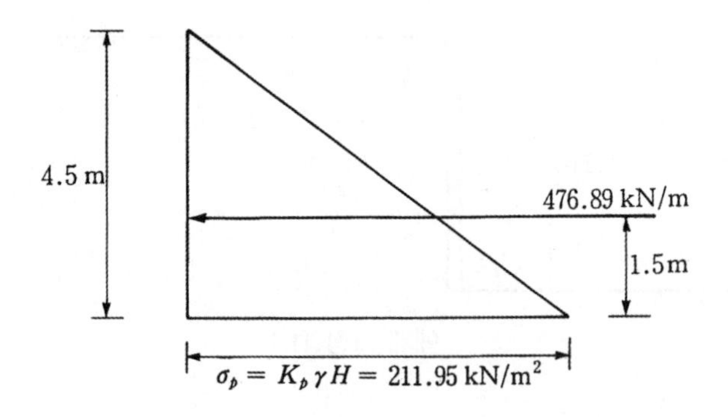

상재하중의 영향

다음 그림 11.12와 같이 옹벽 뒤채움 상단에 q의 등분포 상재하중이 작용된다고 하자. 깊이 z인 A 입자에 작용되는 연직응력은

$$\sigma_v = \gamma z + q \tag{11.22}$$

가 된다. 따라서 주동토압은 다음 식과 같이 될 것이다.

$$\sigma_a = K_a(\gamma z + q) = K_a\gamma z + K_a q \tag{11.23}$$

토압분포를 그림으로 나타내면 다음 그림 11.12와 같다. 그림에서와 같이 상재압력으로 인한 주동토압은 $K_a q$로서 일정하다. 따라서 토압의 합력은 다음 식과 같다.

$$P_a = \frac{1}{2}K_a\gamma H^2 + K_a qH \tag{11.24}$$

수동토압의 경우는 각각 다음과 같다.

$$\sigma_p = K_p\gamma z + K_p q \tag{11.25}$$

$$P_p = \frac{1}{2}K_p\gamma H^2 + K_p qH \tag{11.26}$$

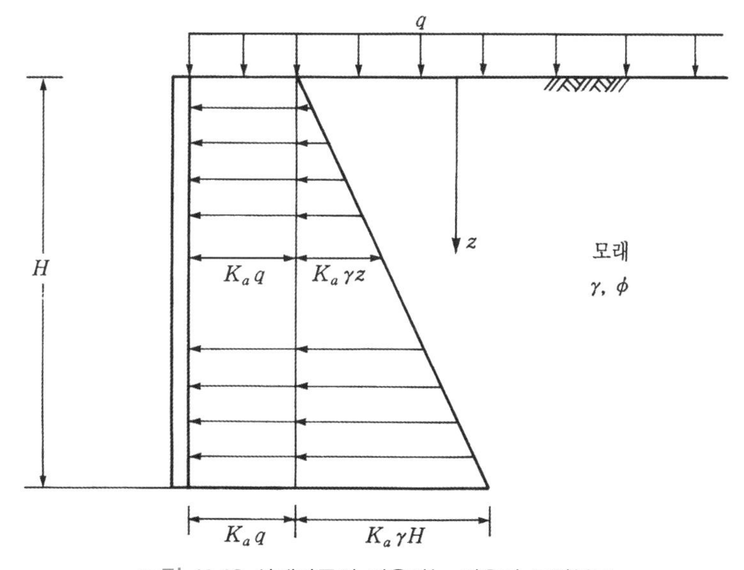

그림 11.12 상재하중이 작용하는 경우의 토압분포

[예제 11.2] (예제 그림 11.2)의 옹벽 지표면 위에 $q = 30\,\text{kN/m}^2$의 상재하중이 작용된다. Rankin의 주동토압의 합력과 작용점을 구하라.

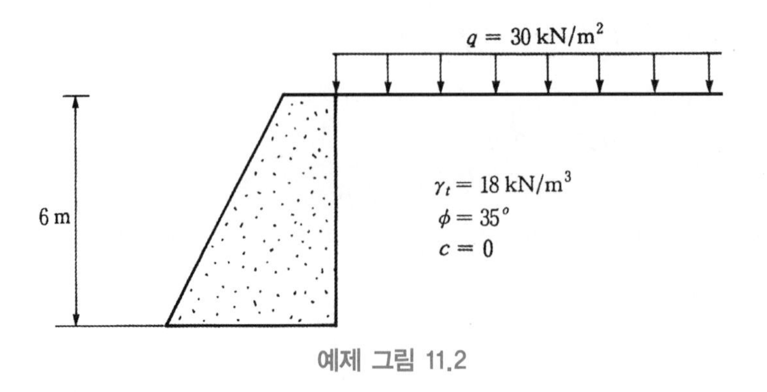

예제 그림 11.2

[풀 이]

1) 주동토압

- $K_a = \tan^2\left(45° - \dfrac{\phi}{2}\right) = 0.27$
- 상재하중을 고려한 식 (11.24)로부터

$$P_a = \frac{1}{2}K_a\gamma H^2 + K_a qH$$

$$= \frac{1}{2}\times(18)\times(0.27)\times(6)^2 + (0.27)\times(30)\times(6)$$

$$= 136.08\text{kN/m}$$

2) 작용점

→ 상재하중을 제외한 토압

$$P_{a1} = \frac{1}{2}\cdot K_a\cdot\gamma\cdot H^2 = \frac{1}{2}\times(0.27)\times(18)\times(6)^2 = 87.48\text{kN/m}$$

상재하중만으로 발생한 토압

$$P_{a2} = K_a\cdot q\cdot H = (0.27)\times(30)\times(6) = 48.6\text{kN/m}$$

바닥을 기준으로 합력의 작용점을 생각하면(다음 그림 참조),

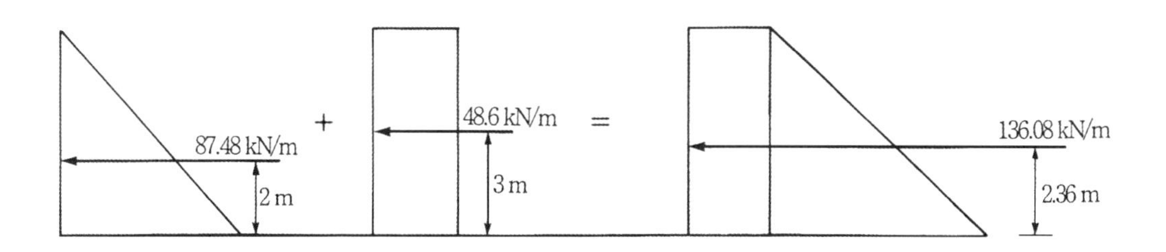

$$x = \frac{87.48 \times 2 + 48.6 \times 3}{136.08} = 2.36\text{m}$$

뒤채움이 다른 지층으로 이루어진 경우의 토압

뒤채움이 여러 개의 다른 지층으로 이루어 있는 경우, 즉 각 층의 내부마찰각과 단위중량이 다른 경우는(예를 들어, 이중층으로 이루어져 있는 경우의 그림이 그림 11.13에 표시) 다음과 같은 개념으로 토압을 구할 수 있다. 맨 위의 지층은 일반 토압공식으로 구하면 되며, 아래층의 토압을 산정할 때에는 위층의 흙의 무게를 앞서 설명한 상재하중으로 간주하여 풀면 된다.

그림에서 위층에서의 토압은 상재압력에 의한 것이므로 $z = H_1$ 깊이에서 $\sigma_a = K_{a1}\gamma_1 H_1$이 된다. 두 번째 층을 계산할 때는 위층의 흙무게는 상재하중이므로 $q = \gamma_1 H_1$이 된다.

따라서 아래층 하단에서의 토압은 다음과 같이 된다.

$$\begin{aligned} \sigma_a &= K_{a2}(\gamma_2 H_2 + q) \\ &= K_{a2}\gamma_2 H_2 + K_{a2}\gamma_1 H_1 \end{aligned} \tag{11.27}$$

위의 식 중 $K_{a2}\gamma_1 H_1$은 상재하중에 의한 영향이므로 아래층에서는 깊이에 상관없이 공히 일정한 값으로 작용된다. 그림 11.13에서 보여준 토압분포는 $K_{a1} > K_{a2}$인 경우, 즉 $\phi_1 < \phi_2$인

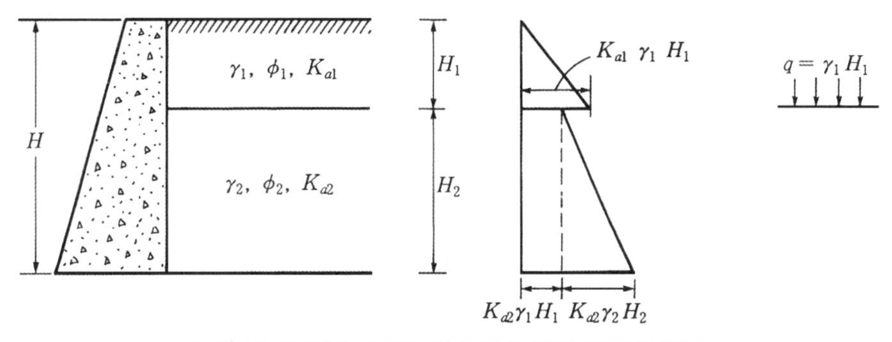

그림 11.13 여러 층으로 되어 있을 때의 토압계산방법

경우에 대한 것으로서 만일 반대로 $K_{a1} < K_{a2}(\phi_1 > \phi_2)$이라면 경계면에서의 아래층 토압이 더 크다. 이에 대한 예는 예제 문제에서 상세히 예시할 것이다.

[예제 11.3] 6m 옹벽이 다음 예제 그림 11.3과 같이 이중층으로 이루어져 있다. 다음의 각 경우에 대하여 Rankine 주동토압의 분포를 그리고 합력을 그려라.

① $\gamma_1 = 18\text{kN/m}^3,\ c_1' = 0,\ \phi_1' = 28°$

$\gamma_2 = 20\text{kN/m}^3,\ c_2' = 0,\ \phi_2' = 38°$

② $\gamma_1 = 20\text{kN/m}^3,\ c_1' = 0,\ \phi_1' = 38°$

$\gamma_2 = 18\text{kN/m}^3,\ c_2' = 0,\ \phi_2' = 28°$

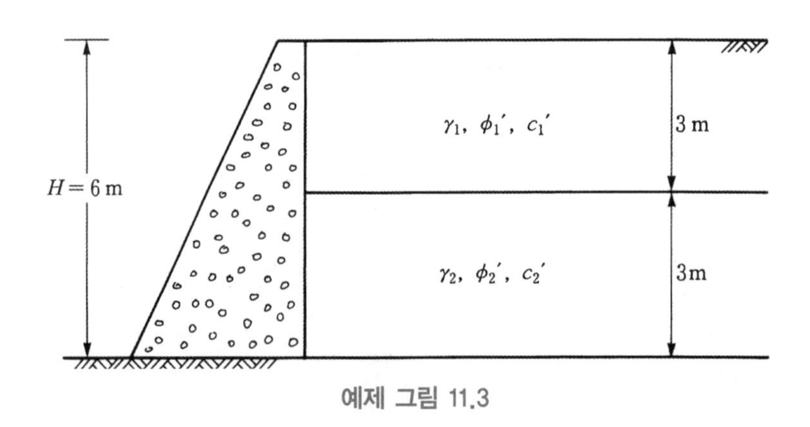

예제 그림 11.3

[풀 이]

① 옹벽 뒤에 두 가지 종류의 흙이 있으므로 토압계수 K_a 값도 2개가 나온다.

$$\text{상층부의 토압계수 } \frac{K_{a1} = \dfrac{1-\sin\phi_1}{1+\sin\phi_1} = 1 - \sin 28°}{1+\sin 28°} = 0.36$$

$$\text{하층부의 토압계수 } K_{a2} = \frac{1-\sin\phi_2}{1+\sin\phi_2} = \frac{1-\sin 38°}{1+\sin 38°} = 0.24$$

상층부 상단으로부터의 거리를 z라고 하면

$z = 3\text{m}$ 에서의 상층부에 작용하는 주동토압은

$$\sigma_a = K_{a1} \cdot \gamma_1 \cdot H_1 = (0.36) \times (18) \times (3) = 19.44 \text{kN/m}^2$$

$z = 3\text{m}$ 에서의 하층부에 작용하는 주동토압은(상층부를 상재하중으로 생각하여)

$$\sigma_a = K_{a2} \cdot \gamma_1 \cdot H_1 = (0.24) \times (18) \times (3) = 12.96 \text{kN/m}^2$$

$z = 6\text{m}$ 인 하층부 하단에서의 주동토압은 식 (11.27)을 이용하면

$$\sigma_a = K_{a2}\gamma_2 H_2 + K_{a2}\gamma_1 H_1$$
$$= (0.24) \times (20) \times (3) + (0.24) \times (18) \times (3) = 27.36 \text{kN/m}^2$$

토압분포도, 합력, 그리고 작용점을 그리면

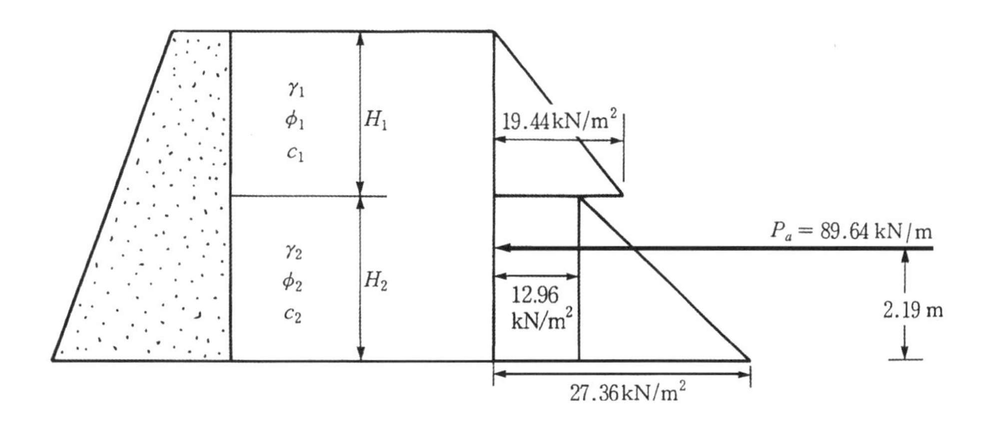

$$\text{합력 } P_a = \frac{1}{2} \times (19.44) \times (3) + (12.96) \times (3) + (\frac{1}{2}) \times (27.36 - 12.96) \times (3)$$
$$= 89.64 \text{kN/m}$$

옹벽바닥을 기준으로 한 합력 P_a의 작용점은

$$x = \left[\left(\frac{1}{2}\right) \times (19.44) \times (3) \times \left(3 + 3 \times \frac{1}{3}\right) + (12.96) \times (3) \times \left(3 \times \frac{1}{2}\right) \right.$$
$$\left. + \left(\frac{1}{2}\right) \times (27.36 - 12.96) \times (3) \times \left(3 \times \frac{1}{3}\right) \right] \div 89.64 = 2.19\text{m}$$

② 상층부의 토압계수 $K_{a1}=\dfrac{1-\sin\phi_1}{1+\sin\phi_1}=\dfrac{1-\sin 38°}{1+\sin 38°}=0.24$

하층부의 토압계수 $K_{a2}=\dfrac{1-\sin\phi_2}{1+\sin\phi_2}=\dfrac{1-\sin 28°}{1+\sin 28°}=0.36$

상층부 상단으로부터의 거리를 z라고 하면

$z=3\text{m}$ 에서의 상층부에 작용하는 주동토압은

$$\sigma_a=K_{a1}\cdot\gamma_1\cdot H_1=(0.24)\times(20)\times(3)=14.4\text{kN/m}^2$$

$z=3\text{m}$ 에서의 하층부에 작용하는 주동토압은(상층부를 상재하중으로 생각하여)

$$\sigma_a=K_{a2}\cdot\gamma_1\cdot H_1=(0.36)\times(20)\times(3)=21.6\text{kN/m}^2$$

$z=6\text{m}$ 인 하층부 하단에서의 주동토압은

$$\sigma_a=K_{a2}\gamma_2H_2+K_{a2}\gamma_1H_1$$
$$=(0.36)\times(18)\times(3)+(0.36)\times(20)\times(3)=41.04\text{kN/m}^2$$

토압분포도, 합력, 그리고 작용점을 그리면

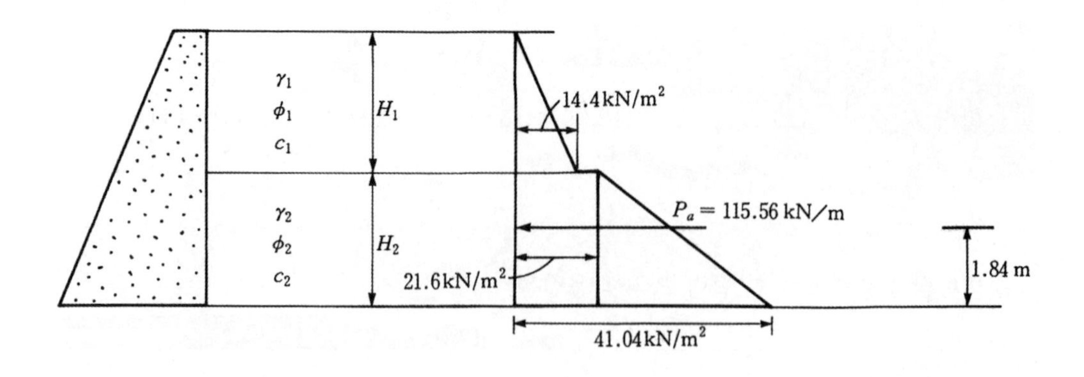

합력 $P_a=\left(\dfrac{1}{2}\right)\times(14.4)\times(3)+(21.6)\times(3)+\left(\dfrac{1}{2}\right)\times(41.04-21.6)\times(3)=115.56\text{kN/m}^2$

옹벽바닥을 기준으로 한 합력 P_a의 작용점은

$$x = \left[\left(\frac{1}{2}\right) \times (14.4) \times (3) \times \left(3 + 3 \times \frac{1}{3}\right) + (21.6) \times (3) \times \left(3 \times \frac{1}{2}\right) + \left(\frac{1}{2}\right) \times (41.04 - 21.6) \times (3) \times \left(3 \times \frac{1}{3}\right) \right] \div 115.56 = 1.84\text{m}$$

<u>지하수위가 존재하는 경우의 토압</u>

그림 11.14와 같이 깊이가 H_1 되는 곳에 지하수위가 존재하는 경우의 토압을 구하는 방법을 설명하면 다음과 같다.

첫째로, 지하수위 밑의 지반에서는 수압은 따로 떼어서 계산하여야 한다. 수압은 어느 방향으로나 동일하게 작용되므로 쉽게 말하여 토압계수는 항상 $K_a = K_p = 1.0$인 경우로 볼 수 있다. 또한 이곳에서의 단위중량은 유효단위중량 $\gamma' = \gamma_{sat} - \gamma_w$를 사용하여야 한다.

둘째로, 이중층으로 이루어진 경우와 마찬가지로 지하수위보다 위에 있는 흙무게에 의한 중량은 지하수위 아래 지반에서는 상재하중으로 간주하여 산정하면 된다. 토압 및 수압분포가 그림 11.14에 표시되어 있다.

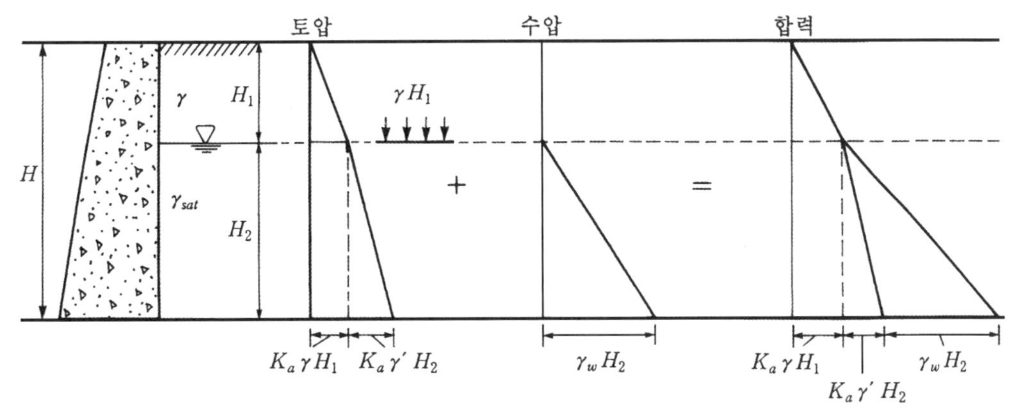

그림 11.14 지하수위가 존재할 때의 토압 및 수압 분포

여기에서 밝혀둘 사항은 그림 11.14와 같이 상시 지하수위가 뒤채움에 존재하는 경우는 옹벽에 배수시스템을 전혀 설치하지 않은 완전 비배수상태인 경우에 한다. 대부분의 경우는 배수를 시킴이 일반적이다. 지하수에 의한 토압분포의 영향에 관하여는 종합적으로 11.5절에서 서술할 것이다.

[예제 11.4] 다음 예제 그림 11.4와 같은 옹벽에서 Rankine의 주동토압의 분포도, 합력, 작용점을 구하여라.

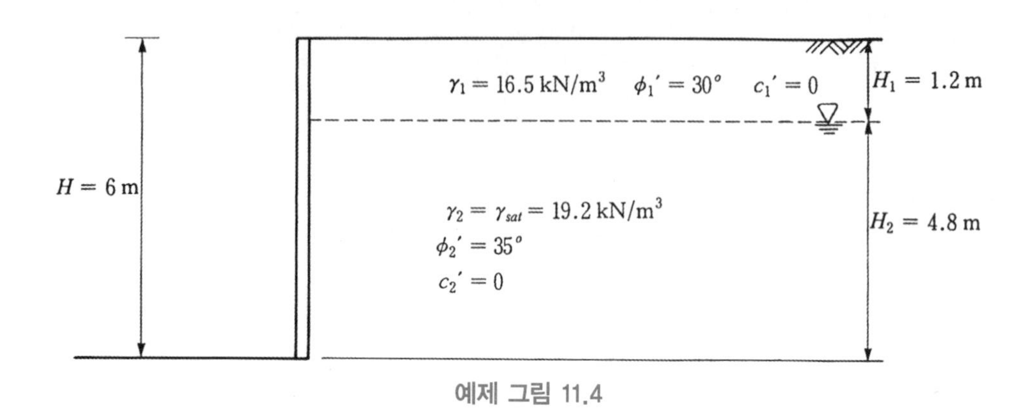

예제 그림 11.4

[풀 이] 옹벽뒤채움용으로 2가지 종류의 흙이 있으므로 토압계수 K_a도 다음과 같이 상이하게 된다.

$$\text{상층부의 토압계수 } K_{a1} = \frac{1-\sin\phi_1}{1+\sin\phi_1} = \frac{1-\sin 30°}{1+\sin 30°} = \frac{1}{3}$$

$$\text{하층부의 토압계수 } K_{a2} = \frac{1-\sin\phi_2}{1+\sin\phi_2} = \frac{1-\sin 35°}{1+\sin 35°} = 0.27$$

i) 주동토압(수압 제외)

상층부 상단으로부터의 거리를 z라고 하면

$z = 1.2\mathrm{m}$ 에서의 상층부에 작용하는 주동토압은

$$\sigma_a = K_{a1}\gamma_1 H_1 = \left(\frac{1}{3}\right)\times(16.5)\times(1.2) = 6.6\mathrm{kN/m^2}$$

$z = 1.2\mathrm{m}$ 에서의 하층부에 작용하는 주동토압은(상층부를 상재하중으로 간주)

$$\sigma_a = K_{a2}\gamma_1 H_1 = (0.27)\times(16.5)\times(1.2) = 5.35\mathrm{kN/m^2}$$

$z = 6\text{m}$ 인 하층부 하단에 작용하는 주동토압은

$$\begin{aligned}\sigma_a &= K_{a2}\gamma_1 H_1 + K_{a2}\gamma_2{}' H_2 \\ &= K_{a2}\gamma_1 H_1 + K_{a2}(\gamma_2 - \gamma_w) H_2 \\ &= (0.27)\times(16.5)\times(1.2) + (0.27)\times(19.2 - 9.81)\times(4.8) = 17.52\text{kN/m}^2\end{aligned}$$

ii) 지하수위로 인한 압력(수압)

수압 $u = \gamma_w z$

$z = 0$, $z = 1.2$ 에서 $u = 0$(∵ 지하수위 없음)

$z = 6$ 에서 $u = (9.81)\times(4.8) = 47.09\text{kN/m}^2$

iii) 주동토압 및 수압의 분포도

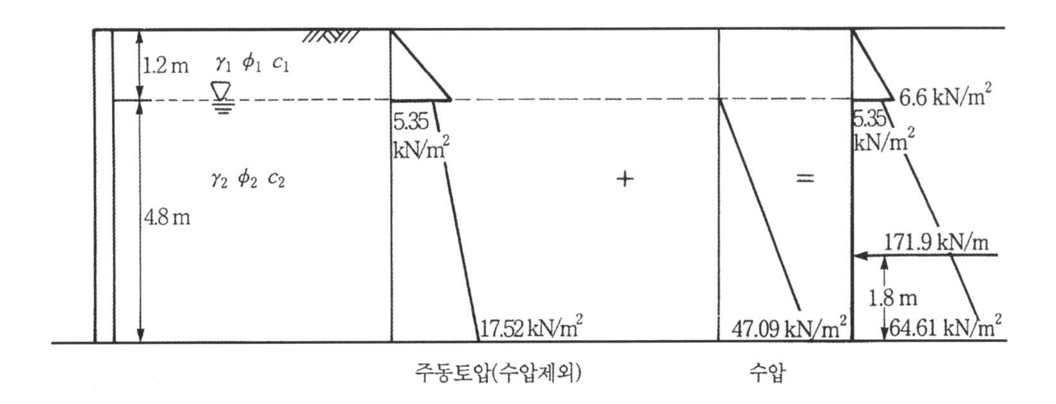

iv) 합력

$$P_a = \left(\frac{1}{2}\right)\times(6.6)\times(1.2) + (5.35)\times(4.8) + \left(\frac{1}{2}\right)\times(17.52 - 5.35)\times(4.8)$$
$$+ \left(\frac{1}{2}\right)\times(4.8)\times(47.09)$$
$$= 171.9\text{kN/m}$$

v) 합력의 작용점

옹벽바닥을 기준으로 한 합력 P_a의 작용점은

$$x = \left[\left(\frac{1}{2}\right)\times(6.6)\times(1.2)\times\left(4.8+1.2\times\frac{1}{3}\right)+(5.35)\times(4.8)\times\left(4.8\times\frac{1}{2}\right)\right.$$

$$\left.+\left(\frac{1}{2}\right)\times(17.52-5.35)\times(4.8)\times\left(4.8\times\frac{1}{3}\right)+\frac{1}{2}\times(4.8)\times(47.09)\times\frac{4.8}{3}\right]$$

$$\div 171.9 = 1.8\text{m}$$

2) 점성토 지반의 토압분포

주동토압

내부마찰각뿐만 아니라 점착성분도 가진($c-\phi$soil) 점성토의 주동토압은 식 (11.11)과 같다. 즉,

$$\sigma_a = K_a\gamma_z - 2c\sqrt{K_a} \tag{11.11}$$

주동토압 분포도를 그림 11.15에 상세히 표시하였다. 그림에서와 같이 점착력의 역할은 토압이 옹벽 쪽으로 발생되는 것이 아니라 반대로 옹벽의 반대쪽으로 작용되는 인장력이 생긴다는 것이다. 즉, 점착력이 클수록 옹벽에 작용되는 토압은 작아진다. 모래는 자립될 수 없어도 점토는 스스로 자립이 되는데, 그 이유도 근본적으로 점착력에 의한 인장력 때문이다. 식 (11.11)에서 인장력이 '0'이 되는 점까지의 깊이는 11.11식에서 $\sigma_a = 0$이 되는 점을 찾으면 된다. 즉,

$$\sigma_a = K_a\gamma z_c - 2c\sqrt{K_a} = 0$$

$$\text{따라서 } z_c = \frac{2c}{\gamma\sqrt{K_a}} \tag{11.28}$$

실제로 점성토로 이루어진 옹벽 뒤채움에 인장력이 작용되면 점성토 표면에는 인장균열(tension crack)이 발생된다. 따라서 z_c를 인장균열 깊이라고 한다. 만일 뒤채움이 완전 점토로서 비배수 조건의 비배수 전단강도를 고려하면 $\phi_u = 0$, $K_a = \tan^2 45° = 1$, $c = c_u$이므로 z_c는 다음과 같다.

$$z_c = \frac{2c_u}{\gamma} \tag{11.29}$$

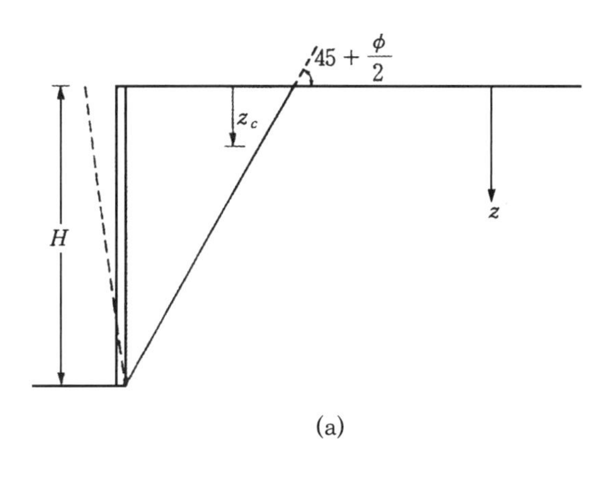

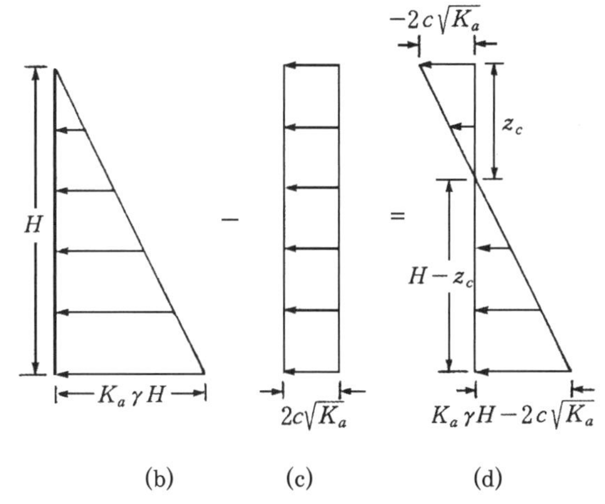

그림 11.15 점성토 뒤채움의 Rankine의 주동토압 분포

그림 11.15(d)로부터 토압의 합력은 다음과 같다.

$$P_a = \frac{1}{2}K_a\gamma H^2 - 2c\sqrt{K_a}H \tag{11.30}$$

$\phi_u = 0$의 경우에는,

$$P_a = \frac{1}{2}\gamma H^2 - 2c_u H \tag{11.31}$$

만일에 실제로 점성토 뒤채움부에 인장균열이 발생하였다면, 인장균열부에는 더 이상 인장력이 존재하지 못하므로 이를 무시하고 z_c 이하에서 작용되는 토압분포만 고려함이 일반적이다. 이때의 토압의 합력은

$$\begin{aligned} P_a &= \frac{1}{2}(K_a\gamma H - 2c\sqrt{K_a})\left(H - \frac{2c}{\gamma\sqrt{K_a}}\right) \\ &= \frac{1}{2}K_a\gamma H^2 - 2c\sqrt{K_a}\,H + 2\frac{c^2}{\gamma} \end{aligned} \quad (11.32)$$

또한 $\phi_u = 0$ 조건에서는,

$$P_a = \frac{1}{2}\gamma H^2 - 2c_u H + \frac{2c_u^2}{\gamma} \quad (11.33)$$

수동토압

Rankine의 수동토압은 식 (11.16)과 같다.

$$\sigma_p = K_p\gamma z + 2c\sqrt{K_p} \quad (11.16)$$

따라서 토압분포는 그림 11.16과 같으며, 토압의 합력은 다음 식과 같다.

$$P_p = \frac{1}{2}K_p\gamma H^2 + 2c\sqrt{K_p}\,H \quad (11.34)$$

만일 $\phi_u = 0$라면,

$$P_p = \frac{1}{2}\gamma H^2 + 2c_u H \quad (11.35)$$

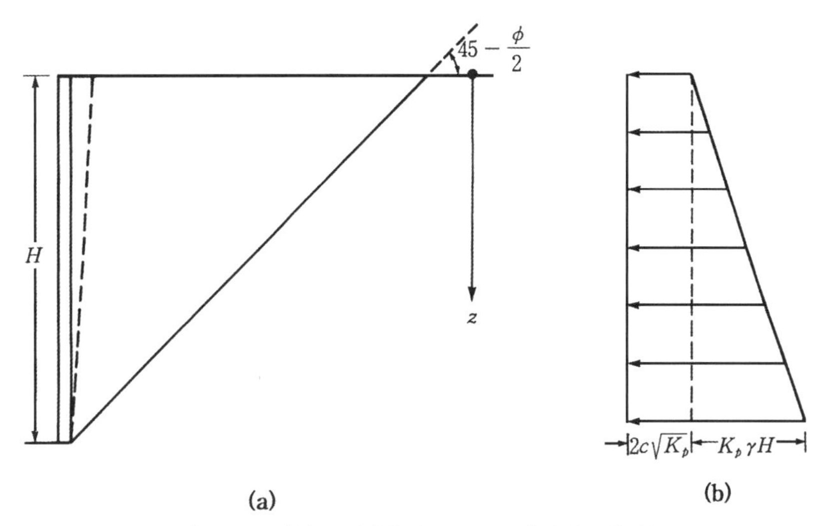

그림 11.16 점성토 뒤채움의 Rankine의 수동토압 분포

[예제 11.5] 연약점토로 뒤채움된 옹벽이 예제 그림 11.5와 같이 있다. 다음 물음에 답하라.

① 인장균열의 최대심도를 구하라.

② 인장균열이 발생하기 이전의 Rankine의 주동토압을 구하라.

③ 인장균열이 발생한 이후의 Rankine의 주동토압을 구하라.

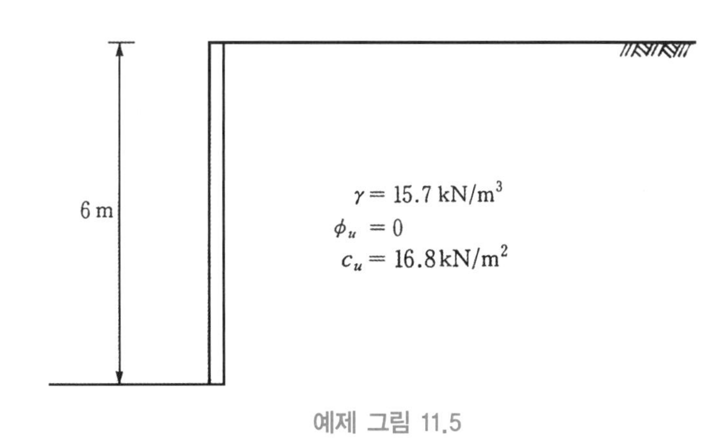

예제 그림 11.5

[풀 이]

① 인장균열의 최대심도

식 (11.28)로부터 $z_c = \dfrac{2c}{\gamma\sqrt{K_a}}$ 를 이용

내부마찰각 $\phi_u = 0$이므로 $K_a = \dfrac{1-\sin\phi}{1+\sin\phi} = 1$

$$\therefore\ z_c = \frac{2c}{\gamma\sqrt{K_a}} = \frac{2c_u}{\gamma} = \frac{2\times 16.8}{15.7} = 2.14\text{m}$$

② 인장균열 발생 전의 주동토압

식 (11.30) 또는 식 (11.31)로부터

$$P_a = \frac{1}{2}K_a\gamma H^2 - 2c\sqrt{K_a}H = \frac{1}{2}\gamma H^2 - 2c_u H$$
$$= \frac{1}{2}\times(1)\times(15.7)\times(6)^2 - (2)\times(16.8)\times(1)\times 6 = 81\,\text{kN/m}$$

③ 인장균열이 발생한 후의 주동토압

식 (11.32) 또는 식 (11.31)으로부터

$$P_a = \frac{1}{2}K_a\gamma H^2 - 2c\sqrt{K_a}H + \frac{2c^2}{\gamma}$$
$$= \frac{1}{2}\gamma H^2 - 2c_u H + \frac{2c_u^2}{\gamma}$$
$$= \frac{1}{2}\times(15.7)\times(6)^2 - (2)\times(16.8)\times 6 + \frac{2\times(16.8)^2}{15.7}$$
$$= 116.95\text{kN/m}$$

[예제 11.6] 예제 그림 11.6과 같은 옹벽에서 옹벽면과 흙 입자 사이의 마찰이 없다고 할 때 다음 물음에 답하라.

① 인장균열이 발생한 후의 주동토압을 구하라.

② 수동토압을 구하라.

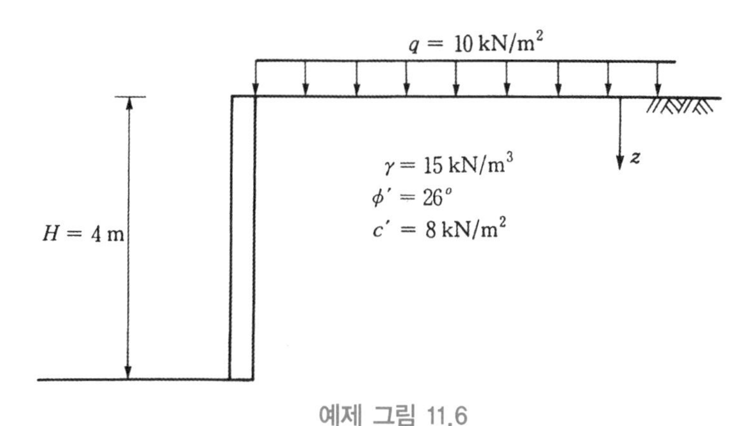

예제 그림 11.6

[풀 이]

① 인장균열이 발생한 후의 주동토압

• $K_a = \tan^2\left(45° - \dfrac{\phi}{2}\right) = \dfrac{1-\sin\phi}{1+\sin\phi} = \dfrac{1-\sin 26°}{1+\sin 26°} = 0.39$

• 식 (11.11)로부터

$\sigma_a = K_a\sigma_v - 2c\sqrt{K_a}$ 이고

상재하중을 고려한 본 예제의 경우 식 (11.22)로부터 $\sigma_v = \gamma z + q = \gamma z + 10$이 된다.

∴ 본 예제의 주동토압식은

$\sigma_a = K_a\sigma_v - 2c\sqrt{K_a} = K_a(\gamma z + q) - 2c\sqrt{K_a}$ 이다.

• 옹벽 상단으로부터의 거리를 z라고 하면

$z = 0\mathrm{m}$ 에서의 주동토압은

$\sigma_a = (0.39) \times \{(15) \times (0) + (10)\} - 2 \times (8) \times (\sqrt{0.39}) = -6.09\,\mathrm{kN/m^2}$

$z = 4$m에서의 주동토압은

$$\sigma_a = (0.39) \times \{(15) \times (4) + (10)\} - 2 \times (8) \times (\sqrt{0.39}) = 17.31\,\text{kN/m}^2$$

- 토압분포를 그리면 다음 그림과 같다.

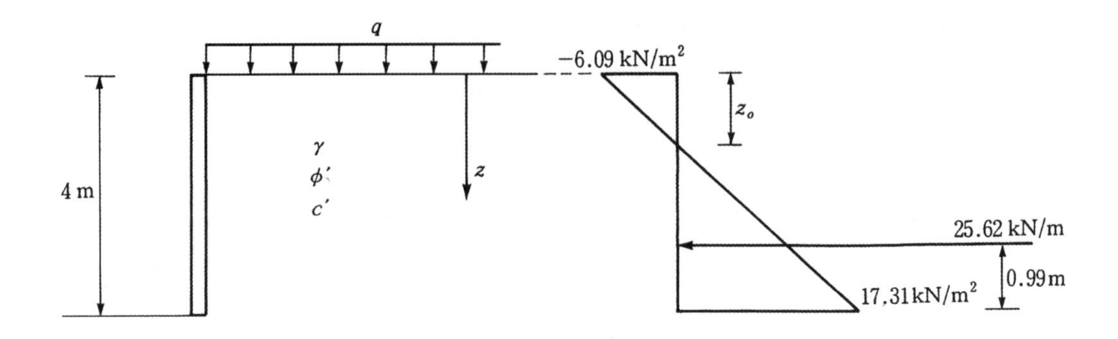

그림으로부터 삼각형의 닮음비를 이용하면

$17.31 : 6.09 = (4 - z_o) : z_o$이므로, 인장균열 최대심도 $z_o = 1.04$m 이다.
또한 본 문제에서의 주동토압을 구한 식

$\sigma_a = K_a(\gamma z + q) - 2c\sqrt{K_a} = 0$ 으로부터 z_o를 구하여도 $z_o = 1.04$m 이다.

∴ 인장균열이 발생한 후의 주동토압은 $z_o = 1.04$m 아래의 토압만을 고려한다.

$$P_a = \frac{1}{2} \times (17.31) \times (4 - 1.04) = 25.62\text{kN/m}$$

$P_a = 25.62$kN/m 가 작용하는 점은 하단으로부터 $\dfrac{(4 - 1.04)}{3} = 0.99$m 지점이다.

② 수동토압

• $K_p = \tan^2\left(45 + \frac{\phi}{2}\right) = \frac{1+\sin\phi}{1-\sin\phi} = \frac{1}{K_a} = \frac{1}{0.39} = 2.56$

• 식 (11.16)으로부터

$$\sigma_p = K_p \sigma_v + 2c\sqrt{K_p}\text{ 이고}$$

상재하중을 고려하는 본 예제의 경우 식 (11.22)로부터 $\sigma_v = \gamma z + q$이므로

∴ 본 예제의 수동토압식은

$$\sigma_p = K_p \sigma_v + 2c\sqrt{K_p} = K_p(\gamma z + q) + 2c\sqrt{K_p}\text{ 이다.}$$

• 옹벽 상단으로부터의 거리를 z라고 하면

$z = 0\,\text{m}$에서의 수동토압은

$$\sigma_p = (2.56)\times\{(15)\times(0)+(10)\}+2\times(8)\times(\sqrt{2.56}) = 51.2\,\text{kN/m}^2$$

$z = 4\,\text{m}$에서의 수동토압은

$$\sigma_p = (2.56)\times\{(15)\times(4)+(10)\}+2\times(8)\times(\sqrt{2.56}) = 204.8\,\text{kN/m}^2$$

• 토압분포를 그려보면 다음 그림과 같다.

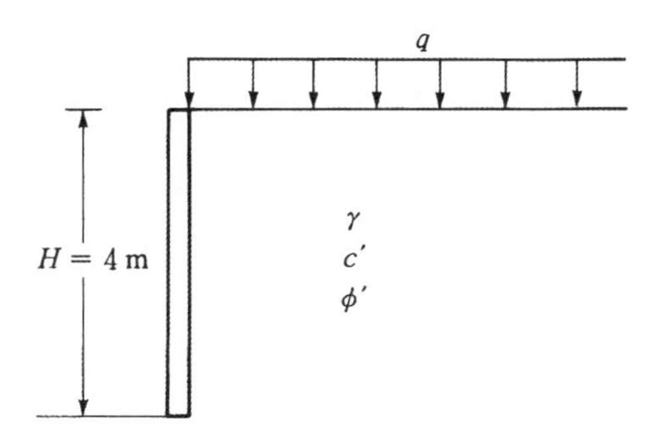

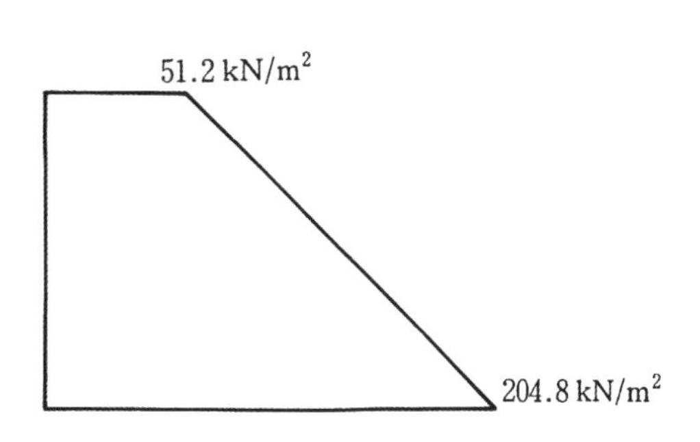

• 수동토압을 구하면

$$P_p = \frac{1}{2}\times(51.2+204.8)\times(4) = 512\text{kN/m}$$

11.3.5 지표면이 경사진 경우의 Rankine 토압

이제까지 일관되게 설명하였던 Rankine의 토압론은 옹벽뒤채움의 지표면이 수평인 경우이었다. 옹벽의 뒤채움이 수평인 경우는 연속체역학을 적용하기 위한 작은 입자가 정사각형이 되므로, 이 정사각형 미세입자에 작용되는 응력을 Mohr 원에 표시하여 주동 및 수동토압을 유도하였다.

연속체역학의 기본원리를 이용하면, 그림 11.17(a)에서와 같이 옹벽 뒤채움이 경사각도 β를 가지고 경사진 경우에도 Rankine의 이론을 이용한 토압을 구할 수 있다. 단, 이 경우에 주동 및 수동토압의 작용방향은 경사면에 평행되게 작용된다고 가정한다. 이 문제의 경우는 그림 11.17(a)에서와 같이 마름모꼴의 입자에 대하여 연속체역학의 원리를 이용하여야 한다. 다음에 먼저 주동토압부터 유도한다.

<u>주동토압</u>

그림 11.17(a)의 마름모 입자와 그 상재압력 부분을 확대해보면 그림 11.17(c)와 같다.
응력의 정의는 다음과 같다.

$$\text{응력} = \frac{\text{임의의 면에 작용하는 하중}}{\text{임의의 면의 면적}}$$

따라서 면 HK에 작용되는 연직응력은 다음과 같다.

$$\sigma_v = \frac{\gamma \cdot b \cdot z}{\dfrac{b}{\cos\beta}} = \gamma z \cos\beta \quad (11.36)$$

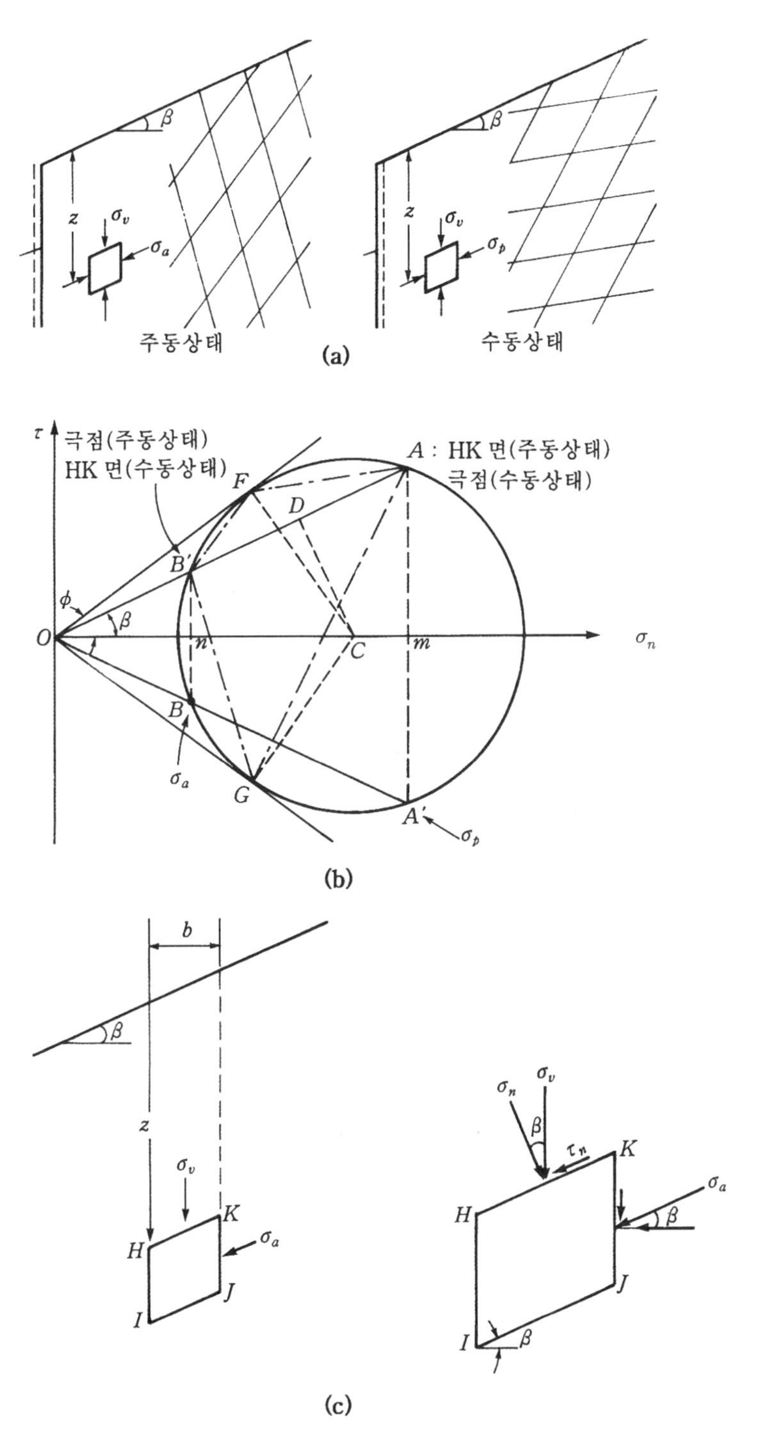

그림 11.17 지표면이 경사진 경우의 Rankine 토압 유도

그렇다면 HK면에 작용하는 수직응력과 전단응력은

$$\sigma_n = \sigma_v \cos\beta$$
$$= \gamma z \cos^2\beta \qquad (11.37)$$
$$\tau_n = \sigma_v \sin\beta$$
$$= \gamma z \cos\beta \sin\beta \qquad (11.38)$$

가 된다. HK면에 작용하는 응력을 Mohr 원에 표시하면 그림 11.17(b)에서 'A'점이다.

A점(면 HK)의 연직응력$= \sigma_v = \gamma z \cos\beta =$ 길이 OA

수직응력$= \sigma_n = \gamma z \cos^2\beta =$ 길이 Om

전단응력$= \tau_n = \gamma z \cos\beta \sin\beta =$ 길이 mA

극점의 정의에 의하여(자기응력에서 자기 면에 평행선을 그어서 만나는 점) 극점(pole)은 B'점이다. 일단 극점을 알았으면 어느 면에 작용하는 응력은 극점으로부터 그 면에 평행선을 그어서 만나는 점이다. 따라서 KJ면에 작용되는 응력은 B'점으로부터 KJ면(연직면)에 평행선을 그어서 만나는 점인 B점이 된다. 즉, B점에 작용되는 응력이 주동토압이다. 정리해보면 다음과 같이 정리할 수 있다.

σ_v를 나타내는 선분$= OA$

σ_a를 나타내는 선분$= OB$

따라서 Rankine의 주동토압계수 K_a는 정의에 의하여 다음 식과 같다.

$$K_a = \frac{\sigma_a}{\sigma_v} = \frac{OB}{OA} \qquad (11.39)$$

Mohr 원을 이용하여 K_a값을 구해보면 다음과 같다.

$$K_a = \frac{OB}{OA} = \frac{OB'}{OA} = \frac{OD - AD}{OD + AD} \qquad (11.40)$$

$$OD = OC\cos\beta$$

$$AD = \sqrt{(OC\sin\phi)^2 - (OC\sin\beta)^2} = OC\sqrt{\cos^2\beta - \cos^2\phi}$$

따라서 K_a는 다음 식과 같이 된다.

$$K_a = \frac{\cos\beta - \sqrt{\cos^2\beta - \cos^2\phi}}{\cos\beta + \sqrt{\cos^2\beta - \cos^2\phi}} \tag{11.41}$$

주동토압은 다음과 같이 구할 수 있다.

$$\sigma_a = K_a\sigma_v = K_a\gamma z\cos\beta \tag{11.42}$$

$$P_a = \frac{1}{2}K_a\gamma H^2\cos\beta \tag{11.43}$$

수동토압

수동토압의 경우는 σ_p가 일반적으로 연직응력 σ_v보다 크게 되므로, 이 경우에 HK면에 작용하는 응력을 나타내는 점은 A가 아니라 B'이 된다. 즉,

B'점(HK면)의 연직응력$= \sigma_v =$ 길이 OB'

수직응력$= \sigma_n =$ 길이 On

전단응력$= \tau_n =$ 길이 nB'

이 경우, 극점은 A점이 되며, KJ면에 작용하는 응력을 나타내는 점은 A'점이 된다. 정리해보면 다음과 같다.

σ_v를 나타내는 선분$= OB'$

σ_p를 나타내는 선분$= OA'$

Rankine의 수동토압계수 K_p는 정의에 의하여 다음 식이 된다.

$$K_p = \frac{\sigma_p}{\sigma_v} = \frac{OA'}{OB'} \tag{11.44}$$

Mohr 원을 이용하여 K_p 값을 구해보자.

$$\begin{aligned} K_p &= \frac{OA'}{OB'} = \frac{OA}{OB'} = \frac{OD + AD}{OD - AD} \\ &= \frac{\cos\beta + \sqrt{\cos^2\beta - \cos^2\phi}}{\cos\beta - \sqrt{\cos^2\beta - \cos^2\phi}} = \frac{1}{K_a} \end{aligned} \tag{11.45}$$

수동토압은 다음과 같이 구할 수 있다.

$$\sigma_p = K_p \sigma_v = K_p \gamma z \cos\beta \tag{11.46}$$

$$P_p = \frac{1}{2} K_p \gamma H^2 \cos\beta \tag{11.47}$$

[예제 11.7] 6m 높이의 옹벽의 뒤채움재가 $\beta = 20°$로 경사져 있다(예제 그림 11.7).

1) Rankine 이론으로 주동토압의 합력과 작용방향을 구하라.
2) 파괴면이 수평면과 이루는 각도를 구하라.

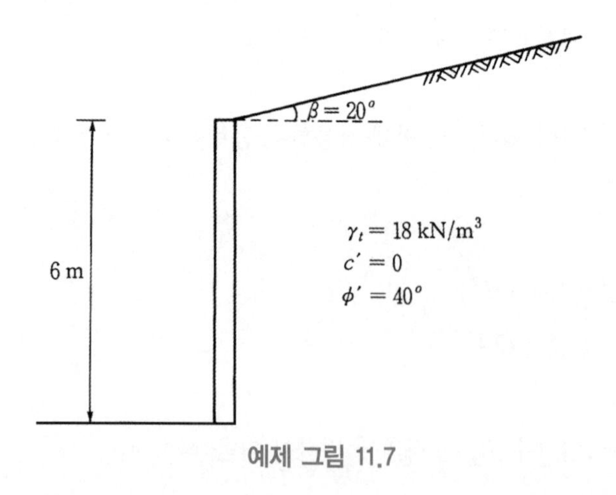

예제 그림 11.7

[풀 이]

1)번 풀이

① 주동토압

• 뒤채움재가 경사져 있는 경우이므로 식 (11.41)로부터 K_a를 구할 수 있다.

$$\therefore K_a = \frac{\cos\beta - \sqrt{\cos^2\beta - \cos^2\phi}}{\cos\beta + \sqrt{\cos^2\beta - \cos^2\phi}}$$

$$= \frac{\cos 20° - \sqrt{\cos^2 20° - \cos^2 40°}}{\cos 20° + \sqrt{\cos^2 20° - \cos^2 40°}}$$

$$= 0.266$$

• $P_a = \frac{1}{2} K_a \gamma H^2 \cos\beta$

$$= \frac{1}{2} \times (0.265) \times (18) \times (6)^2 \times \cos 20°$$

$$= 81\text{kN/m}$$

② 작용방향

• 식 (11.41)을 이용하여 K_a를 구하는 이론에는 주동토압 및 수동토압이 경사면에 평행하게 작용한다는 가정이 있으므로(11.3.5절 참고) $P_a = 81\text{kN/m}$의 작용방향은 $\beta = 20°$이다.

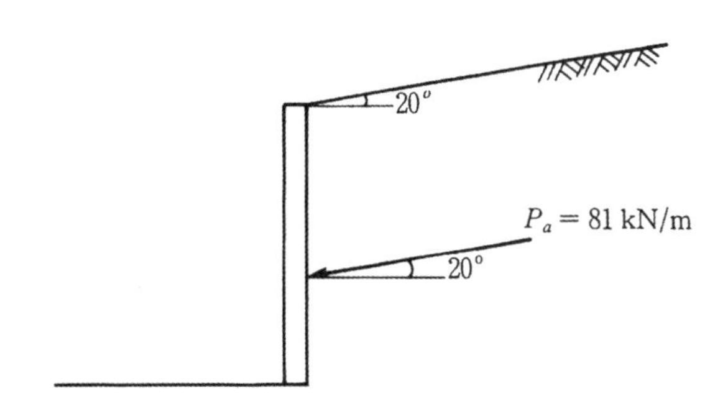

• 위에서 구한 $P_a = 81\text{kN/m}$는 다음 응력 다이아그램을 사용하여 구할 수도 있다.

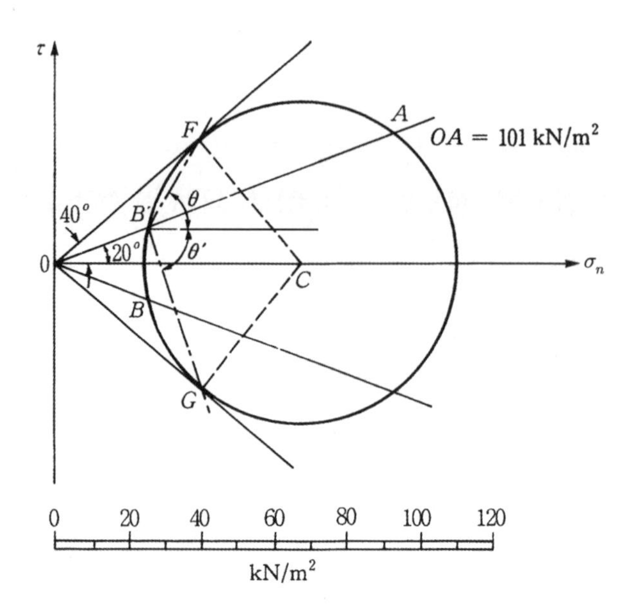

먼저 τ와 σ에 대한 파괴선과 원점 0으로부터 수평면과 20°의 각도를 이루는 직선을 그린다. 주어진 옹벽의 6m 깊이에서의 응력을 구하면 식 (11.36)으로부터

$$\sigma_v = \gamma z \cos\beta = (18) \times (6) \times \cos 20° = 101 \text{kN/m}^2$$

이렇게 구한 $\sigma_v = 101\text{kN/m}$을 수평으로부터 20° 경사되게 그린 직선 위에 위치시키고, A점을 통과하고 Mohr-Coulomb 파괴면에 접하도록 Mohr 원을 그린다.

주동토압은 $\overline{OB}$ 또는 $\overline{OB'}$ 이므로 $\overline{OA}$를 기준으로 축적거리 비율로 $\overline{OB}$를 구하면 $\overline{OB} = \overline{OB'} = \sigma_a = 27\text{kN/m}^2$이다.

$$\therefore P_a = \frac{1}{2}\sigma_a H = \frac{1}{2} \times (27) \times (6) = 81\text{kN/m}$$

2)번 풀이

- 위의 응력 다이아그램에서 B'는 폴이고 B'에서 파괴면에 그은 선분들($\overline{B'F}$, $\overline{B'G}$)을 이용하여, 파괴면이 수평면과 이루는 각도를 구해보면 $\theta = 59°$, $\theta' = 71°$이다(파괴면끼리는 $90^o + \phi$의 각도를 이룰 것이다).

11.4 벽면마찰각을 고려한 토압론

11.4.1 서 론

Rankine 토압은 작은 입자에 작용하는 응력이 전체를 대표한다고 가정하여 토압을 구하는 이론이므로, 부분적으로 발생되는 옹벽과 뒤채움 흙 사이에 존재하는 마찰력의 영향을 고려할 수 없다는 결점이 있다.

만일 옹벽과 뒤채움 흙 사이에 벽면마찰각= δ만큼 마찰력이 존재한다면 실제로 옹벽의 거동은 어떻게 될까?

먼저 주동토압의 경우를 보면, 그림 11.18(a)에서와 같이 흙쐐기는 자중으로 인하여 아래방향으로 움직이려고 한다. 따라서 옹벽은 벽면마찰각을 이용하여 흙쐐기가 아래로 움직이지 못하도록 상방향으로 저항력이 생긴다. 따라서 주동토압은 그림에서와 같이 수평방향이 아니라, δ의 각도를 가지고 상방향으로 기울어져 작용된다. 또한 파괴면의 형상도 직선이 될 수 없으며, 벽면마찰의 영향으로 BC 부분이 곡면이 된다.

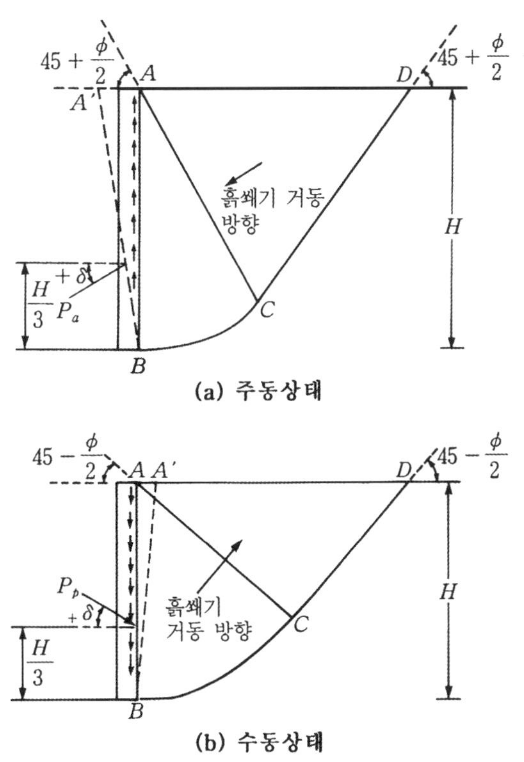

그림 11.18 옹벽과 뒤채움 사이의 마찰력의 영향

단, 옹벽으로부터 거리가 떨어진 CD면은 벽면마찰의 영향을 받지 않으므로 Rankine 토압의 경우와 마찬가지로 수평면과 $\theta = 45° + \frac{\phi}{2}$의 각도로 직선을 이룬다.

수동토압의 경우 그림 11.18(b)에서와 같이 흙쐐기가 상방향으로 움직이고자 하므로 옹벽은 마찰력을 이용하여 하방향으로 저항력이 유발된다. 따라서 수동토압은 δ의 벽면마찰각을 가지고 하방향으로 기울어져 작용된다. 역시 마찰의 영향으로 BC면은 곡면이 된다.

벽면마찰력을 고려하는 경우의 옹벽에 작용하는 토압을 구하는 방법에는 여러 가지가 있으며, 이를 대별하면 다음과 같다.

첫째, 비록 BCD면이 곡면이기는 하나, 해법의 단순화를 위하여 BCD면을 직선으로 가정하고 해를 구하는 방법이며 이를 Coulomb 토압이라 한다. 물론 비록 BCD면이 직선이라고 해서 수평면과 이루는 각도 θ는 $\left(45° + \frac{\phi}{2}\right)$가 될 수 없다. 이 Coulomb 토압은 다음 절에서 집중적으로 다룰 것이다.

둘째, BC면을 곡면으로 가정하고 해를 구하는 방법으로서 여러 학자들에 의하여 여러 해법이 제시되고 있다. 보통 BC면은 log-spiral 곡선으로 가정한다. 이 책에서는 곡면에 대한 해법은 생략한다. 관심 있는 독자는 Das(1987) 책을 참조하기 바란다.

11.4.2 Coulomb의 토압이론

Coulomb의 토압이론은 흙쐐기 이론이다. Rankine 이론이 작은 입자를 가지고 전체를 해석하는데 반하여, Coulomb 이론은 실제로 소성파괴가 발생되는 흙쐐기 전체에 대한 소성평형 이론으로 토압을 구하는 방법이다.

Coulomb 토압의 개요를 정리하면 다음과 같이 요약된다.

(1) 흙쐐기(wedge) 전체에 대한 평형조건으로 해를 구한다.
(2) 파괴면은 직선으로 가정한다.
(3) 옹벽과 흙 사이의 벽면마찰력을 고려한다.

Coulomb 토압의 유도는 모래지반에 대해서만 주로 서술하고자 한다.

1) Coulomb의 주동토압

그림 11.19와 같이 지표면의 경사각도가 β인 옹벽에 작용하는 Coulomb 토압을 구하고자

한다. Rankine 토압과 달리 경사각도 β는 옹벽의 무게에 영향을 주므로 Coulomb 토압론에서는 쉽게 고려할 수 있다.

옹벽의 각도를 α, 수평면과 파괴면과의 각도를 θ라고 하자. 소성평형을 이루는 힘의 3요소는 다음과 같다.

(1) W: 흙쐐기 ABC의 중량$= \gamma \times (\Delta ABC)$

(2) F: BC면하에서의 흙의 저항력. F는 다음의 두 요소의 합으로 이루어진다.

- BC면에 작용하는 수직저항력 $N(= W\cos\theta)$
- BC면에 작용하는 전단저항력 T_f : BC면에서는 흙의 전단강도까지 완전히 유발되므로 저항력은 $T_f = N\tan\phi$와 같다.

위의 두 요소를 합하면 F는 그림과 같이 ϕ의 각도를 가지고 저항한다.

(3) 주동토압 P_a: W에 대한 저항요소로서 BC면에서의 저항력 F로 저항하고도 모자라는 부분만큼은 옹벽에 작용되는 토압 P_a로 저항한다(경사각도$= \delta$).

위의 세 요소에 대한 힘의 다각형을 그려보면 그림 11.19(b)와 같다.

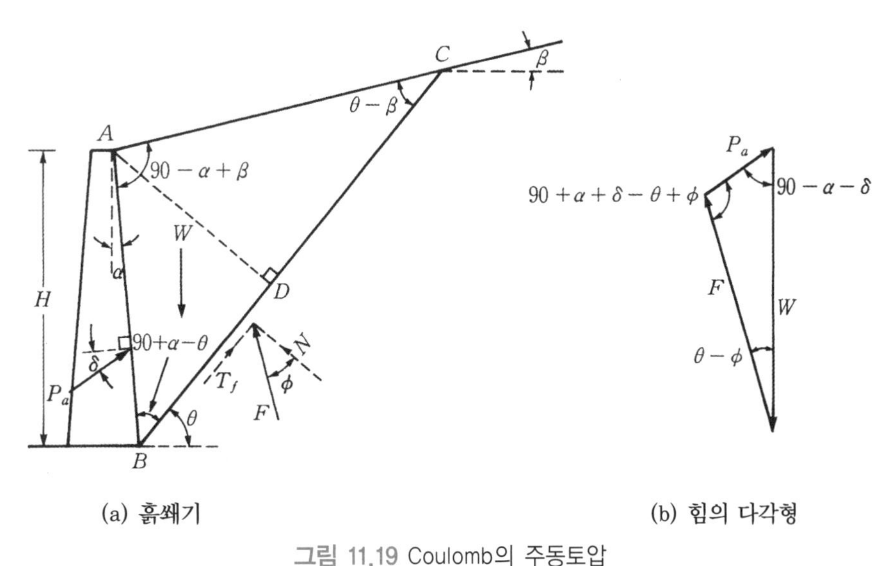

그림 11.19 Coulomb의 주동토압

Sine 각의 정리로부터

$$\frac{W}{\sin(90° + \alpha + \delta - \theta + \phi)} = \frac{P_a}{\sin(\theta - \phi)} \tag{11.48}$$

또는

$$P_a = \frac{\sin(\theta - \phi)}{\sin(90° + \alpha + \delta - \theta + \phi)} \cdot W \tag{11.49}$$

W는(ΔABC의 면적) · γ이므로 위의 식은 다음과 같이 표시할 수 있다.

$$P_a = \frac{1}{2}\gamma H^2 f(\alpha, \beta, \phi, \theta) \tag{11.50}$$

문제는 각도 θ는 Coulomb 토압에서는 일정할 수가 없다는 점이다. 다만, 위의 식 중에서 P_a값이 최대가 될 때가 주동토압이 될 것이다. 이 경우 최대의 P_a 값에서는 다음 식이 성립한다.

$$\frac{dP_a}{d\theta} = 0 \tag{11.51}$$

위의 식을 풀어서 θ 값을 구하고 이 값을 식 (11.50)에 대입하면 다음 식과 같이 된다.

$$P_a = \frac{1}{2}K_a \gamma H^2 \tag{11.52}$$

여기서, K_a는 Coulomb의 주동토압계수로서 다음 식과 같다.

$$K_a = \frac{\cos^2(\phi - \alpha)}{\cos^2\alpha \cos(\delta + \alpha)\left[1 + \sqrt{\frac{\sin(\delta + \phi)\sin(\phi - \beta)}{\cos(\delta + \alpha)\cos(\alpha - \beta)}}\right]^2} \tag{11.53}$$

만일 식 (11.53)에서 $\beta = 0°$(지표면 수평), $\alpha = 0°$(옹벽이 연직), $\delta = 0°$(벽면마찰력 없음), 즉 지표면이 수평이고 벽면마찰력을 무시하는 경우, 식 (11.53)의 K_a는 Rankine의 토압계수와 같게 된다. 즉, Rankine의 토압은 Coulomb 토압의 특수한 예로 볼 수 있다. 옹벽이 연직이고($\alpha = 0°$), 지표면이 수평인($\beta = 0°$) 경우에 대한 토압계수의 예가 표 11.3에 표시되어 있다. 표에서 보듯이 벽면마찰각이 커질수록 주동토압계수는 작아진다. 다만 Rankine 토압에 비하여 감소율이 그리 크지는 않음을 알 수 있다.

표 11.3 Coulomb의 주동토압계수($\alpha = 0°$, $\beta = 0°$인 경우)

$\phi°$	$\delta°$					
	0	5	10	15	20	25
28	0.3610	0.3448	0.3330	0.3251	0.3203	0.3186
30	0.3333	0.3189	0.3085	0.3014	0.2973	0.2956
32	0.3073	0.2945	0.2853	0.2791	0.2755	0.2745
34	0.2827	0.2714	0.2633	0.2579	0.2549	0.2542
36	0.2596	0.2497	0.2426	0.2379	0.2354	0.2350
38	0.2379	0.2292	0.2230	0.2190	0.2169	0.2167
40	0.2174	0.2089	0.2045	0.2011	0.1994	0.1995
42	0.1982	0.1916	0.1870	0.1841	0.1828	0.1831

2) Coulomb의 수동토압

Coulomb의 수동토압을 구하기 위한 흙쐐기는 그림 11.20(a)에 표시되어 있으며, 힘의 다각형은 그림 11.20(b)와 같다. 주동토압의 경우와 다른 점은 F 및 P_p의 방향이 주동토압의 경우의 반대임에 착안하면 될 것이다. 방정식의 유도방법은 주동토압의 경우와 동일하며 수동토압의 합력은 다음과 같다.

$$P_p = \frac{1}{2} K_p \gamma H^2 \tag{11.54}$$

여기서, K_p는 Coulomb의 수동토압계수로서 다음 식과 같다.

$$K_p = \frac{\cos^2(\phi + \alpha)}{\cos^2\alpha \cos(\phi - \delta)\left[1 - \sqrt{\dfrac{\sin(\phi - \delta)\sin(\phi + \beta)}{\cos(\delta - \alpha)\cos(\beta - \alpha)}}\right]^2} \tag{11.55}$$

만일 $\beta = 0°$, $\alpha = 0°$, $\delta = 0°$라면 식 (11.55)는 역시 Rankine의 수동토압계수와 같게 된

다. $\alpha = 0°$, $\beta = 0°$인 경우에 대한 수동토압계수의 분포가 표 11.4에 표시되어 있다. 표에서 나타나듯이 벽면마찰각이 증가함에 따라 수동토압계수가 크게 증가함을 알 수 있다. 여기서 한 가지 밝혀둘 사항은 Coulomb의 이론으로 얻어진 수동토압은 실제보다 아주 크게 예측된다는 것이다. 이는 주로 Coulomb 토압이 직선이라고 가정한 데서 기인하며, 곡면으로 가정할 경우 Coulomb 토압보다 크게 감소한다. Coulomb의 수동토압은 너무 크기 때문에 불안전측 설계가 될 수 있으므로 설계자는 반드시 이 점에 유의해야 한다.

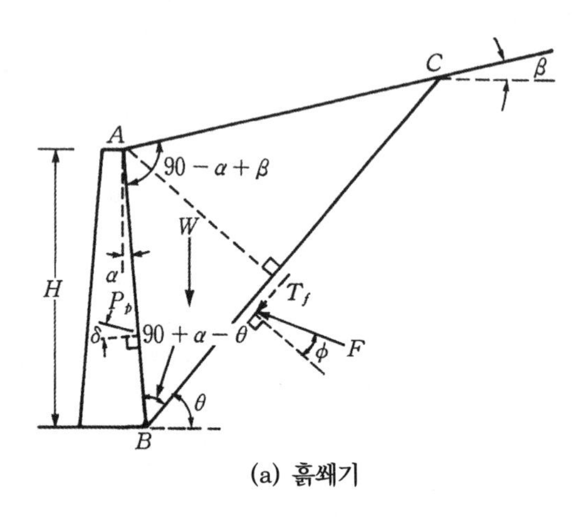

(a) 흙쐐기

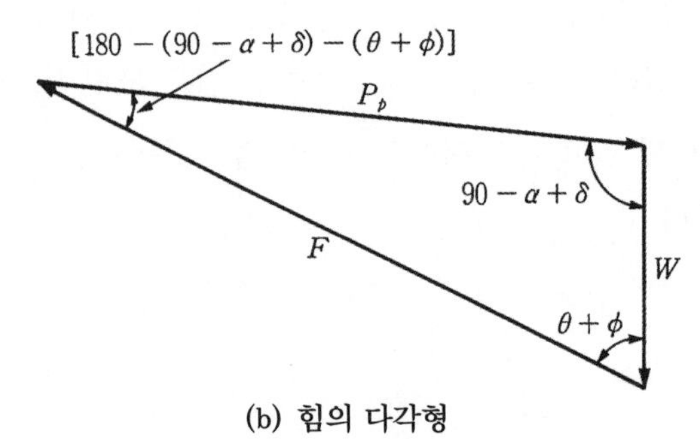

(b) 힘의 다각형

그림 11.20 Coulomb의 수동토압

표 11.4 Coulomb의 수동토압계수($\alpha = 0^o$, $\beta = 0^o$인 경우)

ϕ^o	δ^o				
	0	5	10	15	20
15	1.698	1.900	2.130	2.405	
20	2.040	2.313	2.636	3.030	3.525
25	2.464	2.830	3.286	3.855	4.597
30	3.000	3.506	4.143	4.977	6.105
35	3.690	4.390	5.310	6.854	8.324
40	4.600	5.590	6.946	8.870	11.772

[예제 11.8] (예제 그림 11.8)의 옹벽에 대하여 Coulomb의 흙쐐기 이론을 이용하여 주동토압 및 수동토압을 구하라.

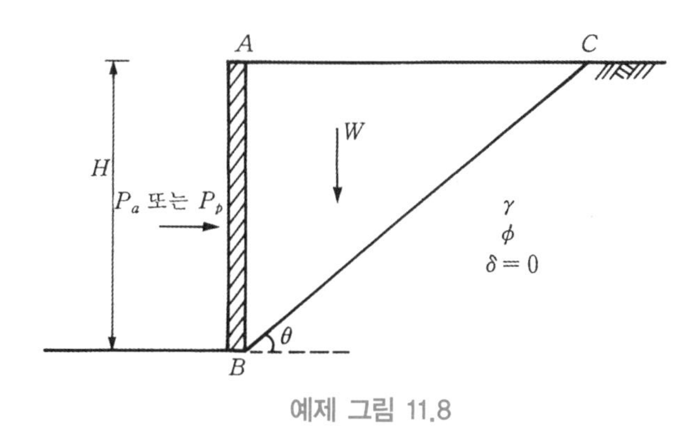

예제 그림 11.8

[풀 이]

1) 주동토압

주어진 옹벽의 흙쐐기에서 소성평형을 이루는 힘의 3요소 W, F, P_a를 힘의 다각형으로 나타내면 ($\alpha = \delta = 0$)이므로 다음 그림과 같다.

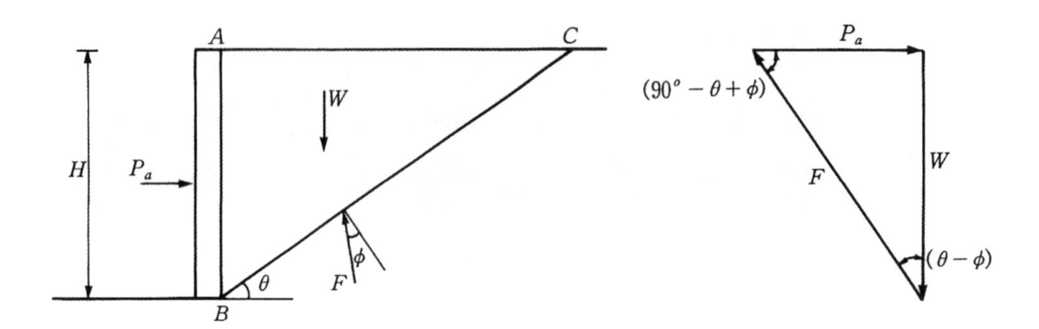

sine 법칙으로부터

$$\frac{W}{\sin(90° - \theta + \phi)} = \frac{P_a}{\sin(\theta - \phi)}$$

$$\therefore\ P_a = W \cdot \frac{\sin(\theta - \phi)}{\sin(90° - \theta + \phi)} = W \cdot \frac{\sin(\theta - \phi)}{\cos(\theta - \phi)} = W \cdot \tan(\theta - \phi)$$

여기서, $W = (\text{흙쐐기 면적}) \times \gamma$

$$= \left\{\frac{1}{2} \times (H) \times \left(H \times \frac{1}{\tan\theta}\right)\right\} \times \gamma$$

$$= \frac{1}{2}\gamma H^2 \cot\theta$$

$$\therefore\ P_a = \frac{1}{2}\gamma H^2 \cot\theta \cdot \tan(\theta - \phi)$$

이때 P_a의 최댓값이 주동토압이고 그 조건은 $\frac{dP_a}{d\theta} = 0$이므로,

$$\frac{dP_a}{d\theta} = \frac{1}{2}\gamma H^2 \{\cot\theta \sec^2(\theta - \phi) - \tan(\theta - \phi) \cdot \csc^2\theta\} = 0$$

$\frac{1}{2}\gamma H^2 \neq 0$이므로

$$\cot\theta \sec^2(\theta - \phi) = \tan(\theta - \phi) \cdot \csc^2\theta$$

$$\frac{\cot\theta}{\csc^2\theta} = \frac{\tan(\theta - \phi)}{\sec^2(\theta - \phi)}$$

$$\frac{\tan(90° - \theta)}{\sec^2(90° - \theta)} = \frac{\tan(\theta - \phi)}{\sec^2(\theta - \phi)}$$

$$90° - \theta = \theta - \phi,$$

$$\therefore\ \theta = 45° + \frac{\phi}{2},$$

$$\therefore\ P_a = \frac{1}{2}\gamma H^2 \cot\theta \cdot \tan(\theta - \phi)$$

$$= \frac{1}{2}\gamma H^2 \cot\left(45° + \frac{\phi}{2}\right) \cdot \tan\left(45° - \frac{\phi}{2}\right)$$

$$= \frac{1}{2°}\gamma H^2 \tan^2\left(45° - \frac{\phi}{2}\right)$$

2) 수동토압

힘의 다각형을 그리면 다음과 같다.

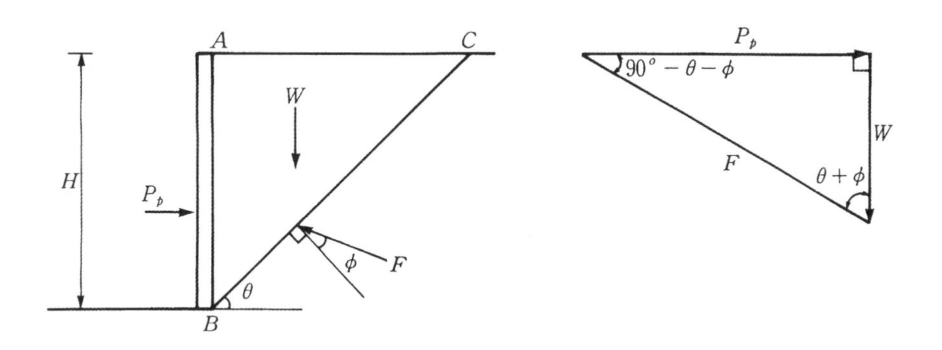

sine 법칙으로부터

$$\frac{W}{\sin(90° - \theta - \phi)} = \frac{P_p}{\sin(\theta + \phi)}$$

$$\therefore\ P_p = W \cdot \frac{\sin(\theta + \phi)}{\sin(90° - \theta - \phi)} = W \cdot \frac{\sin(\theta + \phi)}{\cos(\theta + \phi)} = W \cdot \tan(\theta + \phi)$$

여기서 $W = \frac{1}{2}\gamma H^2 \cot\theta$ 이므로

$$\therefore\ P_p = \frac{1}{2}\gamma H^2 \cot\theta \cdot \tan(\theta + \phi)$$

이때 P_p의 최솟값이 수동토압이고 그 조건은 $\frac{dP_p}{d\theta} = 0$이므로

$$\frac{dP_p}{d\theta} = \frac{1}{2}\gamma H^2 \{\cot\theta \sec^2(\theta+\phi) - \tan(\theta+\phi) \cdot \csc^2\theta\} = 0$$

$\frac{1}{2}\gamma H^2 \neq 0$이므로

$$\cot\theta \sec^2(\theta+\phi) = \tan(\theta+\phi) \cdot \csc^2\theta$$

$$\frac{\cot\theta}{\csc^2\theta} = \frac{\tan(\theta+\phi)}{\sec^2(\theta+\phi)}$$

$$\frac{\tan(90° - \theta)}{\sec^2(90° - \theta)} = \frac{\tan(\theta+\phi)}{\sec^2(\theta+\phi)}$$

$$90° - \theta = \theta + \phi,\ \therefore \theta = 45° - \frac{\phi}{2}$$

$$\begin{aligned}\therefore\ P_p &= \frac{1}{2}\gamma H^2 \cot\theta \cdot \tan(\theta+\phi) \\ &= \frac{1}{2}\gamma H^2 \cot\left(45° - \frac{\phi}{2}\right) \cdot \tan\left(45° + \frac{\phi}{2}\right) \\ &= \frac{1}{2}\gamma H^2 \tan^2\left(45° + \frac{\phi}{2}\right)\end{aligned}$$

결언: $\delta = 0$인 경우에 대하여 Coulomb의 이론으로 토압을 구해보면, 결국은 Rankine의 토압과 동일하게 된다.

11.5 지하수의 조건과 토압

11.3.4절에서 토압의 분포를 설명하면서 지하수위가 존재하는 경우, 즉 정수압이 작용되는 경우도 서술하였다.

문제는 옹벽 배면에 정수압이 그대로 작용되는 경우는 많지 않으며 옹벽 배면에 배수시설을 하므로 뒤채움이 지하수위로 차 있다 하더라도 투수가 일어나므로 정수압으로 작용되지는 않음이 일반적이다. 지하수를 고려하여야 하는 여러 경우를 서술하기 전에 지하수를 고려한 평형조건을 고려하는 방법에 대하여 먼저 서술하고자 한다. 7장에서 물체력(body force)은 다음의 두 방법 중 하나로 고려하여야 한다고 이미 설명하였다.

(1) 전중량과 경계면 수압을 고려하는 방법
(2) 유효중량과 침투수력을 고려하는 방법

위의 사실을 근거해보면, 지하수위가 존재하는 경우 평형조건은 다음의 둘 중 하나의 방법으로 고려할 수 있다. 즉,

(1) 전중량 + 경계면 수압 + 경계면 유효응력을 고려하는 방법
(2) 유효중량 + 침투수력 + 경계면 유효응력을 고려하는 방법

지하수 조건에 따른 토압의 고려방법은 다음과 같은 예제 문제를 이용하여 설명하는 것이 독자들이 쉽게 이해할 수 있을 것이다.

[예제 11.9] 예제옹벽: 높이 $H = 6\text{m}$인 옹벽의 뒤채움 흙의 토성은 다음과 같다고 하자.

- $\phi' = 38°$, $c' = 0$(모래지반)
- $\gamma = 18\text{kN/m}^3$, $\gamma_{sat} = 20\text{kN/m}^3$

지하수가 옹벽 배면에 존재할 수 있는 조건은 다음과 같은 종류가 있을 수 있을 것이며, 각 경우에 대하여 토압을(수압 포함) 구하는 방법을 각각 설명하고자 한다.

1) 건조한 경우

다음 그림과 같이 옹벽이 건조한 상태로 있다면, 토압의 합력은 Rankine 토압을 이용하여 식 (11.19)로 구할 수 있을 것이다.

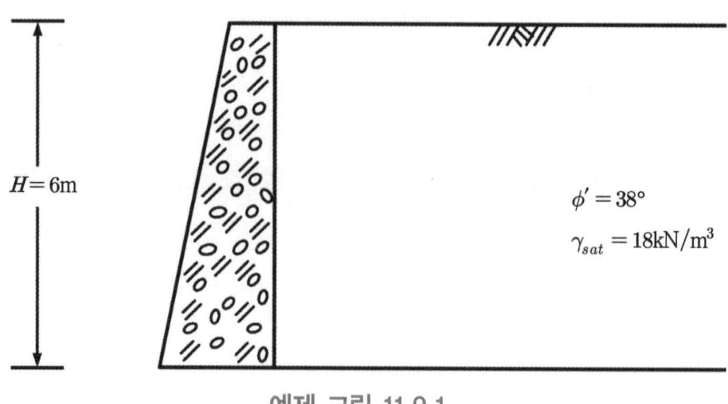

예제 그림 11.9.1

식 (11.10)에 $\phi'=38°$를 대입하여 주동토압계수를 구하면 $K_a=0.24$가 된다.
식 (11.19)로부터 주동토압은

$$P_a=\frac{1}{2}K_a\gamma H^2=\frac{1}{2}\times 0.24\times 18\times 6^2$$
$$=77.76\text{kN/m}$$

작용점은

$$X=\frac{H}{3}=\frac{6}{3}=2\text{m}$$

2) 지하수위가 지표면까지 존재하는 경우

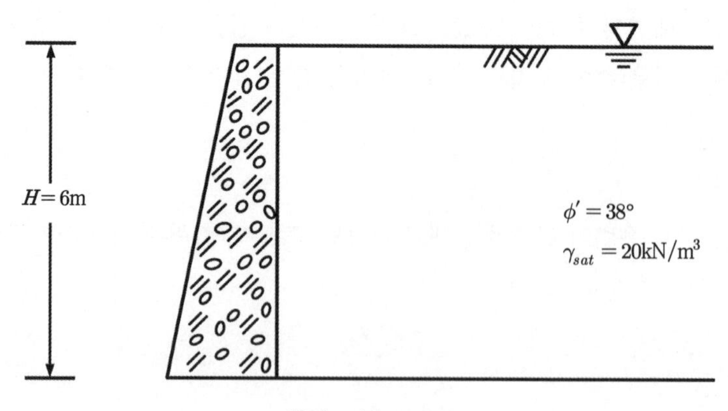

예제 그림 11.9.2

이 경우는 지하수가 지표면에 존재하고 정수압으로 작용하므로 토압을 구할 때는 유효중량 γ'을 사용해야 하며, 수압은 따로 고려하여 토압과 수압을 합하여야 한다.

토압의 합력 $P_a = \frac{1}{2}K_a\gamma' H^2 = \frac{1}{2}\times 0.24 \times (20-9.81)\times 6^2 = 44.02\text{kN/m}$

수압의 합력 $P_w = \frac{1}{2}\gamma_w H^2 = \frac{1}{2}\times 9.81 \times 6^2 = 176.58\text{kN/m}$

총합계 $P_a + P_w = 44.02 + 176.58 = 220.6\text{kN/m}$

작용점 $X = (44.02\times 2 + 176.58 \times 2) \div 220.6 = 2.0\text{m}$

3) 지하수위가 옹벽 뒤채움부뿐만 아니라 옹벽 전면에도 존재하는 경우

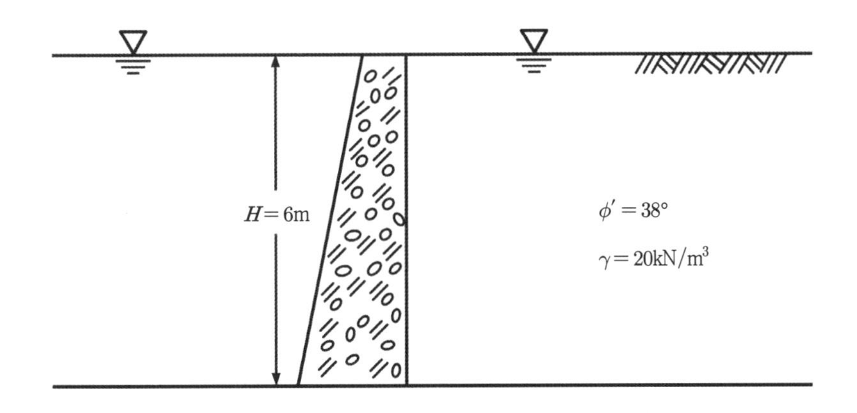

예제 그림 11.9.3

이 경우는 수압이 옹벽 앞면과 배면에 똑같이 정수압으로 작용하므로 옹벽에 미치는 영향은 상쇄된다. 따라서 유효단위중량에 의한 토압만이 옹벽에 작용한다.

순토압의 합력 $P_a = \frac{1}{2}K_a\gamma' H^2 = \frac{1}{2}\times 0.24 \times (20-9.81)\times 6^2 = 44.02\text{kN/m}$

작용점 $X = \frac{H}{3} = \frac{6}{3} = 2\text{m}$

4) 옹벽 배면에 경사배수재를 설치한 경우

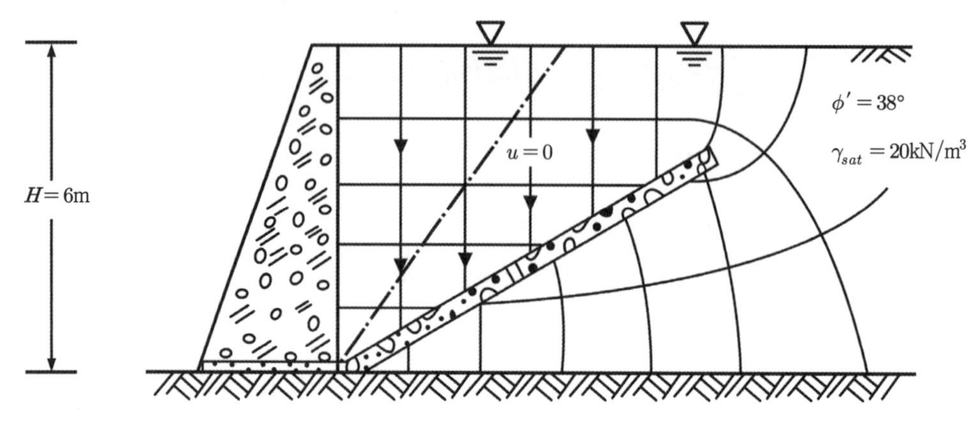

예제 그림 11.9.4

그림과 같이 옹벽 배면에 경사배수재를 설치한 경우, 강우로 인하여 지하수위가 지표면까지 차올랐다고 하자. 지하수는 경사배수재를 향하여 연직방향으로 끊임없이 흐른다고 하자. 연직방향으로 투수가 일어나면, 비록 지하수가 존재하여도 수압은 '0'이 된다. 따라서 수압의 영향은 고려할 필요가 없다(단, 단위중량은 γ_{sat}가 된다).

토압의 합력은 $P_a=\dfrac{1}{2}K_a\gamma_{sat}H^2=\dfrac{1}{2}\times 0.24\times 20\times 6^2=86.4\text{kN/m}$

작용점 $X=\dfrac{H}{3}=\dfrac{6}{3}=2\text{m}$

Note

이 경우는 개념을 다음과 같이 정립하여도 된다. (유효중량+투수력)의 개념 (2)를 사용하면, 작은 입자에 작용하는

- 단위체적당 유효중량$=\gamma'$
- 단위체적당 침투수력$=i\gamma_w$

침투가 연직하(下)방향으로 발생하는 경우 $i=1$이다. 따라서 단위체적당 중량$=\gamma'+\gamma_w=\gamma_{sat}$이 된다.

즉, 포화단위중량을 사용하여 토압계산을 실시하면 된다.

5) 옹벽 배면에 연직배수재를 설치한 경우

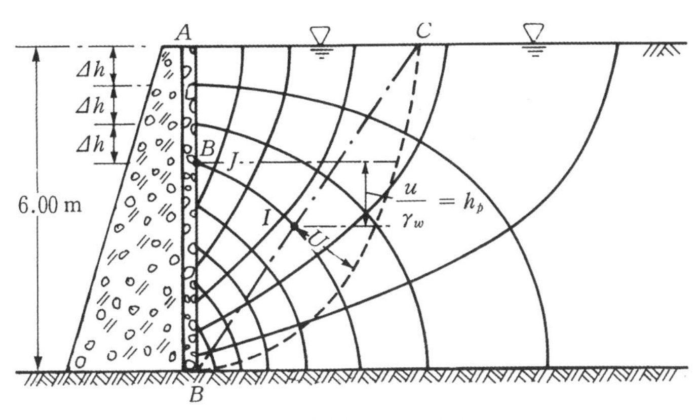

예제 그림 11.9.5.1

옹벽 배면에 연직배수재를 설치하고 지하수위는 지표면에 존재하는 경우 앞의 그림에서와 같이 침투가 일어난다. 따라서 유선망을 그려보면 앞의 그림과 같다. 연직배수재에서의 수압은 '0'이다. 따라서 연직배수재 부분을 등간격 Δh로 나누면, 각 등간격은 등수두선의 시작점이 된다. 비록 연직배수재가 존재하는 부분의 수압이 '0'이라고 해서 옹벽에 수압의 영향이 없다고 생각하는 것은 완전 오류이다.

토압에 영향을 미치는 요소는 $\triangle ABC$의 흙쐐기이며, 주동상태에서의 최대주응력면(수평면)과 파괴면이 이루는 각도는 Rankine 토압에 의해 '$45° + \frac{\phi}{2}$'로 가정하자($\theta = 45° + \frac{38°}{2} = 64°$).

비록 AB면(연직배수재)에서의 수압은 '0'이라도 BC면에서의 수압은 '0'이 될 수 없기 때문이다. 예를 들어, I점에서의 수압은 I점으로부터 등수두선을 따라 올라가서 J점을 구하고, I점과 J점 사이의 높이를 γ_w로 곱하면 된다.

I점을 기준으로 보면,

I점: $h_I = h_{Ie} + h_{Ip} = 0 + h_{Ip} = h_{Ip}$

I점: $h_J = h_{Je} + h_{Jp} = h_{Je}$

$h_I = h_J$이므로, $h_{Jp} = h_{Je}$

$u = \gamma_w h_{Jp}$(그림 참조)

이 경우 주동토압은 (1) = (전중량 + 경계면 수압 + 경계면 유효저항력)의 개념으로 산정하는 것이 좋다. 이를 그림으로 나타내면 다음과 같다.

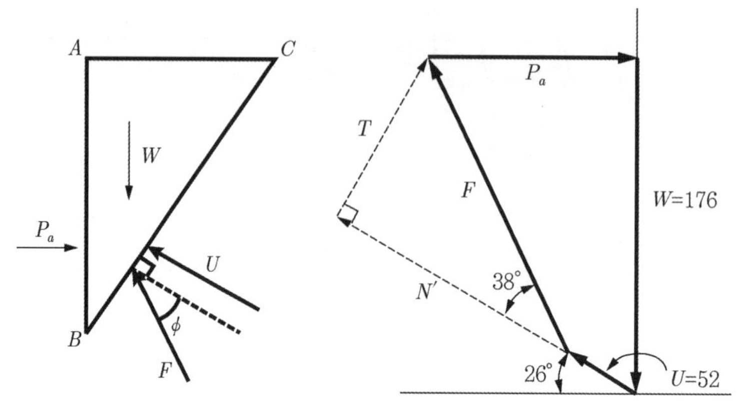

예제 그림 11.9.5.2

그림에서 W= 흙쐐기의 전중량= $20 \times \frac{1}{2} \times 6 \times 6\tan 26° = 176\text{kN/m}$

U= BC면에서의 수압의 합력(수압분포는 앞 그림 참조)

$= 52\text{kN/m}$

F= 유효저항력= BC면에서의 유효수직력 N'와 전단저항력

$(T_f = N'\tan\phi')$의 합력= 114kN/m

힘의 다각형으로부터 주동토압을 구하면 $P_a = 121\text{kN/m}$

종합

이제까지 구한 5가지 경우에 대한 총 수평력을 요약하면 다음과 같다.

	총 수평력	작용점
(1) 건조(습윤상태)	77.76kN/m	2m
(2) 포화상태(정수압 작용)	220.6kN/m	2.8m
(3) 옹벽양쪽 포화	44.02kN/m	2m
(4) 경사배수재 설치	86.4kN/m	2m
(5) 연직배수재 설치	121kN/m	

위의 결과에서 보면 정수압이 작용되는 경우 (2)가 가장 작용력이 크며, 연직배수재를 설치

할 경우를 보면 비록 물을 배수시킨다 해도 건조상태의 경우보다 1.5배 정도 작용력이 큼을 알 수가 있다.

11.6 토압의 응용

11.6.1 옹벽의 설계

토압은 옹벽의 설계에서 설계작용력을 결정하는 핵심요소라 할 수 있다. 옹벽에는 그림 11.21에서와 같이 중력식 옹벽(gravity wall)과 캔틸레버식 옹벽(cantilever wall)으로 대별할 수 있으며, 그림 11.21(b)의 캔틸레버식 옹벽의 경우 뒤부리 부위의 흙인 W_s는 옹벽의 일부로 간주하며 토압은 경계면에 작용하는 것으로 가정한다.

옹벽의 설계는 기초공학적 문제이므로 여기서는 생략하며, 관심 있는 독자는 저자의 저서인 『기초공학의 원리』의 제5장인 '옹벽' 편을 참조하기 바란다.

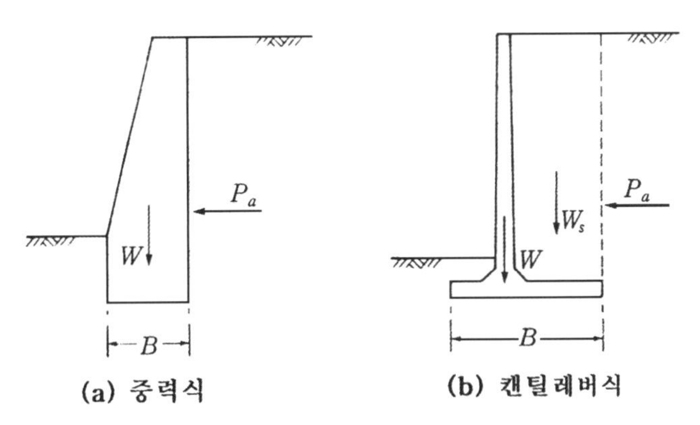

그림 11.21 옹벽의 종류

11.6.2 구조물의 변위에 따른 토압의 분포

옹벽 구조물의 경우 하단을 중심으로 상단이 회전을 해야 삼각형의 토압분포(그림 11.22(a))를 이룰 수 있다고 이미 서술하였다. 만일 변위가 발생하는 양상이 다르면 어떻게 될까? 한마디로 요약하면 변위가 발생되는 부분은 계속하여 토압을 잃는다는 사실이다. 변위 양상에 따른 토압분포의 개요도가 그림 11.22에 요약되어 있다.

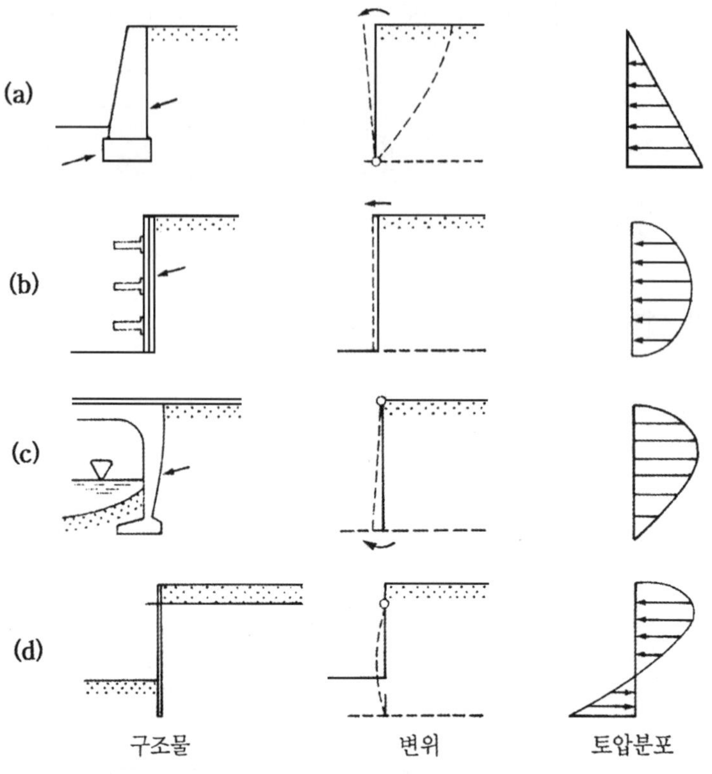

그림 11.22 여러 가지 구조물의 변위에 따른 토압분포양상

기초공사의 가시설용 흙막이공(braced cut)의 경우 상부보다는 하부에서 변위가 더 많이 일어난다. 따라서 흙막이공의 토압분포는 역시 삼각형이 아니며, 소위 Peck의 토압으로 불리는 토압분포를 갖게 된다(그림 11.23 참조). 흙막이공에 대한 상세한 사항은 『기초공학의 원리』의 제8장인 '흙막이 구조물'을 참조하기 바란다.

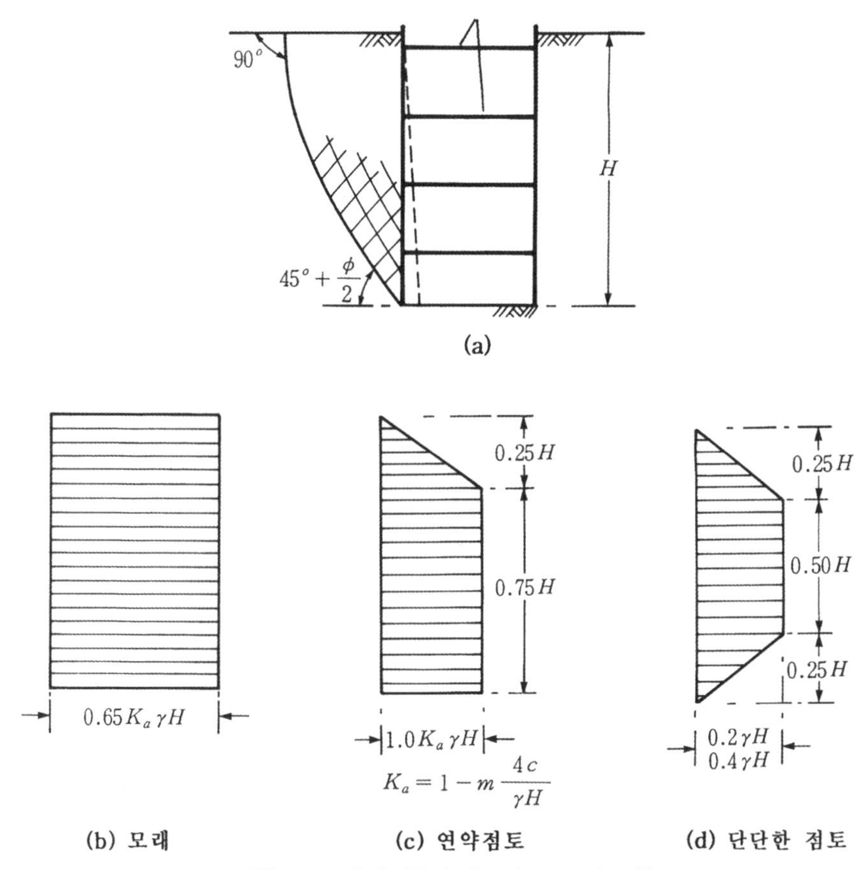

그림 11.23 흙막이공의 개요와 Peck의 토압

연 습 문 제

1. 다음 그림과 같은 조건에서 옹벽에 작용되는 압력의 분포와 총 압력 및 작용점을 구하라. 단, 옹벽과 흙 사이에 마찰력은 없다고 가정하라.

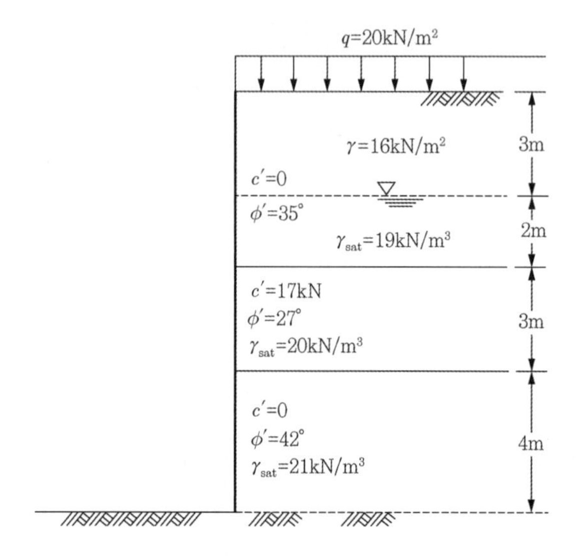

2. 6m 높이의 옹벽의 뒤채움재가 $\beta = 20°$로 경사져 있다(다음 그림 참조).
   1) Rankine의 이론으로 수동토압의 합력과 작용방향을 구하라.
      ① 공식 이용
      ② Mohr 원 이용
   2) 파괴면이 수평면과 이루는 각도를 구하라.

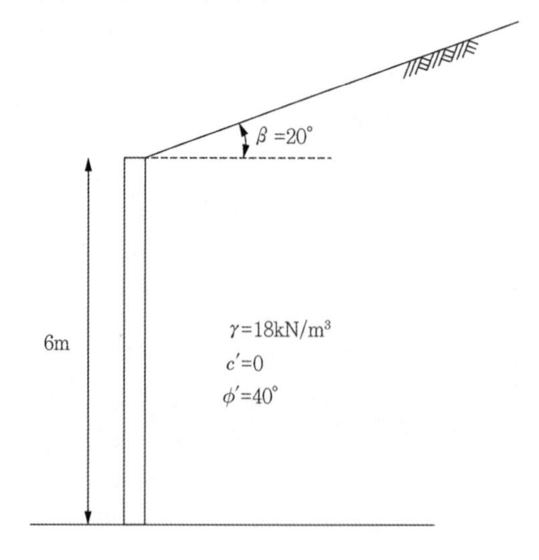

3. 다음 옹벽에 작용하는 토압을 구하라.

1) Rankine의 이론을 이용하여 다음과 같이 경사진 뒤채움이 있는 옹벽에 작용하는 토압의 합력을 구하라.

2) Coubomb의 이론을 이용하여 위의 문제를 풀어라.

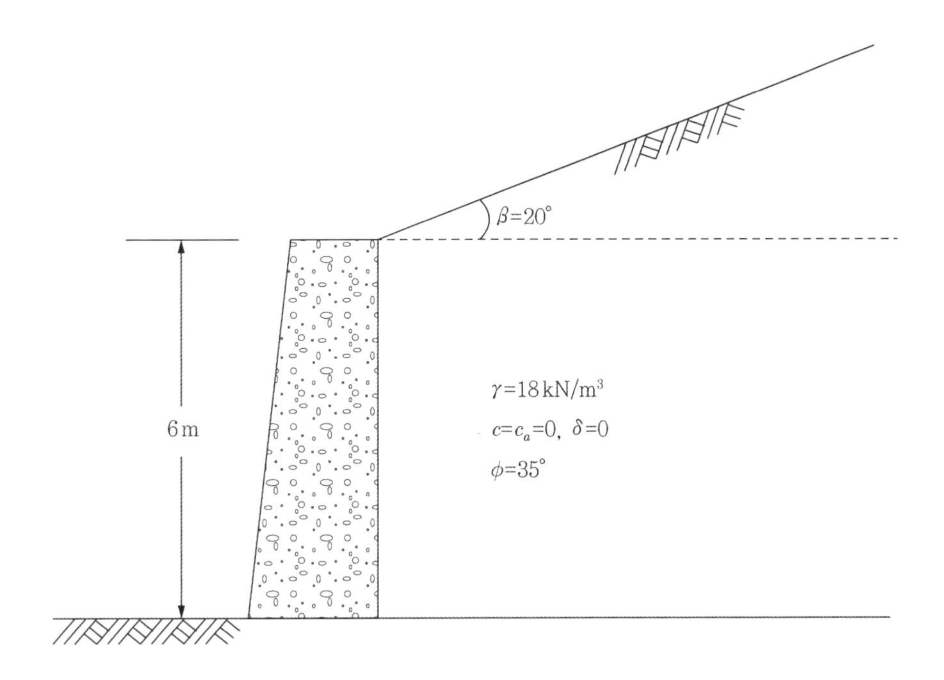

4. 그림과 같이 모래지반에 강말뚝 벽체를 박고 왼쪽으로 벽체를 밀어주었을 때 'ad'의 좌측 및 우측에 걸리는 토압을 흙쐐기 이론을 이용하여 구하라. 단, 벽체에는 마찰력이 전혀 전재하지 않는다고 가정하여라. 또한 벽체의 두께는 매우 얇다.

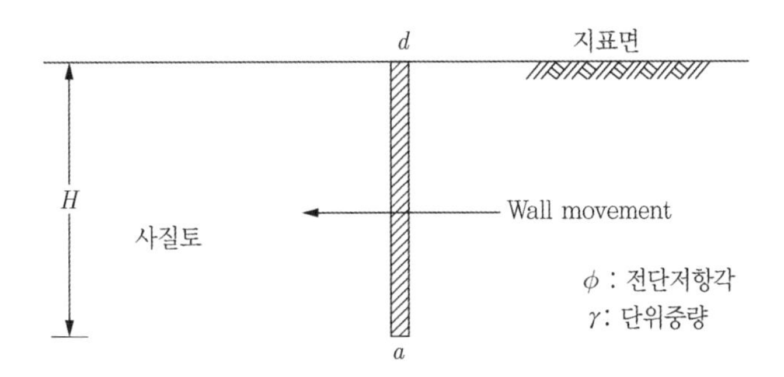

5. 다음 두 경우에 대하여 토압을 구하라.

1) 다음 그림 (a) 같은 옹벽에 작용하는 주동토압의 크기 및 작용 위치를 구하라.

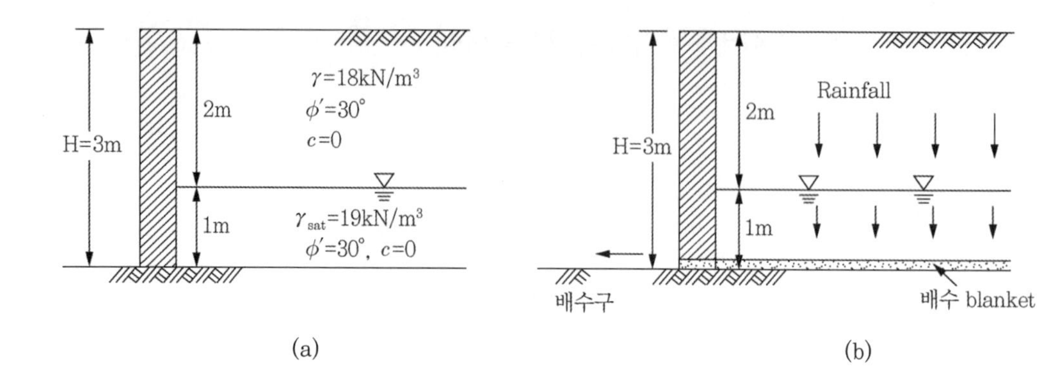

2) 그림(b)와 같이 배수 blanket를 저부에 깔아 하방향 침투가 일어날 때의 토압을 구하라. 지반정수는 (a)와 동일하다.

6. 다음의 옹벽에 대하여 물음에 답하라.

1) 흙쐐기 이론을 이용하여 주동토압을 구하라.

2) A 입자의 응력경로를 그려라. (단, $K_o = 1 - \sin\phi$)

3) 1)번 문제에서 지하수위가 지표면까지 차올라서 정수압이 작용된다. 흙쐐기 이론을 이용하여 옹벽에 작용하는 총토압을 구하라(수압 포함).

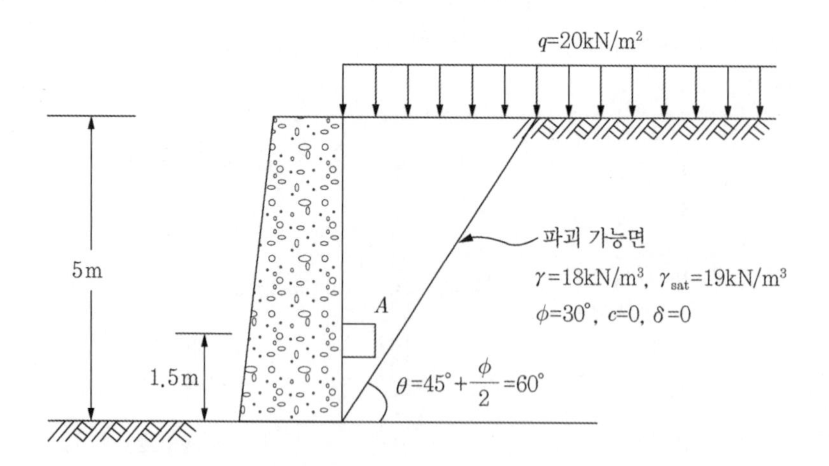

7. 다음 그림과 같이 점성토로 이루어진 옹벽에서 흙쐐기 이론을 이용하여 주동토압 P_a를 구하라(힌트: 힘의 polygon 이용).

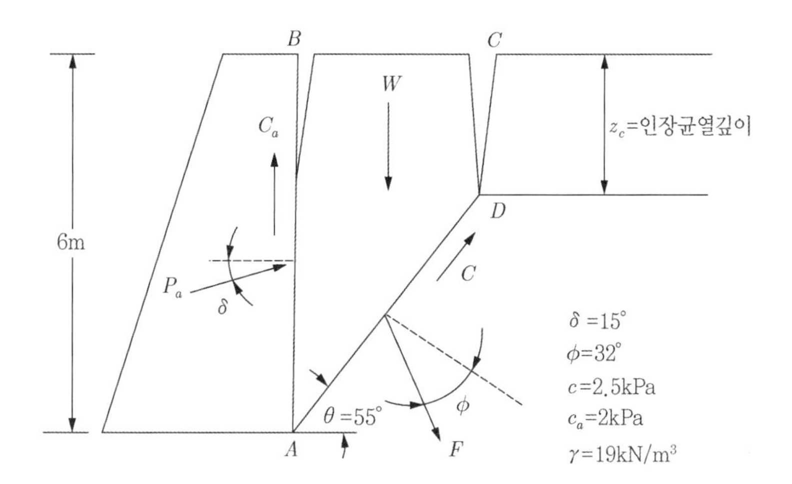

8. 높이 $H=7$m인 옹벽의 뒤채움 흙의 토성은 다음과 같다.

$\phi'=35°$, $c'=0$, $\gamma=18\text{kN/m}^2$, $\gamma_{sat}=20\text{kN/m}^2$

$\delta=10°$, $\alpha=0$, $\beta=0$

다음의 각 조건에 대하여, 옹벽에 작용되는 수평방향 힘을 구하라.

1) 건조한 경우
2) 지하수위가 지표면까지 존재하는 경우
3) 지하수위가 옹벽 뒤채움뿐만 아니라 옹벽 전면에도 존재하는 경우
4) 옹벽 배면에 경사배수재를 설치한 경우
5) 옹벽 배면에 연직배수재를 설치한 경우

참 고 문 헌

- Das, B. M. (1987), Theoretical Foundation Engineering, Elsevier.

제12장
극한지지력 이론

제12장
극한지지력 이론

12.1 서 론

구조물을 지지하는 기초에는 얕은기초와 깊은기초가 존재한다. 얕은기초(shallow foundation)는 상부 구조물의 하중을 직접 지반으로 전달하기 위하여 지반위에 직접 놓이게 하는 구조를 말하며, 반면에 깊은기초(deep foundation)는 말뚝 등을 통하여 상부하중을 지중 깊숙이 전달해주는 기초구조를 말한다.

기초설계는 다음의 두 가지 사항이 모두 만족되도록 이루어져야 한다. 그 첫째는 상부 하중을 지반이 충분히 지지할 수 있는 능력을 갖추어야 한다는 것이다. 상부하중을 최대로 지지할 수 있는 능력을 극한지지력(ultimate bearing capacity)이라고 한다. 둘째는 상부하중으로 인하여 기초의 침하가 과도하지 않아야 한다는 점이다. 이를 도표로 표현하면 그림 12.1과 같다. 본 장에서 다루는 문제는 위의 둘 중 극한지지력 문제이다. 또한 이 교재의 근본 취지가 역학적인 관점에서 토질공학을 다루는 데 주안점이 있으므로 여기에서는 극한지지력의 기본이론만을 소개하고자 한다. 기타 상세한 사항은 저자의 저서인『기초공학의 원리』를 참조하면 될 것이다.

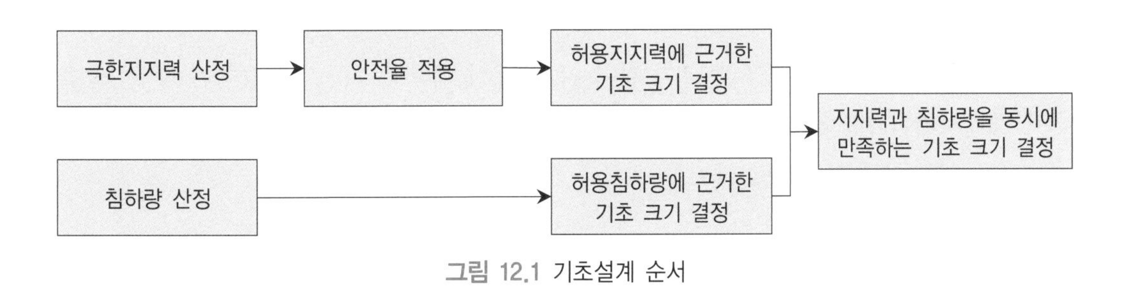

그림 12.1 기초설계 순서

얕은기초의 극한지지력 이론은 얼마나 큰 상부하중이 기초에 작용되면 지반이 전단파괴가 발생되는가를 따지는 문제이므로 역시 전단강도 이론의 연장이라고 할 수 있다. 즉, 기초의 극한지지력은 흙의 전단강도 정수인 c, ϕ에 크게 지배받는다.

12.1.1 기초의 파괴 유형

기초의 파괴 유형을 정확히 묘사하는 것은 사실상 불가능하나 모형시험 결과를 토대로 그 유형을 대별하면 다음 그림 12.2와 같다.

그 첫째는 원형회전파괴로서 지반이 강체(rigid body)로 거동할 경우는 그림 12.2(a)와 같이 회전형태로 파괴된다. 이 유형은 모래지반에서는 거의 발생되지 않고, 점착력을 가진 점토지반에서 발생될 수 있다.

그 둘째는 흙쐐기파괴 유형이다(그림 12.2(b)). 기초 위에 작용하는 상부하중을 증가시키어 극한지지력에 도달하면 기초하부 지반은 가라앉고, 주위의 흙은 옆으로 밀려나가서 급기야 기초 옆 부분이 부풀어 오르게 되는 파괴 유형을 말하며 사질토는 대부분 이 유형으로 전단파괴됨이 일반적이며, 점토로만 이루어진 지반도 원형회전파괴와 함께 쐐기파괴도 종종 일어나는 것으로 알려져 있다.

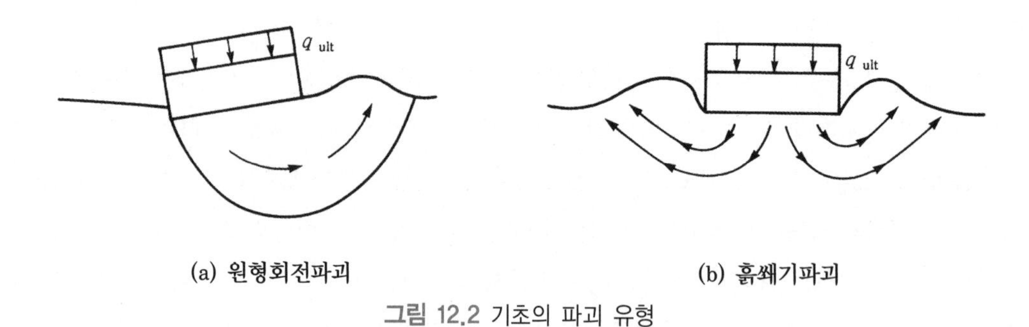

그림 12.2 기초의 파괴 유형

12.1.2 압력-침하량 곡선과 파괴형태

앞에서 소개한 흙쐐기 유형의 파괴가 일어나는 경우에 대하여, 기초에 작용하는 상부하중을 계속 증가시키어 전단파괴를 유도할 때 기초의 침하량과 상부압력과의 관계와 그때의 파괴형태를 나타내면 그림 12.3과 같다.

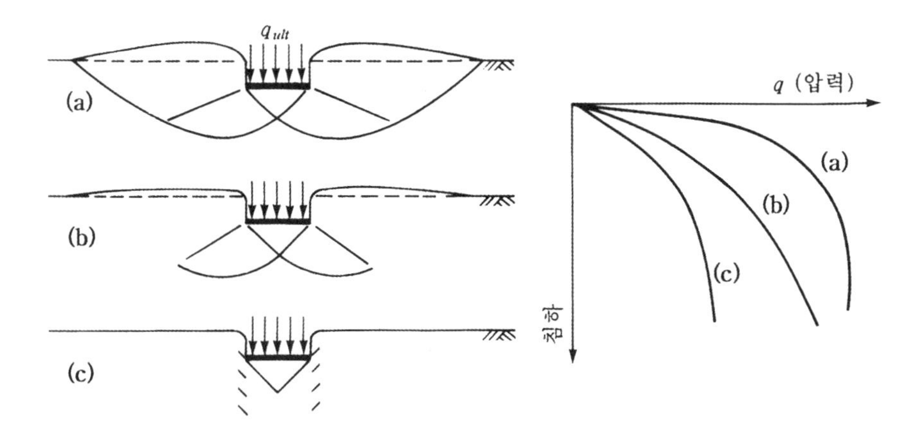

(a) 전반전단파괴

(b) 국부전단파괴 (c) 관입전단파괴

그림 12.3 압력-침하량 곡선과 파괴 유형

그림 12.3(a)는 전반전단파괴(general shear failure)라고 하며, 지반이 비교적 단단하고 촘촘해서 압력이 첨두를 나타낼 때까지 증가하다 파괴 후 감소하는 형태이며, 지반은 (a)의 모습과 같이 전체가 전단파괴가 된다. 그림 12.3(b)는 국부전단파괴(local shear failure)로서 일반적인 지반에서 일어난다. 그림의 모습과 같이 흙 속에서 국부적으로 전단파괴가 일어나는 현상을 말한다. 지반이 대단히 느슨한 경우에는 하중작용 시 그림 12.3(c)와 같이 기초가 지반 속으로 쏙들어가고 마는 경우가 있으며 이를 관입전단파괴(punching shear failure)라고 한다.

앞에서 소개한 원형회전파괴는 지반이 완전히 돌아가버리는 경우이므로 전반전단파괴의 일종으로 볼 수 있다.

전반전단파괴는 지지력의 극한상태를 의미하므로, 이때의 압력을 극한지지력(ultimate bearing capacity, q_{ult})이라고 봄이 옳을 것이다.

12.1.3 허용지지력(Allowable Bearing Capacity)

허용지지력은 극한지지력을 적당한 안전율로 나눈 값을 말한다. 즉, 허용지지력 q_{allow}는 다음 식으로 표시된다.

$$q_{allow} = \frac{q_{ult}}{F_s} \tag{12.1}$$

허용지지력을 구하기 위한 안전율 F_s는 보통 3 정도의 값을 취한다.

한편 9.7절의 Note에서 서술한 대로 기초가 D_f만큼 파묻혀 있고, 순 하중 $q_{net} = q - \gamma D_f$가 작용되는 경우에는 허용지지력을 다음과 같이 순 하중, 순 극한지지력 개념으로 정의하기도 한다.

$$q_{allow(net)} = \frac{q_{ult} - \gamma D_f}{F_s} \tag{12.2}$$

이때 설계목적상으로 볼 때, 실제로 기초에 작용되는 순 하중은 순 하중 개념의 허용지지력보다 작아야 한다. 즉,

$$q_{net} \leq q_{allow(net)} \tag{12.3}$$

12.2 점토의 원형회전 유형에서의 극한지지력

점착력 c(또는 비배수 전단강도 c_u)를 가지는 점토지반에 그림 12.4와 같이 얕은기초(줄기초; 대상하중)를 설치하는 경우 기초에 가할 수 있는 최대상부하중 q_{ult}는 다음과 같이 원형파괴의 중심점 0을 중심으로 하여 모멘트 평형조건으로 구할 수 있다.

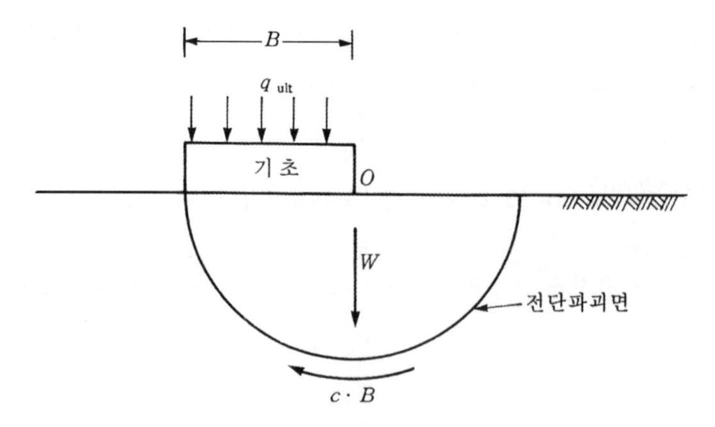

그림 12.4 원형회전파괴 유형

그림에서 원형파괴면 안에 존재하는 흙은 좌우 대칭이므로 흙의 무게 자체는 좌우 평형조건을 이루기 때문에 고려하지 않아도 될 것이다.

그림에서 극한하중으로 인한 작용모멘트(driving moment)는

$$D.M. = (q_{ult} \cdot B) \cdot \frac{B}{2} = q_{ult} \cdot \frac{B^2}{2} \tag{12.4}$$

한편, 이에 대한 저항력은 점토의 점착력으로 인한 저항모멘트(resisting moment)로서 다음과 같다.

$$R.M. = (\pi \cdot c \cdot B)B = \pi c B^2 \tag{12.5}$$

극한지지력이란 저항모멘트가 최대로 발휘되는, 즉 작용모멘트와 저항모멘트가 같을 때의 값이므로 다음 식으로부터 구한다.

$$D.M. = q_{ult} \cdot \frac{B^2}{2} = \pi c B^2 = R.M. \tag{12.6}$$

위의 식으로부터 극한지지력 q_{ult}는 다음 식으로 표시된다.

$$\begin{aligned} q_{ult} &= 2\pi c \\ &\fallingdotseq 6.28c \end{aligned} \tag{12.7}$$

위의 식을 물리적으로 설명하면 다음과 같이 표현된다. 즉, 점토의 점착력(비배수 전단강도)의 약 6배 정도가 줄기초의 상부하중으로 작용되면, 기초지반이 전단강도를 넘게 되어 완전히 파괴가 일어난다는 것이다.

식 (12.7)을 좀 더 일반적인 식으로 표현하면 다음과 같다.

$$q_{ult} = c \cdot N_c \tag{12.8}$$

여기서, N_c는 점착력에 대한 지지력계수라 부른다. N_c값은 쐐기파괴형태 또는 원형회전파

괴 등의 파괴형태에 따라 5.14~6.3 정도의 값을 가지는 것으로 알려져 있다.

12.3 흙쐐기 파괴 시의 극한지지력

앞 절에서 설명한 원형회전파괴 형태는 점착력만을 가진 점토지반이 강체(rigid body)로 움직일 때만 발생되는 경우로서 내부마찰각을 갖는 사질토의 경우는 그림 12.2(b)에서의 개략파괴 유형과 같이 쐐기형태를 가진다.

쐐기형태의 파괴 유형에서 가장 단순한 파괴형태가 그림 12.5에 그려진 것과 같은 유형으로서 이를 통칭 Bell의 해라고 한다. 그림에서 구역 I은 연직방향으로 힘이 가해지는 형태로서 주동(active)상태가 되며, 반면에 구역 II는 수평방향으로 힘이 가해지는 형태이므로 수동(passive)상태가 된다. 이를 부연하여 설명하면 다음과 같다. 즉, IJ면을 중심으로 하여 오른쪽인 구역 II에서는 수동토압이 작용되고, 왼쪽인 구역 I에서는 주동토압이 작용되며 두개의 토압은 같아야 한다.

만일 지반의 강도정수가 c, ϕ라고 하면 다음과 같은 소성평형론으로 극한지지력 q_{ult}를 구할 수 있다.

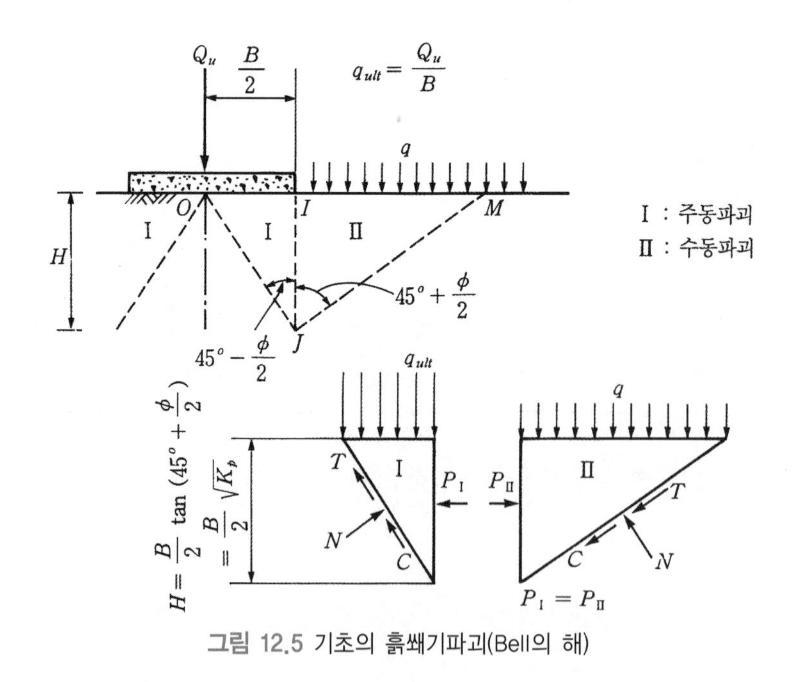

그림 12.5 기초의 흙쐐기파괴(Bell의 해)

(구역 I) 구역 I은 주동상태이므로 IJ면에는 주동토압이 작용한다. 상재압력과 지표면에 작용하는 상재하중 q_{ult}에 의한 주동토압은 다음과 같다.

$$P_{\mathrm{I}} = \frac{1}{2}K_a\gamma H^2 - 2c\sqrt{K_a}H + K_a q_{ult}H \tag{12.9}$$

(구역 II) 구역 II는 수동상태이므로 IJ면에는 수동토압이 작용한다. 만일 지표면 q의 상재하중이 작용된다면 수동토압은 다음과 같다.

$$P_{\mathrm{II}} = \frac{1}{2}K_p\gamma H^2 + 2c\sqrt{K_p}H + K_p qH \tag{12.10}$$

위의 식에서 다음의 관계식을 적용한다.

$$H = \frac{B}{2}\tan\left(45° + \frac{\phi}{2}\right) = \frac{B}{2}\sqrt{K_p} \tag{12.11}$$

$$K_a = \frac{1}{K_p},\ K_p = \tan^2\left(45° + \frac{\phi}{2}\right) \tag{12.12}$$

극한지지력 q_{ult}는 $\underline{P_{\mathrm{I}} = P_{\mathrm{II}}}$의 관계식에 식 (12.11), (12.12)를 삽입하여 정리하면 구할 수 있으며 종합적으로 다음 식과 같이 나타낼 수 있다.

$$\begin{aligned} q_{ult} &= c\left(2K_p^{\frac{3}{2}} + 2K_p^{\frac{1}{2}}\right) + qK_p^2 + \frac{1}{2}\gamma B\left(\frac{1}{2}K_p^{\frac{5}{2}} - \frac{1}{2}K_p^{\frac{1}{2}}\right) \\ &= cN_c + q \cdot N_q + \frac{1}{2}\gamma BN_r \end{aligned} \tag{12.13}$$

여기서, N_c, N_q, N_γ는 지지력계수(bearing capacity factor)라고 하며 내부마찰각 ϕ의 함수임을 알 수 있다.

위의 식 (12.13)을 줄기초(대상하중이 작용되는 경우)의 극한지지력 공식이라 한다. 식을 보면 극한지지력은 다음의 세 요소로 이루어져 있음을 알 수 있다.

첫째 항: 흙의 점착력에 의하여 저항하는 요소($= c \cdot N_c$)

둘째 항: 지반 위에서 작용되는 상재하중에 의한 요소($= q \cdot N_q$)

셋째 항: 흙의 자중으로 견디는 요소이며 이항은 기초의 폭에 비례하여 증가한다($= \frac{1}{2}\gamma B N_\gamma$).

위의 세 요소 중 두 번째 항인 상재하중 q는 실제로 지표면에 임의로 상재하중 q를 가해준다기보다 다음 그림에서와 같이 기초를 D_f만큼 깊게 묻었을 때, 흙 자체의 상재압력 $q = \gamma D_f$에 의하여 상재하중이 적용될 때가 대부분이다.

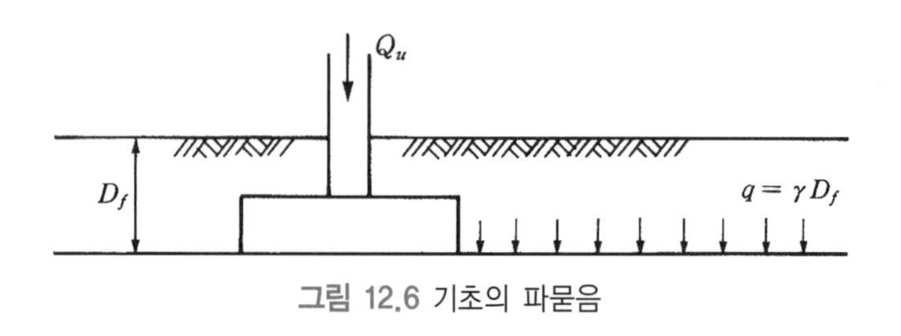

그림 12.6 기초의 파묻음

앞에서 서술한 Bell이 제안한 흙쐐기 파괴 형태는 실제의 파괴모형을 너무 단순화한 형태로서 실제 상황과는 거리가 있다. 이보다 더 실제에 가까운 파괴 유형이 여러 학자들에 의하여 제안되었다. 이 중 대표적인 것을 소개하면 다음 그림 12.7과 같다. 그림 12.7의 파괴 메커니즘을 요약하면 다음과 같다.

- 구역 I(ABC): 기초의 하부는 주동상태로 거동
- 구역 III(BFG): 수평방향의 힘으로 전달되므로 수동상태
- 구역 II(BCG): 주동상태에서 수동상태로 변하는 중간전이 지역으로서 CG면을 log-spiral의 형태로 가정함이 일반적임

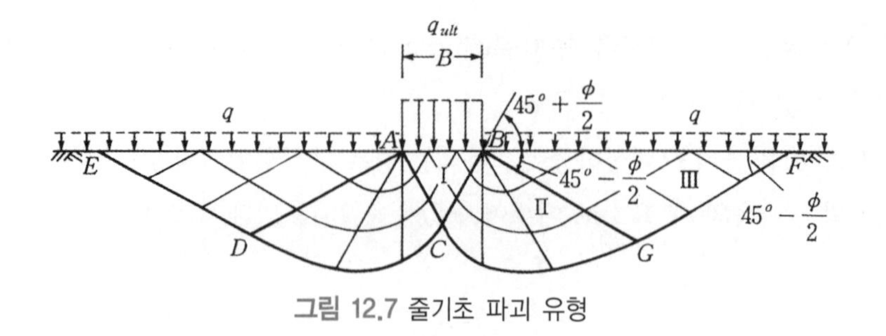

그림 12.7 줄기초 파괴 유형

한마디로 말하여 그림 12.7의 파괴 유형과 Bell의 유형과의 차이는 그림 12.7의 파괴 유형에서는 구역 II, 즉 전이구역을 두었다는 것이다. 이러한 메커니즘에 대하여 한계상태 이론에 근거하여 역시 극한지지력 공식을 제안하였으며, 그 기본식은 식 (12.13)과 동일하며, 다만 식 (12.11)에서 지지력계수 N_c, N_γ, N_q 값만이 다를 뿐이다. 본 교재는 학부과정의 강의에 중점을 두었으므로 극한지지력 공식의 유도는 생략하나, 식 유도에 관심 있는 독자는 『기초공학의 원리』 2.2.2절을 참조하기 바란다. 위의 파괴형태에 근거한 지지력계수 공식은 다음과 같다.

$$N_q = e^{\pi \tan\phi} \tan^2\left(45° + \frac{\phi}{2}\right) \tag{12.14}$$

$$N_c = (N_q - 1)\cot\phi \tag{12.15}$$

$$N_\gamma = 1.5(N_q - 1)\tan\phi; \text{ (Hansen 식)} \tag{12.16a}$$

$$N_\gamma = (N_q - 1)\tan(1.4\phi); \text{ (Meyerhof 식)} \tag{12.16b}$$

$$N_\gamma = 2(N_q + 1)\tan\phi; \text{ (Vesic 식)} \tag{12.17}$$

내부마찰각 ϕ에 따른 지지력계수의 값이 그림 12.8에 표시되어 있다.

실제로 기초지반의 극한지지력을 구하기 위하여 도표화된 지지력계수를 이용하며, 깊이계수, 형상계수, 경사계수 등의 도입을 필요로 한다. 깊이계수는 기초를 지표면에 놓는 것이 아니라 파묻을수록 지지력이 증가하는 경향이 존재하는 것을 고려한 것이며, 형상계수는 기초의

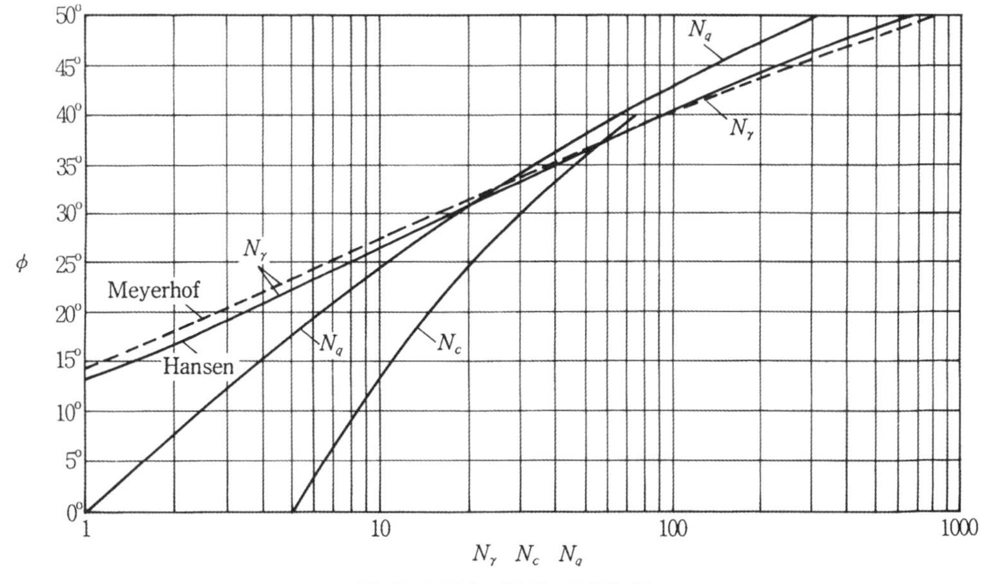

그림 12.8 얕은기초의 지지력계수

모양이 줄기초가 아니라 직사각형기초 또는 정사각형 원형기초와 같이 기초의 모양이 변할 때 지지력이 바뀌는 영향을 고려한 것이며, 경사계수는 기초에 작용되는 하중이 연직방향이 아니라 경사져서 작용될 경우, 그 영향을 고려하기 위한 계수이다. 이 책에서는 소성론에 근거한 토질역학적인 관점만 다루고자 하므로 이에 대한 상세한 사항은 기초공학에서 다루어야 하는 문제로 여기에서 생략한다.

위의 세 요소를 다 고려한 가장 일반적인 지지력계수는 다음 식과 같이 표시될 수 있다.

$$q_{ult} = cN_c I_{cs} I_{cd} I_{ci} + qN_q I_{qs} I_{qd} I_{qi} + \frac{1}{2}\gamma B N_\gamma I_{\gamma s} I_{\gamma d} I_{\gamma i} \tag{12.18}$$

여기서, $I_{\cdot s}$ = 형상계수(shape factor)

$I_{\cdot d}$ = 깊이계수(depth factor)

$I_{\cdot i}$ = 경사계수(inclination factor)

각 계수에 대한 상세한 사항은 『기초공학의 원리』를 참조하라.

[예제 12.1] 다음 그림과 같이 줄기초에 대상하중 $q = 100\text{kN/m}^2$이 작용되고 있다. 지반은 점토로 이루어져 있고 4m 깊이까지는 비배수 전단강도가 일정하나 그 하부로는 선형적으로 증가한다.

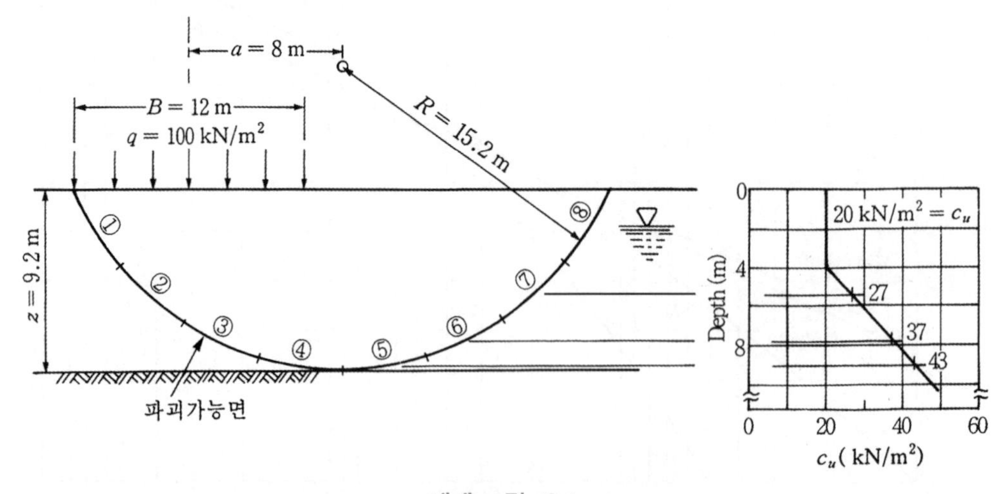

예제 그림 12.1

1) 그림의 가상파괴면에 대하여 극한지지력을 구하라.

2) 기초의 안전율을 구하라.

[풀 이]

1) 그림에서 가상 파괴면을 8개의 요소로 나눈다(한 요소의 길이 $\Delta l = 4.6\text{m}$).

저항모멘트 $RM = R\sum c_u \Delta l$

$$= 15.2 \times 2 \times (20 + 27 + 37 + 43) \times 4.6 = 17.760\text{kN} \cdot \text{m/m}$$

작용모멘트 $DM = (q_{ult}B) \cdot a$

$$= (q_{ult} \cdot 12) \times 8 = 96 q_{ult}$$

$RM = DM$로부터, $q_{ult} = \dfrac{17760}{96} = 185\text{kN/m}^2$

2) 작용 상부하중: $q = 100\text{kN/m}^2$

극한지지력: $q_{ult} = 185\text{kN/m}^2$

$$F_s = \frac{q_{ult}}{q} = \frac{185}{100} = 1.85$$

[예제 12.2] 다음과 같은 줄기초의 극한지지력을 다음을 이용하여 구하라.

1) Bell의 해 이용

2) 식 (12.14)~(12.16) 이용

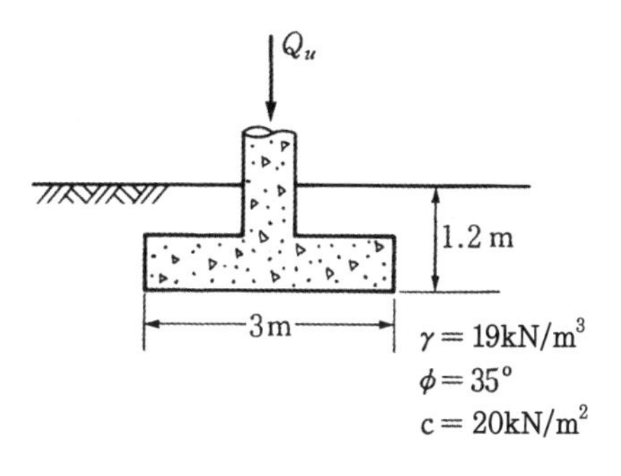

[풀 이]

1) Bell의 해

$$K_p = \tan^2\left(45° + \frac{\phi}{2°}\right) = \tan^2\left(45° + \frac{35°}{2}\right) = 3.69$$

12.13 식에서 $N_c = 2K_p^{\frac{3}{2}} + 2K_p^{\frac{1}{2}} = 18.018$

$$N_q = K_p^2 = 13.616$$

$$N_\gamma = \frac{1}{2}K_p^{\frac{5}{2}} - \frac{1}{2}K_p^{\frac{1}{2}} = 12.117$$

$$q = \gamma D_f = 19 \times 1.2 = 22.8\text{kN/m}^2$$

$$q_{ult} = cN_c + qN_q + \frac{1}{2}\gamma BN_\gamma$$

$$= 20 \times 18.018 + 22.8 \times 13.616 + \frac{1}{2} \times 19 \times 3 \times 12.117 = 1{,}016\text{kN/m}^2$$

2) 식 (12.14)~(12.16) 이용

$$N_q = e^{\pi \tan\phi}\tan^2\left(45° + \frac{\phi}{2}\right)$$

$$= e^{\pi \tan 35°}\tan^2\left(45° + \frac{35°}{2}\right) = 33.296$$

$$N_c = (N_q - 1)\cot\phi$$

$$= (33.296 - 1)\cot 35° = 46.123$$

$$N_\gamma = 1.5(N_q - 1)\tan\phi$$

$$= 1.5(33.296 - 1)\tan 35° = 33.921$$

$$q_{ult} = cN_c + qN_q + \frac{1}{2}\gamma BN_\gamma$$

$$= 20 \times 46.123 + 22.8 \times 33.296 + \frac{1}{2} \times 19 \times 3 \times 33.921 = 2{,}648\text{kN/m}^2$$

연습문제

1. 다음 기초의 극한지지력을 구하라.

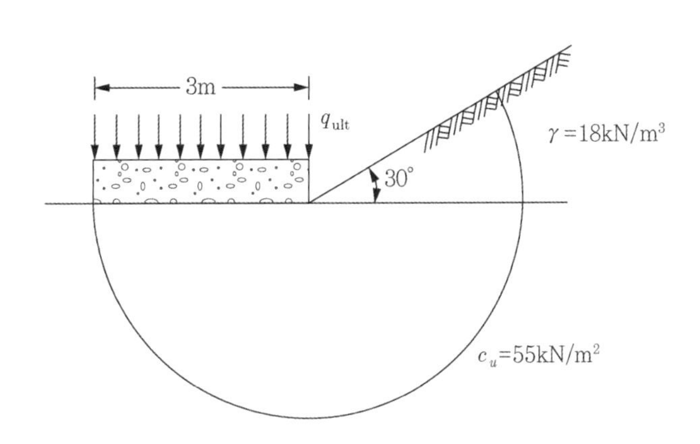

2. 다음 기초의 극한지지력을 구하라.

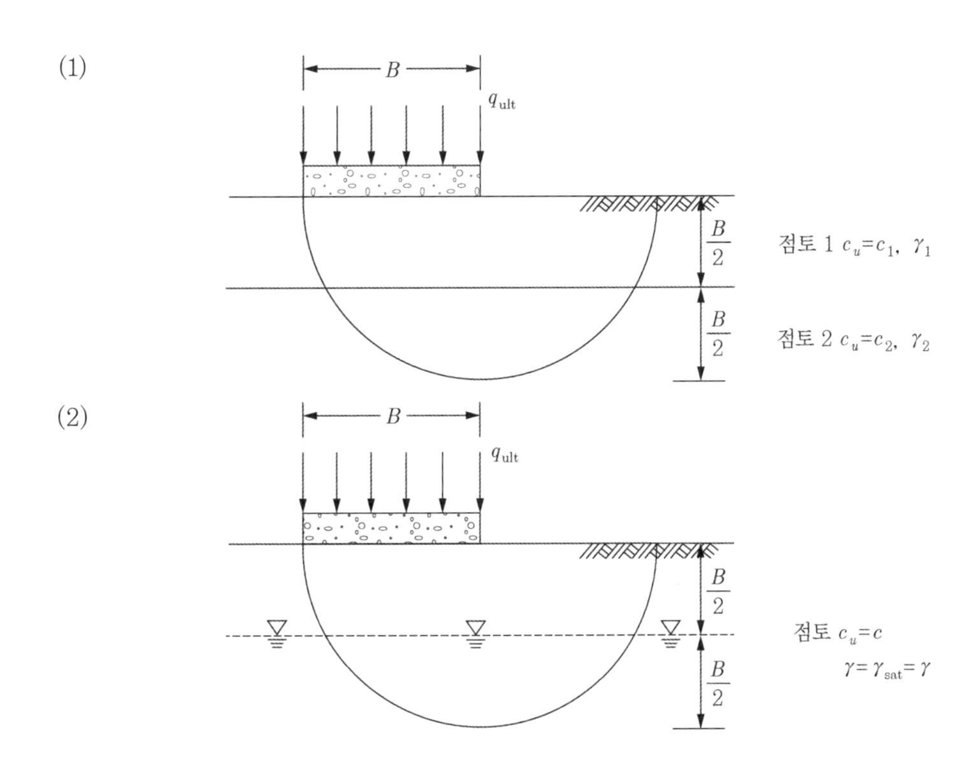

3. $c = 0$인 모래지반에 폭 $B(B = 3\text{m})$인 줄기초를 설치하였다. 파괴 유형이 Bell의 해에 가깝다고 가정하고 극한지지력을 구하라(원리를 이용하여 풀 것).

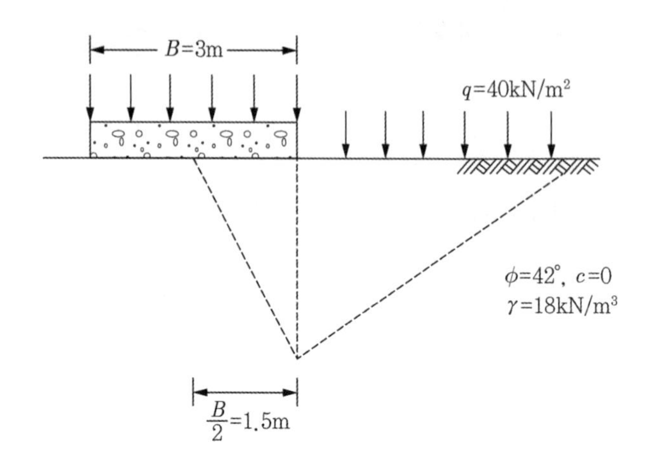

4. 다음의 세 경우에 대하여 기초의 극한지지력을 구하라.

1) 그림과 같이 폭이 4m인 줄기초가 있을 때, 지반이 받을 수 있는 극한지지력을 구하라. 단, 흙의 $\phi' = 35°$, $c' = 20\text{kN/m}^2$이고, $\gamma = 19\text{kN/m}^3$이다(Bell의 해 이용).

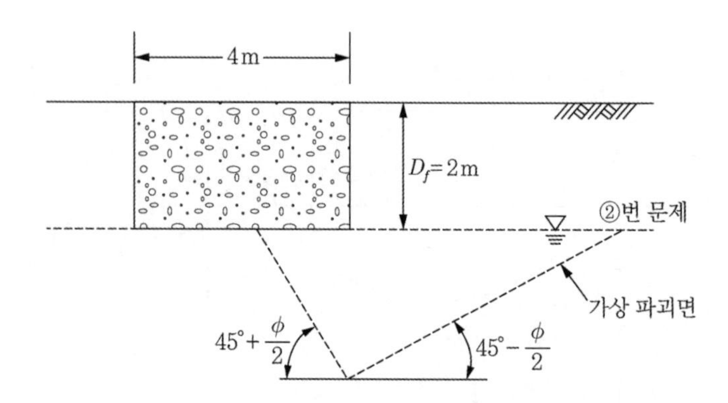

2) 기초 바닥까지 지하수가 차올랐을 때의 극한지지력을 구하라($\gamma_{sat} = 20\text{kN/m}^3$).

3) N_c, N_q, N_γ를 다음 식을 이용하여 1), 2)번을 다시 풀어라.

$$N_q = e^{\pi\tan\phi}\tan^2\left(45° + \frac{\phi}{2}\right) \quad (12.14)$$

$$N_c = (N_q - 1)\cot\phi \quad (12.15)$$

$$N_\gamma = 2(N_q + \tan\phi)\text{(Vesic 식)} \quad (12.17)$$

5. 다음 그림과 같이 $B = 4\text{m}$ 줄기초의 파괴유형이 Bell의 해에 가깝다. 단, 지하 1.5m 아래에 지하수위가 존재한다. 극한지지력을 유도하라.

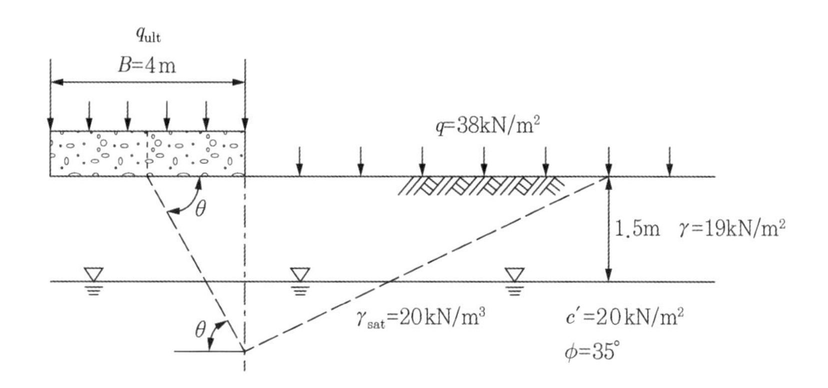

6. 다음 그림과 같이 이중층으로 되어 있는 사질토에서 Bell의 흙쐐기를 가정하고 극한지지력을 구하라(줄기초).

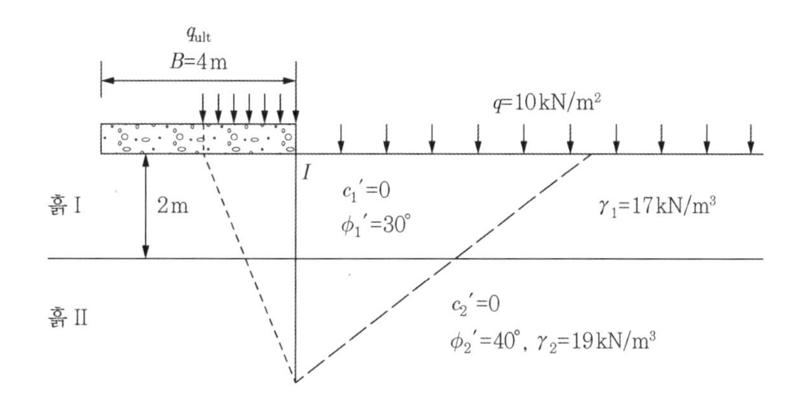

참 고 문 헌

• Das, B. M. (1987), Theoretical Foundation Engineering, Elsevier. Amsterdam.

제13장

사면안정론

제13장 사면안정론

13.1 서 론

자연사면이나 굴착사면, 성토사면 등 경사진 지반은 평형상태를 유지하기 힘들기 때문에 활동파괴를 하고자 하는 경향이 있다. 사면은 일반적으로 무한사면과 유한사면으로 구분한다. 이에 대한 정의를 소개하면 다음과 같다.

- 무한사면: 활동파괴면의 깊이가 사면의 길이에 비하여 얕은 사면
- 유한사면: 사면활동파괴의 깊이가 높이에 비하여 깊은 사면

다음 그림 13.1에 사면파괴의 유형이 소개되어 있다. 그림에서 병진활동(translational slip)이 무한사면파괴에 해당하고 나머지 세 경우는 유한사면파괴에 해당한다.

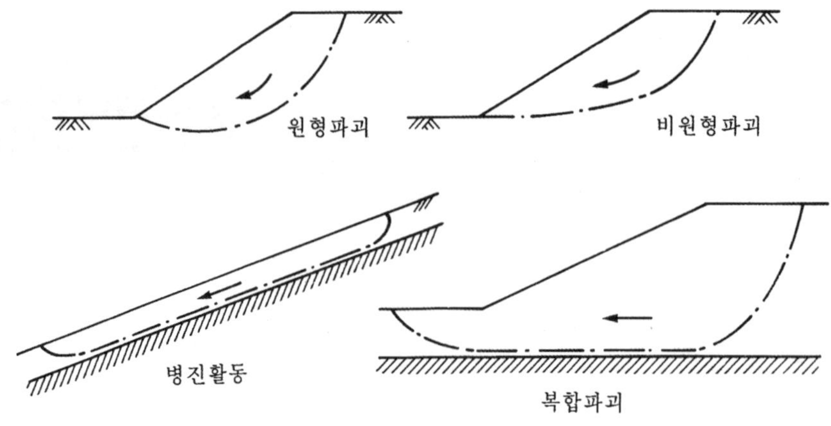

그림 13.1 사면파괴의 유형

13.2 한계평형상태와 안전율

사면안정, 극한지지력, 토압론은 공히 전단강도론에 근거한 한계평형상태(limit equilibrium)에서의 역학을 의미한다고 하였다. 극한지지력은 소성파괴가 일어날 때의 기초하중을 말하므로 완전 소성평형상태를 이룬 경우이며, 토압론은 흙쐐기의 하중에 대하여 쐐기 밑의 흙이 최대로 버티고, 모자라는 부분을 옹벽 구조물로서 토압으로 버티는 개념을 말한다. 반면에 사면안정론이란, 전단파괴 가능면에서의 최대로 버틸 수 있는 잠재력을 나타내는 전단강도와 전단응력을 비교하여 전단응력이 전단강도보다 작으면 안전, 크면 불안전을 나타낸다고 하였다. 좀 더 자세한 비교 검토는 10.4.2절에 서술하였으므로 이장을 공부하기 전에 이를 다시 한번 숙지하기 바란다.

가장 단순한 예로 사면의 전단파괴면이 그림 13.2와 같이 평면(plane)이라고 가정하자. $\triangle ABC$는 사면파괴를 유발시키는 흙쐐기라 하고 그 중량을 W라 하자.

AB면에 작용되는 수직하중 N과 전단하중 T는 다음 식과 같다.

$$N = W\cos\theta \tag{13.1}$$

$$T = W\sin\theta \tag{13.2}$$

위의 식에서 전단하중 T가 AB면을 따라 파괴를 유발(sliding)하는 힘이다. 한편 AB면 바로 하부에서의 전단저항력 T_f는 최대로 버틸 수 있는 잠재력인 전단강도에다 AB면의 길이를 곱한 값이 된다. 즉,

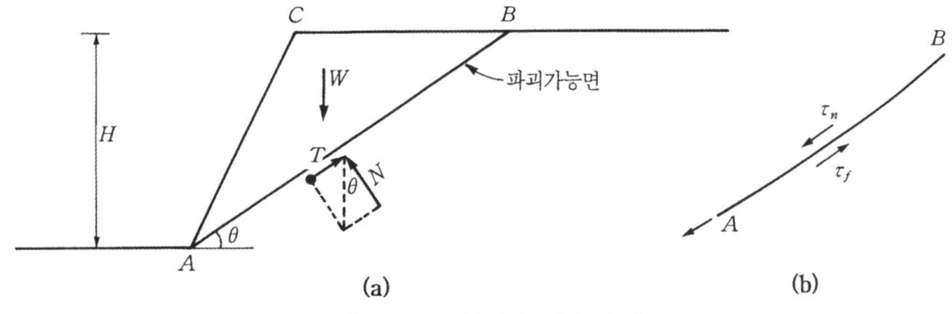

그림 13.2 평면파괴에 대한 안전율

$$T_f = \tau_f \cdot (AB) = (c' + \sigma_n{}'\tan\phi')(AB)$$
$$= c' \cdot (AB) + N\tan\phi' \quad (13.3)$$
$$\uparrow$$
$$N = \sigma_n{}'(AB)$$

여기서, $T < T_f$이면 안전

$T \geq {}_f$이면 전단파괴를 의미한다.

따라서 사면파괴에 대한 안전율은 다음 식으로 표시할 수 있다.

$$F_s = \frac{T_f}{T} \quad (13.4)$$

여기서, F_s =사면파괴에 대한 안전율(safety factor)

한편, AB면에 작용되는 평균 전단응력은 다음 식과 같이 표현될 것이다.

$$\tau_n = \frac{T}{(AB)} \quad (13.5)$$

이에 반하여, 최대로 저항할 수 있는 저항력을 나타내는 AB면에서의 전단강도는 다음 식과 같다.

$$\tau_f = \frac{T_f}{(AB)} = c' + \sigma_n{}'\tan\phi' = c' + \frac{N}{(AB)}\tan\phi' \tag{13.6}$$

그렇다면 사면파괴에 대한 안전율은 힘 대신에 응력의 개념으로서 다음 식과 같이 표현될 것이다.

$$F_s = \frac{\tau_f}{\tau_n} \tag{13.7}$$

이때의 안전율은 사면의 안전을 도모하기 위하여 1.0보다 커야 한다. F_s값에 따라 다음과 같이 사면의 안정에 대한 상태를 나눌 수 있을 것이다.

$F_s < 1$ 불안정

$F_s = 1$ 한계평형 상태

$F_s > 1$ 안정(보통 설계치로서 최소 안전율 $F_s = 1.3$ 이용)

만일 $F_s > 1$이면, τ_f값이 τ_n보다 클 것이다. 이때, 비록 최대 저항력이 τ_n보다 크다 하더라도 사면에 작용되는 전단응력만큼만 파괴 하단에서 저항력으로 작용한다. 식 (13.6)을 다음과 같이 표현하자.

$$\tau_n = \frac{\tau_f}{F_s} \tag{13.8}$$

실제로 전단저항이 유발되는 응력을 유발전단강도(mobilized shear strength)라고 하며 이를 τ_m으로 표현하기도 한다. 유발전단강도는 다음과 같은 식으로 표시된다.

$$\underset{\text{유발전단강도}}{\underset{\uparrow}{\tau_m}} = \underset{\text{전단응력}}{\underset{\uparrow}{\tau_n}} = \frac{\tau_f}{F_s}$$

$$= \frac{c' + \sigma_n' \tan\phi'}{F_s}$$

$$= \frac{c'}{F_s} + \sigma_n' \tan\left[\tan^{-1}\left(\frac{\tan\phi'}{F_s}\right)\right]$$

$$= c_m' + \sigma_n' \tan\phi_m' \tag{13.9}$$

여기서,

$$c_m' = \text{유발된 점착력} = \frac{c'}{F_s} \tag{13.10}$$

$$\phi_m' = \text{유발된 내부마찰각} = \tan^{-1}\left(\frac{\tan\phi'}{F_s}\right) \tag{13.11}$$

즉, 사면안정론에서의 한계평형상태(limit equilibrium)는 다음과 같이 정리될 수 있다. '파괴가능면에서의 전단응력과 전단강도 사이에는 안전율 F_s를 나눈 관계가 있으며, 이를 유발전단강도(mobilized shear strength)라고 한다.'

한계평형상태를 고려하는 방법에는 힘의 평형조건으로부터 안전율을 유도하는 방법과 모멘트 평형조건으로 안전율을 유도하는 방법이 있다. 그림 13.2와 같이 파괴가능면이 평면(plane)인 경우는 힘의 평형조건을 사용하며, 원형파괴가 발생되는 경우는 모멘트 평형조건을 사용한다.

13.3 무한사면의 안정검토

무한사면은 사면의 경사방향이 무한히 길다고 가정한 경우이므로 다음 그림 13.3과 같이 $ABCD$인 입자에 대한 평형조건으로부터 사면파괴에 대한 안전율을 구한다. 이 책의 독자들은 이 단원을 공부하기 전에 (예제 7.8)을 다시 한번 숙지하기 바란다.

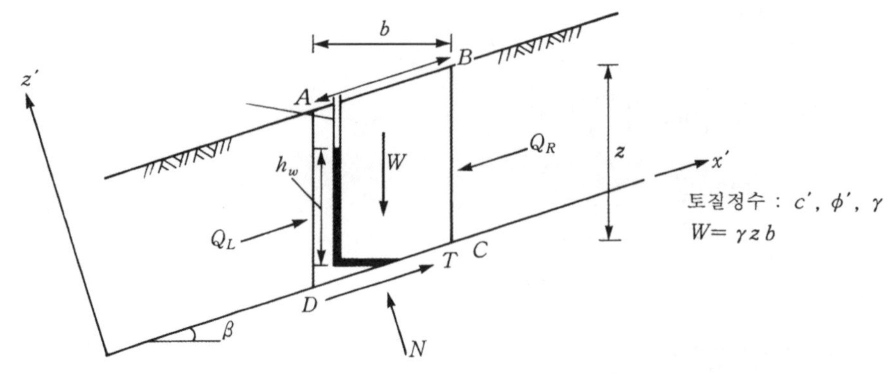

그림 13.3 무한사면에 대한 안전율

13.3.1 무한사면의 안전율 공식

다음 그림 13.3과 같은 무한사면이 존재한다고 하자. 안전율은 다음과 같이 구할 수 있다.

(1) 피에조메타의 상승 높이를 h_w 라 하면 DC면에 작용하는 수압은 $u = \gamma_w h_w$ 이다.

(2) 사면이 무한대이므로 $Q_L = Q_R$

(3) 사면파괴면(slip surface)에 직각인 성분의 합은 0라는 사실로부터

$$\Sigma F_z' = 0$$

즉,

$$N = W\cos\beta \tag{13.12}$$

또는,

$$\sigma_n = \frac{N}{(DC)} = \frac{W}{b}\cos^2\beta \tag{13.13}$$

(4) 사면파괴면에 평행인 성분의 합은 0이라는 사실로부터

$$\Sigma F_x' = 0$$

즉,

$$T = W\sin\beta \tag{13.14}$$

또는,

$$\tau_n = \frac{T}{(DC)} = \frac{W}{b}\sin\beta\cos\beta \tag{13.15}$$

(5) 한계평형상태로부터, 안전율 공식을 유도하면 다음과 같다.

$$\tau_n = \frac{\tau_f}{F_s} = \frac{c' + (\sigma_n - u)\tan\phi'}{F_s} \tag{13.16}$$

즉,

$$\begin{aligned} F_s &= \frac{c' + (\sigma_n - u)\tan\phi'}{\tau_n} \\ &= \frac{c' + \left[\frac{W}{b}\cos^2\beta - \gamma_w h_w\right]\tan\phi'}{\frac{W}{b}\sin\beta \cdot \cos\beta} \\ &= \frac{c' + [\gamma z\cos^2\beta - u]\tan\phi'}{\gamma z\sin\beta\cos\beta} \end{aligned} \tag{13.17}$$

여기서, $u = \gamma_w h_w$는 바닥면(CD면)에서의 수압이다. 식 (13.17)은 무한사면에서의 일반적인 안전율 공식이며, 다음에 지하수의 조건에 따른 안전율 공식을 유도할 것이다.

1) Case 1: 지하수가 전혀 없는 경우

사면에 지하수가 전혀 없는 경우에는 $u = 0$이므로 안전율은 식 (13.17)로부터 다음 식과 같이 유도된다.

$$F_s = \frac{c' + \gamma z \cos^2\beta \tan\phi'}{\gamma z \sin\beta \cos\beta} \tag{13.18}$$

만일 모래지반으로서 $c' = 0$이라면, 안전율은 다음과 같이 된다.

$$F_s = \frac{\tan\phi'}{\tan\beta} \tag{13.19}$$

즉, 안전율은 사면경사각 β와 내부마찰각 ϕ'의 tangent 성분비로 표시된다. 다시 말하여, 모래지반 사면의 경사각 β가 내부마찰각 ϕ'보다 크게 되면, 안전율이 1.0 이하로서 불안정상태가 된다.

2) Case 2: 지하수가 경사면에 평행되게 흐르는 경우

(예제 7.8을 숙지할 것)

다음 그림 13.4에서 바닥면에서의 간극수압은 다음 식과 같이 될 것이다.

$$u = \gamma_w h_w = \gamma_w d_w \cos^2\beta \tag{13.20}$$

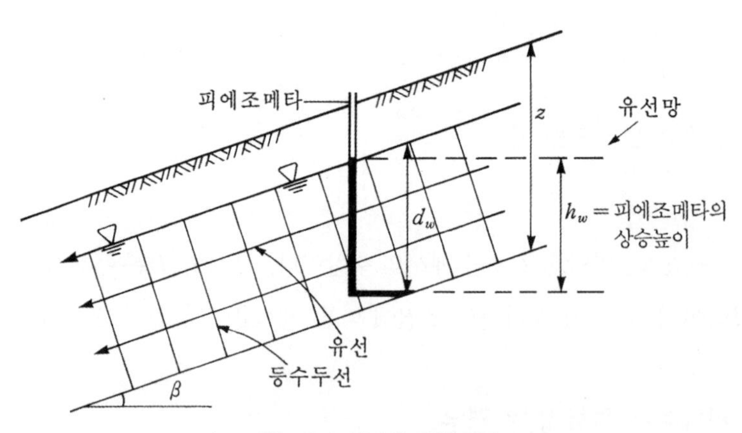

그림 13.4 사면에 평행흐름

이때의 안전율 F_s는 다음 식으로 표시된다.

$$F_s = \frac{c' + \left[\frac{W}{b}\cos^2\beta - \gamma_w d_w \cos^2\beta\right]\tan\phi'}{\frac{W}{b}\sin\beta \cdot \cos\beta} \tag{13.21}$$

만일 편의상 지반의 습윤 단위중량과 포화단위중량이 같다고 가정하면 식 (13.21)은 다음 식과 같이 된다.

$$F_s = \frac{c' + \left[\gamma_{sat} z \cos^2\beta - \gamma_w d_w \cos^2\beta\right]\tan\phi'}{\gamma_{sat} z \sin\beta \cdot \cos\beta} \tag{13.22}$$

또한 모래지반이고 지하수위가 지표면까지 차올랐다면(즉, $d_w = z$이라면)

$$c' = 0$$
$$u = \gamma_w z \cos^2\beta \tag{13.23}$$

이므로, 안전율은 다음과 같이 정리된다.

$$F_s = \left(1 - \frac{\gamma_w}{\gamma_{sat}}\right)\frac{\tan\phi'}{\tan\beta}$$
$$= \left(\frac{\gamma_{sat} - \gamma_w}{\gamma_{sat}}\right)\frac{\tan\phi'}{\tan\beta} = \frac{\gamma'}{\gamma_{sat}}\frac{\tan\phi'}{\tan\beta} \tag{13.24}$$

이 식을 건조 시의 안전율과 비교하기 위하여 $\gamma_{sat} = 2\text{t/m}^3$로 가정하면, 건조한 경우의 안전율에 비하여(식 (13.29)) 지하수가 지표면까지 차오른 상태로 투수가 일어나는 경우의 안전율은(식 (13.24)) 반으로 줄어듦을 알 수 있다. 이는 전적으로 전단강도의 감소로 인함이다. 즉, 전단응력 τ_n은 지하수가 있건 없건 비슷하나, 전단강도는 $\tau_f = c' + \sigma_n'\tan\phi' = c' + (\sigma_n - u)\tan\phi'$으로서 수압이 상승함으로 인하여 줄어들게 된 것이 사면파괴를 유발하는 주된 원인임을 알 수 있다.

지표면까지 물이 차서 흐를 때 CD면에서의 전단력 T는 $T = W\sin\beta$로서 전중량을 사용한 사실에 다시 한번 유의하길 바란다. 예제 7.7에서 상세히 풀이한 대로 T에는 다음의 두 요소가 존재한다.

$$T = \text{유효중량의 경사방향 성분} + \text{침투수력}$$
$$= W' \sin\beta + F_{sp}$$
$$= W \sin\beta \quad (13.25)$$

다시 말하면, 강우로 인하여 사면에 평행되게 침투가 일어나든지, 아니면 건조상태인 경우이든지 간에, CD면에 작용되는 전단응력에는 크게 변함이 없음을 유의하여야 한다. 이는 다음 절에서 설명하는 수중사면의 경우와는 완전히 다르다.

13.3.2 수중 무한사면의 안전율 공식

만일에 무한사면이 그림 13.5와 같이 수중에 잠겼다면, 이때의 사면파괴에 대한 안전율을 어떻게 구할까?

수중사면인 경우 침투수력(seepage force)은 없으므로 물체력을 나타내는 두 가지 방법, 즉 (전중량+경계면 수압) 또는 (유효중량+침투수력)의 방법 중에서 후자를 사용하는 것이 유리하다.

그림 13.5에서 유효중량에 의한 힘의 평형을 생각하여보자.

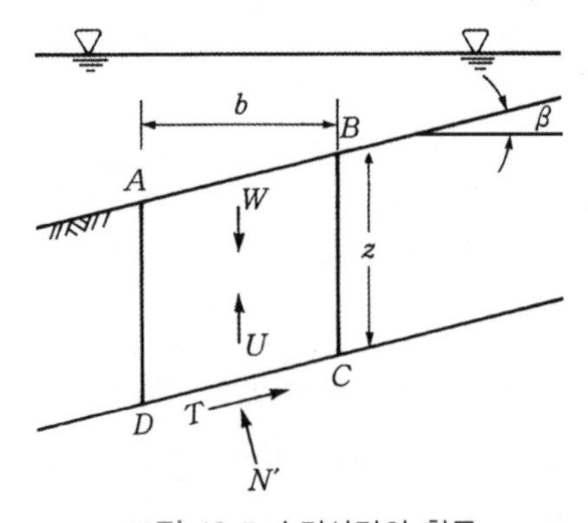

그림 13.5 수면사면의 활동

$$W' = \gamma' bz \quad (13.26)$$
$$N' = W' \cos\beta = \gamma' bz \cos\beta \quad (13.27)$$

또는,

$$\sigma_n{}' = \frac{N'}{(CD)} = \gamma' z \cos^2\beta \tag{13.28}$$

$$T = W' \sin\beta = \gamma' b z \sin\beta \tag{13.29}$$

또는,

$$\tau_n = \frac{T}{(CD)} = \gamma' z \sin\beta \cos\beta \tag{13.30}$$

그러면 안전율은 다음 식과 같이 유도된다.

$$\begin{aligned} F_s &= \frac{\tau_f}{\tau_n} = \frac{c' + \sigma_n{}' \tan\phi'}{\tau_n} \\ &= \frac{c' + \gamma' z \cos^2\beta \tan\phi'}{\gamma' z \sin\beta \cos\beta} \end{aligned} \tag{13.31}$$

만일 모래지반으로서, $c' = 0$이라면, 안전율은 다음 식과 같이 된다.

$$F_s = \frac{\tan\phi'}{\tan\beta} \tag{13.32}$$

즉, 건조한 상태의 안전율과 같아지게 된다.

이를 논리적으로 설명하면 다음과 같이 정리될 수 있을 것이다. 수중사면이므로 수압으로 인하여(CD)면에서의 전단강도는 수압의 영향만큼 줄어들어 불안전 측으로 작용한다. 한편, ($ABCD$)의 흙무게는 수중이므로 유효중량으로 작용하기 때문에(CD)면에 작용되는 전단응력이 줄어들어, 이는 오히려 안전 측으로 작용한다. 건조한 경우와 비교하여, 전단응력의 감소와 전단강도의 감소가 나란히 발생되므로 안전율에는 큰 변화가 없는 것이다.

물론 물체력을 고려할 때, (전중량+경계면 수압의 합력)의 방법을 사용할 수도 있다. AB, BC, CD, DA면에 작용하는 수압의 합력과 방향을 구해보면 합력은 $ABCD$만큼의 물무게이고, 방향은 연직 상방향이다. 즉, 아르키메데스의 원리로서 '물체의 수중 중량은 그 물체의 부피에 해당되는 물무게만큼 가벼워진다.'는, 즉 유효중량과 같기 때문에 결과는 어찌되었든지 동일하다.

[예제 13.1] 경사각도 24°인 무한사면이 존재한다. 이 무한사면의 파괴 가능면까지의 깊이는 2.5m이고, $c' = 10\text{kN/m}^2$, $\phi' = 26°$, $\gamma_t = \gamma_{sat} = 20\text{kN/m}^3$이다.
다음의 세 경우에 대하여 안전율을 구하라.

1) 지하수가 없을 때
2) 지하수가 표면까지 차오르고, 사면에 평행하게 침투가 일어날 때
3) 수중 무한사면

[풀 이] 무한사면의 안전율 일반식은 식 (13.16)에 나와 있다.

$$F_s = \frac{c' + (\gamma z \cos^2\beta - u)\tan\phi'}{\gamma z \sin\beta \cos\beta}$$

(1)

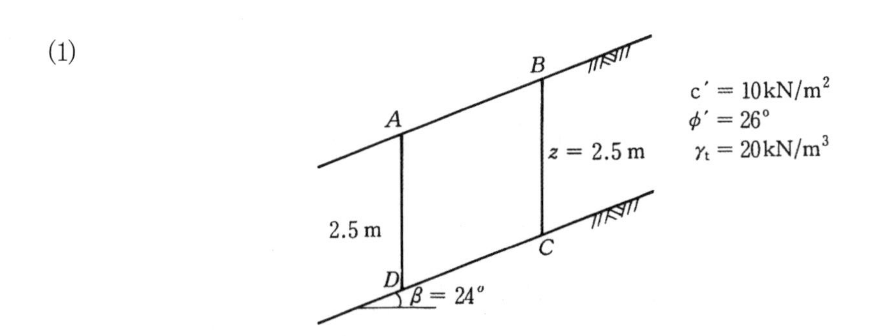

지하수가 없을 때는 수압 $u = 0$이며 따라서 식 (13.17)은 (13.18)이 된다.

$$F_s = \frac{c' + \gamma_t z \cos^2\beta \tan\phi'}{\gamma_t z \sin\beta \cos\beta}$$

각 값들을 대입해보면

$$F_s = \frac{10 + (20)(2.5)(\cos^2 24°)(\tan 26°)}{(20)(2.5)(\sin 24°)(\cos 24°)} = 1.634$$

(2)

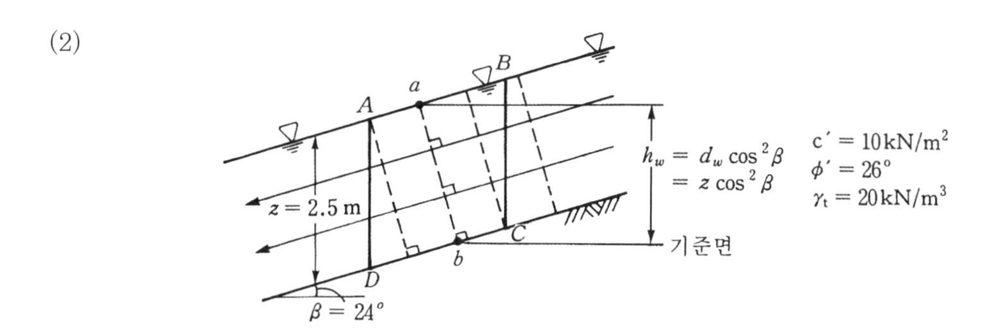

등수두선은 전수두가 모두 같은 선이다.

점	위치수두	압력수두
a	$z\cos^2\beta$	0
b	0	$z\cos^2\beta$

AB면 위의 임의의 점 a와 등수두선으로 이어진 CD면 위의 점 b를 살펴보면 점 a의 위치수두＝점 b의 압력수두를 알 수 있다.

따라서 CD면, 즉 파괴면에서의 수압은

$$u = \gamma_w \times \text{압력수두}$$
$$= \gamma_w \times z\cos^2\beta \text{이다.}$$

식 (13.16)에 $u = \gamma_w z\cos^2\beta$를 대입하면

$$F_s = \frac{c' + \gamma' z\cos^2\beta\tan\phi'}{\gamma_{sat} z\sin\beta\cos\beta}$$

$$= \frac{10 + (20 - 9.81)(2.5)\cos^2 24°\tan 26°}{(20)(2.5)(\sin 24°)(\cos 24°)} = 1.096$$

(3)

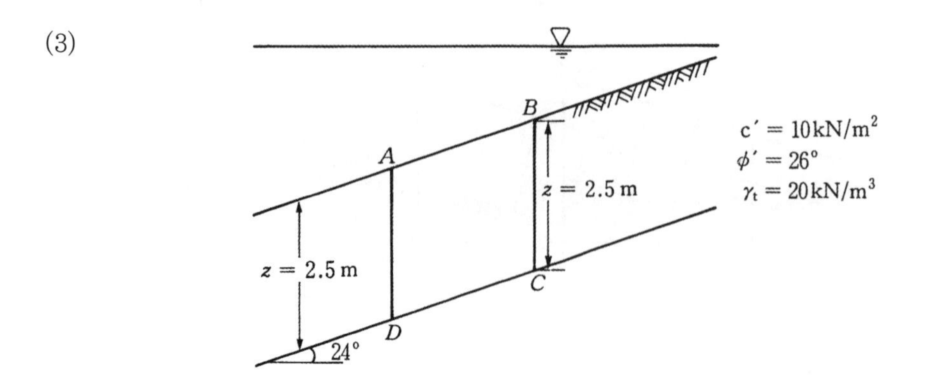

수중 무한사면이므로 식 (13.31)에서

$$F_s = \frac{c' + \gamma' z \cos^2\beta \tan\phi'}{\gamma' z \sin\beta \cos\beta}$$

$$= \frac{10 + (20 - 9.81) \times 2.5 \times \cos^2 24° \tan 26°}{(20 - 9.81) \times 2.5 \times \sin 24° \cos 24°} = 2.15$$

Note

무한사면의 안정성 요약

전조 시의 무한사면, 평행 침투 시의 무한사면, 수중 무한사면 각각의 경우에 대한 사면안정성을 요약해보면 다음(정리 표 10.1)으로 정리된다.

정리 표 10.1 무한사면의 안정성 요약

	하중	저항력	안전율
건조사면	大	大	大
평행침투사면	大	小	小
수중사면	小	小	大

위의 표는 유한사면에서도 동일하게 적용될 수 있다. 침투가 발생되는 사면에서는 침투수력으로 인하여 하중은 증가하며, 저면에서는 수압으로 인하여 저항력이 감소한다. 반면에 수중사면에서는 유효중량으로 인하여 하중은 감소, 저면에서는 수압으로 인하여 저항력 또한 감소한다.

13.4 유한사면의 안정론

13.4.1 서 언

유한사면은 대부분 원형(circle)의 모양으로 파괴된다고 알려져 있으나, 흙 지반에 연약대층이 존재하는 경우 연약대층을 따라서 사면파괴가 발생되므로(예를 들어, 그림 13.1의 복합파괴 유형의 저면) 반드시 원형파괴만 존재한다고 할 수는 없다. 한편, 암반사면인 경우는 사면파괴가 주로 절리면을 따라 발생되므로 원형파괴는 극히 드물며, 평면 또는 쐐기파괴가 주종을 이룬다.

컴퓨터의 발달로 인하여 원형, 비원형(non-circular) 쐐기파괴 등을 막론하고 거의 모든 파괴양상에 대하여 한계평형상태(limit equilibrium)해석법으로 안전율을 도출해내는 것이 가능하다고 할 수 있다. 다만, 이 책에서는 학부 교재를 주목적으로 하므로 원형파괴를 중점적으로 서술하고자 한다.

1) 원형사면파괴의 유형

원형사면파괴(circular failure)의 유형에도 다음과 같은 여러 가지 형태가 있다(그림 13.6 참조).

(1) toe circle: 파괴 끝단이 사면의 하단에 닿는 경우

(2) slope circle: 일반적인 파괴모형

(3) deep circle: 원형사면이 깊게 저면을 통하는 경우(또는 mid-point circle이라 불림).

2) 유한사면의 해석방법

유한사면의 해석법은 대별하여 다음의 두 가지 방법이 존재한다.

(1) 사면 전체에 대한 해석법(Mass Procedure)

사면 전체를 하나의 물체(body)로 보고 해석하는 방법으로서 컴퓨터가 발생되기 이전에 통용되었던 방법이다. 대표적인 해석법으로는 $\phi_u = 0$ 해석법과 마찰원법이 있으며, 다음 절에는 이 두 방법을 간략히 소개하고자 한다.

(2) 절편법(Method of Slices)

사면을 몇 개의 절편으로 나누고, 각 절편에 대한 평형조건을 만족하도록 하고, 각 절편에 대한 성분을 전부 합산하여 사면안정을 실시하는 방법으로서 컴퓨터의 발달과 함께 절편법의

눈부신 발전을 가져왔으며, 실제로 실무에서는 거의 모두가 절편법에 근거한 컴퓨터 프로그램을 사용하여 사면안정을 계산하므로 현재 가장 통용되는 방법이다. 절편법의 가장 큰 문제점은 다음과 같다. 사면을 몇 개의 절편으로 나누게 되면, 각 절편 양단에 절편력이 작용하게 되는데, 문제는 이 절편력을 정역학적으로 구할 수 없다는 점이다. 따라서 절편력에 대한 가정을 둘 수밖에 없으며, 가정을 어떻게 설정하느냐에 따라 절편법의 종류가 나뉜다.

절편법에 대한 상세한 사항은 별도의 절로서 13.5절에서 서술하고자 한다.

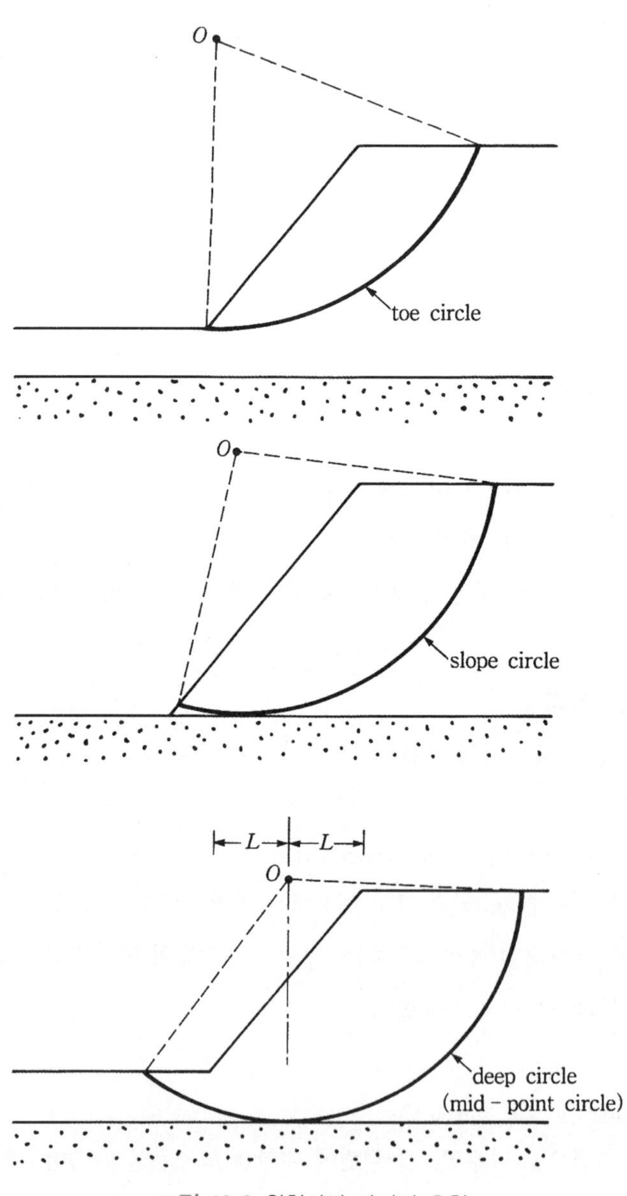

그림 13.6 원형사면 파괴의 유형

13.4.2 $\phi_u = 0$ 해석법

전단강도 편에서 상세히 서술한 대로, 포화된 점토의 비배수 전단강도는 c_u로서, 이때의 내부마찰각 $\phi_u = 0$이다. 따라서 $\phi_u = 0$해석법이란 점토지반에 대하여 비배수 조건에서 사면해석을 하는 방법이다. 이때의 전단강도는 '전응력'개념만을 취하게 되므로 수압에 대한 고려는 전혀 생각할 필요가 없다.

사면파괴는 원형파괴형태로 발생된다고 가정한다. 그림 13.7에서 토체의 무게 W는 O점을 중심으로 사면파괴를 유발시키는 모멘트로 작용하고, 호 $\widehat{AD}$에서의 비배수 전단강도(점착력)가 이에 저항하는 모멘트로 작용한다.

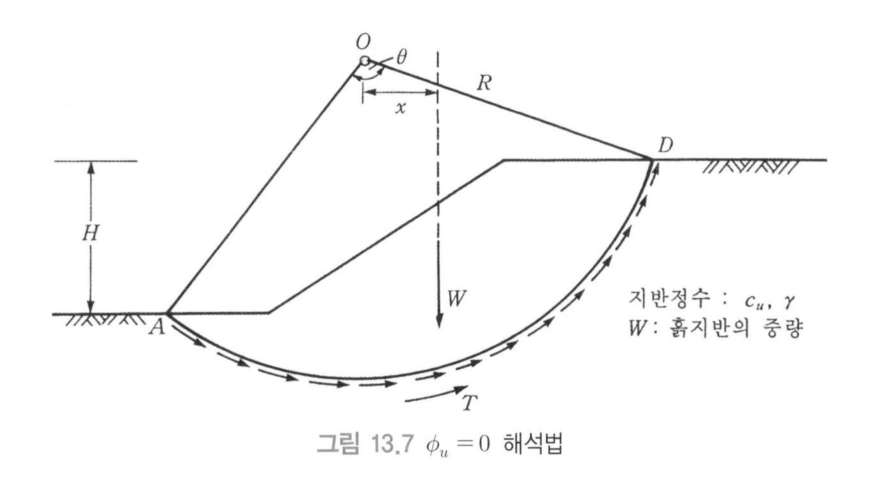

그림 13.7 $\phi_u = 0$ 해석법

작용모멘트는

$$M_d = Wx \tag{13.33}$$

유발 저항모멘트는

$$M_r = TR \tag{13.34}$$

이며, 여기서 T는 호 $\widehat{AD}$에서 유발 전단강도로 인한 저항력을 의미한다. 즉,

$$T = \tau_m(\widehat{AD}) = c_{um} \cdot R \cdot \theta \tag{13.35}$$

여기서, τ_m은 유발 전단강도, c_{um}은 유발 비배수 전단강도를 뜻한다.
유발 전단강도(mobilized shear strength)는 다음 식으로 표시될 수 있다.

$$\tau_m = c_{um} = \frac{c_u}{F_s} \tag{13.36}$$

<u>평형조건</u>

작용모멘트와 유발 저항모멘트는 같아야 하므로

$$W \cdot x = TR \tag{13.37}$$

$$\text{즉, } W \cdot x = (c_{um} R\theta)R$$

$$= \left(\frac{c_u}{F_s} R\theta\right)R$$

$$= \frac{c_u}{F_s} R^2\theta \tag{13.38}$$

따라서 원호활동으로 인한 사면파괴에 대한 안전율은 다음 식으로 구할 수 있다.

$$F_s = \frac{c_u R^2\theta}{W \cdot x} \tag{13.39}$$

또는 유발 비배수 전단강도 c_{um}은 다음 식으로 구할 수 있다.

$$c_{um} = \frac{c_u}{F_s} = \frac{W \cdot x}{R^2 \cdot \theta} \tag{13.40}$$

<u>안정수에 의한 설계법</u>

식 (13.36)의 사면파괴에 대한 안전율은 그림 13.7에서 제시된 호 $\widehat{AD}$가 사면파괴 가능성이 있다는 가정하에 유도된 식이다. 실제상에서는 사면파괴 가능한 원호는 무수히 많게 되며, 이 원호들 중 안전율 값이 최소가 되는 원호가 파괴가능 단면이 되고, 이때의 최소 안전율이

이 사면의 안전율이 된다. 이러한 사실을 다른 관점에서 서술해보면, 파괴가 가능한 원형형태의 사면은 식 (13.40)의 유발 비배수 전단강도 값이 최대가 되는 단면으로 볼 수 있다.

Taylor(1937)는 가장 불안정한 단면에 대한 사면안정 계산을 안정수(stability number)를 이용하여 구하는 방법을 제안하였다. 사면의 경사 β, 사면의 높이가 H인 점토사면에 대하여 식 (13.40)을 이용하여 유발 비배수 전단강도와 안정수와의 다음 관계식을 제안하였다.

$$\frac{c_{um}}{\gamma H} = N_s \tag{13.41}$$

여기서, N_s는 안정수(stability number)로서 그림 13.8에 이 값들이 표시되어 있다. 식 (13.41)을 이용하여 주어진 사면의 경사각에 대하여, 점토의 유발 비배수 전단강도 c_{um}을 구하면, 사면파괴에 대한 안전율은 다음 식으로 구할 수 있다.

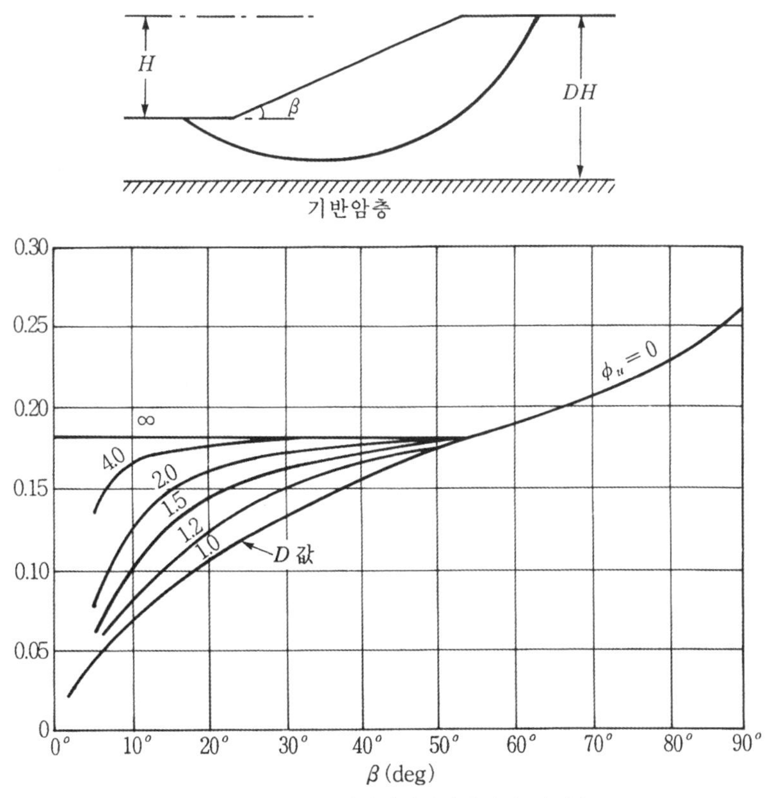

그림 13.8 $\phi_u = 0$ 사면안정해석에서의 안정수, N_s

$$F_s = \frac{c_u}{c_{um}} \tag{13.42}$$

$F_s = 1$ 인 경우는 $c_{um} = c_u$ 가 되므로 식 (13.41)은 다음과 같이 표시될 것이다.

$$\frac{c_u}{\gamma H_{cr}} = N_s \tag{13.43}$$

여기서, H_{cr} 은 한계사면 높이(즉, 안전율이 1.0일 때의 사면 높이)이다.

[예제 13.2] 포화된 점토사면이 다음 예제 그림 13.2와 같다.

1) 점토지반을 최대로 몇 미터까지 절취할 수 있는지 구하라.
2) 사면파괴에 대한 안전율이 $F_s = 2.0$ 일 때의 절취가능 높이를 구하라. (안정수 이용)

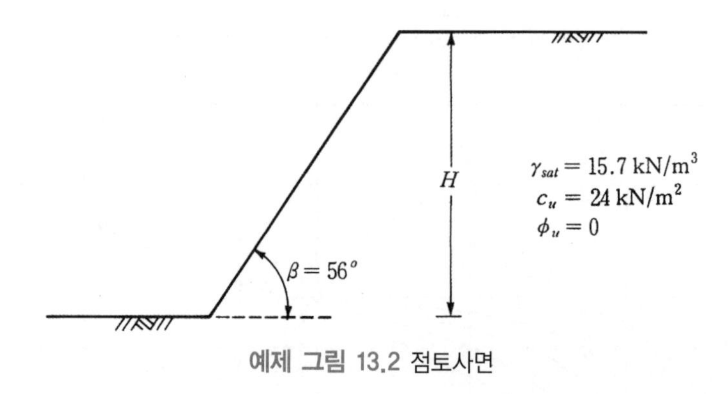

예제 그림 13.2 점토사면

[풀 이]

1) 최대로 사면을 절취할 때는 $F_s = 1$ 일 때이며, 이때의 $H = H_{cr}$ 이다.

식 (13.43)에서

$$\frac{c_u}{\gamma H_{cr}} = N_s$$

따라서 $H_{cr} = \dfrac{c_u}{\gamma N_s}$

그림 13.8에서 $\beta = 56°$일 때 $N_s = 0.185$이다.
각 값을 대입해보면

$$H_{cr} = \frac{c_u}{\gamma N_s} = \frac{(24\text{kN/m}^2)}{(15.7\text{kN/m}^3)(0.185)} = 8.263\text{m}$$

2) 식 (13.42)에서

$$F_s = \frac{c_u}{c_{um}}$$

따라서 $c_{um} = \dfrac{c_u}{F_s} = \dfrac{24\text{kN/m}^2}{2} = 12\text{kN/m}^2$

식 (13.41)에서 $N_s = \dfrac{c_{um}}{\gamma H} \rightarrow H = \dfrac{c_{um}}{\gamma N_s}$

그림 13.8에서 $\beta = 56°$일 때 $N_s = 0.185$이다.
각 값을 대입해보면

$$H = \frac{c_{um}}{\gamma N_s} = \frac{(12\text{kN/m}^2)}{(15.7\text{kN/m}^3)(0.185)} = 4.132\text{m}$$

[예제 13.3] 다음 예제 그림 13.3과 같이 $H_{cr} = 6.1\text{m}$를 절취하였을 때 포화된 지반에 사면파괴가 일어났다. 점토지반의 비배수 전단강도를 구하라(안정수 이용).

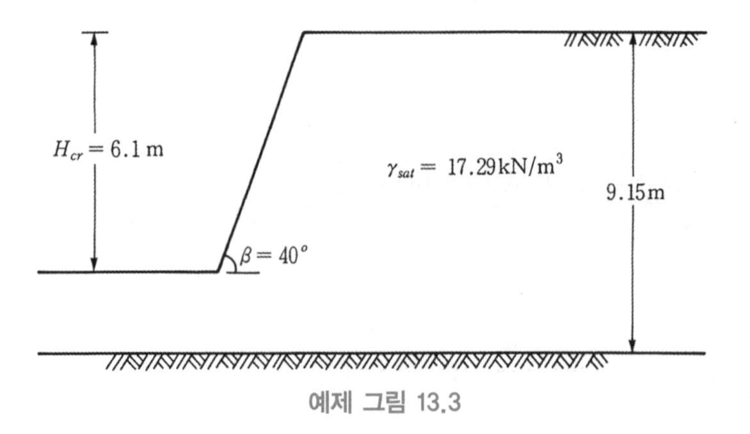

예제 그림 13.3

[풀 이]

$$\gamma_{sat} = 17.29\text{kN/m}^3$$

$$\frac{D = 9.15}{6.1} = 1.5$$

그림 13.8에서 $\beta = 40°$, $D = 1.5$일 때 $N_s = 0.175$

식 (13.42)에서 $\dfrac{c_u}{\gamma H_c} = N_s r$에서

$$c_u = N_s \cdot \gamma \cdot H_{cr}$$
$$= (0.175)(17.29\text{kN/m}^3)(6.1\text{m}) = 18.46\text{kN/m}^2$$

13.4.3 마찰원 법($c-\phi$ 지반)

점착력과 내부마찰력을 함께 갖고 있는 사면에 대한 사면 전체에 대한 사면안정성 검토는 점토지반에 비하여 그리 단순하지 않다. $\phi_u = 0$ 해석법에서는 파괴가능면에서의 전단 저항력을 쉽게 계산할 수 있으나, 내부마찰각을 갖는 지반에서는, 파괴가능면에서의 전단강도는 그 면에서의 수직응력에 비례하므로, 수직응력의 분포를 알아야 안정해석이 가능하다. 수직응력의 분포를 아는 것은 쉽지 않다.

예를 들어, $c-\phi$ 지반에서 원형파괴 가능면을 갖는 사면의 활동가능면에서의 수직응력 분포를 대략 그려보면 그림 13.9(a)와 같다. 이때, 각 지점에서의 정확한 수직응력은 유한요소해석(finite element method) 등을 이용한 해석을 통해서만 가능하다. 어찌되었든지 만일 파괴가능면상의 한 점에서의 수직응력을 σ_n이라 하면(그림 13.9(b) 참조), 그 지점에서의 유발 전단강도는 다음과 같다.

$$\tau_m = c_m + \sigma_n \tan\phi_m \tag{13.44}$$

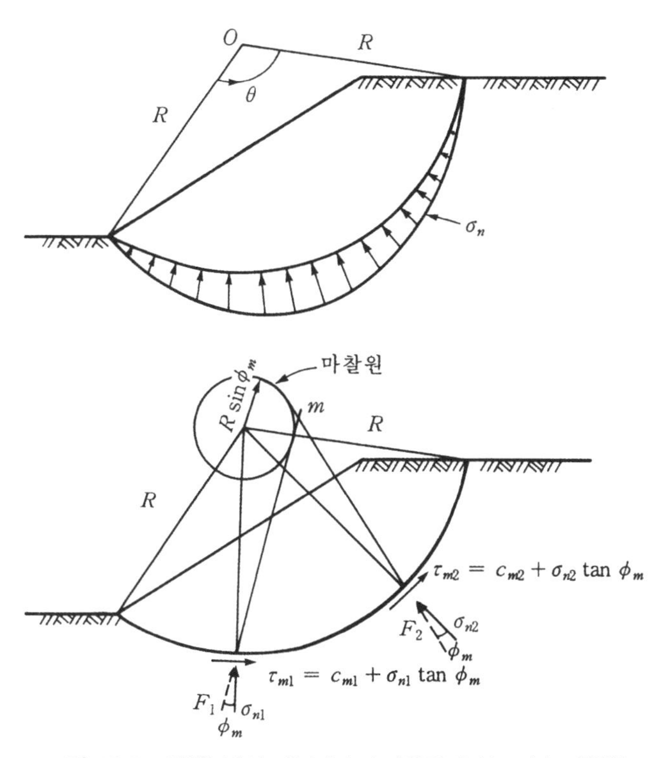

그림 13.9 마찰원 법의 개념 (a) 수직응력의 분포 (b) 마찰원

따라서 점착성분을 제외한 마찰성분에 의한 저항력은 수직력에 대하여 ϕ_m의 각도를 가지고 작용될 것이다. 이를 연장해보면, 그림 13.9(b)와 같이 회전원의 중심에서 $R\sin\phi_m$의 반경에 그린 원에 접하게 되며, 이 원을 마찰원이라고 한다. 이때, 안전율은 다음과 같이 될 것이다.

마찰성분에 의한 안전율 F_ϕ는

$$F_\phi = \frac{\tan\phi}{\tan\phi_m} \tag{13.45}$$

점착성분에 의한 안전율 F_c는

$$F_c = \frac{c}{c_m} \tag{13.46}$$

이때, 안전율 $F_s = F_\phi = F_c$가 되어야 할 것이다.

마찰원 법으로 사면파괴에 대한 안전율을 결정하는 방법은 다음의 순서로 이루어진다(그림 13.10 참조).

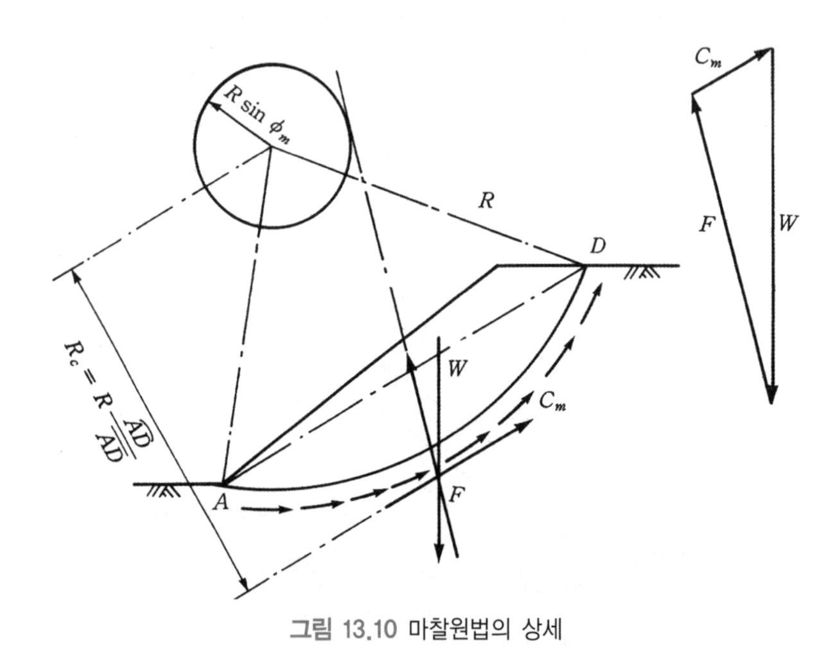

그림 13.10 마찰원법의 상세

(1) F_ϕ를 가정하고, ϕ_m을 구한1다.

$$\phi_m = \tan^{-1}\frac{\tan\phi}{F_\phi} \tag{13.47}$$

(2) 임의로 가정한 활동원의 중심점으로부터 마찰원을 그린다(반경= $R\sin\phi_m$).

(3) 토체의 중량 W를 구한다.

(4) 호 $\widehat{AD}$에 작용되는 유발 점착력의 합력은 다음 식과 같이 표현된다.

$$C_m = \frac{c\widehat{AD}}{F_c} \tag{13.48}$$

여기서, $\widehat{AD}$= 호 AD의 길이

C_m의 작용점은 다음과 같다. 그림 13.10에서

$$R \cdot C_m \cdot \widehat{AD} = R_c \cdot C_m \cdot \overline{AD} \quad (13.49)$$

여기서, $\overline{AD}$= 현 AD의 길이
즉,

$$R_c = \frac{\widehat{AD}}{\overline{AD}} \cdot R \quad (13.50)$$

(5) 그림 13.10에 나타난 바와 같이, W와 C_m의 교점에서 마찰원에 접하는 선을 긋고, 힘의 다각형을 그리면, C_m을 구할 수 있다.
(6) 점착 성분으로 표시한 안전율은 다음과 같다.

$$F_c = \frac{C}{C_m} = \frac{c \cdot \widehat{AD}}{C_m} \quad (13.51)$$

(7) F_ϕ를 새로 가정하고 (1)~(6)을 반복하며, 이 과정을 3~4회 계속 반복한다.
(8) 구한 F_c, F_ϕ에 대하여 F_c를 횡축에, F_ϕ를 종축에 표시하여, F_ϕ와 F_c의 관계곡선을 구한 다음, $F_\phi = F_c$가 되는 점을 찾으면, 이때의 안전율이 사면파괴에 대한 안전율이 된다.

안정수를 이용한 설계법

점착력과 마찰력을 함께 갖는 지반($c-\phi$ 지반)에 대한 안정수를 다음과 같이 정의한다.

$$N_s = \frac{c'_m}{\gamma H} = f(\beta, \phi'_m) \quad (13.52)$$

여기서, β =사면의 경사각, ϕ'_m =유발 내부마찰각이며, N_s값이 그림 13.11에 표시되어 있다.

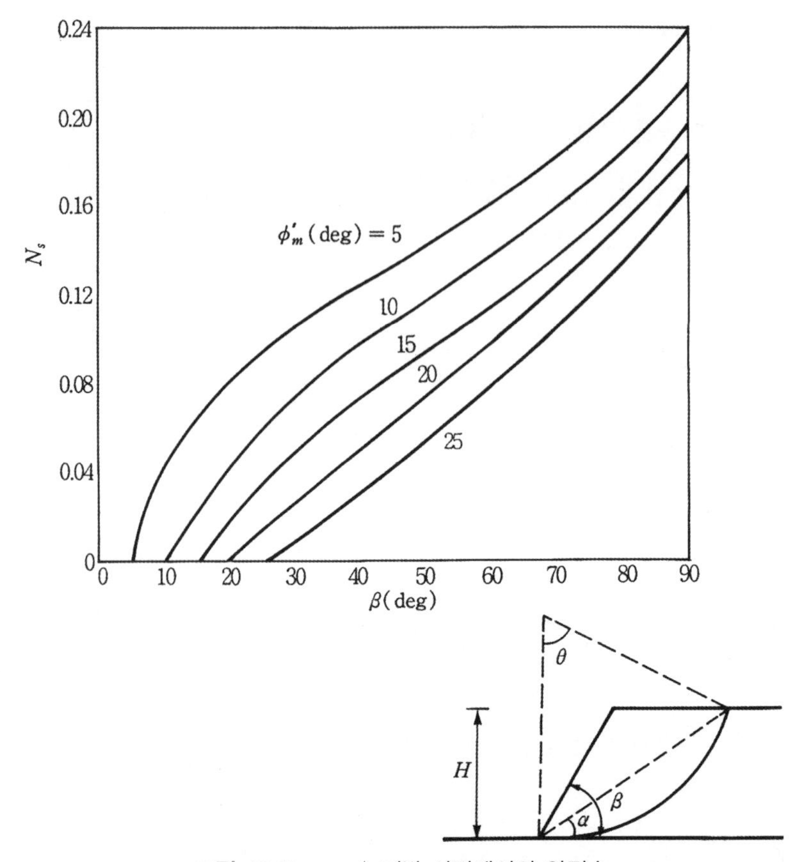

그림 13.11 $c-\phi$ 지반 사면에서의 안정수

지하수가 존재하지 않는 지반의 사면안정성을 분석함에 있어 안정수를 이용하는 방법을 다음의 예제 문제에서 예시하였다.

[예제 13.4] 경사각 $\beta = 45°$ 로 성토지반을 축조하였을 때 지반의 강도정수는 $c' = 23.95\text{kN/m}^2$, $\phi' = 20°$, $\gamma_t = 18.87\text{kN/m}^3$ 이었다(예제 그림 13.4).

1) 최대 성토가능 높이를 구하라.
2) 사면의 높이가 10m일 때, 사면파괴에 대한 안전율을 구하라(안정수 이용).

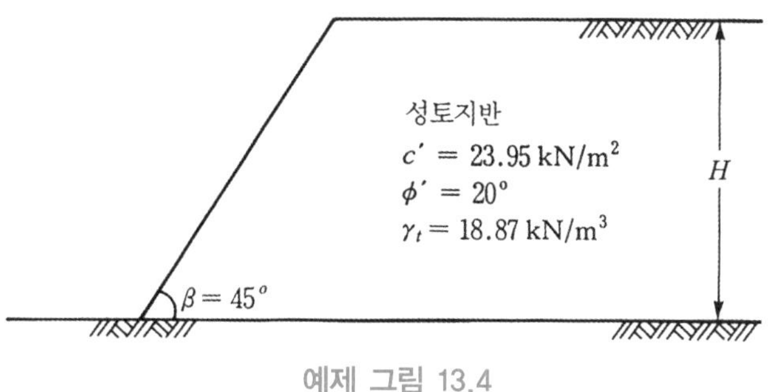

예제 그림 13.4

[풀 이]

1) 식 (13.52)에서 $N_s = \dfrac{c'}{\gamma H_{cr}}$ 따라서 $H_{cr} = \dfrac{c'}{\gamma N_s}$

그림 13.11에서 $\beta = 45°$, $\phi' = 20°$일 때

$$N_s = 0.06$$

$$H_{cr} = \frac{c'}{\gamma N_s} = \frac{(23.95\text{kN/m}^2)}{(18.87\text{kN/m}^3)(0.06)} = 21.15\text{m}$$

2) $F_c = \dfrac{c'}{c_m{}'}$, $F_\phi = \dfrac{\tan\phi'}{\tan\phi_m{}'}$

단, $F_s = F_c = F_\phi$이어야 한다.

제 1 가정: $\phi_m{}' = 20°$

따라서 $\phi' = \phi_m{}' = 20°$으로 $F_\phi = \dfrac{\tan\phi'}{\tan\phi_m{}'} = 1$

그림 13.11에서 $\beta = 45°$, $\phi_m{}' = 20°$일 때

$$N_s = 0.06$$

식 (13.52)에서 $N_s = \dfrac{c_m{}'}{\gamma H}$

$$c_m' = N_s \cdot \gamma \cdot H$$
$$= (0.06)(18.87\text{kN/m}^3)(10\text{m}) = 11.32\text{kN/m}^2$$
$$F_c = \frac{c'}{c_m'} = \frac{23.95}{11.32} = 2.12$$

$F_\phi \neq F_c \rightarrow$ 새 가정이 필요하다.

<u>제 2 가정: $\phi_m' = 15°$</u>

$$F_\phi = \frac{\tan\phi'}{\tan\phi_m'} = \frac{\tan 20°}{\tan 15°} = 1.36$$

그림 13.11에서 $\beta = 45°$, $\phi_m' = 20°$일 때

$$N_s = 0.085$$
$$c_m' = N_s \cdot \gamma \cdot H = (0.085)(18.87\text{kN/m}^3)(10\text{m}) = 16.04\text{kN/m}^2$$
$$F_c = \frac{c'}{c_m'} = \frac{23.95}{16.04} = 1.49$$

$F_\phi \neq F_c \rightarrow$ 새 가정 필요

<u>제 3 가정: $\phi_m' = 10°$</u>

<u>제 4 가정: $\phi_m' = 5°$</u>

위와 같은 방법으로 계속하여 F_ϕ, F_c값을 구한 뒤에 이를 표로 정리하면 다음과 같다.

ϕ_m'	$\tan\phi_m'$	F_ϕ	N_s	c_m'	F_c
20	0.364	1.0	0.06	11.32	2.12
15	0.268	1.36	0.085	16.04	1.49
10	0.176	2.07	0.11	20.75	1.15
5	0.0875	4.16	0.136	25.66	0.93

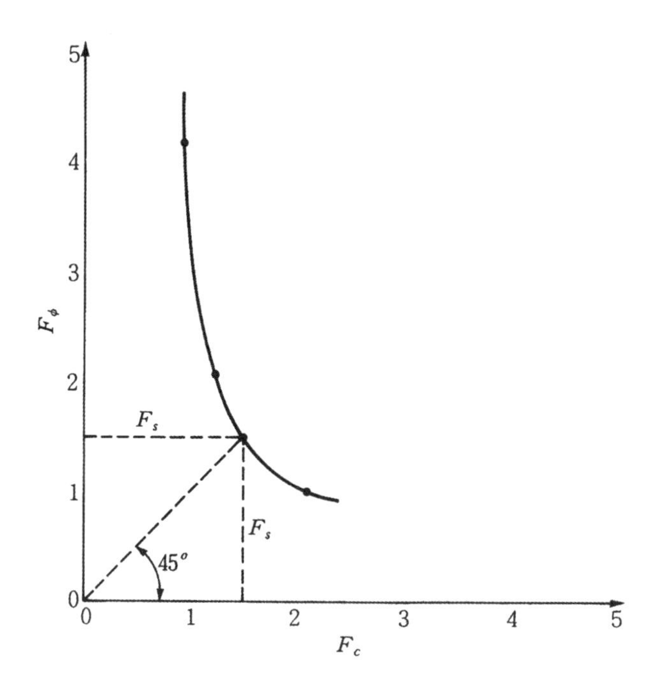

그래프에서 $F_c = F_\phi$인 점을 찾으면

$$F_s = F_c = F_\phi = 1.45$$

13.5 절편법에 의한 사면안정

13.5.1 서 론

사면해석법의 주종을 이루는 것은 이번 절에서 서술하는 절편법(method of slices)에 의한 사면안정해석법이다. 절편법은 지반의 불균질성, 수압, 여러 모양의 사면활동을 합리적으로 잘 묘사할 수 있는 큰 장점이 있으며, 사면전체를 n개의 절편으로 나누어 해석을 하고 이를 다시 전부 합해야 하는 계산상의 복잡성은 있으나, 컴퓨터의 발달로 인하여 모든 안정성해석법들이 전산화되어 있어 편리하게 상용프로그램들을 실무에서 사용하고 있다.

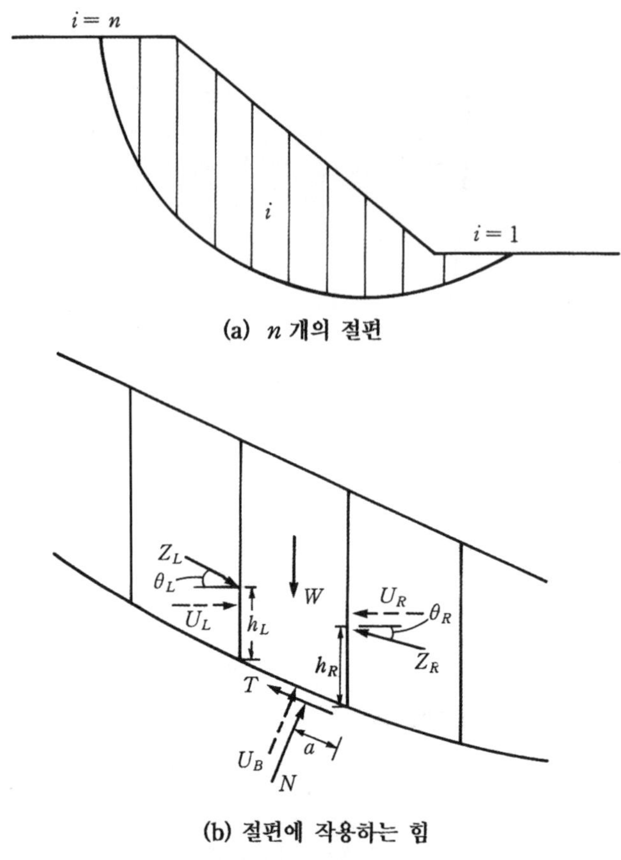

그림 13.12 절편법의 개요

그림 13.12(a)에서와 같이, 우선 사면을 n개의 절편으로 나눈다. 이때 각 절편에 작용되는 힘들을 표시하면 그림 13.12(b)와 같다.

그림 13.12(b)에 표시된 절편에 작용하는 하중들을 정리하면 다음과 같다.

<u>구할 수 있는 힘</u>

- U_L, U_R: 절편 측면에 작용하는 수압의 합력
- U_B: 절편 저면에 작용하는 수압의 합력

절편에 작용하는 수압은 정수압인 경우는 쉽게 구할 수 있으며, 물이 흐르는 경우는 (즉, 정상류의 경우) 투수편에서 상세히 서술한 방법으로 수압을 구한다.

미지수

절편에 작용되는 미지수를 열거해보면 다음과 같다.

미지수의 종류		미지수의 개수
사면파괴에 대한 안전율	$= F_s$	1
절편 바닥에서의 수직력(전응력 개념)	$= N$	n
이 수직력의 작용점	$= a$	n
절편에 작용하는 절편력	$= Z$	$n-1$
절편력의 작용방향(작용각도)	$= \theta$	$n-1$
절편력의 작용 위치	$= h$	$n-1$
	총 미지수의 개수=	$5n-2$

즉, 절편법으로 사면안전해석을 수행하여야 할 경우의 구해야 할 미지수의 개수는 $5n-2$개이다.

방정식의 개수

미지수를 풀기 위하여 수립할 수 있는 방정식의 개수는 $3n$개다. 즉,

각 절편의 수평방향의 힘의 합	$= 0$ ($\Sigma F_x = 0$)로부터	n개
각 절편의 연직방향의 힘의 합	$= 0$ ($\Sigma F_z = 0$)로부터	n개
각 절편의 모멘트의 합	$= 0$ ($\Sigma M = 0$)로부터	n개
		방정식의 수 $3n$개

해를 구하기 위한 가정

위에서 알 수 있는 바와 같이 미지수가 $2n-2$개 더 많으므로 정역학적으로 정정구조물을 만들기 위하여 가정을 도입한다. 일반적으로 도입되는 가정은 다음과 같다.

가정 방법	미지수 감소수
각 절편 바닥에 작용하는 수직력의 작용위치 (절편의 가운데에서 작용한다고 가정)	n
절편력의 작용각도(θ), 또는 작용위치(h)	$n-1$
	합 계 $2n-1$

미지수의 개수 $2n-2$개에 비교하여, 가정한 개수가 $2n-1$개로서 너무 많으므로, 이 또한 방정식이 미지수에 비하여 많은 형태로 되게 된다. 따라서 절편법은 반복법으로 풀어야 안전율을 구할 수 있게 된다.

다음 절에서는 가장 일반적인 절편법(general method of slices)에 대하여 서술하고, 가장 손쉽게 안전율을 구할 수 있는 방법으로서 Fellenius방법과 Bishop의 간편법에 대하여 집중적으로 다루고자 한다.

13.5.2 가장 일반적인 절편법(General Method of Slices)

가장 일반적인 조건으로서, 원형(circular), 비원형(non-circular)을 망라한 일반적인 절편법을 소개하고자 한다. 일반적으로 모멘트 평형조건으로부터 안전율을 구할 수도 있고 (F_m), 힘의 평형조건으로부터 안전율을 구할 수도 있다(F_f). 앞 절에서 서술한 대로 미지수를 줄이기 위하여 우선 절편력에 대한 가정을 하고, 이를 근거로 F_m과 F_f를 각각 구하여 궁극적으로 $F_m = F_f$가 될 때까지 절편력에 대한 가정을 반복 수정하여 F_m과 F_f이 같아지면 이때의 안전율이 정해에 가장 가까운 답이 될 것이다.

안전율 공식을 유도하는 방법을 제시하면 다음과 같다. 그림 13.13이 일반적인 절편법을 구하기 위한 사면을 나타낸다.

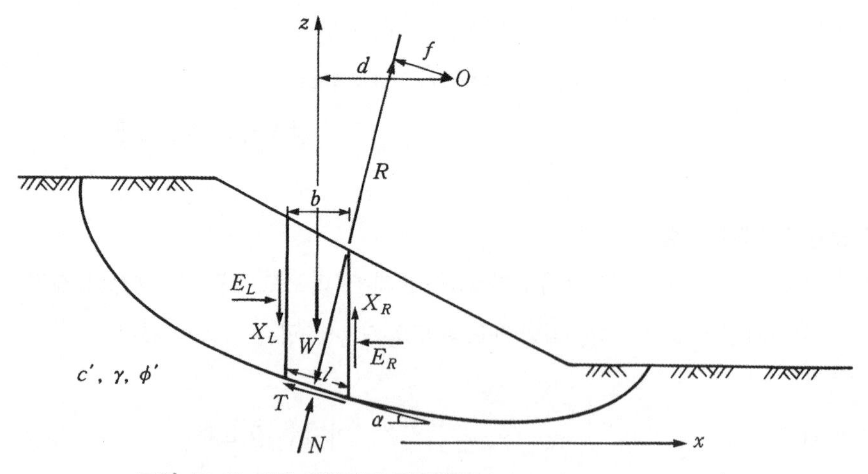

그림 13.13 가장 일반적인 절편법(General Method of Slices)

<u>각 절편에 대한 평형조건</u>

절편 바닥에서의 전수직응력(total normal stress)$=\sigma_n$, 전단응력(shear stress)$=\tau_n$,

수압= u라고 하자.

- 파괴기준

전단강도 이론으로부터 $\tau_f = c' + (\sigma_n - u)\tan\phi'$

유발 전단강도는 $\tau_m = \tau_n = \dfrac{\tau_f}{F_s} = \dfrac{c' + (\sigma_n - u)\tan\phi'}{F_s}$

여기서, $N = \sigma_n l$, $T = \tau_n l$이므로 이 식을 유발 전단강도를 나타내는 위 식에 대입하면, T와 F_s와의 관계식은 다음과 같이 된다.

$$\tau_n = \frac{c' + (\sigma_n - u)\tan\phi'}{F_s}$$

$$= \frac{c' + \left(\dfrac{N}{l} - u\right)\tan\phi'}{F_s} = \frac{T}{l} \tag{13.53}$$

$$\text{따라서} \quad T = \frac{1}{F_s}\{c'l + (N - ul)\tan\phi'\} \tag{13.54}$$

다음 절부터 서술하는 간편법에 의한 방법들도 여기에서 제시하는 방법들을 따르기 때문에 식 (13.54)까지는 공통적으로 유도된다.

- 연직방향의 평형조건

$\sum F_z = 0$을 적용하면

$$N\cos\alpha + T\sin\alpha = W - (X_R - X_L) \tag{13.55}$$

T를 위식에 대입하고 정리하면

$$N = \left\{W - (X_R - X_L) - \frac{1}{F_s}(c'l\sin\alpha - ul\tan\phi'\sin\alpha)\right\}/m_\alpha \tag{13.56}$$

여기서, $m_\alpha = \cos\alpha\left(1+\tan\alpha\dfrac{\tan\phi'}{F_s}\right)$ (13.57)

• 수평방향의 평형조건

$\Sigma F_x = 0$을 적용하면

$$T\cos\alpha - N\sin\alpha + E_R - E_L = 0 \tag{13.58}$$

T를 위 식에 대입하고 정리하면

$$E_R - E_L = N\sin\alpha - \frac{1}{F_s}[c'l + (N-ul)\tan\phi']\cos\alpha \tag{13.59}$$

<u>전체 절편에 대한 모멘트 평형조건</u>

'O'점을 중심으로 전체 절편에 대한 모멘트 평형조건을 고려하면 다음과 같이 안전율이 유도된다.

$\Sigma M^o = 0$을 적용하면

$$\Sigma Wd = \Sigma TR + \Sigma Nf \tag{13.60}$$

이 식에 T에 대한 식 (13.54)를 대입하고 정리하면 모멘트 평형조건으로부터의 안전율은 다음 식으로 표시된다.

$$F_{s(m)} = \frac{\Sigma\{c'l + (N-ul)\tan\phi'\}}{\Sigma(Wd - Nf)} \tag{13.61}$$

만일 활동가능단면이 원형(circular)이라면 $f=0$, $d=R\sin\alpha$, R=반경(일정한 값)이므로 안전율은 다음 식과 같이 된다.

$$F_{s(m)} = \frac{\Sigma\{c'l + (N-ul)\tan\phi'\}}{\Sigma W\sin\alpha} \tag{13.62}$$

전체 절편에 대한 힘의 평형조건

사면에 외력이 없이 지반 자체의 자중만 존재한다면, 절편력의 합력은 자체적으로 소거될 것이다. 즉,

$$\sum(E_R - E_L) = 0 \tag{13.63a}$$

$$\sum(X_R - X_L) = 0 \tag{13.63b}$$

식 (13.59)로부터,

$$\sum(E_R - E_L) = \sum N\sin\alpha - \frac{1}{F_s}\sum[c'l + (N - ul)\tan\phi']\cos\alpha = 0 \tag{13.64}$$

위 식을 정리하여 힘의 평형조건으로 부터의 안전율을 구하면

$$F_{s(f)} = \frac{\sum\{c'l + (N - ul)\tan\phi'\}\cos\alpha}{\sum N\sin\alpha} \tag{13.65}$$

안전율을 구하기 위한 절차(정밀해법)

모멘트 평형조건을 이용한 $F_{s(m)}$, 힘의 평형조건을 이용한 안전율 $F_{s(f)}$을 구하기 위하여 N값을 알아야 되며, 식 (13.55)를 보면 N값을 구하기 위하여 절편력 X_L, X_R 값을 알아야 한다. 따라서 절편력 X_L, X_R 값에 대한 가정을 해야 하며 어떤 방법으로 가정하느냐에 따라 여러 방법들이 존재한다. 이 중 대표적인 Spencer의 방법과 Morgenstern과 Price 방법들을 소개하면 다음과 같다.

Spencer의 방법: $\dfrac{X}{E}$ = 일정한 값 = θ로 가정

Morgenstern + Price의 방법: $\dfrac{X}{E} = \lambda f(x)$로 가정

위의 두 방법은 절편력의 방향을 가정하여 $F_{s(m)}$과 $F_{s(f)}$를 구하되, 두 값이 같아질 때까지 계속하여 가정을 바꾸어 가는 방법으로서 절편력을 합리적으로 고려하였을 뿐만 아니라, 모멘트 평형과 힘의 평형을 모두 만족하는 방법으로 이를 정밀해법(Rigorous Method of Slices)

이라고 한다.

간편법

사면안전율을 간편한 계산으로 구할 수 있도록 가정을 도입한 방법으로서 어떤 가정을 했느냐에 따라 다음의 방법으로 대별될 수 있다.

- $X_R - X_L = 0$, $E_R - E_L = 0$로 가정
  원형파괴단면, 모멘트 평형만 고려: Fellenius 방법
- $X_R - X_L = 0$로 가정
  – 원형파괴단면, 모멘트 평형만 고려: Bishop의 간편법
  – 힘의 평형만 고려: Janbu의 간편법

13.5.3 Fellenius 방법

Fellenius 방법은 일명 보통의 절편법(Ordinary Method of Slices)이라고도 불리며 절편법 중 가장 단순한 계산법이다. 앞 절에서 서술한 대로 이 방법은 원형파괴(circular slip)에만 적용될 수 있으며, 모멘트 평형만을 고려한다.

이 방법에서의 가장 중요한 가정은 '절편력의 합력이 절편 바닥에 평행되게 작용한다'는 것이다. 이는 사실상 절편력의 영향을 고려하지 않는다는 의미와 같다.

Fellenius 방법에 의하여 안전율을 유도하는 방법은 다음과 같다(그림 13.14 참조).

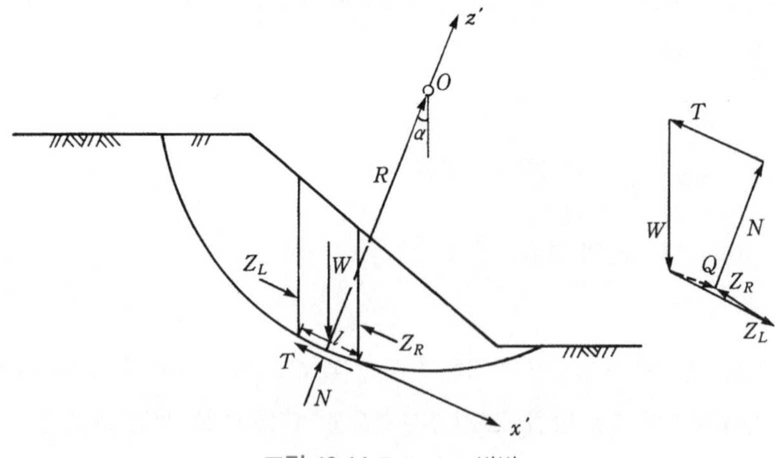

그림 13.14 Fellenius 방법

각 절편에 대한 평형조건

- 파괴기준

  파괴기준과 유발 전단강도 개념으로부터 T의 값을 구하는 것은 앞 절과 동일하다(식 (13.54)).

- 평형조건

  절편력의 합력이 절편 바닥에 평행하다고 가정하였으므로 평형조건은 절편 바닥에 수직한 방향을 고려한다.

$\Sigma F_z{}' = 0$을 적용하면

$$N = W\cos\alpha \tag{13.66}$$

즉, 수직력은 절편력에 무관하게 된다.

전체 절편에 대한 모멘트 평형조건

$\Sigma M_o = 0$을 적용하면

$$\Sigma WR\sin\alpha = \Sigma TR \tag{13.67}$$

위의 식에 T에 관한 식 (13.54)를 대입하고 정리하면 모멘트 평형조건으로부터의 안전율은 다음 식과 같이 된다.

$$small\, WR\sin\alpha = small\frac{1}{F_s}\{c'l + (N - ul)\tan\phi'\}R \tag{13.68}$$

$$F_{s(m)} = \frac{\Sigma\{c'l + (N - ul)\tan\phi'\}}{\Sigma W\sin\alpha} \tag{13.69}$$

이 식에 N에 관한 식 (13.66)을 대입하면

$$F_{s(m)} = \frac{\Sigma\{c'l + (W\cos\alpha - ul)\tan\phi'\}}{\Sigma W\sin\alpha} \tag{13.70}$$

위의 방정식은 오른쪽 항에 있는 모든 계수 및 정수를 알 수 있으므로 쉽게 계산할 수 있는 장점이 있다. 그러나 절편력의 영향을 고려하지 않은 큰 약점 때문에 Fellenius 방법으로 구한 안전율을 오차가 큰 것으로 알려져 있으며, 실제로 실무에서 거의 쓰이지 않는다.

13.5.4 Bishop의 간편법

Bishop의 간편법은 계산이 비교적 간편하면서도 이 방법으로 구한 안전율은 정밀한 방법과 비교하여 크게 손색이 없기 때문에 실무에서 가장 많이 애용되는 방법이다. 이 방법의 근간을 요약하면 다음과 같다.

(1) 원형파괴(circular slip)에 적용
(2) 모멘트 평형조건 만을 고려
(3) 가정: '절편력의 합력의 방향은 수평'이라 가정. 즉, $X_R - X_L = 0$로 가정

Bishop의 간편법으로 안전율을 유도하는 방법은 다음과 같다(그림 13.15 참조).

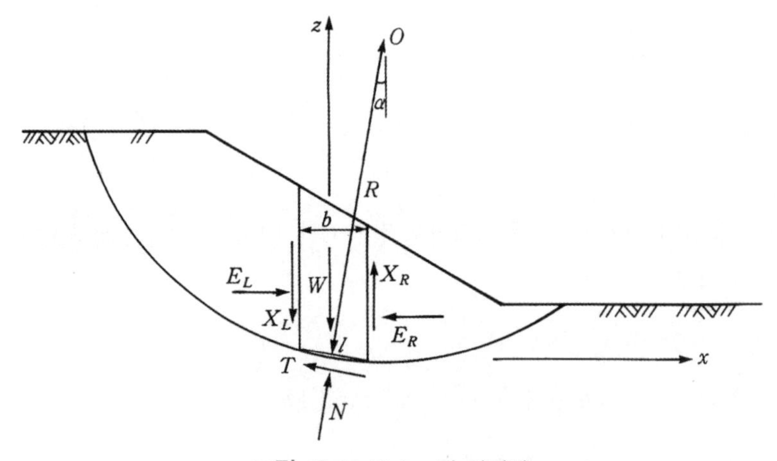

그림 13.15 Bishop의 간편법

<u>각 절편에 대한 평형조건</u>

- 파괴기준
  식 (13.54) 참조
- 평형조건

절편력의 합력의 방향이 수평방향이라고 가정하였으므로(즉, $X_R - X_L = 0$로 가정하였으므로), 평형조건은 연직방향을 고려한다.

$\sum F_z = 0$을 고려하면

$$N\cos\alpha + T\sin\alpha = W - (X_R - X_L) \tag{13.71}$$

위의 식에 T에 관한 식 (13.54)를 대입하고 정리하면 N에 관한 식을 다음과 같이 구할 수 있다.

$$N = \left\{ W - \frac{1}{F_s}(c'l\sin\alpha - ul\tan\phi'\sin\alpha) \right\} / m_\alpha \tag{13.72}$$

여기서, $m_\alpha = \cos\alpha\left(1 + \tan\alpha \dfrac{\tan\phi'}{F_s}\right)$ (13.73)

(그림 13.16 참조)

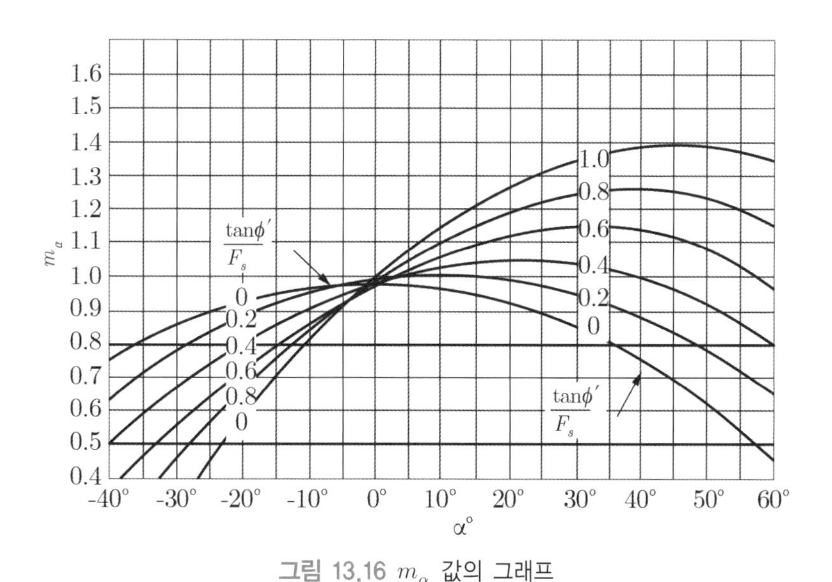

그림 13.16 m_α 값의 그래프

전체 절편에 대한 모멘트 평형조건

$\sum M_o = 0$을 적용하면

$$\sum WR\sin\alpha = \sum TR \tag{13.74}$$

위의 식에 T에 관한 식 (13.54)를 대입하고 정리하면 모멘트 평형조건으로부터의 안전율은 다음 식으로 표시된다.

$$F_{s(m)} = \frac{\sum\{c'l + (N - ul)\tan\phi'\}}{\sum W\sin\alpha} \tag{13.75}$$

식 (13.75)에 (12.72)를 대입하여 정리하면

$$F_{s(m)} = \frac{\sum\{c'b + (W - ub)\tan\phi'\}/m_\alpha}{\sum W\sin\alpha} \tag{13.76}$$

식 (13.76)을 보면 안전율이 좌측항뿐만 아니라, 우측항에도 존재한다(m_α에 포함되어 있음). 따라서 Bishop의 간편법은 반복법으로 풀어야 하며, 먼저, 안전율을 가정하여 식 (13.76)으로 안전율을 구하고, 가정한 안전율과 계산으로 구한 안전율이 상이할 경우 계속하여 안전율을 가정하여서, 가정한 안전율과 계산된 안전율이 같아질 때의 안전율을 구한다.

[예제 13.5] Fellenius와 Bishop의 방법을 각각 사용하여(예제 그림 13.5)에 나타나 있는 사면의 안전율을 구하라. 각 절편의 아랫부분에는 간극수압이 표시되어 있고 이 흙의 $\gamma = 20\text{kN/m}^3$, $c' = 10\text{kN/m}^2$, $\phi' = 29°$이다.

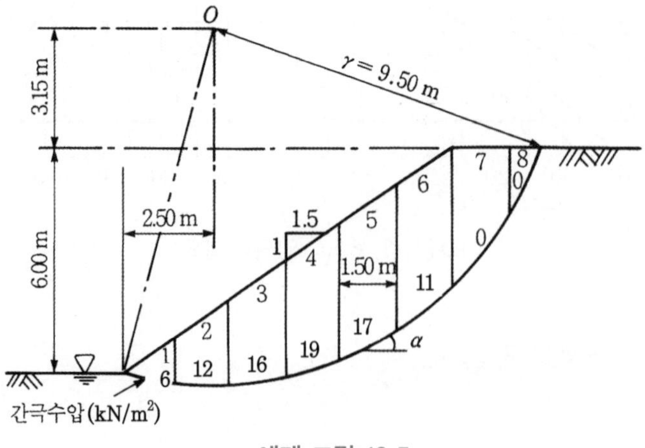

예제 그림 13.5

[풀 이] 모든 절편을 $b=1.5\mathrm{m}$ 너비로 나눈다. 그러면 각 절편의 무게는 $W=\gamma bh$가 된다. 계산과정을 표로 나타내면 다음과 같다.

• Fellenius 방법

절편	W (kN)	α ( )	$\sin\alpha$	$W\sin\alpha$ (kN)	$\cos\alpha$	$W\cos\alpha$ (kN)	u (kN/m²)	l(m)	$U=ul$ (kN)
1	19.5	−11.54	−0.20	−3.9	0.98	19.1	6	1.53	9.2
2	57	−1.15	−0.02	−1.1	1.00	57	12	1.50	18
3	81	8.05	0.14	11.3	0.99	80.2	16	1.52	24.3
4	102	17.46	0.30	30.6	0.95	96.9	19	1.58	30
5	114	25.47	0.43	49	0.90	102.6	17	1.67	28.4
6	117	37.59	0.61	71.4	0.79	92.4	11	1.90	20.9
7	90	49.46	0.76	68.4	0.65	58.5	0	2.31	0
8	20	64.16	0.90	18	0.44	8.8	0	3.44	0
합계				243.7		515.5		15.45	130.8

$$F_{s(m)}=\frac{\Sigma\{c'l+(W\cos\alpha-U)\tan\phi'\}}{\Sigma W\sin\alpha}$$

$$=\frac{10\times15.45+(515.5-130.8)\tan29°}{243.7}=1.51$$

• Bishop의 간편법

(1) slice	(2) b (m)	(3) $c'b$ (kN)	(4) ub (kN)	(5) $W-ub$ (kN)	(6) (5)*tanϕ (kN)	(7) (3)+(6) (kN)	(8) m_α		(9) (7) / (8)	
							$F_s=1.50$	$F_s=1.70$	$F_s=1.50$	$F_s=1.70$
1	1.50	15	9	10.5	5.8	20.8	0.91	0.91	22.9	22.9
2	1.50	15	18	39	21.6	36.6	0.99	0.99	37	37
3	1.50	15	24	57	31.6	46.6	1.04	1.04	44.8	44.8
4	1.50	15	28.5	73.5	40.7	55.7	1.06	1.05	52.5	53
5	1.50	15	25.5	88.5	49.1	64.1	1.06	1.04	60.5	61.6
6	1.50	15	16.5	100.5	55.7	70.7	1.02	0.99	69.3	71.4
7	1.50	15	0	90	49.9	64.9	0.93	0.90	69.8	72.1
8	1.00	10	0	20	11.1	21.1	0.77	0.73	27.4	28.9
합계									384.2	391.7

$F_s=1.50$으로 가정했을 때 $F_{s(m)}=\dfrac{384.2}{243.7}=1.58$

$F_s = 1.70$ 으로 가정했을 때 $F_{s(m)} = \dfrac{391.7}{243.7} = 1.61$

$F_s = 1.60$ 으로 가정하여 계산을 되풀이하면 $F_{s(m)} = 1.60$

13.5.5 Janbu의 간편법

사면의 파괴단면이 원형이 아닌 경우(non-circular)에는 모멘트 평형으로 안전율을 구하기 어렵다. Janbu는 비원형 단면에 대하여, 힘의 평형만으로 안전율을 구하는 방법을 제시하였다. 그 근간을 요약하면 다음과 같다.

(1) 비원형(non-circular) 파괴에 주로 적용
(2) 힘의 평형조건만을 고려
(3) 가정: $X_R - X_L = 0$ 로 가정(Bishop의 간편법과 동일)

Janbu의 간편법으로 안전율을 유도하는 방법은 다음과 같다(그림 13.17 참조).

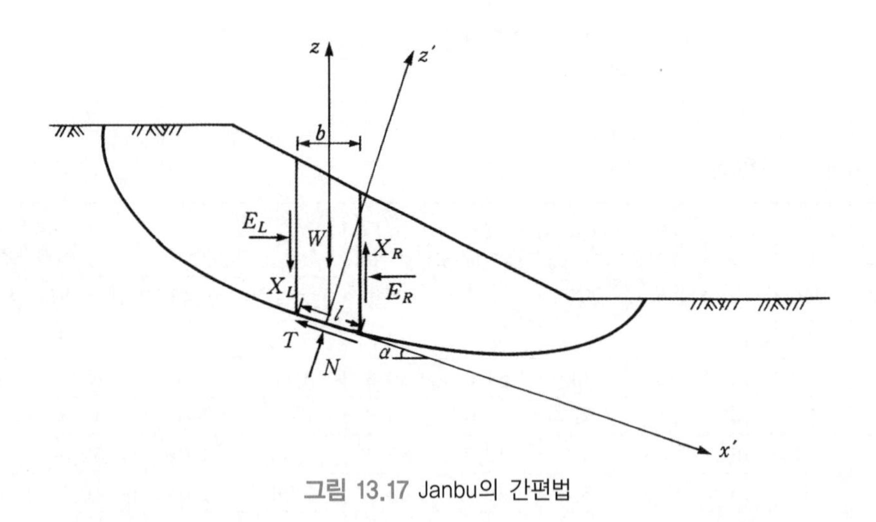

그림 13.17 Janbu의 간편법

<u>각 절편에 대한 평형조건</u>

- 평형조건

  $\Sigma F_z = 0$ 을 고려하는 것까지는 Bishop의 간편법과 같다(즉, 식 (13.71)~(13.73)은 그대로 적용됨).

$\sum F_x{}' = 0$을 적용하면

$$T + (E_R - E_L)\cos\alpha = \{W - (X_R - X_L)\}\sin\alpha \tag{13.77}$$

T에 관한 식 (13.54)를 대입하고 정리하면

$$E_R - E_L = W\tan\alpha - \frac{1}{F_s}\{c'l + (N - ul)\tan\phi'\}\sec\alpha \tag{13.78}$$

<u>전체절편에 대한 힘의 평형조건</u>

힘의 평형조건으로부터

$$\sum (E_R - E_L) = 0 \tag{13.79}$$

식 (13.78)을 적용하면,

$$\sum (E_R - E_L) = \sum W\tan\alpha - \frac{1}{F_s}\sum\{c'l + (N - ul)\tan\phi'\}\sec\alpha \tag{13.80}$$

안전율은 다음 식으로 표시된다.

$$F_o = \frac{\sum\{c'l + (N - ul)\tan\phi'\}\sec\alpha}{\sum W\tan\alpha} \tag{13.81}$$

식 (13.72), (13.73)을 (13.81)에 대입하고 정리하면 안전율은 다음과 같이 표기될 수도 있다.

$$F_o = \frac{\sum\{c'b + (W - ub)\tan\phi'\}/n_\alpha}{\sum W\tan\alpha} \tag{13.82}$$

여기서, $n_\alpha = \cos\alpha \cdot m_\alpha$

Janbu는 13.82 식에다 절편력의 가정으로 인한 오차를 줄여주기 위하여 f_o의 수정계수를 적용하였다(그림 13.18 참조). 이때의 수정안전율은 다음 식과 같다.

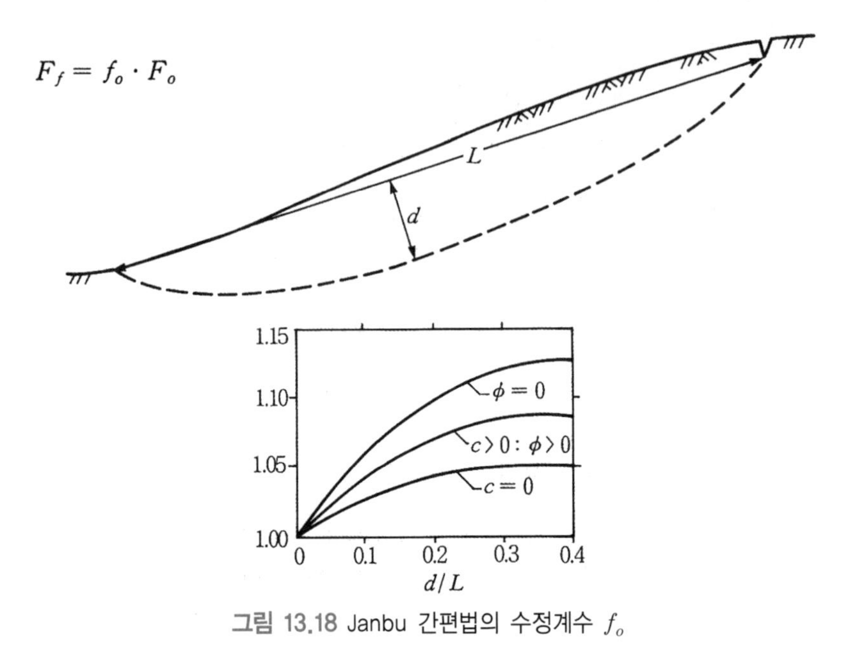

그림 13.18 Janbu 간편법의 수정계수 f_o

13.6 사면안정 해석법의 응용

13.6.1 서 론

이제까지 집중적으로 서술한 것은 사면안정해석을 위하여 한계평형상태이론(limit equilibrium)으로 안전율을 구하는 방법에 대한 것이었다.

힘의 평형으로 안전율을 구할 수도 있고, 모멘트 평형으로 안전율을 구할 수도 있다고 하였다. 본 절에서는 실제적으로 어떤 토질정수를 사용하여 사면안정에 대한 검토를 할 수 있는지에 대하여 개략적으로 서술하고자 한다. 초두에 밝힌 대로 사면안정해석에 대한 검토법은 그리 단순하지가 않다. 우선적으로 다음에 서술하는 내용은 반드시 숙지하여야 첫걸음을 할 수 있을 것이다.

우선적으로 밝혀둘 것은, 앞 절까지 집중적으로 서술한 사면안정해석법은 주로 지하수가 지표면 아래에 존재하고, 정상 침투가 발생하는 경우에 주로 적용될 수 있는 경우가 대부분으로 볼 수 있다(다음의 개념도 참조). 실제 현장조건을 보면 이외에도 여러 가지 경우가 존재한다. 예를 들어, 수중사면, 성토사면, 절토사면의 경우 등등이 있다.

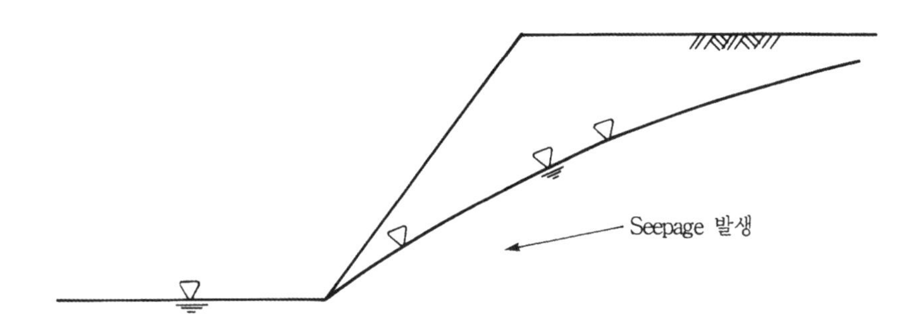

우선적으로 다음의 두 가지 개념을 정확히 이해하여야 사면안정에 입문할 수 있음을 밝혀 둔다.

1) 전응력 해석법과 유효응력 해석법

독자는 다음을 공부하기 전에 10.4.1절의 전단강도의 응용편을 먼저 숙지하기 바란다.

사면의 안정해석 방법에는 전응력 해석법과 유효응력 해석법이 있음을 이미 서술한 바와 같으며 이를 정리하면 다음과 같다.

(1) 전응력 해석법

이 해석법은 무조건 전응력만을 고려하는 방법으로 수압의 존재 여부를 불문하고 수압은 전혀 고려하지 않는다. $\phi_u = 0$ 해석법이 전응력 해석법의 대표적인 예이다. 전단강도는 비배수 전단강도로서 $\tau_f = c_u$를 사용하고, 응력은 전응력을 사용하므로 단위중량은 습윤단위중량 또는 포화단위중량을 사용한다. 즉, 물체력을 구할 때도 전중량만을 사용한다.

(2) 유효응력 해석법

유효응력에 근거한 해석법으로서 다음에 근거하여 해석한다.

- 전단강도: 유효응력 개념으로 $\tau_f = c' + \sigma_n' \tan\phi'$

$$= c' + (\sigma_n - u)\tan\phi'$$ 사용

- 물체력(body force)의 고려법: 당연히 물의 영향을 고려하여야 하므로 물체력 고려 시 다음의 두 가지 방법 중 하나를 택해야 한다.

2) 평형조건의 고려방법

물체력의 고려방법에는 두 가지 방법이 있다고 하였다. 이를 근거로 지하수가 존재할 때의 평형조건을 고려하는 방법은 다음의 두 가지로 분류된다.

(1) 전중량+경계면 수압+경계면의 유효응력 고려

사면안정 해석법에서 주종을 이루는 해석법으로 앞 절에서 서술한 방법들 중 이 방법을 택한 예를 보면 다음과 같다.

- 사면에 평행한 침투가 일어나는 경우의 무한 사면안정해석 - 바닥면에서의 전단 응력 계산 시 전중량 사용(식 (13.15)).
- 절편법
  절편법에서 절편의 양쪽에 작용되는 절편력 Z_R, Z_L의 고려 시 수압을 같이 포함시킴이 일반적이다. 따라서 절편법에 의한 사면안정해석 방법은 이 방법을 선택한다.

(2) 유효중량+침투수력+경계면에서의 유효응력 고려

이제까지 이 방법을 택한 예는 다음과 같다.

- 사면에 평행한 침투가 일어나는 경우의 무한 사면안정해석
  바닥면에서의 전단응력 계산 시 유효중량+침투수력에 의한 영향 사용(식 (13.25))
- 수중 무한 사면안정해석 - 유효중량을 사용하므로 바닥면에서의 전단응력은 유효 중량에 의한 응력임(식 (13.30)).

13.6.2 정상 침투 시의 사면안정 해석법

다음 예제 그림 13.6(a)와 같이 정상침투가 발생하는 사면안정 해석을 위하여 우선적으로 투수이론으로부터 각 지점에서의 수압을 구할 수 있어야 한다. 그림에 투수이론으로부터 유선망이 그려져 있으며, 활동 가능면에서의 한 점에서 간극수압은 예제 그림 13.6(b)에 표시된 대로 그 점에서 등수두선을 그어 이 등수두선이 침윤선(phreatic surface)과 만나는 점까지의 높이에 γ_w를 곱한 값이 된다.

투수에 관한 분석이 끝나면 절편법으로 사면안정 해석을 하게 되는데(예제 그림에는 총 $n=9$개의 절편으로 나눔) 전술한 대로 정상 침투 시에는 유효응력 해석을 실시하며, 물체력의 고려는 ①, 즉 (전중량+경계면 수압)을 고려한다. 절편 양단에서의 수압은 절편력에 포함시키므로 (Z_R, Z_L)에 포함, 실제로 수압은 절편 바닥에서의 수압만을 고려하면 될 것이다.

단위중량은 침윤선 위에서는 습윤단위중량 γ_t를, 침윤선하에서는 포화단위중량 γ_{sat}를 사용한다. 다음의 예제를 차근차근 숙지하길 바란다.

[예제 13.6] 다음(예제 그림 13.6a)과 같이 정상 침투가 발생되는 사면에서 Fellenius 방법 및 Bishop의 간편법으로 사면파괴에 대한 안전율을 구하라.

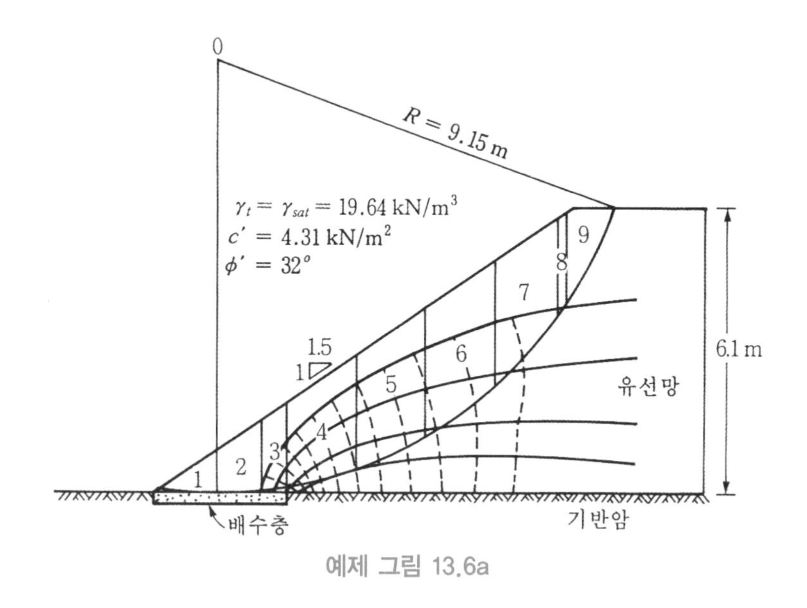

예제 그림 13.6a

[풀 이] 우선 (예제 그림 13.6(a))에 표시된 유선망으로부터, 각 절편의 바닥면에서의 수압을 구하라. 다음의 예로서 절편 5에서 수압을 구하는 방법을 예시한다.

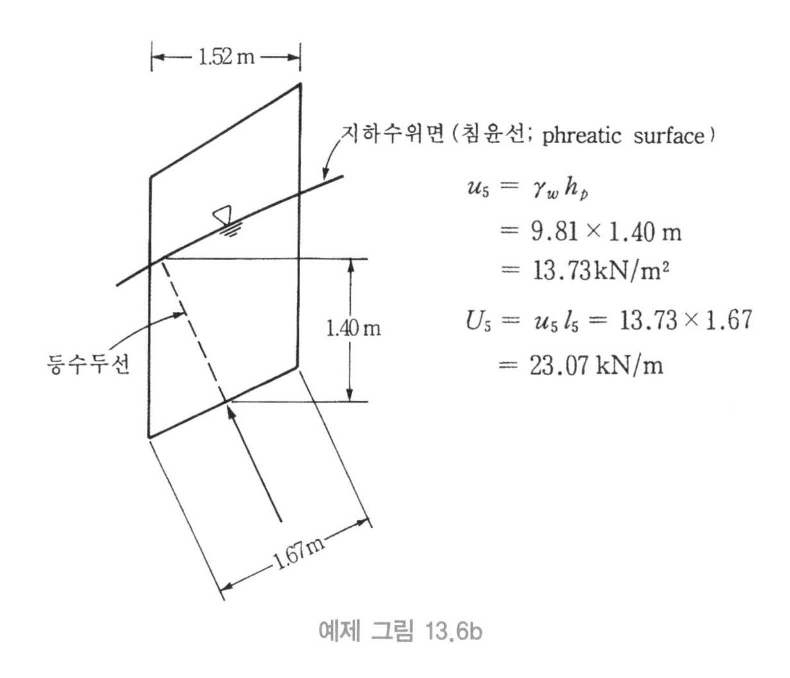

예제 그림 13.6b

각 절편에서의 폭, 높이, 전중량은 다음과 같다.

slice	b(m)	H(m)	W(kN)
1	1.37	0.49	13.2
2	0.98	1.28	24.6
3	0.55	1.77	19.1
4	1.52	2.26	67.5
5	1.52	2.74	81.8
6	1.52	2.84	84.8
7	1.34	2.56	67.4
8	0.18	2.04	7.2
9	0.98	1.16	22.3

(예) 절편 5 $W = \gamma_t \cdot b \cdot H = (19.64)(1.52)(2.74) = 81.8\text{kN}$

- Fellenius 방법

  다음 표에 필요한 값들이 정리되어 있다.

slice	W (kN)	$\sin\alpha$	$\cos\alpha$	$W\sin\alpha$ (kN)	$W\cos\alpha$ (kN)	u(kN/m)	l (m)	U (kN)	N' (kN)
1	13.2	-0.03	1.00	-0.4	13.2	0	1.37	0	13.2
	24.6	0.05	1.00	1.2	24.6	0	0.98	0	24.6
	19.1	0.14	0.99	2.7	18.9	1.4	0.56	0.8	18.1
	67.5	0.25	0.97	16.9	65.5	10	1.57	15.7	49.8
	81.8	0.42	0.91	34.4	74.4	13.9	1.67	23.2	51.2
	84.8	0.58	0.81	49.2	68.7	12	1.88	22.6	46.1
	67.4	0.74	0.67	49.9	45.2	5.3	2.00	10.6	34.6
	7.2	0.72	0.69	5.2	5.0	0	0.26	0	5.0
	22.3	0.87	0.49	19.4	10.9	0	2.00	0	10.9
합계				178.5			12.29		253.5

* $N' = W\cos\alpha - U$

$$F_{s(m)} = \frac{\Sigma\{c'l + (W\cos\alpha - U)\tan\phi'\}}{\Sigma W\sin\alpha} = \frac{4.31 \times 12.29 + 253.5 \cdot \tan 32}{178.5} = 1.18$$

- Bishop 간편법

다음 표에 필요한 값들이 정리되어 있다.

(1) slice	(2) b (m)	(3) $c'b$ (kN)	(4) ub (kN)	(5) $W-ub$ (kN)	(6) (5)*tanϕ (kN)	(7) (3)+(6) (kN)	(8) m_α		(9) (7)/(8)	
							$F=1.25$	$F=1.35$	$F=1.25$	$F=1.35$
1	1.37	5.9	0	13.2	8.25	14.15	0.99	0.99	14.29	14.29
2	0.98	4.2	0	24.6	15.37	19.57	1.02	1.02	19.19	19.19
3	0.55	2.4	0.77	18.3	11.44	13.84	1.06	1.05	13.06	13.18
4	1.52	6.6	15.2	52.3	32.68	39.28	1.09	1.09	36.04	36.04
5	1.52	6.6	21.13	60.7	37.93	44.53	1.12	1.10	39.76	40.48
6	1.52	6.6	18.24	66.6	41.62	48.22	1.10	1.08	43.84	44.65
7	1.34	5.8	7.1	60.3	37.68	43.48	1.04	1.01	41.81	43.05
8	0.18	0.8	0	7.2	4.50	5.30	1.05	1.02	5.05	5.20
9	0.98	4.2	0	22.3	13.93	18.13	0.92	0.89	19.71	20.37
합계									232.73	236.44

$*m_\alpha = \cos\alpha\left(1+\tan\alpha \cdot \dfrac{\tan\phi'}{F_s}\right)$

$$F_{s(m)} = \frac{\Sigma\{c'b+(W-ub)\tan\phi'\}/m_\alpha}{\Sigma W\sin\alpha}$$

$F_s = 1.25$로 가정한 경우 $F_{s(m)} = \dfrac{232.73}{178.5} = 1.30$

$F_s = 1.35$로 가정한 경우 $F_{s(m)} = \dfrac{236.44}{178.5} = 1.32$

마찬가지 방법으로 $F_s = 1.31$이라 가정하면 $F_{s(m)} = 1.31$

13.6.3 부분 수중상태의 사면에 대한 해석

부분 수중상태라는 것은 사면의 일부가 물속에 잠긴 상태를 말한다. 먼저 수중사면에 작용하는 물체력을 나타내보면 다음과 같다(그림 13.19 참조).

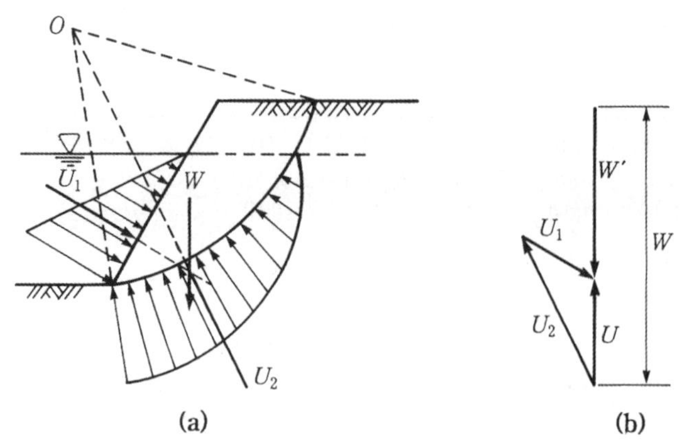

그림 13.19 부분수중 상태 (a) 활동하려는 토체에 작용하는 수압의 크기와 방향 (b) 힘 다각형

그림 13.19에서 물체력의 고려 방법 중(전중량+경계면 수압)을 고려하면, 다음과 같이 요약된다.

토괴의 전중량= W

경계면 수압= U_1, U_2

위의 힘 중에서 경계면 수압 U_1, U_2의 합력은 연직 상방향이고, 그 크기는 토괴의 체적 V에 해당하는 물의 무게 $W_w = \gamma_w V$와 같다. 이때 $W' = W - W_w$는 유효중량으로서 결국은 (유효중량+침투수력)의 방법으로 귀착되며, 이때의 침투수력은 0이 된다.

대부분의 유한사면의 안정해석은 절편법을 이용하게 되므로 부분 수중상태의 사면에 대한 해석도 절편법을 중심으로 설명하고자 한다. 우선적으로 밝혀둘 사항은 앞 절에서 서술한 대로 절편법에서 절편력을 고려할 때, 수압까지를 포함한 전하중을 사용하기 때문에, 절편법에서는(전중량+경계면 수압+경계면에서의 유효응력) 개념으로 평형조건을 수립함이 일반적이며, 수중사면의 경우도 마찬가지라는 점이다. (이는 수중무한 사면의 해석에서는「유효중량+침투수력」을 사용하는 것과 대조된다.)

(전중량+경계면 수압+경계면에서의 유효응력)의 관점에서 절편법으로 사면안정을 해석하는 방법은 다음 그림 13.20와 같이 세 가지 방법을 생각할 수 있다. 물의 무게도 전중량에 포함되기 때문에, 첫째 방법은 활동원이 외수위까지 포함한다고 가정하는 것이다. BCE 위의 물도 $\gamma = \gamma_w$, $c = \phi = 0$인 흙으로 가정한다(그림 13.20(a)). 둘째 방법은 $ABCD$는 토괴 중량, $GBCD$는 물의 중량을 고려하고, 수압 BGF는 따로 고려하는 방법이다(그림 13.20(b)).

셋째 방법은 $ABCD$의 토괴 중량과 DC, BC면에 작용하는 수압을 따로 고려하는 방법이다 (그림 13.20(c)).

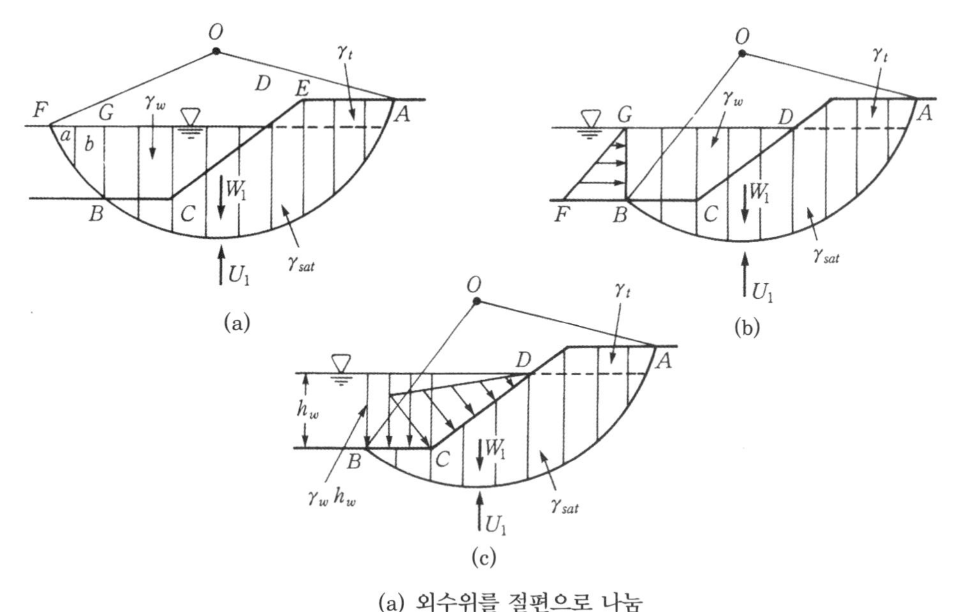

(a) 외수위를 절편으로 나눔

(b) BG에 작용하는 수압 고려　　　(c) 비탈 경계면에 작용하는 수압 고려

그림 13.20 외수위에 대한 처리방법

위의 세 방법 중 어느 방법을 사용하든지 결과는 동일하다. 단, Fellenius 방법, Bishop의 간편법 등에서 제시된 공식을 그대로 활용하기 위하여 첫째 방법을 이용하는 것이 간편하며, 그 외의 방법을 사용하기 위하여 수압에 의한 외력으로 인한 저항모멘트를 따로 고려해주어야 한다.

(유효중량+침투수력+경계면 유효응력) 개념을 채택하는 경우(그림 13.21 참조)

잘 사용되지 않지만 두 번째 개념을 사용하는 경우는 절편법 적용 시 지하수위 위에서는 습윤단위중량 γ_t를, 지하수위 아래서는 유효단위중량 γ'을 사용하고 수압은 고려하지 않는다. 호 $\widehat{AB}$에서의 경계면에서의 응력은 자동적으로 유효응력으로 생성될 것이다.

이 방법에서 주의하여야 할 점이 있다. $\phi_u = 0$ 해석법인 전응력 해석법에서는 무조건 전응력을 사용하여야 하므로 이 방법을 사용할 수 없다.

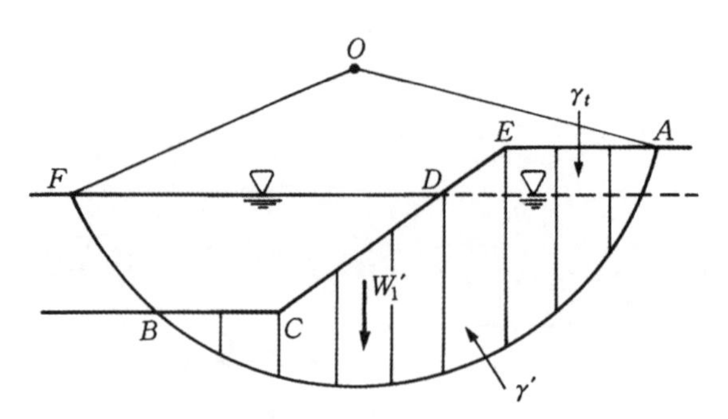

그림 13.21 수중사면의 해석(유효중량 개념)

[예제 13.7] 예제 그림 13.7의 사면이 6.1m의 높이까지 물이 차 있을 때 사면파괴에 대한 안전율을 구하되, 전중량 개념의 방법 2와 유효중량 개념을 각각 사용하라(Bishop의 간편법을 사용하라).

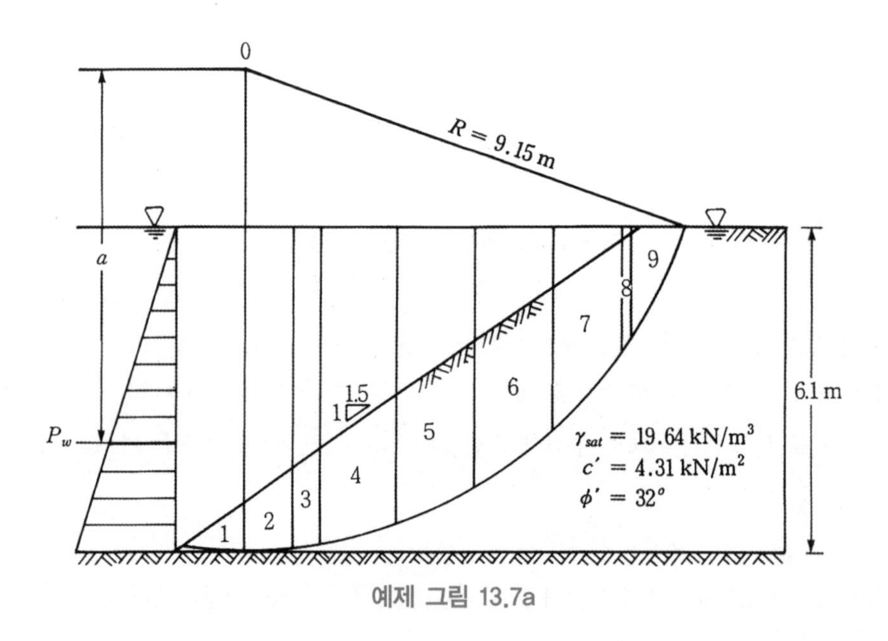

예제 그림 13.7a

[풀 이]

1) 전중량(방법 2의 사용)

공식의 수정

- Bishop의 간편법

식 (13.67)을 다음과 같이 수정해야 한다.

$$\sum W \cdot R\sin\alpha - M_w = \sum TR \tag{13.67a}$$

(M_w: 수압에 의한 모멘트)

따라서 안전율 공식은 다음 식으로 표시된다.

$$F_{s(m)} = \frac{\sum\{c'b + (W - ub)\tan\phi'\}/m_\alpha}{\sum W\sin\alpha - \dfrac{M_w}{R}} \tag{13.76a}$$

예제 그림 13.7a에서

$$P_w = \frac{1}{2}\gamma_w H_w^2 = \frac{1}{2} \times 9.81 \times 6.1^2 = 182.52\text{kN/m}$$

$$a = (9.15 - 6.1) + 6.1 \times \frac{2}{3} = 7.12\text{m}$$

$$M_w = P_w a = 182.5 \times 7.12 = 1{,}299.5\text{kNm}$$

각 절편에서 폭, 물기둥 높이, 토괴높이, 전중량은 다음과 같다.

slice	b(m)	H_w(m)	H_t(m)	W(kN)	$W\sin\alpha$(kN)
1	1.37	5.64	0.49	88.98	-2.67
2	0.98	4.86	1.28	71.36	3.57
3	0.55	4.35	1.77	42.59	5.96
4	1.52	3.66	2.26	122.04	30.51
5	1.52	2.65	2.74	121.31	50.95
6	1.52	1.43	2.84	106.10	61.54
7	1.34	0.68	2.56	76.31	56.47
8	0.18	0.17	2.04	7.51	5.41
9	0.98	0	1.16	22.33	19.43
				계	231.16

예: 절편 5 $W = (\gamma_w H_w + \gamma_{sat} H_t)b$

$= (9.81 \times 2.65 + 19.64 \times 2.74) \times 1.52 = 121.31\text{kN}$

Bishop의 간편법

(1) slice	(2) b (m)	(3) $c'b$ (kN)	(4) ub (kN)	(5) $W-ub$ (kN)	(6) (5)*tanϕ (kN)	(7) (3)+(6) (kN)	(8) m_α		(9) (7)/(8)	
							$F_s=1.8$	$F_s=1.9$	$F_s=1.8$	$F_s=1.9$
1	1.37	5.9	82.39	6.60	4.12	10.03	0.990	0.990	10.13	10.13
2	0.98	4.2	59.03	12.33	7.71	11.93	1.017	1.016	11.73	11.74
3	0.55	2.4	33.02	9.57	5.98	8.35	1.039	1.036	8.04	8.06
4	1.52	6.6	88.27	33.77	21.10	27.65	1.057	1.052	26.17	26.28
5	1.52	6.6	80.37	40.94	25.58	32.13	1.056	1.048	30.44	30.66
6	1.52	6.6	63.67	42.43	26.52	33.07	1.011	1.001	32.70	33.04
7	1.34	5.8	42.59	33.72	21.07	26.85	0.927	0.913	28.96	29.39
8	0.18	0.8	3.90	3.61	2.26	3.03	0.855	0.840	3.55	3.61
9	0.98	4.2	11.15	11.17	6.98	11.21	0.792	0.776	14.15	14.44
합계									165.86	167.35

$*m_\alpha = \cos\alpha\left(1+\tan\alpha \cdot \frac{\tan\phi'}{F_s}\right)$

$F_s = 1.8$로 가정한 경우 $F_{s(m)} = \dfrac{165.86}{231.16 - \dfrac{1299.5}{9.15}} = 1.86$

$F_s = 1.9$로 가정한 경우 $F_{s(m)} = \dfrac{167.35}{231.16 - \dfrac{1299.5}{9.15}} = 1.88$

$F_s = 1.87$로 가정해서 마찬가지 방법으로 풀면 $F_{s(m)} = 1.87$

답: $F_{s(m)} = 1.87$

2) 유효중량 개념

공식의 수정: 유효중량만을 고려하므로 공식은 다음과 같이 된다.

• Bishop의 간편법

$$F_{s(m)} = \frac{\Sigma\{c'b + W'\tan\phi'\}/m_\alpha}{\Sigma W'\sin\alpha} \qquad (13.76b)$$

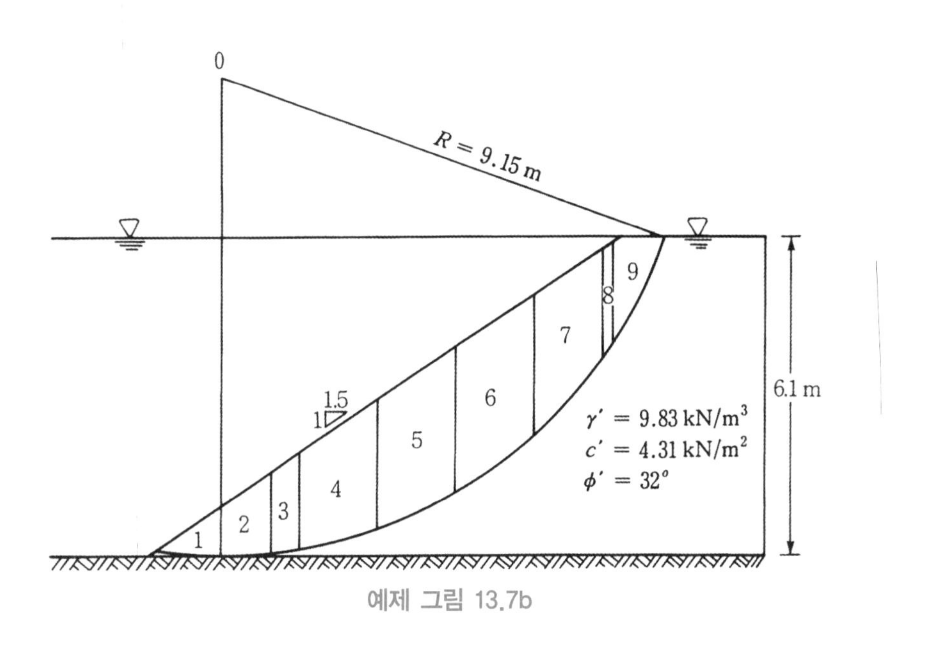

예제 그림 13.7b

각 절편에서 폭, 높이, 유효중량은 다음과 같다.

(1) slice	(2) b(m)	(3) H_t(m)	(4) W'(kN)	(5) $W'\sin\alpha$(kN)
1	1.37	0.49	6.599	−0.198
2	0.98	1.28	12.331	0.617
3	0.55	1.77	9.570	1.340
4	1.52	2.26	33.768	8.442
5	1.52	2.74	40.940	17.195
6	1.52	2.84	42.434	24.612
7	1.34	2.56	33.721	24.954
8	0.18	2.04	3.610	2.599
9	0.98	1.16	11.175	9.722
			계	89.282

예: 절편 5 $W' = \gamma' \times b \times H_t$

$$= (19.64 - 9.81) \times 1.52 \times 2.74 = 40.94\text{kN}$$

다음 표에 필요한 값이 정리되어 있다.

(1) slice	(2) b (m)	(3) $c'b$ (kN)	(4) W' (kN)	(5) $W'\tan 32$ (kN)	(6) (3)+(5) (kN)	(7) m_α		(8) (6)/(7)	
						$F_s=1.8$	$F_s=1.9$	$F_s=1.8$	$F_s=1.9$
1	1.37	5.90	6.60	4.12	10.03	0.99	0.99	10.13	10.13
2	0.98	4.22	12.33	7.71	11.93	1.02	1.02	11.73	11.74
3	0.55	2.37	9.57	5.98	8.35	1.04	1.04	8.04	8.06
4	1.52	6.55	33.77	21.10	27.65	1.06	1.05	26.17	26.28
5	1.52	6.55	40.94	25.58	32.13	1.06	1.05	30.44	30.66
6	1.52	6.55	42.43	26.52	33.07	1.01	1.00	32.70	33.04
7	1.34	5.78	33.72	21.07	26.85	0.93	0.91	28.96	29.39
8	0.18	0.78	3.61	2.26	3.03	0.85	0.84	3.55	3.61
9	0.98	4.22	11.17	6.98	11.21	0.79	0.78	14.15	14.44
합계	9.96	42.928						165.86	167.35

$*m_\alpha = \cos\alpha\left(1+\tan\alpha\cdot\frac{\tan\phi}{F_s}\right)$

$F_s = 1.80$으로 가정했을 때 $F_{s(m)} = \frac{165.86}{89.282} = 1.858$

$F_s = 1.90$으로 가정했을 때 $F_{s(m)} = \frac{167.35}{89.282} = 1.874$

$F_s = 1.86$으로 가정하고 마찬가지로 풀면 $F_{s(m)=1.86}$

답: $F_{s(m)} = 1.86$

[예제 13.8] 앞의 예제 13.7에서 사면은 완전히 점토이고, 점토의 비배수 전단강도 $c_u = 50\text{kN/m}^2$ 일 때($\phi_u = 0$), $\phi_u = 0$ 해석법으로 수중사면안정해석을 실시하라.

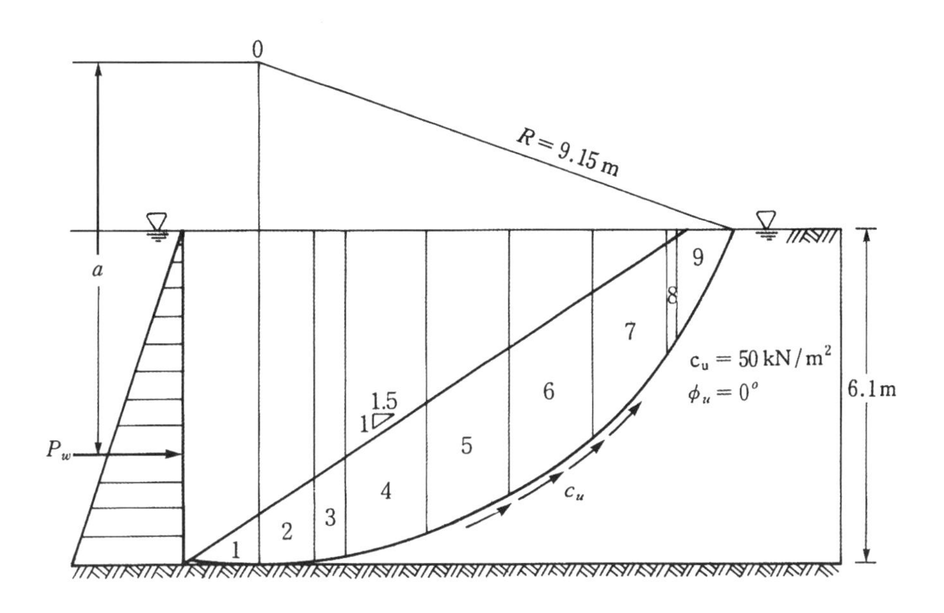

[풀 이]

식 (13.76a)에서 $\phi_u = 0$이므로 $\tan\phi_u = 0$m $m_\alpha = \cos\alpha(1 + \tan\alpha \cdot \tan\phi'/F_s) = \cos\alpha$ 이고 따라서

$$F_{s(m)} = \frac{\Sigma\{c_u \cdot b\}/\cos\alpha}{\Sigma W \cdot \sin\alpha - \dfrac{M_w}{R}}$$

$$\Sigma b/\cos\alpha = l$$

$$F_{s(m)} = \frac{c_u \cdot l}{\Sigma W \cdot \sin\alpha - \dfrac{M_w}{R}}$$

앞의 예제 13.6에서 $l = 12.29$m

예제 13.7에서 $\Sigma W \cdot \sin\alpha = 231.16$kN, $M_w = 1{,}299.54$kN·m

$$F_{s(m)} = \frac{50 \times 12.29}{231.16 - \dfrac{1299.54}{9.15}} = 6.89$$

Note

이제까지 서술한 13.6.2절의 정상 침투 시와 13.6.3절의 수중사면에 대한 사면안정 해석법은 소위 정상상태(steady-state)에서의 사면안정 해석법을 서술한 것이다. 즉, 지반에 작용하는 응력과 수압이 시간에 따라 변하지 않고 일정한 경우에 대한 안정 해석법이다.
이에 반하여 13.6.4~13.6.6절에서 서술하고자 하는 사면안정 해석법은 지반에 작용하는 응력과 수압이 시간에 따라 변하는(즉, transient의 경우) 경우에 대한 사면안정 해석법임을 독자들은 먼저 인지하고 다음 절을 공부하면 흐름을 이해하는 데 도움이 될 것이다.

13.6.4 포화된 점토 위에 제방성토 시의 안정

다음 그림 13.22와 같이 포화된 점토지반 위에 제방성토를 한다고 하자. 점토지반 임의의 점 P에서의 응력, 간극수압을 보면 다음과 같다.

- 전단응력: 제방높이가 높아짐에 따라 전단응력 τ_n은 계속 증가하며, 제방축조가 완료되면 그때의 τ_n이 최대가 된다.
- 간극수압: P점에서 초기의 간극수압은 $u_o = \gamma_w z$이다. 만일 제방을 축조하게 되면 P 입자는 전응력의 증가가 발생하고, 이때 점토입자에 배수가 발생하지 않으면 응력의 증가로 인하여 과잉간극수압이 다음과 같이 발생할 것이다. 즉,

$$\Delta u = B[\Delta\sigma_3 + A(\Delta\sigma_1 - \Delta\sigma_3)]$$

그렇다면 P점의 수압은 $u = u_o + \Delta u$로서 그림 13.22에서와 같이 성토축조가 끝날 때까지 계속 증가하며, 시공 후에는 물이 빠져 나가므로 과잉간극수압이 소산되어 급기야 정수압($u_o = \gamma_w z$)이 될 것이다.

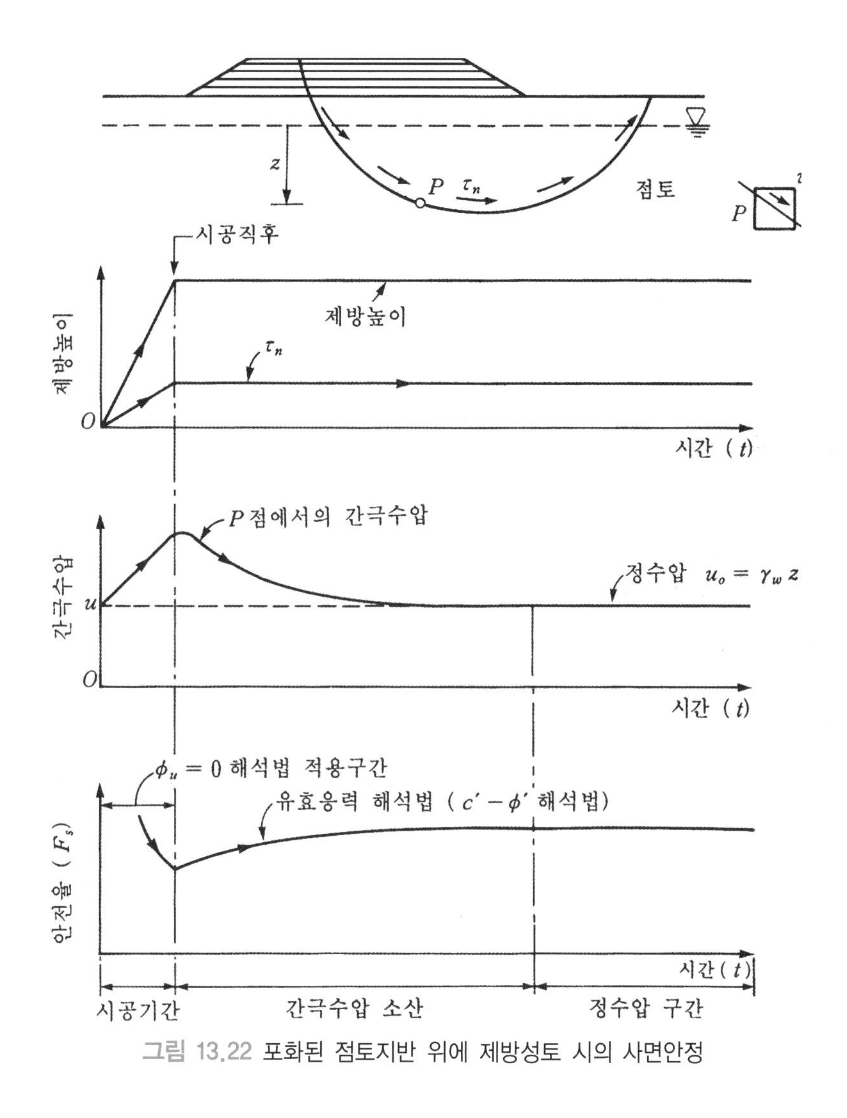

그림 13.22 포화된 점토지반 위에 제방성토 시의 사면안정

사면안정에 가장 위험한 경우(Critical Condition)

이 경우에 가장 위험한 순간은 제방축조 직후이다. 이때 전단응력이 최댓값이 되며, 수압도 최대이므로 $\tau_f = c' + (\sigma_n - u)\tan\phi'$로 표시된 유효응력의 관점에서 보면 전단강도는 최소가 되기 때문이다.

제방축조 직후의 사면안정 해석법에는 다음의 두 가지 방법이 있을 수 있다.

① $\phi_u = 0$해석법

전응력 해석법으로서, 수압의 영향을 고려하지 않기 위하여 물체력 계산 시에도 γ_t, γ_{sat} 등 전응력을 사용하고 전단강도는 비배수 전단강도 c_u를 사용하는 사면안정 해석법으로서, 가장 많이 쓰이는 방법이다.

② 유효응력 해석법

유효응력으로 표시된 전단강도 $\tau_f = c' + (\sigma_n - u)\tan\phi'$을 사용하는 방법으로, Skempton의 공식을 이용하여 과잉간극수압 Δu를 예측하고, 이를 근거로 수압 $u = u_o + \Delta u$를 이용하여 사면안정계산을 한다. 현장 시공 시에 점토지반에 피에조메타를 설치하여 수압을 계측하여, 예측치와 비교하여 계속적으로 사면안정계산을 수정해 나가는 방법이다.

13.6.5 포화된 점토지반을 절취할 때의 사면안정

그림 13.23에서와 같이 점토지반을 절취하여 사면이 형성된 경우의 위험한 경우는 성토 시와 완전히 다르다.

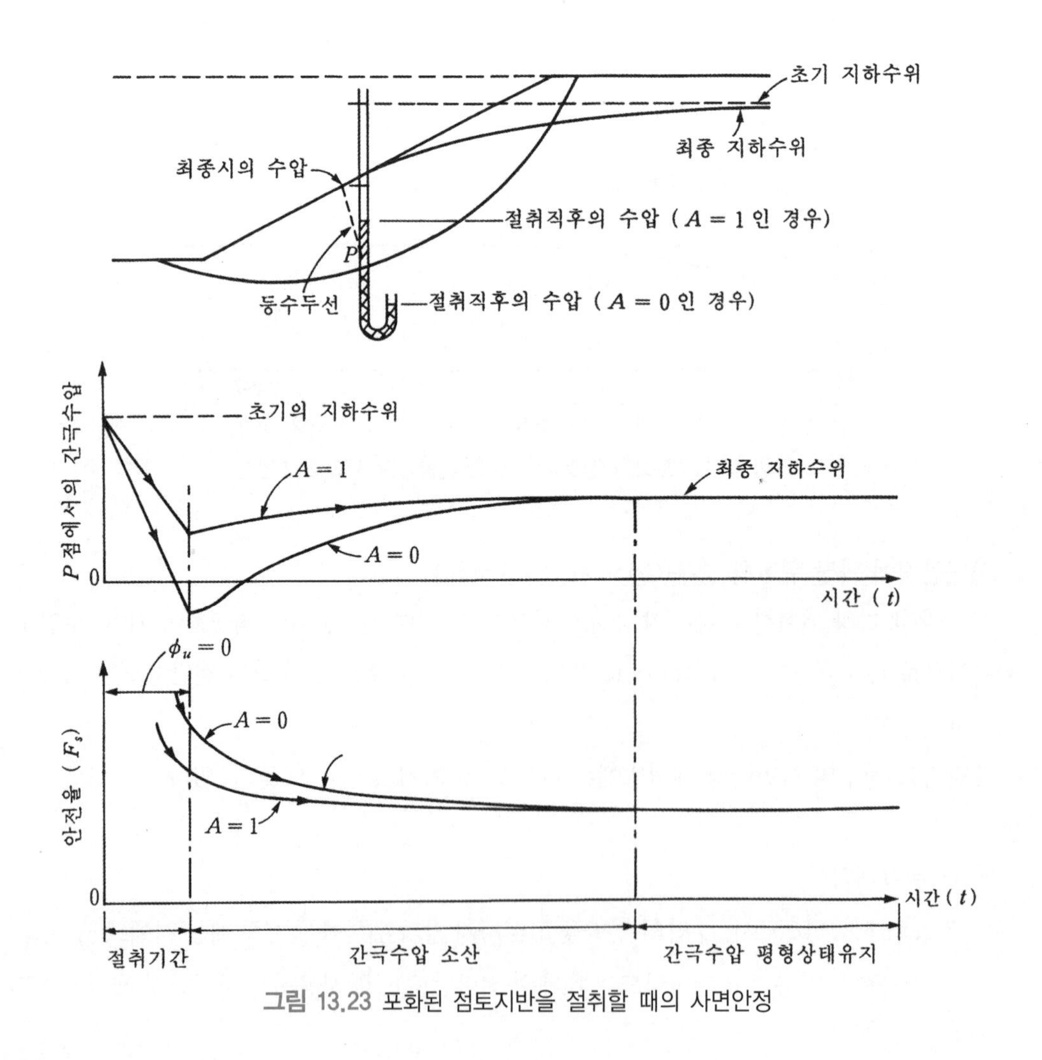

그림 13.23 포화된 점토지반을 절취할 때의 사면안정

절취하였으므로 Skempton의 과잉간극수압 공식 $\Delta u = B[\Delta\sigma_3 + A(\Delta\sigma_1 - \Delta\sigma_3)]$에서, $\Delta\sigma_3$와 $\Delta\sigma_1$은 음(−)의 값이 된다. 따라서 절취 직후에는 $\Delta u < 0$로서 수압이 오히려 감소한다. $\tau_f = c' + (\sigma_n - u)\tan\phi'$의 관점에서 보면 수압이 감소할수록 전단강도는 증가하므로, 절취 직후가 가장 위험한 순간이 아니다.

<u>가장 위험한 경우</u>

시간이 흐름에 따라, 감소하였던 간극수압이 정수압 조건으로 돌아온다. 이때 점토입자는 오히려 물을 흡수하여야 하며, 흙 입자는 팽창한다. 따라서 점토지반을 절취할 때의 가장 위험한 때는, 절취 후 완전히 수압이 평형 조건으로 돌아왔을 때, 즉 오랜 시간이 지난 후(long-term stability)이다.

Long-term stability 검토를 위한 안정해석법은 다음의 두 가지 방법이 있을 수 있다.

(1) 유효응력 해석법

$\tau_f = c' + (\sigma_n - u)\tan\phi'$의 전단강도 공식을 이용한 해석법이다. 이때 수압은 완전히 평형 조건으로 돌아왔을 때의 수압을 취한다.

(2) $\phi_u = 0$해석법

전응력 해석법도 가능하다. 다만, 이때의 비배수 전단강도는 점토시료의 팽창으로 인하여 전단강도가 감소된 효과를 감안한 강도를 취해야 한다.

13.6.6 흙 댐의 안정성 검토

흙댐의 사면안정성은 그림 13.24에서 보여주는 대로 시시각각으로 변한다.

댐의 시공 중에는 P점의 전단응력과 과잉간극수압이 계속 상승하므로 시공 직후까지 안전율이 감소한다. 시공 후에는 생성되었던 과잉간극수압이 소산되므로 안전율은 증가한다. 담수를 시작하면 수압은 계속 상승하며, 상류층의 전단응력은 비탈면에서의 수압으로 인하여 감소한다(하류측은 거의 변화 없음). 만수 시에는 상류측은 안전하나, 하류측은 정상침투 시로서 안전율이 감소한다. 만일 담수된 물을 갑자기 방류하면(rapid drawdown), 상류 쪽의 전단응력이 증가하여, 상류 쪽이 위험하게 된다.

정리하여 위험한 경우를 나타내면 다음과 같다.

- 상류 측(upstream side): 시공 직후, 수위 급강하 시

• 하류 측(downstream side): 시공 직후, 정상 침투 시

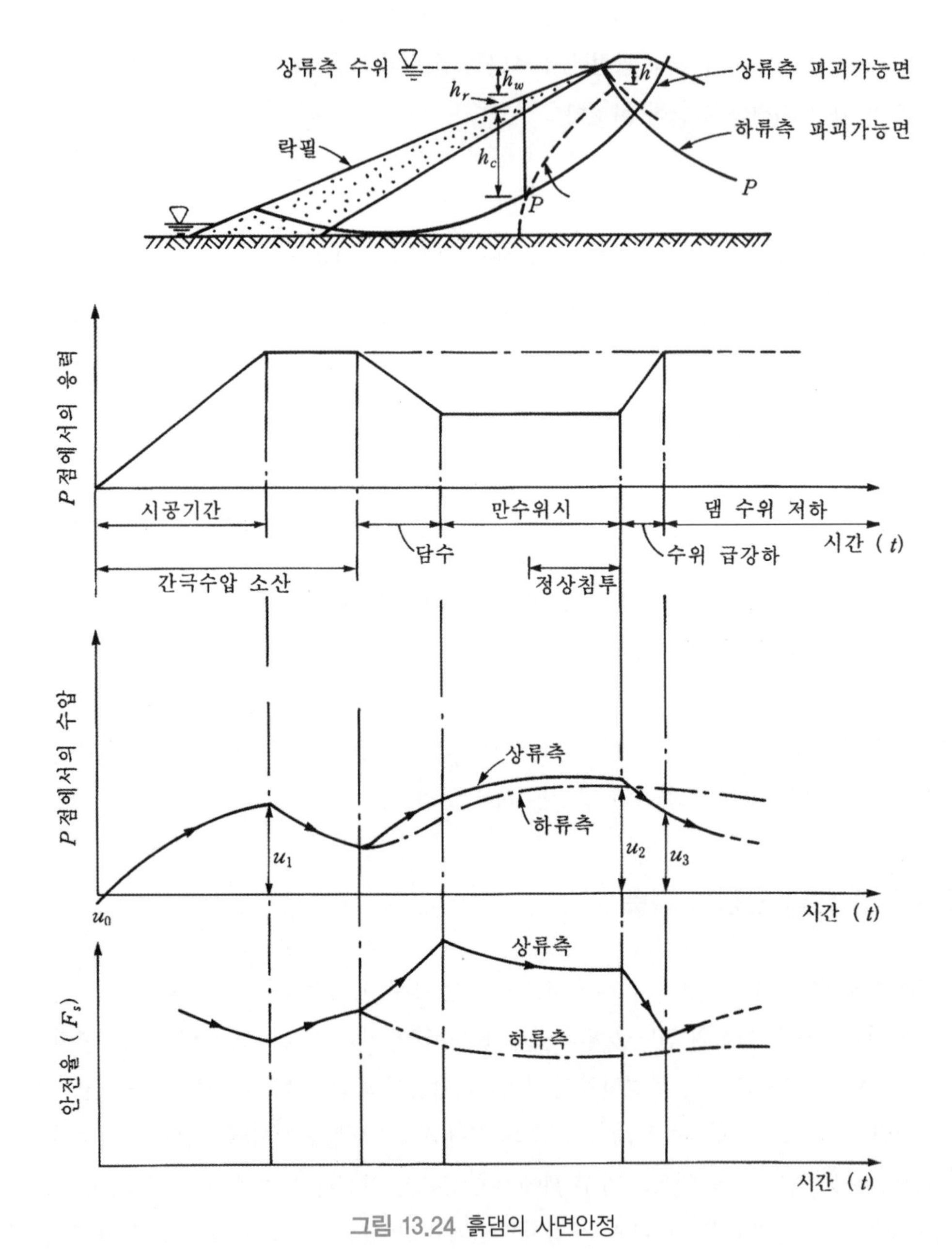

그림 13.24 흙댐의 사면안정

1) 시공 직후

시공 직후의 해석으로는 $\phi_u = 0$ 해석법을 적용할 수도 있고 과잉간극수압을 예측하여 유효응력 해석법을 적용할 수도 있다. 단, 한 가지 밝혀둘 사항은 비록 다짐시공 시 살수를 하며

시공하기는 하나, 시공 중의 흙은 불포화토이다. 따라서 $\phi_u = 0$해석법을 적용 시 사용하는 비배수 전단강도는 불포화 조건으로 인하여, 포화된 점토의 c_u값보다 크게 된다.

유효응력 해석법을 적용 시 과잉간극수압 $\Delta u = B[\Delta\sigma_3 + A(\Delta\sigma_1 - \Delta\sigma_3)]$에서 B값은 불포화토 조건으로 인하여 1보다 작다. 즉, 포화토에 비하여 과잉간극수압의 크기는 작게 된다.

2) 정상 침투 시

정상 침투 시는 하류 쪽으로 침투가 일어나므로 하류 쪽이 위험하다. 사면안정 해석법은 13.6.2절과 동일하다.

3) 수위 급강하 시

수위 급강하 시에는 상류측이 위험하다. 수위가 변하면 응력변화로 인하여 과잉간극수압의 변화도 가져오게 되고, 따라서 사면해석 방법이 쉽지 않다. 여기에서는 간단히 핵심사항만 독자에게 언급하고자 한다(그림 13.25 참조).

만수위 시의 P점의 간극수압 u_o는 다음과 같다. BFC는 침윤선을 의미하므로,

$$u_o = \gamma_w(h_w + h_f - h') \tag{13.82}$$

만일 $h' = 0$로 가정하면,

$$u_o \fallingdotseq \gamma_w(h_w + h_f) \tag{13.83}$$

수위 급강하 시 수위가 EAB가 되었다고 하자(흙댐 속에 있는 물은 초기에 거의 배수가 되지 않는다고 가정).

P점의 수압은 약산하여

$$u \fallingdotseq \gamma_w h_f \tag{13.84}$$

식 (13.83)과 (13.84)를 비교해보면 수위 급강하 직후의 수압의 변화는 크지 않다. 즉, 전단강도의 변화는 크지 않다. 문제가 되는 것은 활동의 일으키는 토체의 물체력이다. 만수 시에는 수중사면이므로 토체가 유효중량으로 작용한다. 반면에, 수위 급강하가 발생하면 AB면에서의 경계면 수압이 없어지므로 토체가 거의 전중량으로 작용한다.

종합해보면, 수위 급강하 시 P점에서의 전단강도에는 큰 변화가 없으나, 전단응력이 크게 증가하여(유효응력 → 전응력) 사면이 위험하게 된다.

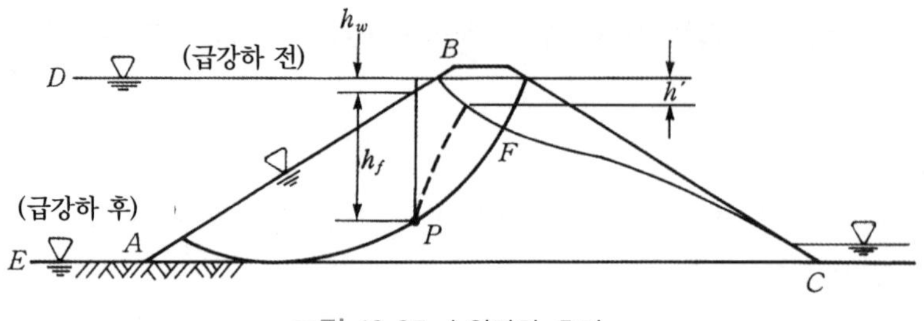

그림 13.25 수위강하 효과

연 습 문 제

1. 다음 무한사면의 사면파괴에 대한 안전율을 구하라. 단, 공식을 사용하지 말고 원리에 입각하여 풀라.

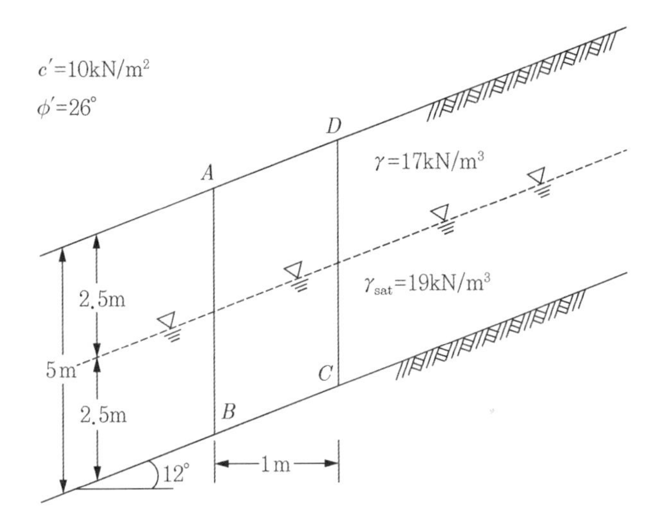

2. 이중층으로 이루어진 무한 사면에 대하여 다음 물음에 답하라.

1) 다음 그림과 같이 이중층으로 이루어진 무한사면에 지하수위가 지표면까지 차오르고 평행침투가 발생한다.

① 동수경사를 구하고, $ABCD$ 토체의 침투수력을 구하라.

② 사면파괴에 대한 안전율을 구하라.

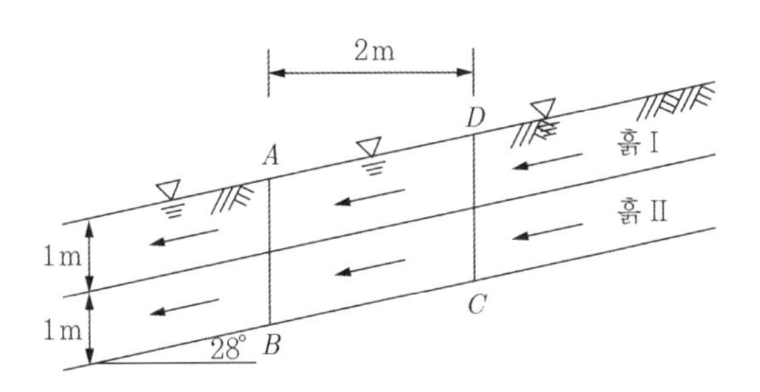

흙 I: $\gamma_{sat} = 19\text{kN/m}^3$, $c' = 5\text{kPa}$, $\phi' = 32°$

흙 II: $\gamma_{sat} = 20\text{kN/m}^3$, $c' = 8\text{kPa}$, $\phi' = 35°$

2) 무한사면이 물속에 완전히 잠겼을 때의 사면파괴에 대한 안전율을 구하라.

3. 파괴 가능면이 평면인 유한사면의 다음 두 경우에 대한 안전율을 구하라.

1) 다음과 같은 지반의 수중사면에 대한 안전율을 구하라.

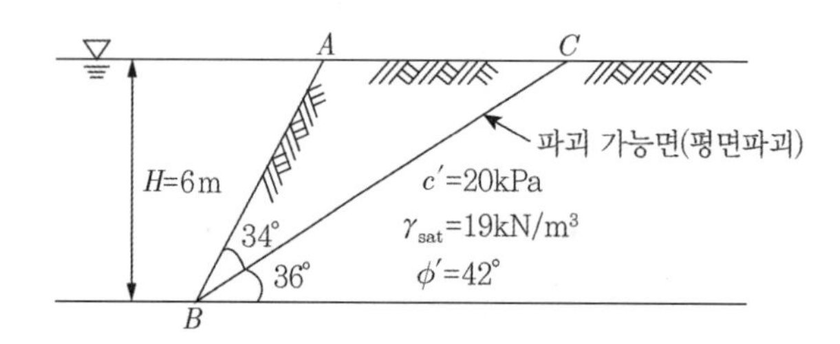

2) 수위 급강하로 다음 그림과 같이 수위는 낮아졌으나 사면지반에는 지하수위가 사면을 따라 존재한다. 이때 BC면(즉, 파괴 가능면)에서의 수압분포가 그림과 같이 삼각형 분포를 이룬다고 할 때, 안전율을 구하라.

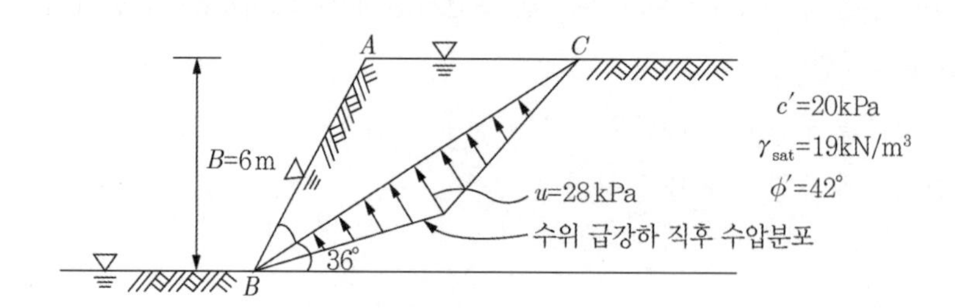

4. 다음과 같이 수중사면에 평면파괴 가능성이 있다.

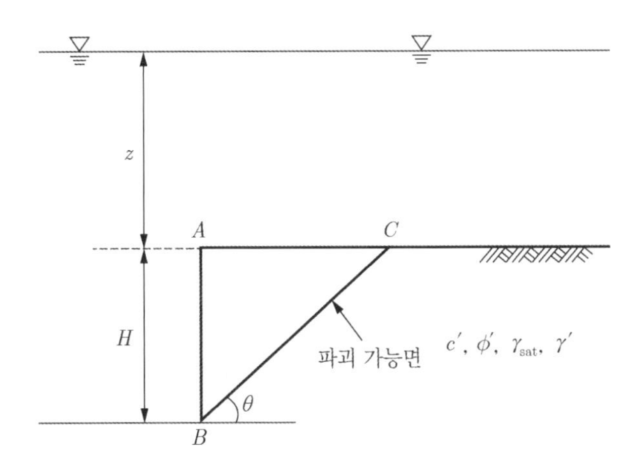

다음을 구하라.

1) △ABC의 전중량 및 유효중량
2) 경계면에 작용하는 수압(boundary water force)의 종류와 크기, 그리고 그 합력 및 작용점
3) 사면파괴에 대한 안전율
4) $z = 0$, 즉 수위가 지반선과 같을 때의 안전율
5) 수위가 완전히 낮아졌으나 그림과 같이 지반에는 지하수위가 남아 있을 때의 안전율(BC에 작용되는 수압은 4)의 경우와 같다고 가정)

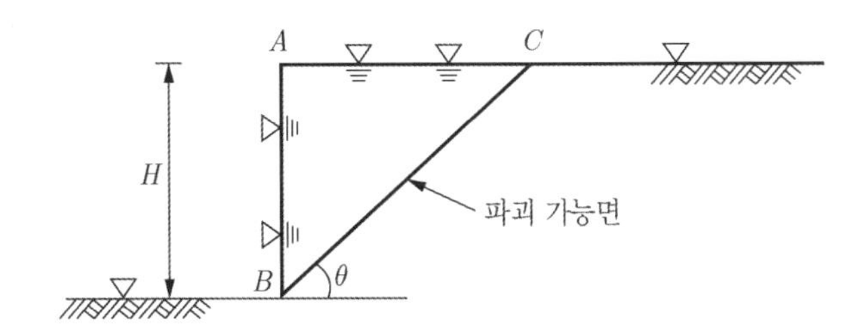

5. 다음 그림과 같은 유선망을 갖고 정상침투가 일어나는 사면파괴에 대한 안전율을 구하라. 다음의 방법을 각각 이용하라.

1) Fellenius의 방법
2) Bishop의 간편법

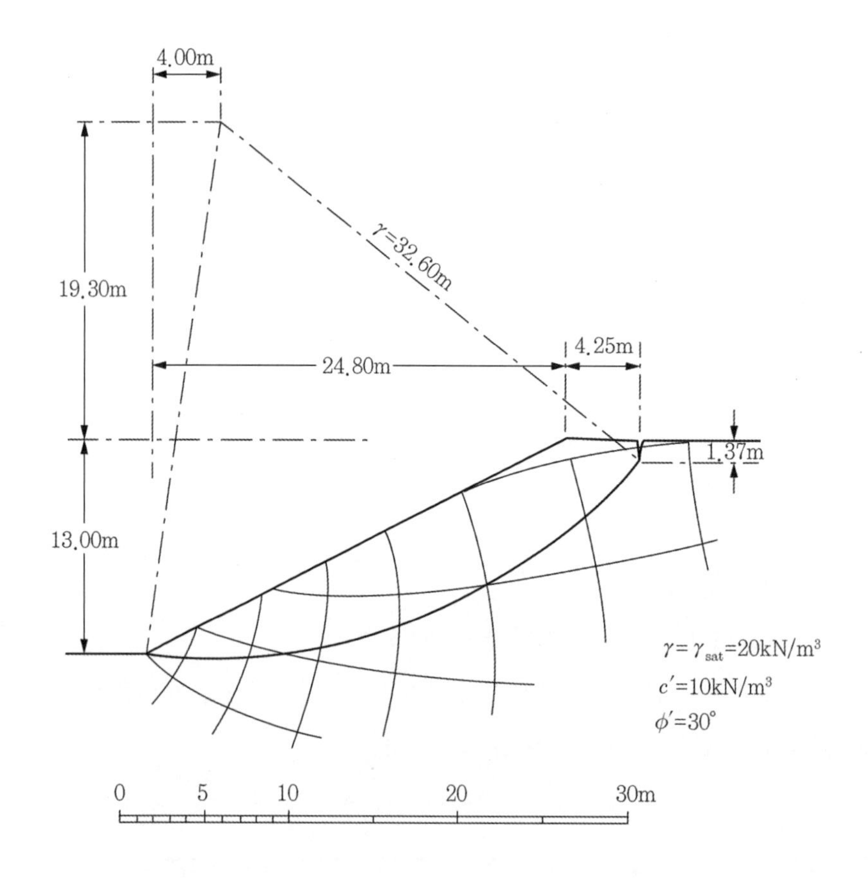

6. 위의 5번 문제의 사면이 13m의 높이까지 물이 차 있을 때, 사면파괴에 대한 안전율을 다음 방법 각각에 대하여 구하라(Bishop의 간편법 사용).

1) 전중량 개념의 방법 1, 2, 3 각각 이용
2) 유효중량의 개념 이용

7. 다음 그림과 같은 비 원형사면에 대하여 Janbu의 간편법을 이용하여 사면파괴에 대한 안전율을 구하라. (단, 사면에서 shell로 이루어진 지반은 $c' = 0$, $\phi' = 40°$, $\gamma = 17.6\text{kN/m}^3$이고, core 지반은 $c = c_u = 97.86\text{kN/m}^2$이다. 지하수는 없다고 가정하라. 보정계수는 적용하지 말 것)

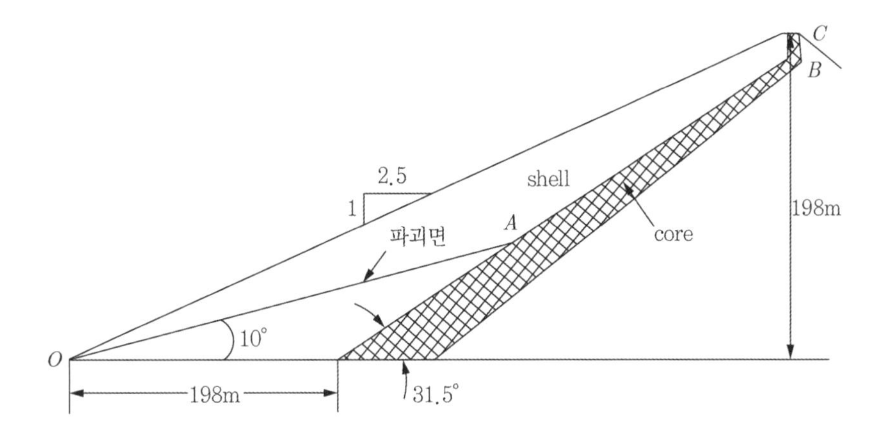

참 고 문 헌

- Anderson, M. G. and Richards, K. S.(1987), Slope Stability: Geotechnical Engineering and Geomorphology, John Wiley & Sons, New York.

찾아보기

[ㅈ]

[ㅊ]

[ㅋ]

[ㅌ]

[ㅍ]

[ㅎ]

[A]

[B]

[C]

[D]

[E]

[F]

[G]

[Q]

[R]

[S]

[T]

[U]

[V]

[W]

[Z]

[기타]

■ 저자소개

이인모(李寅模)
서울대학교 토목공학과(공학사)
미국 오하이오 주립대학교 대학원 토목공학과(공학석사, 공학박사)
한국과학기술원 토목공학과 조교수 역임
한국터널지하공간학회 회장 역임
국제터널학회(ITA) 회장 역임
현 고려대학교 건축사회환경공학부 명예교수

토질역학의 원리(제3판)

초판발행 2000년 1월 3일 (도서출판 새론)
초판 2쇄 2008년 2월 19일
초판 3쇄 2013년 1월 25일
2판 1쇄 2013년 12월 20일 (도서출판 씨아이알)
2판 2쇄 2014년 8월 21일
2판 3쇄 2015년 8월 20일
2판 4쇄 2018년 8월 14일
3판 1쇄 2021년 3월 2일
3판 2쇄 2023년 9월 14일

저　　자 이인모
펴 낸 이 김성배
펴 낸 곳 도서출판 씨아이알

책임편집 최장미
디 자 인 송성용, 윤미경
제작책임 김문갑

등록번호 제2-3285호
등 록 일 2001년 3월 19일
주　　소 (04626) 서울특별시 중구 필동로8길 43(예장동 1-151)
전화번호 02-2275-8603(대표)
팩스번호 02-2265-9394
홈페이지 www.circom.co.kr

I S B N 979-11-5610-939-6 (93530)
정　　가 30,000원